第一篇

静力学

第一章　静力学公理和物体的受力分析

【内容提要】了解质点、质点系、刚体的概念。理解力、力系及平衡的概念以及合力与分力的概念。了解力系的等效替换。理解静力学公理。掌握物体的受力分析步骤并能正确地画出物体受力分析图。掌握工程中常见的约束和约束力的特点。掌握物体系统的受力分析并能正确地画出物体及各部分的受力图。

第一节　静力学公理

一、基本概念

1. 质点、质点系与刚体　静力学研究的是物体机械运动的特殊形式，即物体的平衡。**平衡是指物体相对于惯性参考系保持静止或做匀速直线运动的状态**，平衡是机械运动的一种特殊形式，静力学中的平衡一般指相对惯性参考系保持静止。

在研究物体的机械运动时，如果物体大小和形状对于所研究的问题的影响很小，可以忽略不计，则可以把物体抽象为具有一定质量的点，称为**质点**。质点是抽象的力学概念，是实际物体的简化模型。如图 1-1（a）所示，当物体平衡时，若求绳索的拉力，物体可视为质点。若求图 1-1（b）中绳索的拉力，则必须考虑物体尺寸，不能视为质点。物体能否抽象为质点主要取决于所研究问题的目标，如当研究卫星的轨道动力学时，卫星尺寸相对轨道半径小很多，可忽略其大小、形状对轨道的影响，将其视为质点。

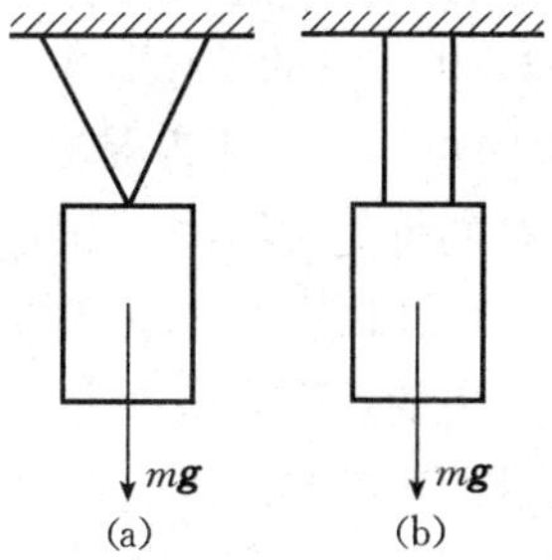

图 1-1

具有一定联系的若干个质点的集合称为**质点系**。质点系既可能是由有限个离散质点组成，如一堆沙子（若每粒沙子视为一个质点），也可能是由无穷多连续分布的质点组成的无穷质点系，如一般物体或物体组成的系统、运动的机构等。

实际的物体在力的作用下，都会产生程度不同的变形，因此一般的物体我们称之为可变形体或弹性体。但如果变形微小，对所研究物体的机械运动影响很小，为研究问题简单起见，我们可以忽略这些微小的变形，认为其没有发生变形。我们称这种受力作用后大小和形状保持不变的物体为**刚体**，其特征是物体内任意两点的距离始终保持不变。刚体是一种特殊的质点系，称为不变质点系。它是一个理想化的力学模型，但是不应该把刚体的概念绝对化，例如，在研究飞机的平衡问题或飞行规律时，我们可以把飞机看作刚体，可是在研究飞机的颤振问题时，机翼等的变形虽然非常微小，但其变形对问题的研究是不能忽略的，必须把飞机看作弹性体。如图 1-2 所示，研究航天器轨道问题时，航天器可视为质点，当研究航天器姿态问题时，看作刚体，如研究其颤振，则需视为弹性体。

还有，在计算某些工程结构中的超静定问题时，如果不考虑它们的变形，而仍使用刚体

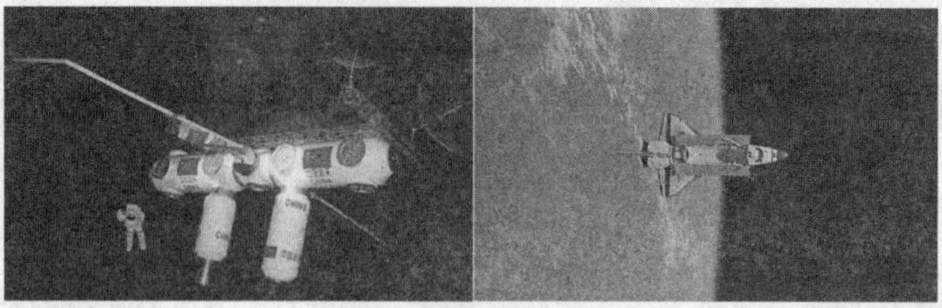

图 1-2

的概念，则问题将成为不可解的。理论力学中，静力学研究的物体只限于刚体，故又称刚体静力学，它是研究变形体力学的基础。

2. 力和力系 力的概念是从劳动中产生的。人们在生活和生产中，由于肌肉紧张收缩的感觉，逐渐产生了对力的感性认识。随着生产的发展，又逐渐认识到：物体的机械运动状态的改变（包括变形），都是由于其他物体对该物体作用的结果。这样，逐步由感性到理性，形成了力的概念。

力是物体间的相互机械作用，这种作用可使物体的运动状态发生改变，或使物体发生变形。力改变物体运动状态的效应称外效应，也称运动效应，使物体变形的效应称内效应，也称变形效应。

力对物体的作用效应取决于三个要素：**力的大小、方向和作用点的位置。**在国际单位制（SI）中，力的单位是牛顿（N）或千牛顿（kN）。力的方向包括方位和指向，比如重力方向铅垂向下，“铅垂”是力的方位，“向下”是指向。力的作用点是指物体受力作用的点。相互接触的可变形物体，力实际上是作用在一小块面积上的，当作用面积很小时可近似看作一个点，而作用在这个点上的力称为集中力。点接触的刚体，其接触点就是力的作用点。

力的效应取决于其大小和方向，所以是矢量。可以用一段带箭头的线段来表示力，如图 1-3 所示。其中线段的长度按一定的比例表示力的大小，线段的方位（例如与水平线所成的角度 θ）和箭头的指向表示力的方向，线段的起点或终点表示力的作用点。过力的作用点沿力的矢量方位画出的直线（如图 1-3 中 KL），称为力的作用线。

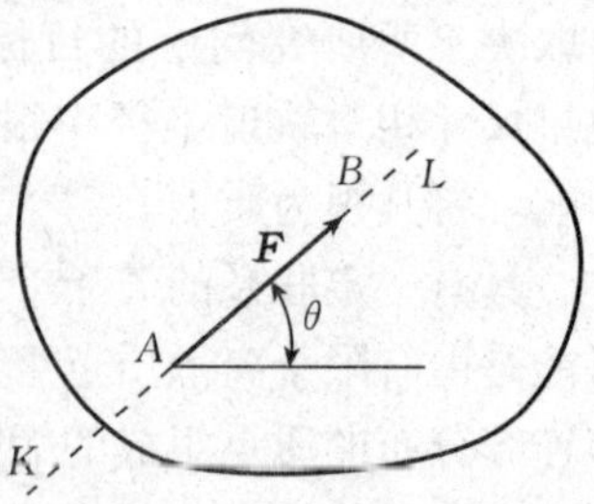

图 1-3

作用在物体上的一组力称为力系。力系按作用线分布情况的不同可分为下列几种：当所有力的作用线在同一平面内时，称为**平面力系**（或所有力的作用线对称于某一平面，也可简化为平面力系）；否则称为**空间力系**。当所有力的作用线汇交于同一点时，称为**汇交力系**；而所有力的作用线都相互平行时，称为**平行力系**；否则称为**任意力系**。

若两个力系对同一刚体的效应完全相同，则称这两个力系为**等效力系**，等效的两个力系可以相互代替，称为**力系的等效替换**。用一个简单的力系等效替换一个复杂的力系称为力系的简化。如果一个力同一个力系等效，则称这个力为力系的**合力**，力系中各力称为这个力的**分力**。能够使刚体保持平衡的力系称为**平衡力系**。但不能说不能使刚体保持平衡的力系就一定是非平衡力系，因为刚体的平衡除与其受力有关外，还与其初始状态有关。

二、静力学基本公理

静力学公理是人们在长期的生活和生产实践中总结出来的力的基本性质，它们又经过实践的反复检验，被确认是符合客观实际的最普遍、最一般的规律。这些性质无需证明而为人们所公认，并可作为证明中的论据，是静力学的理论基础。

公理 1　二力平衡公理

作用在刚体上的两个力，使刚体保持平衡的必要和充分条件是这两个力的大小相等，方向相反，并作用于同一条直线上，称为二力平衡公理。即平衡的两个力 $\boldsymbol{F}_A$、$\boldsymbol{F}_B$ 满足 $\boldsymbol{F}_A=-\boldsymbol{F}_B$ 且两力作用线共线，如图 1－4 所示。注意，这里的充分性是指对保持刚体平衡而言是充分的，也就是初始平衡的刚体，只受等值、反向、共线的两个力作用，一定可以维持刚体的平衡。对本教材中静力学平衡的充分性都要这样理解。

这个公理表明了作用于刚体上的最简单的力系平衡时所必须满足的条件。对于变形体来说，这个条件是必要的，但不是充分的。如图 1－5 所示，软绳受两个等值反向共线的拉力作用可以平衡，但若将拉力改变为压力就不能平衡了。

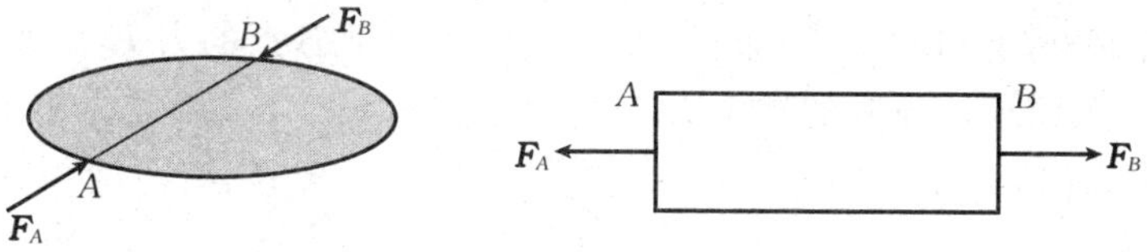

图 1－4

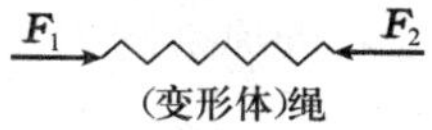

图 1－5

工程上常遇到只在两个力作用下处于平衡的构件，称为二力构件或二力杆。二力构件的受力特点是两力必沿作用点的连线，且等值反向，如图 1－6 中不计自重的 BC 杆。

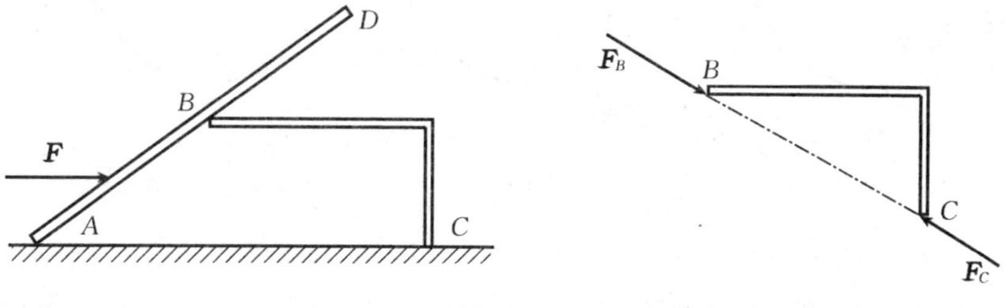

图 1－6

公理 2　加减平衡力系原理

在已知力系上加上或减去任意的平衡力系，并不改变原力系对刚体的效应。就是说，如果两个力系只相差一个或几个平衡力系，则它们对刚体的作用是相同的，因此可以等效替换。这个公理是研究力系简化及等效替换的重要依据。

公理 3　力的平行四边形法则

作用在物体同一点上的两个力，可以合成为一个合力。合力的作用点也在该点，合力的大小和方向，由这两个力矢量为邻边的平行四边形的对角线矢量确定，如图 1－7 所示，

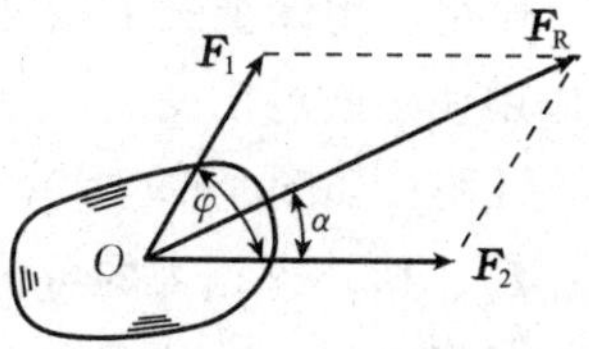

图 1－7

$\boldsymbol{F}_R$ 为 $\boldsymbol{F}_1$ 和 $\boldsymbol{F}_2$ 的合力。按平行四边形法则将两个力矢量合成，称为这两个力矢量的矢量和或几何和，表示为

$$\boldsymbol{F}_R=\boldsymbol{F}_1+\boldsymbol{F}_2 \tag{1-1}$$

合力大小为

$$F_R=\sqrt{F_1^2+F_2^2+2F_1F_2\cos\varphi} \tag{1-1a}$$

以合力 $\boldsymbol{F}_R$ 作用线与 $\boldsymbol{F}_2$ 作用线的夹角 α 表示合力的方向，则

$$\tan\alpha=\frac{F_1\sin\varphi}{F_2+F_1\cos\varphi} \tag{1-1b}$$

力的平行四边形法则是复杂力系简化的主要依据。

根据上述公理可以导出下列推论。

推论 1　力的可传性

作用于刚体上某点的力，可以沿着它的作用线将作用点移到刚体上另外一点，并不改变该力对刚体的作用。

证明：设有力 $\boldsymbol{F}$ 作用在刚体上的点 A，如图 1-8(a)所示。可在力的作用线上任取一点 B，加上两个相互平衡的力 $\boldsymbol{F}_1$ 和 $\boldsymbol{F}_2$，使 $\boldsymbol{F}=\boldsymbol{F}_2=-\boldsymbol{F}_1$，如图 1-8(b)所示。由于力 $\boldsymbol{F}$ 和 $\boldsymbol{F}_1$ 也是一个平衡力系，故依公理 2 可去掉；这样只剩下一个作用于 B 点的力 $\boldsymbol{F}_2$，如图 1-8(c)所示。根据加减平衡力系原理，原来的这个力 $\boldsymbol{F}$ 与力系($\boldsymbol{F}$、$\boldsymbol{F}_1$、$\boldsymbol{F}_2$)以及力 $\boldsymbol{F}_2$ 均等效，即原来的力 $\boldsymbol{F}$ 沿其作用线移到了点 B。

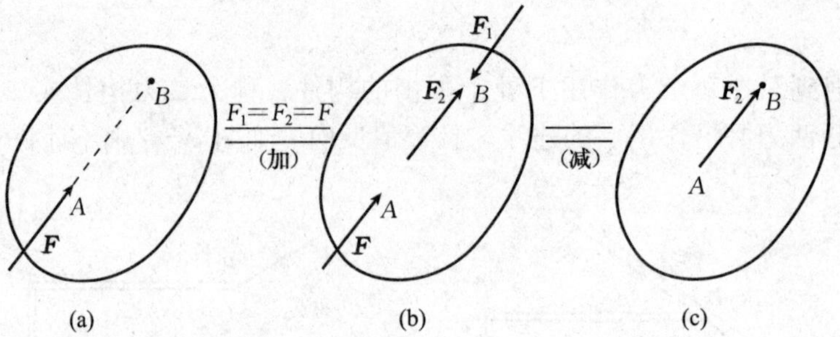

图 1-8

由此可见，对于刚体来说，力的作用点已不是决定力的作用效应的要素，它已为作用线所代替。因此，作用于刚体上的力的三要素是：力的大小、方向和作用线的位置。

作用于刚体上的力可以沿着作用线移动，这种起点可以沿矢量线移动的矢量称为**滑动矢量**，力矢量是滑动矢量。

推论 2　三力平衡汇交定理

作用于刚体上三个相互平衡的力，若其中两个力的作用线汇交于一点，则第三个力的作用线必通过汇交点，且此三力作用线在同一平面内。

证明：如图 1-9 所示，在刚体的 A_1、A_2、A_3 三点上，分别作用三个相互平衡的力 $\boldsymbol{F}_1$、$\boldsymbol{F}_2$、$\boldsymbol{F}_3$。根据力的可传性，将力 $\boldsymbol{F}_1$ 和 $\boldsymbol{F}_2$ 移到汇交点 A，然后根据力的平行四边形法则，得 $\boldsymbol{F}_1$ 和 $\boldsymbol{F}_2$ 的合力 $\boldsymbol{F}_{R1}$，则力 $\boldsymbol{F}_3$ 应与 $\boldsymbol{F}_{R1}$ 平衡。由于两个力平衡必须共线，所以力 $\boldsymbol{F}_3$ 必定与力 $\boldsymbol{F}_1$ 和 $\boldsymbol{F}_2$ 共面，且通过力 $\boldsymbol{F}_1$ 与 $\boldsymbol{F}_2$ 的交点 A。刚体受三个力作用平衡，若其

中两力作用线平行，则第三个力的作用线也与它们平行，且三力作用线在同一平面。

公理 4　作用和反作用定律

物体间相互的作用力和反作用力总是同时存在，两力的大小相等，方向相反，沿着同一直线，分别作用在两个相互作用的物体上。

应该注意，尽管作用力和反作用力大小相等，方向相反，沿同一直线，但它们不是平衡力系，因为作用力与反作用力是作用在相互作用的两个不同的物体上的力。

公理 4 概括了自然界中物体间相互作用的关系，表明作用力与反作用力总是成对出现的，同时存在同时消失，有作用力就有反作用力。根据这个公理，已知作用力则可知反作用力，它是分析物体受力时必须遵循的原则，为研究由一个物体过渡到多个物体组成的物体系统提供了基础。下面举一个实例来说明。

如图 1-6 所示构件的受力图，画出了构件 BC 的受力图后，再画 AB 杆受力图时，B 处的反作用力 $\boldsymbol{F}'_B$ 必须与 $\boldsymbol{F}_B$ 等值、反向、共线。习惯上作用力和反作用力用同一字母表示，但其中之一在字母的上方加一撇，如图 1-10 所示。

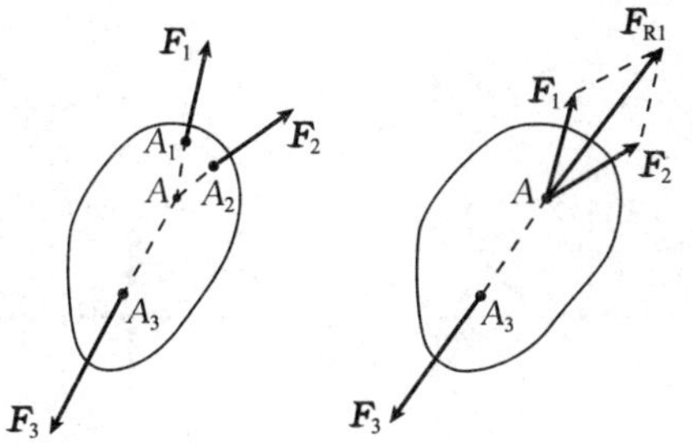

图 1-9

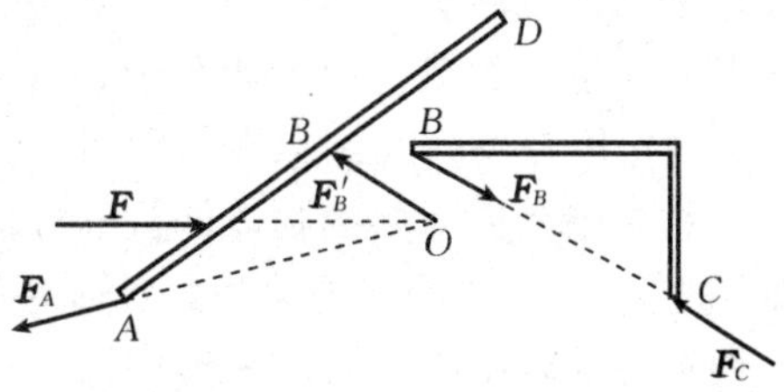

图 1-10

公理 5　刚化原理

变形体在某一力系作用下处于平衡，如将此变形体刚化为刚体，其平衡状态保持不变。

如图 1-11 所示，绳索在等值、反向、共线的两个拉力作用下处于平衡，如将绳索刚化成刚体，其平衡状态保持不变。反之就不一定成立，刚性杆在两个等值、反向、共线的压力作用下能平衡，如果将刚性杆换为绳索，则绳索就不能平衡。

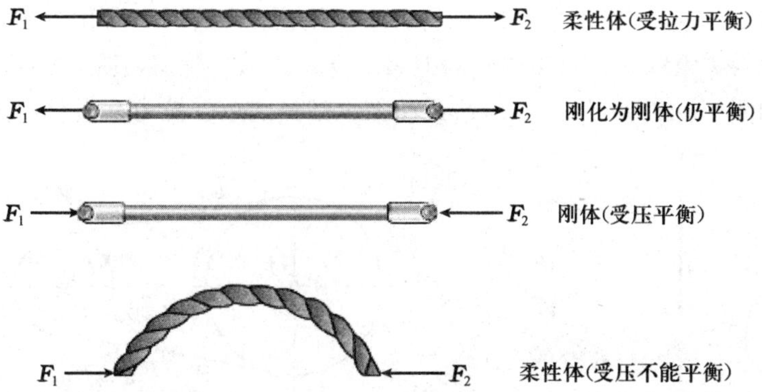

图 1-11

由此可见，刚体平衡的充要条件只是变形体平衡的必要条件，而非充分条件。在刚体静力学的基础上，考虑变形体的特性，可进一步研究变形体的平衡问题。处于平衡状态的变形体，必满足刚体静力学的平衡条件。

第二节 约束和约束力

物体的位移不受周围任何其他物体的限制，即其位移可沿空间任何方向，这样的物体称为**自由体**，如在空中飞行的飞机、热气球、炮弹和火箭等。而某些物体的位移受到事先给定的限制或阻碍，不能做任意运动，这种物体称为**非自由体**。例如铁路上列车受铁轨的限制只能沿轨道方向运动；数控机床工作台受到床身导轨的限制只能沿导轨移动；电机转子受到轴承的限制只能绕轴线转动；放在课桌上的课本，其向下的位移受到课桌的限制。对非自由体的某些位移起限制或阻碍作用的周围物体称为约束。例如铁轨对列车，导轨对工作台，轴承对转子，课桌对课本等都是约束。

既然约束能够限制或阻碍物体沿某些方向的位移，因而当物体沿着约束所限制的方向有运动趋势时，约束就与物体之间存在着互相作用力。约束作用于物体以限制或阻碍物体沿某些方向发生位移的力称为**约束力**或**约束反力**，简称**反力**。约束力作用在物体与约束相接触处，其方向总是与约束限制或阻碍的物体的位移方向相反。如图 1-12(a) 中两光滑接触面对圆盘有约束力，两接触处限制圆盘与支承面的接触点沿接触面法线向内的位移，约束力 $\boldsymbol{F}_{N1}$，$\boldsymbol{F}_{N2}$ 沿接触面法线向外，如图 1-12(b)所示。

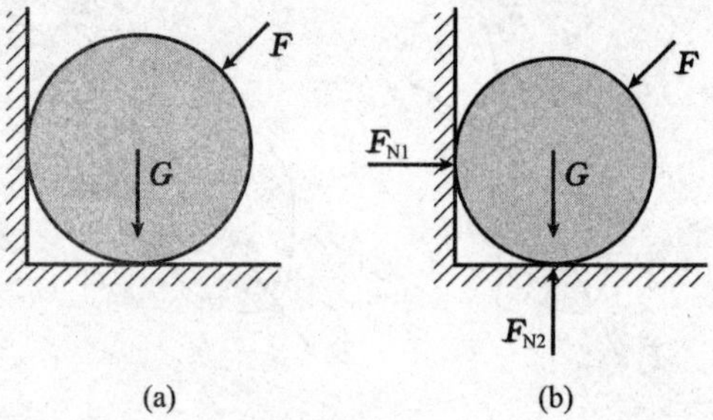

图 1-12

约束力以外的其他力统称为**主动力**，例如重力、电磁力、切削力、万有引力等，它们往往是给定的或可测定的。

机械中大量平衡问题是非自由体的平衡问题。非自由体一般都受到约束力的作用，因此研究约束和约束力的特征对于解决静力平衡问题具有十分重要的意义。下面介绍工程实际中常遇到的几种基本约束类型和相应的约束力。

1. 柔索约束 工程中钢丝绳、皮带、链条、尼龙绳等都可以简化为柔索，柔索连接物体构成的约束称为柔索约束。由于柔软的绳索本身只能承受拉力，所以它给物体的约束力也只能是拉力，如图 1-13(a) 所示。链条或胶带也都只能承受拉力，当它们绕在轮子上，对

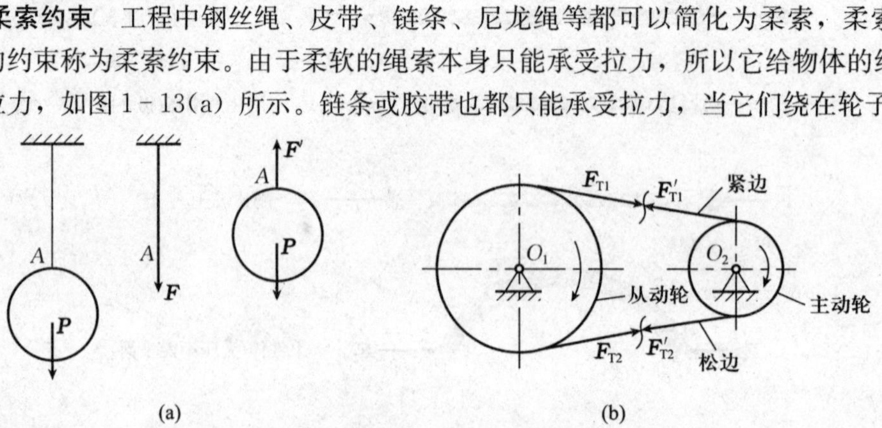

图 1-13

轮子的约束力沿轮缘的切线方向［图 1-13(b)］。因此，柔索对物体的约束是限制物体沿着柔索伸长的方向的位移，约束力作用在接触点，方向沿着柔索背离物体（即柔索承受拉力）。通常用 $\boldsymbol{F}$ 或 $\boldsymbol{F}_{\mathrm{T}}$ 表示柔索的约束力。

2. 光滑接触面（线）约束　如果两个物体接触面之间的摩擦力很小，可以忽略不计时，则认为接触面是光滑的。不论平面或曲面接触，如图 1-14 所示，约束都不能阻碍物体沿接触面的公切线方向运动，只能限制物体沿接触面公法线方向运动，也就是说物体可以沿接触面滑动，但不能沿公法线方向压入接触面，所以光滑接触面给被约束物体的约束力沿接触面公法线作用在接触点处，并指向被约束的物体（即物体受压力）。这种约束力称为**法向反力**。很多情况下，接触面退化成线或点，要正确分析出公法线方向。

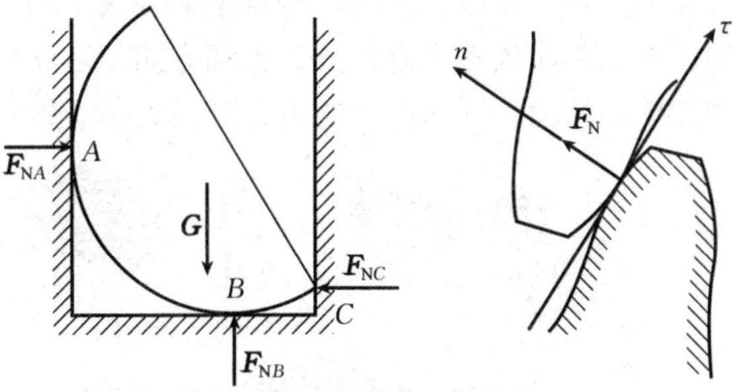

图 1-14

3. 径向轴承约束　转轴的轴径由向心滑动轴承所支承，如图 1-15(a) 所示，若略去摩擦，则轴径与轴承以两个光滑圆柱面相接触，轴孔能限制轴沿径向的移动，但不能限制轴向移动和轴的转动，其约束力作用线位于垂直于轴线的轴承座孔的对称平面内，通过接触点和轴孔中心，如图 1-15(b) 所示。但实际上由于接触点不能事先确定，因而约束力的方向也不能预先确定，通常用作用于轴孔中心的两个方向已知的正交分力表示，如图 1-15(b) 所示。其轴向视图如图 1-15(c) 所示。

如果轴径为向心滚动轴承支承，如图 1-15 (d) 所示，因在垂直于轴线的平面内，轴承只能限制轴的径向移动而不能限制轴的转动，这一约束性质与向心滑动轴承相同，约束力的特点也相同，其轴向简图如图 1-15(e) 所示。

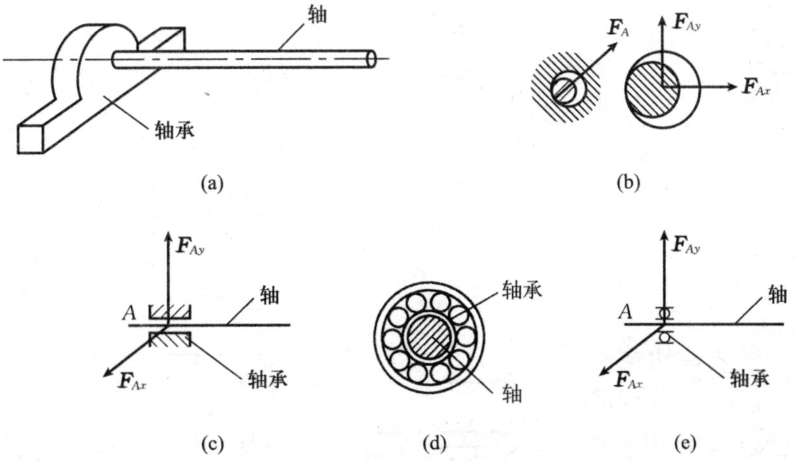

图 1-15

4. 光滑圆柱销钉和固定铰链支座约束　构件钻有同样大小的圆孔，并用与圆孔直径相同的光滑圆柱销钉连接组成的部件，圆柱销钉对与其相连接的构件形成约束，称为光滑圆柱铰链约束，如图 1-16(a) 所示。光滑圆柱铰链约束限制构件沿圆柱销的任意径向的相对移动，而不能限制构件绕圆柱销轴线的转动和平行圆柱销轴线方向的移动。

光滑圆柱铰链对构件的约束也属于光滑面接触约束，约束力沿过接触点的公法线方向，即沿接触点和销孔中心连线，垂直于销轴线。但实际上由于接触点不能事先确定，因而约束力的方向也不能预先确定，其大小和方向都随构件受到的主动力的变化而改变。通常用作用于销孔中心的两个方向已知的正交分力表示。约束力分析如图 1-16(b) 所示。

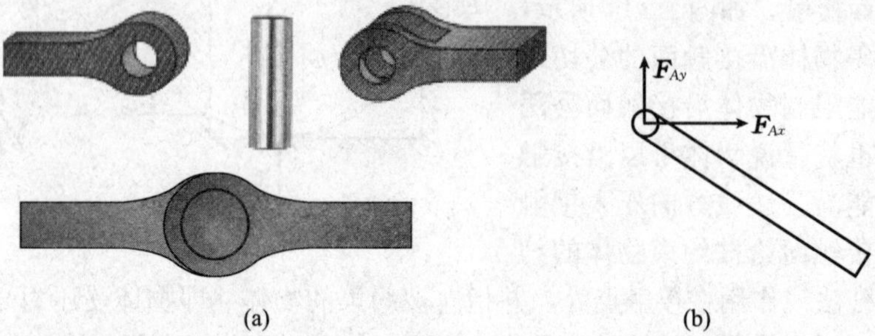

图 1-16

在桥梁、屋架等结构中经常采用固定铰链支座约束，如图 1-17(a) 所示。固定铰支座用光滑销钉连接构件与支座，如图 1-17 (b) 所示，同时将支座固定在地面或基础上。这种约束只能限制被约束物体的移动，而不能阻止物体绕销钉的转动，其简图如图 1-17(c) 所示。与光滑铰链约束相似，其约束力以两个正交分力表示，如图 1-17(d) 所示。综上所述，光滑圆柱销钉、固定铰链支座、向心轴承等，它们的具体结构虽然不同，但构成的约束类型是相同的，统称为光滑圆柱铰链。铰链是力学中一个抽象的模型，这种约束的特点是只限制被约束构件的径向相对移动，不能限制它们绕轴线的相对转动。

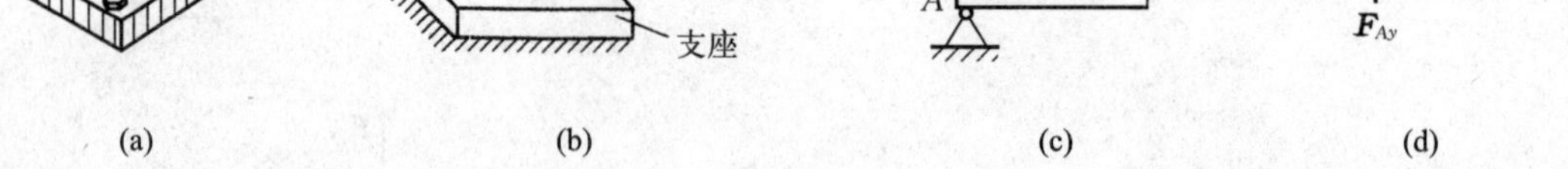

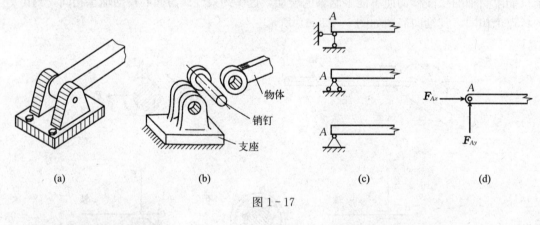

图 1-17

5. 可动铰链支座约束 支座用几个辊轴支承在光滑的支承面上，支座与物体用光滑销钉相连，称为可动铰链支座或辊轴支座，如图 1-18(a) 所示。它是光滑接触面约束和光滑铰链约束的复合。这种约

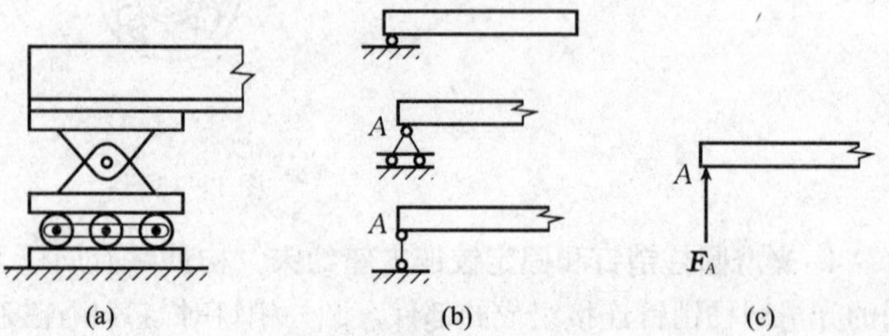

图 1-18

束只能限制被约束物体垂直于支承面的移动，而不能阻止物体沿着支承面的移动或绕销钉的转动。所以其约束力是垂直于支承面的，指向待定。其简图如图 1－18(b) 所示，约束力的表示如图 1－18(c) 所示。

6. 向心推力轴承（止推轴承）**及球铰链约束**　工程实际中经常用到止推轴承，其结构如图 1－19(a) 所示。与向心滚动轴承相比，它还能约束轴的轴向位移，因此这种约束的约束力用垂直于轴线的平面内的一对正交分力和沿轴线方向的一个分力表示，如图 1－19(b) 所示。

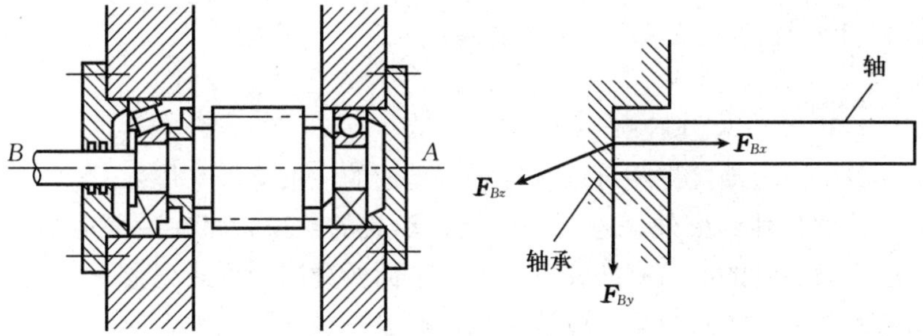

(a)　　(b)

图 1－19

球铰链是固连于物体的球嵌入另一物体的球窝内而构成的一种约束，如图 1－20(a) 所示。例如机床上照明灯具的固定、汽车上变速操纵杆的固定以及照相机与三脚架的接头等。在不计摩擦的情况下，构成球铰链的两个物体之间是光滑球面接触，物体只能绕球心相对转动，因而约束力必通过球心且垂直于球面。由于不能预先确定接触点的位置，故约束力在空间的方位不能确定，一般以三个正交分力表示，如图 1－20(b) 所示。

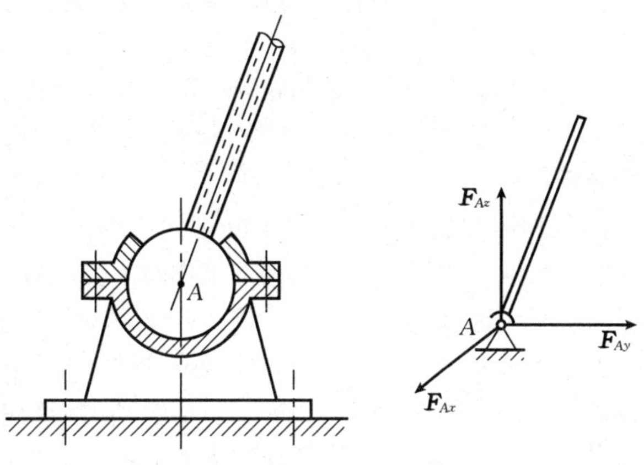

(a)　　(b)

图 1－20

7. 链杆约束　只用两个光滑铰链与其他构件连接且不考虑自重的刚杆称为**链杆**，常被用来作为拉杆或撑杆，如图 1－21(a) 所示的 AB 杆。根据光滑铰链的特性，杆在铰链 A、B 处受到两个约束力 $\boldsymbol{F}_{AB}$ 和 $\boldsymbol{F}_{BA}$，这两个约束力必定分别通过铰链 A、B 的中心。考虑到杆 AB 只在 $\boldsymbol{F}_{AB}$、$\boldsymbol{F}_{BA}$ 二力作用下平衡，根据二力平衡公理，这两个力必定沿同一直线，且等值、反向。由此可确定 $\boldsymbol{F}_{AB}$ 和 $\boldsymbol{F}_{BA}$ 的作用线应沿铰链中心 A 与 B 的连线，如图1－21(b) 所示。

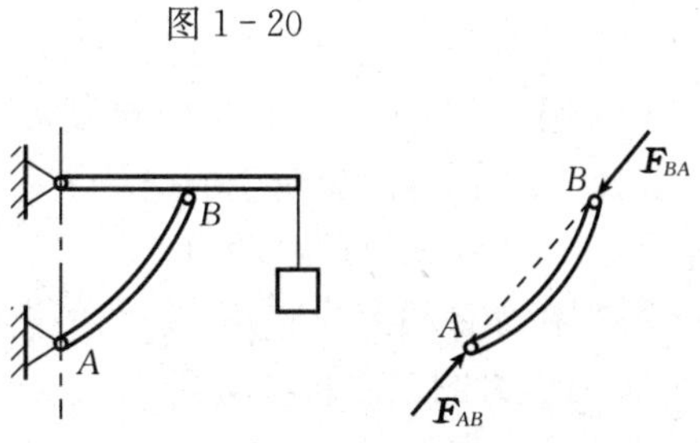

(a)　　(b)

图 1－21

由此可见，链杆为二力杆，链杆约束的反力沿链杆两端铰链中心的连线，指向一般不能预先确定。在不能预先确定约束力指向的情况下，可以假定其指向，通常假设链杆受拉。分析图1-22(a)中 AB 杆的受力，由于不知道主动力 $\boldsymbol{F}$ 与重力 $\boldsymbol{G}$ 的大小关系，事先不能确定 AB 杆是受拉力还是压力，可以按图1-22(b) 或图1-22(c) 表示，一般按图1-22(b) 表示，即假定为拉力。

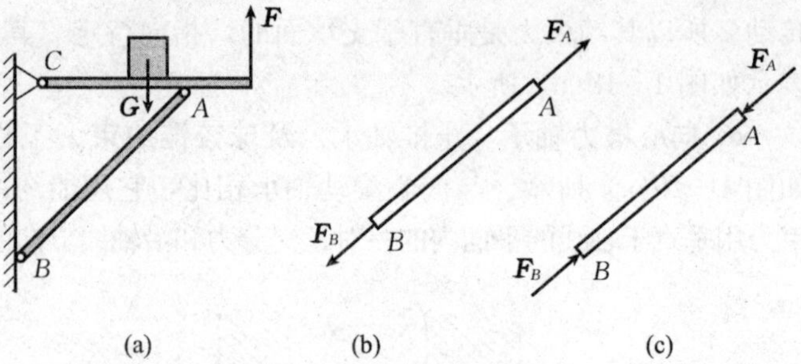

图1-22

固定铰支座也可以用两根不相平行的链杆来代替，而可动铰支座可用垂直于支承面的一根链杆来代替。

除了以上介绍的几种约束外，还有一些其他形式的约束，将在后面适当章节中再做介绍。在实际问题中所遇到的约束有些并不一定与上面所介绍的形式完全一样，这时就需要对实际约束的构造及其性质进行分析，分清主次，略去一些次要因素，或可以将实际约束简化为上述约束形式之一。

第三节 物体的受力分析和受力图

无论静力学还是动力学问题，一般首先要分析物体的受力情况，了解物体受到哪些力的作用，其中哪些是已知的，哪些是未知的，未知力的方向如何等，这个过程称为对物体进行受力分析。

1. 隔离体和受力图 工程中的构件或物体系统，一般都是非自由体，它们与周围的物体（包括约束）相互连接在一起，工作时承受荷载。为了分析某一物体的受力情况，往往需要解除限制该物体（受力体）位移的全部约束，把该物体从与它相联系的周围物体（施力体）中分离出来，称之为取隔离体（或分离体），单独画出这个物体的图形。然后，再将周围各物体对该物体的各个作用力（包括主动力与约束力）全部用力矢量表示在隔离体上。这种画有隔离体及其所受的全部作用力的简图，称为物体的受力图。

2. 画受力图的步骤及注意事项 对物体进行受力分析并画出其受力图，是求解力学问题的重要步骤。画受力图的方法与步骤：

（1）确定研究对象，将研究对象从周围与它有联系的物体中分离出来，并以简图表示。

（2）画出研究对象所受的全部主动力（使物体产生运动或运动趋势的力），即在隔离体上以力矢量表示出全部主动力。

（3）在存在约束的地方，按约束类型及约束力的特点，逐一画出全部约束力。

3. 画受力图应注意的问题

（1）不要漏画力。除重力、万有引力、电磁力外，物体之间只有通过接触才有相互机械作用力，要分清研究对象（受力体）都与周围哪些物体（施力体）相接触，接触处必有力（特殊情况此力可能为零），力的方位由约束类型和静力学公理确定。

（2）不要多画力。要注意力是物体之间的相互机械作用。因此对于受力体所受的每一个力，都应能明确它是哪一个施力体施加的。**工程中的一些受力构件，由于其重力远小于它受**

到的载荷，如无特别说明，物体的重力可以不计。

（3）不要画错力的方位。约束力的方位必须严格地按照约束的类型来画，不能单凭直观臆断。当方位确定，不能判断指向时，可以任意假定一个指向。在分析两物体之间的作用力与反作用力时，要注意，作用力的方向一旦确定，反作用力的方向一定要与之相反。

（4）受力图上只画外力，不画内力。一个力，属于外力还是内力，因研究对象的不同，有可能不同。当物体系统拆开来分析时，原系统的部分内力，就可能成为新研究对象的外力。

（5）同一系统各研究对象的受力图必须整体与局部一致，相互协调，不能相互矛盾。某一处的约束力的方向一旦设定，在整体、局部或单个物体的受力图上要与之保持一致。

下面举例说明如何画物体的受力图。

例 1-1　重力为 $\boldsymbol{G}$ 的梯子 AB，放置在光滑的水平地面上，并靠在铅直墙上，在 D 点用一根水平绳索与墙相连，如图 1-23(a) 所示。试画出梯子的受力图。

解：将梯子从周围的物体中分离出来，作为研究对象画出其隔离体。先画上主动力即梯子的重力 $\boldsymbol{G}$，作用于梯子的重心（几何中心），方向铅直向下；再画墙和地面对梯子的约束力。根据光滑接触面约束的特点，A、B 处的约束力 $\boldsymbol{F}_{NA}$、$\boldsymbol{F}_{NB}$分别与墙面、地面垂直并指向梯子；绳索的约束力 $\boldsymbol{F}_D$ 应沿着绳索的方向离开梯子，为拉力。图 1-23(b) 即为梯子的受力图。

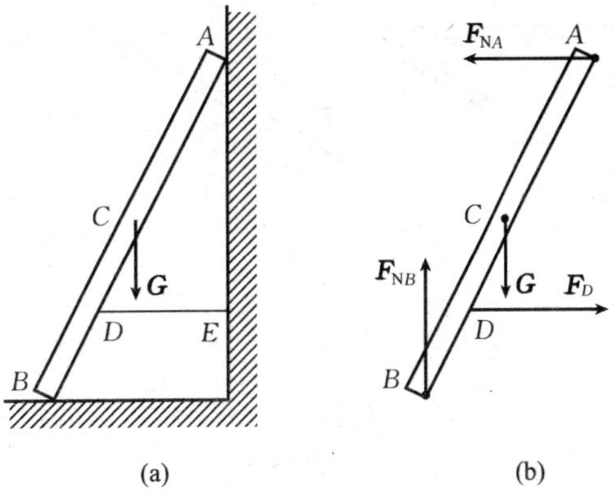

图 1-23

例 1-2　如图 1-24(a) 所示，简支梁 AB，跨中受到集中力 $\boldsymbol{F}_P$ 作用，A 端为固定铰支座约束，B 端为可动铰支座约束。试画出梁的受力图。

解：（1）取 AB 梁为研究对象，解除 A、B 两处的约束，画出其隔离体简图。

（2）在梁的中点 C 画主动力 $\boldsymbol{F}_P$。

（3）在受约束的 A 处和 B 处，根据约束类型画出约束力。B 处为可动铰支座约束，其反力通过铰链中心且垂直于支承面，其指向假定，如图 1-24(b) 所示；A 处为固定铰支座约束，其反力可用通过铰链中心 A 并相互垂直的水平和铅垂分力 $\boldsymbol{F}_{Ax}$、$\boldsymbol{F}_{Ay}$ 表示。受力图如图 1-24(b)所示。

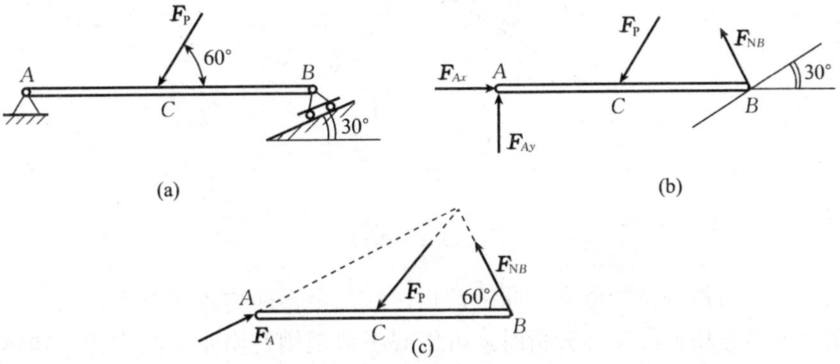

图 1-24

此外，注意到梁只在 A、B、C 三点受到互不平行的三个力作用而处于平衡，因此，也可以根据三力平衡汇交公理进行受力分析，将 A 处约束力用一个力 $\boldsymbol{F}_A$ 表示，受力图如图 1-24 (c)所示。

例 1-3 已知：管道支架如图 1-25(a) 所示。重为 $\boldsymbol{F}_G$ 的管子放置在杆 AC 上。A、B 处为固定铰支座，C 为铰链连接。不计各杆自重，试分别画出杆 BC 和 AC 的受力图。

解：(1) 取杆 BC 为研究对象，其为二力杆，受力图如图 1-25(b) 所示。

(2) 取杆 AC 为研究对象，受力图如图 1-25(c) 所示，也可将 A 处约束力用过 A 点及 $\boldsymbol{F}_G$ 与 $\boldsymbol{F}_C'$的汇交点的一个力表示，如图 1-25 (d) 表示。

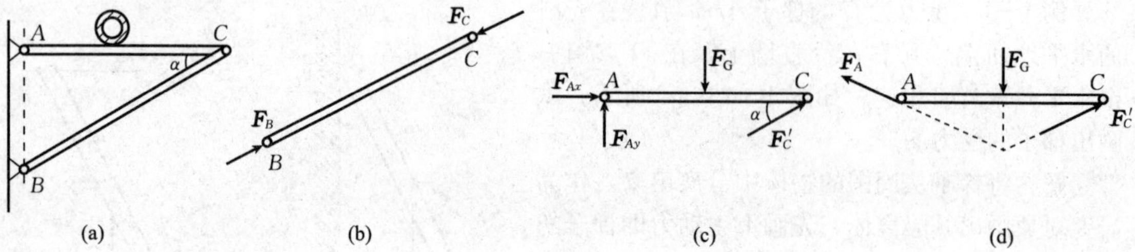

图 1-25

例 1-4 在如图 1-26(a) 所示的提升系统中，若不计各构件自重，试画出杆 AC、杆 BC、滑轮及销钉 C 的受力图。

解：各构件受力如图 1-26(b) 所示。其中 AC、BC 为二力杆，可假设它们均受拉；销钉 C 同时受到杆 AC、BC 的反作用力以及轮 C 的作用力 $\boldsymbol{F}_{Cx}$、$\boldsymbol{F}_{Cy}$；轮 C 除受到绳的拉力外，还在孔 C 处受销钉 C 的反作用力 $\boldsymbol{F}_{Cx}'$、$\boldsymbol{F}_{Cy}'$。

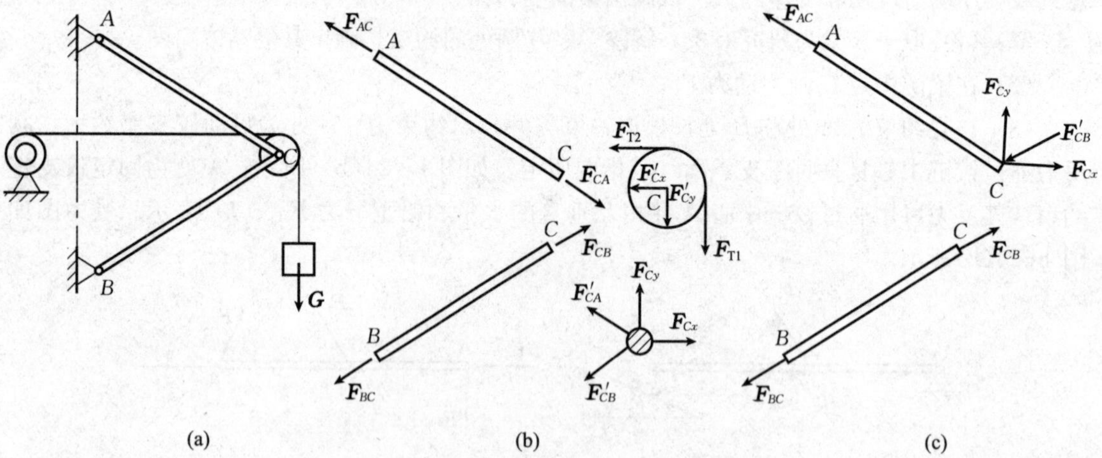

图 1-26

注意：通过分析铰链结构可知，同一铰相连的几个不同物体间并不直接发生相互作用，而是通过销钉发生作用。在实际分析时，可以假想地把销钉附定于其中任一物体上，这样，便可视为该物体与被销钉连接的物体直接发生相互作用，从而简化研究过程。例如，可将销

钉附定在 AC 杆上，此时受力图如图 1－26（c）所示，F'_{CB} 和 F_{Cx}、F_{Cy} 分别为 BC 杆和滑轮作用在销钉上的力，这三个力的合力沿 AC 杆。

思考例 1－4 中：

① 若将销钉附定于轮心 C 或 BC 杆端 C，各构件受力图有何变化？本质上有无区别？

② 若考虑各构件自重，各构件受力情形将怎样改变？

例 1－5　画出图 1－27(a) 结构中各构件受力图，未画重力的物体不计自重。

解： 先分析轮 C，其受到两边绳子的张力及销钉 C 的约束力，两绳子约束力交于 O 点，由三力平衡汇交，确定销钉 C 对轮心 C 处的约束力 F_C 的方向，如图 1－27(b) 所示。再分析三角架 ABC 的受力，支承面的约束力 F_{NB} 沿支承面法向，将销钉 C 附着在 BC 杆端，C 处受到圆轮对它的反作用力 F'_C，F_{NB} 与 F'_C 两力汇交于 O_1，由三力平衡汇交确定固定铰支座约束力 F_A 的方位，如图 1－27(c) 所示。然后分析 AC 杆的受力，其受到固定铰支座 A 的约束力 F_A，二力杆 DE 的约束力 F'_{DE}，两力汇交于 O_2，由三力平衡汇交确定销钉 C 对它的约束力 F_{CA} 的方位，如图 1－27(d) 所示。最后分析 BC 杆的受力，C 端销钉受到轮 C 与 AC 杆的反作用力 F'_C 与 F'_{CA} 作用，E 处受到二力杆 DE 的约束力 F'_{ED}，B 处受到支承面的约束力 F_{NB}，如图 1－27(e) 所示。

注意： 在一般情形下，圆柱铰链及固定铰支座的约束力可分解为两个正交分量，不必苛求确定其合力的方位，这样处理，常常便于用下一章中讲到的平衡方程求解。

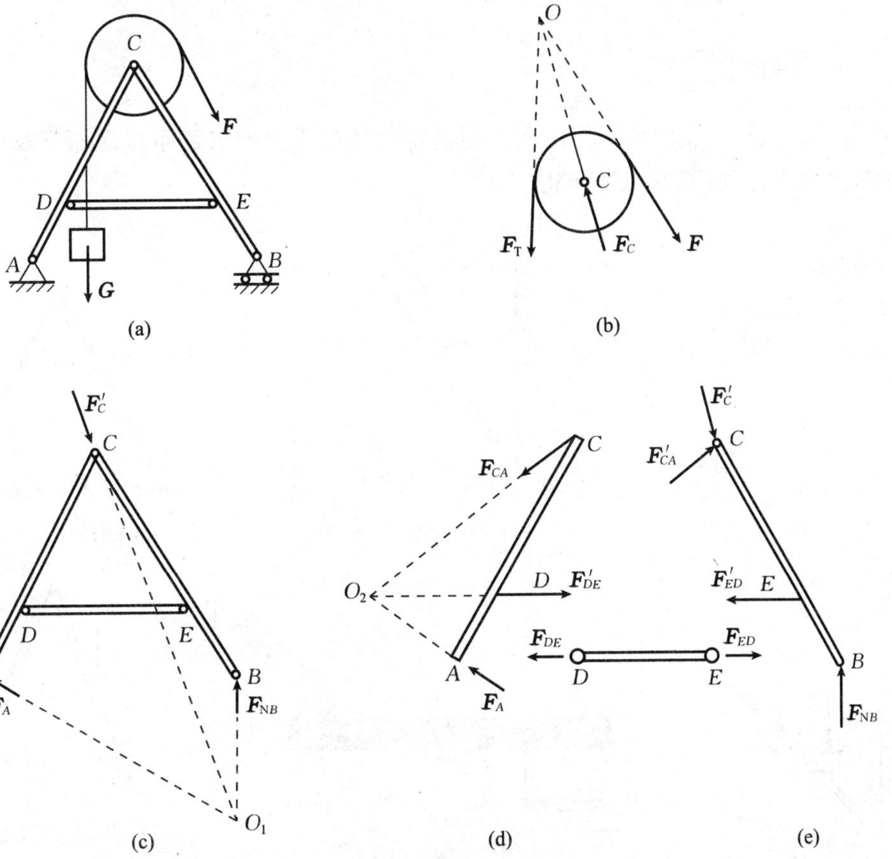

图 1－27

思考题

1-1 凡是在二力作用下的杆件都是二力杆件吗?

1-2 如果作用在刚体上的三个力的作用线汇交于一点，则该刚体必处于平衡状态吗?

1-3 思考题1-3图（a）所示不计自重和接触处摩擦的刚杆 AB，受铅垂力 $\boldsymbol{P}$ 作用，试问其受力图［思考题1-3图（b）］正确与否，为什么?

1-4 两杆连接如思考题1-4图所示，将作用于杆 AB 的力沿 $\boldsymbol{F}$ 的作用线移至杆 BC 上是否影响其作用效果?

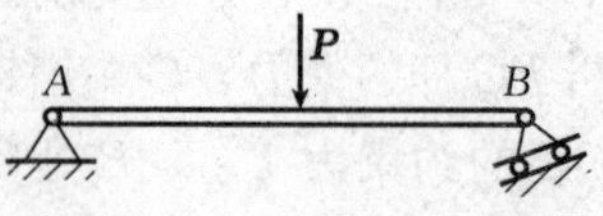

(a)

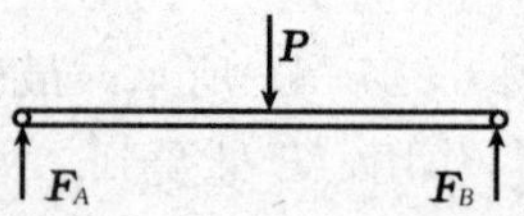

(b)

思考题1-3图

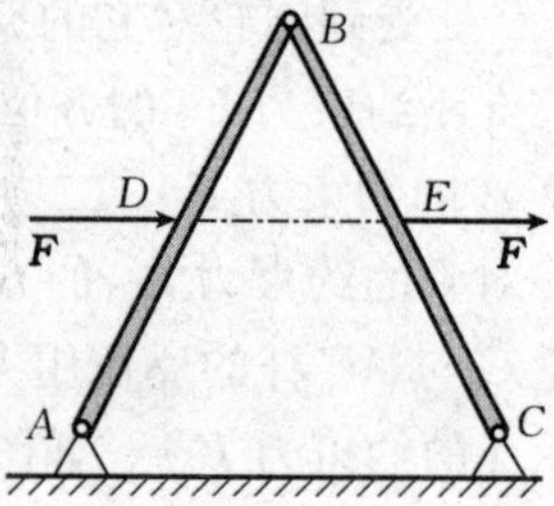

思考题1-4图

习 题

1-1 如习题1-1图所示，画出下列指定物体的受力图（假定接触面都是光滑的，物体的重量除图上已注明者外，均略去不计）。

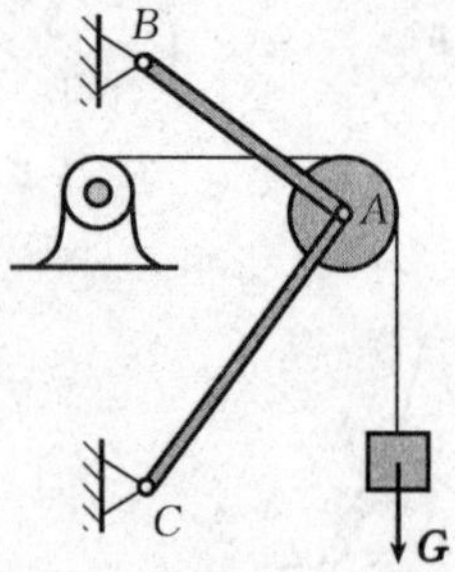

(a)杆AC，滑轮A，整体

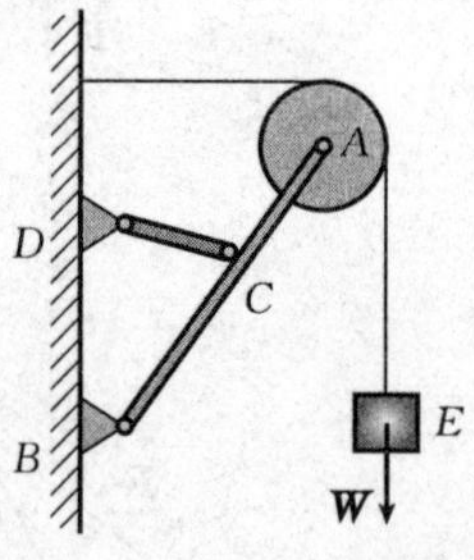

(b)杆AB，物体E，整体

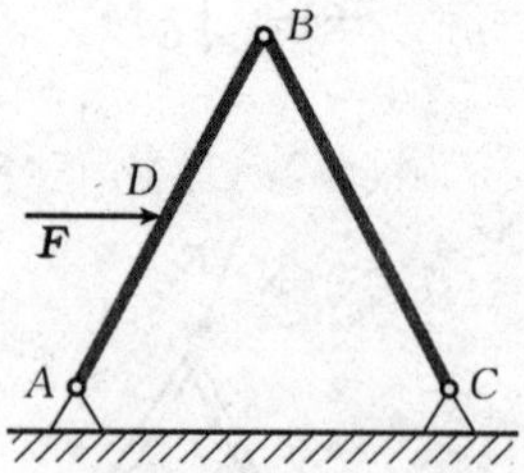

(c)杆AB，杆BC，整体

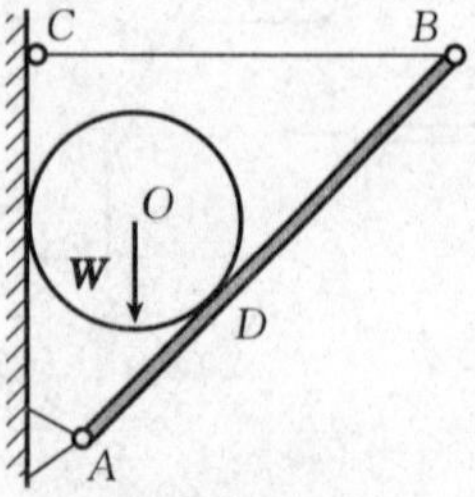

(d)杆AB，整体

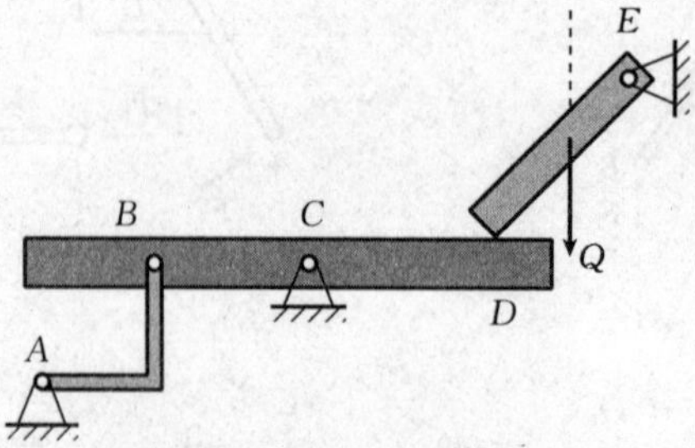

(e)杆AB，杆BCD，整体

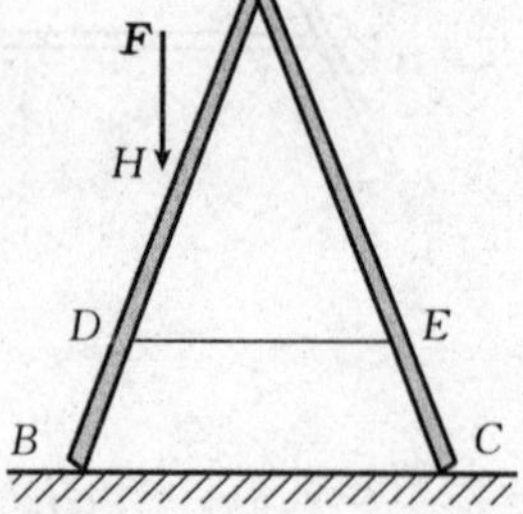

(f)杆AB，杆AC，整体

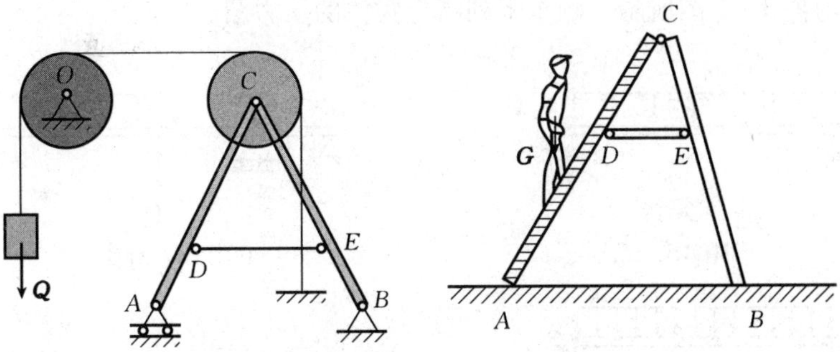

(g)杆AC，杆BC，滑轮C，整体　　(h)梯子AC，杆BC

习题1-1图

1-2　在习题1-2图的系统中，匀质球A重P_1，借本身重量和摩擦不计的理想滑轮C和柔绳静止在倾角是θ的光滑斜面上，绳的一端挂着重P_2的物块B。试分析物块B，球A和滑轮C的受力情况，并分别画出各物体的受力图。

1-3　如习题1-3图所示，重物重为P，用钢丝绳挂在支架的滑轮B上，钢丝绳的另一端绕在铰车D上。杆AB与BC铰接，并以铰链A，C与墙连接。如两杆与滑轮的自重不计并忽略摩擦和滑轮的大小，试画出杆AB和BC以及滑轮B的受力图。

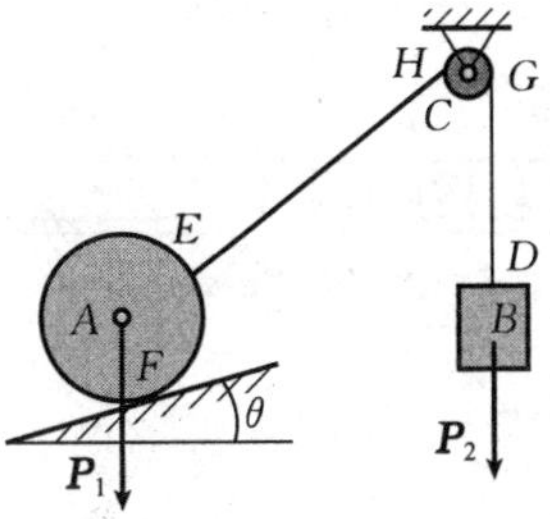

习题1-2图

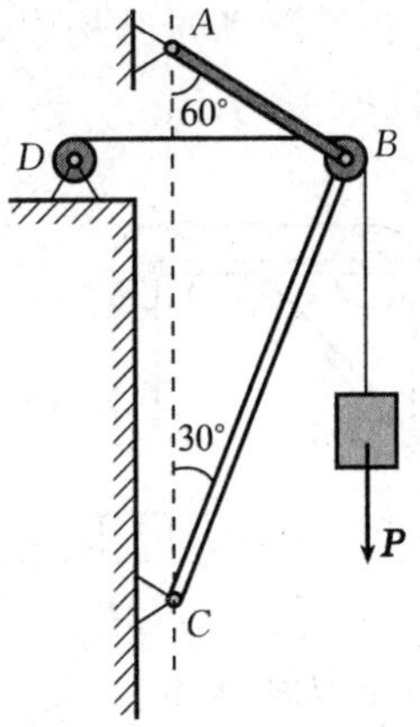

习题1-3图

1-4　如习题1-4图所示，画出下列指定物体的受力图。

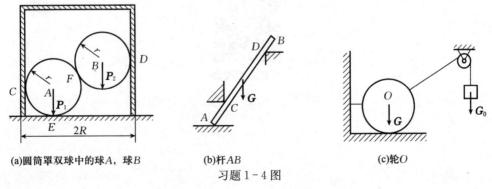

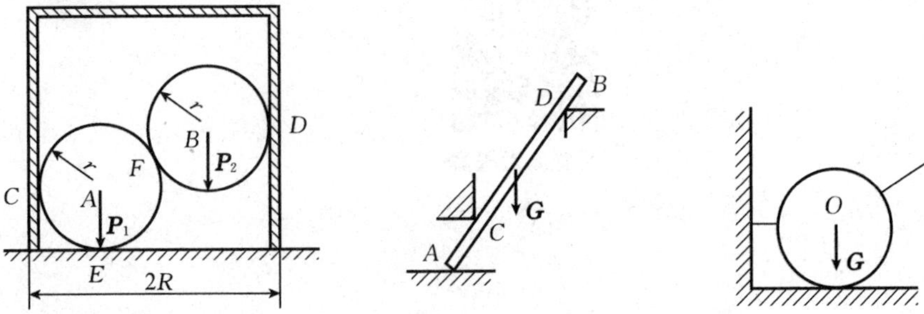

(a)圆筒罩双球中的球A，球B　　(b)杆AB　　(c)轮O

习题1-4图

1-5 如习题1-5图所示，画出下列指定物体的受力图。

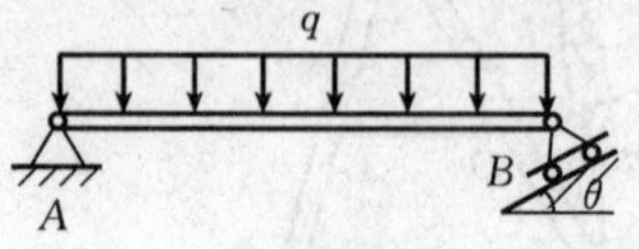

(a)杆AB

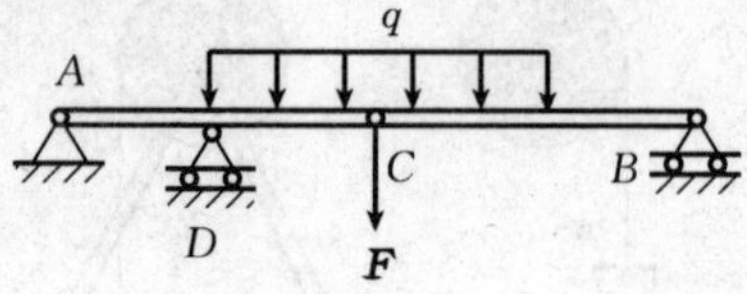

(b)杆AC，杆BC

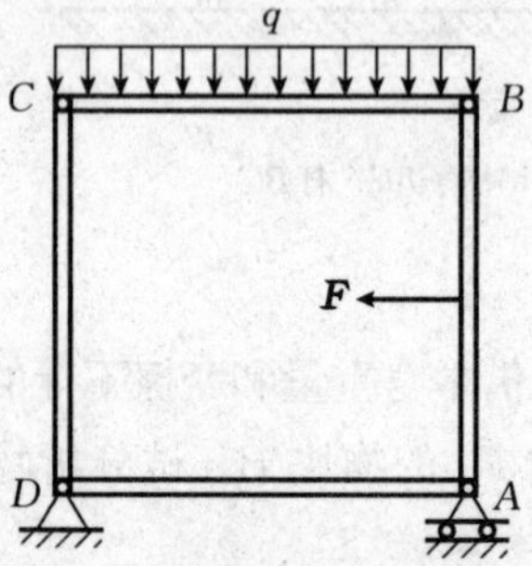

(c)杆BC，杆AB，整体

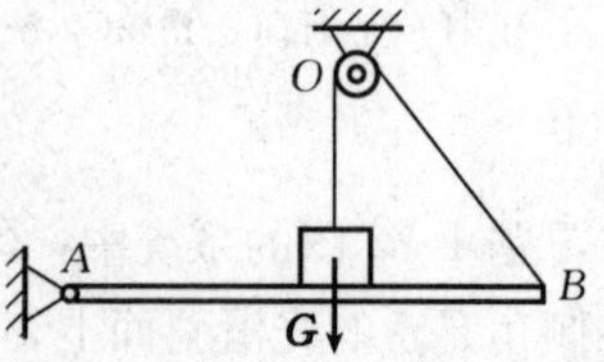

(d)杆AB，整体

习题1-5图

1-6 如习题1-6图所示，画出下列指定物体的受力图。

1-7 如习题1-7图所示结构中，A为固定端，B、D为中间铰，E为可动铰。不计自重，试画杆BD和DE受力图。

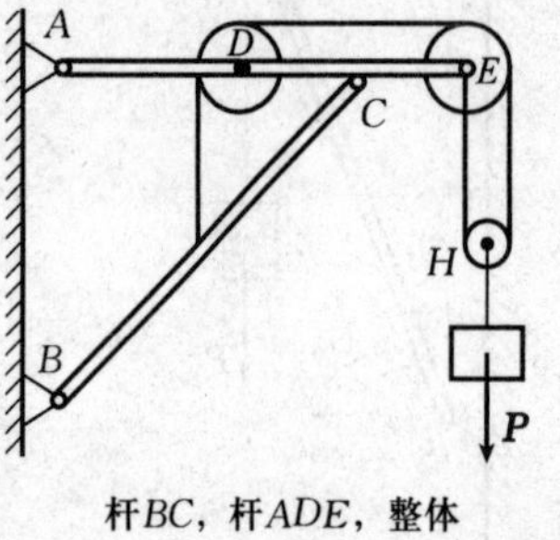

杆BC，杆ADE，整体

习题1-6图

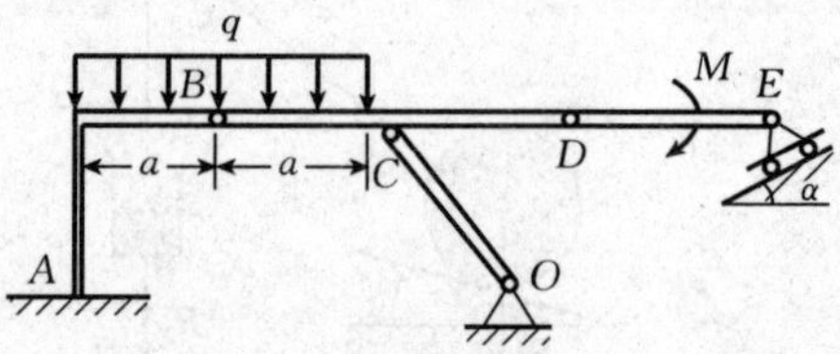

习题1-7图

习题参考答案

第二章 平面汇交力系与平面力偶系

【内容提要】了解平面汇交力系的概念、实例及其合成与平衡的几何法。掌握力在坐标轴上的投影及平面汇交力系的合成与平衡的解析法。理解平面力对点之矩的概念，掌握力对点之矩的计算。理解合力矩定理，并会运用合力矩定理计算力对点的力矩。理解力偶及力偶矩的概念和性质及同平面内力偶的等效定理，掌握平面力偶系的合成和平衡条件，并能应用平面力偶系的平衡方程求解未知约束力。

第一节 平面汇交力系

平面汇交力系与平面力偶系是两种简单力系，是研究复杂力系的基础，本章将分别利用几何法和解析法研究平面汇交力系的合成与平衡问题，同时介绍力偶的性质及平面力偶系的合成与平衡问题。

一、平面汇交力系合成与平衡的几何法

若物体受到的各力的作用线汇交于同一点，则称为汇交力系。汇交力系中，如果所有的力的作用线都处于同一个平面，称为平面汇交力系，否则称为空间汇交力系。

1. 汇交力系的合成 设有汇交力系 $\boldsymbol{F}_1$，$\boldsymbol{F}_2$，$\boldsymbol{F}_3$，$\boldsymbol{F}_4$，如图 2-1(a) 所示，利用力的可传性原理，我们可以将各个力都移至汇交点 $\boldsymbol{O}$，见图 2-1(b)，连续用平行四边形法则把它们合成，最后得到一个通过汇交点 O 的合力 $\boldsymbol{F}_R$。还可以用更简单的方法求此合力 $\boldsymbol{F}_R$ 的大小和方向。任取一点 A，以 A 为力 $\boldsymbol{F}_1$ 的起点作出 $\boldsymbol{F}_1$，然后以 $\boldsymbol{F}_1$ 的终点 B 作为 $\boldsymbol{F}_2$ 的起点作出 $\boldsymbol{F}_2$，即将各力矢量依次首尾相连，最后连接 $\boldsymbol{F}_1$ 的起点 A 和 $\boldsymbol{F}_4$ 的终点 E（由起点指向终点），得到的矢量 $\boldsymbol{F}_R$ 即代表这四个力的合力，如图 2-1(c) 所示。各分力矢量与合力矢量构成一个四边形，合力矢量称为这个四边形的封闭边。当汇交力系中含有 n 个分力时，也可类似作出一个力多边形，力多边形的封闭边，即连接第一个力矢量的起点和最后一个力矢量的终点的矢量即为合力矢量。根据矢量相加的交换律，任意交换各分力矢的作图顺序，可得形状不同的力多边形，但其合力矢仍然不变。

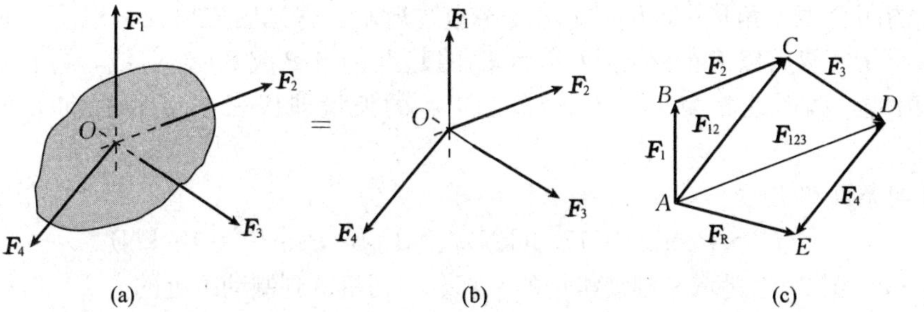

图 2-1

总之，**平面汇交力系可以合成为一个合力，合力作用线通过汇交点，合力的大小和方向等于各分力的矢量和**（几何和）。

设汇交力系中含有 n 个分力 $\boldsymbol{F}_1$，$\boldsymbol{F}_2$，…，$\boldsymbol{F}_n$，$\boldsymbol{F}_R$ 表示其合力，则

$$\boldsymbol{F}_R = \boldsymbol{F}_1 + \boldsymbol{F}_2 + \cdots + \boldsymbol{F}_n = \sum_{i=1}^{n} \boldsymbol{F}_i \tag{2-1}$$

如果力系中各力作用线都沿同一直线，则此力系称为共线力系，它是平面汇交力系的特例。若规定直线的某一指向为正，相反为负，则力系合力的大小和方向决定于各分力的代数和，即

$$F_R = \sum_{i=1}^{n} F_i$$

2. 汇交力系的平衡 由于平面汇交力系可用其合力来代替，显然，平面汇交力系平衡的必要和充分条件是：该力系的合力为零。即

$$\sum_{i=1}^{n} \boldsymbol{F}_i = 0 \tag{2-2}$$

合力为零，表明力多边形的封闭边长度为零，即第一个力矢量的起点和最后一个力矢量的终点相重合，亦即各分力矢量首尾相连可以自行封闭。于是**平面汇交力系平衡必要充分的几何条件是：该力系的力多边形自行封闭。**

用几何法求解汇交力系的平衡问题时，关键是由已知条件作出封闭的力多边形，然后由几何关系进行计算。

例 2-1 水平梁 AB 中点 C 作用着力 $\boldsymbol{P}$，其大小等于 20 kN，方向与梁的轴线成 60°角，支承情况如图 2-2(a) 所示，试求固定铰链支座 A 和活动铰链支座 B 的反力。梁的自重不计。

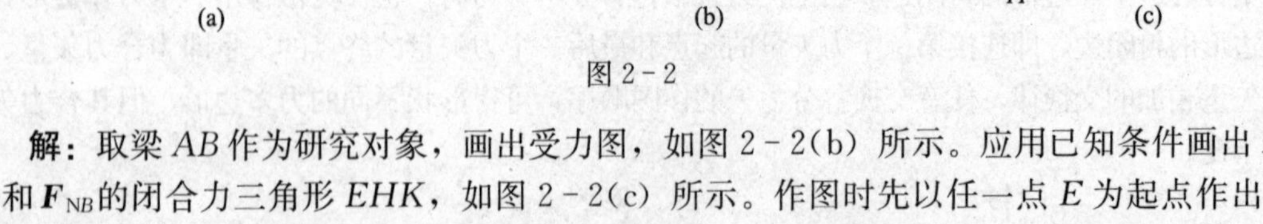

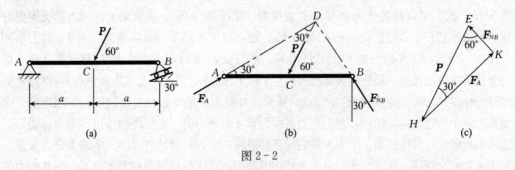

图 2-2

解： 取梁 AB 作为研究对象，画出受力图，如图 2-2(b) 所示。应用已知条件画出 $\boldsymbol{P}$、$\boldsymbol{F}_A$ 和 $\boldsymbol{F}_{NB}$ 的闭合力三角形 EHK，如图 2-2(c) 所示。作图时先以任一点 E 为起点作出已知的力矢量 $\boldsymbol{P}$，然后以 $\boldsymbol{P}$ 的终点 H 作为 $\boldsymbol{F}_A$ 的起点，与 $\boldsymbol{P}$ 成 30°作射线，再在 E 点作与 $\boldsymbol{P}$ 成 60°的射线，两射线相交于点 K，H 指向 K 的矢量即代表 $\boldsymbol{F}_A$，K 指向 E 的矢量即代表 $\boldsymbol{F}_{NB}$。

由几何条件解出

$$F_A = P\cos 30° = 17.3(\text{kN}), \quad F_{NB} = P\sin 30° = 10(\text{kN})$$

例 2-2 图 2-3 是汽车制动机构的一部分。司机踩到制动蹬上的力 P=212 N，方向与水平面成 α=45°角。当平衡时，BC 水平，AD 铅直，试求拉杆所受的力。已知 EA=24 cm，

$DE=6$ cm（点 E 为铅直线 DA 与 BC 的交点），又 B、C、D 都是光滑铰链，机构的自重不计。

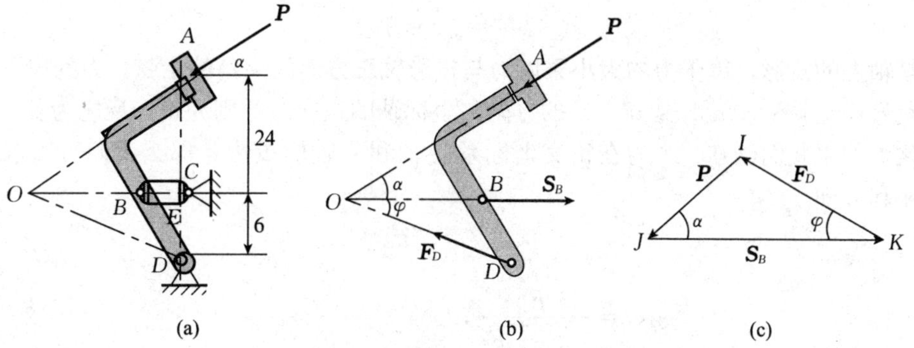

图 2-3

解： 取制动蹬 ABD 作为研究对象，画出受力图，如图 2-3(b) 所示。BC 为二力杆，其约束力 $\boldsymbol{S}_B$ 为力 $\boldsymbol{P}$ 交于 D 点，故 D 处约束力 $\boldsymbol{F}_D$ 通过汇交点 O。应用已知条件画出 $\boldsymbol{P}$、$\boldsymbol{S}_B$ 和 $\boldsymbol{F}_D$ 的闭合力三角形，如图 2-3(c) 所示。

由几何关系得

$$OE=EA=24\ \text{cm},\qquad \tan\varphi=\frac{DE}{OE}=0.25,\qquad \varphi=\arctan 0.25=14°2'$$

在力三角形中，根据正弦定理可得

$$S_B=\frac{\sin(180°-\alpha-\varphi)}{\sin\varphi}P=750(\text{N})$$

二、平面汇交力系合成与平衡的解析法

解析法是通过力矢在坐标轴上的投影来分析力系的合成及其平衡条件，是研究力系简化与平衡的主要方法。为此，首先介绍力在坐标轴上的投影。

1. 力在坐标轴上的投影及沿坐标轴的分解　设在坐标平面内有一个力 $\boldsymbol{F}$，分别从力 $\boldsymbol{F}$ 的起点和终点向 x 轴和 y 轴引垂线，则得到垂足 a，b 与 a'，b'，如图 2-4(a) 所示。我们称 ab 的大小为力 $\boldsymbol{F}$ 在 x 轴上的投影，用 F_x 表示；$a'b'$ 大小称为力 $\boldsymbol{F}$ 在 y 轴上的投影，用 F_y 表示。

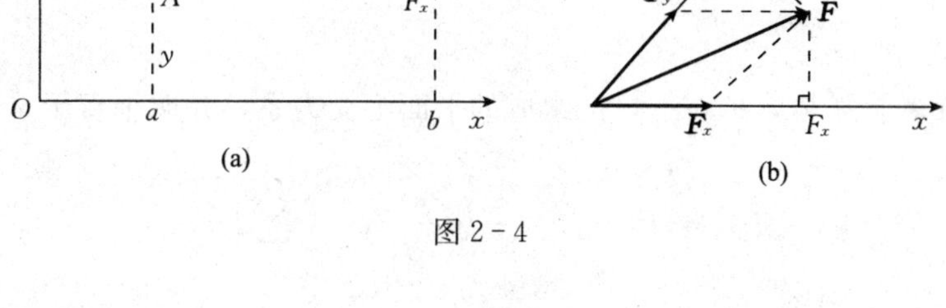

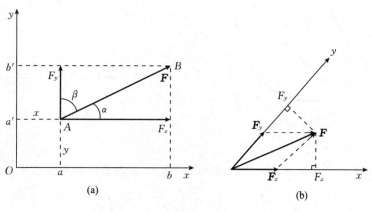

图 2-4

若力 $\boldsymbol{F}$ 与 x 轴正向的夹角为 α，$\boldsymbol{F}$ 与 y 轴正向的夹角为 β，则 F_x，F_y 为

$$\begin{cases} F_x = F\cos\alpha \\ F_y = F\cos\beta \end{cases} \tag{2-3}$$

即力在某轴上的投影，等于力的大小乘以力与投影轴正方向间夹角的余弦。力的投影是代数量，正负号规定：从 $a(a')$ 到 $b(b')$ 的方向与坐标轴的正向一致则为正，反之为负。

反之，如果我们已知一个力在正交坐标系 x 轴和 y 轴的投影，那么我们可以求出这个力的大小和方向。

$$F = \sqrt{F_x^2 + F_y^2} \tag{2-4}$$

$$\cos\alpha = \frac{F_x}{\sqrt{F_x^2 + F_y^2}},\ \cos\beta = \frac{F_y}{\sqrt{F_x^2 + F_y^2}} \tag{2-5}$$

如果将力沿直角坐标轴分解，沿 x 轴和 y 轴的分力分别为 $\boldsymbol{F}_x$ 和 $\boldsymbol{F}_y$，设 x 轴和 y 轴正方向的单位矢量为 $\boldsymbol{i}$ 和 $\boldsymbol{j}$，则

$$\boldsymbol{F} = \boldsymbol{F}_x + \boldsymbol{F}_y = F_x\boldsymbol{i} + F_y\boldsymbol{j} \tag{2-6}$$

即力沿正交坐标轴的分力的大小和力在相应坐标轴上的投影相等。但是分力和力的投影是两个完全不同的概念，沿斜交坐标轴分解，分力的大小和力在相应坐标轴上的投影是不等的，如图 2-4(b) 所示。

2. 平面汇交力系合成的解析法 平面汇交力系合成的解析法是以下述的合力投影定理为依据的。首先以三个力组成的汇交力系为例。设有汇交于 A 点的三个力 $\boldsymbol{F}_1$、$\boldsymbol{F}_2$、$\boldsymbol{F}_3$，如图 2-5(a) 所示。

任取投影轴 x，各力在 x 轴上投影如图 2-5(b) 所示，可知

$$F_{1x} = ab,\quad F_{2x} = bc,\quad F_{3x} = -dc$$

合力 $\boldsymbol{F}_{\mathrm{R}}$ 在 x 轴上投影如图 2-5(b) 所示，有

$$F_{\mathrm{R}x} = ad = ab + bc - dc,\quad F_{\mathrm{R}x} = F_{1x} + F_{2x} + F_{3x}$$

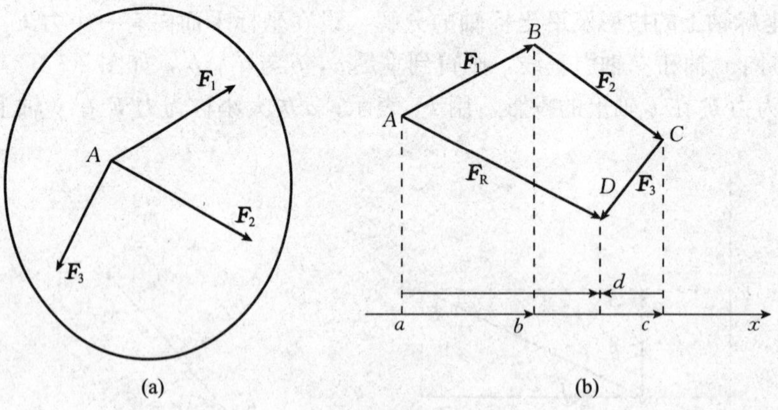

图 2-5

推广到任意多个力 $\boldsymbol{F}_1$，$\boldsymbol{F}_2$，…，$\boldsymbol{F}_n$ 组成的平面汇交力系，并取垂直于 x 轴的任意投影轴 y，可得

$$F_{\mathrm{R}x} = F_{1x} + F_{2x} + \cdots + F_{nx} = \sum F_x$$

$$F_{Ry}=F_{1y}+F_{2y}+\cdots+F_{ny}=\sum F_y \qquad (2-7)$$

即合力在任一轴上的投影，等于它的各分力在同一轴上的投影的代数和，称为合力投影定理。

因此，合力的大小及方向余弦为

$$F_R=\sqrt{F_{Rx}{}^2+F_{Ry}{}^2}=\sqrt{(\sum F_x)^2+(\sum F_y)^2} \qquad (2-8a)$$

$$\cos\alpha=\frac{F_{Rx}}{F_R}=\frac{\sum F_x}{F_R},\quad \cos\beta=\frac{F_{Ry}}{F_R}=\frac{\sum F_y}{F_R} \qquad (2-8b)$$

式中 α、β 分别是合力与 x、y 轴正方向的夹角。

3. 汇交力系的平衡方程　前面已知，平面汇交力系平衡的必要和充分条件是：该力系的合力等于零，即 $\boldsymbol{F}_R=0$。由式（2-8a）可以得到

$$\left.\begin{aligned}\sum F_x=0\\ \sum F_y=0\end{aligned}\right. \qquad (2-9)$$

汇交力系平衡的解析条件是：**力系中各力在直角坐标系中每一轴上的投影的代数和都等于零**。这个条件既是必要的，也是充分的。式（2-9）称为平面汇交力系的平衡方程。这是两个独立的方程，可以求解两个未知量。但有时为解题的方便，式（2-9）的两个投影轴可以不垂直，只要这两个投影轴不平行，就可得到两个独立的方程，求解两个未知量。

例 2-3　如图 2-6(a) 所示，两根直径均为 D 的圆钢，每根重量 $P=2$ kN，搁置在槽内，且 O_1O_2 与水平线夹角为 45°，忽略圆钢与槽之间的摩擦，求 A，B，C 三处的约束力。

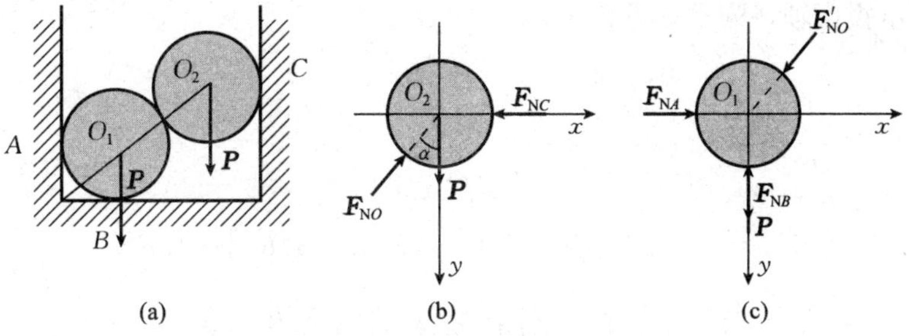

图 2-6

解：(1) 选取 O_2 圆钢作为研究对象，画出其受力图，如图 2-6(b) 所示。

(2) 建立图 2-6(b) 所示直角坐标系，并列平衡方程。

$$\sum F_y=0,\quad P-F_{NO}\cos45^\circ=0$$

$$\sum F_x=0,\quad F_{NO}\cos45^\circ-F_{NC}=0$$

解方程得

$$F_{NO}=2\sqrt{2}\ \text{kN},\qquad F_{NC}=2\ \text{kN}$$

(3) 选取 O_1 圆钢为研究对象，并画出其受力图，如图 2-6(c) 所示。

(4) 建立图 2-6(c) 所示直角坐标系，列平衡方程求解。

$$\sum F_x = 0,\quad F_{NA} - F'_{NO}\cos 45^\circ = 0$$

$$\sum F_y = 0,\quad P + F'_{NO}\cos 45^\circ - F_{NB} = 0$$

其中
$$F'_{NO} = F_{NO}$$

解之得
$$F_{NA} = 2\ \text{kN},\quad F_{NB} = 4\ \text{kN}$$

例 2-4 如图 2-7(a) 所示，已知 $P=20$ kN，不计杆重和滑轮尺寸，求：杆 AB 与 BC 所受的力。

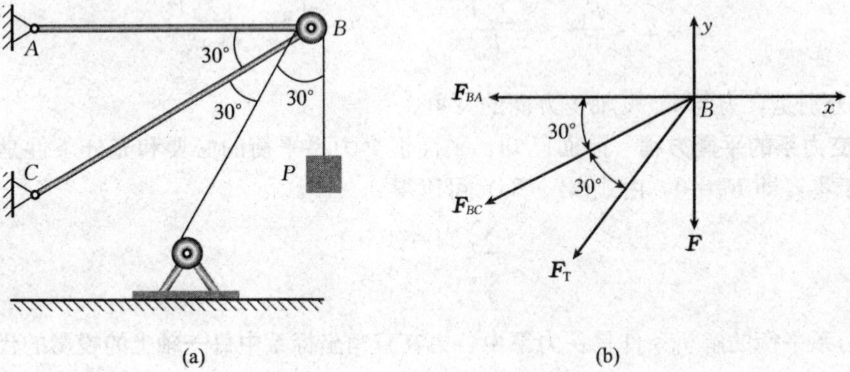

图 2-7

解：(1) 取滑轮（含销钉）B 作为研究对象。不计杆重和滑轮尺寸，受力分析如图 2-7(b) 所示。滑轮受 AB 杆与 BC 杆的约束力 $\boldsymbol{F}_{BA}$ 与 $\boldsymbol{F}_{BC}$，因两杆均为二力杆，所以约束力沿各杆的方向，假设均为拉力，此外还受两段绳子的张力，设为 $\boldsymbol{F}_T$ 和 $\boldsymbol{F}$，因不计滑轮大小，这四个力可以认为汇交于滑轮的中心。

(2) 取图示投影轴，列平衡方程求解。

$$\sum F_x = 0,\quad -F_{BA} - F_{BC}\cos 30^\circ - F_T\cos 60^\circ = 0$$

$$\sum F_y = 0,\quad -F_{BC}\sin 30^\circ - F_T\sin 60^\circ - F = 0$$

其中
$$F = F_T = P$$

解得
$$F_{BC} = -74.64\ \text{kN（压）},\quad F_{BA} = 54.64\ \text{kN（拉）}$$

三、平面力对点之矩的概念及计算

力对刚体的作用效应使刚体的运动状态发生改变（包括移动与转动），其中力对刚体的移动效应可用力矢来度量，而力对刚体的转动效应可用力对点（轴）的矩（简称力矩）来度量，如用扳手拧螺栓，在扳手上作用一个力就可以使螺母绕螺栓轴线转动，这是因为作用在扳手上的力对螺母的中心点（严格说是对螺栓中心轴线）产生了力矩。即力矩是度量力对刚体转动效应的物理量。

1. 力对点之矩（力矩） 如图 2-8 所示，作用在物体上一个力 $\boldsymbol{F}$，任取一点 O，称为**矩心**，点 O 到力的作用线的垂直距离 d 称为**力臂**，力与力臂的乘积称为**力矩大小**，力的作用线与矩心确定的平面称为**力矩作用面**。在我们讨论的平面力系中，各力对力作用平面内同一点的力矩的作用面也就是该平面，因此为简单起见，在平面力系中力 $\boldsymbol{F}$ 对于同平面内任一点 O 的矩定义为

$$M_O(\boldsymbol{F}) = \pm Fd \tag{2-10}$$

即平面力对点之矩可以看成一个代数量，它的大小等于力的大小与力臂的乘积，它的正负可按下法确定：力有使物体绕矩心（实际上是绕通过矩心垂直于力矩作用面的轴线）逆时针转动的趋向时为正，反之为负。

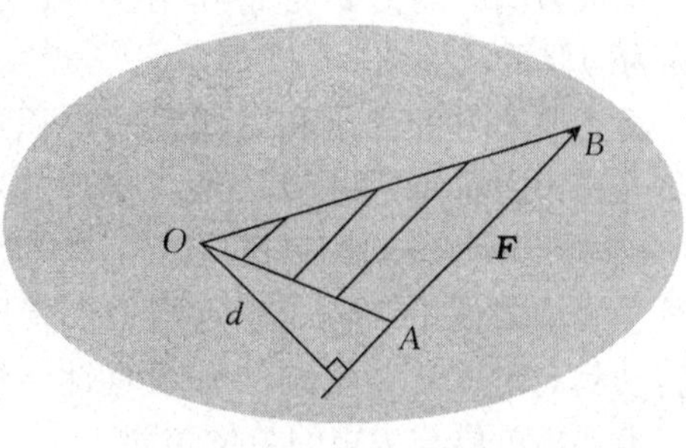

图 2-8

由图 2-8 容易看出，力 **F** 对点 O 的矩的大小也可用矩心与力矢量的起点、终点所连的三角形 OAB 面积的两倍表示，即

$$M_O(\boldsymbol{F})=\pm 2S_{\triangle OAB} \quad (2-11)$$

力矩的单位常用 N · m 或 kN · m。由力对点的力矩的定义可知：

（1）力沿作用线移动时，对一点的矩不变。

（2）力作用线过矩心时，力对矩心之矩等于零。

2. 合力矩定理及力矩解析表达式　合力矩定理：**平面汇交力系的合力对于平面内任一点的力矩，等于各分力对同一点的力矩的代数和。**

利用合力矩定理，可以得到**力对坐标原点力矩的解析表达式**。如图 2-4(a) 所示，已知力在坐标轴上的投影 F_x、F_y，并且知道力的作用点的坐标（x，y），利用合力矩定理可得

$$M_O(\boldsymbol{F})=M_O(\boldsymbol{F}_x)+M_O(\boldsymbol{F}_y)=xF_y-yF_x \quad (2-12)$$

事实上，式（2-12）中的 x、y 可以是力的作用线上任一点的坐标，原因留给读者自行分析。

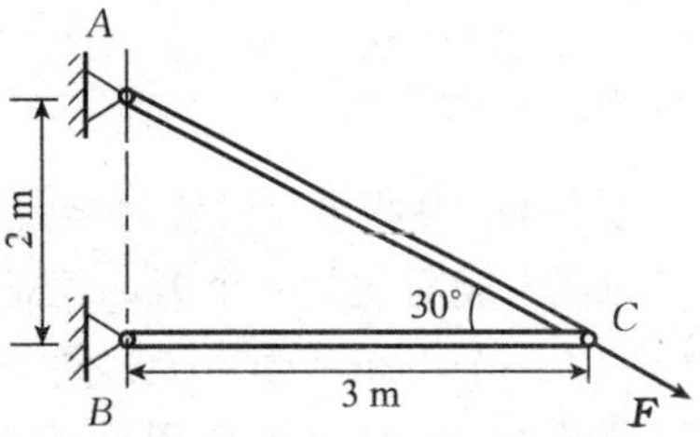

图 2-9

例 2-5　如图 2-9 所示，力 **F** 作用于支架上的点 C，设 $F=100$ N，试求力 **F** 分别对点 A，B 之矩。

解：

$$M_A(\boldsymbol{F})=0$$

$$M_B(\boldsymbol{F})=-3F\cos 60^\circ=-150(\text{N}\cdot\text{m})$$

第二节　平面力偶理论

一、力偶与力偶矩

如图 2-10 所示，把**作用在同一物体上等值、反向而不共线的两个力称为力偶**，以（**F**，**F**′）表示，它是两个力组成的不能再简化的力系。如用手拧水龙头，手指作用在开关上的力形成力偶，钳工用丝锥攻丝时，两手作用在丝锥上的力形成力偶。

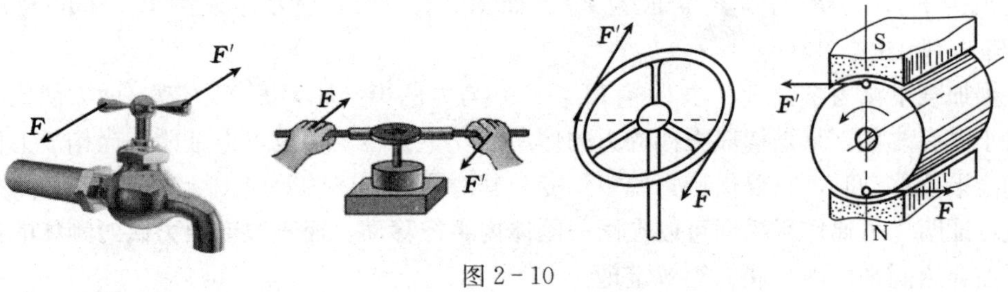

图 2-10

构成力偶的两力 $\boldsymbol{F}$ 与 $\boldsymbol{F}'$ 作用线所确定的平面称为**力偶的作用面**，两力作用线间的距离 d 称为**力偶臂**，如图 2-11 所示。

将力偶中力的大小和力偶臂的乘积冠以适当的正负号称为**力偶矩**，用 M 表示，即

$$M=\pm Fd \qquad (2-13)$$

正负号表示力偶的转向。规定当力偶使刚体有逆时针转动趋向时取正，使刚体有顺时针转动趋向时取负。力偶矩单位与力矩的单位相同。

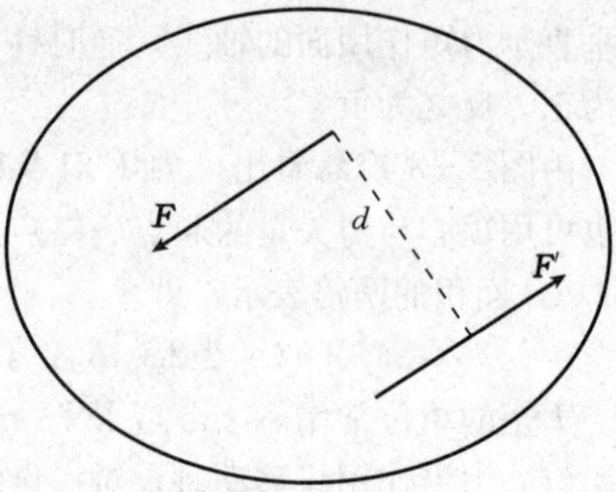

图 2-11

力偶对刚体的作用效应是改变刚体的转动状态，转动效应取决于力偶矩的大小和转向。如作用在方向盘上的力偶可使方向盘绕轴线转动，作用的力偶矩越大，方向盘转速改变越快。力偶在平面内的转向不同，其作用效应也不相同。因此，同一平面内的力偶对刚体的作用效应，只由两个因素决定：**力偶矩的大小及力偶在作用平面内的转向。因此可用代数量表示力偶矩。**

二、力偶的性质

性质 1：力偶不能简化为一合力。

力偶不能简化为一个力，就是说一个力偶没有合力，不可能和一个力等效，因此也不可能单独用一个力来平衡一个力偶，也就是说，一个力偶只能和力偶平衡。

性质 2：力偶对于作用面内任一点之矩恒等于力偶矩，与矩心位置无关。

如图 2-12 所示，O 是力偶（$\boldsymbol{F}$，$\boldsymbol{F}'$）作用面内任意一点，d 为力偶臂，$\boldsymbol{F}'$ 对 O 点的力臂为 x，$\boldsymbol{F}$ 对 O 点的力臂为 $x+d$，因此

$$M_O(\boldsymbol{F})+M_O(\boldsymbol{F}')=F(d+x)-F'x=Fd=M$$

上式表明，力偶中两力对其作用面内任一点矩的代数和与矩心无关，恒等于力偶矩，常用符号 M（$\boldsymbol{F}$，$\boldsymbol{F}'$）或 M 表示。

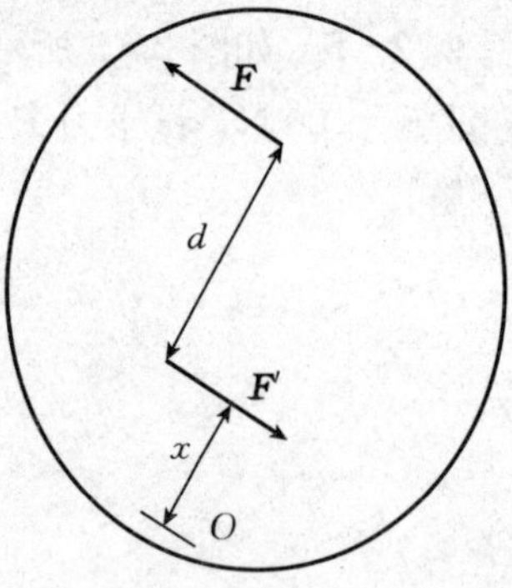

图 2-12

性质 3：力偶中两力在任一轴上投影的代数和等于零。

性质 4：只要保持力偶矩不变，可以在力偶作用平面内任意移转力偶中力的作用线而不改变它对刚体的效应。

图 2-13(a) 中力偶（$\boldsymbol{F}$，$\boldsymbol{F}'$），加一对平衡力（$\boldsymbol{P}$，$\boldsymbol{P}'$），如图2-13(b) 所示。力 $\boldsymbol{F}$ 与力 $\boldsymbol{P}$ 合成为 $\boldsymbol{F}_R$，力 $\boldsymbol{F}'$ 与力 $\boldsymbol{P}'$ 合成为 $\boldsymbol{F}'_R$，如图 2-13(c) 所示。显然 $\boldsymbol{F}_R$ 与 $\boldsymbol{F}'_R$ 构成力偶（$\boldsymbol{F}_R$，$\boldsymbol{F}'_R$），如图 2-13(d) 所示。

根据加减平衡力系原理，力偶矩（$\boldsymbol{F}$，$\boldsymbol{F}'$）与力偶矩（$\boldsymbol{F}_R$，$\boldsymbol{F}'_R$）等效，两力偶比较，力偶矩大小没有改变，只是构成力偶的力的作用线发生了转动。也可以证明，当构成力偶的力的作用线平行移动时，只要保持力偶矩不变，其对同一刚体的效应不会改变。

还可证明：**力偶作用平面可以在同一刚体内平行移动，而不改变原力偶对刚体的效应。**

下面介绍同平面内力偶的等效定理。

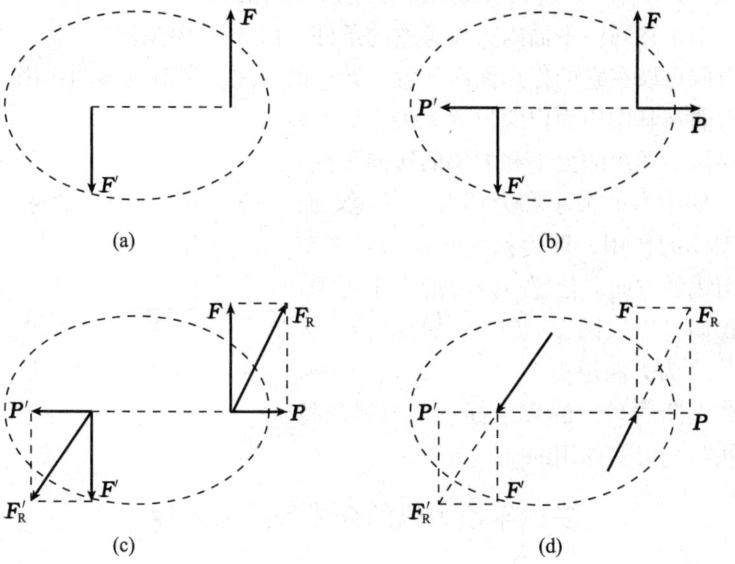

图 2-13

同一平面内力偶矩大小相等，转向相同的两力偶对同一刚体的作用效果相同，称之为同平面内力偶的等效定理。

证明：如图 2-14 所示，设在同平面内有两个力偶（$\boldsymbol{F}_0$，$\boldsymbol{F}_0'$）和（$\boldsymbol{F}$，$\boldsymbol{F}'$）作用，它们的力偶矩相等，且力的作用线分别交于点 A 和点 B，现证明这两个力偶是等效的。将力 $\boldsymbol{F}_0$ 和 $\boldsymbol{F}_0'$分别沿它们的作用线移到点 A 和点 B，然后分别沿连线 AB 和力偶（$\boldsymbol{F}$，$\boldsymbol{F}'$）的两力的作用线方向分解，得到 $\boldsymbol{F}_1$、$\boldsymbol{F}_2$ 和 $\boldsymbol{F}_1'$、$\boldsymbol{F}_2'$四个力，显然，这四个力与原力偶（$\boldsymbol{F}_0$，$\boldsymbol{F}_0'$）等效。由于两个力平行四边形全等，于是力 $\boldsymbol{F}_1'$与 $\boldsymbol{F}_1$ 大小相等，方向相反，并且共线，是一对平衡力，可以除去；剩下的两个力 $\boldsymbol{F}_2$ 与 $\boldsymbol{F}_2'$大小相等，方向相反，组成一个新力偶（$\boldsymbol{F}_2$，$\boldsymbol{F}_2'$），并与原力偶（$\boldsymbol{F}_0$，$\boldsymbol{F}_0'$）等效。连接 CB 和 DB，计算力偶矩，有

$$M(\boldsymbol{F}_0,\ \boldsymbol{F}_0')=-2S_{\triangle ACB}$$

$$M(\boldsymbol{F}_2,\ \boldsymbol{F}_2')=-2S_{\triangle ADB}$$

因为 CD 平行 AB，$\triangle ACB$ 和$\triangle ADB$ 同底等高，面积相等，于是得

$$M(\boldsymbol{F}_0,\ \boldsymbol{F}_0')=M(\boldsymbol{F}_2,\ \boldsymbol{F}_2')$$

即力偶（$\boldsymbol{F}_0$，$\boldsymbol{F}_0'$）与（$\boldsymbol{F}_2$，$\boldsymbol{F}_2'$）等效时，它们的力偶矩相等。由假设知

$$M(\boldsymbol{F}_0,\ \boldsymbol{F}_0')=M(\boldsymbol{F},\ \boldsymbol{F}')$$

因此有

$$M(\boldsymbol{F}_2,\ \boldsymbol{F}_2')=M(\boldsymbol{F},\ \boldsymbol{F}')$$

由图可见，力偶（$\boldsymbol{F}_2$，$\boldsymbol{F}_2'$）和（$\boldsymbol{F}$，$\boldsymbol{F}'$）有相等的力偶臂 d 和相同的转向，于是得

$$\boldsymbol{F}_2=\boldsymbol{F},\quad \boldsymbol{F}_2'=\boldsymbol{F}'$$

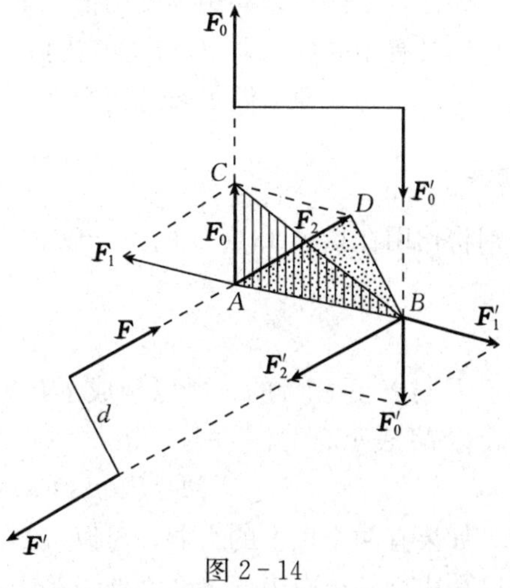

图 2-14

可见力偶（$\boldsymbol{F}_2$，$\boldsymbol{F}_2'$）与（$\boldsymbol{F}$，$\boldsymbol{F}'$）完全相等。又因为力偶（$\boldsymbol{F}_2$，$\boldsymbol{F}_2'$）与（$\boldsymbol{F}_0$，$\boldsymbol{F}_0'$）等效，

所以力偶（$\boldsymbol{F}$，$\boldsymbol{F}'$）与（$\boldsymbol{F}_0$，$\boldsymbol{F}_0'$）等效。于是定理得到证明。

上述定理给出了在同一平面内力偶等效的条件，由此可得推论：

(1) 任一力偶可以在它的作用面内任意移转，而不改变它对刚体的作用。因此，力偶对刚体的作用与力偶在其作用面内的位置无关。

(2) 只要保持力偶矩的大小和力偶的转向不变，可以同时改变力偶中力的大小和力偶臂的长短，而不改变力偶对刚体的作用。即力偶对刚体的效应与力偶中力的作用线的方向、位置以及力的大小无关，因此为简便，我们可以以图 2-15 所示的旋转箭头符号表示力偶，M 为力偶矩。

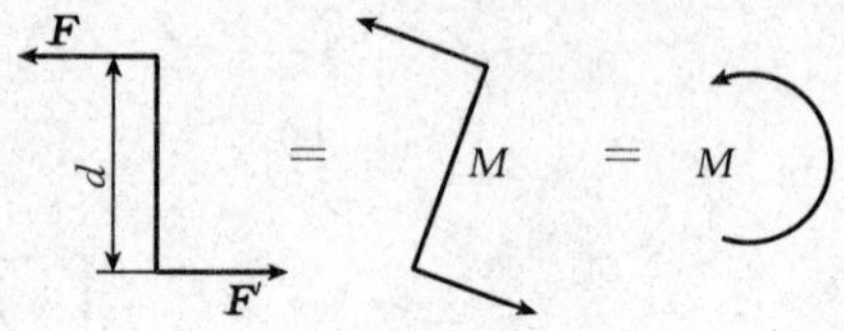

图 2-15

由此可见，力偶臂和力的大小都不是力偶的特征量，只有力偶矩是力偶作用的唯一量度。

三、平面力偶的合成和平衡条件

作用面共面的力偶系称为平面力偶系。

1. 平面力偶系的合成 设在同一平面内有两个力偶（$\boldsymbol{F}_1$，$\boldsymbol{F}_1'$）和（$\boldsymbol{F}_2$，$\boldsymbol{F}_2'$），它们的力偶臂各为 d_1 和 d_2，力偶矩分别为 $M_1=F_1d_1$ 和 $M_2=F_2d_2$，如图 2-16(a) 所示。求它们的合成结果。

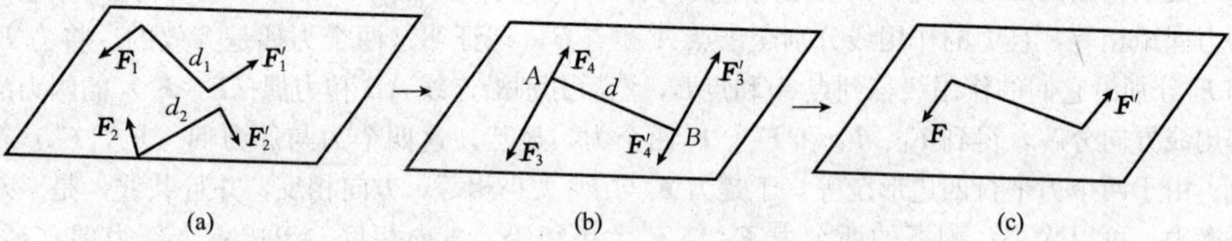

图 2-16

为此，在保持力偶矩不变的情况下，同时改变这两个力偶的力的大小和力偶臂的长短，使它们具有相同的力臂 d，并将它们在平面内移转，使力的作用线重合，如图 2-16(b) 所示。于是得到与原力偶等效的两个新力偶（$\boldsymbol{F}_3$，$\boldsymbol{F}_3'$）和（$\boldsymbol{F}_4$，$\boldsymbol{F}_4'$）。$\boldsymbol{F}_3$ 和 $\boldsymbol{F}_4$ 的大小为

$$F_3=\frac{M_1}{d},\qquad F_4=\frac{M_2}{d}$$

分别将作用在点 A 和点 B 的力合成（设 $F_3>F_4$），得

$$F=F_3-F_4$$

$$F'=F_3'-F_4'$$

由于 F 与 F' 是相等的，所以构成了与原力偶系等效的合力偶（$\boldsymbol{F}$，$\boldsymbol{F}'$），如图 2-16(c) 所示，以 M 表示合力偶的矩，得

$$M=Fd=(F_3-F_4)d=F_3d-F_4d=M_1-M_2$$

如果有两个以上的力偶，可以按照上述方法合成。这就是说：在同平面内的任意 n 个力偶可合成为一个合力偶，合力偶矩等于各个力偶矩的代数和，可写为

$$M=M_1+M_2+\cdots+M_n=\sum M_i \tag{2-14}$$

结论：**平面力偶系可以合成为一个合力偶，合力偶的力偶矩等于力偶系中各分力偶矩的代数和。**

2. 平面力偶系的平衡条件　若刚体受平面力偶系作用，由上面的分析可知，该力偶系可以简化为合力偶，若合力偶矩等于零，即各力偶矩的代数和为零，刚体一定是平衡的。反之，若刚体受平面力偶系作用平衡，则各力偶矩代数和一定为零。因此可得平面力偶系平衡的必要与充分条件是：**力偶系中各力偶矩的代数和等于零。**即

$$\sum M = 0 \qquad (2-15)$$

上式称为平面力偶系的平衡方程，可以求解一个未知量。

例 2-6　如图 2-17(a) 所示，在一钻床上水平放置工件，在工件上同时钻四个等直径的孔，每个钻头的力偶矩为 $M_1=M_2=M_3=M_4=15\ \mathrm{N \cdot m}$，求工件的总切削力偶矩和 A、B 端水平反力。

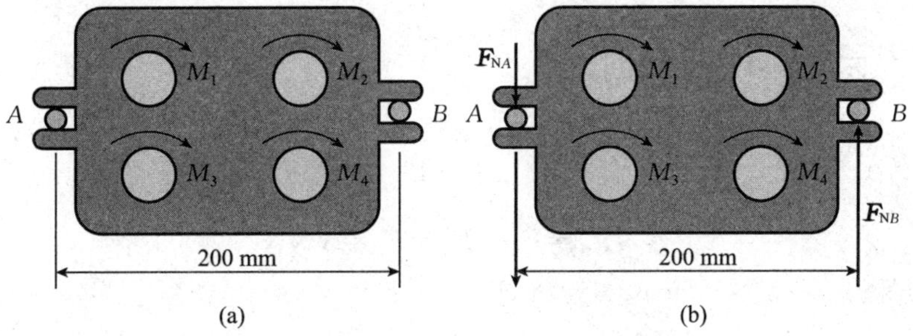

图 2-17

解：工件受力图如图 2-17(b) 所示，A、B 处均为光滑面接触，约束力 $\boldsymbol{F}_{NA}$ 与 $\boldsymbol{F}_{NB}$ 垂直接触面，由力偶只能与力偶平衡的性质，它们大小相等，方向相反，组成一力偶。各切削力偶的合力偶矩为

$$M=M_1+M_2+M_3+M_4=4\times(-15)=-60\ (\mathrm{N \cdot m})$$

根据平面力偶系平衡方程有

$$F_{NB}\times 0.2-M_1-M_2-M_3-M_4=0$$

$$F_{NB}=\frac{60}{0.2}=300\ (\mathrm{N}), \qquad F_{NA}=F_{NB}=300\ (\mathrm{N})$$

例 2-7　四连杆机构在图 2-18(a) 所示位置平衡。已知 $OA=60$ cm，$BC=40$ cm，作用在 BC 上的力偶的力偶矩大小为 $M_2=1\ \mathrm{N \cdot m}$，试求作用在 OA 上力偶的力偶矩大小 M_1 和 AB 所受的力的大小。各杆重量不计。

解：(1) 研究 AB 杆，其为二力杆，受力如图 2-18(b) 所示，再以 BC 杆为研究对象，其在 B 点受到 AB 杆的反作用力 $\boldsymbol{F}_B$，由力偶性质可知，固定铰支座 C 的约束力 $\boldsymbol{F}_C$ 必与 $\boldsymbol{F}_B$ 构成力偶，画受力图，如图 2-18(c) 所示。

列平衡方程：

$$\sum M = 0, \quad F_B \times \overline{BC}\sin 30^\circ - M_2 = 0$$

$$F_B = \frac{M_2}{\overline{BC}\sin 30^\circ} = \frac{1}{0.4\times\sin 30^\circ} = 5(\mathrm{N})$$

(2) 研究 OA 杆，受力图如图 2-18(d) 所示，可知

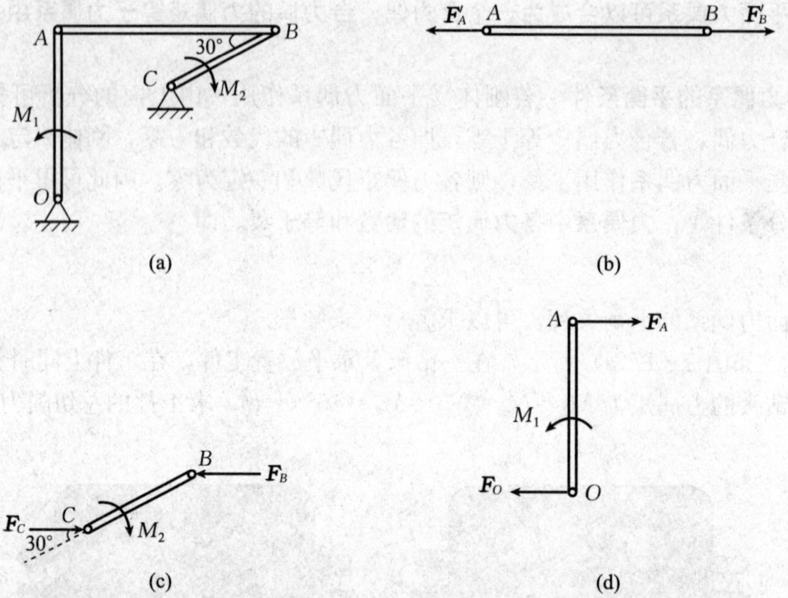

图 2-18

$$F_A = F'_A = F'_B = F_B = 5\ \text{N}$$

列平衡方程：

$$\sum M = 0, \quad -F_A \times \overline{OA} + M_1 = 0$$

故
$$M_1 = F_A \times \overline{OA} = 5 \times 0.6 = 3(\text{N} \cdot \text{m})$$

思 考 题

2-1 思考题 2-1 图所示为作用在三角形板上汇交于三角形板底边中点的平面汇交力系。如果各力大小均不等于零，则图中力系能平衡吗？

2-2 在刚体的 A、B、C、D 四点作用有两对大小相等、两两平行的力，如思考题 2-2 图所示，这四个力组成封闭的四边形，此刚体平衡吗？若同时改变 $\boldsymbol{F}_3$ 与 $\boldsymbol{F}_4$ 的方向，刚体能平衡吗？

2-3 力偶中的两个力在其作用面内任意坐标轴上的投影的代数和恒为零吗？

2-4 力偶不能单独与一个力相平衡，为什么如思考题 2-4 图所示的轮子又能平衡呢？

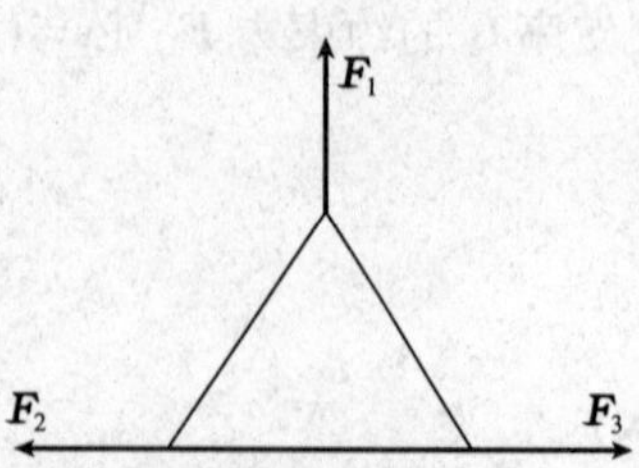

思考题 2-1 图

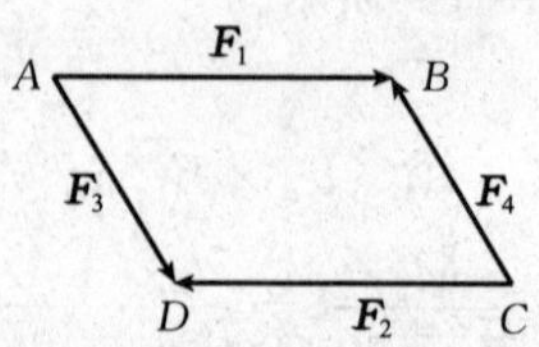

思考题 2-2 图

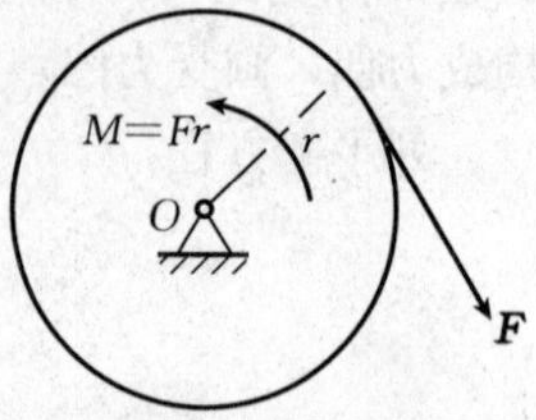

思考题 2-4 图

2-5　如何正确理解力的投影和分力、力对点的矩和力偶矩的概念?

习　题

注：题中未出现计量单位的都视为国际单位制单位。

2-1　如习题2-1图所示，杆AC、BC在C处铰接，另一端均与墙面铰接，F_1和F_2作用在销钉C上，$F_1=445$ N，$F_2=535$ N，不计杆重，试求两杆所受的力。

2-2　如习题2-2图所示，三铰刚架受力$\boldsymbol{F}$作用，不计杆自重。求：A、B支座反力。

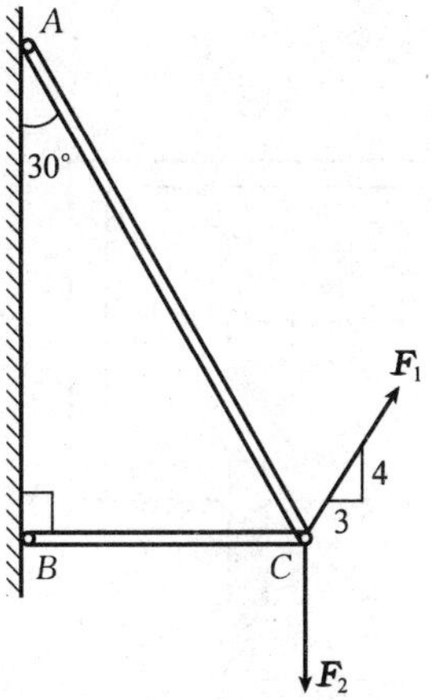

习题2-1图

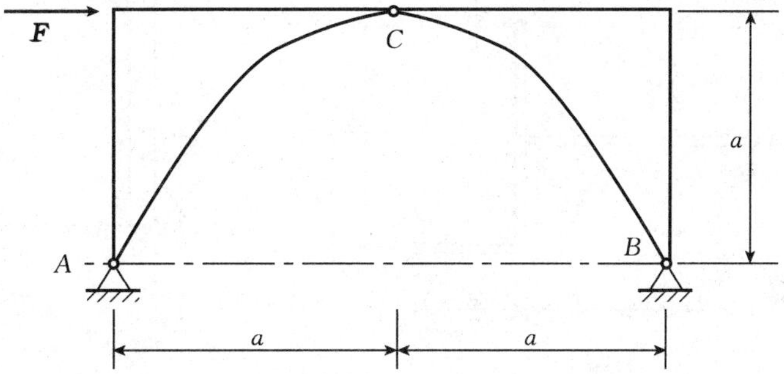

习题2-2图

2-3　如习题2-3图所示，铆接薄板在孔心A、B和C处受三力作用。$F_1=100$ N，沿铅直方向；$F_3=50$ N，沿水平方向，并通过点A；$F_2=50$ N，力的作用线也通过点A。求此力系的合力。

2-4　如习题2-4图所示，四连杆机构$CABD$的CD边固定，A、B、C、D各点为铰链，因此，$ABCD$的形状是可变的。今在铰A上作用力$\boldsymbol{F}_1$，铰B上作用力$\boldsymbol{F}_2$，使机构在图中位置处于平衡。若各杆重量忽略不计，试求力F_1与F_2的大小关系。

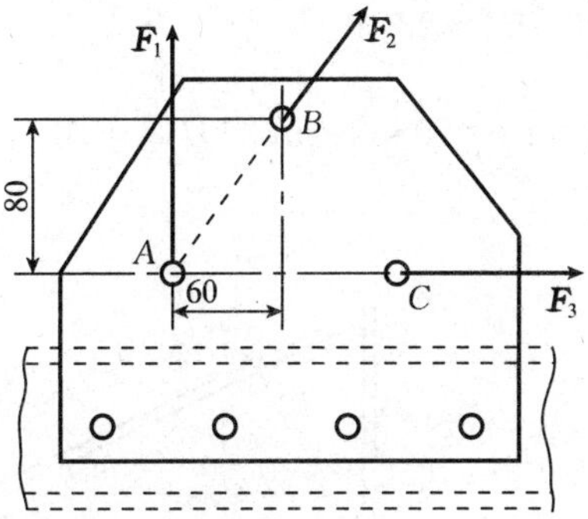

习题2-3图

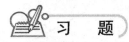

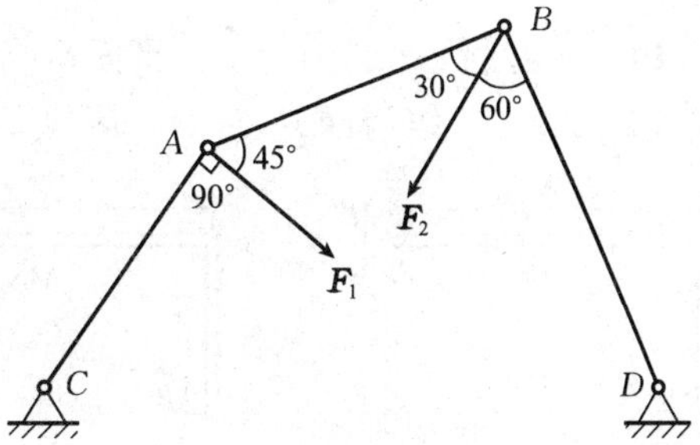

习题2-4图

2-5　支架如习题2-5图所示，已知$AB=AC=300$ cm，$CD=15$ cm，$F=100$ N，$\alpha=$

30°，求力 $\boldsymbol{F}$ 对 A、B、C 三点之矩。

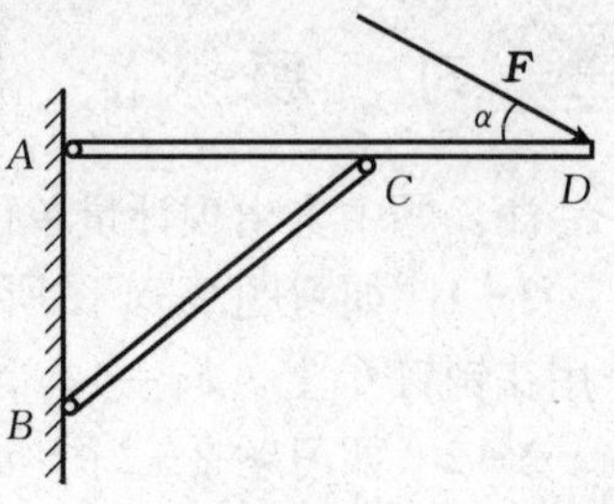

习题 2-5 图

2-6 如习题 2-6 图所示，不计重量的直杆 AB 与折杆 CD 在 B 处用光滑铰链连接，若结构受力 $\boldsymbol{F}$ 作用，各杆的自重不计，试求支座 C 处的约束力。

2-7 如习题 2-7 图所示，一拔桩装置，AB、ED、DB、CB 均为绳，$\theta=0.1$ rad，DB 水平，AB 铅垂。力 $F=800$ N，求绳 AB 作用于桩上的力。

2-8 如习题 2-8 图所示，已知梁 AB 上作用一力偶，力偶矩为 M，梁长为 l，梁重不计。求在习题 2-8 图（a）、（b）和（c）三种情况下，支座 A 和 B 的约束力。

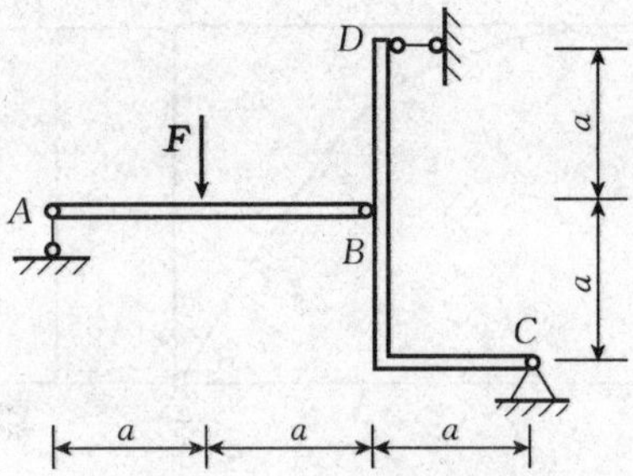

习题 2-6 图

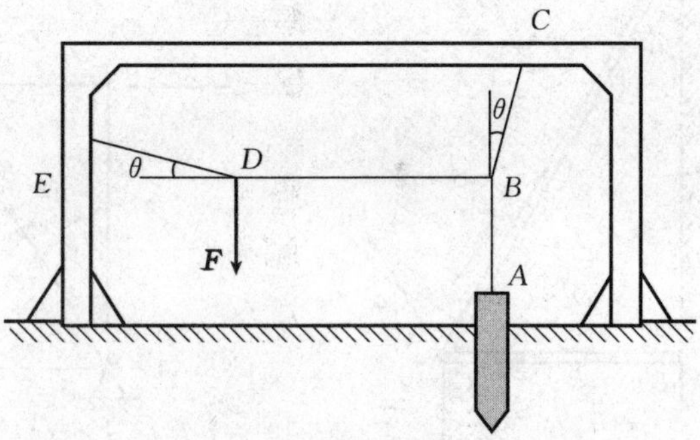

习题 2-7 图

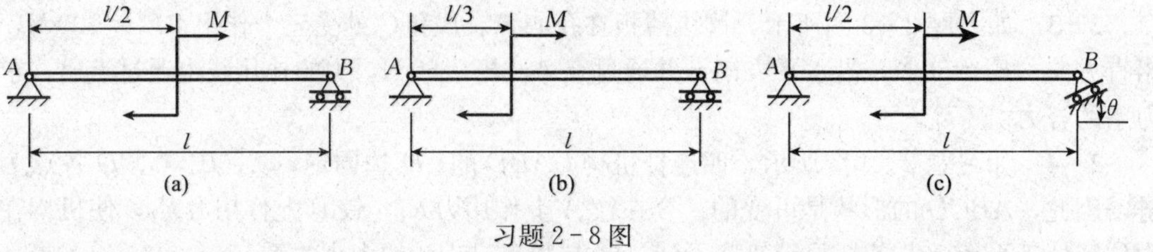

习题 2-8 图

2-9 如习题 2-9 图所示，两个尺寸相同的直角曲杆，受相同的力偶 M 作用，尺寸如图所示，自重不计，求在习题 2-9 图（a）和（b）两种情况下，支座 A_1、B_1 和 A_2、B_2 处的约束力。

2-10 如习题 2-10 图所示，平面系统受力偶矩为 $M=10$ kN·m 的力偶作用。当力偶 M 分别作用于 AC、BC 杆时，求 A、B 的支座约束力。

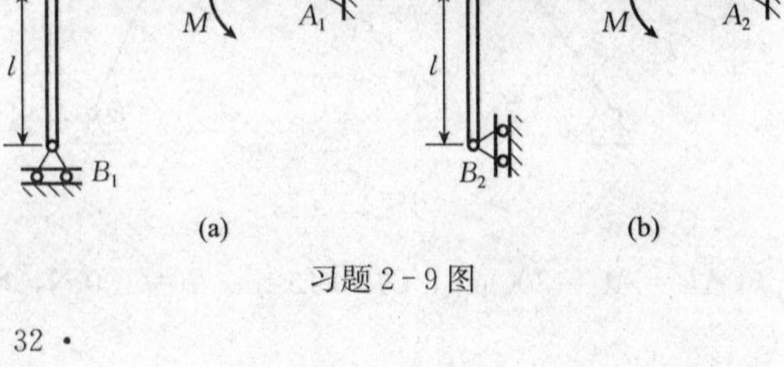

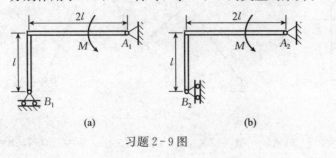

习题 2-9 图

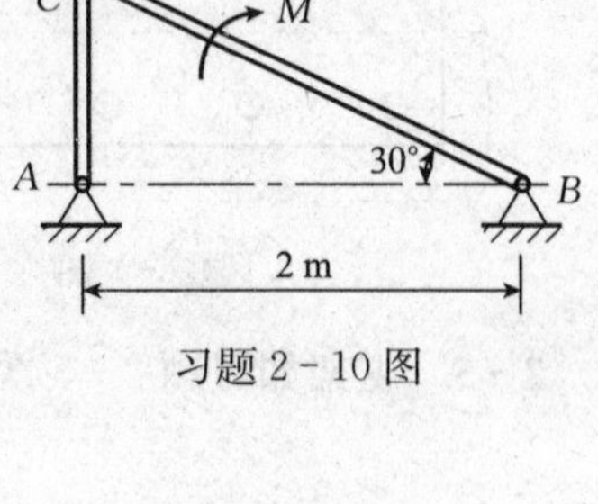

习题 2-10 图

2-11　如习题 2-11 图所示，构件 AB 为 1/4 圆弧形，半径为 r，构件 BDC 为直角折杆，BD 垂直于 CD，在 BDC 平面内作用有一力偶 M，$L=2r$，求 A、C 处的约束力。

2-12　如习题 2-12 图所示，曲柄 OA 上作用一力偶，其矩为 M，另在滑块 D 上作用水平力 F。机构尺寸如图所示，各杆重量不计。求当机构平衡时，力 F 与力偶矩 M 的关系。

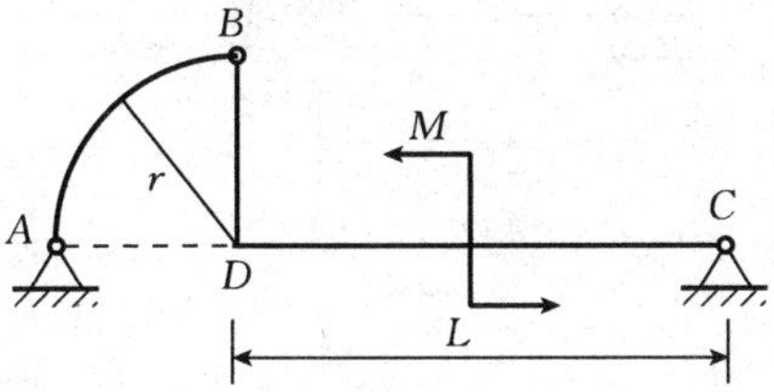

习题 2-11 图

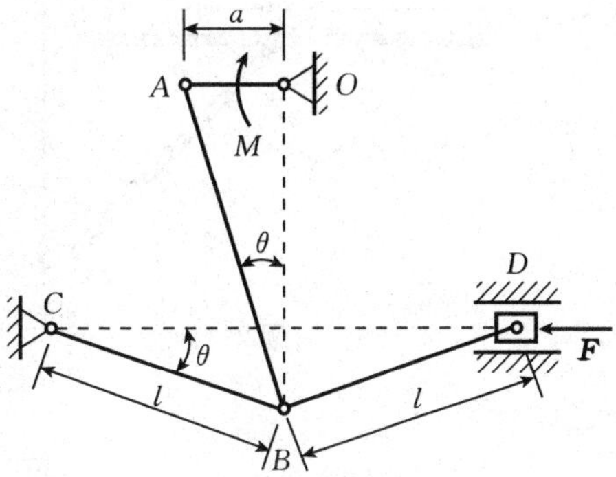

习题 2-12 图

2-13　如习题 2-13 图所示，各构件的自重略去不计，在构件 BC 上作用一力偶矩为 M 的力偶，尺寸如图。求支座 A 的约束力。

2-14　如习题 2-14 图所示，机构的自重不计。圆轮上的销子 A 放在摇杆 BC 上的光滑导槽内。圆轮上作用一力偶，其力偶矩为 $M_1=21$ kN·m，$OA=r=0.5$ m。图示位置时 OA 与 OB 垂直，$\alpha=30°$，且系统平衡。求作用于摇杆 BC 上力偶的矩 M_2，及铰链 O、B 处的约束力。

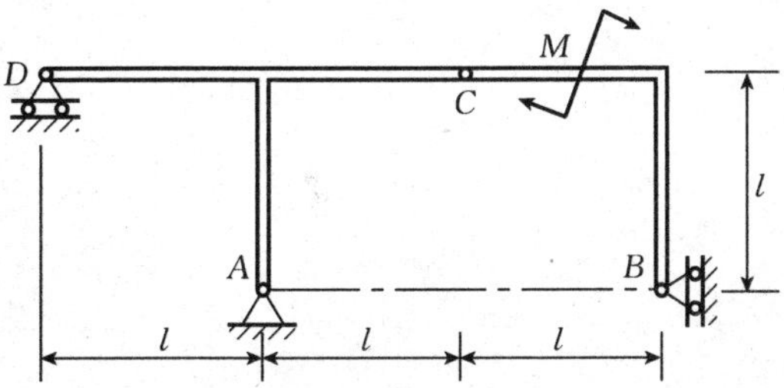

习题 2-13 图

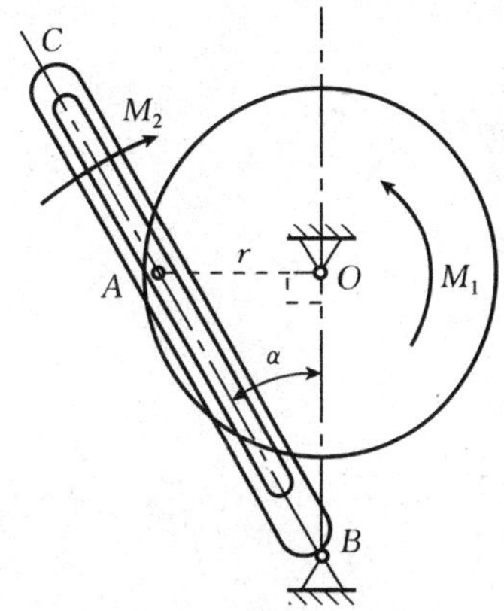

习题 2-14 图

2-15　如习题 2-15 图所示，已知 P、Q，滑轮 B、C 忽略自重，求平衡时夹角 α 及地面对球体 A 的支承力。

2-16　如习题 2-16 图所示杆系，已知力偶矩为 m，长度为 l，各杆重量不计。求 A、B 处约束力。

2-17　如习题 2-17 图所示压榨机中，杆 AB 和 BC 的长度相等，自重忽略不计。A，B，C，E 处为铰链连接。已知活塞 D 上受到油缸内的总压力为 $F=3$ kN，$h=$

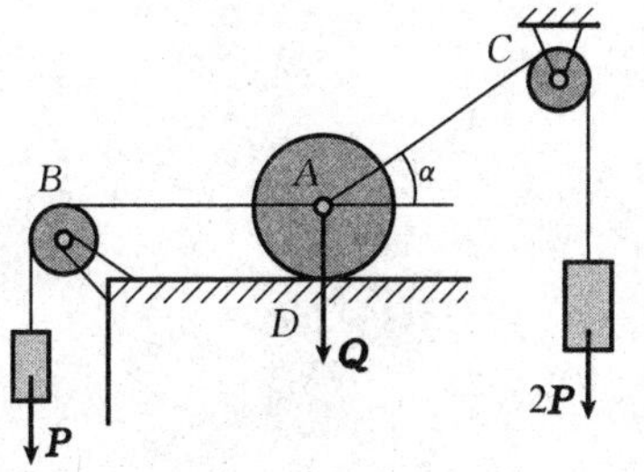

习题 2-15 图

200 mm，l=1 500 mm。试求出杆 AB、杆 BC 以及压块 C 所受的力。

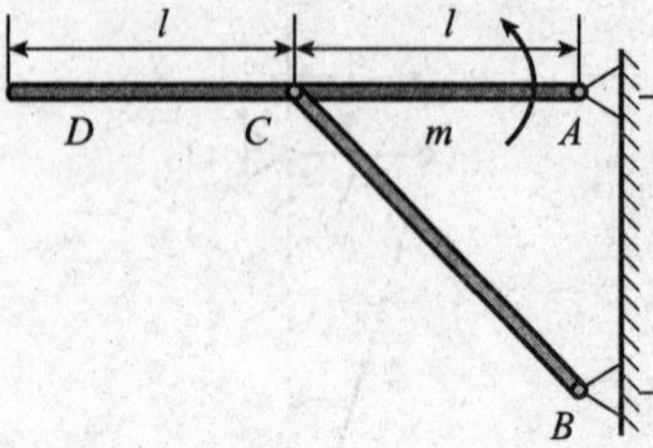

习题 2-16 图

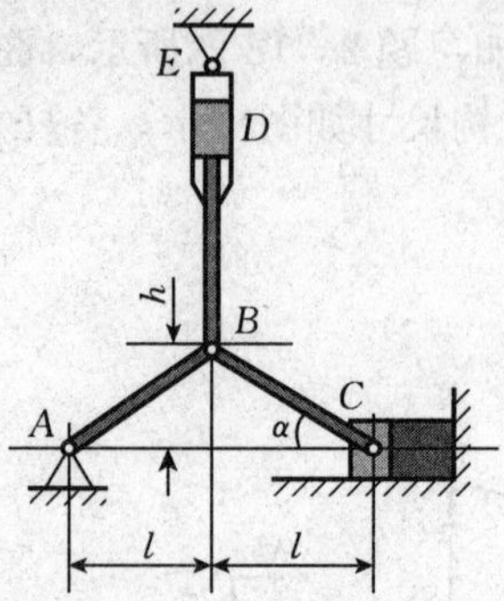

习题 2-17 图

习题参考答案

第三章　平面任意力系

【内容提要】了解平面任意力系的概念及实例。理解力的平移定理、主矢、主矩的概念。掌握利用力的平移定理将平面任意力系向一点简化的方法。了解平面任意力系简化的最终结果的几种情况。理解合力矩定理。掌握平面任意力系的平衡条件和平衡方程及其应用，平面平行力系的平衡方程及应用。了解静定和超静定的概念。掌握物体系统平衡问题的求解思路。了解平面简单桁架的内力计算方法。

第一节　平面任意力系向作用面内一点的简化

力的平移定理是平面任意力系简化的基础。因此，在介绍平面任意力系简化之前，首先介绍力的平移定理。

一、力的平移定理

定理：作用在刚体上的力，可以向刚体内任一点平移，但必须同时附加一个力偶，此力偶的力偶矩等于原力对新作用点的矩。

证明：图 3-1(a) 中的力 $\boldsymbol{F}$ 作用于刚体的点 A，在刚体上任取一点 B，在点 B 上加两个等值反向的力 $\boldsymbol{F}'$ 和 $\boldsymbol{F}''$，并令它们与力 $\boldsymbol{F}$ 平行且 $\boldsymbol{F}=\boldsymbol{F}'=-\boldsymbol{F}''$，如图 3-1(b) 所示，根据加减平衡力系公理，这三个力 $\boldsymbol{F}$、$\boldsymbol{F}'$、$\boldsymbol{F}''$组成的新力系与原来的一个力 $\boldsymbol{F}$ 等效。同时，这三个力可看作一个作用在点 B 的力 $\boldsymbol{F}'$ 和一个力偶（$\boldsymbol{F}$，$\boldsymbol{F}''$），此力偶称为附加力偶，如图 3-1(c) 所示。从图中可以看出，该附加力偶的矩 $M=Fd$，其中 d 为附加力偶的臂，也就是点 B 到力 $\boldsymbol{F}$ 的作用线的距离，即 $M=M_B(\boldsymbol{F})$。这样，就把作用于点 A 的力 $\boldsymbol{F}$ 平移到另一点 B，但同时附加上了一个力偶，此力偶的力偶矩等于原来的力对新作用点的矩。定理得到证明。

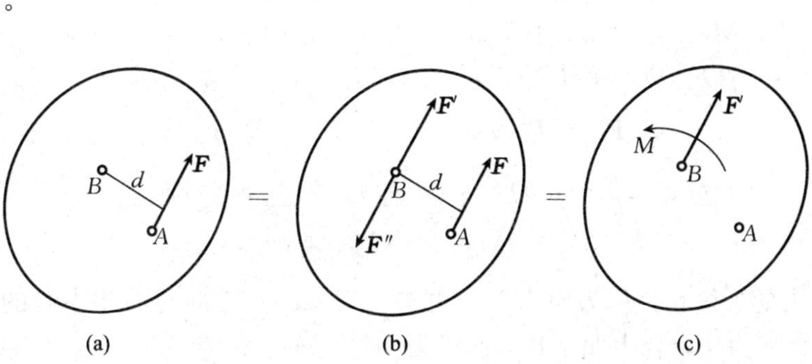

图 3-1

反过来，根据力的平移定理，也可以将平面内的一个力和一个力偶用作用在同一平面内另一点的力来等效替换。

力的平移定理也是材料力学中研究组合变形的力学分析基础。例如，图 3-2(a) 所示，作用于齿轮上的圆周力 $\boldsymbol{P}$，根据力的平移定理，等效于通过齿轮中心的力 $\boldsymbol{P}'$ 和附加力偶 M，如图 3-2(b) 所示。力 $\boldsymbol{P}'$ 主要使轴产生弯曲变形，而附加力偶 M 可以驱使轴转动。图 3-2(b) 所示的载荷可以看成是图 3-2(c) 和 (d) 两种载荷作用的叠加。另外，一些实际问题，例如，足球的香蕉球和乒乓球的弧圈球也可以用力的平移定理及动力学的原理解释。为什么使用丝锥加工螺纹时，必须用两手握扳手，而且用力要相等，而不能用一只手扳动扳手呢？利用力的平移定理与材料力学中的基本变形知识可以解释。

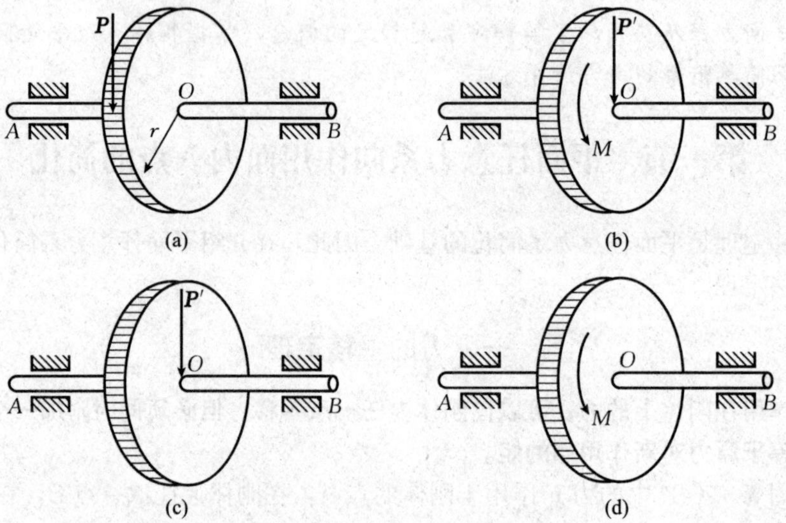

图 3-2

二、力系的主矢及向一点简化的主矩

1. 主矢与主矩 设刚体上作用一平面任意力系 $\boldsymbol{F}_1$，$\boldsymbol{F}_2$，…，$\boldsymbol{F}_n$，如图 3-3(a) 所示。在平面内任取一点 O，称为简化中心，把力系向 O 点简化。根据力的平移定理，把各力都平移到点 O。这样，得到一个汇交于点 O 的平面汇交力系 $\boldsymbol{F}_1'$，$\boldsymbol{F}_2'$，…，$\boldsymbol{F}_n'$，以及相应的附加平面力偶系 M_1，M_2，…，M_n，其中 $M_i=M_O(\boldsymbol{F}_i)$，如图 3-3(b) 所示。

平面汇交力系可以合成一个作用于点 O 的合力 $\boldsymbol{F}_R'$，用矢量表示为

$$\boldsymbol{F}_R' = \boldsymbol{F}_1' + \boldsymbol{F}_2' + \cdots + \boldsymbol{F}_n' = \sum \boldsymbol{F}_i' \tag{3-1a}$$

因为各力矢 $\boldsymbol{F}_i'=\boldsymbol{F}_i$ ($i=1, 2, \cdots, n$)，所以 $\sum \boldsymbol{F}_i' = \sum \boldsymbol{F}_i$，即

$$\boldsymbol{F}_R' = \sum \boldsymbol{F}_i \tag{3-1b}$$

$\boldsymbol{F}_R'$ 为力系中各力的矢量和，称为原力系的**主矢**，其大小及方向与简化中心的位置无关。附加力偶系可以合成为一个合力偶，其力偶矩为

$$M_O = M_1 + M_2 + \cdots + M_n = \sum M_O(\boldsymbol{F}_i) \tag{3-2}$$

M_O 称为原力系对简化中心 O 的**主矩**，其大小通常与简化中心的选择有关。$\boldsymbol{F}_R'$ 和 M_O 组成一个新力系，该力系与原力系等效，如图 3-3(c) 所示。

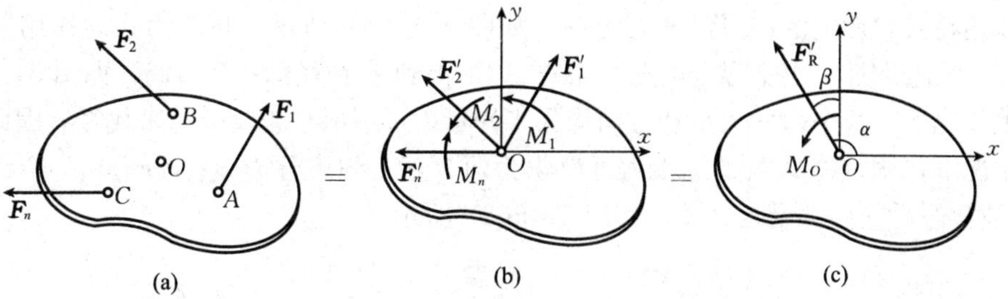

图 3－3

通过以上分析可知：**在一般情况下，平面任意力系向作用面内任一点简化，可得到一个力和一个力偶。这个力等于力系中各力的矢量和，称为原力系的主矢，作用线通过简化中心。这个力偶之矩等于原力系中各力对简化中心之矩的代数和，称为原力系对于简化中心 O 的主矩，力偶作用面就是力系所在的平面。**

以简化中心 O 为原点建立直角坐标系 Oxy，以 $\boldsymbol{i}$、$\boldsymbol{j}$ 表示坐标轴正方向的单位矢量，则力系主矢 $\boldsymbol{F}_R'$的解析表达式为

$$\boldsymbol{F}_R' = F_{Rx}'\boldsymbol{i} + F_{Ry}'\boldsymbol{j} = \sum F_x\boldsymbol{i} + \sum F_y\boldsymbol{j} \tag{3-3}$$

式中 F_{Rx}'、F_{Ry}'分别为主矢在 x、y 轴的投影。于是主矢的大小和方向余弦为

$$F_R' = \sqrt{\left(\sum F_x\right)^2 + \left(\sum F_y\right)^2} \tag{3-4a}$$

$$\cos\alpha = \frac{F_{Rx}'}{F_R'} = \frac{\sum F_x}{F_R'},\quad \cos\beta = \frac{F_{Ry}'}{F_R'} = \frac{\sum F_y}{F_R'} \tag{3-4b}$$

式中 α、β 分别是主矢与 x、y 轴正方向的夹角。因此，已知一平面任意力系中各力的大小和方向，便可以计算出主矢的大小和方向。主矢与简化中心位置无关，主矩一般与简化中心位置有关。

2. 平面固定端约束　平面固定端约束是工程中一种常见的约束类型。一个物体的一端完全固定在另一个物体上，端面既不能转动也不能移动，这种约束称为平面固定端约束或平面固定（插入）端支座，简称固定端约束或固定支座。它们的约束端称为**插入端**或**固定端**。图 3－4(a) 中房屋建筑物的阳台、图 3－4(b) 中车床上的刀具、图 3－4(c) 中立于路边的电线杆等均属于固定端支座的约束。

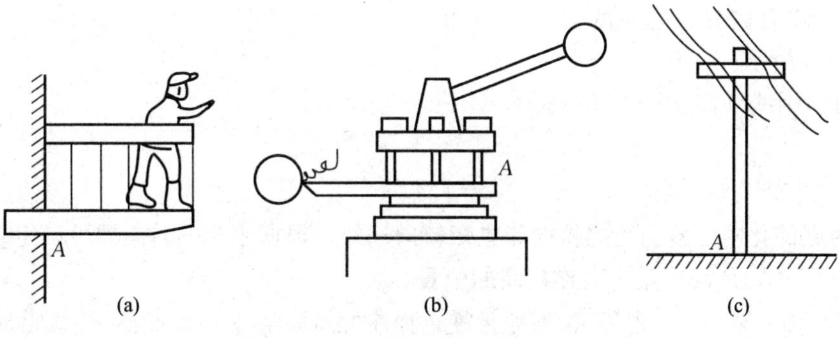

图 3－4

如图 3-5(a) 所示，一物体 AB 在左端 A 受固定端支座约束。固定端支座对物体的约束力是作用在接触面上的一平面任意力系，如图 3-5(b) 所示。将该力系向作用平面内一点简化（一般选取插入端交界处的截面中心 A），得到一个力和一个力偶，如图 3-5(c) 所示。一般情况下，这个力的大小和方向均为未知量，可用两个正交分力来代替。因此，在平面力系情况下，固定端 A 处的约束力可简化为两个正交约束分力 $\boldsymbol{F}_{Ax}$、$\boldsymbol{F}_{Ay}$ 和一个约束力偶 M_A，且通常假设它们都是正号的，如图 3-5(d) 所示。

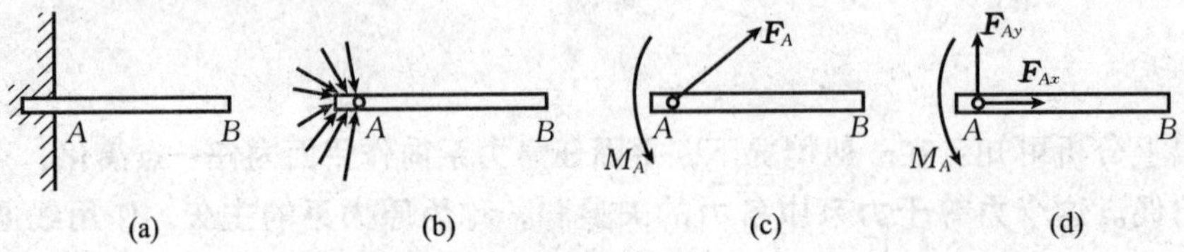

图 3-5

一端受固定端支座约束、一端自由的梁称为悬臂梁，其结构简图如图 3-6(a) 所示。其约束力如图 3-6(b) 所示，正交约束力 $\boldsymbol{F}_{Ax}$、$\boldsymbol{F}_{Ay}$ 限制梁水平和铅直方向的移动，而约束力偶 M_A 限制梁绕 A 点的转动。

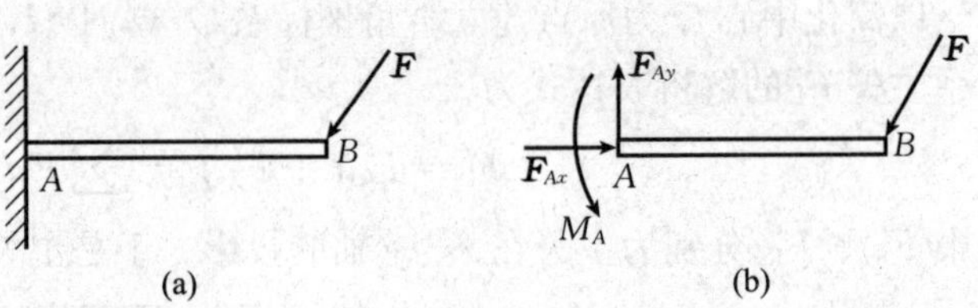

图 3-6

3. 平面任意力系的简化结果分析 平面任意力系向平面内任一点简化，一般可得主矢 $\boldsymbol{F}'_R$ 和主矩 M_O。根据主矢和主矩是否为零，进一步讨论力系的简化结果，可得以下四种情况。

(1) $\boldsymbol{F}'_R \neq 0$，$M_O \neq 0$。主矢 $\boldsymbol{F}'_R$ 和主矩 M_O 都不等于零，如图 3-7(a) 所示。此时，原力系可进一步简化。将主矩 M_O 用（$\boldsymbol{F}_R$，$\boldsymbol{F}''_R$）来代替，并使 $\boldsymbol{F}'_R = \boldsymbol{F}_R = -\boldsymbol{F}''_R$，如图 3-7(b) 所示。根据加减平衡力系公理，除去平衡力系 $\boldsymbol{F}'_R$ 及 $\boldsymbol{F}''_R$ 后，只剩下作用于 O' 点的力 $\boldsymbol{F}_R$，该力称为原力系的合力，如图 3-7(c) 所示。

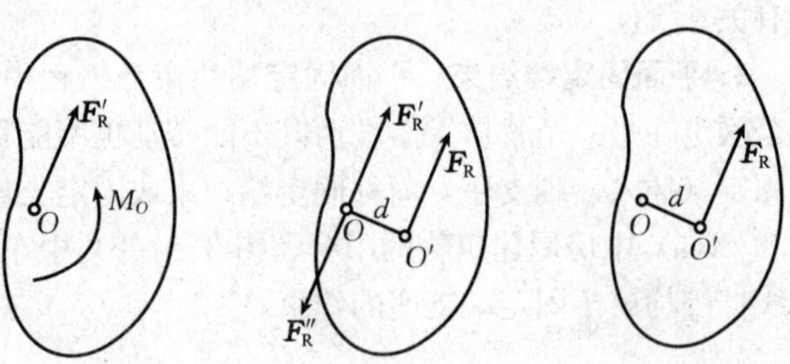

图 3-7

合力 $\boldsymbol{F}_R$ 的作用线到简化中心 O 的距离 d 为

$$d = |M_O / F'_R|$$

合力对原简化中心的力矩的转向和主矩转向一致，根据主矩的转向即可确定合力作用线在点 O 的哪一侧，从而确定合力作用线的位置。

(2) $\boldsymbol{F}'_R \neq 0$，$M_O = 0$。主矢 $\boldsymbol{F}'_R$ 不等于零，而主矩 M_O 等于零。显然 $\boldsymbol{F}'_R$ 就是原力系的合力，即合力的作用线恰好通过简化中心，也就是说原力系可简化为通过简化中心的一个合力。

(3) $F'_R=0$，$M_O\neq0$。主矢 F'_R 等于零，而主矩 M_O 不等于零。此时，原力系可简化为一力偶。当力系可简化为力偶时，简化结果与简化中心的位置无关。

(4) $F'_R=0$，$M_O=0$。主矢 F'_R 和主矩 M_O 都等于零。此时，原力系是平衡力系，这个条件也是平面任意力系平衡的必要条件，也就是说平面任意力系作用下刚体平衡，则力系的主矢 F'_R 和对任一点 O 的主矩 M_O 都等于零。**主矢 F'_R 和主矩 M_O 都等于零是平面任意力系平衡的充要条件。**

4. 合力矩定理　由前面的分析可知：平面任意力系向作用面内任意一点的简化，共有四种可能情况。由于第一种情况和第二种情况都是简化后得一合力，故平面任意力系向作用面内一点简化最终的结果只有三种情况，即合力、合力偶或平衡。对于平面任意力系最终简化为一合力的情况，我们来分析合力对平面内任一点之矩与原力系各分力对同一点之矩的关系。

由图 3-7(c) 可知，合力 F_R 对点 O 之矩为

$$M_O(\boldsymbol{F}_R)=F_R\cdot d=M_O$$

另一方面，根据式（3-2）可知，原力系向点 O 简化的主矩为

$$M_O=\sum M_O(\boldsymbol{F}_i)$$

比较以上两式，有

$$M_O(\boldsymbol{F}_R)=\sum M_O(\boldsymbol{F}_i) \tag{3-5}$$

由于简化中心是任取的，上式的结论具有一般性。式（3-5）称为合力矩定理，即**平面任意力系的合力对作用平面内任一点之矩等于原力系中各分力对同一点之矩的代数和。**

5. 同向平行分布力系的合力　工程实际中，除了作用于一点的集中力外，还有连续分布在一段长度、部分接触面或物体整个体积的分布力，或可以简化为上述类型的力，这些力可简称为线分布力、面分布力和体分布力。如：作用在烟囱上的风载荷，可以简化为沿长度分布的线载荷；作用于物体表面的液压或气压力，是一种面分布力，简称面力；重力与惯性力是作用于整个物体的体积力。与集中力的单位不同，在国际单位制中，线分布力、面分布力和体分布力的单位分别为 N/m、N/m^2 和 N/m^3（单位质量受到的力称为质量力，其单位为 m/s^2）。

连续分布的线载荷，其在一点处作用的强弱称为该点处载荷的集度，用 q 表示，单位为 N/m。如果各点处集度都相等，称为均匀分布；如果各点处集度按直线规律变化，称为线性分布，起始点集度为零的线性分布称为三角形分布。任意同向平行分布线载荷可以简化为一个集中力。下面，就三角形分布的线载荷，以力系简化与合力矩定理确定合力的大小和作用线位置。

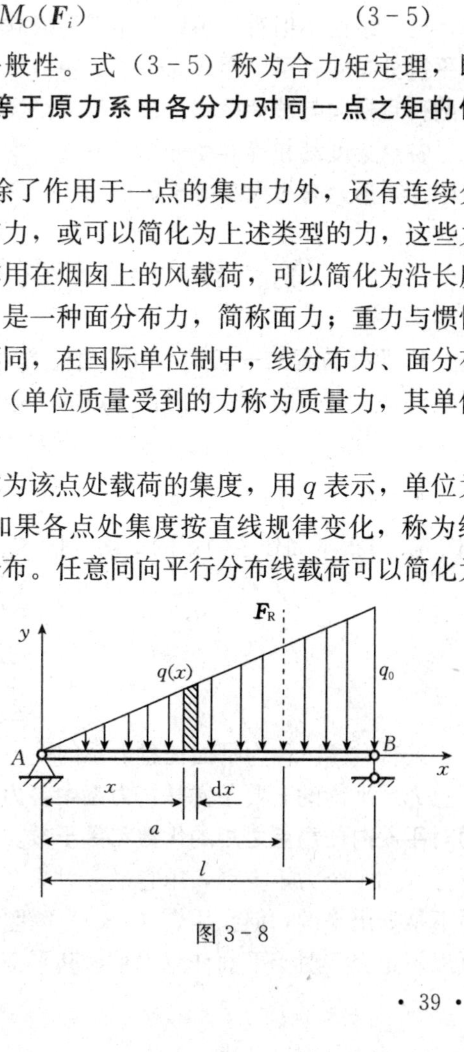

图 3-8

例如，长度为 l 的简支梁 AB 受按三角形分布的载荷作用，如图 3-8 所示，其分布载荷集度的最大值为 q_0。求该分布力系合力的大小及作用线位置。

建立如图所示坐标系 Axy，载荷集度为坐标位置 x 的函数。距 A 端为 x 处的载荷集度为

$$q(x)=\frac{x}{l}q_0$$

整个梁上分布载荷合力的大小为

$$F_R=\int_0^l q(x)\mathrm{d}x=\int_0^l \frac{x}{l}q_0\mathrm{d}x=\frac{1}{2}q_0 l$$

合力方向铅垂向下。将 q_0 视为载荷分布三角形的高，则合力大小在数值上等于三角形面积。

下面确定此合力作用线的位置。设合力的作用线距 A 端的距离为 a，在距 A 端 x 处取长度为 $\mathrm{d}x$ 的微段，该微段上的力 $q(x)\mathrm{d}x$ 对点 A 的力矩为 $xq(x)\mathrm{d}x$，则由合力矩定理得

$$F_R a=\int_0^l xq(x)\mathrm{d}x$$

即 $\frac{1}{2}q_0 la=\int_0^l \frac{q_0}{l}x^2\mathrm{d}x$，积分得

$$a=\frac{2}{3}l$$

上式说明，合力作用线通过三角形的几何中心（重心）。按三角形分布的同向平行分布载荷，其合力的大小等于三角形线分布载荷图的面积，合力的作用线通过三角形的几何中心。这一结论不但对三角形分布载荷成立，对于任意同向平行分布载荷都是成立的，即：**同向平行分布载荷可以合成为一个集中力，合力大小等于载荷分布图的面积，合力作用线平行于载荷且指向与载荷相同，合力作用线通过载荷分布图的形心（几何中心）。**

各点集度都相等的线分布力系称为均匀分布力系，它是分布力系中最简单的情形，其分布图为矩形，合力大小等于矩形面积，合力作用线通过分布段中点。

第二节　平面任意力系的平衡条件和平衡方程

1. 平衡方程的一般式　由平面任意力系的简化结果分析可知，平面任意力系平衡的充要条件是：力系的主矢和对任一点的主矩都等于零。即

$$\boldsymbol{F}'_R=0,\quad M_O=0 \tag{3-6}$$

平面任意力系的主矢 $F'_R=\sqrt{(\sum F_x)^2+(\sum F_y)^2}$，主矩 $M_O=\sum M_O(\boldsymbol{F}_i)$，代入式（3-6）可得平面任意力系的平衡方程

$$\begin{cases}\sum F_x=0\\ \sum F_y=0\\ \sum M_O(\boldsymbol{F}_i)=0\end{cases} \tag{3-7}$$

式（3-7）称为平面任意力系的平衡方程的一般式，它是平衡方程的基本形式。即平面任意力系平衡的充要条件是：**力系中各力在两直角坐标轴上投影的代数和等于零，力系中各力对平面内任意点之矩的代数和等于零。**式（3-7）共包含 3 个独立的方程，其中有 2 个投影方程和 1 个力矩方程，用它最多可求 3 个未知量。值得一提的是，上述结论是在直角坐标系下推导出来的，但在用式（3-7）解题时，两个投影坐标轴可以视解题方便任意选取，也可以不正交。对于平面任意力系，其平衡方程还有其他两种形式。

2. 平衡方程的二矩式

$$\begin{cases}\sum F_x = 0 \\ \sum M_A(\boldsymbol{F}_i) = 0 \\ \sum M_B(\boldsymbol{F}_i) = 0\end{cases} \tag{3-8}$$

式（3-8）中投影轴 x 可沿任何方向，只要不与两矩心 A、B 的连线垂直即可。上式称为平面任意力系平衡方程的两矩式。即平面任意力系平衡的充要条件是：**力系中各力对任意两点的力矩的代数和分别为零，各力在不与矩心连线垂直的任一轴上投影的代数和为零。**以上方程的必要性是显然的，为什么满足上述附加条件的三个方程也构成力系平衡的充分条件呢？由平面任意力系简化的结果可知，力系简化的最终结果是平衡、简化为合力或者简化为合力偶。由第二个方程可知，原力系不可能简化为力偶（因为力系简化为力偶时向任一点简化的结果都一样，既然向 A 点简化主矩为零，向其他点简化主矩也一定为零），只能简化为通过 A 点的一个合力（由合力矩定理，合力对 A 点的矩为零，故合力作用线过 A 点）或者平衡，同时由第三个方程可知，这个合力也一定过 B 点。也就是说原力系只可能简化为通过 A、B 的合力或者平衡。由第一个方程可知，这个合力在 x 轴上投影为零，合力的作用线不与投影轴 x 垂直，只能是合力为零，也就是说原力系平衡。

3. 平衡方程的三矩式

$$\begin{cases}\sum M_A(\boldsymbol{F}_i) = 0 \\ \sum M_B(\boldsymbol{F}_i) = 0 \\ \sum M_C(\boldsymbol{F}_i) = 0\end{cases} \tag{3-9}$$

式中，A、B、C 三点不共线。上式称为平面任意力系平衡方程的三矩式。即平面任意力系平衡的充要条件是：**力系中各力对任意不共线三点的力矩的代数和分别为零。**为什么满足上述三个方程与附加条件的力系一定是平衡的？读者可自行分析。

值得注意的是，不论选用哪种形式的平衡方程，对于同一平面力系来说，一个研究对象最多只能列出三个独立的平衡方程，因而只能求解出三个未知量。选用二矩式或三矩式方程，必须满足附加条件，否则所列平衡方程将不是独立的，不能求解出全部未知量。另外，在应用平衡方程解题时，为使计算简化，通常将矩心选在尽量多的未知力的交点上，坐标轴选取与力系中尽可能多的未知力作用线垂直，尽可能避免求解联立方程。

各力作用线在同一平面内且互相平行的力系称为平面平行力系。平面平行力系是平面任意力系的一种特殊情形，因而其平衡方程也可从平面任意力系平衡方程的基本形式直接导出。

若取 x 轴与各力垂直，则不论该力系是否平衡，总有 $\sum F_x = 0$，于是平行力系的平衡方程为

$$\begin{cases}\sum F_y = 0 \\ \sum M_O(\boldsymbol{F}_i) = 0\end{cases} \tag{3-10}$$

平面平行力系平衡的充要条件为：**力系对作用面内任一点之矩的代数和为零，在不与力的作用线垂直的任一轴上的投影的代数和为零。**式（3-10）为平面平行力系平衡方程的一

般式，应用式（3－10）时，为求解方便，一般取投影轴与各力作用线平行。两个独立的平衡方程可以求解两个未知量。

同理，平面平行力系的平衡方程也有二矩式，即

$$\begin{cases}\sum M_A(\boldsymbol{F}_i)=0\\ \sum M_B(\boldsymbol{F}_i)=0\end{cases} \tag{3-11}$$

式中，A、B 两点的连线不能与各力作用线平行。平面平行力系平衡的充要条件为：**力系对作用面内连线不与各力作用线平行的任意两点的力矩的代数和分别为零。**

例 3－1 如图 3－9(a) 所示，水平悬臂梁 AB 上作用有均布荷载 $q=2$ kN/m，集中力 $F=10$ kN 及集中力偶 $M=20$ kN·m。AB 梁长度为 2 m，求固定端 A 的约束力。

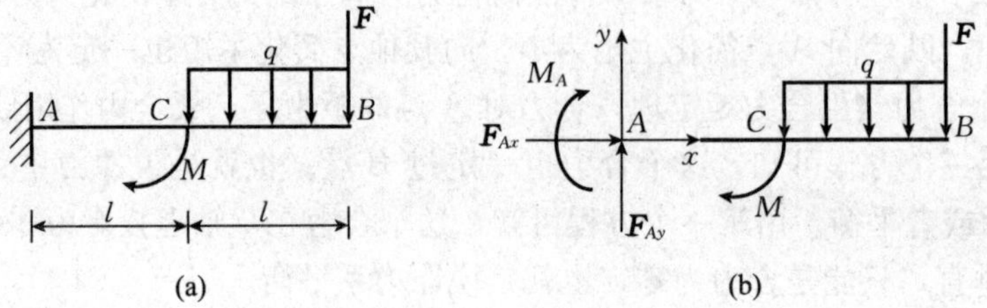

图 3－9

解： 首先选取 AB 梁作为研究对象，其受力图如图 3－9(b) 所示，列平衡方程

$$\sum F_x=0,\quad F_{Ax}=0$$

再列平衡方程

$$\sum M_A=0,\quad M_A+M+q\times l\times 1.5l+F\times 2l=0$$

解得
$$M_A=-43\ \text{kN}\cdot\text{m}$$

求解结果中的负号表示假定的指（转）向与实际指（转）向相反。

再列平衡方程

$$\sum F_y=0,\quad -ql-F+F_{Ay}=0$$

解得
$$F_{Ay}=12\ \text{kN}$$

例 3－2 直角曲杆 ABC 的各个部分尺寸如图 3－10(a) 所示。作用在曲杆上的主动力有集中力 $F=10$ kN，均布荷载 $q=2$ kN/m 和力偶矩 $M=10$ kN·m 的力偶，试求固定铰支座 A 和活动铰支座 B 对曲杆的约束力。

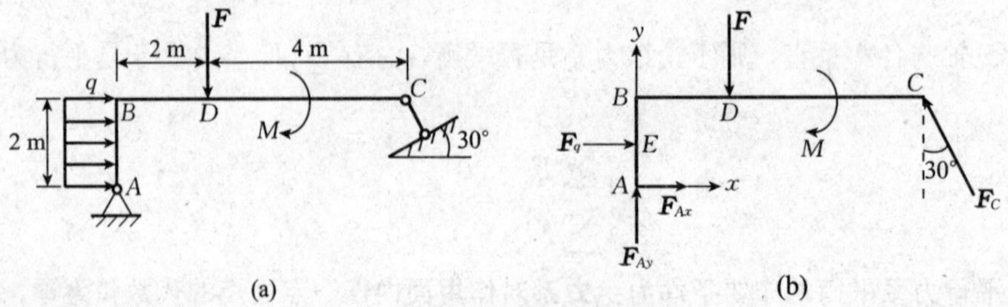

图 3－10

解：在求约束力时，可先将均布荷载 q 简化为集中力 $\boldsymbol{F}_q$，如图 3－10(b) 所示，其值为

$$F_q=\overline{AB}\times q=2\times 2=4(\text{kN})$$

取直角曲杆 ABC 为研究对象，其受力图如图 3－10(b) 所示。建立坐标系 Axy，根据平面任意力系平衡方程的一般式，有

$$\sum F_x=0,\quad F_{Ax}+F_q-F_C\times\sin 30^\circ=0$$

$$\sum M_A(\boldsymbol{F})=0,\quad -F_q\times 0.5\times\overline{AB}-F\times\overline{BD}-M+F_C\times\cos 30^\circ\times\overline{BC}+F_C\times\sin 30^\circ\times\overline{AB}=0$$

$$\sum F_y=0,\quad F_{Ay}+F_C\times\cos 30^\circ-F=0$$

联立上面三式，可解得

$$F_C=\frac{17}{13}(3\sqrt{3}-1)=5.49(\text{kN})$$

$$F_{Ax}=\frac{17}{26}(3\sqrt{3}-1)-4=-1.26(\text{kN})$$

$$F_{Ay}=10-\frac{17}{13}(3\sqrt{3}-1)\times\frac{\sqrt{3}}{2}=5.25(\text{kN})$$

*第三节　静定和超静定问题的概念

实际工程结构大都是由两个或两个以上物体通过一定约束方式相互连接构成**物体系统**。在物体系统问题中，我们把作用在物体系统上的力区分为内力与外力。所谓内力，就是同一物体系统内各物体相互作用的力；所谓外力，就是系统以外的物体作用在系统内物体上的力。物体系统平衡时，组成该系统的每一个物体都处于平衡状态。物体系统平衡问题的求解，除了要考虑系统的平衡外，往往还需要考虑系统中单个或几个物体组成的部分的平衡。当系统中的未知量数目小于或等于独立平衡方程的数目，待求的未知量仅用静力平衡方程就能全部求出。这样的问题就称为**静定问题**，相应的结构称为**静定结构**。

由于每一个受平面任意力系作用的物体，均可写出三个平衡方程，故由 n 个物体组成的物体系，每个物体均受平面任意力系作用时，则共有 $3n$ 个独立平衡方程。而系统中有的物体受平面汇交力系或平面平行力系作用时，则系统的平衡方程数目相应减少。假如其中受平面任意力系作用的物体有 n_1 个，受平面汇交力系或平面平行力系作用的物体共有 n_2 个，受平面力偶系或共线力系作用的物体共有 n_3 个，则对此系统可写出 $k=3n_1+2n_2+n_3$ 个独立的平衡方程，如果未知量的数目 $m\leqslant k$，则系统是静定的。

在实际工程中有很多构件与结构，为了提高刚度和坚固性，常常需要在静定结构上再增加约束，从而使这些结构的未知约束力的数目多于独立平衡方程的数目，仅仅依靠平衡方程不能求出全部未知量，这类问题称为**超静定问题（静不定问题）**。相应的结构称为**超静定结构（静不定结构）**。**超静定问题的特点是未知约束力的数目多于系统独立平衡方程的数目，多出的个数称为超静定次数。**

如图 3－11(a) 所示为机床主轴，该轴可视为 A 处受到固定铰支座约束，而 B、C 处受到活动铰链支座约束，如图 3－11(b) 所示。对该主轴进行受力分析可知，共有四个约束

力，但只能列出三个独立的平衡方程，故是一次超静定问题。也可将主轴受到的力视为平面平行力系，这时有三个未知力，只有两个独立的平衡方程。超静定问题的求解超出了静力学的范围，将在材料力学和结构力学中介绍。表 3 - 1 列出了几种常见的静定和超静定问题的比较。

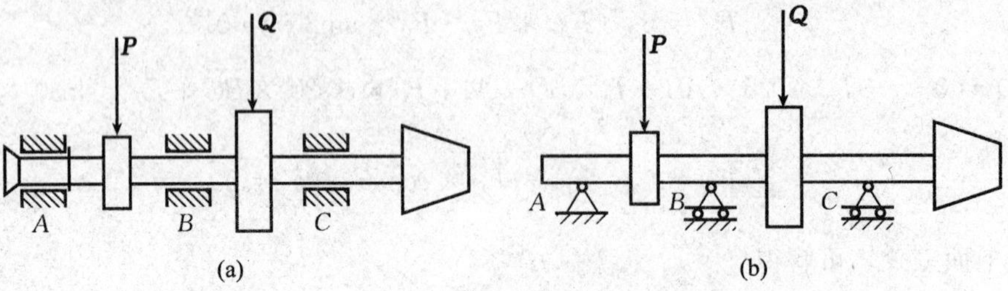

图 3 - 11

表 3 - 1　几种常见的静定和超静定问题的比较

静定问题	超静定问题
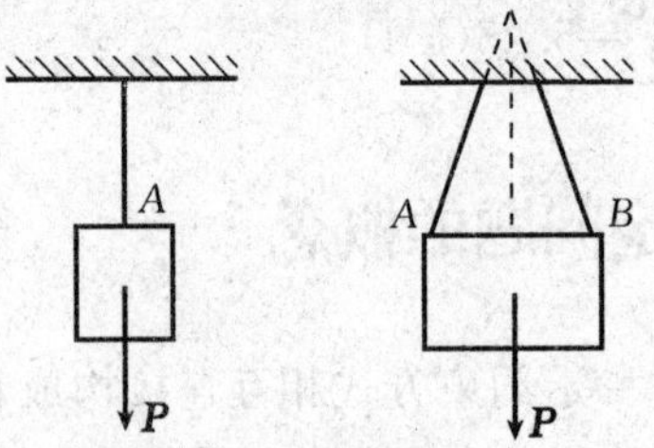	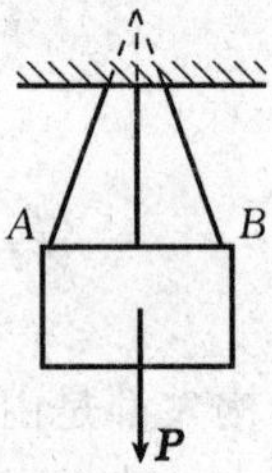
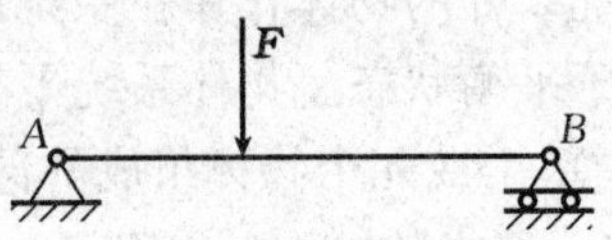	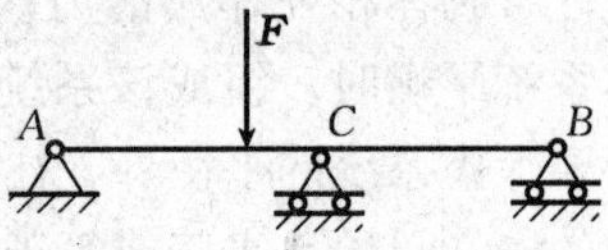
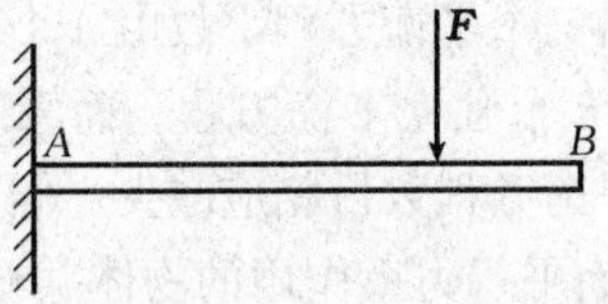	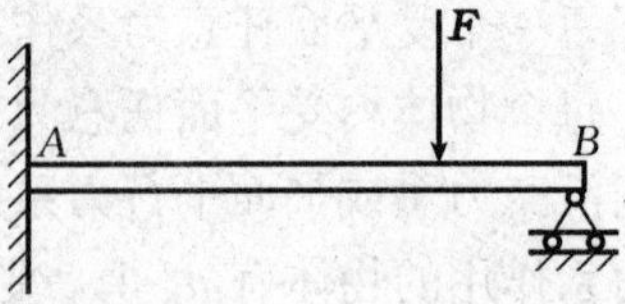

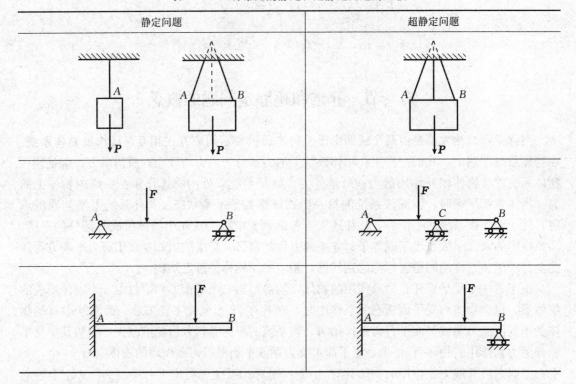

第四节　物体系统的平衡

求解物体系的平衡问题具有重要的实际意义，也是静力学的核心内容。现就解题中的指导思想和需要注意的问题，列举如下：

(1) 解决物体系的平衡问题时，应针对各问题的具体条件和要求，构思正确、简捷的解题思路。这种解题思路具体地体现为：恰当地选取分离体，恰当地选取平衡方程，以最简单的方法得到问题的解答。盲目地对系统中的每一物体都写出三个平衡方程，最终也能得到问题的解答，但工作量大，易于出错。更重要的是，不利于培养分析问题和解决问题的能力。

（2）分别选取系统整体和部分作为研究对象，列平衡方程，是解题的基本方法。正确地画出系统整体和各局部的受力图是必须完成的基本训练，这是求解复杂平衡问题及学习后续课程的需要，也是解决工程问题的需要。

（3）在画系统整体和各局部的受力图时，要注意内力与外力、作用力与反作用力的区分。还要注意正确地画出各类约束的约束力，特别是二力杆约束、铰支座、固定端支座等的约束力。现举例如下：

例 3-3　求图 3-12(a) 所示平面结构固定支座 A 的反力。已知 $M=20\ \mathrm{kN\cdot m}$，$q=10\ \mathrm{kN/m}$。

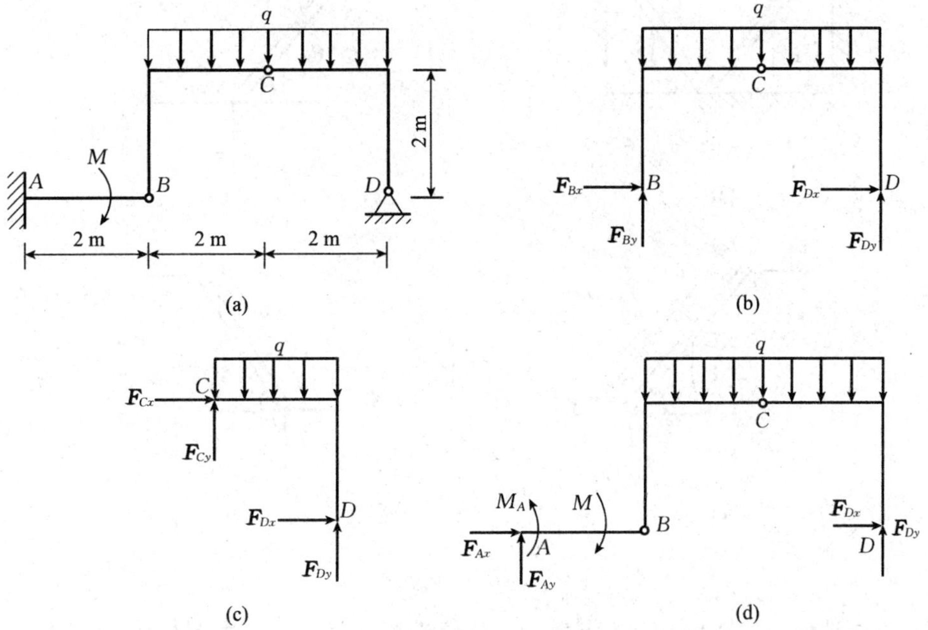

图 3-12

解：（1）经分析，此系统为静定系统。

（2）以折杆 BC、CD 组成的部分为研究对象，受力如图 3-12(b) 所示。列平衡方程

$$\sum M_B=0,\quad F_{Dy}\times 4-q\times 4\times 2=0$$

$$F_{Dy}=20\ \mathrm{kN}$$

（3）以折杆 CD 为研究对象，受力如图 3-12(c) 所示。列平衡方程

$$\sum M_C=0,\quad F_{Dy}\times 2+F_{Dx}\times 2-q\times 2\times 1=0$$

$$F_{Dx}=-10\ \mathrm{kN}$$

（4）以整体为研究对象，受力如图 3-12(d) 所示。列平衡方程

$$\sum M_A=0,\quad M_A-M+F_{Dy}\times 6-q\times 4\times 4=0$$

$$M_A=60\ \mathrm{kN\cdot m}$$

$$\sum F_x=0,\quad F_{Ax}+F_{Dx}=0$$

$$F_{Ax}=10\ \text{kN}$$

$$\sum F_y = 0,\quad F_{Ay}+F_{Dy}-q\times 4=0$$

$$F_{Ay}=20\ \text{kN}$$

例 3-3 是经过分析之后，较简捷的解题方法，读者可尝试另取研究对象进行分析。

例 3-4 如图 3-13(a) 所示，AB、BC 是位于垂直平面内的两均质杆，两杆的上端分别靠在垂直且光滑的墙上，下端则彼此相靠地搁在光滑地板上，其中 AB、BC 两杆的重量分别为 P_1、P_2，长度分别为 l_1、l_2。求平衡时两杆的水平倾角 α_1 与 α_2 的关系。

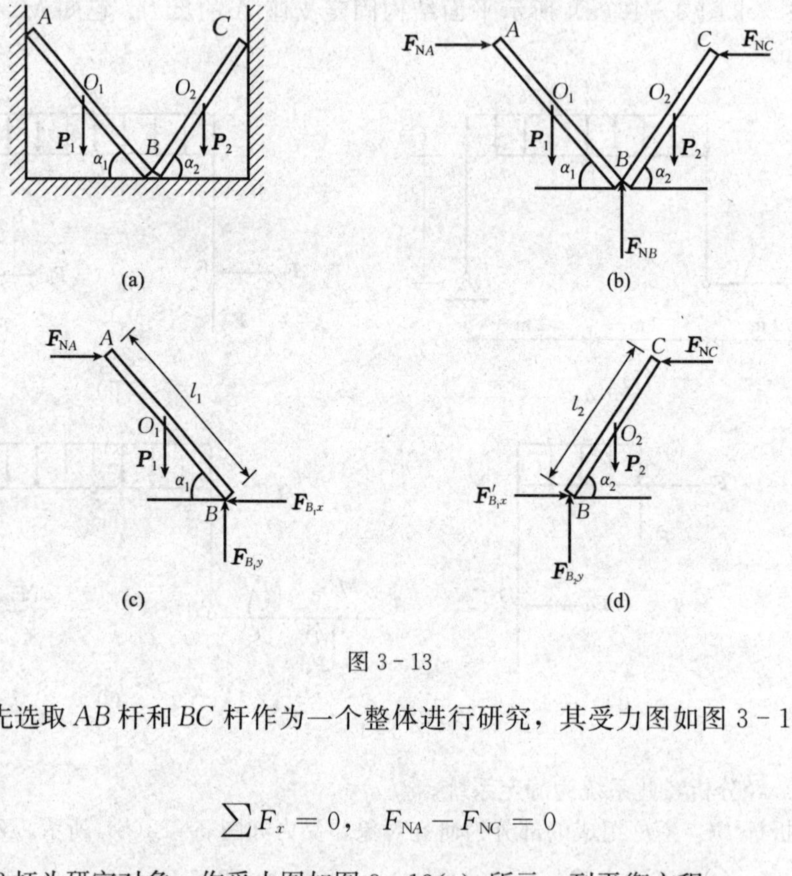

图 3-13

解： 首先选取 AB 杆和 BC 杆作为一个整体进行研究，其受力图如图 3-13(b) 所示，列平衡方程

$$\sum F_x = 0,\quad F_{\mathrm{NA}}-F_{\mathrm{NC}}=0 \tag{a}$$

再取 AB 杆为研究对象，作受力图如图 3-13(c) 所示，列平衡方程

$$\sum M_B = 0,\quad F_{\mathrm{NA}}\times l_1\times\sin\alpha_1-\frac{1}{2}\times P_1\times l_1\times\cos\alpha_1=0 \tag{b}$$

最后取 BC 杆作为研究对象，作受力图如图 3-13(d) 所示，列平衡方程

$$\sum M_B = 0,\quad F_{\mathrm{NC}}\times l_2\times\sin\alpha_2-\frac{1}{2}\times P_2\times l_2\times\cos\alpha_2=0 \tag{c}$$

联立式 (a)、式 (b) 和式 (c) 可得两杆的水平倾角 α_1 与 α_2 的关系为

$$\frac{\tan\alpha_1}{\tan\alpha_2}=\frac{P_1}{P_2}$$

例 3-5 物体重量为 Q=1 200 N，由三杆 AB、BC 和 CE 所组成的构架以及滑轮 E 支

持，如图 3-14(a) 所示。已知 $AD=DB=2$ m，$CD=DE=1.5$ m，不计各杆及滑轮重量。求支座 A 和 B 处的约束力以及杆 BC 所受的力。

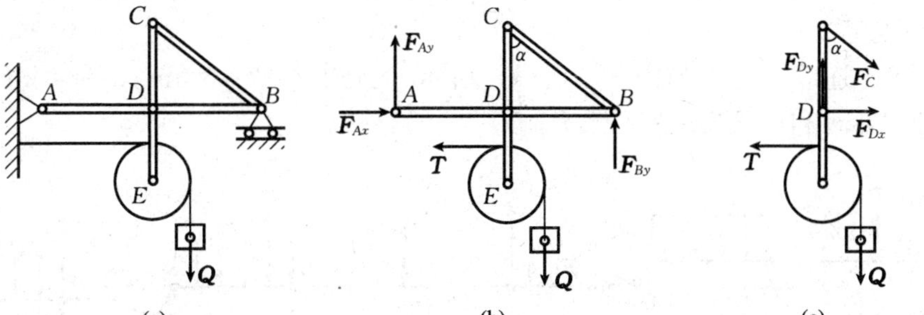

图 3-14

解：先取整体为研究对象，受力图及坐标系如图 3-14(b) 所示。列平衡方程

$$\sum F_x = 0, \quad F_{Ax} - T = 0$$

$$\sum F_y = 0, \quad F_{Ay} + F_{By} - Q = 0$$

$$\sum M_A(\boldsymbol{F}) = 0, \quad F_{By} \times 4 - Q(2+r) - T(1.5-r) = 0$$

其中，$T=Q$，联立求解，可得

$$F_{Ax}=T=1\,200\text{ N}, \quad F_{Ay}=150\text{ N}, \quad F_{By}=1\,050\text{ N}$$

再取杆 CE（包括滑轮 E 及重物 Q）为研究对象，受力分析如图 3-14(c) 所示。列平衡方程

$$\sum M_D(\boldsymbol{F}) = 0, \quad -F_C\sin\alpha \times 1.5 - Qr - T(1.5-r) = 0$$

解得杆 BC 所受的力 F_C 为

$$F_C = -\frac{Q}{\sin\alpha} = -\frac{1\,200\times\sqrt{2^2+1.5^2}}{2} = -1\,500(\text{N})$$

求得杆 BC 所受的力 F_C 为负值，说明杆 BC 受压力。

讨论：

(1) 本题结构复杂，约束较多，求解途径也很多。如果将结构全部拆开来分析，将暴露许多的约束力，而其中有些约束力是不需要求出的。未知量增多后，所需要列出的平衡方程数也要增加，这将增加解题的复杂度。对于物体系统的平衡问题，解题时一般首先考虑整体，然后再根据题目需要考虑物体系统中的一部分或单个物体。在本例中 A、B 处的约束力都是外力，且未知量正好三个，因此首先以整体为研究对象是比较合适的。

(2) 正确判断出系统中的二力构件，能简化受力分析和计算。本例中杆 BC 是二力杆，二力杆的内力沿其轴线，其指向可根据结构受力情况判断，难以判断时，可任意假设，图中假设杆 BC 受拉力。

(3) 由于取整体为研究对象不能求出杆 BC 的内力，因此必须另外取研究对象。注意每取一次研究对象都要单独画出其受力图。受力图必须画完整，即使是方程中不出现的力也应画出其约束力，如本例中图 3-14(c) 上点 D 的约束力。

(4) 建立平衡方程时，应适当选择投影轴方向和矩心位置，使相应方程中最好只含有一个未知量。在本例图 3-14(b) 中选点 A 为矩心可直接求得 F_{By}；在图 3-14(c) 中取点 D 为矩心，只需列一个方程便可求出 F_C，由于点 D 约束力不需要求，因此对图 3-14(c) 而言在列方程时，方程中最好不出现 F_{Dx} 和 F_{Dy}，所以只需列一个对点 D 的力矩方程，而不必列坐标投影方程。

例 3-6 连续梁受力如图 3-15(a) 所示。已知 $q=2\ \text{kN/m}$，$M=4\ \text{kN}\cdot\text{m}$，$F=10\ \text{kN}$。求 A、B 和 C 处支座的约束力。

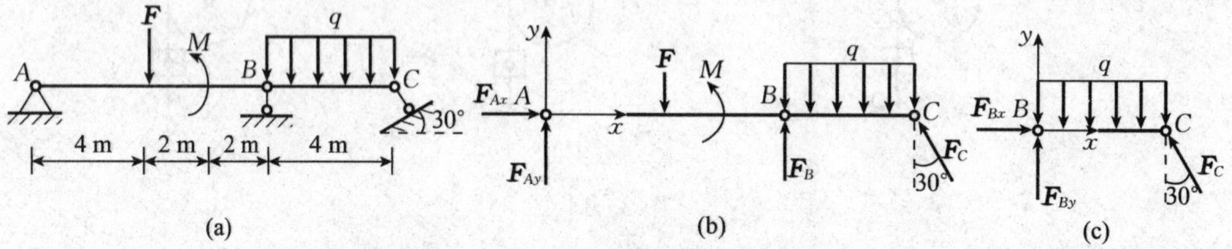

图 3-15

解：[分析] 取整体为研究对象，可列出三个平衡方程，但未知约束力有四个，如图 3-15(b) 所示，所以还要另外取研究对象，以增加平衡方程的数量。可以再以梁 BC 为研究对象，解除铰链 B 的约束，虽然增加了两个未知约束力 F_{Bx}，F_{By}，如图 3-15(c) 所示，但可增加三个独立的平衡方程，也即未知量变为六个后，独立平衡方程的数目也有六个。当然求解时并不需要写出全部六个方程。如何选取研究对象，列平衡方程是物体系统平衡问题求解中技巧性较强的一个问题，原则是用尽可能少的平衡方程求出要求的未知量，且每个方程中未知量的数目越少求解越简单，尽量避免解联立方程组。

通过分析后，我们可分别选择梁 BC 和整体为研究对象，受力分析如图 3-15(b) 和图 3-15(c) 所示。分别列平衡方程

BC 杆：$\sum M_B=0,\quad q\times\overline{BC}\times0.5\,\overline{BC}-F_C\times\cos30°\times\overline{BC}=0$

整体：$\sum F_x=0,\quad F_{Ax}-F_C\times\sin30°=0$

$$\sum F_y=0,\quad F_{Ay}+F_B+F_C\cos30°-F-q\times\overline{BC}=0$$

$$\sum M_B=0,\quad F_C\times\cos30°\times\overline{BC}+F\times\frac{1}{2}\overline{AB}+M-q\times\overline{BC}\times0.5\,\overline{BC}-F_{Ay}\times\overline{AB}=0$$

联立求解，可得 A、B 和 C 处支座的约束力为

$$F_C=4.62\ \text{kN}$$
$$F_{Ay}=5.5\ \text{kN}$$
$$F_{Ax}=2.31\ \text{kN}$$
$$F_B=8.5\ \text{kN}$$

*第五节　平面桁架

一、桁架的基本概念

桁架是由若干直杆在两端以光滑铰链连接起来的一种几何形状不变的承载结构。它具有自重轻、承载能力强、跨度大、能充分利用材料等优点，因此在工程中大量使用。桁架所有

的杆件都在同一平面内，且承受的荷载也在这一平面内时，这种桁架称为平面桁架。例如大多数桥梁、屋架等都是由几个平面桁架组合而成的，桁架中杆件的铰链接头称为节点。这里只讨论平面桁架。

桁架由直杆组成，且各杆的长度一般较短，自重也就较轻；同时，在实际结构中，尽量使载荷集中地作用于节点，这样，我们可以把构成桁架的每一根杆看作只承受拉力或压力的二力杆。因此，为简化桁架的计算，对桁架做如下的几点假定：

（1）各杆均为直杆，杆的轴线都在同一平面内；

（2）杆件的自重不计，或平均分配在杆件两端的节点上；

（3）杆件用光滑的铰链连接；

（4）所有外力，包括载荷及支座上的约束力，均在各杆所在的平面内，并且作用于节点上。

图 3－16(a) 和(b) 都是应用桁架的实例。

实际的桁架当然与上述假设有差别，如桁架的节点不是光滑铰接的，杆件的中心线也不可能是绝对直的。但上述假设能大大简化计算，而且所得的结果可以满足工程实际的需要。

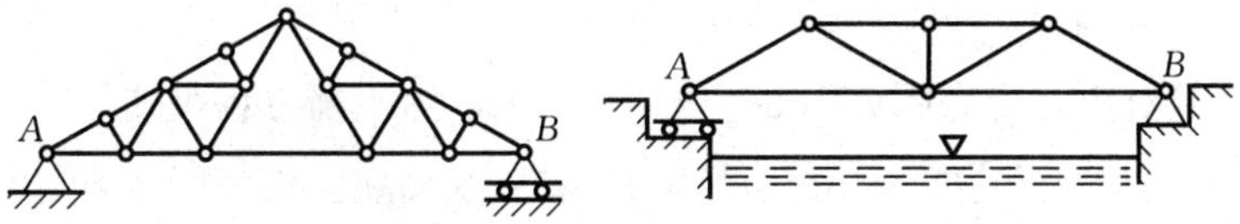

(a)　　(b)

图 3－16

二、桁架内力的计算

1. 节点法　桁架的每个节点都受一个平面汇交力系的作用，只要节点受到的未知力在 2 个以内，就可以利用平面汇交力系的平衡方程来求解。为了求每个杆件的内力，可以逐个地取节点为研究对象，由已知力求出全部未知力，这就是**节点法**。

例 3－7　如图 3－17(a) 所示为一锯齿形桁架，$F_1=F_2=20$ kN，$F_3=F_4=10$ kN，求桁架各杆件所受的内力及 A、B 两处的约束力。

解： 取整个桁架作为研究对象，其受力图如图 3－17(b) 所示，由平衡方程

$$\sum M_A=0,\quad F_1\times 1+F_2\times(2+1\times\cos 60^\circ)+F_4\times 4-F_{By}\times 4=0$$

解得
$$F_{By}=27.5\ \text{kN}$$

由平衡方程

$$\sum F_y=0,\quad F_A-F_1-F_2-F_3-F_4+F_{By}=0$$

解得
$$F_A=32.5\ \text{kN}$$

由平衡方程

$$\sum F_x=0$$

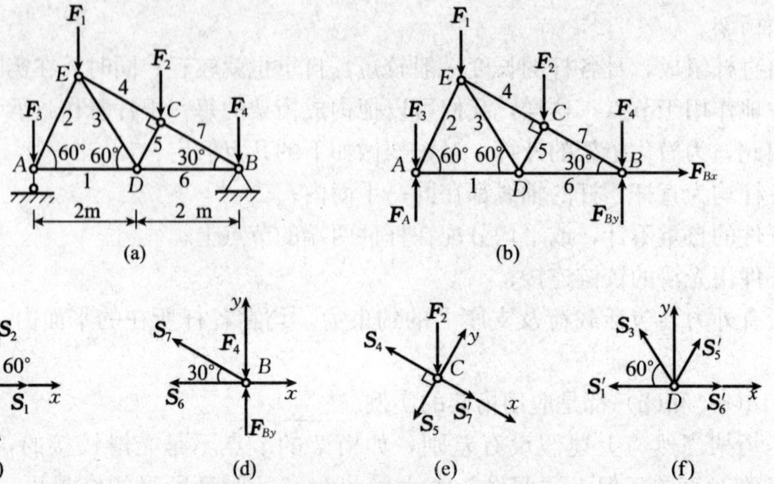

图 3-17

解得 $$F_{Bx}=0$$

取 A 点为研究对象，受力图如图 3-17(c) 所示，由平衡方程可知

$$\sum F_y=0,\quad F_A-F_3+S_2\times\sin60^\circ=0$$

解得 $$S_2=-25.98\ \text{kN}$$

由平衡方程

$$\sum F_x=0,\quad S_2\times\cos60^\circ+S_1=0$$

解得 $$S_1=12.99\ \text{kN}$$

取 B 点为研究对象，受力图如图 3-17(d) 所示，由平衡方程可知

$$\sum F_y=0,\quad F_{By}+S_7\times\sin30^\circ-F_4=0$$

解得 $$S_7=-35\ \text{kN}$$

由平衡方程

$$\sum F_x=0,\quad -S_6-S_7\times\cos30^\circ=0$$

解得 $$S_6=30.31\ \text{kN}$$

取 C 点为研究对象，受力图如图 3-17(e) 所示，由平衡方程可知

$$\sum F_y=0,\quad -S_5-F_2\times\cos30^\circ=0$$

解得 $$S_5=-17.32\ \text{kN}$$

由平衡方程

$$\sum F_x=0,\quad S_7'-S_4+F_2\times\sin30^\circ=0$$

解得 $$S_4=-25\ \text{kN}$$

取 D 点为研究对象，受力图如图 3-17(f) 所示，由平衡方程可知

$$\sum F_y = 0,\quad S_5' \times \cos30° + S_3 \times \cos30° = 0$$

解得　　$$S_3 = 17.32\ \text{kN}$$

这样，桁架杆件内力及支座反力已全部求出，正号表示杆件受拉，负号表示杆件受压。

2. 截面法　如果只要求计算桁架内某几个杆件所受的内力，则可以适当地选取一截面，假想地把桁架截成两部分，然后取其中任一部分为研究对象，通过建立平衡方程，求出这些被截杆件的内力，这种计算桁架内力的方法称为**截面法**。

例 3-8　如图 3-18(a) 所示平面桁架结构中，各部分几何尺寸已知。若 $F_1 = 10\ \text{kN}$，$F_2 = F_3 = 20\ \text{kN}$，试计算杆 1、杆 2 和杆 3 的内力。

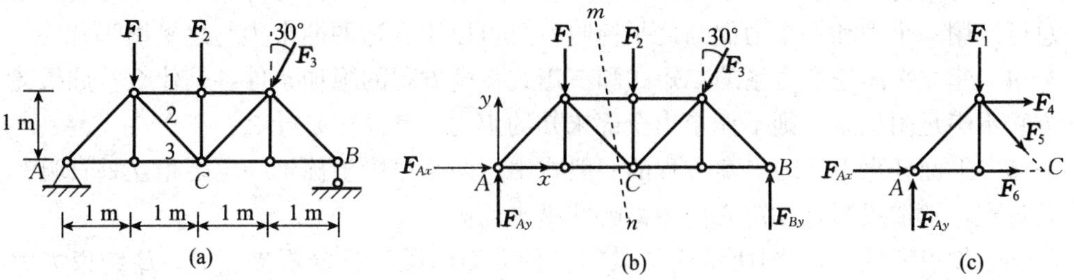

图 3-18

解：先以桁架整体作为研究对象，其受力图如图 3-18(b) 所示，建立坐标系 Axy，列出平衡方程

$$\sum F_x = 0,\quad F_{Ax} - F_3 \times \sin30° = 0$$

$$\sum M_B = 0,\quad F_1 \times 3 + F_2 \times 2 + F_3 \times (\cos30° + \sin30°) \times 1 - F_{Ay} \times 4 = 0$$

解得固定铰支座 A 的约束力为

$$F_{Ax} = 10\ \text{kN},\qquad F_{Ay} = 24.33\ \text{kN}$$

用假想的面 $m-n$ 截取桁架，取桁架左半部分为研究对象，受力分析如图 3-18(c) 所示，列平衡方程

$$\sum F_y = 0,\quad F_{Ay} - F_1 - F_5 \times \sin45° = 0$$

解得杆 2 的内力，即

$$F_5 = 20.27\ \text{kN}$$

由平衡方程

$$\sum M_C = 0,\quad F_1 \times 1 - F_4 \times 1 - F_{Ay} \times 2 = 0$$

解得杆 1 的内力，即

$$F_4 = -38.66\ \text{kN}$$

由平衡方程

$$\sum F_x = 0,\quad F_{Ax} + F_4 + F_5 \times \cos45° + F_6 = 0$$

解得杆 3 的内力，即

$$F_6 = 14.33\ \text{kN}$$

计算结果中内力出现负值说明该杆是压杆，而内力是正值的杆为拉杆。

思考题

3-1 设平面任意力系向某点简化得到一合力，如果另选适当的点简化，则力系可简化为一力偶吗？能简化为一个力和一个力偶吗？设平面一般力系向某点简化得到一力偶，如果另选适当的点简化，则力系可简化为一力吗？能简化为一个力和一个力偶吗？

3-2 平面任意力系向 A 点简化时，有 $\boldsymbol{F}'_{\mathrm{R}}=0$，$M_A\neq0$，说明原力系可以简化为一力偶，其力偶矩就为主矩 M_A。原力系向作用面内任意点 B 简化，必得到 $\boldsymbol{F}'_{\mathrm{R}}=0$，$M_B=M_A$ 的结果，对吗？

3-3 对任何一个平面力系，总可以用一个力与之平衡吗？总可以用一个力偶与之平衡吗？总可以用一个力和一个力偶与之平衡吗？总可以用合适的两个力与之平衡吗？

3-4 建立平面任意力系的二矩式和三矩式平衡方程的附加条件各是什么？如果建立的平衡方程不满足附加条件则不能求出全部未知约束力，其原因是什么？

3-5 平面任意力系的平衡方程的一般式中，两个投影坐标轴一定要相互垂直吗？为简化求解过程，选取投影轴和矩心应遵循哪些基本原则？

3-6 如思考题 3-6 图所示简支梁的三种受力情况，试分析支座 A、B 约束力大小是否相等，各为多少。

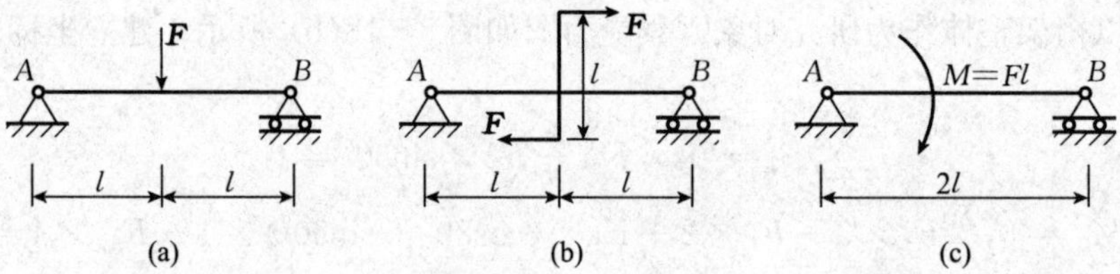

思考题 3-6 图

3-7 对于由 n 个受平面力系作用的物体组成的系统来说，不论就系统还是就系统的部分或单个物体都可以写一些平衡方程，独立的平衡方程数目最多为多少？若系统中受汇交力系或平行力系作用的物体共有 n_1 个，则独立平衡方程的数目为多少？若系统中还有受力偶系或共线力系作用的物体 n_2 个，则独立平衡方程的数目为多少？

3-8 如思考题 3-8 图所示，平面力系向 A 点简化得主矢 $\boldsymbol{F}'_{\mathrm{RA}}$ 和主矩 M_A，向 B 点简化得主矢 $\boldsymbol{F}'_{\mathrm{RB}}$ 和主矩 M_B。以下四种说法，哪一个是正确的？(　　)

(A) $\boldsymbol{F}'_{\mathrm{RA}}=\boldsymbol{F}'_{\mathrm{RB}}$，$M_A=M_B$

(B) $\boldsymbol{F}'_{\mathrm{RA}}\neq\boldsymbol{F}'_{\mathrm{RB}}$，$M_A=M_B$

(C) $\boldsymbol{F}'_{\mathrm{RA}}\neq\boldsymbol{F}'_{\mathrm{RB}}$，$M_A\neq M_B$

(D) $\boldsymbol{F}'_{\mathrm{RA}}=\boldsymbol{F}'_{\mathrm{RB}}$，$M_A\neq M_B$

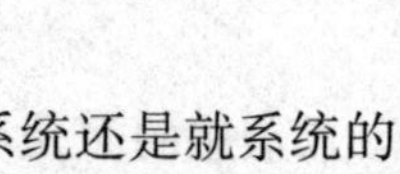

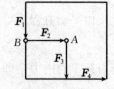

思考题 3-8 图

3-9 某平面平行力系，已知 $F_1=10\ \mathrm{N}$，$F_2=4\ \mathrm{N}$，$F_3=F_4=8\ \mathrm{N}$，$F_5=10\ \mathrm{N}$，受力情况如思考题 3-9 图所示，尺寸单位为 cm，此力系简化的结果是否与简化中心的位置有关？

3-10 如思考题 3-10 图所示的四种结构中，各杆重忽略不计，其中哪一种结构是静定的？(　　)

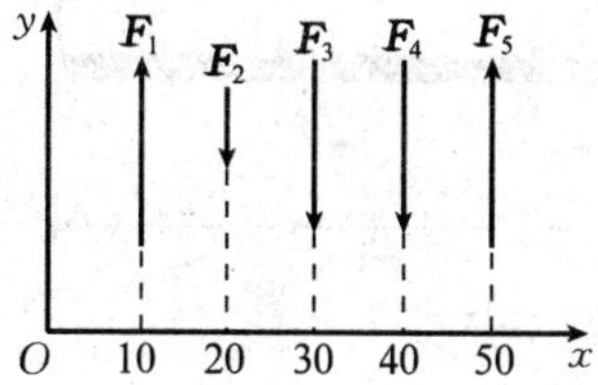

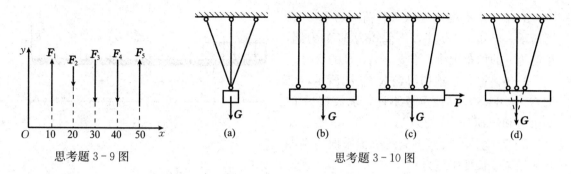

思考题 3 - 9 图

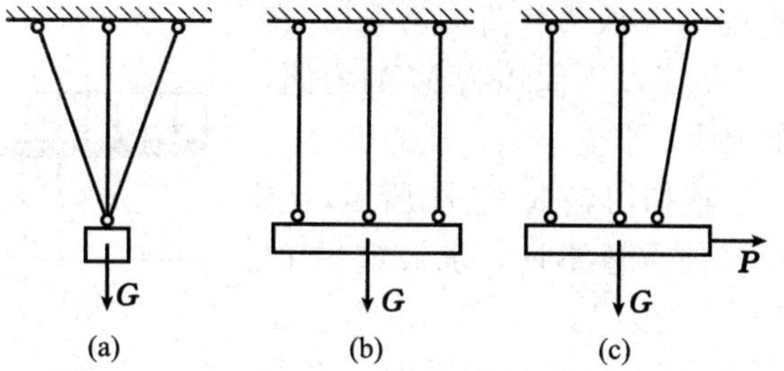

思考题 3 - 10 图

习　题

3 - 1　如习题 3 - 1 图所示，AB 段作用有梯形分布力，试求该力系的合力及合力作用线的位置，并在图上标出。

3 - 2　习题 3 - 2 图中两杆自重不计。AB 杆的 B 端挂有重 $G=600$ N 的物体，试求 CD 杆的内力及 A 的反力。

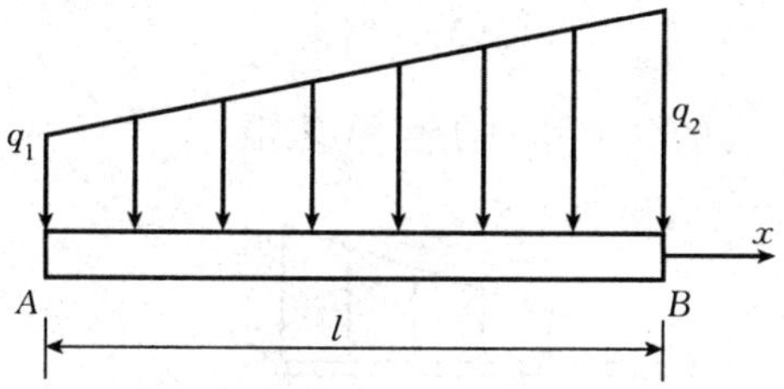

习题 3 - 1 图

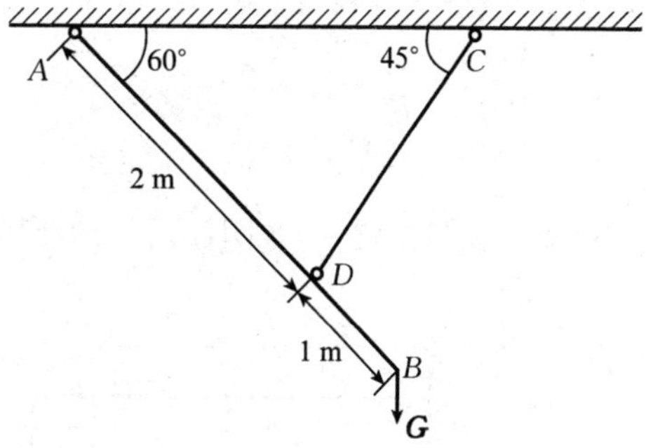

习题 3 - 2 图

3 - 3　如习题 3 - 3 图所示，求图示刚架支座 A，B 的反力，已知 $M=2.5$ kN·m，$P=5$ kN。

3 - 4　悬臂刚架受力图如习题 3 - 4 图所示，已知 $q=3$ kN/m，$P=5$ kN，$F=3$ kN，求固定端 A 的约束力。

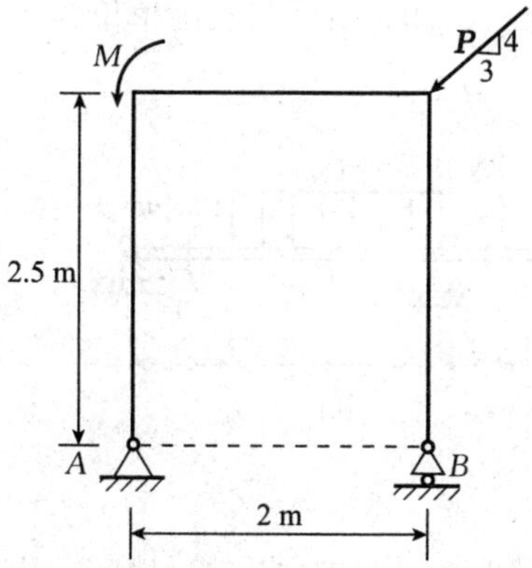

习题 3 - 3 图

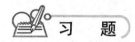

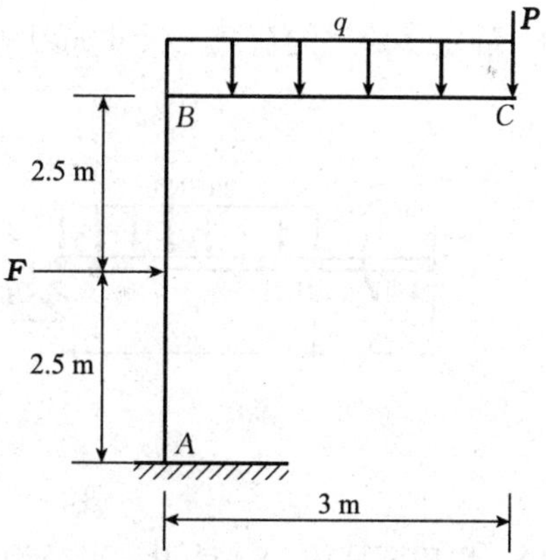

习题 3 - 4 图

3-5 水平梁的支承和载荷如习题 3-5 图所示。已知，力为 F，力偶矩为 M 的力偶，集度为 q 的均布载荷，求支座 A，B 的反力。

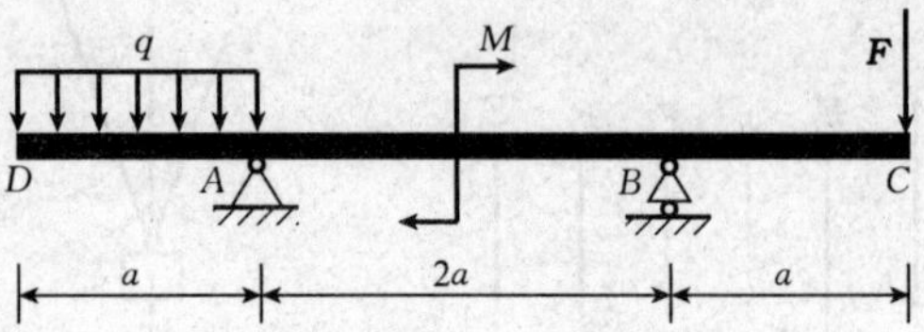

习题 3-5 图

3-6 重物悬挂如习题 3-6 图所示，已知 $G=1.8$ kN，其他重量不计。求铰链 A 的约束力和杆 BC 所受的力。

3-7 求如习题 3-7 图所示平面力系的合成结果，长度单位为 m。

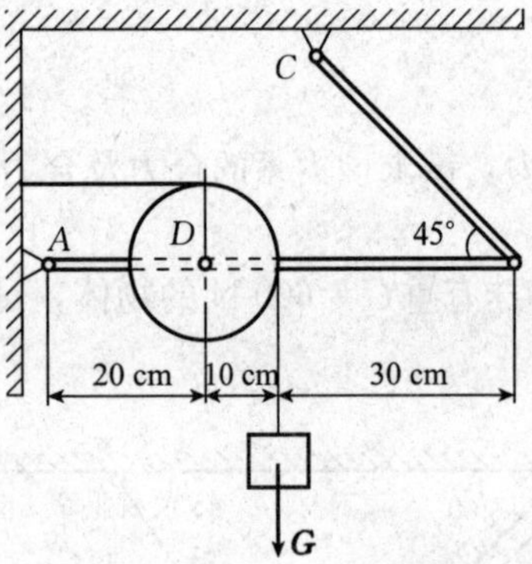

习题 3-6 图

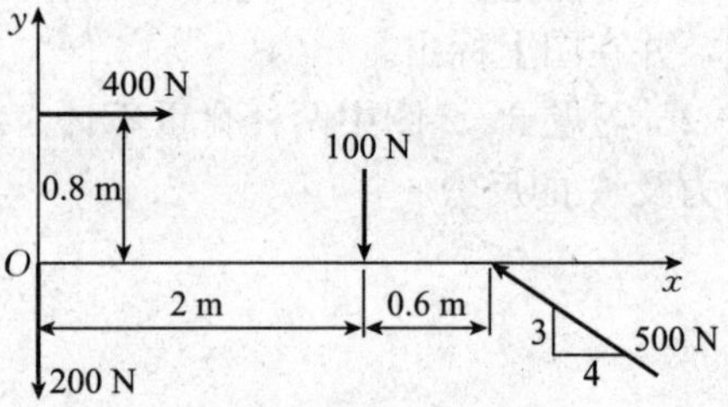

习题 3-7 图

3-8 求如习题 3-8 图(a)、(b)所示平行分布力的合力和对于点 A 之矩。

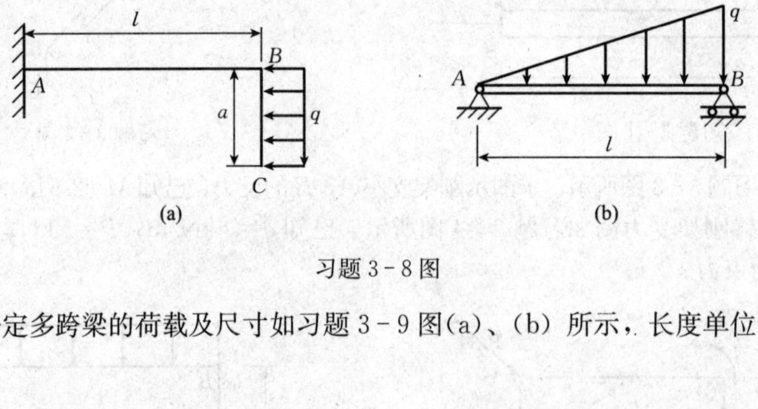

(a) (b)

习题 3-8 图

3-9 静定多跨梁的荷载及尺寸如习题 3-9 图(a)、(b) 所示，长度单位为 m，求支座约束力。

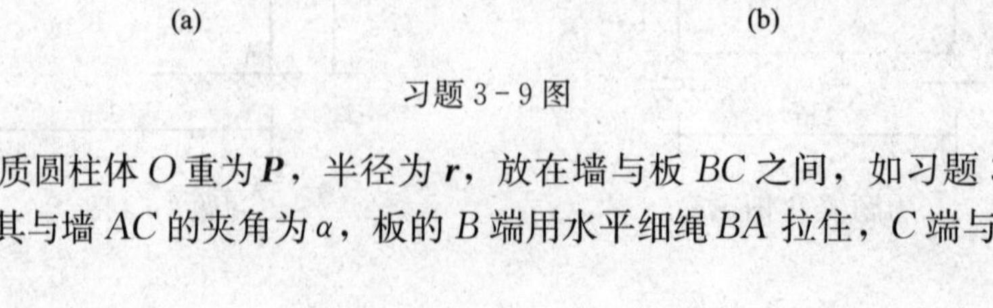

(a) (b)

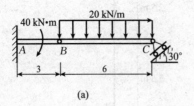

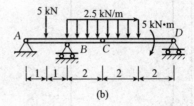

习题 3-9 图

3-10 均质圆柱体 O 重为 $\boldsymbol{P}$，半径为 $\boldsymbol{r}$，放在墙与板 BC 之间，如习题 3-10 图所示，板长 $BC=L$，其与墙 AC 的夹角为 α，板的 B 端用水平细绳 BA 拉住，C 端与墙面间为光滑

铰链。不计板与绳子自重，问 α 角多大时，绳子 AB 的拉力为最小。

3-11　求习题 3-11 图所示悬臂梁的固定端的约束力。已知 $M=qa^2$。

3-12　如习题 3-12 图所示结构中，$P_1=10$ kN，$P_2=12$ kN，$q=2$ kN/m，求平衡时支座 A、B 的约束力。

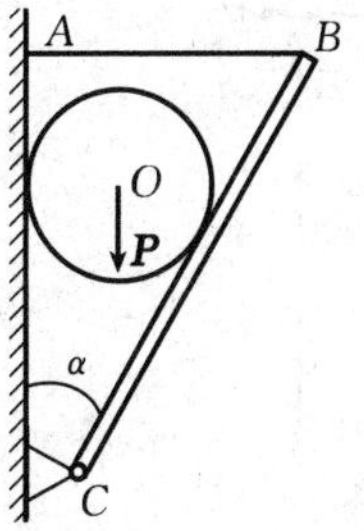

习题 3-10 图

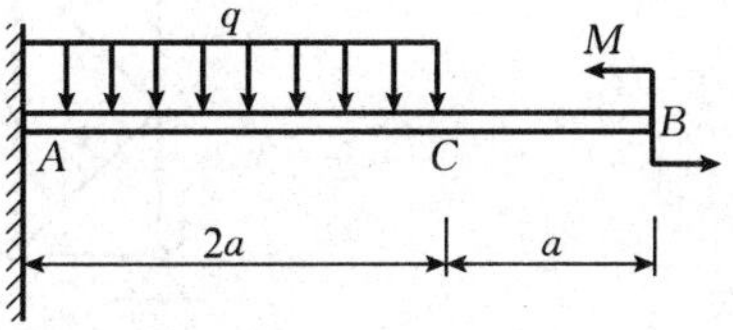

习题 3-11 图

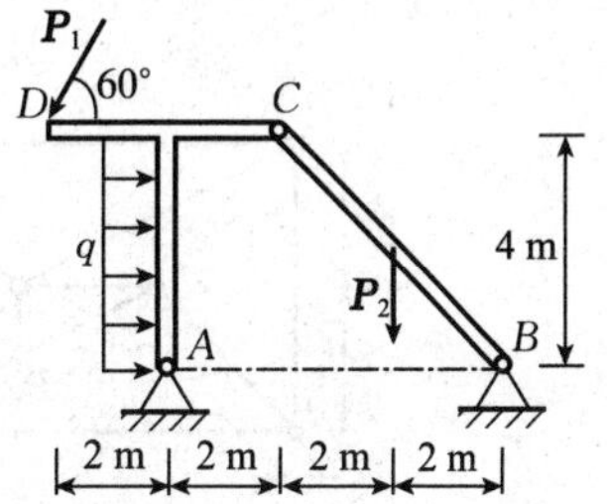

习题 3-12 图

3-13　如习题 3-13 图所示构架，轮重为 P，半径为 r，BDE 为直角弯杆，BCA 为一杆。A、B、E 为铰链，D 为辊轴支座，$BC=CA=L/2$，求：点 A、B、D 约束力和轮压 ACB 杆的压力。

3-14　构架由 ABC、CDE、BD 三杆组成，尺寸如习题 3-14 图所示。B、C、D、E 处均为铰链。各杆重不计，已知均布载荷 q，求铰支座 E 约束力和杆 BD 所受力。

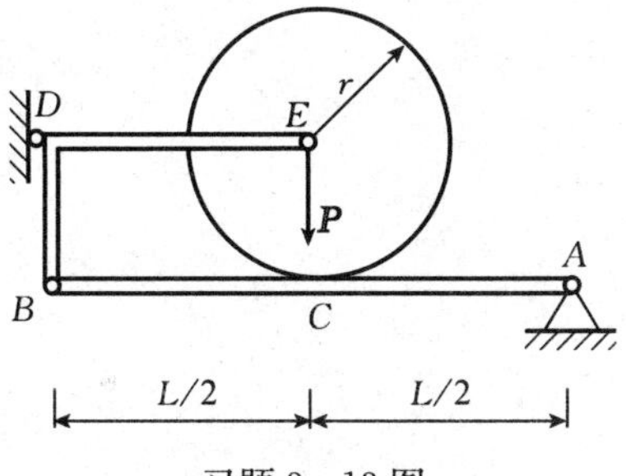

习题 3-13 图

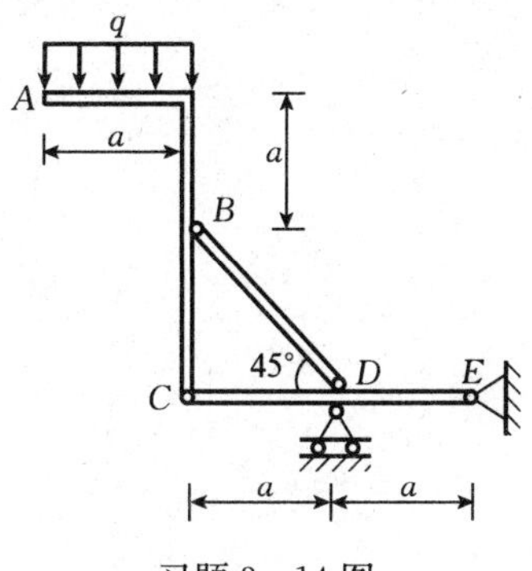

习题 3-14 图

3-15　梯子的两部分 AB 和 AC 在 A 点铰接，D、E 两点用水平绳连接，如习题 3-15 图所示。梯子放在光滑水平面上，P 力作用位置如图所示。不计梯重，求绳的拉力 S。

3-16　起重构架如习题 3-16 图所示。滑轮直径 $d=200$ mm，钢丝绳的倾斜部分平行于杆 BE，吊起荷载 $Q=20$ kN，其他重力不计。求固定铰支座 A、B 处的约束力。

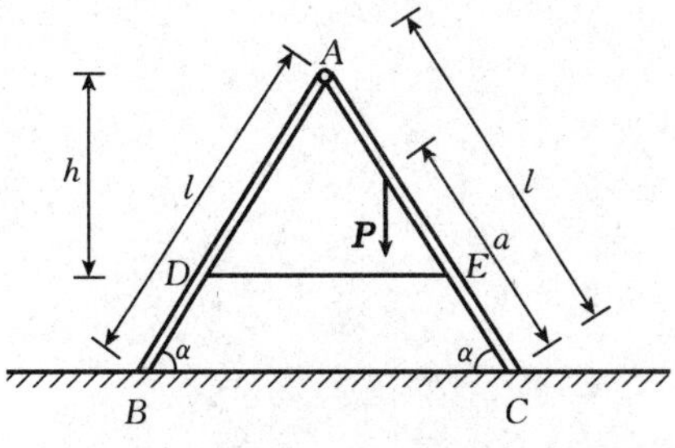

习题 3-15 图

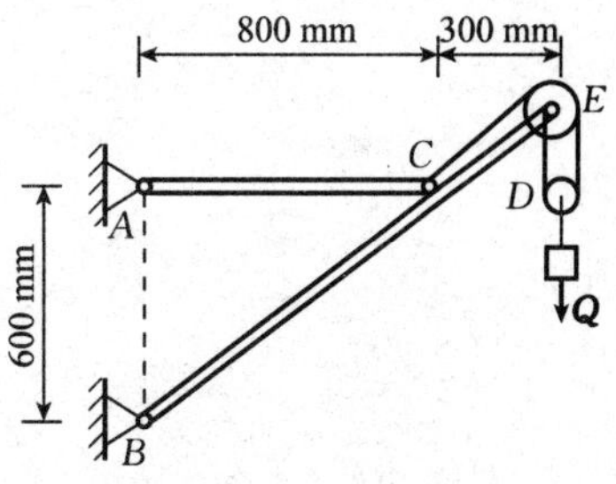

习题 3-16 图

3-17 已知力 $\boldsymbol{P}$，用截面法求如习题 3-17 图所示桁架中杆 AC、杆 EF 和杆 BD 的内力。

3-18 桁架如习题 3-18 图所示，已知力 $\boldsymbol{F}$ 和尺寸 l，试求杆件 BC、DE 的内力。

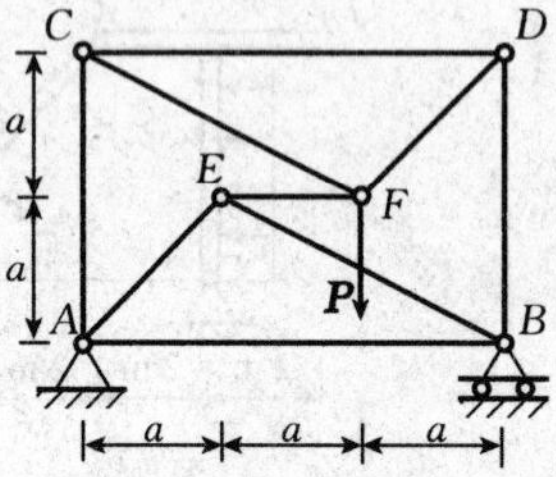

习题 3-17 图

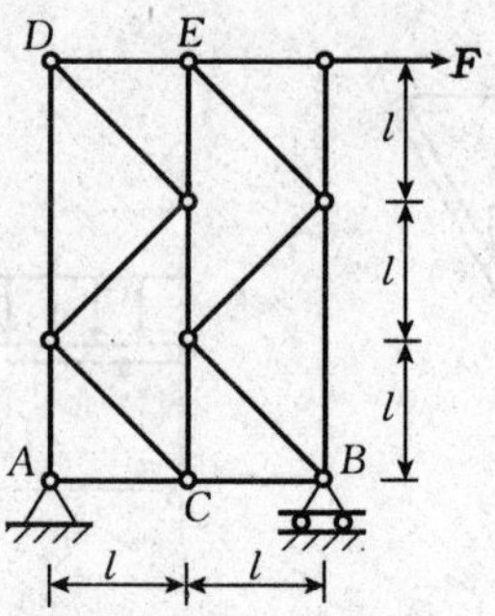

习题 3-18 图

习题参考答案

第四章　空间力系

【内容提要】了解空间力系的概念与实例，各种空间约束的约束力的特点。理解力对点的力矩矢、力对轴的力矩及力偶矩矢的概念。掌握力对点的力矩矢、力对轴的力矩的计算以及力偶矩矢的合成与空间力偶作用下刚体的平衡条件。掌握二次投影法计算力在坐标轴上的投影、空间力系的简化和简化结果的几种情况，理解力螺旋的概念。掌握空间汇交力系及空间平行力系平衡问题的求解。了解空间任意力系平衡问题的求解、平行力系中心的概念及确定物体重心位置的方法。掌握形状简单物体重心位置计算的方法。了解悬挂法确定物体重心位置的方法。

第一节　空间汇交力系

各力的作用线不在同一平面但汇交于同一点的力系，称为空间汇交力系，以下利用解析法研究空间汇交力系的简化及平衡条件。

一、力在空间直角坐标轴上的投影

1. 直接投影法　如图 4-1 所示，若力 $\boldsymbol{F}$ 大小已知，且力 $\boldsymbol{F}$ 与空间直角坐标系 $Oxyz$ 三个坐标轴正方向之间的夹角分别为 α、β、γ，则力 $\boldsymbol{F}$ 在三个坐标轴上的投影分别为

$$\begin{cases} F_x = F\cos\alpha \\ F_y = F\cos\beta \\ F_z = F\cos\gamma \end{cases} \tag{4-1}$$

投影的正负号与平面力系中投影的正负号规定相同，即投影的指向与坐标轴正方向一致时为正，反之为负。

2. 二次投影法　当力与 x 轴和 y 轴的夹角不易确定时，可采用二次投影法。

设力 $\boldsymbol{F}$ 与 z 轴的夹角为 γ，如图 4-2 所示，可先将力 $\boldsymbol{F}$ 投影在 Oxy 平面内得到 $\boldsymbol{F}_{xy}$，若 $\boldsymbol{F}_{xy}$ 与 x 轴正向夹角为 φ，与 y 轴正向夹角为 $\frac{\pi}{2}-\varphi$，则力 $\boldsymbol{F}$ 在三个坐标轴上的投影为

$$\begin{cases} F_x = F\sin\gamma\cos\varphi \\ F_y = F\sin\gamma\sin\varphi \\ F_z = F\cos\gamma \end{cases} \tag{4-2}$$

力在坐标轴上的投影是代数量，但力在平面上的投影却是矢量。上述二次投影法中力 $\boldsymbol{F}$ 在 Oxy 平面内的投影 $\boldsymbol{F}_{xy}$ 不能像投影到轴上那样简单地用正负号来表示，因此它仍是一个矢量。

若 $\boldsymbol{F}_x$、$\boldsymbol{F}_y$、$\boldsymbol{F}_z$ 分别表示力 $\boldsymbol{F}$ 在三个坐标轴上的分量，x、y、z 轴的正向单位矢量分别为 $\boldsymbol{i}$、$\boldsymbol{j}$、$\boldsymbol{k}$，则合力 $\boldsymbol{F}$ 可表示为

$$F=F_x+F_y+F_z=F_x\boldsymbol{i}+F_y\boldsymbol{j}+F_z\boldsymbol{k} \tag{4-3}$$

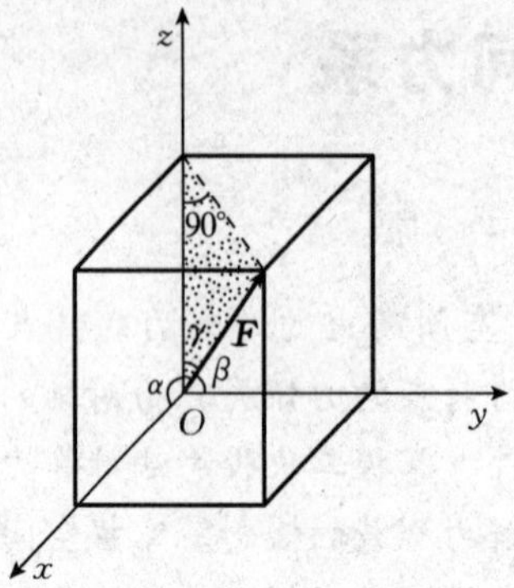

图 4-1

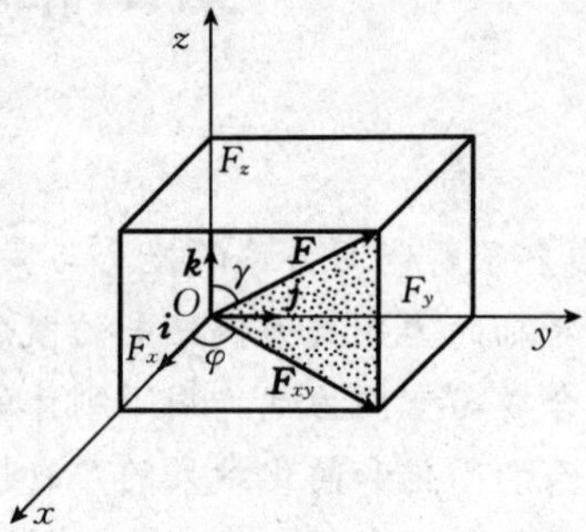

图 4-2

若已知力 $\boldsymbol{F}$ 在三个坐标轴上的投影 F_x、F_y、F_z，则力的大小和方向为

$$\begin{cases} F=\sqrt{F_x^2+F_y^2+F_z^2} \\ \cos\alpha=\dfrac{F_x}{F}, \quad \cos\beta=\dfrac{F_y}{F}, \quad \cos\gamma=\dfrac{F_z}{F} \end{cases} \tag{4-4}$$

α、β、γ 分别为合力与 x、y、z 轴正向的夹角。

例 4-1 图 4-3 所示长方体上作用有三个力，已知 $F_1=800$ N，$F_2=2\,000$ N，$F_3=1\,000$ N，求各力在 x、y、z 轴上的投影。

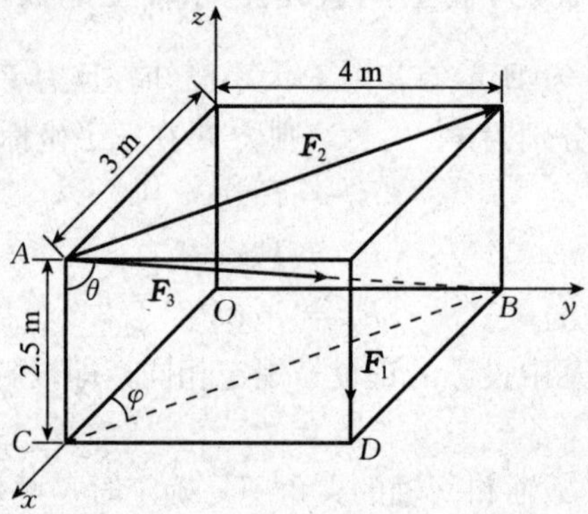

图 4-3

解：由图可知力 $\boldsymbol{F}_1$、$\boldsymbol{F}_2$ 与坐标轴的夹角易确定，可用直接投影法。力 $\boldsymbol{F}_3$ 与坐标轴之间的夹角不易确定，则采用二次投影法。

$BC=5$ m，$AB=\sqrt{2.5^2+5^2}=5.59$(m)，则可知

$$\sin\theta=\frac{BC}{AB}=\frac{5}{5.59}, \quad \cos\theta=\frac{AC}{AB}=\frac{2.5}{5.59}$$

$$\sin\varphi=\frac{BO}{BC}=\frac{4}{5}, \quad \cos\varphi=\frac{CO}{BC}=\frac{3}{5}$$

各力在坐标轴上的投影分别为

$$F_{1x}=0, \quad F_{1y}=0, \quad F_{1z}=-800 \text{ N}$$

$$F_{2x}=-F_2\cos\varphi=-2\,000\cos\varphi=-1\,200(\text{N})$$

$$F_{2y}=F_2\sin\varphi=2\,000\sin\varphi=1\,600(\text{N})$$

$$F_{2z}=0,\qquad F_{3x}=-F_3\sin\theta\cos\varphi=-537(\text{N})$$

$$F_{3y}=F_3\sin\theta\sin\varphi=716(\text{N})$$

$$F_{3z}=-F_3\cos\theta=-447(\text{N})$$

求解空间中力的投影时，应根据具体情况选择投影的方法。

二、空间汇交力系的简化和平衡

1. 空间汇交力系的合成　当不在同一平面的几个力的作用线汇交于同一个点时，这些力称为空间汇交力系，如图 4-4 所示。

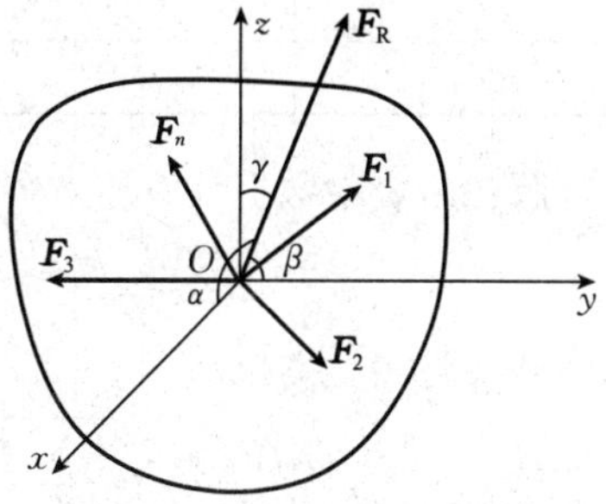

图 4-4

空间汇交力系可以合成为一个合力，合力矢等于各分力的矢量和，合力的作用线通过汇交点。

$$\boldsymbol{F}_{\mathrm{R}}=\boldsymbol{F}_1+\boldsymbol{F}_2+\cdots+\boldsymbol{F}_n=\sum_{i=1}^{n}\boldsymbol{F}_i \qquad (4-5)$$

计算空间汇交力系的合力时，可将汇交力系中的各力向空间直角坐标轴投影。由合力投影定理可得

$$\begin{cases}F_{\mathrm{R}x}=F_{1x}+F_{2x}+F_{3x}+\cdots+F_{nx}=\sum F_x\\ F_{\mathrm{R}y}=F_{1y}+F_{2y}+F_{3y}+\cdots+F_{ny}=\sum F_y\\ F_{\mathrm{R}z}=F_{1z}+F_{2z}+F_{3z}+\cdots+F_{nz}=\sum F_z\end{cases} \qquad (4-6)$$

$$\boldsymbol{F}_{\mathrm{R}}=\sum F_x\boldsymbol{i}+\sum F_y\boldsymbol{j}+\sum F_z\boldsymbol{k} \qquad (4-7)$$

由此可得合力的大小和方向余弦分别为

$$\begin{cases}F_{\mathrm{R}}=\sqrt{F_{\mathrm{R}x}^2+F_{\mathrm{R}y}^2+F_{\mathrm{R}z}^2}=\sqrt{\left(\sum F_x\right)^2+\left(\sum F_y\right)^2+\left(\sum F_z\right)^2}\\ \cos(\boldsymbol{F}_{\mathrm{R}},\boldsymbol{i})=\dfrac{\sum F_x}{F_{\mathrm{R}}},\ \cos(\boldsymbol{F}_{\mathrm{R}},\boldsymbol{j})=\dfrac{\sum F_y}{F_{\mathrm{R}}},\ \cos(\boldsymbol{F}_{\mathrm{R}},\boldsymbol{k})=\dfrac{\sum F_z}{F_{\mathrm{R}}}\end{cases} \qquad (4-8)$$

2. 空间汇交力系的平衡　空间汇交力系可以合成为一个合力，显然合力为零时，此空间汇交力系平衡。这个条件也是必要的。因此，空间汇交力系平衡的充分与必要条件是力系的合力等于零，即

$$\boldsymbol{F}_{\mathrm{R}}=\sum_{i=1}^{n}\boldsymbol{F}_i=0 \qquad (4-9)$$

由式（4-8）可知，合力为零时，合力在任选的三个坐标轴上的投影都为零，再由式（4-7）可知

$$\begin{cases}\sum F_x=0\\ \sum F_y=0\\ \sum F_z=0\end{cases} \qquad (4-10)$$

空间汇交力系平衡的充要条件是**力系中所有各力在三个坐标轴上的投影代数和都为零**。式（4-10）称为空间汇交力系的平衡方程，一共可列出三个平衡方程，求解三个独立的未

知量。应用式（4-10）求解空间汇交力系的平衡问题时，为得到三个独立的平衡方程，三个投影轴不能共面。为求解方便，一般可选择三个正交坐标轴作为投影轴。

例 4-2 已知空间汇交力系各力在 x 轴、y 轴和 z 轴上的投影如下表所示，求力系合力的大小和方向。

	$\boldsymbol{F}_1$	$\boldsymbol{F}_2$	$\boldsymbol{F}_3$	单位
F_x	1	5	2	kN
F_y	10	8	−5	kN
F_z	3	4	−2	kN

解：由表中数据计算得

$$\sum F_x = 8\ \text{kN},\quad \sum F_y = 13\ \text{kN},\quad \sum F_z = 5\ \text{kN}$$

代入式（4-8）求得

$$F_R = \sqrt{\left(\sum F_x\right)^2 + \left(\sum F_y\right)^2 + \left(\sum F_z\right)^2} = 16.06\ \text{kN}$$

合力的方向余弦为

$$\cos(\boldsymbol{F}_R, \boldsymbol{i}) = \frac{8}{F_R} = 0.498,\quad \cos(\boldsymbol{F}_R, \boldsymbol{j}) = \frac{13}{F_R} = 0.809,\quad \cos(\boldsymbol{F}_R, \boldsymbol{k}) = \frac{5}{F_R} = 0.311$$

因此求得各力与坐标轴之间的夹角 α、β、γ 分别为 60.13°、36°和 71.88°。

例 4-3 如图 4-5 所示三脚架，杆 AD、BD、CD 与滑轮 D 铰接，它们与水平面的夹角均为 60°角，且 $AB=AC=BC$，不计杆重。绳索绕过滑轮 D 并由电机 E 牵引，起吊重物的重量 $P=30$ kN，重物被匀速起吊，绳索 DE 与水平面成 60°角，求杆 AD、BD、CD 所受的约束力。

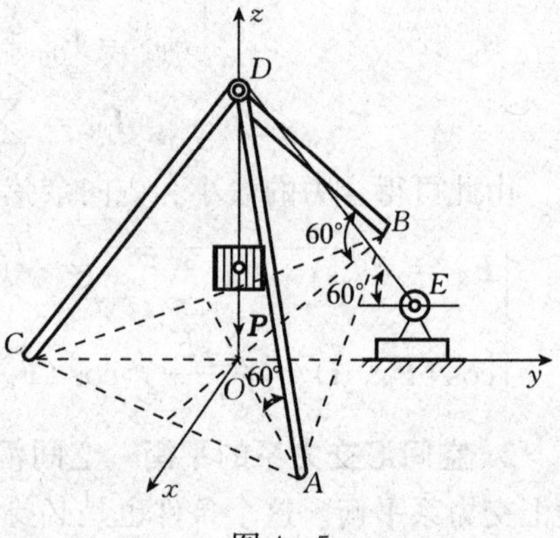

图 4-5

解：分析可知杆 AD、BD、CD 均为二力杆，其约束力沿着各杆的轴线。绳索的拉力 $F_{DE}=P=30$ kN，取滑轮为研究对象，忽略滑轮的大小，则该力系各力均通过 D 点，构成一个空间汇交力系。

设 AD、BD、CD 均为压杆，约束力分别为 F_{AD}、F_{BD}、F_{CD}。取图示直角坐标系，其中 y 轴垂直于 AB，x 轴平行于 AB，将各力分别向坐标轴投影，列平衡方程

$$\sum F_x = 0\quad -F_{AD}\cos60°\sin60° + F_{BD}\cos60°\cos30° = 0$$

$$\Rightarrow F_{AD} = F_{BD} \tag{1}$$

$$\sum F_y = 0\quad -F_{AD}\cos60°\sin30° - F_{BD}\cos60°\cos60° + F_{CD}\cos60° + F_{DE}\sin30° = 0$$

$$\Rightarrow 2F_{CD} - F_{AD} - F_{BD} + 2F_{DE} = 0 \tag{2}$$

$$\sum F_z = 0\quad F_{AD}\sin60° + F_{BD}\sin60° + F_{CD}\sin60° - F_{DE}\cos30° - P = 0$$

$$\Rightarrow F_{CD} + F_{AD} + F_{BD} - F_{DE} - P/\sin60° = 0 \tag{3}$$

联立式（1）、式（2）和式（3），代入 $F_{DE}=P=30$ kN，求得 $F_{AD}=F_{BD}=28.45$ kN，

$F_{CD}=-1.55\ \mathrm{kN}$，负号表示 CD 杆实际受力指向与假设相反，即 CD 杆应受拉力。

第二节　力对点之矩与力对轴之矩

一、力对点之矩的矢量表示

平面力系中，由于各力对平面内矩心的力矩作用面的方位（即力 $\boldsymbol{F}$ 作用线与矩心 O 所确定的平面）相同，为简单起见，力对点的力矩可只考虑力矩的大小和转向，用代数量表示。力 $\boldsymbol{F}$ 对任一点 O 点的力矩不仅与力矩的大小和转向有关，还与力矩作用面在空间中的方位有关。力矩作用面不同，即使力矩大小一样，作用效果也将不同。为反映力矩大小、转向、作用面的方位三个要素，力对点之矩需用矢量表示，如图 4-6 所示，力 $\boldsymbol{F}$ 对任一点 O 点的力矩矢量 $\boldsymbol{M}_O(\boldsymbol{F})$ 的始端在矩心，垂直于力矩作用面，矢量的模表示力矩的大小，方位表示力矩矢量作用平面方位（作用面的法线方向），指向表示力矩在其作用面内的转向（由右手螺旋法则确定），图 4-6 中，从矢量的末端观察，力矩转向为逆时针为正（或右手四指绕向与力矩转向一致时，大拇指指向为力矩矢量的正方向）。

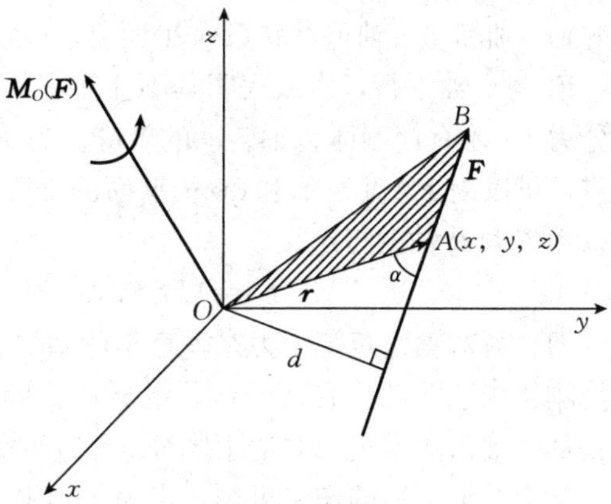

图 4-6

由力对点之矩的定义知

$$M_O(\boldsymbol{F})=Fd=2S_{\triangle OAB} \tag{4-11}$$

若以 $\boldsymbol{r}$ 表示矩心 O 到力 $\boldsymbol{F}$ 作用点 A 的矢径，则矢量 $\boldsymbol{r}\times\boldsymbol{F}$ 垂直力矩作用面，指向与 $\boldsymbol{M}_O(\boldsymbol{F})$ 指向一致，且

$$|\boldsymbol{r}\times\boldsymbol{F}|=rF\sin\alpha=Fd=2S_{\triangle OAB}=M_O(\boldsymbol{F})$$

所以

$$\boldsymbol{M}_O(\boldsymbol{F})=\boldsymbol{r}\times\boldsymbol{F} \tag{4-12}$$

即：**力对点之矩等于矩心到该力作用点的矢径与该力的矢量积。**

以矩心为原点建立空间坐标系 $Oxyz$，设 $\boldsymbol{i}$、$\boldsymbol{j}$、$\boldsymbol{k}$ 为单位矢量，F_x、F_y、F_z 为力 $\boldsymbol{F}$ 在 x、y、z 轴上的投影，则有

$$\boldsymbol{r}=x\boldsymbol{i}+y\boldsymbol{j}+z\boldsymbol{k}$$

$$\boldsymbol{F}=F_x\boldsymbol{i}+F_y\boldsymbol{j}+F_z\boldsymbol{k}$$

所以

$$\boldsymbol{M}_O(\boldsymbol{F})=\boldsymbol{r}\times\boldsymbol{F}=\begin{vmatrix}\boldsymbol{i} & \boldsymbol{j} & \boldsymbol{k}\\ x & y & z\\ F_x & F_y & F_z\end{vmatrix}=(yF_z-zF_y)\boldsymbol{i}+(zF_x-xF_z)\boldsymbol{j}+(xF_y-yF_x)\boldsymbol{k} \tag{4-13}$$

由于力矩矢的大小和方向都与矩心位置有关，故力矩矢的始端必须在矩心，不可任意移动，这种矢量称为**定位矢量**。

二、力对轴之矩

工程中，常遇到刚体绕定轴转动等情形，如齿轮上的力使齿轮绕轴转动等问题。力使物体绕轴转动的效应可用力对轴的力矩来度量。

现假设刚体可绕 z 轴转动，力 $\boldsymbol{F}$ 作用于刚体上 A 点，一般情况下，力 $\boldsymbol{F}$ 与 z 轴不垂直，如图 4-7 所示。此时将力 $\boldsymbol{F}$ 分解到 z 轴和与 z 轴垂直的 Oxy 平面上，得到分力 $\boldsymbol{F}_z$ 和 $\boldsymbol{F}_{xy}$。

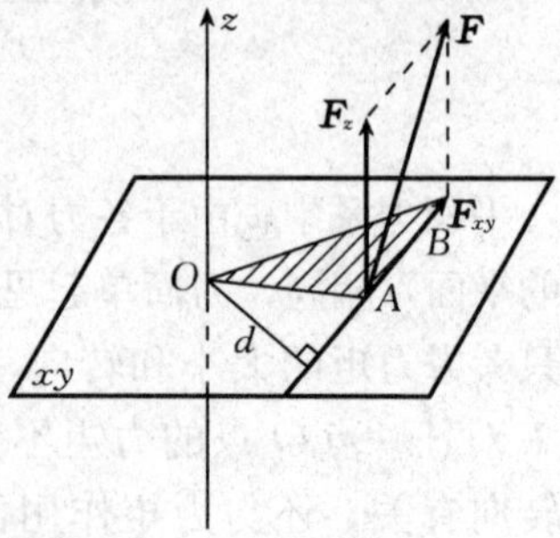

图 4-7

$\boldsymbol{F}_z$ 与 z 轴平行，实践表明其不能使刚体绕 z 轴转动，只有分力 $\boldsymbol{F}_{xy}$ 才有使刚体绕轴转动的效应。力 $\boldsymbol{F}_{xy}$ 对刚体的转动效应，可以用 $\boldsymbol{F}_{xy}$ 对 z 轴和 Oxy 平面的交点 O 的矩来度量。所以力 $\boldsymbol{F}$ 对 z 轴的矩定义为

$$M_z(\boldsymbol{F})=M_z(\boldsymbol{F}_{xy})=M_O(\boldsymbol{F}_{xy})=\pm F_{xy}d=\pm 2S_{\triangle OAB} \tag{4-14}$$

即：**力对轴之矩等于力在垂直于此轴的任一平面内的投影对该轴与平面交点之矩。**由于力使刚体绕轴转动只有两个可能的转向，因此，力对轴之矩可视为代数量。其正负号规定为：从 z 轴正向看去，力使刚体绕 z 轴逆时针转动为正，反之为负。

从力对轴之矩的定义可知，当力与轴平行或力与轴相交时，即**力与轴共面时，力对轴之矩等于零。**

如图 4-8 所示，设力的作用点 A 的坐标为（x，y，z），力在 x、y、z 轴投影为 F_x、F_y、F_z，力 $\boldsymbol{F}$ 对 z 轴之矩为

$$M_z(\boldsymbol{F})=M_O(\boldsymbol{F}_{xy})=M_O(\boldsymbol{F}_x)+M_O(\boldsymbol{F}_y)$$

即

$$M_z(\boldsymbol{F})=xF_y-yF_x$$

同理可得其余两式，将此三式合写为

$$\begin{cases} M_x(\boldsymbol{F})=yF_z-zF_y \\ M_y(\boldsymbol{F})=zF_x-xF_z \\ M_z(\boldsymbol{F})=xF_y-yF_x \end{cases} \tag{4-15}$$

以上三式是计算力对坐标轴之矩的解析式。

例 4-4 计算图 4-9 中力 $\boldsymbol{F}$ 对三个坐标轴的矩。已知 $x=0.2$ m，$y=1.2$ m，$z=1$ m。

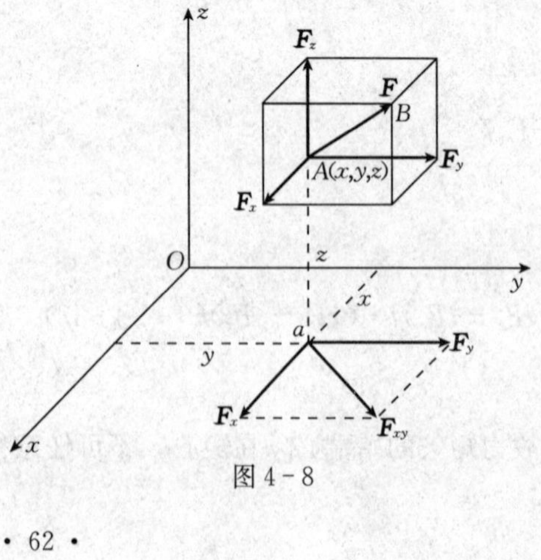

图 4-8

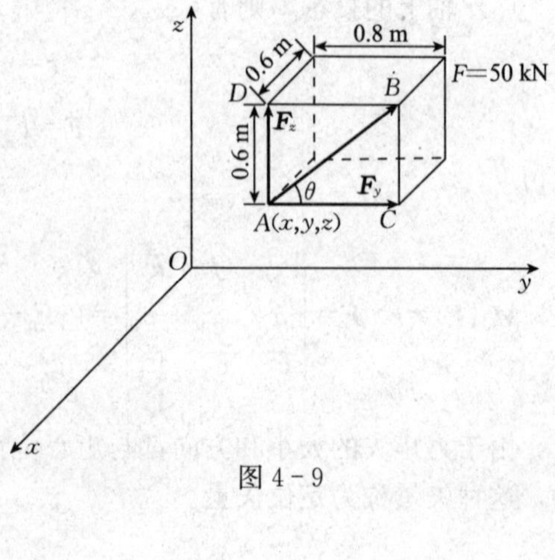

图 4-9

解：

$$F_y = F\cos\theta = 50\times0.8 = 40(\text{kN})$$

$$F_z = F\sin\theta = 50\times0.6 = 30(\text{kN})$$

由式（4－15）求得力 $\boldsymbol{F}$ 对各坐标轴的矩分别为

$$M_x(\boldsymbol{F}) = -F_y z + F_z y = -40\times1+30\times1.2 = -4(\text{kN}\cdot\text{m})$$

$$M_y(\boldsymbol{F}) = -F_z x = -30\times0.2 = -6(\text{kN}\cdot\text{m})$$

$$M_z(\boldsymbol{F}) = F_y x = 40\times0.2 = 8(\text{kN}\cdot\text{m})$$

例 4－5　如图 4－10 所示，力 $F=10$ kN，其作用点的坐标为（0，3，6），单位为 m。求力 $\boldsymbol{F}$ 对 x、y、z 轴的力矩。

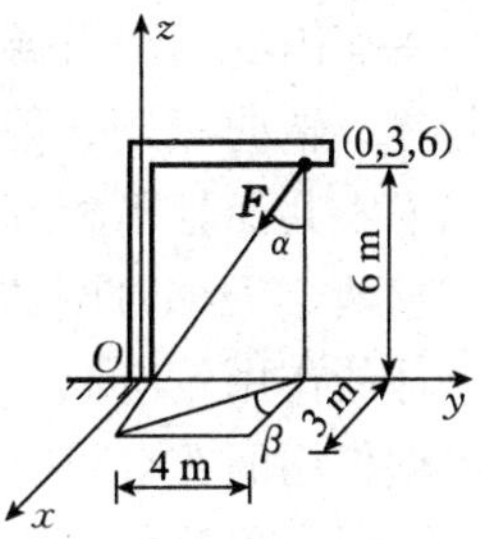

图 4－10

解： 由几何关系求得

$$\sin\alpha = \frac{5}{\sqrt{61}},\quad \cos\alpha = \frac{6}{\sqrt{61}},\quad \sin\beta = \frac{4}{5},\quad \cos\beta = \frac{3}{5}$$

力 $\boldsymbol{F}$ 在 x、y、z 轴上的投影分别为

$$F_z = -F\cos\alpha = -\frac{60}{\sqrt{61}}(\text{kN})$$

$$F_x = F\sin\alpha\cos\beta = \frac{30}{\sqrt{61}}(\text{kN})$$

$$F_y = -F\sin\alpha\sin\beta = -\frac{40}{\sqrt{61}}(\text{kN})$$

力 $\boldsymbol{F}$ 对 x、y、z 轴的力矩分别为

$$M_x(\boldsymbol{F}) = yF_z - zF_y = -3\times\frac{60}{\sqrt{61}} + 6\times\frac{40}{\sqrt{61}} = 7.7(\text{kN}\cdot\text{m})$$

$$M_y(\boldsymbol{F}) = zF_x - xF_z = 6\times\frac{30}{\sqrt{61}} = 23.0(\text{kN}\cdot\text{m})$$

$$M_z(\boldsymbol{F}) = xF_y - yF_x = -3\times\frac{30}{\sqrt{61}} = -11.5(\text{kN}\cdot\text{m})$$

三、力对点之矩和力对轴之矩的关系

若用$[\boldsymbol{M}_O(\boldsymbol{F})]_x$、$[\boldsymbol{M}_O(\boldsymbol{F})]_y$、$[\boldsymbol{M}_O(\boldsymbol{F})]_z$ 表示力矩矢 $\boldsymbol{M}_O(\boldsymbol{F})$ 在 x、y、z 三个坐标轴上的投影，由式（4－13）可知

$$[\boldsymbol{M}_O(\boldsymbol{F})]_x = yF_z - zF_y,\quad [\boldsymbol{M}_O(\boldsymbol{F})]_y = zF_x - xF_z,\quad [\boldsymbol{M}_O(\boldsymbol{F})]_z = xF_y - yF_x \tag{4-16}$$

将上式与式（4－15）比较得

$$\begin{cases} [\boldsymbol{M}_O(\boldsymbol{F})]_x = yF_z - zF_y = M_x(\boldsymbol{F}) \\ [\boldsymbol{M}_O(\boldsymbol{F})]_y = zF_x - xF_z = M_y(\boldsymbol{F}) \\ [\boldsymbol{M}_O(\boldsymbol{F})]_z = xF_y - yF_x = M_z(\boldsymbol{F}) \end{cases} \tag{4-17}$$

即力对一点的力矩矢在通过该点的某一个轴上的投影，等于力对该轴之矩。式（4－17）称为力对点之矩和力对通过该点的轴之矩之间的关系定理。这一定理也为我们计算力对轴之矩提供了一种方法。

第三节 空间力偶系

一、空间力偶系的概念

对一个力偶系而言，若各力偶作用面不在同一平面，也不在平行平面，则此为偶系称为空间力偶系。空间力偶系的合成也遵循矢量合成的运算法则，也就是说力偶也是矢量。

1. 力偶矩的矢量表示 由平面力偶理论知，作用于同一平面内的两个力偶等效的条件是两力偶的力偶矩大小相等，转向相同。但对空间力偶而言，若两个力偶的作用面不共面且不相互平行，即使满足平面力偶等效条件，这两个力偶对刚体的作用也是不同的。可见，力偶对刚体的作用效应取决于：力偶矩的大小、力偶的转向及力偶作用面在空间中的方位。因此，可用一矢量 $\boldsymbol{M}$ 来表示力偶，称为力偶矩矢量。如图 4-11 所示，$\boldsymbol{M}$ 的模表示力偶矩的大小，且 $M=F\cdot d$。力偶矩矢量方位与力偶作用面的法线方位相同，且 $\boldsymbol{M}$ 的指向与力偶转向的关系服从右手螺旋法则。

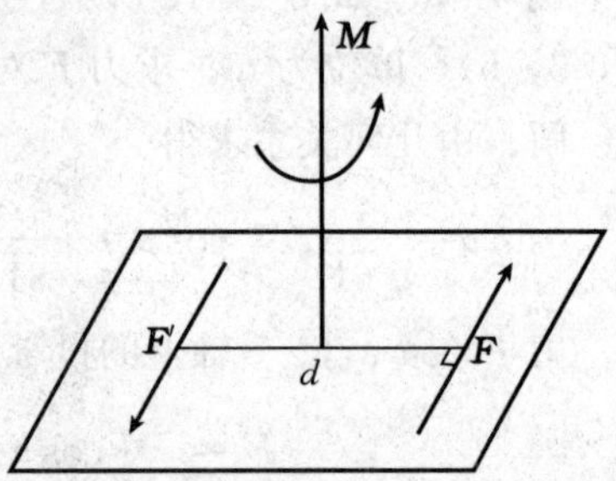

图 4-11

2. 力偶矩矢的性质 生活实际中，用螺丝刀拧螺丝时，只要力偶的大小和转向不变，当其作用面沿螺丝轴线平行移动时，力偶的作用效果保持不变。由此可见，力偶可以平行搬移，当它从一个平面移动到刚体另一个平行平面时，不影响它对刚体的作用效应。亦即只要保持力偶矩矢的大小和方向不变，其矢量的始端可以移动到空间任一点，**力偶矩矢是一个自由矢量。**

力偶的等效条件是两个力偶的力偶矩矢量相等。

二、空间力偶系的合成和平衡

1. 空间力偶系的合成 各力偶的作用面不在同一平面，也不在一组平行平面的力偶系称为空间力偶系。若作用于刚体上的力偶 $\boldsymbol{M}_1$，$\boldsymbol{M}_2$，…，$\boldsymbol{M}_n$ 构成一空间力偶系，根据力偶的性质，可任取一点 O 为简化中心，将力偶矩矢 $\boldsymbol{M}_1$，$\boldsymbol{M}_2$，…，$\boldsymbol{M}_n$ 平移至简化中心，形成一个汇交矢量系，将矢量两两合成，最终合成为一个合力偶矩矢量 $\boldsymbol{M}$，即**空间力偶系可以合成为一个合力偶，合力偶矩矢等于各力偶矩矢的矢量和**，其矢量表达式为

$$\boldsymbol{M}=\boldsymbol{M}_1+\boldsymbol{M}_2+\cdots+\boldsymbol{M}_n=\sum\boldsymbol{M}_i \tag{4-18}$$

合力偶矩矢量的大小和方向由解析法确定，取正交坐标系 $Oxyz$，由合矢量投影定理知

$$\begin{cases}M_x=\sum M_{ix}\\ M_y=\sum M_{iy}\\ M_z=\sum M_{iz}\end{cases} \tag{4-19}$$

式中 M_x、M_y、M_z 分别为 $\boldsymbol{M}$ 在 x、y、z 轴上的投影。

合力偶矩矢的大小和方向为

$$\begin{cases} M=\sqrt{M_x^2+M_y^2+M_z^2}=\sqrt{\left(\sum M_{ix}\right)^2+\left(\sum M_{iy}\right)^2+\left(\sum M_{iz}\right)^2} \\ \cos(\boldsymbol{M},\ \boldsymbol{i})=\dfrac{M_x}{M},\quad \cos(\boldsymbol{M},\ \boldsymbol{j})=\dfrac{M_y}{M},\quad \cos(\boldsymbol{M},\ \boldsymbol{k})=\dfrac{M_z}{M} \end{cases} \tag{4-20}$$

2. 空间力偶系的平衡　空间力偶系平衡的必要和充分条件为：该力偶系的合力偶矩矢等于零，即 $\boldsymbol{M}=\sum \boldsymbol{M}_i=0$。

由式（4－20）可知，空间力偶系的合力偶矩矢要等于零，其在三个正交坐标轴上的投影必同时为零。即

$$\begin{cases} \sum M_{ix}=0 \\ \sum M_{iy}=0 \\ \sum M_{iz}=0 \end{cases} \tag{4-21}$$

即空间力偶系作用下刚体平衡的充要条件是各力偶矩矢在三个坐标轴的投影之和分别等于零。

空间力偶系作用下平衡的每个刚体都可列出三个独立的方程，求解三个未知量。事实上，空间力偶系作用下如果刚体平衡，各力偶矩矢投影到任意轴上和都应该为零。解题时可任选三个相交的投影轴作为坐标轴，只要这三个投影轴不共面，就可得到三个独立的平衡方程，求解三个未知量。为解题方便一般取三个正交坐标轴。式（4－21）称为空间力偶系的平衡方程。

例 4－6　图 4－12（a）所示三棱柱是正方体的一半，其上作用三个力偶（$\boldsymbol{F}_1$，$\boldsymbol{F}_1'$）、（$\boldsymbol{F}_2$，$\boldsymbol{F}_2'$）和（$\boldsymbol{F}_3$，$\boldsymbol{F}_3'$）。已知各力偶矩大小分别为 $M_1=20$ kN·m，$M_2=10$ kN·m，$M_3=30$ kN·m，且与水平面成 45°。求合力偶矩矢 $\boldsymbol{M}$，若使这个刚体平衡，还需施加什么样的一个力偶？

解： 将各力偶矩用矢量表示，并平移到 A'，如图 4－12（b）所示，其中 $\boldsymbol{M}_3$ 位于 yz 平面，与 y、z 轴正向成 45°角。由式（4－19）求得

$$M_x=M_{1x}+M_{2x}+M_{3x}=0$$

$$M_y=M_{1y}+M_{2y}+M_{3y}=0-10+30\cos45^\circ=11.2(\text{kN}\cdot\text{m})$$

$$M_z=M_{1z}+M_{2z}+M_{3z}=20+0+30\cos45^\circ=41.2(\text{kN}\cdot\text{m})$$

由式（4－20）求解合力偶矩矢 $\boldsymbol{M}$ 的大小和方向

$$M=\sqrt{M_x^2+M_y^2+M_z^2}=42.7(\text{kN}\cdot\text{m})$$

$$\cos(\boldsymbol{M},\ \boldsymbol{i})=\frac{M_x}{M}=0,\qquad \alpha=90^\circ$$

$$\cos(\boldsymbol{M},\ \boldsymbol{j})=\frac{M_y}{M}=0.262,\qquad \beta=74^\circ48'$$

$$\cos(\boldsymbol{M},\ \boldsymbol{k})=\frac{M_z}{M}=0.965,\qquad \gamma=15^\circ12'$$

若使该刚体平衡，需加一力偶 $\boldsymbol{M}_4$ 如图 4－12(b) 所示，且 $\boldsymbol{M}_4=-\boldsymbol{M}$。

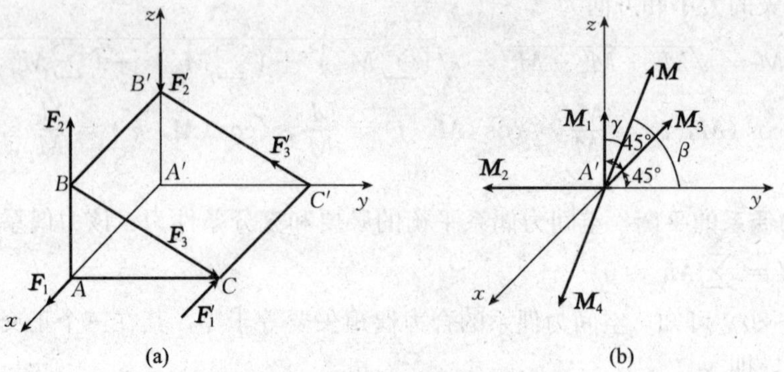

图 4-12

第四节 空间任意力系向一点的简化 主矢和主矩

一、空间任意力系向已知点的简化

力的作用线不在同一平面而呈空间任意分布的力系，称为空间任意力系，这是力系中最普遍和复杂的情形，其他各种力系都可看作是它的特殊情况，比如空间汇交力系、空间平行力系、平面力系等。对空间任意力系进行研究，不仅在理论上有普遍的意义，对实际应用也有重要意义。

当空间力系中的各力既不汇交于一点也不相互平行时，形成的力系称为空间任意力系。与平面任意力系的简化类似，将空间力系向任一点简化时仍采用力的平移定理，只是平移时附加的力偶形成一个空间力偶系。

设空间任意力系 $\boldsymbol{F}_1$，$\boldsymbol{F}_2$，…，$\boldsymbol{F}_n$ 作用于刚体上，如图 4-13 所示。任选一点 O 作为简化中心，以 O 为坐标原点建立空间直角坐标系。将各力平行移动到 O 点，得到一个汇交于 O 点的空间汇交力系 $\boldsymbol{F}_1'$，$\boldsymbol{F}_2'$，…，$\boldsymbol{F}_n'$（其中 $\boldsymbol{F}_i'=\boldsymbol{F}_i$）和一个附加的空间力偶系，各附加力偶的力偶矩矢分别等于原力系中各力对简化中心 O 点的力矩矢，即 $\boldsymbol{M}_i=\boldsymbol{M}_O(\boldsymbol{F}_i)$。

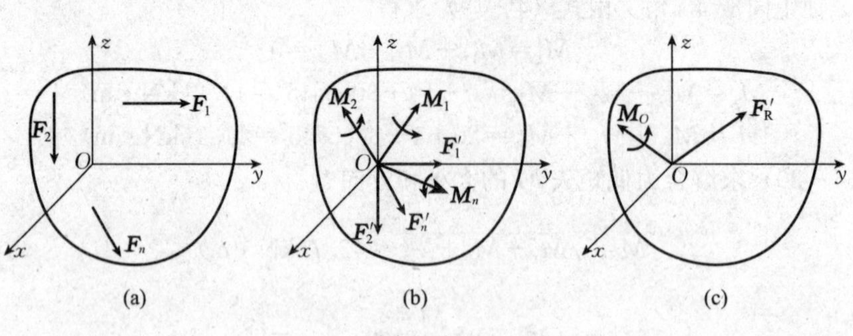

图 4-13

空间汇交力系可以合成为一个通过 O 点的力 $\boldsymbol{F}_R'$，此汇交力系的合力矢量等于原力系的主矢，主矢等于力系中各力的矢量和，与简化中心位置的选取无关。

$$\boldsymbol{F}_R' = \sum \boldsymbol{F}_i' = \sum \boldsymbol{F}_i$$

设 F_{Rx}'，F_{Ry}'，F_{Rz}' 分别为 $\boldsymbol{F}_R'$ 在 x，y，z 三轴上的投影，由合力投影定理

$$F'_{Rx} = \sum F_{ix}, \quad F'_{Ry} = \sum F_{iy}, \quad F'_{Rz} = \sum F_{iz}$$

主矢的大小为

$$F'_R = \sqrt{F'^2_{Rx} + F'^2_{Ry} + F'^2_{Rz}} = \sqrt{(\sum F_{ix})^2 + (\sum F_{iy})^2 + (\sum F_{iz})^2} \tag{4-22}$$

主矢的方向为

$$\begin{cases} \cos(\boldsymbol{F}'_R, \boldsymbol{i}) = \dfrac{F'_{Rx}}{F'_R} = \dfrac{\sum F_{ix}}{F'_R} \\ \cos(\boldsymbol{F}'_R, \boldsymbol{j}) = \dfrac{F'_{Ry}}{F'_R} = \dfrac{\sum F_{iy}}{F'_R} \\ \cos(\boldsymbol{F}'_R, \boldsymbol{k}) = \dfrac{F'_{Rz}}{F'_R} = \dfrac{\sum F_{iz}}{F'_R} \end{cases} \tag{4-23}$$

附加空间力偶系可合成为一合力偶，其力偶矩矢 $\boldsymbol{M}_O$ 等于各力对简化中心之矩的矢量和，称为力系对简化中心的主矩矢。

$$\boldsymbol{M}_O = \sum \boldsymbol{M}_O(\boldsymbol{F}_i)$$

设 M_{Ox}，M_{Oy}，M_{Oz} 为 $\boldsymbol{M}_O$ 在 x，y，z 三轴上的投影，根据式（4－17），同样有

$$\begin{aligned} M_{Ox} &= \sum [\boldsymbol{M}_O(\boldsymbol{F}_i)]_x = \sum M_x(\boldsymbol{F}_i) \\ M_{Oy} &= \sum [\boldsymbol{M}_O(\boldsymbol{F}_i)]_y = \sum M_y(\boldsymbol{F}_i) \\ M_{Oz} &= \sum [\boldsymbol{M}_O(\boldsymbol{F}_i)]_z = \sum M_z(\boldsymbol{F}_i) \end{aligned} \tag{4-24}$$

即：主矩矢在坐标轴上的投影等于各力对相应坐标轴力矩之和。主矩的大小为

$$M_O = \sqrt{\left[\sum M_x(\boldsymbol{F}_i)\right]^2 + \left[\sum M_y(\boldsymbol{F}_i)\right]^2 + \left[\sum M_z(\boldsymbol{F}_i)\right]^2} \tag{4-25}$$

主矩的方向为

$$\begin{cases} \cos(\boldsymbol{M}_O, \boldsymbol{i}) = \dfrac{M_{Ox}}{M_O} \\ \cos(\boldsymbol{M}_O, \boldsymbol{j}) = \dfrac{M_{Oy}}{M_O} \\ \cos(\boldsymbol{M}_O, \boldsymbol{k}) = \dfrac{M_{Oz}}{M_O} \end{cases} \tag{4-26}$$

一般情况下，主矩与简化中心位置的选取有关。

即空间任意力系向一点简化，一般情况下可以得到一个力和一个力偶。力作用在简化中心，大小和方向与力系的主矢相同，力偶矩矢的大小和方向与力系对简化中心的主矩矢相同。

二、简化结果分析

空间任意力系向已知点简化后得到一个主矢 $\boldsymbol{F}'_R$ 和一个主矩 $\boldsymbol{M}_O$，根据它们是否为零的情况还可以进一步简化，具体讨论如下：

1. 力系简化为一个合力偶（$F'_R=0$，$\boldsymbol{M}_O \neq 0$）　若主矢 $\boldsymbol{F}'_R$ 为零，主矩 $\boldsymbol{M}_O$ 不为零，则原

力系可简化为一力偶，其力偶矩矢等于主矩，即

$$\boldsymbol{M}=\boldsymbol{M}_O=\sum \boldsymbol{M}_O(\boldsymbol{F}_i)$$

在这种情况下，主矩与简化中心位置的选取无关。

2. 力系简化为一个合力

（1）$\boldsymbol{F}'_R\neq 0$，$\boldsymbol{M}_O=0$。当主矢 $\boldsymbol{F}'_R$ 不为零，主矩 $\boldsymbol{M}_O$ 等于零，则原力系简化为一个力，此时主矢即为合力。显然，合力 $\boldsymbol{F}_R$ 的作用线通过简化中心 O 点。

（2）$\boldsymbol{F}'_R\neq 0$，$\boldsymbol{M}_O\neq 0$ 且 $\boldsymbol{F}'_R\perp \boldsymbol{M}_O$。图 4-14(a)为力系向任一点 O 简化后得到的一个主矢和一个主矩且二者相互垂直的情形。主矢 $\boldsymbol{F}'_R$ 与组成力偶 $\boldsymbol{M}_O$ 的两个力（$\boldsymbol{F}_R$，$\boldsymbol{F}''_R$）位于同一平面内，见图 4-14(b)，令 $\boldsymbol{F}''_R$ 过 O 点，且 $\boldsymbol{F}''_R=-\boldsymbol{F}'_R$，即 $\boldsymbol{F}'_R$ 与 $\boldsymbol{F}''_R$ 可作为平衡力系去掉，可将 $\boldsymbol{F}'_R$ 与 $\boldsymbol{M}_O$ 进一步合成为一个作用线通过另一点 O' 的合力 $\boldsymbol{F}_R$，合力的大小、方向与主矢 $\boldsymbol{F}'_R$ 相同，作用于过简化中心垂直于主矩 $\boldsymbol{M}_O$ 的平面里，对 O 点力矩的转向与主矩 $\boldsymbol{M}_O$ 的转向一致，合力作用线距简化中心的距离为 $d=\dfrac{|\boldsymbol{M}_O|}{F'_R}$。

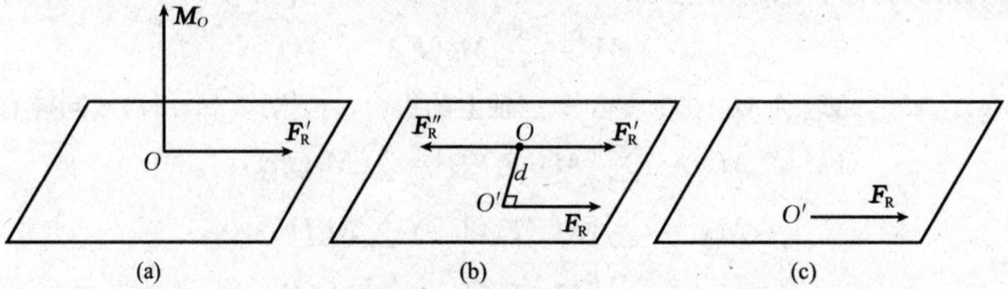

图 4-14

显然，合力对 O 点的力矩矢的大小为

$$|\boldsymbol{M}_O(\boldsymbol{F}_R)|=d\times F_R$$

主矩矢 $\boldsymbol{M}_O$ 的大小为

$$|\boldsymbol{M}_O|=|\boldsymbol{M}(\boldsymbol{F}_R,\ \boldsymbol{F}''_R)|=d\times F_R$$

二者大小相等，方向相同，所以

$$\boldsymbol{M}_O(\boldsymbol{F}_R)=\sum \boldsymbol{M}_O(\boldsymbol{F}_i) \qquad (4-27a)$$

由于简化中心 O 的位置是任意的，因此可得到空间力系的合力矩定理：**空间力系的合力对任一点的力矩矢等于各分力对同一点力矩矢的矢量和。**再将式（4-27a）投影到通过该点的任意三个坐标轴 x，y，z 上可得

$$M_x(\boldsymbol{F}_R)=\sum M_x(\boldsymbol{F}_i),\quad M_y(\boldsymbol{F}_R)=\sum M_y(\boldsymbol{F}_i),\quad M_z(\boldsymbol{F}_R)=\sum M_z(\boldsymbol{F}_i) \qquad (4-27b)$$

由于坐标轴可以任意选取，因此可得轴的合力矩定理：**空间力系的合力对某一轴的力矩等于各分力对同一轴力矩的代数和。**

3. 力系简化为一个力螺旋

（1）$\boldsymbol{F}'_R\neq 0$，$\boldsymbol{M}_O\neq 0$ 且 $\boldsymbol{F}'_R /\!/ \boldsymbol{M}_O$。这种力矢与力偶矩矢平行，或者说力与力偶作用面垂

直的情形称为力螺旋，如图4－15(a) 所示。例如用改锥拧紧螺钉或用钻头钻孔，改锥或钻头给工件的作用就是力螺旋，力使改锥或钻头移动，力偶使改锥或钻头转动。力螺旋是不能再简化的最简单的力系。

当 $\boldsymbol{F}_R'$ 与 $\boldsymbol{M}_O$ 同方向时，称为右手螺旋，$\boldsymbol{F}_R'$ 与 $\boldsymbol{M}_O$ 反方向时称为左手螺旋。图 4－15(a) 中力螺旋为右手螺旋，图 4－15(b) 为左手螺旋。**力螺旋中力的作用线称为力螺旋的中心轴。**

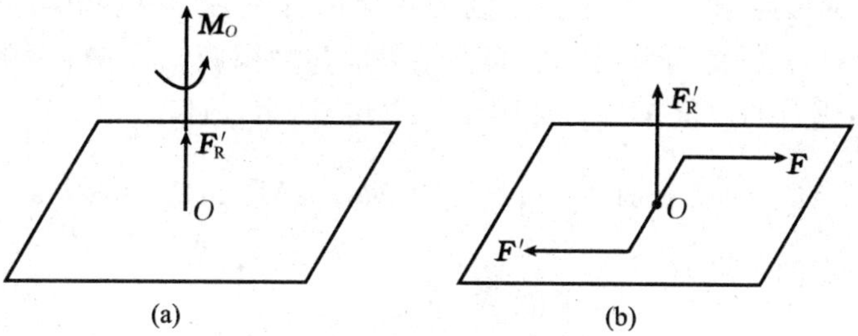

图 4－15

(2) $\boldsymbol{F}_R' \neq 0$，$\boldsymbol{M}_O \neq 0$，且 $\boldsymbol{F}_R'$ 与 $\boldsymbol{M}_O$ 成任一夹角 α。如图 4－16(a) 所示，将 $\boldsymbol{M}_O$ 沿平行于 $\boldsymbol{F}_R'$ 和垂直于 $\boldsymbol{F}_R'$ 两个方向分解为 $\boldsymbol{M}_{O/\!/}$ 和 $\boldsymbol{M}_{O\perp}$，将 $\boldsymbol{M}_{O\perp}$ 与 $\boldsymbol{F}_R'$ 进一步合成为力 $\boldsymbol{F}_R$，作用于 O' 点，其大小和方向与主矢 $\boldsymbol{F}_R'$ 相同，$\boldsymbol{F}_R$ 的作用线称为力螺旋的中心轴，位于过 O 点垂直于 $\boldsymbol{M}_{O\perp}$ 的平面内，距简化中心 O 的距离 d 为

$$d=\frac{|M_{O\perp}|}{F_R'}=\frac{|M_O \sin \alpha|}{F_R'} \tag{4-28}$$

由于力偶矩可以任意平移，将 $\boldsymbol{M}_{O/\!/}$ 平移到 $\boldsymbol{F}_R$，最终 $\boldsymbol{F}_R$ 与 $\boldsymbol{M}_{O/\!/}$ 构成一个力螺旋，如图 4－16(b)所示。力螺旋中心轴与简化中心的距离 d 由式 (4－28) 确定。

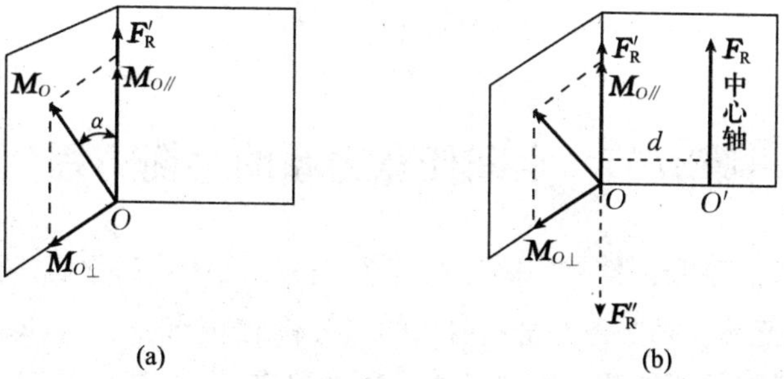

图 4－16

4. 力系平衡 ($\boldsymbol{F}_R'=0$，$\boldsymbol{M}_O=0$)　当主矢、主矩均为零时，原空间力系平衡。

例 4－7　图 4－17(a) 所示的边长为 a 的立方体，在其四个角上作用有大小均为 F 的四个力 $\boldsymbol{F}_1$、$\boldsymbol{F}_2$、$\boldsymbol{F}_3$、$\boldsymbol{F}_4$，方向如图所示。求：(1) 力系向 O 点简化的结果；(2) 简化的最后结果。

解：（1）力系向 O 点简化的结果。首先求主矢 $\boldsymbol{F}'_{R}$：

$$F'_{Rx}=F_1=F,\quad F'_{Ry}=F_4=F,\quad F'_{Rz}=F_2-F_3=0$$

$$F'_{R}=\sqrt{{F'_{Rx}}^2+{F'_{Ry}}^2}=\sqrt{2}F$$

可见，主矢 $\boldsymbol{F}'_{R}$ 作用在 Oxy 平面内，与 x 轴、y 轴的夹角均为 45°。

然后再求向 O 点简化的主矩 $\boldsymbol{M}_O$：

$$[M_O]_x=F_2a-F_4a=0,\quad [M_O]_y=F_3a=Fa,\quad [M_O]_z=0$$

主矩 $\boldsymbol{M}_O$ 沿 y 轴正方向，主矢和主矩如图 4－17（b）所示。

（2）力系简化的最后结果。由于该空间力系简化后，主矢和主矩均不为零，且主矢 $\boldsymbol{F}'_{R}$ 与主矩 $\boldsymbol{M}_O$ 夹角为 45°，因此力系最终的简化结果应为力螺旋。将 $\boldsymbol{M}_O$ 分解为与主矢平行的分量 $\boldsymbol{M}_{O/\!/}$ 及与主矢垂直的分量 $\boldsymbol{M}_{O\perp}$，如图 4－17(b) 所示，且

$$M_{O\perp}=M_O\cos 45^\circ=\frac{\sqrt{2}}{2}Fa,\qquad M_{O/\!/}=M_O\sin 45^\circ=\frac{\sqrt{2}}{2}Fa$$

力螺旋中心轴距 O 点的距离为

$$\overline{OA}=\frac{M_{O\perp}}{|F'_{R}|}=\frac{\frac{\sqrt{2}}{2}Fa}{\sqrt{2}F}=\frac{a}{2}$$

由于过 $\boldsymbol{F}'_{R}$ 与 z 轴的平面垂直于 $\boldsymbol{M}_{O\perp}$，故力螺旋中心轴位于该平面，与 z 轴相交于 A 点。力系最终简化的结果如图 4－17(c) 所示。

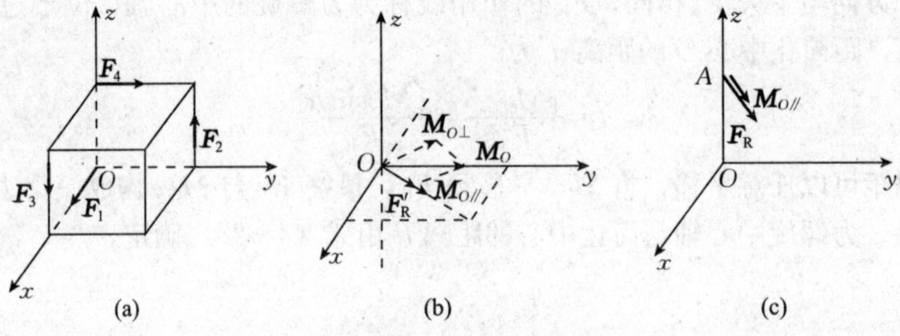

图 4－17

第五节　空间任意力系的平衡方程

1. 空间任意力系的平衡条件　空间任意力系向任一已知点简化后得到一个主矢和一个主矩，可知力系平衡的充分与必要条件是：力系的主矢和主矩同时为零，即 $\boldsymbol{F}'_{R}=0$，$\boldsymbol{M}_O=0$。

2. 空间任意力系的平衡方程　由式（4－22）和式（4－25）可知，主矢、主矩同为零需满足下式

$$\begin{cases}\sum F_x=0,\quad \sum F_y=0,\quad \sum F_z=0\\ \sum M_x(\boldsymbol{F})=0,\quad \sum M_y(\boldsymbol{F})=0,\quad \sum M_z(\boldsymbol{F})=0\end{cases}\tag{4-29}$$

式（4－29）称为空间任意力系的平衡方程。因此空间任意力系平衡的条件为：**力系中各力在三个任选的直角坐标轴上投影的代数和分别为零，且各力对三个坐标轴之矩的代数和**

也分别为零。 此条件既是充分的，也是必要的。事实上，只要三个相交的坐标轴异面，满足式（4－29）的力系就一定是平衡的，只是为了解题的方便，我们一般取空间直角坐标系。式（4－29）中包含的六个方程均为相互独立的方程，可求解六个未知量。

3. 空间平行力系的平衡方程　空间任意力系是空间力系最一般的情况，其他力系均为空间任意力系的特例，前面我们介绍了空间汇交力系与空间力偶系的平衡方程，下面给出空间平行力系的平衡方程。

假设所有力的作用线与 z 轴平行，则式（4－29）中

$$\sum F_x \equiv 0,\quad \sum F_y \equiv 0,\quad \sum M_z(\boldsymbol{F}) \equiv 0$$

六个平衡方程中有三个自然满足，则空间平行力系的平衡方程为

$$\sum F_z = 0,\quad \sum M_x(\boldsymbol{F}) = 0,\quad \sum M_y(\boldsymbol{F}) = 0 \tag{4-30}$$

空间平行力系有三个独立的平衡方程，可求解三个未知量。

求解空间力系的平衡问题时，其方法与求解平面力系的平衡方法基本相同。但由于空间结构的几何关系相对比较复杂，因此在求解空间力系平衡问题时应注意以下几点：

（1）建立的坐标系应尽量使力与坐标轴之间的夹角简单、易确定，且力的作用点的坐标简单、易确定。

（2）计算力在坐标轴上的投影和力对轴之矩时，一定要弄清力的作用线在空间中的几何位置，受力图应简明清晰。

（3）对于平衡问题，由于力系在任一轴上的投影均为零，因此列投影方程时可任意选取正交的投影轴，但应使所取的投影轴尽量与较多的未知力垂直，这样列出的投影平衡方程将包含较少的未知量，若未知量只有一个，则可直接求解，省去了求解联立方程的过程。另外，由于空间平衡力系对任一坐标轴的矩均为零，因此力矩轴也是可以任意选取的。同样，为了使得列出的力矩平衡方程包含较少的未知量，最好是只有一个未知量，则应使选取的力矩轴尽量与较多的未知力平行或相交。总之，应以列出的平衡方程求解更为简便为目的适当地选取投影轴或力矩轴。

（4）列平衡方程时，投影方程和力矩方程可交替，先列投影方程还是力矩方程应视具体情况而定，没有特定的次序和限制。

4. 空间约束　求解空间力系问题时，常遇到空间约束，现将几种常见的空间约束列于表 4－1 中。

表 4－1　常见的空间约束及其约束力

约束类型	计算简图	约束力
球形铰链 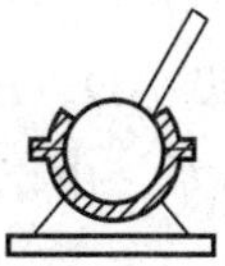		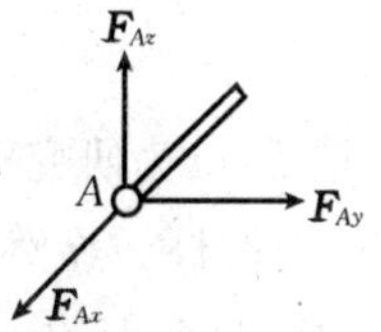

（续）

约束类型	计算简图	约束力
止推轴承 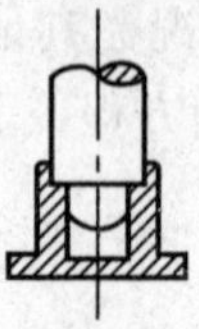		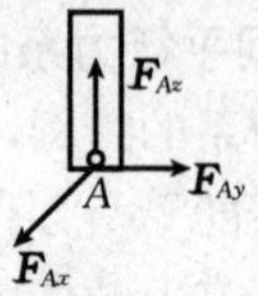
蝶铰链 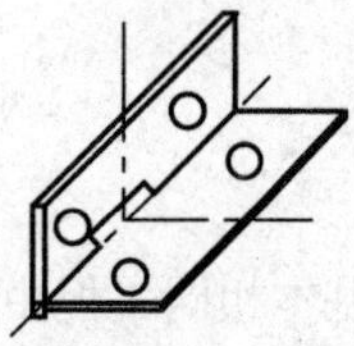	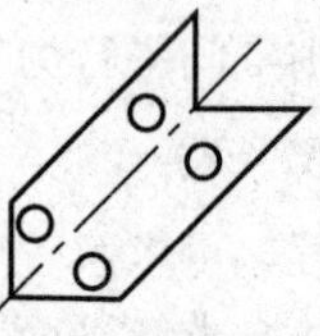	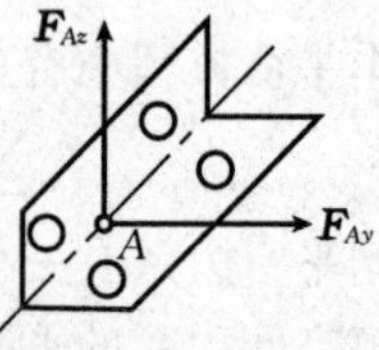
空间固定端 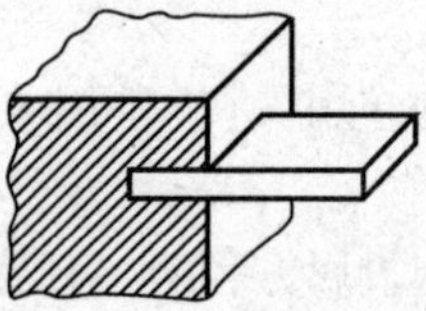	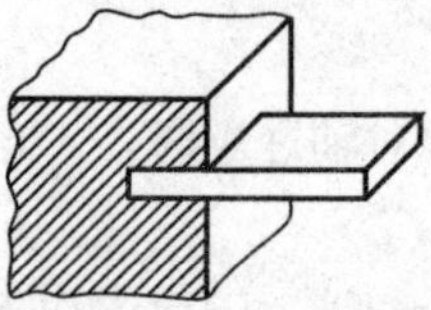	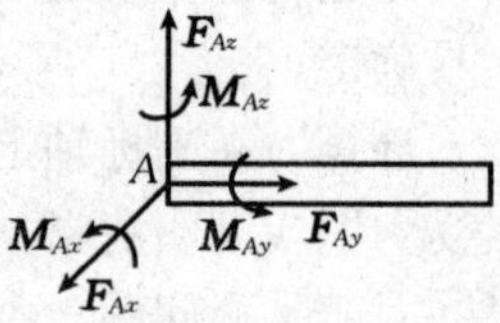

例 4-8 图 4-18(a)所示空间构架由三根无重直杆组成，在 D 端用球铰链连接。A、B、C 端则由球铰链固定在水平地板上，若重物重 $W=10\ \text{kN}$，求铰链 A、B、C 的约束力。

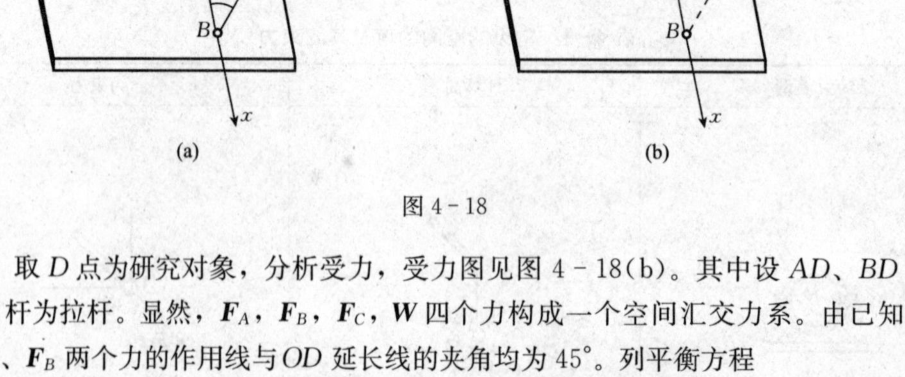

(a) (b)

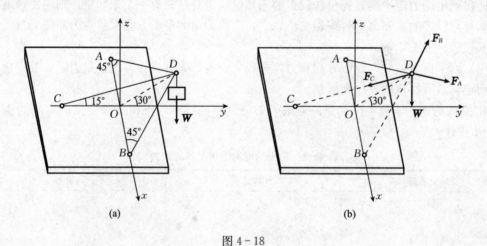

图 4-18

解: 取 D 点为研究对象，分析受力，受力图见图 4-18(b)。其中设 AD、BD 杆为压杆，CD 杆为拉杆。显然，$\boldsymbol{F}_A$，$\boldsymbol{F}_B$，$\boldsymbol{F}_C$，$\boldsymbol{W}$ 四个力构成一个空间汇交力系。由已知条件分析知 $\boldsymbol{F}_A$、$\boldsymbol{F}_B$ 两个力的作用线与 OD 延长线的夹角均为 45°。列平衡方程

$$\sum F_x = 0,\quad F_A\cos45° - F_B\cos45° = 0$$

$$\sum F_y = 0,\quad F_C\cos15^\circ - F_A\sin45^\circ\cos30^\circ - F_B\sin45^\circ\cos30^\circ = 0$$

$$\sum F_z = 0,\quad -F_C\cos75^\circ + F_A\sin45^\circ\sin30^\circ + F_B\sin45^\circ\sin30^\circ - W = 0$$

解得　　$F_A = F_B = 26.39\ \text{kN}$(压力)，　$F_C = 33.46\ \text{kN}$(拉力)

本题也可另选坐标系进行求解，请读者自行思考。

例 4-9　图 4-19 所示三轮小车，自重 $W=8\ \text{kN}$，作用于 E 点，力 $P=10\ \text{kN}$，作用于 C 点。求小车静止时地面对车轮的约束力。

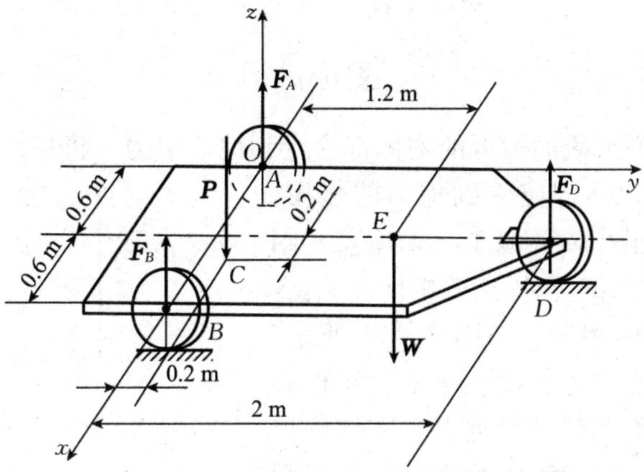

图 4-19

解: 取小车为研究对象，受力如图 4-19 所示。可知主动力 $\boldsymbol{W}$、$\boldsymbol{P}$，约束力 $\boldsymbol{F}_A$、$\boldsymbol{F}_B$、$\boldsymbol{F}_D$ 五个力共同构成一个空间平行力系，由空间平行力系的平衡方程

$$\sum F_z = 0,\quad F_A + F_B + F_D - P - W = 0$$

$$\sum M_x(\boldsymbol{F}) = 0,\quad F_D\times 2 - P\times 0.2 - W\times 1.2 = 0$$

$$\sum M_y(\boldsymbol{F}) = 0,\quad P\times 0.8 + W\times 0.6 - F_B\times 1.2 - F_D\times 0.6 = 0$$

解得　　$F_D = 5.8\ \text{kN}$，$F_B = 7.78\ \text{kN}$，$F_A = 4.42\ \text{kN}$

例 4-10　某厂房柱子下端固定，受力如图 4-20 所示，$\boldsymbol{F}_1$，$\boldsymbol{F}_2$ 位于 Oyz 平面内，与 z 轴的距离分别为 $e_1=0.1\ \text{m}$，$e_2=0.34\ \text{m}$，$\boldsymbol{F}_3$ 平行于 x 轴。已知 $F_1=120\ \text{kN}$，$F_2=300\ \text{kN}$，$F_3=25\ \text{kN}$。柱子自重 $P=40\ \text{kN}$，$h=6\ \text{m}$。求基础的约束力。

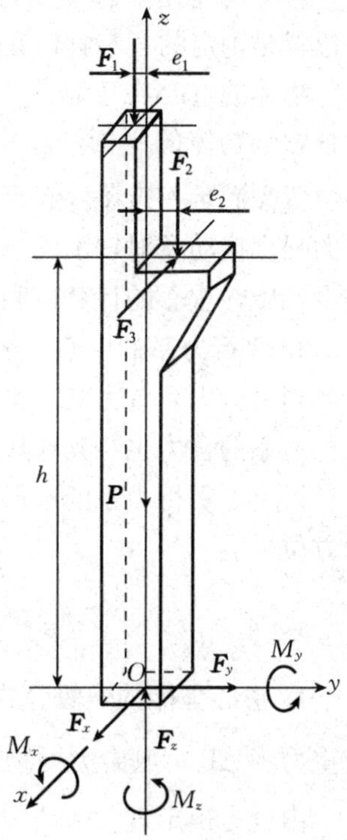

图 4-20

解: 对柱子进行受力分析，其基础底面固定端约束的约束力如图 4-20 所示。列平衡方程

$$\sum F_x = 0,\quad F_x - F_3 = 0$$

$$\sum F_y = 0,\quad F_y = 0$$

$$\sum F_z = 0,\quad F_z - F_1 - F_2 - P = 0$$

$$\sum M_x(\boldsymbol{F}) = 0,\quad M_x + F_1 e_1 - F_2 e_2 = 0$$

$$\sum M_y(\boldsymbol{F})=0, \quad M_y-F_3h=0$$

$$\sum M_z(\boldsymbol{F})=0, \quad M_z+F_3e_2=0$$

代入 P、F_1、F_2、F_3、e_1、e_2 及 h 的值解得

$$F_x=25\ \mathrm{kN}, \quad F_y=0, \quad F_z=460\ \mathrm{kN}$$

$$M_x=90\ \mathrm{kN\cdot m}, \quad M_y=150\ \mathrm{kN\cdot m}, \quad M_z=-8.5\ \mathrm{kN\cdot m}$$

第六节 重 心

一、重心的概念

1. 重心 地球表面或表面附近的物体都会受到地心引力，将物体看作是由无数个微元体组成，则每一个微元体都应受到重力的作用。若这些微元体的体积很小，近似于一个质点，则任一微元体所受的重力 $\Delta\boldsymbol{P}_i$ 作用点的坐标 x_i，y_i，z_i 与微元体的位置坐标相同，如图 4－21 所示。所有微元体受到的地心引力构成一个汇交于地心的空间汇交力系。由于地球半径远大于物体的尺寸，这个力系可看作一方向均为垂直向下的空间平行力系，而这个平行力系的合力称为物体的重力，合力的作用点称为重心。重心对于物体的相对位置是确定的，与物体在空间中的方位无关。

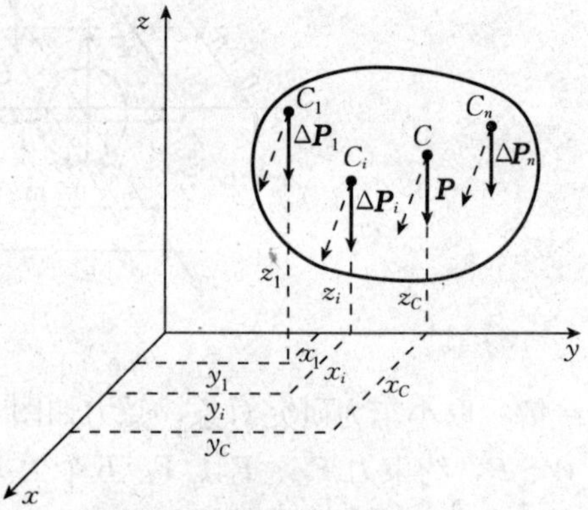

图 4－21

物体的重心在工程中有非常重要的意义，其位置影响物体的平衡和稳定性。例如起重机的重心位置需满足一定条件起重机才能保持稳定。高速转动的机械，若重心不在轴线上，将引起轴的强烈振动及对轴承的巨大压力，甚至会使材料超过其强度极限而破坏。因此，在许多工程设计中，重心的计算或测定是一个重要环节。

2. 平行力系的中心 平行力系的中心指平行力系合力的作用点。

当平行力系各力的大小和作用点保持不变，而将各力绕各自作用点转过同一角度，则该平行力系的合力也绕其作用点转过相同的角度。

可见，平行力系的中心所在位置仅与力系中各力的大小和指向有关，与平行力系的作用线方位无关。

二、重心坐标公式

1. 重心坐标的一般公式 将物体看作由无数个微元体（质点）组成，每个微元体受到的重力为 $\Delta\boldsymbol{P}_i$，其合力即物体的重力为 $\boldsymbol{P}$，重心为 C，则 $\boldsymbol{P}=\sum\Delta\boldsymbol{P}_i$。

由合力矩定理

$$M_y(\boldsymbol{P})=\sum M_y(\Delta\boldsymbol{P}_i)$$

得到力矩方程为

$$Px_C = \sum \Delta P_i x_i$$

即
$$x_C = \frac{\sum \Delta P_i x_i}{P}$$

同理
$$y_C = \frac{\sum \Delta P_i y_i}{P}$$

为确定 z_C，将各力绕 y 轴转 90°，则合力 $\boldsymbol{P}$ 也绕 y 轴转 90°，同样由合力矩定理可得

$$z_C = \frac{\sum \Delta P_i z_i}{P}$$

因此，重心坐标公式为

$$x_C = \frac{\sum \Delta P_i x_i}{P},\quad y_C = \frac{\sum \Delta P_i y_i}{P},\quad z_C = \frac{\sum \Delta P_i z_i}{P} \tag{4-31}$$

2. 均质物体的重心坐标公式　若物体是均质的，其密度 ρ 是常量。则

$$P=\rho g V,\qquad \Delta P_i=\rho g \Delta V_i$$

因此均质物体重心坐标公式为

$$x_C = \frac{\sum \Delta V_i x_i}{V},\quad y_C = \frac{\sum \Delta V_i y_i}{V},\quad z_C = \frac{\sum \Delta V_i z_i}{V} \tag{4-32}$$

式中，V 为物体的总体积，ΔV_i 为微元体 i 的体积。

如果物体是连续体，对物体做无限细分，上式中的求和便可改写成积分，即

$$x_C = \frac{\int_V x\,\mathrm{d}V}{V},\quad y_C = \frac{\int_V y\,\mathrm{d}V}{V},\quad z_C = \frac{\int_V z\,\mathrm{d}V}{V} \tag{4-33}$$

由上式可知，均质体的重心只与物体的形状和尺寸有关。物体的几何中心称为其形心，对均质体而言，其重心与形心是重合的。

三、确定物体重心位置的方法

1. 具有对称轴或对称面的规则物体　若均质体具有对称面、对称轴或对称点，则其重心一定在对称面、对称轴或对称点上。若均质体有两个对称面，则重心一定在这两个对称面的交线上。若有两个对称轴，则重心在这两个对称轴的交点上。常见简单平面图形中（图 4-22），圆形、矩形、工字形截面的形心都在其各自的对称轴交点上，T 形、槽形截面只有一条对称轴，则重心一定位于此对称轴上。

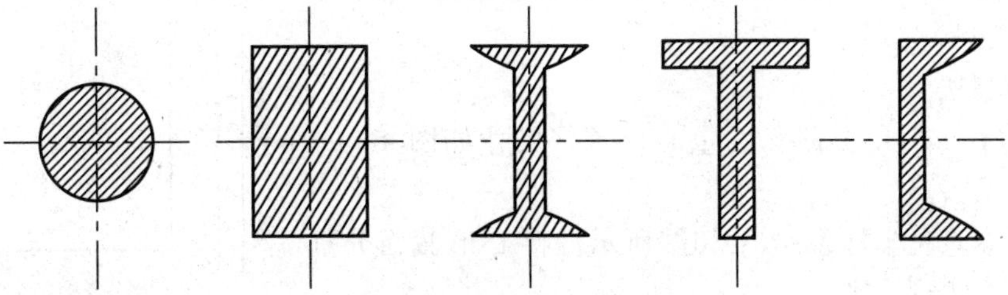

图 4-22

因此求解物体的重心或形心时，应充分利用物体或图形的对称面、对称轴或对称中心。

2. 简单形状物体 简单形状物体的重心，可用积分法计算。常用的简单形状物体的重心，可从工程手册上查到。表 4-2 列了几种常用简单平面图形的形心。

表 4-2 常见简单平面图形形心位置表

图形	形心位置	图形	形心位置
三角形 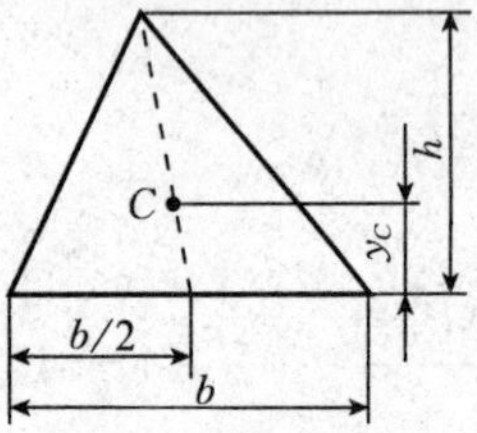	$y_C=\frac{h}{3}$ $A=\frac{1}{2}bh$	梯形 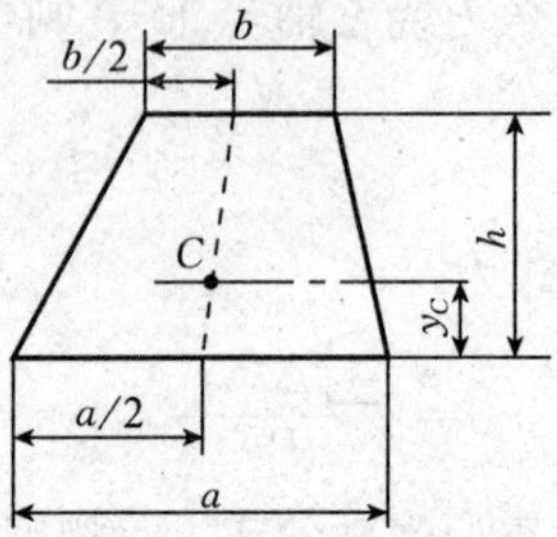	$y_C=\frac{h(a+2b)}{3(a+b)}$ $A=\frac{h}{2}(a+b)$
扇形 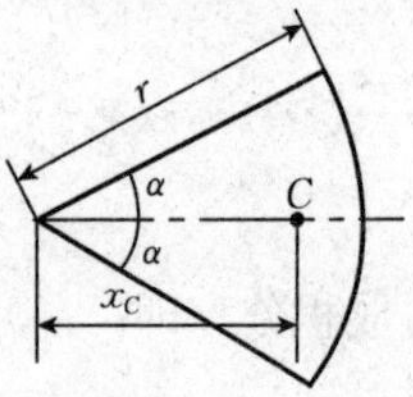	$x_C=\frac{2r\sin\alpha}{3\alpha}$ $A=\alpha r^2$ 半圆： $\alpha=\frac{\pi}{2}$ $x_C=\frac{4r}{3\pi}$	圆弧 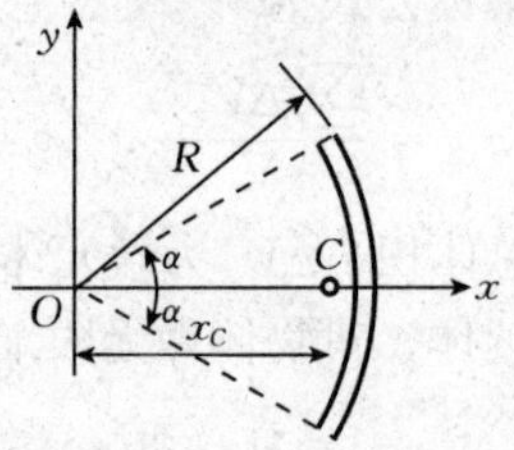	$x_C=\frac{r\sin\alpha}{\alpha}$ 半圆弧： $\alpha=\frac{\pi}{2}$ $x_C=\frac{2r}{\pi}$
抛物线三角形 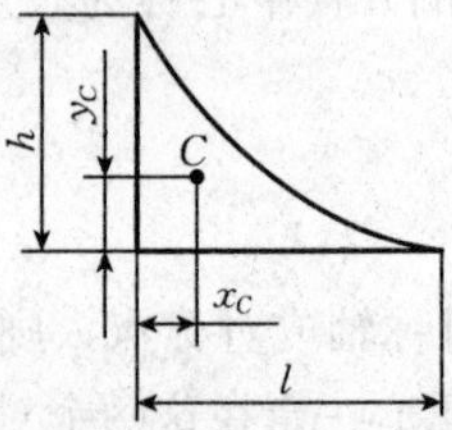	$x_C=\frac{1}{4}l$ $y_C=\frac{3}{10}h$ $A=\frac{1}{3}hl$	抛物线三角形 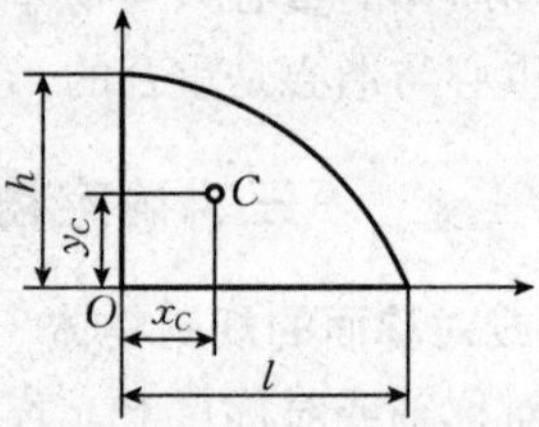	$x_C=\frac{3}{8}l$ $y_C=\frac{3}{10}h$ $A=\frac{2}{3}hl$

3. 组合截面 组合截面重心可采用组合法计算。将平面图形分成几个形状简单且重心已知的部分，然后利用重心坐标公式组合求解。视平面图形的具体情况，分别采用以下两种方法：

(1) 分割法。

例 4-11 求 L 形截面的重心位置，尺寸如图 4-23 所示。

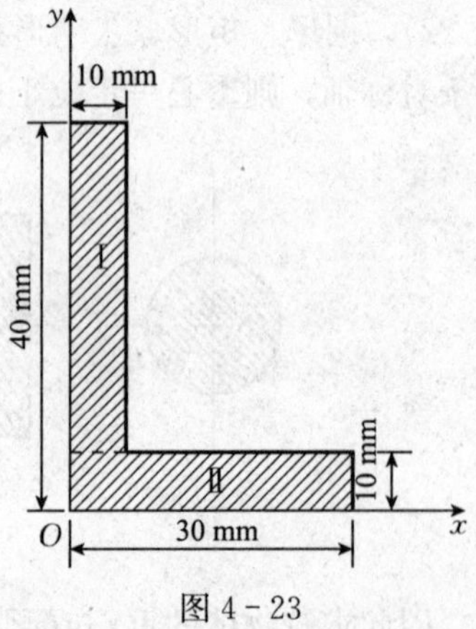

图 4-23

解： 建立直角坐标系 Oxy 如图所示。将 L 形截面分割成Ⅰ、Ⅱ两个矩形。则

矩形Ⅰ：$A_1=10\times30=300\ \text{mm}^2$，$x_1=5\ \text{mm}$，$y_1=25\ \text{mm}$

矩形Ⅱ：$A_2=10\times30=300\ \text{mm}^2$，$x_2=15\ \text{mm}$，$y_2=5\ \text{mm}$

由重心（形心）坐标公式求得

$$x_C=\frac{\sum A_ix_i}{\sum A_i}=\frac{A_1x_1+A_2x_2}{A_1+A_2}=\frac{300\times5+300\times15}{300+300}=10(\text{mm})$$

$$y_C=\frac{\sum A_iy_i}{\sum A_i}=\frac{A_1y_1+A_2y_2}{A_1+A_2}=\frac{300\times25+300\times5}{300+300}=15(\text{mm})$$

注意，分割的部分与坐标系的建立因人而异，并非是唯一的。当建立的坐标系不同时，求得的 x_C，y_C 值也是不同的，但形心的位置相对于平面图形而言是确定的，不随坐标系的不同而变化。

（2）负面积法。当截面中有挖去部分时，可将挖去部分的面积取负值进行组合。

例 4-12　图 4-24 所示均质板，求其重心坐标位置。

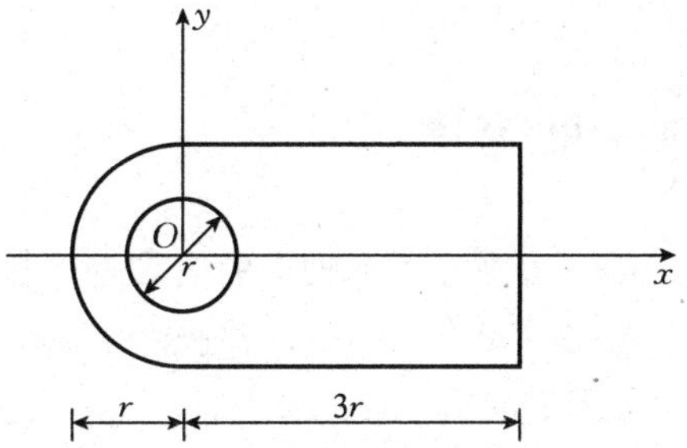

图 4-24

解：建立图示坐标系 Oxy。将均质板分三部分：半圆Ⅰ，矩形Ⅱ，挖去小圆Ⅲ。

半圆Ⅰ：$A_1=\frac{\pi r^2}{2}$，$x_1=-\frac{4r}{3\pi}$，$y_1=0$

矩形Ⅱ：$A_2=6r^2$，$x_2=\frac{3r}{2}$，$y_2=0$

挖去小圆Ⅲ：$A_3=-\frac{\pi r^2}{4}$，$x_3=0$，$y_3=0$

求得

$$x_C=\frac{\sum A_ix_i}{\sum A_i}=\frac{\frac{\pi r^2}{2}\cdot\left(-\frac{4r}{3\pi}\right)+6r^2\cdot\frac{3r}{2}}{\frac{\pi r^2}{2}+6r^2-\frac{\pi r^2}{4}}=1.23r$$

$$y_C=\frac{\sum A_iy_i}{\sum A_i}=0$$

4. 不规则物体　若物体的形状较为复杂或不满足均质条件，则实验法测定其重心。常用的实验法有以下两种：

（1）悬挂法。对平板形物体，可将其悬挂于任一点 A，作铅垂线，如图 4-25 所示。由二力平衡可知，该物体的重心一定在此铅垂线上。然后再悬挂于任一其他点 B，作出另一铅垂线，同理可知重心也在此铅垂线上，因此得到两铅垂线的交点即为物体的重心。

（2）称重法。当物体形状复杂、体积大、较笨重时，常采用称重法测定物体的重心位置。如图 4-26 所示物体，测定其重心位置时，将一端放在台秤上，另一端放在水平面上，使轴线处于水平位置。设物体重 $\boldsymbol{F}_{\text{P}}$，台秤测得的力为 $\boldsymbol{F}_B$，则由物体的平衡方程

$$\sum M_A(\boldsymbol{F})=0,\qquad F_Bl-F_{\text{P}}x_C=0$$

则

$$x_C=\frac{F_Bl}{F_{\text{P}}}$$

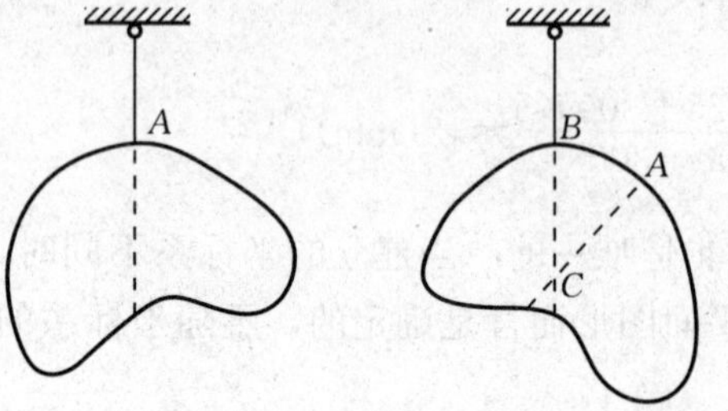

图 4-25

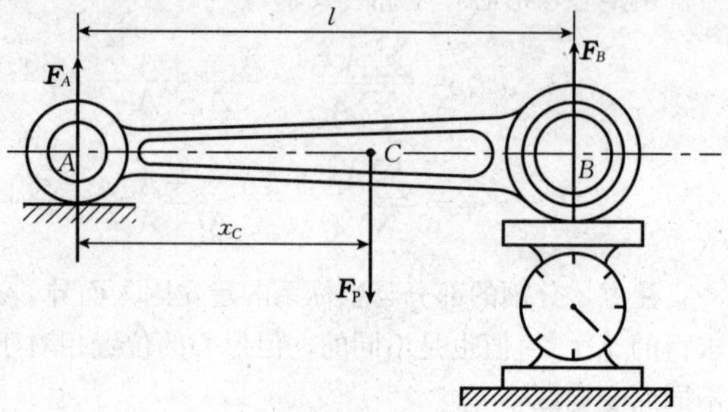

图 4-26

思考题

4-1 力在坐标轴上的投影是代数量而力在平面上的投影是矢量，对吗？

4-2 设有一力 $\boldsymbol{F}$，并选一坐标轴 x 轴，什么情况下有：

(1) $F_x=0$，$M_x(\boldsymbol{F})=0$；

(2) $F_x=0$，$M_x(\boldsymbol{F})\neq0$；

(3) $F_x\neq0$，$M_x(\boldsymbol{F})\neq0$；

(4) $F_x\neq0$，$M_x(\boldsymbol{F})=0$。

4-3 空间力偶矩矢量的三要素是什么？为什么说力偶矩矢量是自由矢量？

4-4 空间平行力系的合成结果是什么？能否合成为力螺旋？

4-5 如思考题 4-5 图所示坐标系，若空间力系为下列几种情况，试分析其独立平衡方程的个数。

(1) 各力作用线都通过 y 轴；

(2) 各力作用线都平行于 Oxy 平面；

(3) 力系可以分解为一个位于 Oxy 平面的平面力系和一个位于与 Oxy 平面平行平面内的平行力系。

4-6 空间任意力系向三个相互垂直的坐标平面投影可得到三个平面一般力系，每个平面一般力系都有三个独立的平衡方程，这三个平面任意力系是否可以求解九个独立的未知量呢？

4-7 思考题 4-7 图所示长方体边长等于 a、b、c，下列哪组方程是空间力系平衡的充分必要条件？

(1) $\sum F_x=0$，$\sum F_z=0$，$\sum M_x=0$，$\sum M_y=0$，$\sum M_z=0$，$\sum M_{AA'}=0$；

(2) $\sum M_x=0$，$\sum M_y=0$，$\sum M_z=0$，$\sum M_{BB'}=0$，$\sum M_{CC'}=0$，$\sum F_y=0$；

(3) $\sum M_x=0$，$\sum M_y=0$，$\sum M_z=0$，$\sum M_{AA'}=0$，$\sum M_{BB'}=0$，$\sum M_{CC'}=0$。

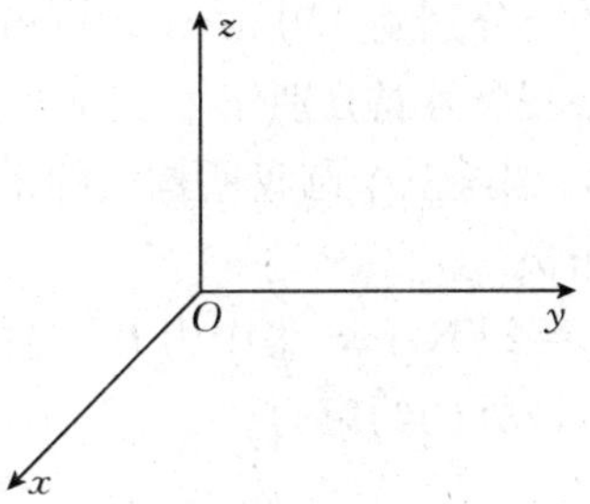

思考题 4－5 图

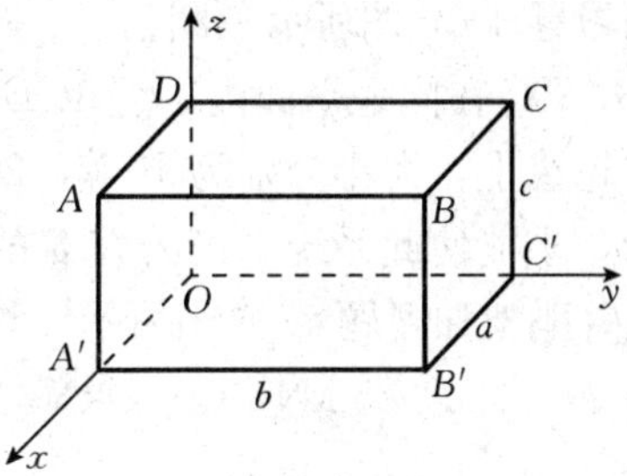

思考题 4－7 图

4－8　两个形状和大小均相同，但质量不同的均质物体，其重心位置是否相同？

习　题

4－1　在正方体的顶点 B 和 C 处，分别作用力 $\boldsymbol{F}_1$ 和 $\boldsymbol{F}_2$，如习题 4－1 图所示。求这两个力在 x，y，z 轴上的投影。

4－2　力系 $F_1=100$ N，$F_2=200$ N，$F_3=300$ N，各力作用线位置如习题 4－2 图所示，将力系向 O 点简化。

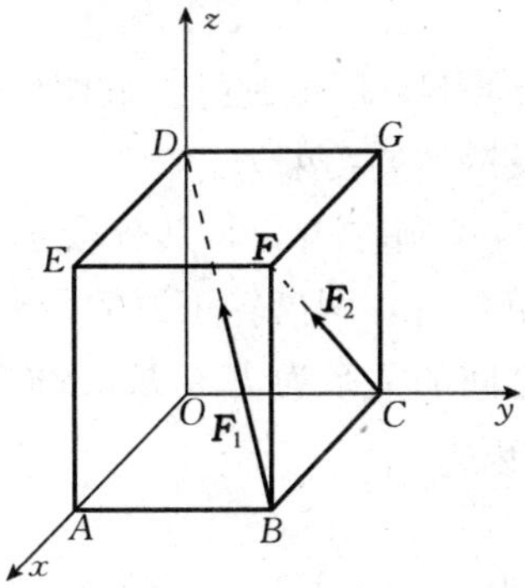

习题 4－1 图

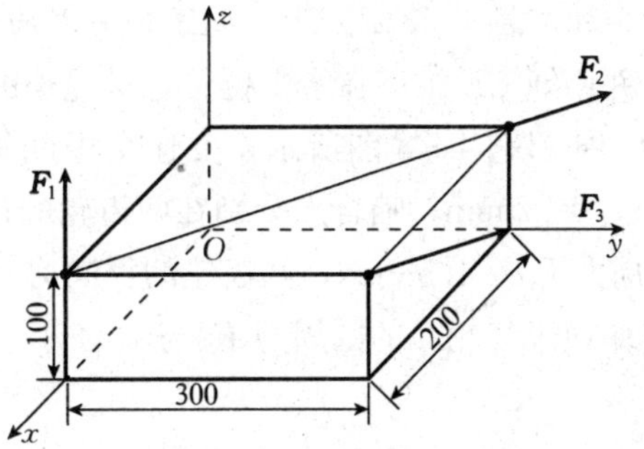

习题 4－2 图

4－3　如习题 4－3 图所示，已知 $F=20$ kN，求力 $\boldsymbol{F}$ 对 x，y，z 轴的力矩。（单位：mm）

4－4　起重构架如习题 4－4 图所示，三杆用铰链连接于点 O，平面 OAB 水平且 $OA=OB$，重物重量 $P=2$ kN，求三杆所受的力。

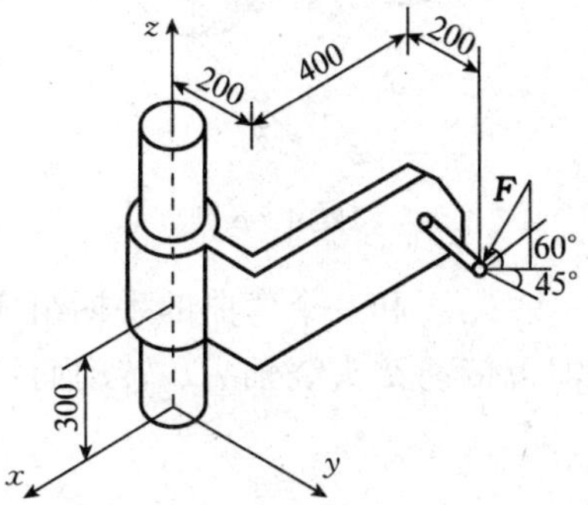

习题 4－3 图

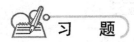

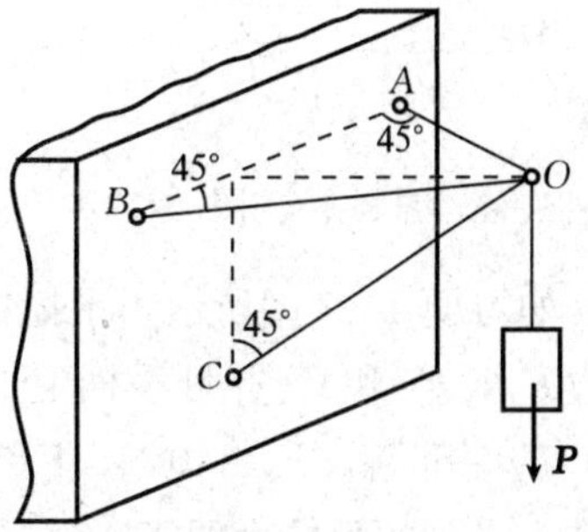

习题 4－4 图

4-5 如习题 4-5 图所示三圆盘 A、B、C 的半径分别为 150 mm，100 mm 和 50 mm，三轴 OA、OB、OC 在同一平面内，$\angle AOB$ 为直角。三个力偶分别作用于圆盘上，组成各力偶的力作用在轮缘上，大小分别为 10 N，20 N 和 F，如这三个圆盘所构成的系统是自由的，不计系统重量，求能使此系统平衡的力 $\boldsymbol{F}$ 的大小和角 θ。

4-6 悬臂刚架如习题 4-6 图所示，均布荷载 $q=2$ kN/m，集中力 $\boldsymbol{P}$，$\boldsymbol{Q}$ 的作用线分别平行于 AB，CD，且 $P=5$ kN，$Q=4$ kN，求固定端 O 处的约束力。

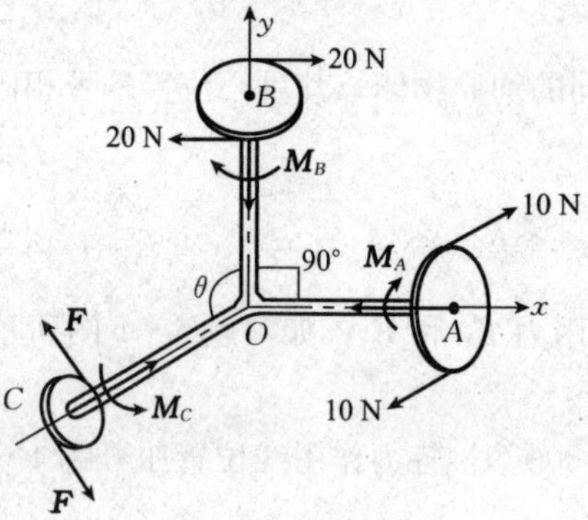

习题 4-5 图

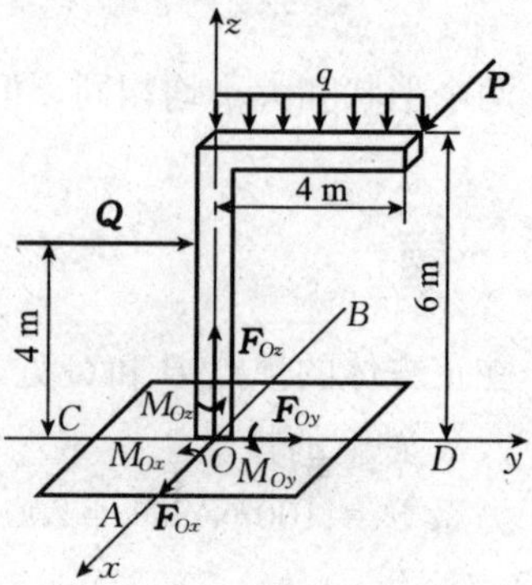

习题 4-6 图

4-7 如习题 4-7 图所示，均质长方形薄板重 $P=200$ N，用球铰链 A 和蝶铰链 B 固定在墙上，并用绳 CE 维持在水平位置，求绳子的拉力和铰链处的约束力。

4-8 如习题 4-8 图所示，变速箱中间轴装有两直齿圆柱齿轮，其分度圆半径 $r_1=100$ mm，$r_2=72$ mm，啮合点分别在两齿轮的最高与最低位置，两齿轮压力角 $\alpha=20°$，齿轮 1 上的圆周力 $F_{t1}=1.58$ kN，两齿轮的径向力与圆周力之间的关系为 $F_r=F_t\tan 20°$。试求当轴平衡时作用于齿轮 2 的圆周力 $\boldsymbol{F}_{t2}$ 与轴承 A、B 处的约束力。

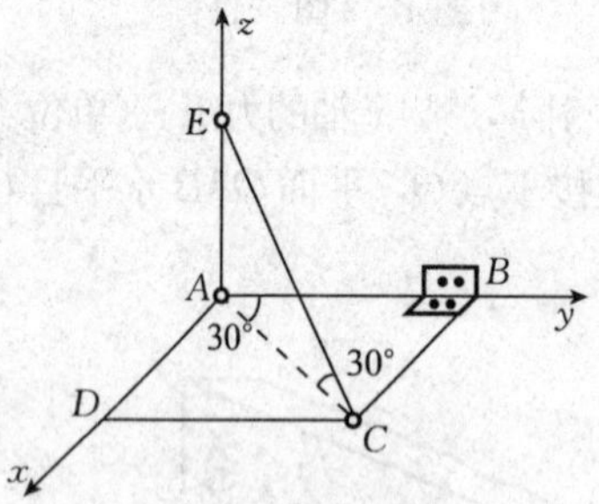

习题 4-7 图

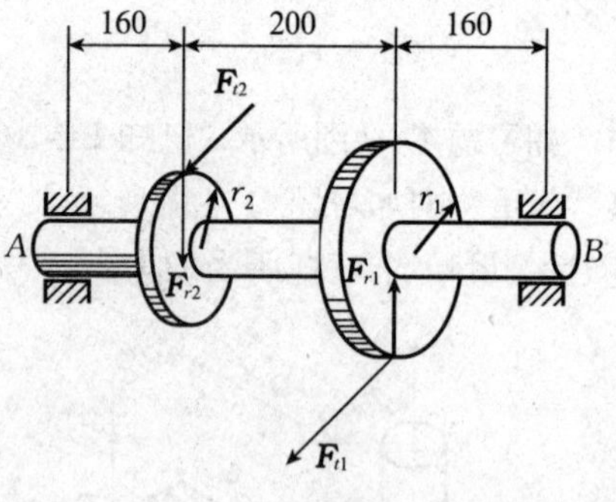

习题 4-8 图

4-9 如习题 4-9 图所示，手摇钻由支点 B、钻头 A 和一个弯曲的手柄组成。当支点 B 处加压力 $\boldsymbol{F}_x$，$\boldsymbol{F}_y$ 和 $\boldsymbol{F}_z$ 并且手柄上加力 $\boldsymbol{F}$ 后，即可带动钻头绕轴 AB 转动而钻孔，已知 $F_x=50$ N，$F_y=60$ N，$F_z=40$ N，$F=150$ N。求：

(1) 钻头受到的阻抗力偶矩 M_z；

(2) 材料给钻头的反力 F_{Ax}，F_{Ay} 和 F_{Az} 的值。

4－10　长度相等的两直杆 AB 和 CD，在中点 E 以螺栓连接，使两杆互成直角，如习题 4－10 图所示。A、C 两端用球铰链固定于铅垂墙上，并用绳子 BF 吊住 B 端，使 AB、CD 维持在水平位置。D 端重物重 $P=250$ N，杆重不计。求绳子拉力和 A、C 处的支座约束力。

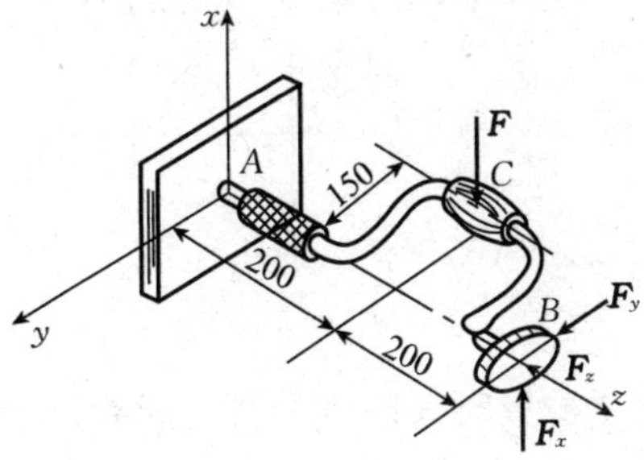

习题 4－9 图

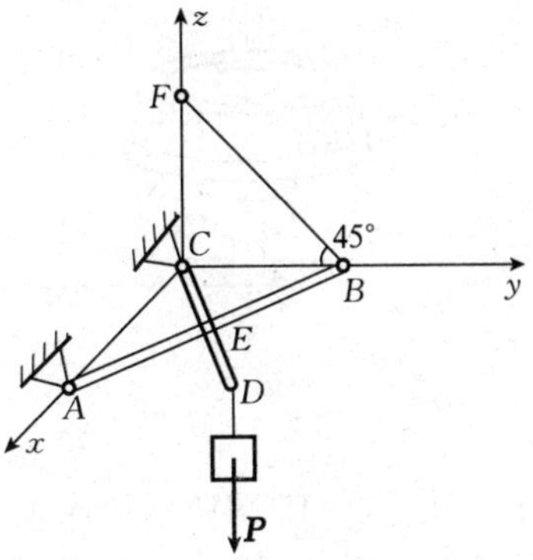

习题 4－10 图

4－11　如习题 4－11 图所示，边长为 a 的水平均质正方形板重 P，用六根直杆固定在水平地面上，直杆两端均为铰接，求各杆内力。

4－12　已知工件在四个面上钻有五个孔，其中两个孔在斜面上，如习题 4－12 图所示，每个孔所受的切削力偶矩均为 80 N·m，求工件所受合力偶矩在 x，y，z 轴上的投影 M_x，M_y，M_z。

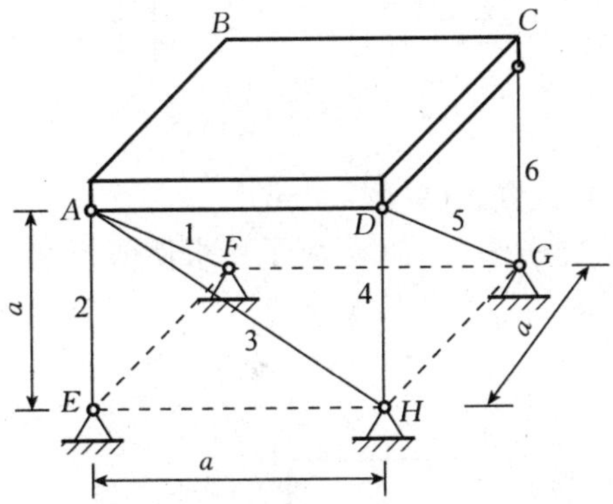

习题 4－11 图

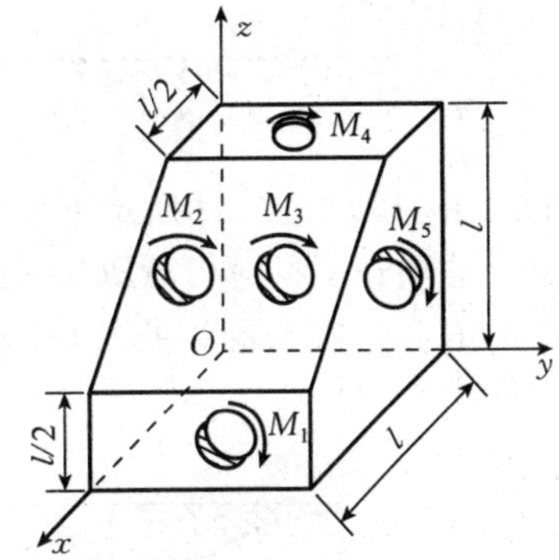

习题 4－12 图

4－13　使水涡轮转动的力偶矩为 $M_z=1\,200$ N·m。在锥齿轮 B 处受到的力分解为三个分力：切向力 $\boldsymbol{F}_t$，轴向力 $\boldsymbol{F}_a$ 和径向力 $\boldsymbol{F}_r$，且三者的比例为 $F_t : F_a : F_r = 1 : 0.32 : 0.17$。已知水涡轮连同轴和锥齿轮的总重为 $P=12$ kN，其作用线沿轴 Cz，锥齿轮的平均半径 $OB=0.6$ m，其余尺寸如习题 4－13 图所示。求止推轴承 C 和轴承 A 的约束力。

4－14　杆系由球铰连接，位于正方体的边和对角线上，如习题 4－14 图所示，在节点 D 沿对角线 LD 方向作用力 F_D，在节点 C 沿 CH 边铅直向下作用力 F。如球铰 B、L 和 H 是固定的，杆重不计，求各杆的内力。

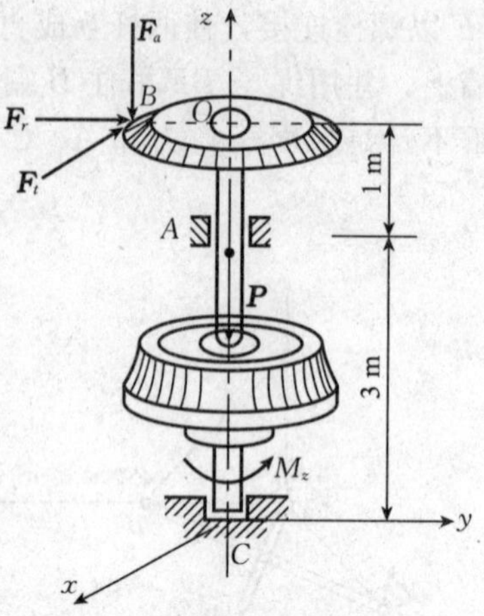

习题 4 - 13 图

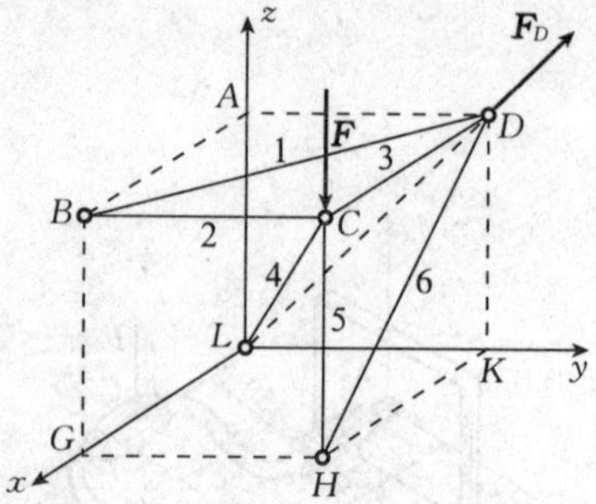

习题 4 - 14 图

4 - 15　习题 4 - 15 图所示机床重 50 kN，当水平放置时（$\theta=0°$）秤上读数为 35 kN，当 $\theta=20°$时秤上读数为 30 kN，试确定机床重心的位置。

4 - 16　习题 4 - 16 图所示工字形截面，求其形心位置。（单位：mm）

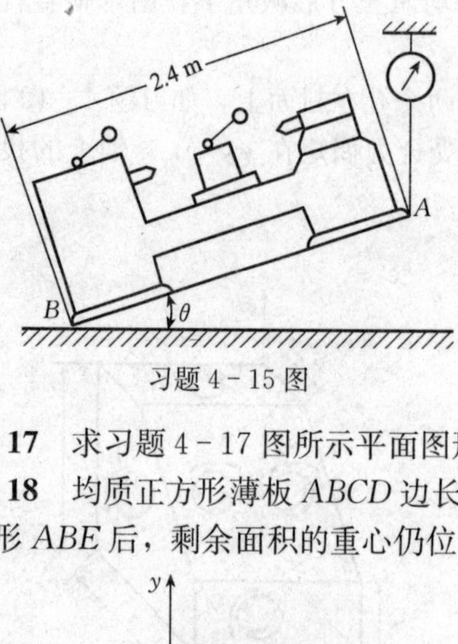

习题 4 - 15 图

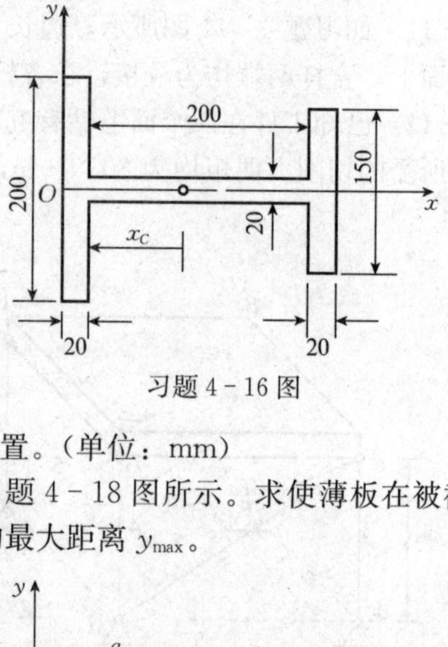

习题 4 - 16 图

4 - 17　求习题 4 - 17 图所示平面图形的形心位置。（单位：mm）

4 - 18　均质正方形薄板 $ABCD$ 边长为 a，如习题 4 - 18 图所示。求使薄板在被截去等腰三角形 ABE 后，剩余面积的重心仍位于平板内的最大距离 $y_{\max}$。

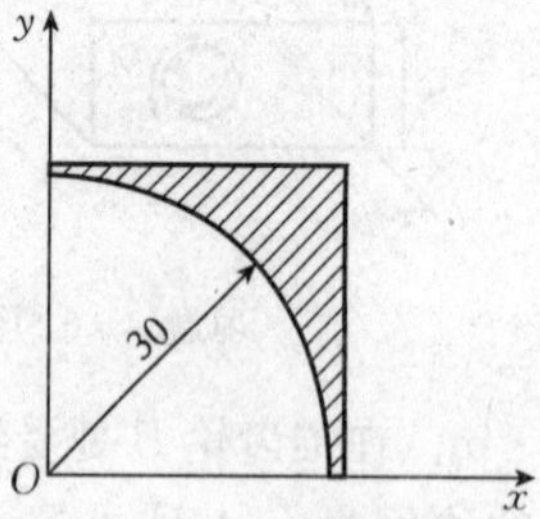

习题 4 - 17 图

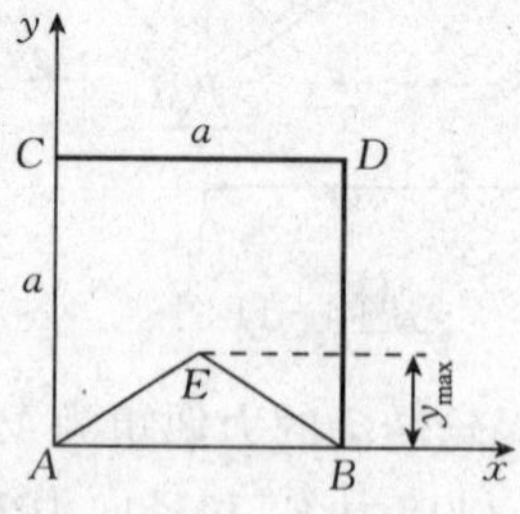

习题 4 - 18 图

习题参考答案

第五章　摩　　擦

【内容提要】 理解静滑动摩擦与动滑动摩擦及滚动摩擦的概念；掌握静滑动摩擦力、最大静滑动摩擦力与动滑动摩擦力的计算，掌握库仑摩擦定律；了解静滑动摩擦系数、动滑动摩擦系数及滚阻系数的概念。理解全约束力、摩擦角及自锁的概念。掌握斜面、螺纹自锁的条件。掌握考虑摩擦时物体平衡问题的求解。了解滚阻力偶的概念、滚阻系数的意义及滚动摩擦定律。基本掌握考虑滚阻时物体平衡问题的求解。

第一节　滑动摩擦

在前面几章对物体受力分析时，是将摩擦力作为次要因素略去不计的，但在某些问题中，摩擦力对物体的平衡或运动起着重要的作用，是不能忽略的。

摩擦对工程实践和日常生活都具有十分重要的影响。这种影响有正面的，如重力式挡土墙就依靠墙的底部与地基之间的摩擦力以防止墙身在土压力作用下的滑动；但摩擦也有负面的影响，如摩擦使机器上的零部件磨损、发热，从而降低机器寿命与能效。因此，对摩擦现象的本质和规律应有一定的认识，才能充分利用其有利的一面和尽量避免它不利的一面。

当表面粗糙的两物体其接触面之间有相对滑动或相对滑动趋势时，会在接触面间产生阻碍物体相对滑动的力，称为**滑动摩擦力**。其中，相互接触物体间存在相对滑动时产生的摩擦力称为**动滑动摩擦力**；相应地，若物体间只存在相对滑动趋势，则产生的摩擦力称为**静滑动摩擦力**。**滑动摩擦力沿接触面切线方向，与物体相对滑动或相对滑动趋势的方向相反。**

一、静滑动摩擦

物体间滑动摩擦的规律可通过一个简单的实验说明。如图 5－1 所示，将重为 $\boldsymbol{P}$ 的物体放在固定的粗糙水平面上，此时物体在重力 $\boldsymbol{P}$ 和法向约束力 $\boldsymbol{F}_N$ 作用下保持平衡。现将物体上作用一水平拉力 $\boldsymbol{F}_T$，并且令 $\boldsymbol{F}_T$ 的大小由零逐渐增大。随着力 $\boldsymbol{F}_T$ 由零逐渐增大，物体与水平面间的滑动摩擦力表现不同，具体分析如下：

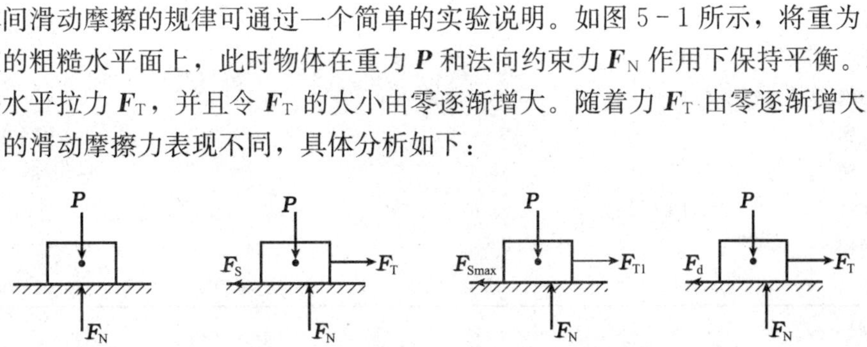

图 5－1

1. 静滑动摩擦力　当 $F_T=0$ 时，物体静止不动。此时物体和水平面间没有摩擦力作用，物体重力 $\boldsymbol{P}$ 与法向反力 $\boldsymbol{F}_N$ 构成一对平衡力。

当 $\boldsymbol{F}_T$ 逐渐增大时，物体相对于平面有向右的滑动趋势，但只要 $\boldsymbol{F}_T$ 的大小不超过某一数值时（图中用 $\boldsymbol{F}_{T1}$ 表示），物体仍可保持静止。可见水平面对物体提供的约束力除法向反力 $\boldsymbol{F}_N$ 外，还有一个切向的约束力 $\boldsymbol{F}_S$ 来阻碍物体沿水平面向右的滑动，力 $\boldsymbol{F}_S$ 即为静滑动摩擦力，简称静摩擦力。静滑动摩擦力的方向与相对滑动趋势相反，其大小由平衡方程确定

$$\sum F_x = 0, \quad F_S = F_T$$

2. 最大静滑动摩擦力和静摩擦定律 由上式可知，静滑动摩擦力 $\boldsymbol{F}_S$ 是随着主动力 $\boldsymbol{F}_T$ 的增大而增大的。但事实说明 $\boldsymbol{F}_S$ 并不会随 $\boldsymbol{F}_T$ 的增大而无限度地增大。当 $\boldsymbol{F}_T$ 的数值增大至 F_{T1} 时，物体将处于即将滑动的临界平衡状态。此时，静滑动摩擦力将达到最大，称为最大静滑动摩擦力，简称**最大静摩擦力**，用 $\boldsymbol{F}_{Smax}$ 表示。由于物体处于临界平衡状态，$\boldsymbol{F}_{Smax}$ 的值仍可由平衡方程确定

$$\sum F_x = 0, \quad F_{Smax} = F_{T1}$$

由以上分析可知，静滑动摩擦力 $\boldsymbol{F}_S$ 的方向沿两物体接触面的公切线，与两物体相对滑动趋势方向相反。静滑动摩擦力的大小随主动力的变化而变化，可以介于零和最大静摩擦力之间，即

$$0 \leqslant F_S \leqslant F_{Smax}$$

静滑动摩擦定律（库仑摩擦定律）：**两物体间最大静摩擦力的大小与物体间的正压力（法向约束力）成正比。**即

$$F_{Smax} = f_s \cdot F_N \tag{5-1}$$

式中，f_s 为静滑动摩擦系数，简称**静摩擦系数**。

f_s 是一个无量纲的比例系数，其大小与物体的材料、接触面的粗糙程度、温度和湿度等因素有关。各材料在不同表面情况下的静摩擦系数可由实验测定。表 5-1 列出了一些常见材料的静摩擦系数。

表 5-1 常见材料的滑动摩擦系数

材料名称	静摩擦系数		动摩擦系数	
	无润滑	有润滑	无润滑	有润滑
钢-钢	0.3	0.1～0.12	0.15	0.05～0.1
钢-铸钢	0.3	—	0.18	0.05～0.15
钢-青铜	0.15	0.1～0.15	0.15	0.1～0.15
铸铁-铸铁	—	0.18	0.15	0.07～0.12
铸铁-青铜	—	—	0.15～0.2	0.07～0.15
青铜-青铜	—	0.1	0.2	0.7～0.1
皮革-铸铁	0.3～0.5	0.15	0.6	0.15
橡皮-铸铁	—	—	0.8	0.5
木材-木材	0.4～0.6	0.1	0.02～0.05	0.07～0.15

二、动滑动摩擦

当 $\boldsymbol{F}_T$ 继续增大至其值超过 $\boldsymbol{F}_{T1}$ 时，物体不能继续保持平衡，开始加速滑动。此时，物体与水平面之间仍然存在摩擦，此时的摩擦力称为动滑动摩擦力，简称**动摩擦力**，用 $\boldsymbol{F}_d$ 表

示。动摩擦力的方向与物体间相对滑动的方向相反。实验表明，**动摩擦力的大小与两物体间的正压力（法向约束力）成正比。**即

$$F_d = f_d F_N \tag{5-2}$$

这就是动滑动摩擦定律。式中 f_d 称为**动摩擦系数**，它也是一个无量纲的比例系数，与相互接触物体的材料和表面情况有关，此外，动摩擦系数还与物体相对滑动的速度有关。多数情况下，f_d 随相对滑动速度的增大而略有减小。但当相对滑动速度不大时，动摩擦系数可近似地认为是一个常数。一般工程中，当要求精度不高时，可近似认为 $f_d = f_s$，常见材料的动摩擦系数见表 5-1。

第二节 摩擦角和自锁

一、摩 擦 角

当物体和接触面间有摩擦时，接触面对物体的约束力既有法向约束力也有切向约束力。若物体处于平衡状态，则切向约束力就是静摩擦力。将法向约束力 $\boldsymbol{F}_N$ 和静摩擦力 $\boldsymbol{F}_S$ 合成为一个合力，称为接触面的**全约束力**或**全反力**，记作 $\boldsymbol{F}_R$，即 $\boldsymbol{F}_R = \boldsymbol{F}_N + \boldsymbol{F}_S$。

设全约束力与接触面公法线之间的夹角为 φ。φ 角随静摩擦力 $\boldsymbol{F}_S$ 的变化而变化，存在一定的变化范围。当静摩擦力 $\boldsymbol{F}_S$ 为零时，φ 角也为零；当静摩擦力逐渐增大时，φ 角也逐渐增大；当静摩擦力达到最大值时，φ 角也达到最大 φ_f。如图 5-2(b) 所示，称 φ_f 为**摩擦角**。由图 5-2(b) 可知

$$\tan\varphi_f = \frac{F_{Smax}}{F_N} = \frac{F_N \cdot f_s}{F_N} = f_s \tag{5-3}$$

即**摩擦角的正切值等于静滑动摩擦系数**。

图 5-2(b) 中，当物体处于临界平衡状态时，随着主动力方向改变，物体的滑动趋势方向改变，全约束力 $\boldsymbol{F}_R$ 作用线的方位也随之改变。这样，各全约束力的作用线在空间中形成一个以接触点为顶点的锥面，称为摩擦锥。若物体与接触面各个方向的摩擦系数都相同，则摩擦锥将是一个顶角为 $2\varphi_f$ 的圆锥，如图 5-2(c) 所示。

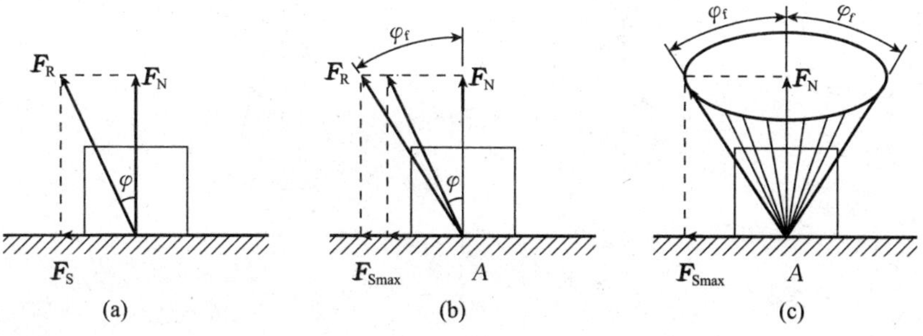

图 5-2

二、自锁及其应用

1. 自锁的概念 物体平衡时，静摩擦力可在零和最大静滑动摩擦力之间变化，即 $0 \leqslant F_S \leqslant F_{Smax}$。因此，全约束力与支承面法线间的夹角 φ 也在零和摩擦角 φ_f 之间变化，即 $0 \leqslant$

$\varphi \leqslant \varphi_f$。可见，全约束力的作用线不可能超出摩擦角以外，一定在摩擦角内。

如图 5-3(a) 所示，作用在物体上的主动力的合力 $\boldsymbol{F}_Q$ 与接触面公法线间的夹角为 α。当物体平衡时，由平衡条件可知，主动力的合力 $\boldsymbol{F}_Q$ 与全约束力 $\boldsymbol{F}_R$ 等值、反向、共线，因此，$\alpha=\varphi$。当主动力合力 $\boldsymbol{F}_Q$ 的作用线位于摩擦角以内时，无论合力 $\boldsymbol{F}_Q$ 有多大，总有全约束力 $\boldsymbol{F}_R$ 与之平衡，物体一定能保持静止。反之，若主动力合力 $\boldsymbol{F}_Q$ 的作用线位于摩擦角以外，则无论 $\boldsymbol{F}_Q$ 有多小，物体都不能保持静止，因为全约束力 $\boldsymbol{F}_R$ 的作用线不可能位于摩擦角外。这种情况下 $\boldsymbol{F}_R$ 与 $\boldsymbol{F}_Q$ 不能满足二力平衡条件，如图 5-3(b) 所示。

我们将这种无论主动力的合力大小如何，只要其作用线位于摩擦锥内物体都能保持静止的现象称为自锁现象。只与摩擦角有关而与主动力合力大小无关的平衡条件称为自锁条件，也就是全约束力与接触面法线的夹角 α 小于等于摩擦角 φ_f 时，即 $\alpha \leqslant \varphi_f$ 时，无论主动力多大，物体都可以保持静止，这就是自锁的条件。工程中常利用自锁原理设计夹紧装置，如千斤顶、螺旋夹紧器等。反之，有些情况下却要设法避免发生自锁现象。

2. 斜面及螺纹自锁条件 放置在斜面上的重物不受其他主动力，只在其自身重力作用下能在斜面保持静止，我们说这个斜面是自锁的。分析可知，**斜面自锁的条件是斜面的倾角小于等于斜面和重物之间的摩擦角**。螺旋千斤顶是工程中常见的起重机械，如图 5-4 所示。其主要组成部分包括手柄、丝杠和螺纹槽底座，螺纹升角为 α。螺旋千斤顶在工作过程中要求丝杠连同被升起的重物不能自动下降，即要实现自锁。螺纹可看成是绕在圆柱体上的斜面，螺母相当于斜面上的物块，其所受的轴向力相当于物块的重力。根据物块在斜面上的自锁条件，螺旋千斤顶的自锁条件为

$$\alpha \leqslant \varphi_f \tag{5-4}$$

若螺旋千斤顶的丝杠与螺纹槽底座之间的静摩擦系数 $f_s=0.11$，则

$$\tan\varphi_f = f_s = 0.11, \quad \varphi_f = 6°17'$$

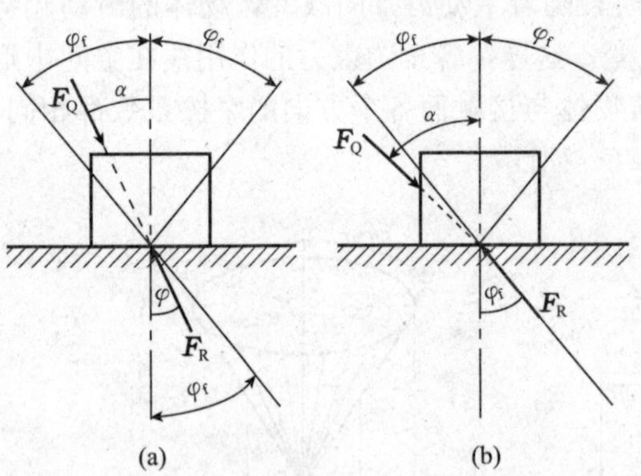

图 5-3

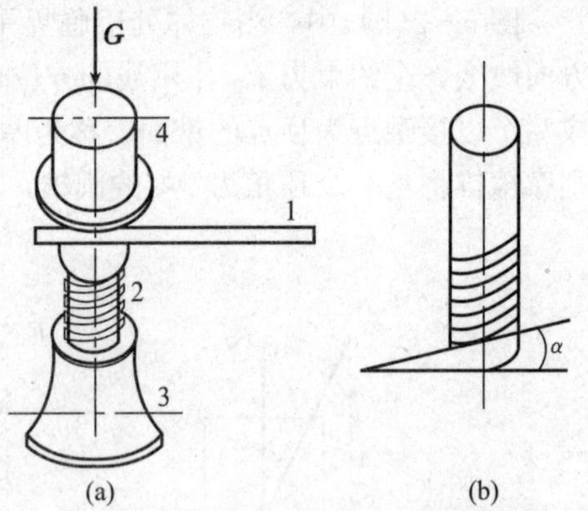

图 5-4 螺旋千斤顶自锁

(a) 千斤顶结构简图 (b) 螺纹升角示意图

1. 手柄 2. 丝杠 3. 螺纹槽底座 4. 重物

因此为确保螺旋千斤顶实现自锁，千斤顶的**螺纹升角 α 要小于等于螺母和丝杠之间的摩擦角**。一般取螺纹升角为 4°~5°。

螺旋千斤顶的自锁原理同样适用于螺旋夹紧器及螺纹连接，如图 5-5 所示。

3. 摩擦系数的测定 利用摩擦角的概念，可通过简单的实验方法测定摩擦系数。如图

5－6所示，将要测定的两种材料分别做成斜面和物块，斜面可转动。作用在物体上的主动力只有重力 $\boldsymbol{P}$，约束力包括法向反力和静摩擦力，这两个约束力构成全约束力 $\boldsymbol{F}_R$。物体在重力 $\boldsymbol{P}$ 和全约束力 $\boldsymbol{F}_R$ 作用下保持平衡，$\boldsymbol{F}_R$ 与 $\boldsymbol{P}$ 等值、反向、共线。因此 $\boldsymbol{F}_R$ 的作用线一定沿铅垂线，且与斜面法线的夹角等于斜面的倾角 θ。逐渐上抬斜面直至物块处于临界平衡状态，此时全约束力 $\boldsymbol{F}_R$ 与法线的夹角等于摩擦角 φ_f，而斜面倾角达最大值 θ_{max}，$\theta_{max}=\varphi_f$，由式（5－3）求得静摩擦系数

$$f_s=\tan\varphi_f=\tan\theta_{max}$$

如果 $\theta>\varphi_f$，物块将沿斜面下滑，这个实例说明，物块在重力 $\boldsymbol{P}$ 作用下不沿斜面下滑的条件是 $\theta\leqslant\varphi_f$，即斜面的倾角小于等于摩擦角，这就是斜面自锁的条件。

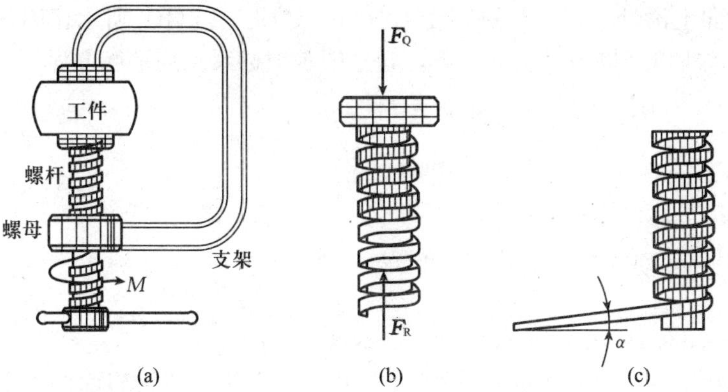

图 5－5　螺旋夹紧器自锁

（a）螺旋夹紧器结构简图　（b）螺柱受力图　（c）螺纹升角示意图

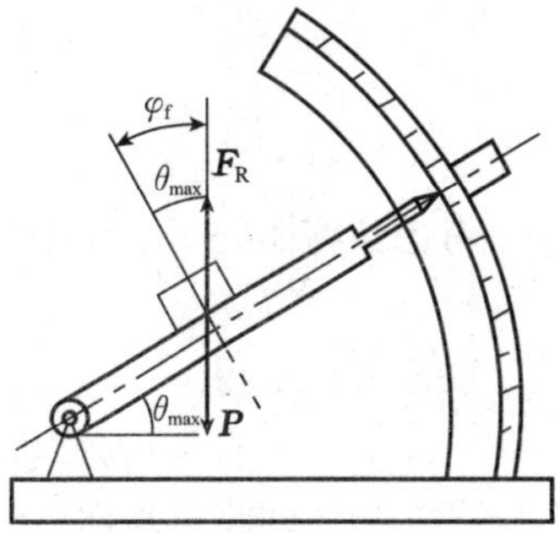

图 5－6　静摩擦系数测定

第三节　考虑摩擦时物体的平衡问题

考虑摩擦时，在受力分析中必须考虑接触面间的摩擦力，摩擦力的方向与相对滑动趋势的方向相反。物体的平衡仍通过平衡方程求解。平衡方程中应列出摩擦力，但应注意物体是否处于临界平衡状态。若为临界平衡状态，摩擦力为最大值 F_{Smax}，可由静摩擦定律求出；若为一般平衡状态，摩擦力由平衡条件确定，且大小应满足 $F_S\leqslant F_{Smax}$。

考虑摩擦时的平衡问题，一般有以下三种类型：

（1）求物体的平衡范围。由于物体平衡时摩擦力 $\boldsymbol{F}_S$ 有一定的范围，即 $0\leqslant F_S\leqslant F_{Smax}$，因此求得的解（有可能是主动力的大小或平衡位置）也有一定的范围，而不是一个确定的值。

（2）已知物体处于临界平衡状态，此时摩擦力为最大静摩擦力，求主动力的大小或物体平衡时的位置。由于最大静摩擦力 $F_{Smax}=f_s\cdot F_N$，因此可利用这一补充条件（也称补充方程）来求解物体的平衡问题。

（3）已知作用在物体上的主动力，判断物体是否能够平衡并求解摩擦力的大小。这类问题的求解通常都是假定物体平衡并假设摩擦力的方向，由平衡方程求解 F_S，并根据是否满足 $|F_S|\leqslant F_{Smax}$ 来判断物体是否平衡。

例 5－1　如图 5－7 所示，重为 $\boldsymbol{P}$ 的物体放置于斜面上，物体与斜面之间的摩擦角为

φ_f，斜面倾角为 α，且 $\alpha<\varphi_f$，不使物体沿斜面向上滑动和向下滑动时的平行于斜面的力 $\boldsymbol{F}$ 的最大值分别为多大？

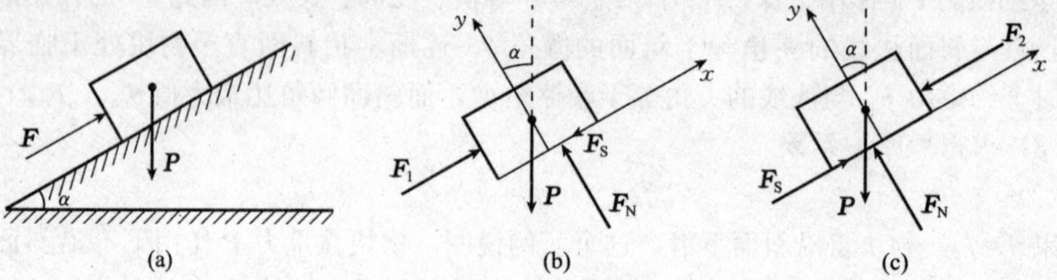

图 5-7

解：（1）物体即将沿斜面向上滑动。对物体进行受力分析，如图 5-7(b) 所示，因物体沿斜面滑动趋势的方向向上，所以摩擦力沿斜面向下，建立图示坐标系。列平衡方程

$$\sum F_x=0,\quad F_1-P\cdot\sin\alpha-F_S=0$$

$$\sum F_y=0,\quad F_N-P\cdot\cos\alpha=0$$

考虑到物体处于临界平衡状态，列补充方程

$$F_S=F_N\cdot f_s\quad (f_s=\tan\varphi_f)$$

联立方程求得

$$F_1=P(f_s\cdot\cos\alpha+\sin\alpha)=P(\tan\varphi_f\cdot\cos\alpha+\sin\alpha)$$

（2）物体即将沿斜面向下滑动。受力分析如图 5-7(c) 所示，为使物体沿斜面向下滑动，力 $\boldsymbol{F}$ 沿斜面向下，记作 $\boldsymbol{F}_2$。此时摩擦力 F_S 方向向上。列平衡方程

$$\sum F_x=0,\quad F_S-P\cdot\sin\alpha-F_2=0$$

$$\sum F_y=0,\quad F_N-P\cdot\cos\alpha=0$$

此时物体处于临界平衡状态，有

$$F_S=F_N\cdot f_s$$

联立求得

$$F_2=P(f_s\cdot\cos\alpha-\sin\alpha)=P(\tan\varphi_f\cdot\cos\alpha-\sin\alpha)$$

例 5-2 如图 5-8(a) 所示，重为 $\boldsymbol{P}$ 的物块放在倾角为 α 的斜面上，物块与斜面的摩擦角为 φ_f，斜面倾角 $\alpha>\varphi_f$，若物块在水平力 $\boldsymbol{F}$ 作用下平衡，求 $\boldsymbol{F}$ 的大小。

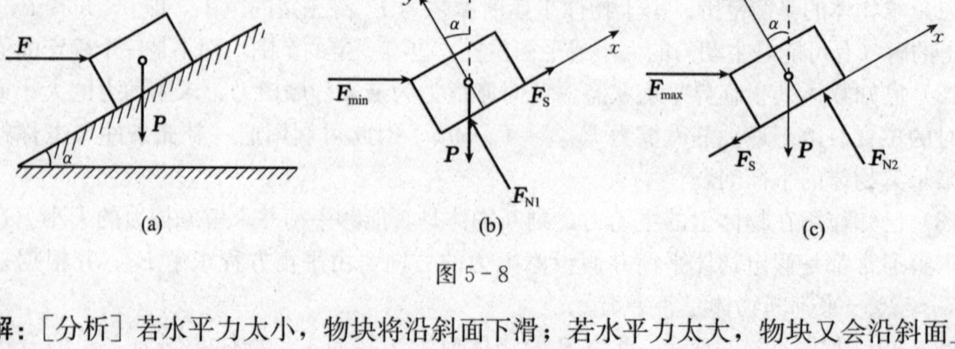

图 5-8

解：［分析］若水平力太小，物块将沿斜面下滑；若水平力太大，物块又会沿斜面上滑。

可见水平力过小或过大都不能使物体保持平衡，这个问题是一个求解平衡范围的问题。

(1) 求 F_{min}。F_{min}是使物体不下滑的最小的水平力，此时物块处于下滑的临界平衡状态，摩擦力达到最大值，方向沿斜面向上。物块的受力分析如图 5-8(b) 所示，建立图示坐标系，列平衡方程

$$\sum F_x = 0,\quad F_{min} \cdot \cos\alpha - F_S - P \cdot \sin\alpha = 0$$

$$\sum F_y = 0,\quad -F_{min} \cdot \sin\alpha + F_{N1} - P \cdot \cos\alpha = 0$$

补充方程为

$$F_S = F_{Smax} = f_s \cdot F_{N1}$$

联立上述 3 个方程求得

$$F_{min} = \frac{\sin\alpha - f_s \cdot \cos\alpha}{\cos\alpha + f_s \cdot \sin\alpha}$$

(2) 求 F_{max}。F_{max}是使物块不上滑的最大的水平力，此时物块处于上滑的临界平衡状态，摩擦力也达到最大值，但方向沿斜面向下。物块的受力图如图 5-8(c) 所示，列平衡方程

$$\sum F_x = 0,\quad F_{max} \cdot \cos\alpha - F_S - P \cdot \sin\alpha = 0$$

$$\sum F_y = 0,\quad -F_{max} \cdot \sin\alpha + F_{N2} - P \cdot \cos\alpha = 0$$

补充方程为

$$F_S = F_{Smax} = f_s \cdot F_{N2}$$

同理求得

$$F_{max} = \frac{\sin\alpha + f_s \cdot \cos\alpha}{\cos\alpha - f_s \cdot \sin\alpha} P$$

因此，水平力 $\boldsymbol{F}$ 的取值范围是 $F_{min} \leqslant F \leqslant F_{max}$，将 $f_s = \tan\varphi_f$ 代入 F_{min} 和 F_{max} 中，并简化得

$$P \cdot \tan(\alpha - \varphi_f) \leqslant F \leqslant P \cdot \tan(\alpha + \varphi_f)$$

例 5-3 如图 5-9(a) 所示，梯子 AB 长 $2l$，重为 $\boldsymbol{P}$，梯子一端置于水平面上，另一端靠在铅垂墙上。梯子与墙壁和地板之间的静摩擦系数 $f_s = 0.4$，梯子与水平线所成的倾角为 φ，当 $\varphi = 45°$ 时，梯子能否处于平衡？

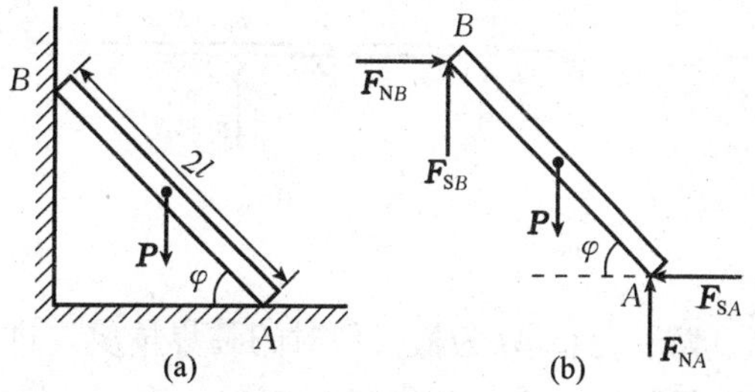

图 5-9

解：设梯子处于临界平衡状态，梯子与墙和地板间的摩擦力都达到最大值，梯子受力图如图 5-9(b) 所示，列平衡方程

$$\sum F_x = 0,\quad F_{NB} - F_{SA} = 0 \tag{1}$$

$$\sum F_y = 0,\quad F_{NA} + F_{SB} - P = 0 \tag{2}$$

$$\sum M_A(\boldsymbol{F}) = 0,\quad P \cdot l \cdot \cos\varphi - F_{NB} \cdot 2l \cdot \sin\varphi - F_{SB} \cdot 2l \cdot \cos\varphi = 0 \tag{3}$$

补充方程为

$$F_{SA} = f_s \cdot F_{NA} \tag{4}$$

$$F_{SB} = f_s \cdot F_{NB} \tag{5}$$

将式（4）和式（5）代入式（1）和式（2）可得

$$F_{NB}=f_s\cdot F_{NA} \tag{6}$$

$$F_{NA}=P-f_s\cdot F_{NB} \tag{7}$$

联立式（6）和式（7），求得

$$F_{NA}=\frac{P}{1+f_s^2},\quad F_{NB}=\frac{f_s\cdot P}{1+f_s^2}$$

将F_{NA}、F_{NB}代入式（3），求得$\tan\varphi=\frac{1-f_s^2}{2f_s}$。将$f_s=0.4$代入求得$\tan\varphi=1.05$，$\varphi=46.4°$。分析可知$\varphi=46.4°$应是梯子保持平衡时的最小倾角，所以当$\varphi=45°$时，梯子不能平衡。

例 5－4 如图 5－10 所示，杆 AB 与杆 CD 接触点 C 的静摩擦系数 $f_s=0.1$，$P=20$ kN，$AC=CB=5$ cm，$AD=4$ cm，杆 AB 处于水平位置，不计各杆自重，试求系统在该位置平衡时力偶矩 M 的大小。

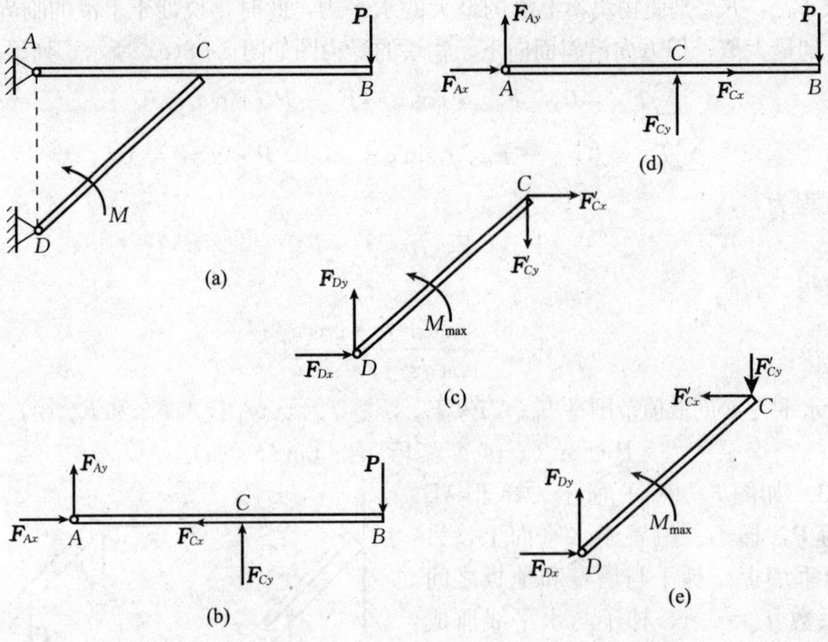

图 5－10

解： 分析 M 为最大值时的临界情况，进行受力分析，此时杆 CD 的 C 端有向左滑动趋势，摩擦力向右，如图 5－10(b) 和（c）所示。

对 AB 杆，有

$$\sum M_A=0,\quad F_{Cy}\times 5-P\times 10=0$$

求得

$$F_{Cy}=2P=40\text{ kN}$$

对 CD 杆，有

$$\sum M_D=0,\quad M_{max}-F'_{Cy}\times 5-F'_{Cx}\times 4=0 \tag{1}$$

又

$$F_{Cx}=F'_{Cx}=f_s\cdot F_{Cy}=4\text{ kN}$$

代入式（1）解得 $M_{max}=216$ kN · m。

分析 M 为最小值时的临界情况，进行受力分析，此时杆 CD 的 C 端有向右滑动趋势，摩擦力向左，如图 5－10(d) 和 (e) 所示。

对 AB 杆，有

$$\sum M_A = 0, \quad F_{Cy} \times 5 - P \times 10 = 0$$

求得

$$F_{Cy} = 40\ \mathrm{kN}$$

对 CD 杆，有

$$\sum M_D = 0, \quad M_{\min} - F'_{Cy} \times 5 + F'_{Cx} \times 4 = 0 \tag{2}$$

又

$$F_{Cx} = f_s \cdot F_{Cy} = 4\ \mathrm{kN}$$

代入式 (2) 解得 $M_{\min} = 184\ \mathrm{kN \cdot m}$。

综上，平衡时，M 应满足 $184\ \mathrm{kN \cdot m} \leqslant M \leqslant 216\ \mathrm{kN \cdot m}$。

例 5－5　均质长板 AD 重 $\boldsymbol{P}$，长为 4 m，用一短板 BC 支撑，如图 5－11(a) 所示。若 $AC = BC = AB = 3$ m，BC 板的自重不计。求 A，B，C 处摩擦角至少各为多大时才能使之保持平衡。

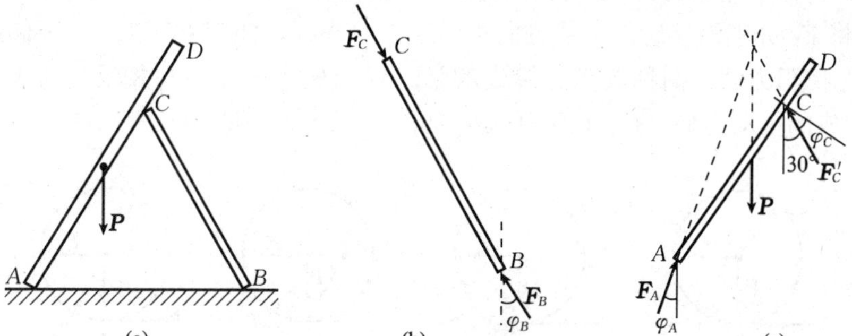

图 5－11

解： 设 A、B、C 三处均处于临界平衡状态，此时三处全反力与各自法线的夹角即为摩擦角。首先以短板 BC 为研究对象，其受力方向沿 BC 直线，如图 5－11(b) 所示，因为全反力 $\boldsymbol{F}_B$、$\boldsymbol{F}_C$ 作用线必在摩擦角之内，所以 B、C 两处的摩擦角最小分别为 $\varphi_B = 30°$，$\varphi_C = 30°$。

再研究长板 AD，受力如图 5－11(c) 所示，列平衡方程

$$\sum F_x = 0, \quad F_A \sin\varphi_A - F'_C \sin 30° = 0$$

$$\sum F_y = 0, \quad F_A \cos\varphi_A + F'_C \cos 30° - P = 0$$

$$\sum M_C = 0, \quad P \times \frac{1}{2} - F_A \cos\varphi_A \times \frac{3}{2} + F_A \sin\varphi_A \times \frac{3\sqrt{3}}{2} = 0$$

联立求得

$$\tan\varphi_A = \frac{1}{2\sqrt{3}}, \quad \varphi_A = 16.1°$$

即 A、B、C 三处摩擦角最小分别为 $\varphi_A = 16.1°$，$\varphi_B = 30°$，$\varphi_C = 30°$时，两板才能保持平衡。

第四节　滚动摩阻的概念

一个物体沿着另一个物体的表面滚动或有滚动趋势时受到的阻碍滚动的作用称为**滚动摩擦阻力**，简称**滚阻**。滚动摩擦是由于两物体在接触部分相互作用发生形变而产生的对滚动的

阻碍作用。经验告诉我们，相对滑动而言，滚动受到的阻力更小，要比滑动更省力。实际生活中，常以滚动代替滑动。如搬挪重物时，在重物下垫辊轴或用车载，机器中采用滚动轴承等。

可通过下面简单的例子来说明滚动摩阻的产生。如图 5－12 所示，在水平面上放一重为 $\boldsymbol{P}$，半径为 r 的轮子，轮子中心作用有水平力 $\boldsymbol{F}$。当水平力 $\boldsymbol{F}$ 不大时，轮子可以保持静止。分析轮子受力可知，在轮子和水平面的接触点 A 处，轮子受到法向反力 $\boldsymbol{F}_N$ 和静滑动摩擦力 $\boldsymbol{F}_S$。根据平衡条件可知，$\boldsymbol{F}_N$ 与 $\boldsymbol{P}$ 等值、反向、共线，$\boldsymbol{F}_S$ 与 $\boldsymbol{F}$ 等值、反向、作用线相互平行。如果水平面仅提供法向和切向两个约束力（即 $\boldsymbol{F}_N$ 和 $\boldsymbol{F}_S$），轮子是不可能保持平衡的。静滑动摩擦力和主动力 $\boldsymbol{F}$ 构成一个力偶，促使轮子滚动。但力 $\boldsymbol{F}$ 不大时轮子是可以平衡的，水平面除提供 $\boldsymbol{F}_N$ 和 $\boldsymbol{F}_S$ 两个约束力之外，肯定还有其他的约束力。事实上，轮子和水平面都不是刚体，在力的作用下，二者都会发生变形，形成一个接触面，如图 5－12(b) 所示。在接触面上，物体受分布力作用。将分布力向 A 点简化，可得到一个力 $\boldsymbol{F}_R$ 和一个力偶矩为 M 的力偶。将 $\boldsymbol{F}_R$ 分别沿接触面法线方向和切线方向分解，即为 $\boldsymbol{F}_N$ 和 $\boldsymbol{F}_S$，力偶矩为 M 的力偶称为滚动摩擦阻力偶，简称**滚阻力偶或滚阻**。M 与轮子滚动趋势相反，与主动力 $\boldsymbol{F}$ 和静摩擦力 $\boldsymbol{F}_S$ 构成的主动力偶（$\boldsymbol{F}$，$\boldsymbol{F}_S$）平衡，如图 5－12(c) 和 (d) 所示。

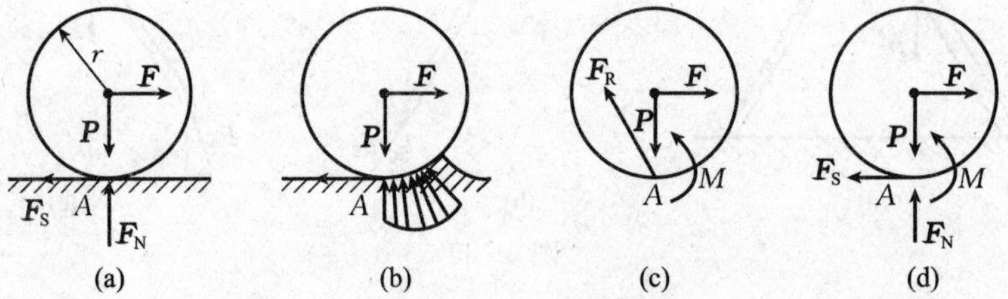

图 5－12

滚阻力偶矩 M 随主动力偶矩的增大而增大，但不会无限增大，存在最大值。处于滚动临界平衡状态时的滚阻力偶矩称为最大滚阻力偶矩，记作 M_{max}。当主动力偶（$\boldsymbol{F}$，$\boldsymbol{F}_S$）矩大于 M_{max} 时，轮子将不再平衡，开始滚动。

因此，滚阻力偶的力偶矩 M 介于一个范围内，即

$$0 \leqslant M \leqslant M_{max} \tag{5-5}$$

实验证明，**最大滚阻力偶矩 M_{max} 的大小与法向反力 F_N 成正比**，即

$$M_{max} = \delta \cdot F_N \tag{5-6}$$

式中 δ 是比例常数，称为滚动摩阻系数，简称**滚阻系数**。δ 的量纲是长度，单位用 cm 或 mm 表示。式（5－6）称为滚动摩擦定律，最大滚阻力偶矩 M_{max} 的大小与轮子半径无关，物体滚动起来后，一般认为此定律仍然成立。表 5－2 列出了几种常见材料的滚动摩阻系数。

由以上可知，滚阻力偶矩与静滑动摩擦力相似，也具有最大值并遵循滚动摩擦定律。滚阻系数 δ 的物理意义可以这样理解：

轮子处于滚动临界平衡状态时，受力如图 5－13(a) 所示，A 点为轮子与支承面刚性接触时的接触点，称为理论接触点。根据力的平移定理，将法向反力 $\boldsymbol{F}_N$ 和最大滚阻力偶矩 $\boldsymbol{M}_{max}$ 合成为一个力 $\boldsymbol{F}'_N$，$\boldsymbol{F}'_N = \boldsymbol{F}_N$，如图 5－13(b) 所示。力 $\boldsymbol{F}'_N$ 距 A 点的距离为

$$d = \frac{M_{max}}{F'_N}$$

表 5-2 滚动摩阻系数 δ

材料名称	δ/mm	材料名称	δ/mm
铸铁与铸铁	0.5	软钢与钢	0.05
钢质车轮与钢轨	0.5	有滚珠轴承的料车与网轨	0.09
木与钢	0.3～0.4	无滚珠轴承的料车与网轨	0.21
木与木	0.5～0.8	钢质车轮与木面	1.5～2.5
软木与软木	1.5	轮胎与木面	2～10
淬火钢珠与钢	0.01		

代入式（5-6）比较可知

$$\delta=d$$

因此滚动摩阻系数 δ 可理解为轮子在即将滚动时法向反力离理论接触点的距离，或是最大滚阻力偶（$\boldsymbol{F}'_{\mathrm{N}}$，$\boldsymbol{P}$）的力偶臂，所以 δ 的量纲是长度。

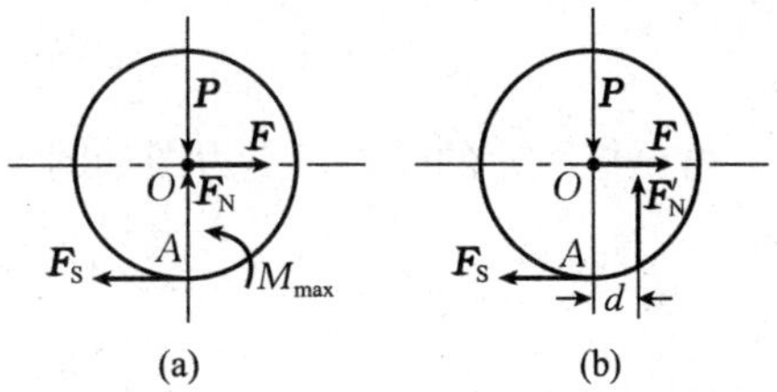

图 5-13

为什么轮子滚动比滑动省力？如图 5-13 所示，假设在轮心施加沿水平方向的力，要使轮子滚动所需的最小水平拉力为 F_1，圆轮不滚动的临界平衡条件为

$$\sum M_A(\boldsymbol{F})=0,\quad F_1 r-F_{\mathrm{N}}\delta=0$$

$$F_1=\frac{\delta}{r}F_{\mathrm{N}}$$

而使轮子滑动所需的最小水平拉力为 F_2，圆轮不滑动的临界平衡条件为

$$\sum F_x=0,\quad F_2-F_{\max}=0$$

$$F_2=F_{\max}=fF_{\mathrm{N}}$$

一般情况下，$\frac{\delta}{r}\ll f$，故 $F_1\ll F_2$，即随外力增大，圆轮总是先到达滚动临界平衡状态。所以滚动比滑动要省力得多。

值得注意，滚动摩擦与滑动摩擦是两种性质的摩擦现象。滚动摩阻系数 δ 与滑动摩擦系数 f_{s} 没有关系。一般来说，有滚动摩擦存在时，必有滑动摩擦存在；反之，有滑动摩擦存在时，不一定有滚动摩擦存在。一般滚动摩擦阻力偶是很小的，通常可以忽略不计。

例 5-6 图 5-14 所示拖车总重（包括车体与车轮重量）为 P，车轮半径为 R，轮胎与路面的静滚动摩阻系数为 δ，斜坡倾角为 θ，其他尺寸如图，求能拉动拖车所需的最小牵引力 $\boldsymbol{F}$（力 $\boldsymbol{F}$ 与斜坡平行）。

解： 分析整体受力，如图 5-14（a）所示，列平衡方程

$$\sum F_x=0,\quad F-F_{\mathrm{S}A}-F_{\mathrm{S}B}-P\sin\theta=0 \tag{1}$$

$$\sum F_y=0,\quad F_{\mathrm{N}A}+F_{\mathrm{N}B}-P\cos\theta=0 \tag{2}$$

$$\sum M_B=0,\quad F_{\mathrm{N}A}(a+b)-Fh-Pb\cos\theta+Ph_C\sin\theta+M_A+M_B=0 \tag{3}$$

现在分析拖车刚刚可以拉动的临界情况，则有

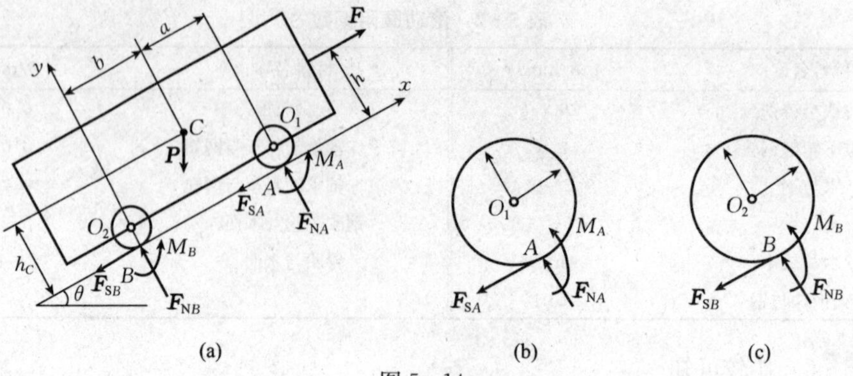

图 5-14

$$M_A=\delta F_{NA} \tag{4}$$

$$M_B=\delta F_{NB} \tag{5}$$

再分析两轮的受力，受力图如图 5-14(b) 和 (c) 所示，列平衡方程

$$\sum M_{O_1}=0,\quad M_A-F_{SA}R=0 \tag{6}$$

$$\sum M_{O_2}=0,\quad M_B-F_{SB}R=0 \tag{7}$$

联立式 (1) 到式 (7) 求得

$$F_{min}=P\left(\sin\theta+\frac{\delta}{R\cos\theta}\right)$$

第五节　静力学综合

在前面的五章内容中，对构件的受力情况分析和平衡问题的求解进行了介绍。能够对所研究的结构或构件进行受力分析，作出受力图，并研究构件平衡时作用力应当满足的条件，利用力系的平衡方程求解相应未知量。考虑摩擦时物体或物体系统平衡问题的求解是静力学中的难点，本节再举几个例子，以便读者熟悉。

例 5-7　重为 $P=100$ N 的均质滚轮夹在无重杆 AB 和水平面之间，在杆端 B 作用一垂直于 AB 的力 $\boldsymbol{F}_B$，其大小为 $F_B=50$ N。A 为光滑铰链，轮与杆间的摩擦系数为 $f_{s1}=0.4$。轮半径为 r，杆长为 l，当 $\theta=60°$时，$AC=CB=0.5l$，如图 5-15(a) 所示。如要维持系统平衡，(1) 若 D 处静摩擦系数 $f_{s2}=0.3$，求此时作用于轮心 O 处水平推力 $\boldsymbol{F}$ 的最小值；(2) 若 $f_{s2}=0.15$，此时 $\boldsymbol{F}$ 的最小值又为多少？(不计滚阻)

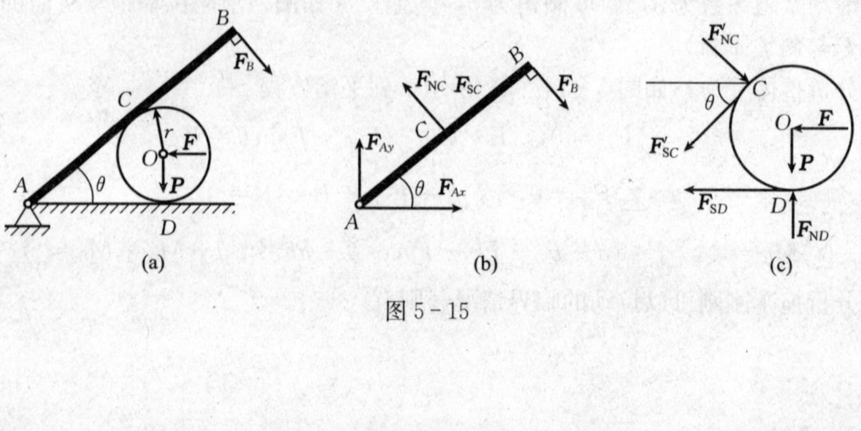

图 5-15

解：此题在 C，D 两处都有摩擦，两个摩擦力之中只要有一个达到最大值，系统即处于临界状态。假设 C 处的摩擦先达到最大值，轮有水平向右滚动的趋势。

（1）以杆 AB 为研究对象，受力分析如图 5-15(b) 所示。列平衡方程

$$\sum M_A(\boldsymbol{F})=0,\quad F_{NC}\frac{l}{2}-F_Bl=0$$

补充方程为

$$F_{SC}=F_{SCmax}=f_{s1}F_{NC}$$

解得

$$F_{NC}=100\text{ N},\quad F_{SC}=40\text{ N}$$

（2）以轮为研究对象，如图 5-15(c) 所示。列平衡方程

$$\sum F_x=0,\quad F'_{NC}\sin60°-F'_{SC}\cos60°-F-F_{SD}=0$$

$$\sum F_y=0,\quad F'_{NC}\cos60°-F'_{SC}\sin60°-P+F_{ND}=0$$

$$\sum M_O(\boldsymbol{F})=0,\quad F'_{SC}r-F_{SD}r=0$$

将 $F_{NC}=F'_{NC}=100$ N，$F'_{SC}=F_{SC}=40$ N 代入上面各式解得

$$F=26.6\text{ N},\quad F_{ND}=184.6\text{ N},\quad F_{SD}=40\text{ N}$$

当 $f_{s2}=0.3$ 时，D 处最大摩擦力为

$$F_{SDmax}=f_{s2}F_{ND}=55.39(\text{N})$$

由于 $F_{SD}<F_{SDmax}$，故 D 处无滑动，所以维持系统平衡的最小水平推力为 $F=26.6$ N。

（3）当 $f_{s2}=0.15$ 时，$F_{SDmax}=f_{s2}F_{ND}=27.7(\text{N})$，$F_{SD}>F_{SDmax}$，说明前面假定不成立，$D$ 处应先达到临界状态，受力图不变，所以补充方程应改为

$$F_{SD}=F_{SDmax}=f_{s2}F_{ND}$$

$$F_{SD}=\frac{f_{s2}(F_{NC}\cos60°+P)}{1-f_{s2}\sin60°}=25.86(\text{N})$$

最小水平推力为

$$F=F'_{NC}\sin60°-F_{SD}(1+\cos60°)=47.81(\text{N})$$

此时 C 处最大摩擦力为

$$F_{SCmax}=f_{s1}F_{NC}=40(\text{N})$$

由于 $F'_{SC}<F_{SCmax}$，所以 C 处无滑动。

因此当 $f_{s2}=0.15$ 时，维持系统平衡的最小水平推力为 $F=47.81$ N。

例 5-8　梯子 AB 长为 $2a$，重量为 $\boldsymbol{G}$，其一端放在水平地面上，另一端靠在铅垂墙面上，如图 5-16(a) 所示，接触面间的摩擦角均为 φ_f。求梯子平衡时，它与地面间的夹角 α 的值。设梯子重量沿其长度均匀分布。

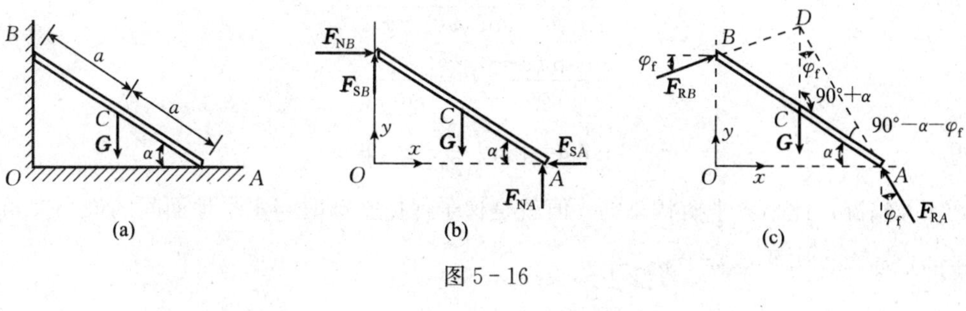

图 5-16

解法 1：以梯子为研究对象，梯子在重力的作用下，B端有向下移动的趋势，而A端有向右移动的趋势。根据受力分析，作出梯子的受力图，如图 5-16(b) 所示。建立图示坐标系，根据平衡条件，列出平衡方程

$$\sum F_x = 0, \quad F_{NB} - F_{SA} = 0 \tag{1}$$

$$\sum F_y = 0, \quad F_{NA} + F_{SB} - G = 0 \tag{2}$$

$$\sum M_B(F) = 0, \quad F_{NA} \cdot 2a\cos\alpha - F_{SA} \cdot 2a\sin\alpha - G \cdot a\cos\alpha = 0 \tag{3}$$

由摩擦定律，列出补充方程

$$F_{SA} \leqslant f_S F_{NA} = \tan\varphi_f F_{NA} \tag{4}$$

$$F_{SB} \leqslant f_S F_{NB} = \tan\varphi_f F_{NB} \tag{5}$$

联立式（1）到式（5）求解得

$$F_{NA} \geqslant \frac{G}{1+f_s^2}$$

和

$$F_{NA} \leqslant \frac{G}{2\ (1-f_s\tan\alpha)}$$

比较上面两式得

$$\frac{G}{2\ (1-f_s\tan\alpha)} \geqslant \frac{G}{1+f_s^2} \tag{6}$$

求解式（6）有

$$\tan\alpha \geqslant \frac{1-f_s^2}{2f_s} = \frac{1-\tan^2\varphi_f}{2\tan\varphi_f} = \tan\left(\frac{\pi}{2} - 2\varphi_f\right)$$

从而有

$$\alpha \geqslant \frac{\pi}{2} - 2\varphi_f$$

再考虑到梯子平衡时应有$\alpha \leqslant \frac{\pi}{2}$，故得$\frac{\pi}{2} - 2\varphi_f \leqslant \alpha \leqslant \frac{\pi}{2}$，这就是梯子平衡时夹角$\alpha$需要满足的条件。

解法 2：用摩擦角的概念和汇交力系平衡的几何条件求解。以梯子为研究对象，假设梯子处于临界平衡状态，根据摩擦角的概念，梯子AB的受力如图 5-16(c) 所示，再考虑到梯子仅受到三个力的作用而处于平衡状态，故A、B处的全约束力与C处重力的作用线交于一点D，如图所示。

根据图中关系，三角形ABD是直角三角形，得

$$AD = AB\cos\ (90° - \alpha - \varphi_f) = 2a\sin\ (\alpha + \varphi_f)$$

在三角形ACD中，由正弦定理得

$$\frac{AC}{\sin\varphi_f} = \frac{AD}{\sin\ (90° + \alpha)}$$

即

$$\frac{2a\sin\ (\alpha + \varphi_f)}{\cos\alpha} = \frac{a}{\sin\varphi_f}$$

整理得

$$\tan\alpha = \tan\left(\frac{\pi}{2} - 2\varphi_f\right)$$

考虑到实际情况，此临界平衡状态的α值就是梯子保持平衡时与水平地面间的最小夹角。所以梯子的平衡条件为$\frac{\pi}{2} - 2\varphi_f \leqslant \alpha \leqslant \frac{\pi}{2}$。

例 5-9 利用摩擦角的概念及汇交力系平衡的几何条件求解例 5-2。

解：当 F 有最小值时，物体受力如图 5-17(a) 所示，其中 F_R 是斜面对物块的全约束力。这时 P、F_{min} 及 F_R 三力平衡，力三角形应闭合［图 5-17(b)］。于是得到

$$F_{min}=P\tan(\alpha-\varphi_f)$$

当 F 有最大值时，物块受力如图 5-18(a) 所示，力三角形如图 5-18(b) 所示，于是有

$$F_{max}=P\tan(\alpha+\varphi_f)$$

如果 $\alpha=\varphi_f$，则 $F_{min}=0$，无需施加力 F 物块已能平衡。这时，只要 α 略增加，物块即将下滑。在临界状态下的角 α 称为休止角，它可用来测定摩擦系数。

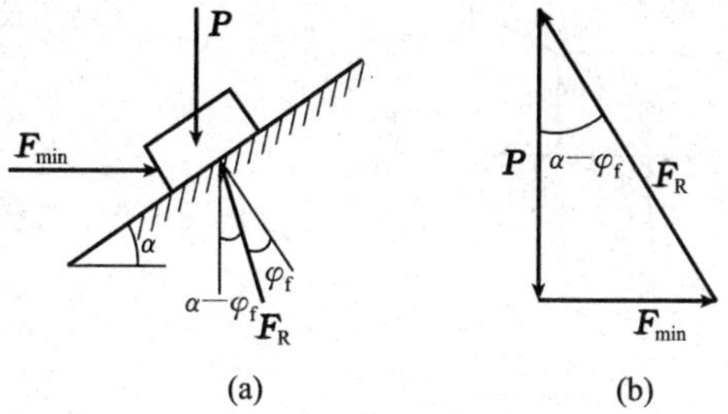

图 5-17

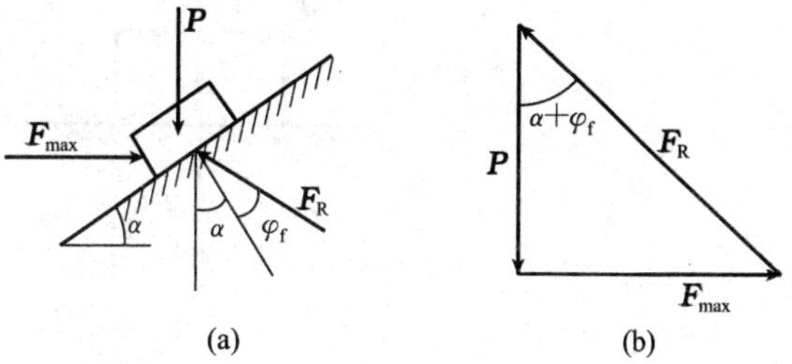

图 5-18

思考题

5-1 思考题 5-1 图所示物块重 $P=100$ N，与墙面的静滑动摩擦系数 $f_s=0.3$。当压力 $\boldsymbol{F}$ 的大小分别等于 400 N 和 500 N 时，物块所受的摩擦力为多大？

5-2 如思考题 5-2 图所示，已知杆 OA 重 $\boldsymbol{P}_1$，物块 B 重 $\boldsymbol{P}_2$，杆和物块间有摩擦，物块与地面间的摩擦略去不计。当水平力 $\boldsymbol{F}$ 增大而物块仍然保持平衡时，分析杆对物块的正压力如何变化。

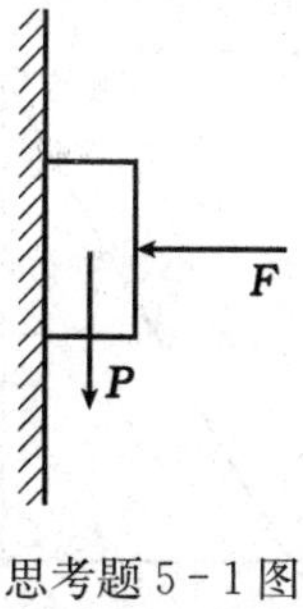

思考题 5-1 图

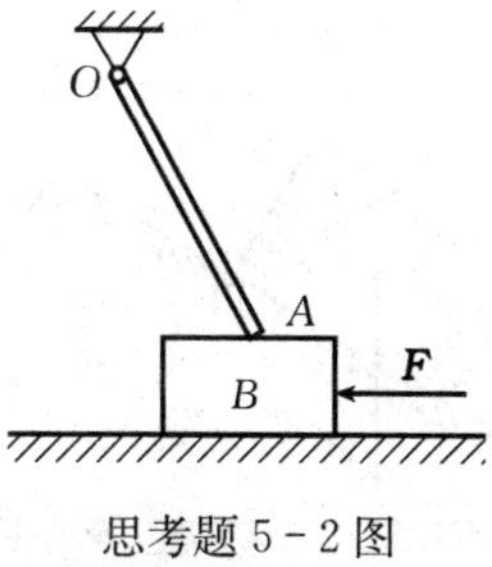

思考题 5-2 图

5-3 摩擦角就是全约束力与接触面法线间的夹角，对吗？

5-4 如思考题 5-4 图所示，已知矿石与皮带间静摩擦系数 $f_s=0.5$，那么输送带的倾角 α 应不超过多大？

5-5 思考题 5-5 图所示木楔打入墙内，木楔夹角为 2α，摩擦角为 φ_f，α 为多大时木楔打入墙内后不会退出？

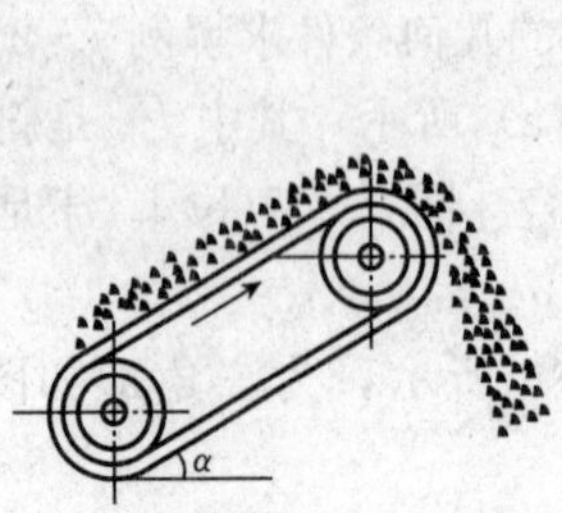

思考题 5-4 图

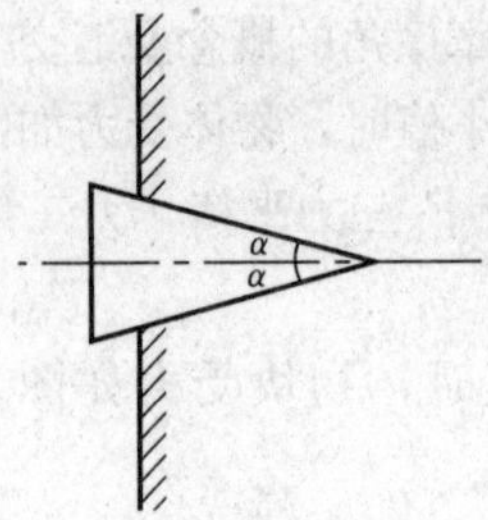

思考题 5-5 图

5-6 欲使水平面上重为 $\boldsymbol{P}$ 的物块向右滑动，思考题 5-6 图中哪种施力方式更省力？

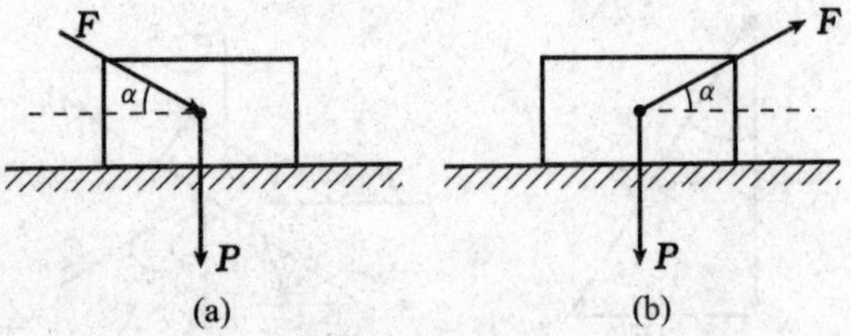

思考题 5-6 图

5-7 自行车胎打气足和不足时，哪种情况骑起来更省力？为什么？

习　题

5-1 斜面上放一重为 $\boldsymbol{P}$ 的物块，如习题 5-1 图所示，斜面倾角为 α，物块与斜面之间的摩擦角为 φ_f，且 $\alpha>\varphi_f$，求可使物块在斜面上静止的水平推力 $\boldsymbol{F}$ 的大小。

5-2 如习题 5-2 图所示，直杆 AB 长 1.5 m，重 $P=6$ kN，AB 杆铅垂放置于粗糙水平面上，A 端用绳子与水平面连接于 E 点，绳与杆的夹角 $\alpha=45°$，杆端与水平面的静滑动摩擦系数 $f_s=0.3$，距 B 端 0.5 m 处 D 点上作用一水平力 $\boldsymbol{F}$，且 $F=6$ kN，AB 是否处于平衡状态？若 AB 不能平衡，则杆端与水平面的静滑动摩擦系数 f_s 至少为多大才能平衡？

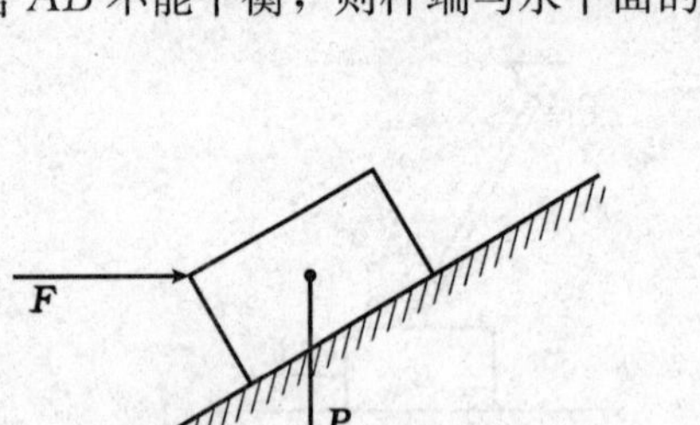

习题 5-1 图

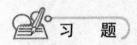

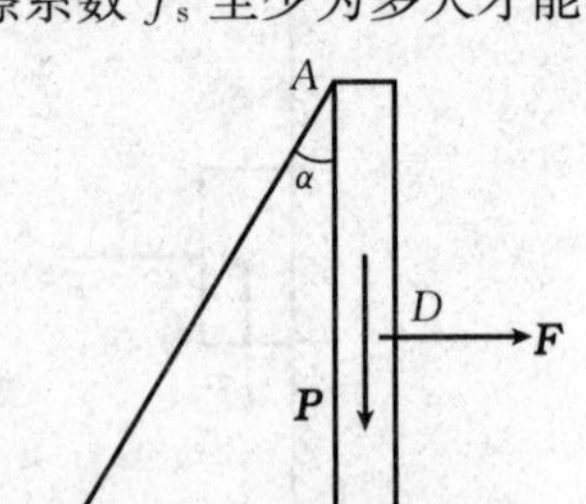

习题 5-2 图

5-3 习题 5-3 图是运送沙子装置简图，已知料斗与沙子共重 25 kN，料斗与轨道的动摩擦系数为 $f_d=0.3$，求料斗匀速上升时绳子的拉力。

5-4 砖夹宽为 28 cm，AHB 与 $BCED$ 在 B 点由铰链连接，尺寸如习题 5-4 图所示。已知砖重 $P=120$ N，提举力 $\boldsymbol{F}$ 作用在砖夹中心线上，砖夹与砖之间的摩擦系数 $f_s=0.5$，

砖夹的尺寸 b 为多大时能保证砖不滑落？

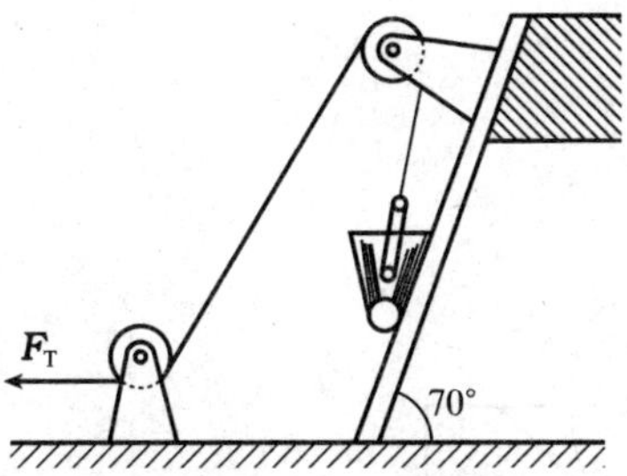

习题 5－3 图

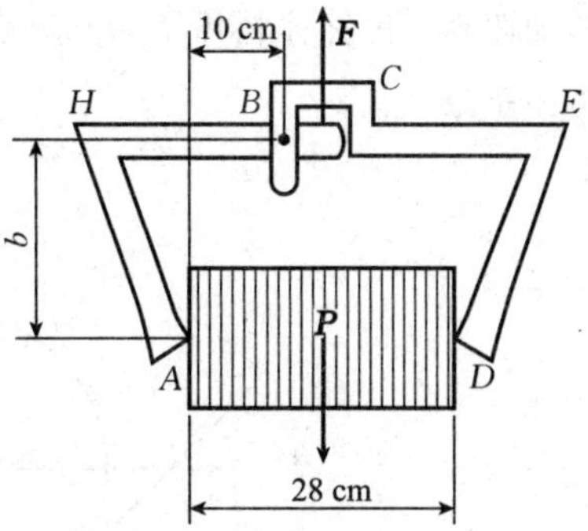

习题 5－4 图

5－5　如习题 5－5 图所示，滑块 A、B 均为60 N，与接触面间的静滑动摩擦系数分别为 0.2 和 0.3，作用在销钉 C 上的铅垂力 $\boldsymbol{F}_C$ 为多大时滑块不会滑动？

5－6　尖劈顶重装置如习题 5－6 图所示，物块 B 上受力 $\boldsymbol{P}$ 作用，A 与 B 间的摩擦系数为 f_s，有滚珠处表示光滑，不计 A、B 质量，求使系统保持平衡的力 $\boldsymbol{F}$ 的值。

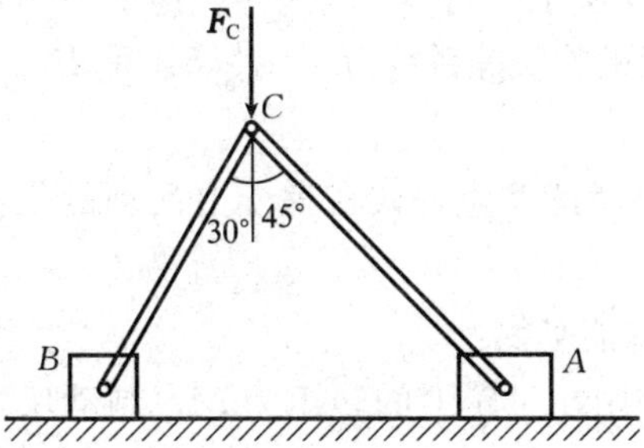

习题 5－5 图

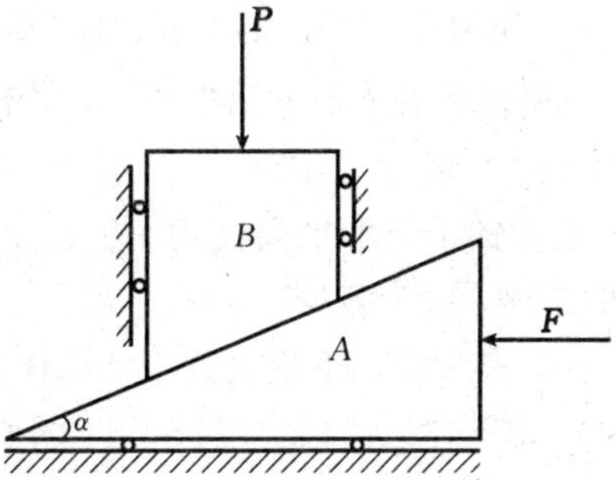

习题 5－6 图

5－7　习题 5－7 图所示物体重 500 N，已知 $h=1.3a$，物体与地面间的摩擦系数 $f_s=0.4$，作用在物体上的水平推力 $\boldsymbol{F}$ 由小逐渐增大，物体是先滑动还是先倾倒？

5－8　如习题 5－8 图所示为凸轮机构，已知推杆与滑道间的摩擦系数为 f_s，滑道宽度为 b。问 a 为多大，推杆才不致被卡住。设凸轮与推杆接触处的摩擦忽略不计。

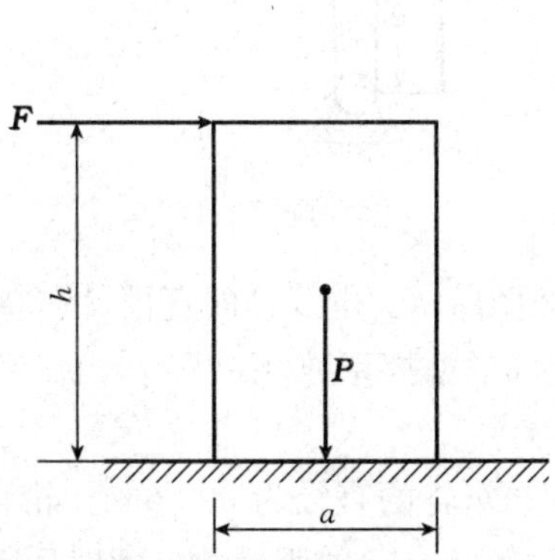

习题 5－7 图

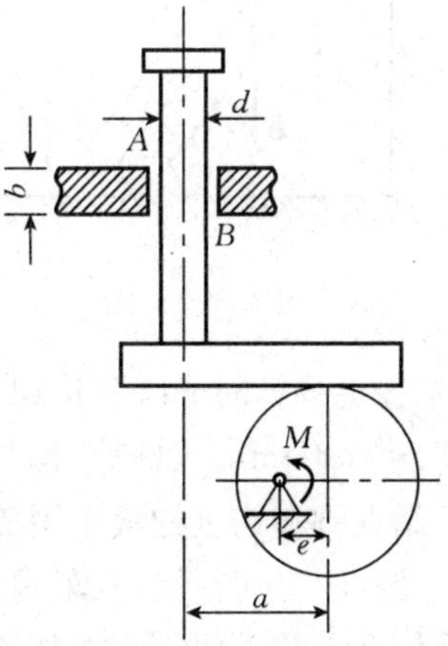

习题 5－8 图

5-9 如习题 5-9 图所示，置于 V 形槽中的棒料上作用一力偶，力偶的矩 $M=15\ \mathrm{N\cdot m}$ 时，刚好能转动棒料。已知棒料重 $P=400\ \mathrm{N}$，直径 $D=0.25\ \mathrm{m}$，不计滚动摩阻。求棒料与 V 形槽间的静摩擦系数 f_s。

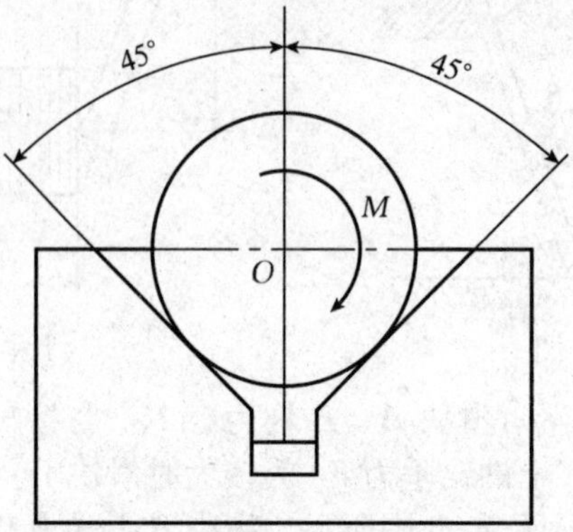

习题 5-9 图

5-10 如习题 5-10 图所示，梯子 AB 长为 4 m，梯子重 $P=200\ \mathrm{N}$，梯子一端置于水平面上，另一端靠在光滑的铅垂墙上，若梯子与地板的静摩擦系数为 $f_s=0.5$，重 $P_1=650\ \mathrm{N}$ 的人沿梯子向上爬。

(1) 已知梯子与水平面夹角 $\varphi=45°$，为使梯子保持静止，人在梯子上活动的最高点 C 与 A 点的距离 l 应为多少？

(2) φ 为多大时，不论人处于什么位置，梯子都能平衡？

5-11 制动器结构如习题 5-11 图所示，若作用在飞轮上的转矩为 M，制动块与飞轮之间的摩擦系数为 f_s，求制动力 $\boldsymbol{F}$ 的大小。

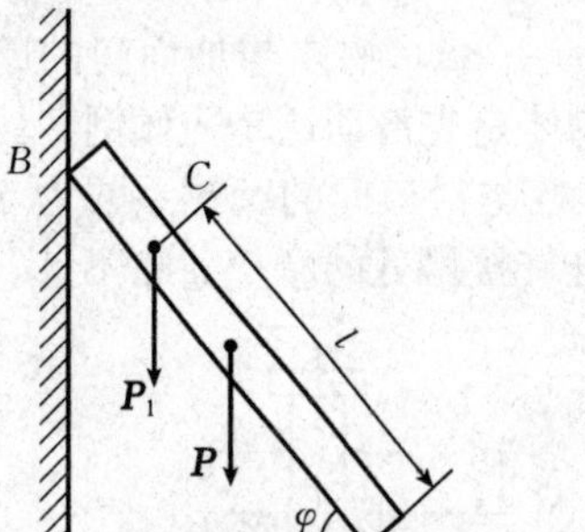

习题 5-10 图

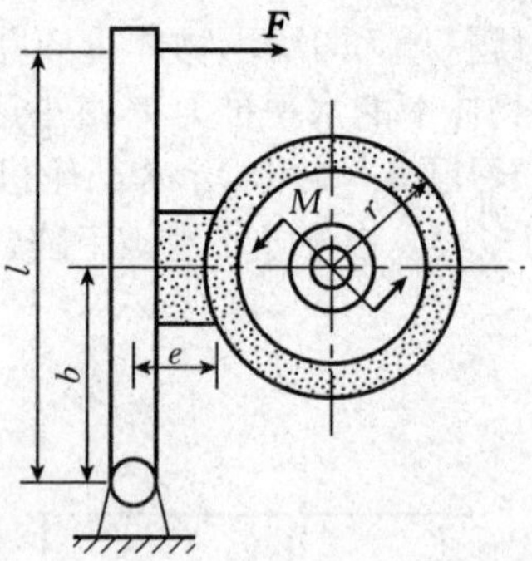

习题 5-11 图

5-12 攀登电线杆时的脚套钩如习题 5-12 图所示。电线杆的直径 $d=300\ \mathrm{mm}$，A、B 间的铅直距离 $b=100\ \mathrm{mm}$。若脚套钩与电线杆之间的摩擦系数 $f_s=0.5$，工人操作时，保证安全的情况下站在脚套钩上的最小距离 l 应为多大？

5-13 习题 5-13 图所示汽车重 $P=15\ \mathrm{kN}$，车轮的直径为 600 mm，轮自重不计。发动机应给予后轮多大的力偶矩，才能使轮越过高为 80 mm 的阻碍物？此时后轮与地面的静摩擦系数应为多大才不至于打滑？

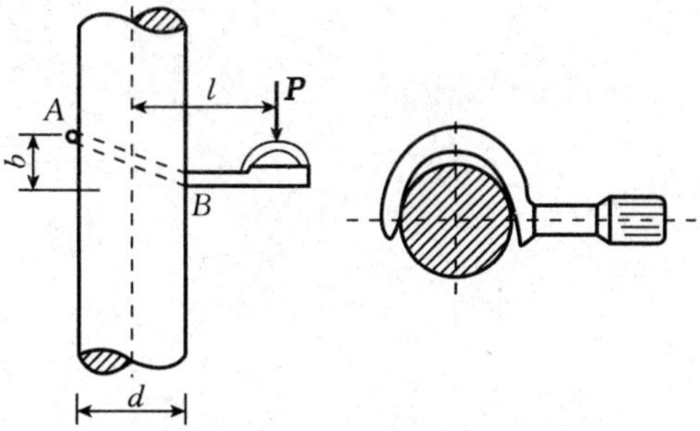

习题 5－12 图

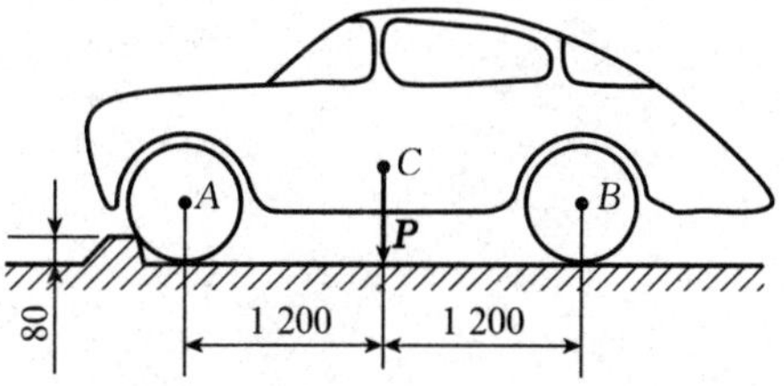

习题 5－13 图

5－14　均质圆柱重 $\boldsymbol{P}$，半径为 r，搁在不计自重的水平杆和固定斜面之间。杆端 A 为光滑铰链，D 端受一铅垂向上的力 $\boldsymbol{F}$，圆柱上作用一力偶矩 M，如习题 5－14 图所示。已知 $F=P$，圆柱与杆和斜面间的静滑动摩擦系数均为 $f_s=0.3$，不计滚动摩阻，当 $\theta=45°$时，$AB=BD$。求此时能保持系统静止的力偶矩 M 的最小值。

5－15　如习题 5－15 图所示钢管车间钢管运转台架，依靠钢管自重缓慢无滑动地滚下，钢管直径为 50 mm。设钢管与台架间的滚动摩阻系数 $\delta=0.5$ mm。求台架的最小倾角 θ。

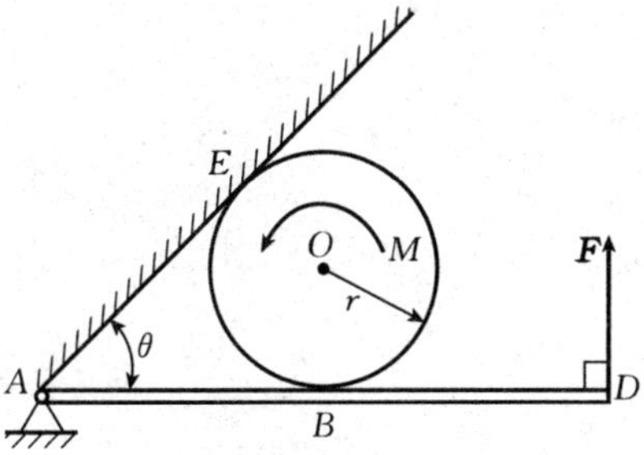

习题 5－14 图

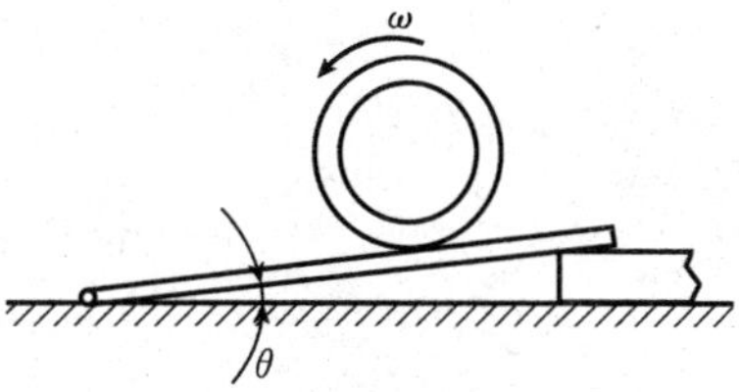

习题 5－15 图

习题参考答案

第二篇

运动学

第六章　点的运动学

【内容提要】了解描述运动的矢径法、直角坐标法和自然坐标法。理解自然轴系及弧坐标的概念，区分自然轴系和直角坐标系的异同。理解速度、加速度的定义，掌握速度、加速度在三种不同坐标系下的表示。理解运动方程、轨迹方程、切向与法向加速度及匀变速运动的概念。掌握匀变速运动的运动学公式并会运用这些公式解题。

第一节　运动学的基本介绍

运动学是研究物体运动的几何性质的学科，包括物体运动的轨迹、运动方程、速度和加速度等内容。运动学研究除了为学习动力学打下基础外，也有其独立的意义。在许多实际工程问题中，如自动控制系统一些仪表系统中，运动的分析常常是非常必要的；又如在设计机床时，也需要分析了解主轴和刀架的运动，使得各构件的运动满足预定的要求；再如钟表中的齿轮传动必须按照一定的传动比设计。

我们知道，要确定任何一个物体在空间的位置和运动情况，必须选取另一个物体作为参照，这个选取的作为参照的物体称为参考体。选取的参考体不同，物体的运动也不同。例如一列行驶的列车，对于站在地面上的观察者而言是运动的，但对于站在列车上的观察者来说则是静止的，而对于站在另一列列车上的观察者来说该列车可能是前进的也可能是后退的。将坐标系固连在参考体上就形成参考系，只有在给定参考系下物体的运动与静止才是有意义的。同一物体，对于不同的参考系，所描述的运动是不同的。运动学中，一般选取与地面固连的坐标系为参考系。

在运动学中，经常会遇到“瞬时”和“时间间隔”两个概念，瞬时用 t 表示，时间间隔用 Δt 表示。瞬时应理解为物体运动中的某一时刻，是一个时间点。时间间隔则是表示物体运动从某一瞬时到另一瞬时所经过的时间段。

本章介绍的点的运动学是研究一般物体运动的基础，又具有独立的应用意义。如果物体的大小和形状对我们所要研究的运动的影响可以忽略不计，则可以将物体视为一个点，将物体的运动简化为点的运动，例如我们研究地球绕太阳的公转轨道及周期时，可以忽略地球大小形状的影响，将地球视为一个运动的点。

点运动时，不同时刻可能处于空间不同位置，将点每一时刻的位置用光滑曲线相连，该曲线称为点的运动轨迹。如点的运动轨迹为直线，称为直线运动；如为曲线，则称为曲线运动。

第二节　矢 量 法

点的运动学研究点相对某参考系的几何位置随时间的变化规律，包括点的运动轨迹、运动方程以及速度和加速度。通常用下述基本方法描述点的运动：矢量法、直角坐标法、自然法。

矢量法是以动点的矢径变化描述点的运动规律。设动点 M 沿空间某一曲线运动，O 为空间任一固定点，则动点 M 在空间的位置可用其相对 O 点的矢径 $\boldsymbol{r}$（图 6-1）来表示，即

$$\boldsymbol{r}=\overrightarrow{OM}$$

当点运动时，矢径 $\boldsymbol{r}$ 随时间而变化，是时间 t 的单值连续函数，即

$$\boldsymbol{r}=\boldsymbol{r}(t) \tag{6-1}$$

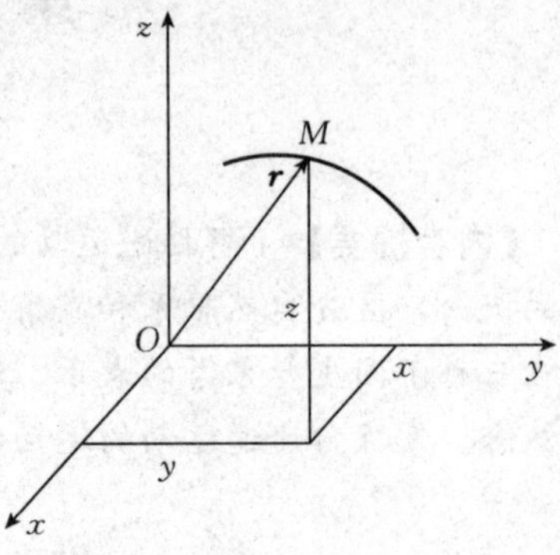

图 6-1

此式即为动点的矢径随时间变化的关系，称为矢量法表示的点的运动方程。可以看出，该式也是用参数表示的轨迹方程。动点运动时，矢径端点所描绘的矢端曲线就是动点的轨迹。

描述动点某一瞬时运动快慢和方向的是速度矢量。**动点的速度矢等于它的矢径 $\boldsymbol{r}$ 对时间 t 的一阶导数**，即

$$\boldsymbol{v}=\frac{\mathrm{d}\boldsymbol{r}}{\mathrm{d}t} \tag{6-2}$$

动点的速度矢沿着矢径 $\boldsymbol{r}$ 的矢端曲线的切线，即沿着动点运动轨迹的切线，并与动点的运动方向一致，如图 6-2（a）所示。

点的速度矢对时间的变化率称为加速度。点的加速度是矢量，它表征了速度大小和方向的变化快慢。**动点的加速度矢等于该点的速度矢对时间的一阶导数，或等于矢径对时间的二阶导数**，即

$$\boldsymbol{a}=\frac{\mathrm{d}\boldsymbol{v}}{\mathrm{d}t}=\frac{\mathrm{d}^2\boldsymbol{r}}{\mathrm{d}t^2} \tag{6-3}$$

如果在空间任取一点 O，把动点 M 在连续不同瞬时的速度矢量 $\boldsymbol{v}$，$\boldsymbol{v}'$，$\boldsymbol{v}''$，$\boldsymbol{v}'''$都平行移到点 O，连接各矢量的端点 M，M'，M''，M'''，就构成了矢量 $\boldsymbol{v}$ 端点的连续曲线，称为速度矢端曲线，动点的加速度矢 $\boldsymbol{a}$ 的方向与速度矢端曲线在相应点 M 的切线相平行。加速度的方向如图 6-2（b）所示。

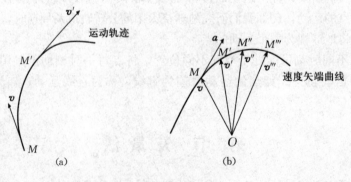

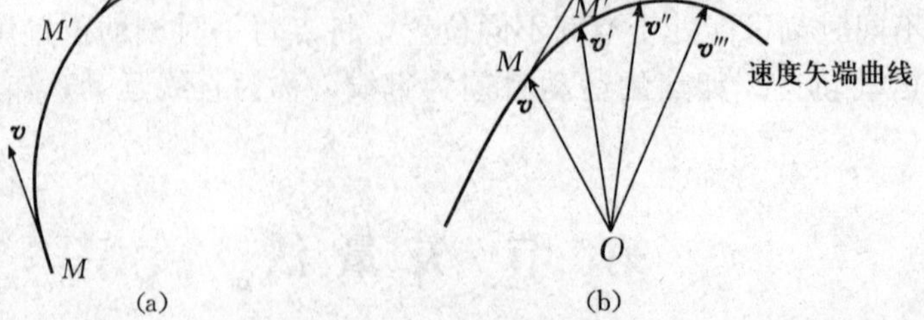

图 6-2

第三节　直角坐标法

当动点 M 在空间运动时，它在任一瞬时的位置可以用直角坐标系的三个坐标 x、y、z 来确定，如图 6-1 所示。当动点 M 运动时，三个坐标都随着时间的变化而变化，是时间 t 的单值连续函数，通常可表示为

$$x=x(t), \quad y=y(t), \quad z=z(t) \tag{6-4}$$

这组方程即为用直角坐标表示的点的运动方程。如果动点的运动方程已知，就可以求出任一瞬时点的坐标 x，y，z 的值，那么就可以确定该瞬时动点的位置。将每一瞬时动点的位置用光滑曲线相连就能够描出动点的轨迹，由方程（6-4）消去时间参数 t，得到 x，y，z 之间的关系式，就是动点的轨迹方程。

当动点 M 始终在某一平面内运动时，则运动方程（6-4）可简化为

$$x=x(t), \quad y=y(t)$$

消去 t 后，即得轨迹方程

$$F(x, y)=0$$

动点的矢径可以写成

$$\boldsymbol{r}=x\boldsymbol{i}+y\boldsymbol{j}+z\boldsymbol{k}$$

设动点 M 的速度 $\boldsymbol{v}$ 在直角坐标轴上的投影分别为 v_x，v_y，v_z，由式（6-2）则有

$$v_x=\frac{\mathrm{d}x}{\mathrm{d}t}, \quad v_y=\frac{\mathrm{d}y}{\mathrm{d}t}, \quad v_z=\frac{\mathrm{d}z}{\mathrm{d}t} \tag{6-5}$$

由上式可知，**速度在各坐标轴上的投影等于动点的各相应坐标对时间的一阶导数。**

已知速度在坐标轴上的投影，可求出速度大小（速率）和速度方向，即

$$v=\sqrt{v_x^2+v_y^2+v_z^2} \tag{6-6}$$

$$\cos(\boldsymbol{v}, \boldsymbol{i})=\frac{v_x}{v}, \quad \cos(\boldsymbol{v}, \boldsymbol{j})=\frac{v_y}{v}, \quad \cos(\boldsymbol{v}, \boldsymbol{k})=\frac{v_z}{v} \tag{6-7}$$

同理，设动点 M 的加速度 $\boldsymbol{a}$ 在直角坐标轴上的投影分别为 a_x，a_y，a_z，由式（6-3）则有

$$a_x=\frac{\mathrm{d}v_x}{\mathrm{d}t}=\frac{\mathrm{d}^2x}{\mathrm{d}t^2}, \quad a_y=\frac{\mathrm{d}v_y}{\mathrm{d}t}=\frac{\mathrm{d}^2y}{\mathrm{d}t^2}, \quad a_z=\frac{\mathrm{d}v_z}{\mathrm{d}t}=\frac{\mathrm{d}^2z}{\mathrm{d}t^2} \tag{6-8}$$

由上式可知，**加速度在直角坐标上的投影等于动点的速度在相应坐标轴上的投影对时间的一阶导数，等于各相应坐标对时间的二阶导数。**

加速度大小和方向由它的三个投影 a_x，a_y，a_z 来确定，即

$$a=\sqrt{a_x^2+a_y^2+a_z^2} \tag{6-9}$$

$$\cos(\boldsymbol{a}, \boldsymbol{i})=\frac{a_x}{a}, \quad \cos(\boldsymbol{a}, \boldsymbol{j})=\frac{a_y}{a}, \quad \cos(\boldsymbol{a}, \boldsymbol{k})=\frac{a_z}{a} \tag{6-10}$$

例 6-1　椭圆规尺的曲柄 OC 可绕定轴 O 转动，其端点 C 与规尺 AB 的中点以铰链相互连接，而规尺 A、B 两端分别在垂直的滑杆上运动，如图 6-3 所示。已知 $OC=CA=BC=l$，$MC=a$，$\varphi=\omega t$。试求规尺上动点 M 的运动方程、轨迹方程、速度和加速度的大小。

解： 欲求动点 M 的运动轨迹，可以先用直角坐标法给出它的方程。取图示直角坐标系，点 M 的运动方程为

$$x=(OC+CM)\cos\varphi=(l+a)\cos\omega t$$
$$y=AM\sin\varphi=(l-a)\sin\omega t$$

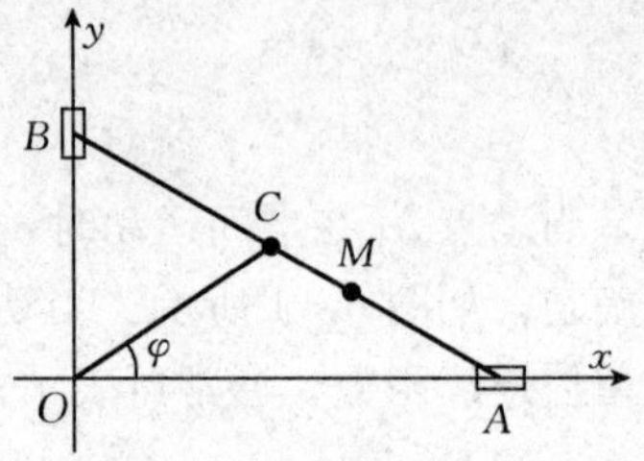

图 6-3

消去时间 t 得轨迹方程

$$\frac{x^2}{(l+a)^2}+\frac{y^2}{(l-a)^2}=1$$

由此可见，点 M 的轨迹是一个椭圆，长轴与 x 轴重合，短轴与 y 轴重合。

当点 M 在 BC 段上时，椭圆的长轴将与 y 轴重合。

将运动方程对时间求一阶导数，得点的速度在坐标轴上的投影

$$v_x=\frac{dx}{dt}=-\omega(l+a)\sin\omega t$$

$$v_y=\frac{dy}{dt}=\omega(l-a)\cos\omega t$$

因此点 M 的速度大小为

$$v=\sqrt{v_x^2+v_y^2}=\sqrt{\omega^2(l+a)^2\sin^2\omega t+\omega^2(l-a)^2\cos^2\omega t}$$
$$=\omega\sqrt{l^2+a^2-2al\cos 2\omega t}$$

将运动方程对时间求二阶导数，得点的加速度在坐标轴上的投影

$$a_x=\frac{dv_x}{dt}=\frac{d^2x}{dt^2}=-\omega^2(l+a)\cos\omega t$$

$$a_y=\frac{dv_y}{dt}=\frac{d^2y}{dt^2}=-\omega^2(l-a)\sin\omega t$$

所以动点 M 的加速度的大小为

$$a=\sqrt{a_x^2+a_y^2}=\sqrt{\omega^4(l+a)^2\cos^2\omega t+\omega^4(l-a)^2\sin^2\omega t}$$
$$=\omega^2\sqrt{l^2+a^2+2al\cos\omega t}$$

例 6-2 点沿直线运动，其运动方程为 $x=t^3-12t+2$（式中 x 的单位为 m，t 的单位为 s），试求第 3 s 时：（1）点的速度和加速度大小；（2）判定此时做加速运动还是减速运动。

解：（1）求速度和加速度。

$$v=\frac{dx}{dt}=3t^2-12,\qquad a=\frac{d^2x}{dt^2}=\frac{dv}{dt}=6t$$

将 $t=3$ s 分别代入上式，得

$$v=3\times3^2-12=15(\text{m/s})$$
$$a=6\times3=18(\text{m/s}^2)$$

（2）判定运动状态。在 $t=3$ s 时，v 和 a 均为正，符号相同，所以点在第 3 s 时做加速运动。

例 6-3 如图 6-4 所示，当液压减震器工作时，它的活塞在套筒内做直线运动。设活塞的加速度 $a=-kv$（v 为活塞的速度，k 为比例常数），初速度为 v_0，求活塞的运动规律。

解：活塞做直线运动，取坐标轴 Ox 如图所示。因

$$\dot{v}=a$$

代入已知条件，得

$$\dot{v}=-kv$$

分离变量后积分

$$\int_{v_0}^{v}\frac{\mathrm{d}v}{v}=-k\int_0^t\mathrm{d}t$$

$$\ln\frac{v}{v_0}=-kt$$

解得

$$v=v_0\mathrm{e}^{-kt}$$

又因

$$v=\dot{x}=v_0\mathrm{e}^{-kt}$$

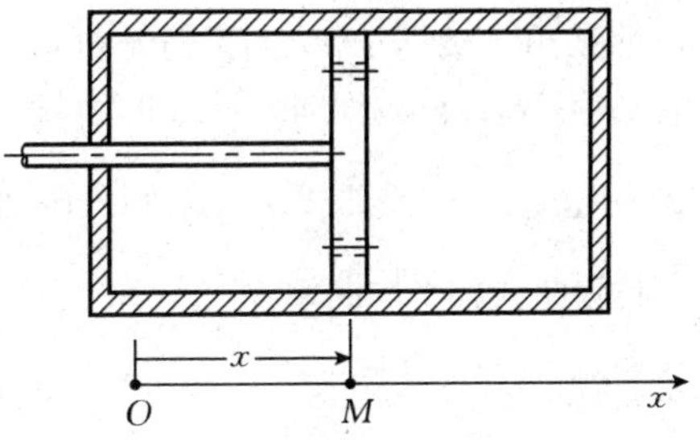

图 6-4

对上式积分

$$\int_{x_0}^{x}\mathrm{d}x=v_0\int_0^t\mathrm{e}^{-kt}\mathrm{d}t$$

解得

$$x=x_0+\frac{v_0}{k}(1-\mathrm{e}^{-kt})$$

第四节　自 然 法

如果已知点的运动轨迹，要确定动点的位置，可以沿着点的轨迹曲线建立一条曲线坐标轴，在轨迹曲线上选定一点 O 作为坐标原点，由原点 O 至动点 M 的弧长 s 称为点 M 的弧坐标，并规定在原点 O 某一边的弧长为正，在另一边的弧长为负。这样，利用点的弧坐标即可确定动点在曲线上的位置，如图 6-5 所示。s 为代数量，当动点 M 沿着轨迹曲线运动时，弧坐标 s 随时间而变化，并可表示为时间 t 的单值连续函数

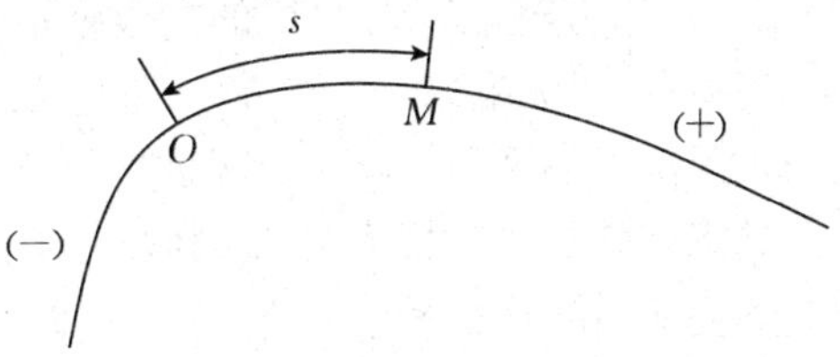

图 6-5

$$s=s(t) \tag{6-11}$$

上式称为以弧坐标表示的点的运动方程。如果已知点的运动方程，即可确定任一瞬时点的弧坐标 s 的值，也就确定了该瞬时动点 M 在轨迹上的位置。

1. 曲线的曲率　用自然坐标分析点在曲线上的运动时，其速度和加速度与曲线的几何性质有密切的关系，曲线各处的弯曲程度不同，动点速度的方向随时间的变化率也就不同。为了用自然法描述点的速度和加速度，先简要介绍曲线的曲率及自然坐标轴系的概念。

在曲线运动中，轨迹上一点的曲率或曲率半径是一个重要参数，它表示曲线在该点处的弯曲程度。设有空间曲线，如图 6-6 所示，作曲线在 M 点的切线 MT，用 $\boldsymbol{e}_t$ 表示曲线在 M 点的切线单位矢量，与 M 点邻近的点 M' 的切线为 $M'T'$，$\boldsymbol{e}_t'$ 表示 M' 点的切线单位矢量，M 与 M' 间曲线

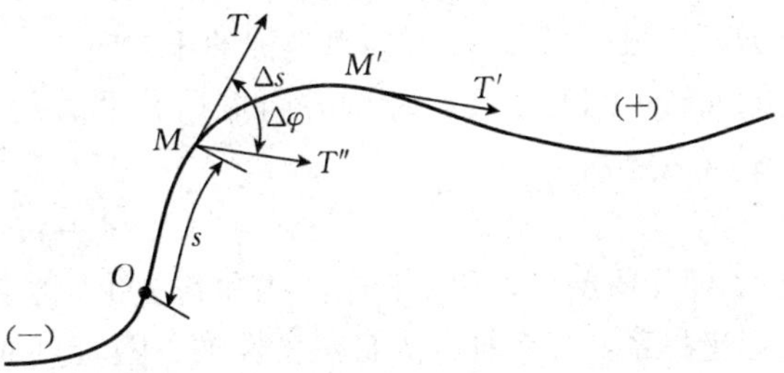

图 6-6

弧长为 Δs。MT 与 $M'T'$ 一般不在同一平面。从点 M 作平行于 $M'T'$ 的射线 MT''，MT 与 MT'' 的夹角为 $\Delta\varphi$，$\Delta\varphi$ 也就是矢量 $\boldsymbol{e}_t$ 与 $\boldsymbol{e}_t'$ 的夹角，表示了曲线的切线转过的角度。显然，若 $|\Delta s|$ 不变，$\Delta\varphi$ 越大时，该段曲线就弯曲得越厉害；反之，该段曲线就越平坦。因此，$\Delta\varphi$ 与 $|\Delta s|$ 的比值 $\left|\frac{\Delta\varphi}{\Delta s}\right|$ 是曲线在 $|\Delta s|$ 弧段内切线的方向变化率的平均值，表示该段曲线的平均弯曲程度，称为曲线的平均曲率。当点 M' 无限趋近于点 M 时，平均曲率就趋近于一个极限值，记为

$$\kappa=\lim_{\Delta s\to 0}\left|\frac{\Delta\varphi}{\Delta s}\right|=\left|\frac{d\varphi}{ds}\right| \tag{6-12}$$

κ 为曲线上一点 M 的曲率，它是曲线切线的转角对弧长一阶导数的绝对值，表示曲线在 M 点的弯曲程度。

若在曲线上 M 点另一侧附近再取一点 M''，通过 M''、M、M' 三点可作一个圆。当曲线上 M''、M、M' 三点的位置一定时，该圆的大小和在空间的方位也是确定的，而当 M'' 和 M' 无限趋近于点 M 时，这个圆就趋近于一个极限位置，并与曲线相切于点 M，这个极限位置的圆称为曲线在点 M 处的曲率圆。曲率圆的圆心称为曲率中心，曲率圆的半径就是曲线在点 M 处的曲线半径，用 ρ 表示，则有

$$\rho=\frac{1}{\kappa}=\left|\frac{ds}{d\varphi}\right| \tag{6-13}$$

对于圆周来说，曲率半径即为圆的半径；对于直线来说，曲率半径为无穷大。

2. 自然轴系 在图 6-6 中，通过点 M 作一个包含切线 MT 和射线 MT'' 的平面。当点 M' 向点 M 趋近时，射线 MT'' 的方位将不断改变，因而所作的平面亦将绕切线 MT 连续地转动，而当点 M' 无限趋近于点 M，即当 Δs 趋近于零时，该平面就转到一个极限位置，这个处于极限位置的平面，就是上述曲率圆所在的平面，称为曲线在点处的密切面。空间曲线上各点处密切面的方位随各点在曲线上的位置而改变，而平面曲线的密切面就是整个曲线所在的平面。通过点 M 作垂直于切线 MT 的平面，称为曲线在点 M 处的法平面，可以看出在法平面内通过点 M 的任何直线都与切线垂直，因而都是曲线的法线，其中法平面与密切面的交线称为曲线在点 M 的主法线，可见主法线只有一条。法平面内与主法线垂直的法线称为副法线。若以 $\boldsymbol{e}_n$ 表示主法线方向的单位矢量，$\boldsymbol{e}_b$ 表示副法线方向的单位矢量，$\boldsymbol{e}_t$ 表示切线方向的单位矢量，这三个矢量方向的轴线构成相互垂直的坐标系（图 6-7），$\boldsymbol{e}_t$ 指向弧坐标的正方向，$\boldsymbol{e}_n$ 指向曲线内凹的一边，$\boldsymbol{e}_b$ 的方向根据右手法则由下式决定

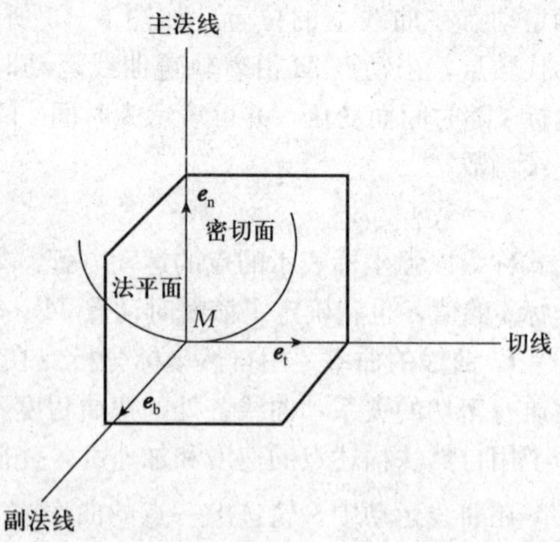

图 6-7

$$\boldsymbol{e}_b=\boldsymbol{e}_t\times\boldsymbol{e}_n \tag{6-14}$$

以点 M 为原点，以切线、主法线和副法线为坐标轴组成的正交坐标系称为曲线在点 M 处的自然坐标系，三个轴称为自然坐标轴。随着点 M 在轨迹上运动，自然坐标系是沿着曲线而游动的坐标系，沿各自然轴的单位矢量 $\boldsymbol{e}_t$、$\boldsymbol{e}_n$、$\boldsymbol{e}_b$ 都是变矢量。

3. 速度与加速度在自然轴上的投影　已知动点沿轨迹的运动方程为

$$s=s(t) \tag{6-15}$$

动点的速度等于动点矢径对时间的一阶导数，即$\boldsymbol{v}=\frac{\mathrm{d}\boldsymbol{r}}{\mathrm{d}t}$，在此式的分子及分母都乘以 d$s$，得

$$\boldsymbol{v}=\frac{\mathrm{d}\boldsymbol{r}}{\mathrm{d}t}=\frac{\mathrm{d}\boldsymbol{r}}{\mathrm{d}s}\frac{\mathrm{d}s}{\mathrm{d}t} \tag{6-16}$$

其中

$$\frac{\mathrm{d}\boldsymbol{r}}{\mathrm{d}s}=\lim_{\Delta t\to 0}\frac{\Delta\boldsymbol{r}}{\Delta s} \tag{6-17}$$

式中，Δs 是在 Δt 时间内动点弧坐标的变化。由图 6-8 可知 $\Delta\boldsymbol{r}$ 及 Δs 都在相同的一边变化，且当 Δs 趋近于零时则$\frac{\Delta\boldsymbol{r}}{\Delta s}$趋近于 1，其方向趋近轨迹的切线方向，并指向弧坐标增加的一边，即切线单位矢量 $\boldsymbol{e}_t$ 的方向，因此有

$$\frac{\mathrm{d}\boldsymbol{r}}{\mathrm{d}s}=\boldsymbol{e}_t \tag{6-18}$$

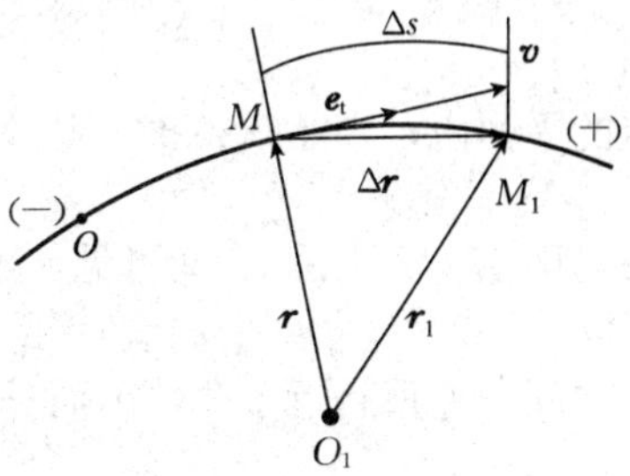

图 6-8

且$\frac{\mathrm{d}s}{\mathrm{d}t}=\lim_{\Delta t\to 0}\frac{\Delta s}{\Delta t}=\lim_{\Delta t\to 0}\frac{\Delta r}{\Delta t}=v$，为速度矢量在切线的投影，亦即速度的代数值。如果$\frac{\mathrm{d}s}{\mathrm{d}t}$大于零，$s$ 随时间的增大而增大，因此$\boldsymbol{v}$ 的指向与 $\boldsymbol{e}_t$ 相同；如果$\frac{\mathrm{d}s}{\mathrm{d}t}$小于零，$s$ 随时间的增大而减小，$\boldsymbol{v}$ 的指向与 $\boldsymbol{e}_t$ 相反。因此动点沿曲线运动时的瞬时速度为

$$\boldsymbol{v}=v\boldsymbol{e}_t=\frac{\mathrm{d}s}{\mathrm{d}t}\boldsymbol{e}_t \tag{6-19}$$

此式表明：**动点速度的代数值等于弧坐标 s 对时间的一阶导数，速度的方向是沿着轨迹的切线方向**，当$\frac{\mathrm{d}s}{\mathrm{d}t}$为正时指向与 $\boldsymbol{e}_t$ 相同，反之，指向与 $\boldsymbol{e}_t$ 相反。

动点 M 的加速度$\boldsymbol{a}$ 等于动点的速度$\boldsymbol{v}$ 对于时间的导数，即

$$\boldsymbol{a}=\frac{\mathrm{d}\boldsymbol{v}}{\mathrm{d}t}=\frac{\mathrm{d}}{\mathrm{d}t}(v\boldsymbol{e}_t)=\frac{\mathrm{d}v}{\mathrm{d}t}\boldsymbol{e}_t+v\frac{\mathrm{d}\boldsymbol{e}_t}{\mathrm{d}t} \tag{6-20}$$

上式中的$\frac{\mathrm{d}v}{\mathrm{d}t}=\frac{\mathrm{d}^2s}{\mathrm{d}t^2}$是速度大小随时间的变化率，$\frac{\mathrm{d}\boldsymbol{e}_t}{\mathrm{d}t}$是速度方向的单位矢量 $\boldsymbol{e}_t$ 对时间的变化率，即速度方向随时间的变化率。将式（6-20）右边的第二项 $v\frac{\mathrm{d}\boldsymbol{e}_t}{\mathrm{d}t}$改写为 $v\frac{\mathrm{d}\boldsymbol{e}_t}{\mathrm{d}s}\frac{\mathrm{d}s}{\mathrm{d}t}=v^2\frac{\mathrm{d}\boldsymbol{e}_t}{\mathrm{d}s}$。现在考虑$\frac{\mathrm{d}\boldsymbol{e}_t}{\mathrm{d}s}$的大小和方向。

设在 Δt 时间内动点沿曲线轨迹由 M 运动到 M' 位置，动点的弧坐标由 s 变为 $s+\Delta s$，轨迹切线的单位矢量由 $\boldsymbol{e}_t$ 变为 $\boldsymbol{e}_t'$，二者间的夹角为 $\Delta\varphi$，如图 6-9 所示。在 Δt 时间内，$\boldsymbol{e}_t$ 的改变量为

$$\Delta\boldsymbol{e}_t=\boldsymbol{e}_t'-\boldsymbol{e}_t$$

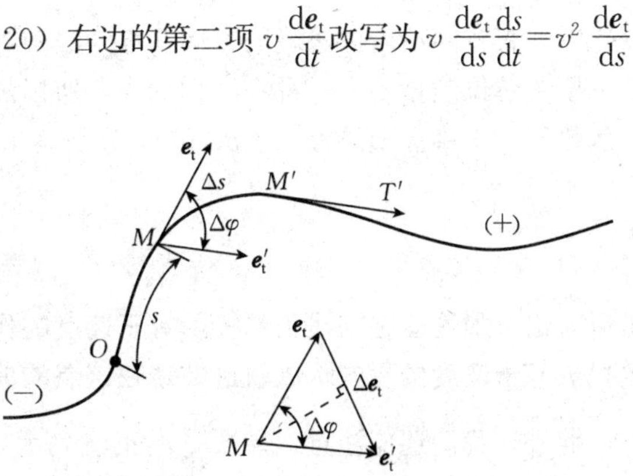

图 6-9

即$\frac{\mathrm{d}\boldsymbol{e}_t}{\mathrm{d}s}=\lim_{\Delta t\to 0}\frac{\Delta\boldsymbol{e}_t}{\Delta s}=\lim_{\Delta s\to 0}\frac{\Delta\boldsymbol{e}_t}{\Delta s}$。由 $\boldsymbol{e}_t$、$\boldsymbol{e}_t'$、$\Delta\boldsymbol{e}_t$

构成的矢量三角形可见，当 Δt 取得很小时，$\Delta\varphi$ 很微小，故 $\Delta \boldsymbol{e}_t$ 的大小为

$$|\Delta \boldsymbol{e}_t| = 2|\boldsymbol{e}_t|\sin\frac{\Delta\varphi}{2} \approx |\boldsymbol{e}_t|\Delta\varphi = \Delta\varphi$$

因此，$\frac{d\boldsymbol{e}_t}{ds}$的大小为

$$\left|\frac{d\boldsymbol{e}_t}{ds}\right| = \lim_{\Delta t\to 0}\left|\frac{\Delta \boldsymbol{e}_t}{\Delta s}\right| = \lim_{\Delta s\to 0}\left|\frac{\Delta\varphi}{\Delta s}\right| = \kappa = \frac{1}{\rho}$$

$\frac{d\boldsymbol{e}_t}{ds}$的方向为 $\Delta s\to 0$ 时$\frac{\Delta \boldsymbol{e}_t}{\Delta s}$的极限方向。因为 $\Delta \boldsymbol{e}_t$ 位于切线 MT 和射线 MT''（图 6-6）所确定的平面内，当 $\Delta s\to 0$ 时，该平面就是轨迹上点 M 的密切面，所以矢量$\frac{d\boldsymbol{e}_t}{ds}$位于点 M 处的密切面上。又由图 6-9 可见，$\Delta \boldsymbol{e}_t$ 与 $\boldsymbol{e}_t$ 之间的夹角为$\frac{\pi}{2}-\frac{\Delta\varphi}{2}$，当 $\Delta s\to 0$ 时 $\Delta\varphi\to 0$，$\Delta \boldsymbol{e}_t$ 与 $\boldsymbol{e}_t$ 之间的夹角趋近于$\frac{\pi}{2}$，因而$\frac{d\boldsymbol{e}_t}{ds}$垂直于 $\boldsymbol{e}_t$。这样$\frac{d\boldsymbol{e}_t}{ds}$既在密切面上，又垂直于 $\boldsymbol{e}_t$，所以它位于主法线上。同时不论动点沿弧坐标增加的一方运动，还是沿弧坐标减小的一方运动，$\frac{d\boldsymbol{e}_t}{ds}$总是指向轨迹内凹的一面，即指向曲率中心，与主法线的单位矢量 $\boldsymbol{e}_n$ 相同。综合以上分析，得到

$$\frac{d\boldsymbol{e}_t}{ds} = \frac{1}{\rho}\boldsymbol{e}_n$$

因而 $v\frac{d\boldsymbol{e}_t}{dt} = \frac{v^2}{\rho}\boldsymbol{e}_n$，式（6-20）可写为

$$\boldsymbol{a} = \frac{dv}{dt}\boldsymbol{e}_t + \frac{v^2}{\rho}\boldsymbol{e}_n \tag{6-21}$$

其中 ρ 为轨迹曲线在 M 点的曲率半径。

由式（6-21）可以看出，点的加速度矢量由两部分组成。分量 $\boldsymbol{a}_t = \frac{dv}{dt}\boldsymbol{e}_t$ 反映速度大小的变化率，其方向沿着轨迹的切线方向，称为切向加速度；分量 $\boldsymbol{a}_n = \frac{v^2}{\rho}\boldsymbol{e}_n$ 反映速度方向的变化率，其方向沿着主法线的方向，称为法向加速度。

因为单位矢量 $\boldsymbol{e}_t$、$\boldsymbol{e}_n$ 都在密切面内，所以加速度 $\boldsymbol{a}$ 也在密切面内，而加速度在副法线方向的投影等于零。如果以 $\boldsymbol{a}_t$、$\boldsymbol{a}_n$ 和 $\boldsymbol{a}_b$ 分别表示加速度 $\boldsymbol{a}$ 在切线、主法线以及副法线上的投影，则

$$a_t = \frac{dv}{dt}, \quad a_n = \frac{v^2}{\rho}, \quad a_b = 0 \tag{6-22}$$

可以看出：**加速度在切线上的投影等于速度的代数值对时间的一阶导数，加速度在主法线上的投影等于速度的平方除以轨迹曲线在该点的曲率半径，加速度在副法线上的投影等于零。**

此外，我们还应注意：导数$\frac{dv}{dt}$的正值表示切向加速度 $\boldsymbol{a}_t$ 是沿着切线的正向，即单位矢量 $\boldsymbol{e}_t$ 的方向，如图 6-10 所示，导数$\frac{dv}{dt}$的负值表示切向加速度沿着负向；当$\frac{dv}{dt}$与$\frac{ds}{dt}$同号时，

点做加速运动，当$\frac{dv}{dt}$与$\frac{ds}{dt}$异号时，点做减速运动；因为$\frac{v^2}{\rho}$始终为正值，所以法向加速度 $\boldsymbol{a}_n$ 永远沿着 $\boldsymbol{e}_n$ 的方向，指向曲线的曲率中心。

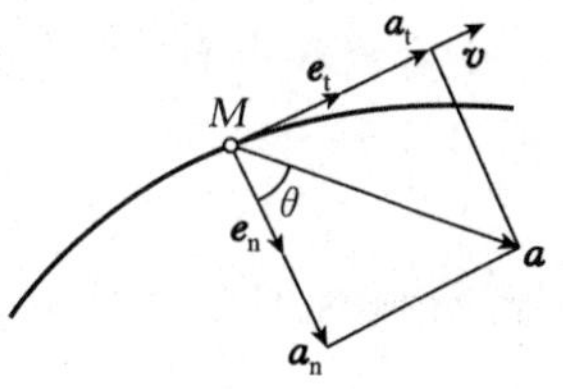

图 6-10

加速度（也称全加速度）的大小为

$$a=\sqrt{a_t^2+a_n^2}=\sqrt{\left(\frac{dv}{dt}\right)^2+\left(\frac{v^2}{\rho}\right)^2} \qquad (6-23)$$

加速度方向用其与法向加速度所夹角度表示为

$$\theta=\arctan\frac{|a_t|}{a_n} \qquad (6-24)$$

点做直线运动时，其法向加速度为零。当点的切向加速度的代数值保持不变，则该点的运动称为匀变速曲线运动；切向加速度为零时，速度为常数，该点的运动称为匀速曲线运动。

点做匀速曲线运动，设 $t=0$ 时，点的弧坐标 $s=s_0$，则 t 时刻，其弧坐标为

$$s=s_0+v_0t \qquad (6-25)$$

点做匀变速曲线运动，设其切向加速度为 a_t，当 $t=0$ 时，点的弧坐标 $s=s_0$，速率 $v=v_0$，则 t 时刻，其速率为

$$v=v_0+a_tt \qquad (6-26)$$

弧坐标为

$$s=s_0+v_0t+\frac{1}{2}a_tt^2 \qquad (6-27)$$

例 6-4　列车沿半径 $R=800$ m 的圆弧轨道做匀加速运动。若初速度为零，经过 2 min 后，速度达到 54 km/h。求起点和末点的加速度。

解： 列车沿着圆弧轨道做匀加速运动，根据式（6-26），有

$$v=a_tt+v_0$$

$v_0=0$，当 $t=2$ min$=120$ s 时，$v=54$ km/h$=15$ m/s，代入上式得

$$a_t=\frac{v}{t}=\frac{15}{120}=0.125(\text{m/s}^2)$$

在起点，由于 $v=0$，所以法向加速度等于零，列车只有切向加速度 a_t。在末点时速度不等于零，则列车既有切向加速度，又有法向加速度，即

$$a_t=0.125(\text{m/s}^2)$$

$$a_n=\frac{v^2}{R}=\frac{15^2}{800}=0.281(\text{m/s}^2)$$

末点的全加速度的大小为

$$a=\sqrt{a_t^2+a_n^2}=0.308(\text{m/s}^2)$$

末点的全加速度与法向的夹角为

$$\tan\theta=\frac{a_t}{a_n}=0.443$$

$$\theta=23°54'$$

例 6-5　在图 6-11 所示的曲柄摇杆机构中，曲柄长 $OA=10$ cm，绕 O 轴转动，角度 φ 与时间 t 的关系为 $\varphi=\frac{\pi}{4}t$，摇杆长 $O_1B=24$ cm，距离 $O_1O=10$ cm。求 B 点的运动方程、速度及加速度。

解： 点 B 的运动轨迹是以 O_1B 为半径的圆弧，$t=0$ 时，B 在点 B_0 处。取 B_0 为坐标原点，则点 B 的弧坐标为

$$s=\overline{O_1B}\cdot\theta$$

由于$\triangle OAO_1$ 是等腰三角形，所以 $\varphi=2\theta$，故有

$$s=\overline{O_1B}\times\frac{\varphi}{2}=24\times\frac{1}{2}\times\frac{\pi}{4}t=3\pi t$$

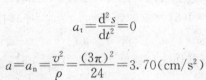

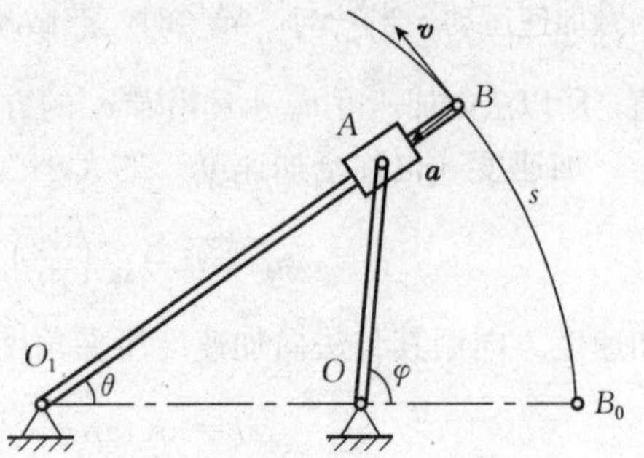

图 6-11

这就是点 B 沿已知轨迹的运动方程。所以点 B 的速度及加速度大小为

$$v=\frac{\mathrm{d}s}{\mathrm{d}t}=3\pi=9.42(\mathrm{cm/s})$$

$$a_{\mathrm{t}}=\frac{\mathrm{d}^2s}{\mathrm{d}t^2}=0$$

$$a=a_{\mathrm{n}}=\frac{v^2}{\rho}=\frac{(3\pi)^2}{24}=3.70(\mathrm{cm/s^2})$$

其方向如图所示。可见点 B 做匀速圆周运动。

例 6-6 已知点的运动方程为 $x=2\sin 4t$，$y=2\cos 4t$，$z=4t$，其中 x，y，z 均以 m 计。求点运动轨迹的曲率半径 ρ。

解： 点的速度和加速度沿 x，y，z 轴的投影分别为

$$\dot{x}=8\cos 4t,\quad \dot{y}=-8\sin 4t,\quad \dot{z}=4$$

$$\ddot{x}=-32\sin 4t,\quad \ddot{y}=-32\cos 4t,\quad \ddot{z}=0$$

点的速度和全加速度大小为

$$v=\sqrt{\dot{x}^2+\dot{y}^2+\dot{z}^2}=\sqrt{80}(\mathrm{m/s}),\qquad a=\sqrt{\ddot{x}^2+\ddot{y}^2+\ddot{z}^2}=32(\mathrm{m/s^2})$$

点的切向加速度和法向加速度大小为

$$a_{\mathrm{t}}=\dot{v}=0,\qquad a_{\mathrm{n}}=\frac{v^2}{\rho}=\frac{80}{\rho}$$

由于

$$a=\sqrt{a_{\mathrm{t}}^2+a_{\mathrm{n}}^2}=a_{\mathrm{n}}=32(\mathrm{m/s^2})$$

因此

$$\rho=2.5\ \mathrm{m}$$

思考题

6-1 在计算点的速度和加速度时，$\boldsymbol{v}$ 和 v 有何不同？$\frac{\mathrm{d}\boldsymbol{v}}{\mathrm{d}t}$和$\frac{\mathrm{d}v}{\mathrm{d}t}$有何不同？试举例说明之。

6-2 设点的运动方程为 $\boldsymbol{r}(t)=x\boldsymbol{i}+y\boldsymbol{j}+z\boldsymbol{k}$，其中 $\boldsymbol{i}$，$\boldsymbol{j}$，$\boldsymbol{k}$ 为沿固定直角坐标轴的单位矢量，x，y，z 为时间的已知函数，写出点的切向加速度的表达式。

6-3 直角坐标法和自然坐标法描述点的运动各有何优点？什么情况下宜用直角坐标法？什么情况下宜用自然坐标法？

6-4 点的速度大小对时间的一阶导数就是点的加速度大小，这个说法对吗？以下几个

式子 $\boldsymbol{a}=\frac{\mathrm{d}\boldsymbol{v}}{\mathrm{d}t}$，$a=\left|\frac{\mathrm{d}\boldsymbol{v}}{\mathrm{d}t}\right|$，$a=\frac{\mathrm{d}v}{\mathrm{d}t}$中哪个是不正确的？

6-5　何谓匀变速运动？当点加速运动时，其速度和切向加速度的方向间有何关系？和全加速度的方向间的关系呢？

6-6　何谓曲线在一点的密切面？何谓法平面？何谓主法线及副法线？

6-7　切向加速度和法向加速度的物理意义是什么？切向加速度为正，点做加速运动，对吗？

6-8　法向加速度的方向如何？全加速度的方向会指向曲线凸侧吗？

6-9　自然坐标轴各正向单位矢量与直角坐标轴正向单位矢量的本质区别是什么？试推导关系式 $\frac{\mathrm{d}\boldsymbol{e}_t}{\mathrm{d}t}=\frac{v}{\rho}\boldsymbol{e}_n$。

习　题

6-1　机车以匀速 $v_0=20$ m/s 沿直线轨道行驶，如习题 6-1 图所示。车轮的半径 $r=1$ m，只滚不滑，将轮缘上的点 M 在轨道上的起始位置取为坐标原点，并将轨道取为 x 轴。求点 M 的运动方程和 M 点与轨道接触瞬时的速度和加速度。

6-2　小环 A 套在光滑的钢丝圈上运动，钢丝圈半径为 R（习题 6-2 图）。已知小环的初速度为 v_0，并且在运动过程中小环的速度和加速度成定角 θ，且 $0<\theta<\frac{\pi}{2}$，试确定小环 A 的运动规律。

6-3　矿井提升机上升时，其运动方程为 $y=\frac{1}{2}H(1-\cos\omega t)$，其中 H 为上升的最大高度，$\omega=\sqrt{\frac{2b}{H}}$，$b$ 为常数。求提升机的速度、加速度及上升到最大高度 H 时所需时间 t。

6-4　如习题 6-4 图所示，M 点在直管 OA 内以匀速 u 向外运动，同时直管又按 $\varphi=\omega t$ 规律绕 O 轴转动。开始时 M 在 O 点，求动点 M 在任意瞬时相对于地面与相对于直管的速度和加速度。

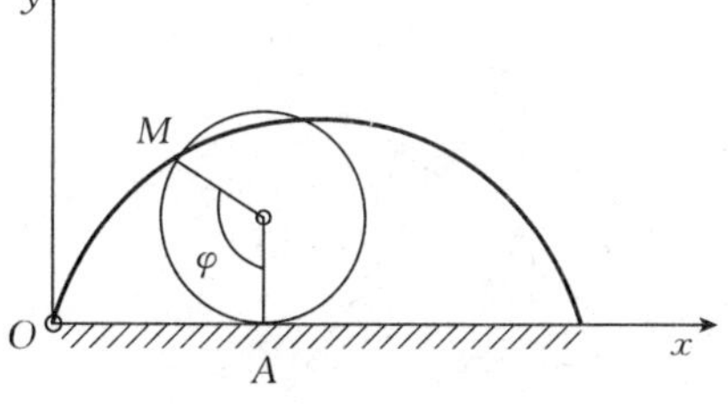

习题 6-1 图

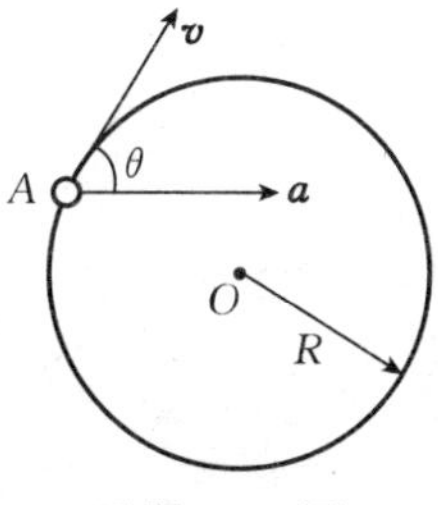

习题 6-2 图

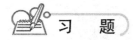

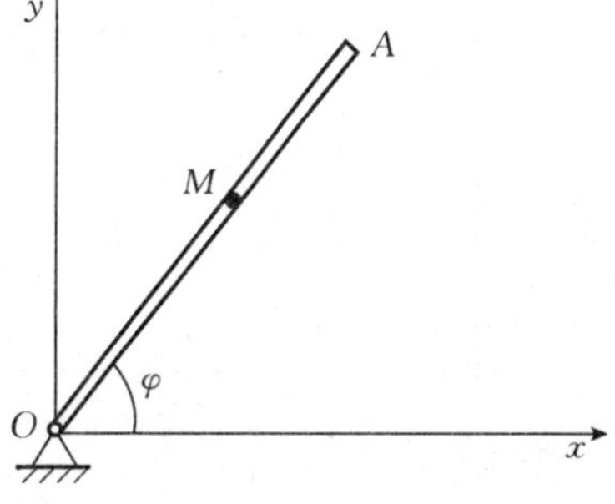

习题 6-4 图

6-5　飞轮加速转动时，以弧坐标表示轮缘上一点 M 的运动规律为 $s=0.02t^3$，s 和 t 的单位分别为 m 和 s，飞轮的半径 $R=0.4$ m。求该点的速度大小达到 $v=6$ m/s 时，它的切向及法向加速度。

6-6　列车沿圆弧轨道做匀减速运动，初速为 $v_0=54$ km/h，经过路程 800 m 后，车速 $v=18$ km/h。如果圆弧的半径 $R=1\,000$ m，求列车经过这段路程所需的时间及其开始和末了的加速度的大小。

6-7 已知点的运动方程为 $x=50t$，$y=500-t^2$（单位分别为 m 和 s），求当 $t=0$ 时，点的切向加速度、法向加速度及轨迹在该点的曲率半径。

6-8 如习题 6-8 图所示，摇杆机构的滑杆 AB 在某段时间内以匀速 u 向上运动，试分别用直角坐标法和自然坐标法建立摇杆上 C 点的运动方程，并求在 $\varphi=\frac{\pi}{4}$ 时该点的速度大小。其中摇杆长为 $OC=b$。

6-9 如习题 6-9 图所示，半圆形凸轮以等速度 $v_0=0.01$ m/s 沿着水平方向向左运动，而使活塞杆 AB 沿着铅垂的方向运动。当运动开始时，活塞杆 A 端在凸轮的最高点上。如凸轮的半径 $R=80$ mm，求活塞杆 AB 相对于地面和相对于凸轮的运动方程和速度。

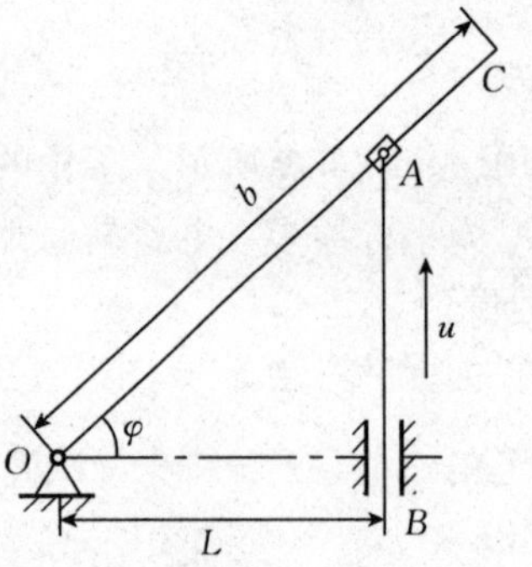

习题 6-8 图

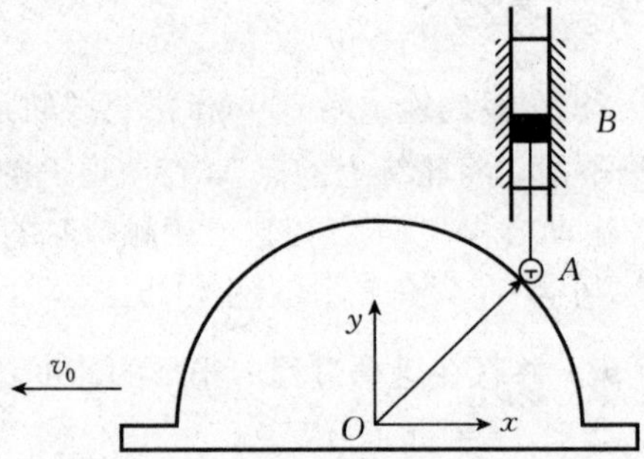

习题 6-9 图

6-10 如习题 6-10 图所示，小环 M 在铅垂面内沿曲杆 $ABCDE$ 从 A 点由静止开始运动，在直线段 AB 上，小环的加速度为 g，在圆弧段 BCE 上，小环的切向加速度 $a_t=g\cos\varphi$。求小环在 C、D 两处的速度和加速度。

6-11 如习题 6-11 图所示，曲线规尺的各杆，长为 $OA=AB=200$ mm，$CD=DE=AC=AE=50$ mm。如果杆 OA 以等角速度 $\omega=\frac{\pi}{5}$ rad/s 绕 O 轴转动，并且当运动开始时，杆 OA 水平向右。求尺上点 D 的运动方程和轨迹。

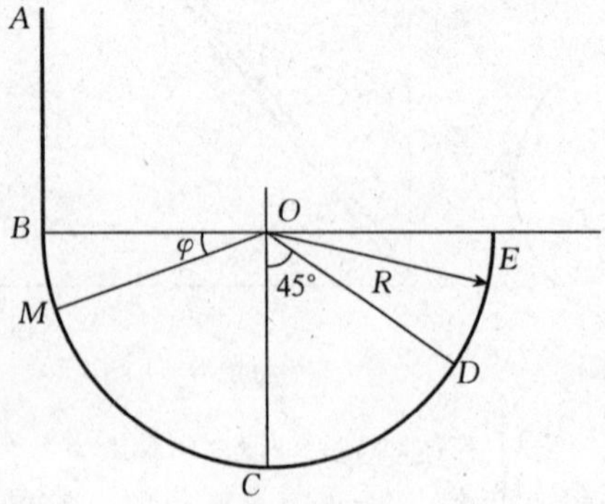

习题 6-10 图

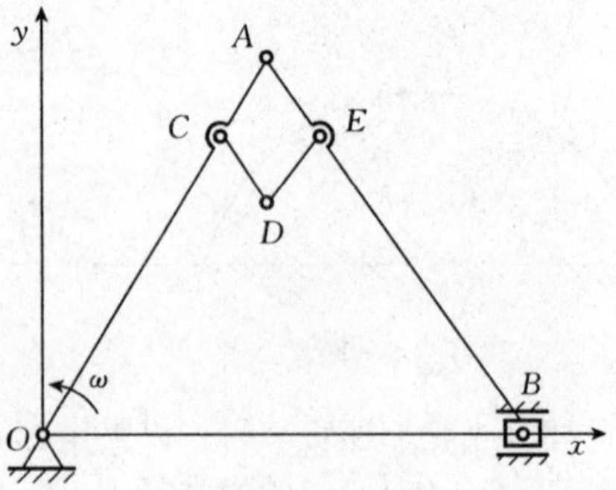

习题 6-11 图

6-12 如习题 6-12 图所示，杆 AB 长 l，以等角速度 ω 绕点 B 转动，其转动方程为 $\varphi=\omega t$。而与杆连接的滑块 B 按规律 $s=a+b\sin\omega t$ 沿水平线做谐振动，其中 a 和 b 均为常

数。求点 A 的轨迹。

6－13　如习题 6－13 图所示，雷达在距离火箭发射台为 l 的 O 处观察铅直上升的火箭发射，测得角 θ 的规律为 $\theta=kt$（k 为常数）。写出火箭的运动方程，并计算当 $\theta=\frac{\pi}{6}$ 和 $\frac{\pi}{3}$ 时火箭的速度和加速度。

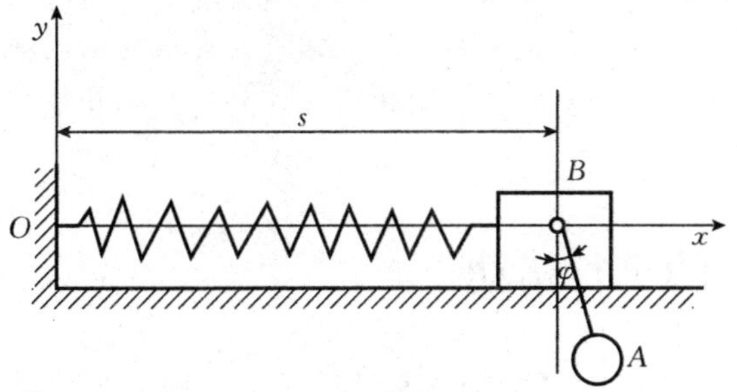

习题 6－12 图

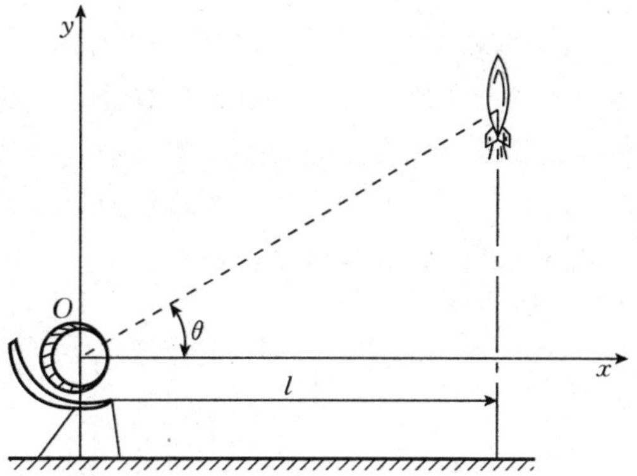

习题 6－13 图

6－14　如习题 6－14 图所示，一直杆以匀角速度 ω_0 绕其固定端 O 转动，沿此杆有一滑块以匀速 v_0 滑动。设运动开始时，杆在水平位置，滑块在点 O。求滑块的轨迹（以极坐标表示）。

6－15　螺线画规，如习题 6－15 图所示，杆 QQ' 和曲柄 OA 铰接，并穿过固定于点 B 的套筒。取点 B 为极坐标系的极点，直线 BO 为极轴，已知极角 $\varphi=kt$（k 为常数），$BO=OA=a$，$AM=b$。求点 M 的极坐标形式的运动方程以及速度和加速度的大小。

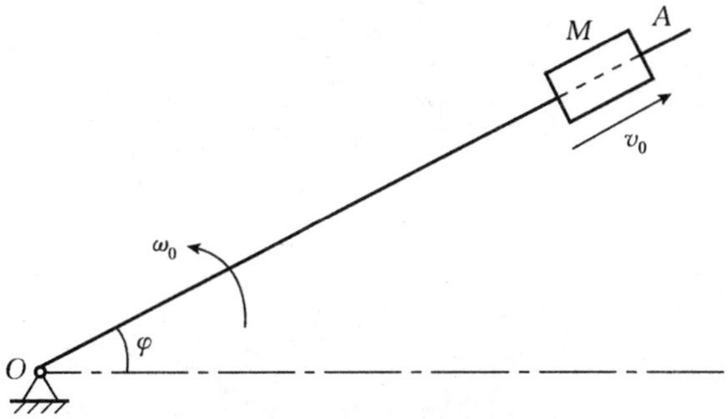

习题 6－14 图

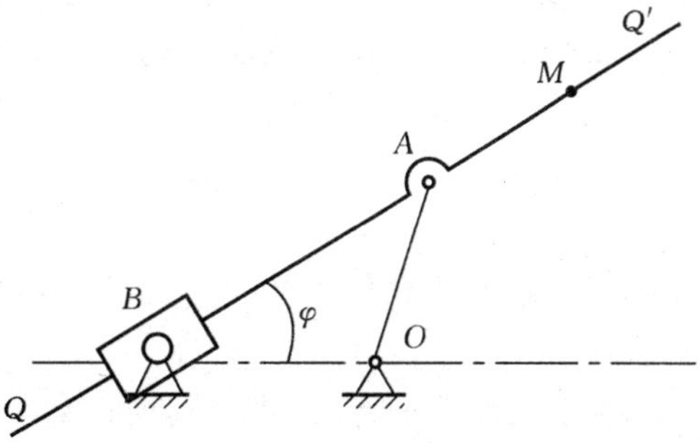

习题 6－15 图

习题参考答案

第七章　刚体的简单运动

【内容提要】理解平动的概念及特点，区分直线平动与曲线平动。理解定轴转动的概念、转动方程、角速度与角加速度的概念。了解绕定轴转动的特点及定轴转动刚体上各点的速度和加速度沿半径分布的特点。掌握匀速转动时角速度与转速间的关系。掌握匀变速转动的概念、运动学公式及其应用。掌握切向加速度与法向加速度及转动刚体上各点的速度和加速度与刚体角速度、角加速度的关系。

第一节　刚体的平行移动

前一章介绍了点的运动，但在实际中遇到的往往是物体的运动，例如车辆在公路上行驶、机床上的工作台往复运动等。这些运动的物体都可以看成是由无数运动的点组合而成的。一般来说，运动物体上的各点的轨迹、速度、加速度都是各不相同的，因此我们就有必要研究物体整体的运动情况，以及物体上各点运动之间的相互关系。刚体的运动形式多种多样，但其中两种运动是最基本的，本章介绍刚体的两种基本运动：平行移动和绕定轴转动。

工程实际中遇到的某些物体的运动，例如气缸内活塞的运动、车床上刀架的运动、振动式送料机构的送料槽的运动等，它们有一个共同的特点，即如果在物体内任取一直线，在运动过程中这条直线始终与它的最初位置平行，这种运动称为平行移动，简称为平动或者平移。在图 7-1 所示的机构中，送料槽上的直线 AB 或其他任意直线，在运动中始终与它的最初位置平行，因此送料槽做平行移动。

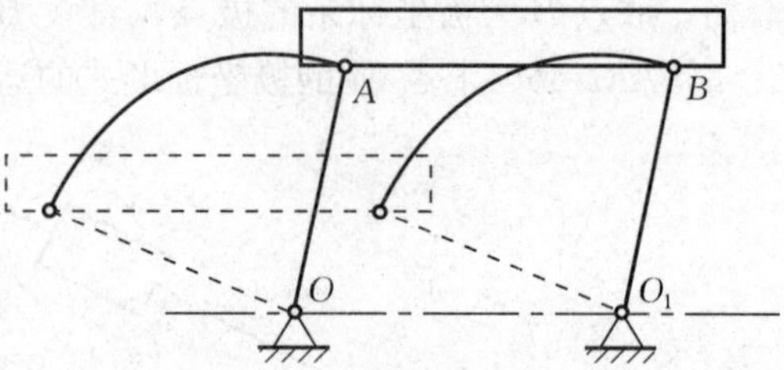

图 7-1

现在来研究刚体平动时其内部各点的轨迹、速度和加速度之间的关系。

如图 7-2 所示，在刚体内任取两点 A 和 B，令点 A 的矢径为 $\boldsymbol{r}_A$，点 B 的矢径为 $\boldsymbol{r}_B$，则两条矢端曲线就是两点的轨迹。由图可知

$$\boldsymbol{r}_A=\boldsymbol{r}_B+\overrightarrow{BA} \qquad (7-1)$$

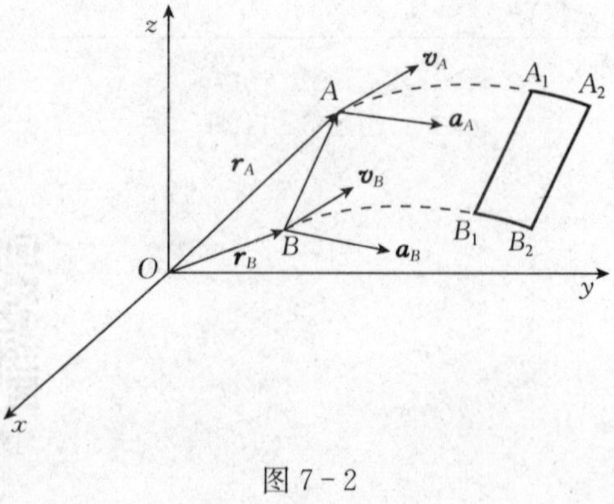

图 7-2

但是，当刚体平动时，线段 AB 的长度和方向都不改变，所以 $\overrightarrow{BA}$ 是恒矢量。因此只要把点 B 的轨迹沿 $\overrightarrow{BA}$ 方向平行搬移一段距离

BA，就能与点 A 的轨迹完全重合。例如，气缸内的活塞在运动时它的内部各点都做直线运动，这些直线彼此平行，如平行搬移都可相互重合。

由此可见，刚体做平动时，刚体内各点的运动轨迹完全相同。式（7-1）在运动过程中的任意时刻都是成立的，上式两边对时间求一阶导数，并考虑到$\frac{d\overrightarrow{BA}}{dt}=0$，可得

$$\boldsymbol{v}_A=\boldsymbol{v}_B \tag{7-2}$$

由于 A、B 是刚体内任意两点，因此可得结论：**平动刚体内任意两点的速度相等。**同理，将式（7-2）两边对时间求导数可得

$$\boldsymbol{a}_A=\boldsymbol{a}_B \tag{7-3}$$

即平动刚体内任意两点的加速度相等。对于做平动的刚体，知道了刚体上一个点的运动，就确定了整个刚体的运动。由此可知刚体平动的运动学问题，可归结为点的运动学问题。若刚体上的任一点的轨迹为直线，则刚体的运动称为直线平动；若刚体上的任一点的轨迹为曲线，则刚体的运动称为曲线平动。例如火车沿直线轨道行驶时，其车厢的运动即是直线平动，其平行杆的运动就是曲线平动。

例 7-1　刚体 AB 用两条等长的钢绳平行吊起，如图 7-3 所示。钢绳长为 l，当 AB 摆动时钢绳与铅垂方向的夹角满足 $\alpha=\alpha_0\sin\frac{\pi}{4}t$，其中 t 为时间，单位为 s。求当 $t=0$ 和 $t=2$ s 时，AB 中点 O 的速度和加速度。

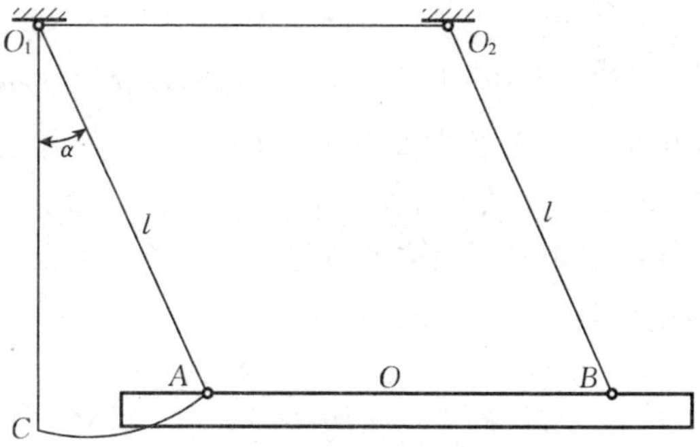

图 7-3

解：由于两条钢绳的长度相等且平行，所以刚体 AB 在运动中始终平行，即 AB 做水平运动。为求中点 O 的速度和加速度，只要求出 A 点或 B 点的加速度即可。点 A 在圆弧上运动，圆弧半径为 l，若以 C 为起点，规定向右为正，则点 A 的运动方程为

$$s=\alpha_0 l\sin\frac{\pi}{4}t$$

将上式对时间求导数，得 A 点的速度为

$$v=\frac{ds}{dt}=\frac{\pi}{4}\alpha_0 l\cos\frac{\pi}{4}t$$

再对时间求一次导数，得切向加速度为

$$a_t=\frac{dv}{dt}=-\frac{\pi^2}{16}\alpha_0 l\sin\frac{\pi}{4}t$$

A 点的法向加速度为

$$a_n=\frac{v^2}{l}=\frac{\pi^2}{16}l\alpha_0^2\cos^2\frac{\pi}{4}t$$

代入 $t=0$ 和 $t=2$，就可以求得 A 点的速度和加速度，即 O 点在这两时刻的速度和加速度。

当 $t=0$ 时，$v=\frac{\pi}{4}\alpha_0 l$，$a_t=0$，$a_n=\frac{\pi^2}{16}l\alpha_0^2$。

当 $t=2$ 时，$v=0$，$a_t=-\frac{\pi^2}{16}l\alpha_0$，$a_n=0$。

第二节 刚体绕定轴的转动

在实际工程中经常遇到飞轮、机床主轴、传动齿轮、发电机的转子和变速箱中的齿轮等，它们的运动都有一个共同特征：当刚体运动时，刚体上或刚体的延伸部分有一直线始终保持不动，不在此直线上的点，各以此直线上的一点为圆心，在垂直于此直线的平面内做圆周运动。事实上，刚体绕定轴转动时，只要其上的两点是不动的，通过这两点的直线就是固定不动的。因此刚体在运动时，刚体内或其延伸部分有两点保持不动，这种运动称为刚体绕定轴的转动，简称刚体的转动。这两个不动点所确定的直线称为刚体的转轴或刚体的轴线，简称轴。

转动刚体的位置，可以由刚体绕定轴旋转的角度来表示。如图 7-4 所示，设 z 轴为转轴，通过轴线作一固定平面Ⅰ，再通过轴线作一动平面Ⅱ，平面Ⅱ与刚体固连在一起并与刚体一起转动。则任一瞬间刚体的位置可由平面Ⅰ和平面Ⅱ所成的夹角 φ 来确定，其中 φ 称为刚体的转角，用弧度（rad）表示。并规定：自 z 轴的正端往负端看去，按逆时针方向时取正号，反之取负号。当刚体转动时，角 φ 是时间 t 的单值连续函数，即

$$\varphi=\varphi(t) \tag{7-4}$$

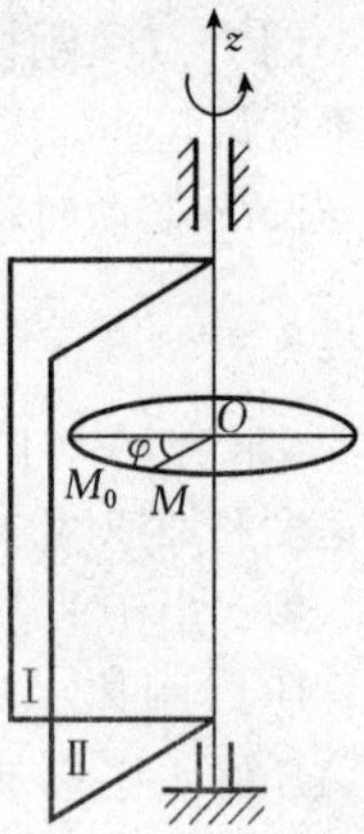

图 7-4

式（7-4）称为刚体的转动方程。转角对时间的一阶导数，称为刚体的瞬时角速度，用字母 ω 表示，即

$$\omega=\frac{d\varphi}{dt} \tag{7-5}$$

角速度表示刚体转动的快慢和转向，角速度的单位是弧度/秒（rad/s），当刚体匀速转动时，工程上还常用转速 n（转/分，r/min）表示转动的快慢，二者的关系为

$$\omega=\frac{2\pi n}{60}=\frac{\pi n}{30} \tag{7-6}$$

由式（7-5）知，转角 φ 增大，即逆时针转动时角速度取正号，反之取负号。角速度变化的快慢用角加速度度量，用字母 α 表示为

$$\alpha=\frac{d\omega}{dt}=\frac{d^2\varphi}{dt^2} \tag{7-7}$$

即绕定轴转动刚体的角加速度等于其角速度对时间的一阶导数，等于其转角对时间的二阶导数。角加速度单位是弧度/秒^2（rad/s^2）。

若 α 与 ω 同号，则转动是加速的，此时角速度的绝对值随时间的增加而增大；反之则转动是减速的，角加速度的绝对值随时间的增加而减小。

可以看出：刚体绕定轴的转动与点的曲线运动的研究方法是相似的。我们看两种特殊情况。

（1）匀速转动。当刚体转动时角速度不变，即 ω 为常量，称为匀速转动。由 $\omega=\frac{d\varphi}{dt}$，做定积分 $\int_{\varphi_0}^{\varphi} d\varphi = \int_0^t \omega dt$，可得

$$\varphi=\varphi_0+\omega t \tag{7-8}$$

式中 φ_0 为 $t=0$ 时刚体的转角。

（2）匀变速转动。当刚体转动时角加速度不变，即 α 为常量，称为匀变速转动。由 $\alpha=\frac{d\omega}{dt}$，做定积分 $\int_{\omega_0}^{\omega} d\omega = \int_0^t \alpha dt$ ，可得

$$\omega=\omega_0+\alpha t \tag{7-9}$$

再由 $\omega=\frac{d\varphi}{dt}$及式（7－9），做定积分 $\int_{\varphi_0}^{\varphi} d\varphi = \int_0^t (\omega_0+\alpha t)dt$ ，可得

$$\varphi=\varphi_0+\omega_0 t+\frac{1}{2}\alpha t^2 \tag{7-10}$$

其中 ω_0 和 φ_0 分别为初始时刻的角速度和转角。利用 $\omega=\frac{d\varphi}{dt}=\frac{d\varphi}{d\omega}\frac{d\omega}{dt}=\alpha\frac{d\varphi}{d\omega}$，做定积分 $\int_{\omega_0}^{\omega} \omega d\omega = \int_{\varphi_0}^{\varphi} \alpha d\varphi$ ，可得

$$\omega^2-\omega_0^2=2\alpha(\varphi-\varphi_0) \tag{7-11}$$

第三节　转动刚体内各点的速度和加速度

前面我们介绍了刚体绕定轴转动的角速度和角加速度，现在我们来研究刚体转动时的角速度和角加速度与刚体上任一点的速度和加速度之间的关系。

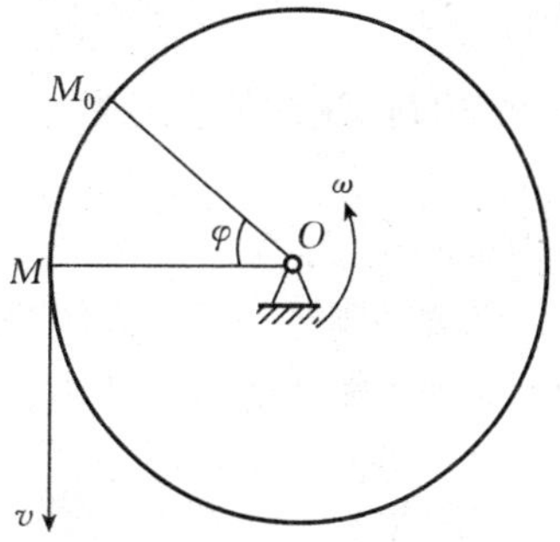

图 7－5

当刚体绕定轴转动时，刚体内任一点都做圆周运动，则距刚体转轴为 R 的任一点 M，以轴上 O 点为圆心，R 为半径做圆周运动。如图 7－5 所示，以 M_0 为起点，则当刚体转过角度 φ 时，用弧坐标 s 来表示 M 点的位置，规定以角 φ 的正向为弧坐标的正向，则有

$$s=R\varphi=R\varphi(t)$$

将上式对时间 t 求一阶导数，得

$$\frac{ds}{dt}=R\frac{d\varphi}{dt}$$

其中$\frac{d\varphi}{dt}=\omega$，$\frac{ds}{dt}=v$，所以上式可以写成

$$v=\frac{ds}{dt}=R\frac{d\varphi}{dt}=R\omega \tag{7-12}$$

可以看出：**转动刚体内任一点的速度的大小等于刚体的角速度与该点至转轴的距离的乘积。速度的方向是沿着圆周的切线方向，指向为转动的方向。**

点 M 的切向加速度为

$$a_t=\frac{dv}{dt}=R\frac{d\omega}{dt}=R\alpha \tag{7-13}$$

即转动刚体内任一点的切向加速度的大小等于刚体的角加速度与该点到转轴垂直距离的乘积。式中的 α 与 a_t 具有相同的符号。当 α 与 ω 的符号相同时，角速度的绝对值增大，刚体做加速运动，切向加速度 $\boldsymbol{a}_t$ 与速度 $\boldsymbol{v}$ 的方向相同，如图 7-6(a) 所示；当 α 与 ω 的符号相反时，角速度的绝对值减小，刚体做减速运动，切向加速度 $\boldsymbol{a}_t$ 与速度 $\boldsymbol{v}$ 的方向相反，如图 7-6(b) 所示。

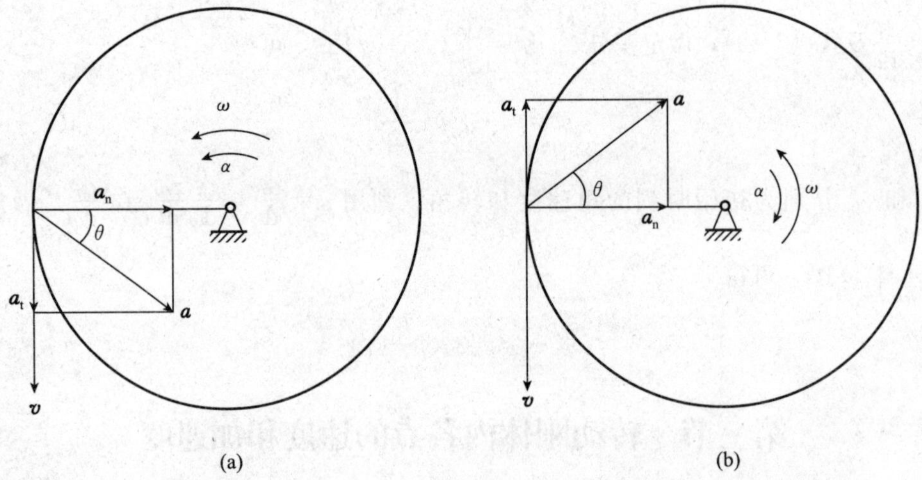

图 7-6

点 M 的法向加速度为

$$a_n=\frac{v^2}{\rho}=\frac{(R\omega)^2}{R}=R\omega^2 \tag{7-14}$$

即转动刚体内任一点的法向加速度的大小等于刚体角速度的平方与该点到转轴距离的乘积，它的方向始终指向圆心。

任一点的全加速度的大小 a 及其与主法线的夹角 θ 为

$$a=\sqrt{a_t^2+a_n^2}=R\sqrt{\alpha^2+\omega^4} \tag{7-15}$$

$$\theta=\arctan\frac{|a_t|}{a_n}=\arctan\frac{|\alpha|}{\omega^2} \tag{7-16}$$

由于刚体的角速度 ω 和角加速度 α 是反映刚体运动的量，与刚体内点的位置无关，因此，由式（7-15）和式（7-16）可知：

（1）任一瞬间，转动刚体内所有点的速度和加速度的大小分别与这些点到转轴轴线的距离成正比。

（2）任一瞬间，刚体内所有各点的加速度 a 与半径之间的夹角 θ 都有相同的值。

加速度与半径所成的夹角与转动半径无关，也就是说同一瞬时，刚体内所有各点的加速度与半径都有相同的夹角（图 7-7）。

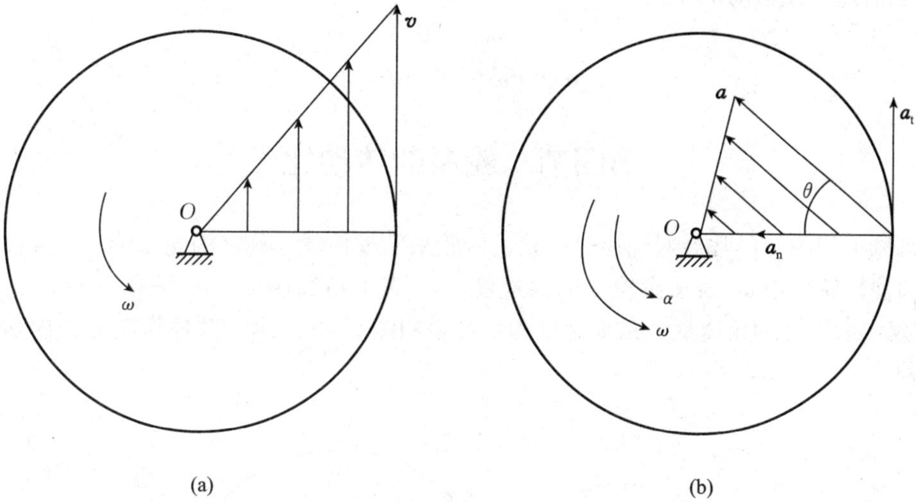

图 7－7

例 7－2　一直径为 D 的圆轮做匀速转动，转速为 n。求轮缘上各点的速度和加速度。

解： 由式（7－12），$v=R\omega$，其中 $R=\frac{D}{2}$，$\omega=\frac{\pi n}{30}$，得速度大小为

$$v=\frac{\pi n D}{60}$$

由于圆轮做匀速转动，所以 $\alpha=0$，得加速度的大小为

$$a_t=0$$

$$a=a_n=R\omega^2=\frac{D}{2}\frac{\pi^2 n^2}{900}=\frac{\pi^2 n^2 D}{1800}$$

例 7－3　汽轮机由静止开始做匀加速运动。轮上 M 点到轴心 O 的距离为 $r=0.4$ m，在某瞬时的加速度为 $a=4$ m/s²，与转动半径的夹角 $\theta=30°$（图 7－8）。若 $t=0$ 时，位置角为 φ_0，求叶轮的转动方程及 $t=2$ s 时 M 点的速度和法向加速度。

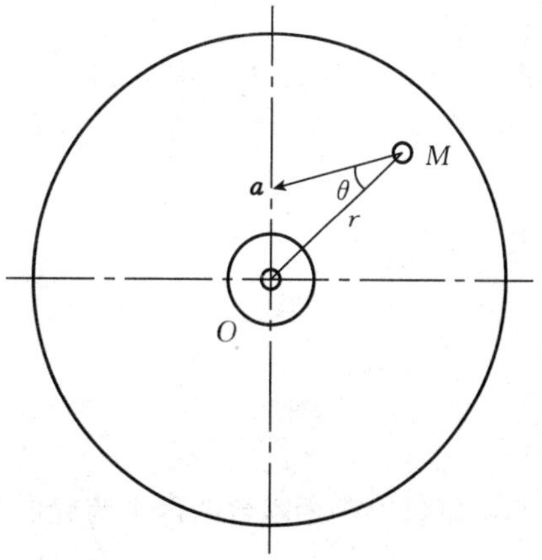

图 7－8

解： 将 M 点在某瞬时的加速度 a 沿其轨迹的切向及法向分解，切向加速度及角加速度为

$$a_t=a\sin\theta=2(\text{m/s}^2)$$

$$\alpha=\frac{a_t}{r}=\frac{2}{0.4}=5(\text{rad/s}^2)$$

由于做匀加速运动，因此 α 为常数，且 ω 与 α 的转向相同。

已知 $t=0$ 时，$\omega_0=0$，得叶轮的转动方程为

$$\varphi=\varphi_0+\omega_0 t+\frac{1}{2}\alpha t^2=\varphi_0+2.5t^2$$

当 $t=2$ s 时，叶轮的角速度为

$$\omega=\alpha t=10(\text{rad/s})$$

因此 M 点的速度及法向加速度为

$$v=r\omega=4(\mathrm{m/s})$$
$$a_n=r\omega^2=40(\mathrm{m/s^2})$$

第四节 轮系的传动比

在机械工程中，经常会遇到通过齿轮、带轮来实现传动，称之为轮系传动。假设有一对外啮合圆柱齿轮，设 ω_1 表示齿轮Ⅰ的角速度，α_1 表示角加速度，R_1 表示半径，ω_2、α_2 和 R_2 分别表示齿轮Ⅱ的角速度、角加速度和半径，如图 7-9 所示。圆柱齿轮分为内啮合和外啮合两种。

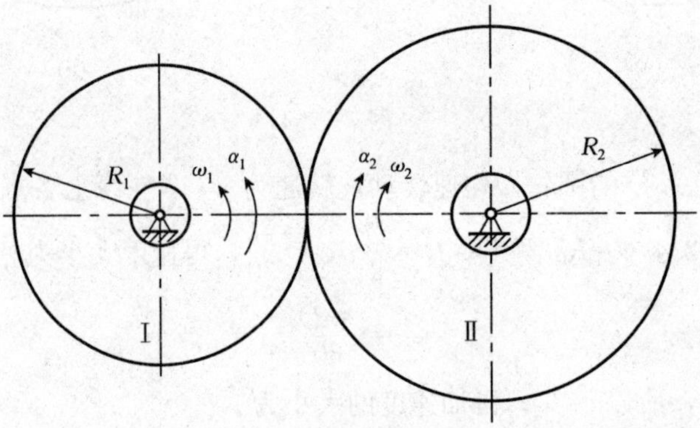

图 7-9

两齿轮啮合圆的切点之间没有相对滑动，则它们的速度和切向加速度相同，即

$$v_1=v_2$$
$$a_{1t}=a_{2t}$$

由式（7-12）和式（7-13）得

$$v_1=R_1\omega_1,\quad v_2=R_2\omega_2$$

及

$$a_{1t}=R_1\alpha_1,\quad a_{2t}=R_2\alpha_2$$

代入上式得

$$R_1\omega_1=R_2\omega_2$$

及

$$R_1\alpha_1=R_2\alpha_2$$

或

$$\frac{\omega_1}{\omega_2}=\frac{\alpha_1}{\alpha_2}=\frac{R_2}{R_1} \tag{7-17}$$

可以看出：**相啮合的两个齿轮的角速度和角加速度与其半径成反比。**称这个比值即主动轮与从动轮角速度之比 $\frac{\omega_1}{\omega_2}$ 为传动比，用 i_{12} 表示。

由于齿轮在啮合圆上的齿距相等，则有

$$\frac{R_1}{R_2}=\frac{z_1}{z_2}$$

其中 z_1、z_2 分别表示齿轮Ⅰ和Ⅱ的齿数。代入式（7-17）得计算传动比的公式

$$i_{12}=\frac{\omega_1}{\omega_2}=\frac{\alpha_1}{\alpha_2}=\frac{R_2}{R_1}=\frac{z_2}{z_1} \tag{7-18}$$

式（7－18）不仅适用于圆柱齿轮传动，也适用于圆锥齿轮传动、链轮和带轮传动等。可以看出：**相啮合的两个齿轮的角速度和角加速度与齿数成反比。**

例 7－4　如图 7－10 所示为一减速箱，轴Ⅰ为主动轴，与电机相连接。已知电机转速 $n=1\ 450$ r/min，各齿轮的齿数 $z_1=14$，$z_2=42$，$z_3=20$，$z_4=36$。求减速箱的总传动比 i_{13} 以及轴Ⅲ的转速。

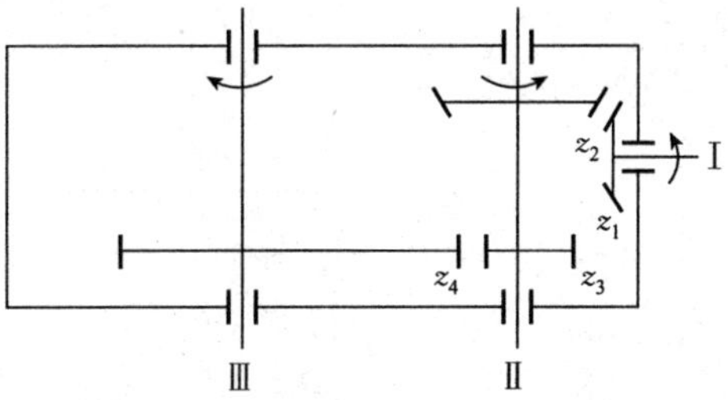

图 7－10

解： 各齿轮做定轴转动，轴Ⅰ和轴Ⅱ的传动比为

$$i_{12}=\frac{n_1}{n_2}=\frac{z_2}{z_1}$$

轴Ⅱ与轴Ⅲ的传动比为

$$i_{23}=\frac{n_2}{n_3}=\frac{z_4}{z_3}$$

因此从轴Ⅰ到轴Ⅲ的总传动比为

$$i_{13}=\frac{n_1}{n_3}=\frac{n_1}{n_2}\times\frac{n_2}{n_3}=\frac{z_2}{z_1}\times\frac{z_4}{z_3}=i_{12}\times i_{23}$$

即传动系统的总传动比等于各级传动比的乘积，等于轮系中所有从动轮齿数的连乘积与所有主动轮齿数的连乘积之比。

代入数值得总传动比及轴Ⅲ的转速为

$$i_{13}=\frac{n_1}{n_3}=\frac{42}{14}\times\frac{36}{20}=5.4$$

$$n_3=\frac{n_1}{i_{13}}=\frac{1450}{5.4}=268.5(\text{r/min})$$

其中转轴Ⅲ的转速如图所示。

例 7－5　如图 7－11 所示为一带式输送机。已知电动机带动的主动轮Ⅰ的转速 $n=1\ 200$ r/min，齿数 $z_1=24$；齿轮Ⅲ和Ⅳ用链条传动，齿数 $z_3=15$，$z_4=45$；轮Ⅴ的直径 $d_5=46$ cm。如要输送带的速度 v 约为 2.4 m/s，求轮Ⅱ应有的齿数 z_2。

解： 由于直齿啮合的或用链条传动的一对齿轮，转动的角速度与其齿数成反比，即

$$\frac{\omega_1}{\omega_2}=\frac{z_2}{z_1},\qquad \frac{\omega_3}{\omega_4}=\frac{z_4}{z_3}$$

同时因齿轮Ⅱ和齿轮Ⅲ固连在一起，有 $\omega_3=\omega_2$，所以

$$\frac{\omega_1}{\omega_4}=\frac{z_2 z_4}{z_1 z_3}$$

由题知 $n=1\ 200$ r/min，则

$$\omega_1=\frac{2n\pi}{60}=\frac{2\times1200\pi}{60}=40\pi(\text{rad/s})$$

又因轮Ⅳ与轮Ⅴ固连在一起，有 $\omega_4=\omega_5$，我们可以得到轮Ⅳ的角速度与输送带速度的关系为

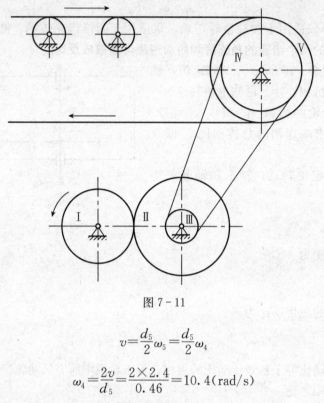

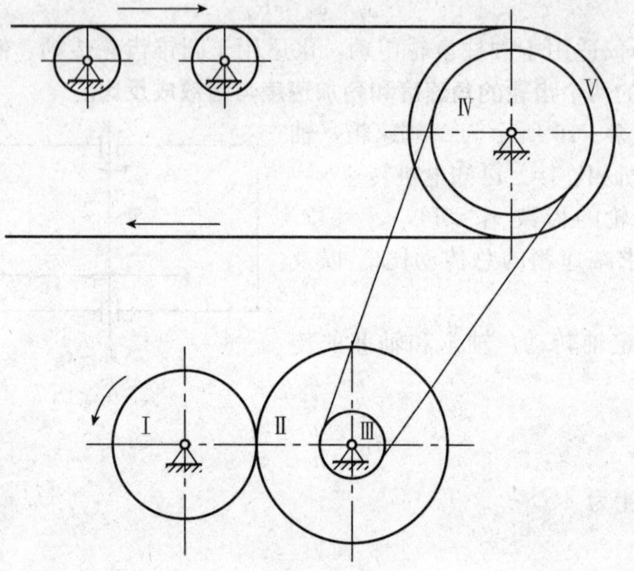

图 7-11

$$v=\frac{d_5}{2}\omega_5=\frac{d_5}{2}\omega_4$$

$$\omega_4=\frac{2v}{d_5}=\frac{2\times2.4}{0.46}=10.4(\mathrm{rad/s})$$

将 ω_1 和 ω_4 的值代入上式，即可求出轮Ⅱ的齿数为

$$z_2=\frac{\omega_1}{\omega_4}\frac{z_1z_3}{z_4}=\frac{40\pi}{\frac{240}{23}}\times\frac{24\times15}{45}=96.3$$

但齿轮的齿数必须为整数，因此可选 $z_2=96$；这时输送带的速度为 2.407 m/s，满足 2.4 m/s的要求。

*第五节　角速度和角加速度的矢量表示

绕定轴转动刚体的角速度可以用矢量表示。角速度矢 $\boldsymbol{\omega}$ 的大小等于转角对时间的一阶导数的绝对值，即

$$|\boldsymbol{\omega}|=\left|\frac{\mathrm{d}\varphi}{\mathrm{d}t}\right| \tag{7-19}$$

角速度矢 $\boldsymbol{\omega}$ 沿轴线，它的指向与刚体转动的转向符合右手螺旋法则。如果从角速度矢的末端向始端看，刚体做逆时针转向的转动，如图 7-12(a) 所示；或按照右手螺旋法则：右手四指代表转动方向，拇指代表角速度矢 $\boldsymbol{\omega}$ 的指向，如图 7-12(b) 所示。至于角速度矢的起点，可在轴线上任意选取，也就是说，角速度矢是滑动矢。

如取转轴为 z 轴，它的正向用单位矢$\boldsymbol{k}$ 的方向表示（图 7-13）。于是刚体绕定轴转动的角速度矢可写成

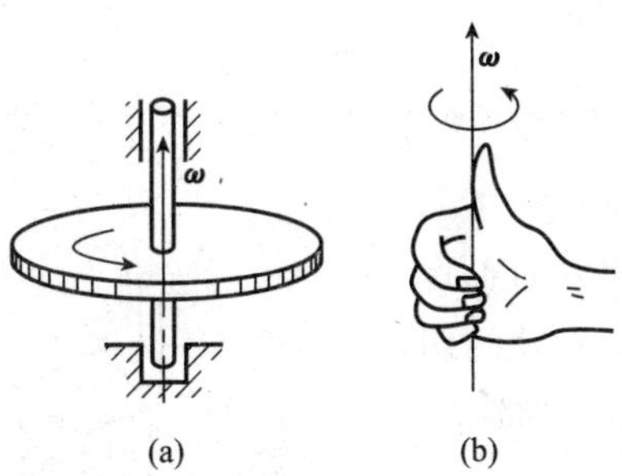

图 7-12

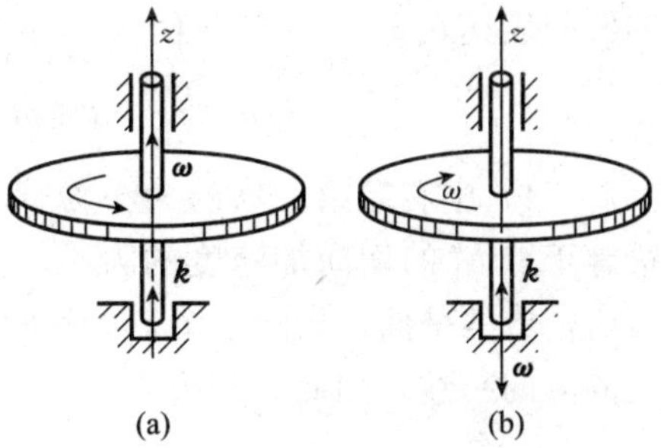

图 7-13

$$\boldsymbol{\omega}=\omega\boldsymbol{k} \tag{7-20}$$

式中 ω 是角速度的代数值，它等于$\frac{d\varphi}{dt}$。

同样，刚体绕定轴转动的角加速度也可以用一个沿轴线的滑动矢量表示，即

$$\boldsymbol{\alpha}=\alpha\boldsymbol{k} \tag{7-21}$$

其中 α 是角加速度的代数值，它等于$\frac{d\omega}{dt}$或$\frac{d^2\varphi}{dt^2}$。于是

$$\boldsymbol{\alpha}=\frac{d\omega}{dt}\boldsymbol{k}=\frac{d}{dt}(\omega\boldsymbol{k})$$

或

$$\boldsymbol{\alpha}=\frac{d\boldsymbol{\omega}}{dt} \tag{7-22}$$

即角加速度矢 $\boldsymbol{\alpha}$ 为角速度矢 $\boldsymbol{\omega}$ 对时间的一阶导数。

根据上述角速度和角加速度的矢量表示法，刚体内任一点的速度可以用矢积表示。

如在轴线上任选一点 O 为原点，点 M 的矢径以 $\boldsymbol{r}$ 表示，如图 7-14 所示。那么，点 M 的速度可以用角速度矢与它的矢径的矢量积表示，即

$$\boldsymbol{v}=\boldsymbol{\omega}\times\boldsymbol{r} \tag{7-23}$$

为了证明这一点，需证明矢积 $\boldsymbol{\omega}\times\boldsymbol{r}$ 确实表示点 M 的速度矢的大小和方向。

根据矢积的定义知，$\boldsymbol{\omega}\times\boldsymbol{r}$ 仍是一个矢量，它的大小是

$$|\boldsymbol{\omega}\times\boldsymbol{r}|=|\boldsymbol{\omega}||\boldsymbol{r}|\sin\theta=|\boldsymbol{\omega}|R=v$$

式中 θ 是角速度矢 $\boldsymbol{\omega}$ 与矢径 $\boldsymbol{r}$ 间的夹角。于是证明了矢积 $\boldsymbol{\omega}\times\boldsymbol{r}$ 的大小等于速度的大小。

矢积 $\boldsymbol{\omega}\times\boldsymbol{r}$ 的方向垂直于 $\boldsymbol{\omega}$ 和 $\boldsymbol{r}$ 所组成的平面（即图 7-14 中三角形 OMO_1 平面），从矢量 $\boldsymbol{v}$ 的末端向始端看，则见 $\boldsymbol{\omega}$ 按逆时针转向转过角 θ 与 $\boldsymbol{r}$ 重合，由图容易看出，矢积 $\boldsymbol{\omega}\times\boldsymbol{r}$ 的方向正好与点 M 的速度方向相同。

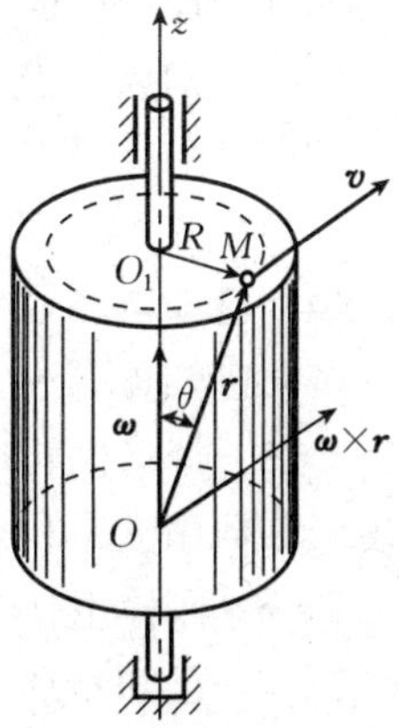

图 7-14

于是可得结论：**绕定轴转动的刚体上任一点的速度矢等于刚体的角速度矢与该点矢径的矢积。**

绕定轴转动的刚体上任一点的加速度矢也可用矢积表示。

点 M 的加速度为

$$\boldsymbol{a}=\frac{d\boldsymbol{v}}{dt}$$

把速度的矢积表达式式（7-23）代入，得

$$\boldsymbol{a}=\frac{\mathrm{d}\boldsymbol{\omega}}{\mathrm{d}t}\times\boldsymbol{r}+\boldsymbol{\omega}\times\frac{\mathrm{d}\boldsymbol{r}}{\mathrm{d}t}=\boldsymbol{\alpha}\times\boldsymbol{r}+\boldsymbol{\omega}\times\boldsymbol{v} \tag{7-24}$$

式（7-24）中右端第一项的大小为 $|\boldsymbol{\alpha}\times\boldsymbol{r}|=\alpha r\sin\theta=R\alpha$，这结果恰等于点 M 的切向加速度的大小。而 $\boldsymbol{\alpha}\times\boldsymbol{r}$ 的方向垂直于 $\boldsymbol{\alpha}$ 和 $\boldsymbol{r}$ 所构成的平面，指向如图 7-15 所示，恰与点 M 的切向加速度的方向一致。因此矢积 $\boldsymbol{\alpha}\times\boldsymbol{r}$ 等于 M 点的切向加速度 $\boldsymbol{a}_{\mathrm{t}}$，即

$$\boldsymbol{a}_{\mathrm{t}}=\boldsymbol{\alpha}\times\boldsymbol{r} \tag{7-25}$$

同理可知，式（7-24）右端的第二项等于点 M 的法向加速度，即

$$\boldsymbol{a}_{\mathrm{n}}=\boldsymbol{\omega}\times\boldsymbol{v} \tag{7-26}$$

于是可得结论：**转动刚体内任一点的切向加速度等于刚体的角加速度矢与该点矢径的矢积，法向加速度等于刚体的角速度矢与该点的速度矢的矢积。**

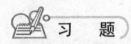

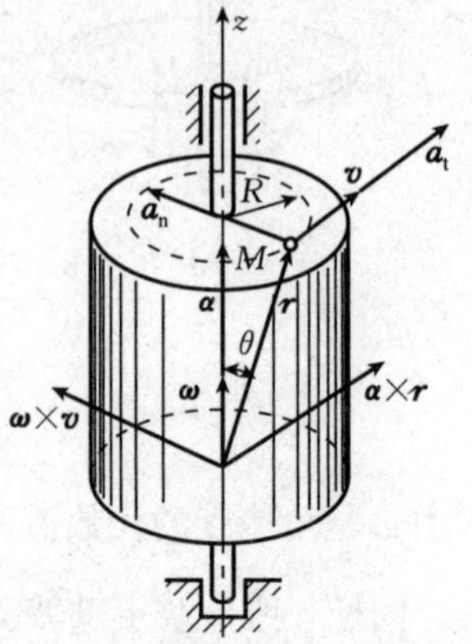

图 7-15

思 考 题

7-1 各点都做圆周运动的刚体一定是定轴转动吗？刚体做曲线平动与做定轴转动有何区别？

7-2 刚体做平动时，各点的轨迹一定是直线或平面曲线，对吗？刚体做定轴转动时，各点的轨迹一定是圆弧曲线，对吗？

7-3 刚体绕定轴转动时，角加速度为正，表示加速转动，角加速度为负，表示减速转动，对吗？

7-4 刚体做定轴转动，其上某点 A 到转轴的距离为 R。为求出刚体上任意点在某一瞬时的速度和加速度的大小，下述哪组条件是充分的？

（1）已知点 A 的速度及该点全加速度的方向。

（2）已知点 A 的切向加速度及法向加速度。

（3）已知点 A 的切向加速度及该点全加速度的方向。

（4）已知点 A 的法向加速度及该点的速度。

（5）已知点 A 的法向加速度及该点全加速度的方向

7-5 如何由转动方程求刚体转动的角速度和角加速度？如何用矢量表示角速度和角加速度？如何用矢量积表示定轴转动刚体上一点的速度和加速度？

7-6 刚体上任一点的速度和加速度与刚体转动的角速度和角加速度有什么关系？

7-7 已知角加速度方程和初始条件，如何求角速度和转动方程？

7-8 试推导刚体做匀速转动和匀加速转动的转动方程。

习 题

7-1 物体绕定轴转动的运动方程为 $\varphi=4t-3t^3$（φ 以 rad 计，t 以 s 计）。试求物体内与

转动轴相距 $r=0.5$ m 的一点，在 $t_0=0$ 与 $t_1=1$ s 时的速度和加速度的大小，并问物体在什么时刻改变它的转向。

7-2　飞轮边缘上一点 M，以匀速 $v=10$ m/s 运动。后因刹车，该点以 $a_t=0.1t$ m/s^2 做减速运动。设轮半径 $R=0.4$ m，求 M 点在减速运动过程中的运动方程及 $t=2$ s 时的速度、切向加速度与法向加速度。

7-3　当启动陀螺罗盘时，其转子的角速度从零开始与时间成正比地增大。经过 5 min 后，转子的角速度为 $\omega=600\pi$ rad/s。转子在这段时间内转了多少转？

7-4　习题 7-4 图所示为把工件送入干燥炉内的机构，叉杆 $OA=1.5$ m，在铅垂面内转动，杆 $AB=0.8$ m，A 端为铰链，B 端有放置工件的框架。在机构运动时，工件的速度恒为 0.05 m/s，AB 杆始终铅垂。设运动开始时，角 $\varphi=0$，求运动过程中角 φ 与时间的关系，并求点 B 的轨迹方程。

7-5　揉茶机的揉桶由三个曲柄支持，曲柄的支座 A，B，C 与支轴 a，b，c 都恰成等边三角形，如习题 7-5 图所示。三个曲柄长度相等，均为 $l=150$ mm，并以相同的转速 $n=45$ r/min 分别绕其支座在图示平面内转动。求揉桶中心点 O 的速度和加速度。

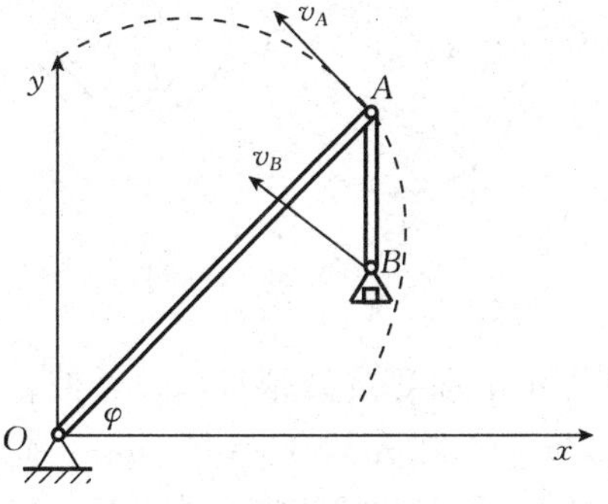

习题 7-4 图

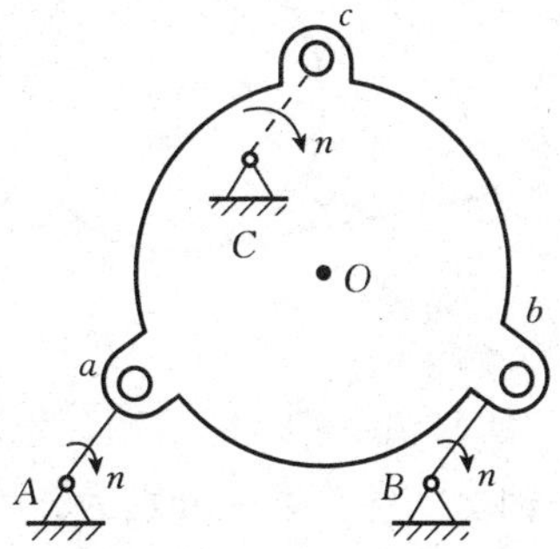

习题 7-5 图

7-6　刨床上的曲柄连杆机构如习题 7-6 图所示，曲柄 OA 以匀角速度 ω_0 绕 O 轴转动，其转动方程为 $\varphi=\omega_0 t$。滑块 A 带动摇杆 O_1B 绕轴 O_1 转动。设 $OO_1=a$，$OA=r$。求摇杆的转动方程和角速度。

7-7　如习题 7-7 图所示，槽杆 OA 可绕一端 O 转动，槽内嵌有刚连于方块 C 的销钉 B，方块 C 以匀速率 v_C 沿水平方向移动。设 $t=0$ 时，OA 恰在铅直位置。求槽杆 OA 的角速度与角加速度随时间 t 变化的规律。

7-8　带传动系统如习题 7-8 图所示，两轮的半径分别为 $r_1=750$ mm，$r_2=300$ mm，轮 B 由静止开始转动，其角加速度为 $\alpha=0.4\pi$ rad/s^2。设带轮与带间无滑动，经过多少秒后 A 轮转速为 300 r/min?

7-9　两轮Ⅰ，Ⅱ，半径分别为 $r_1=100$ mm，$r_2=150$ mm，平板 AB 放置在两轮上，如习题 7-9 图所示。已知轮Ⅰ在某瞬时的角速度 $\omega=2$ rad/s，角加速度 $\alpha=0.5$ rad/s^2，求此时平板移动的速度和加速度以及轮Ⅱ边缘上一点 C 的速度和加速度（设两轮与板接触处均无滑动）。

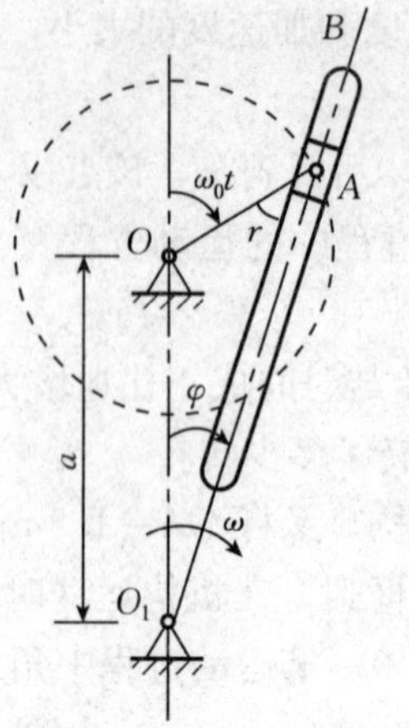

习题 7-6 图

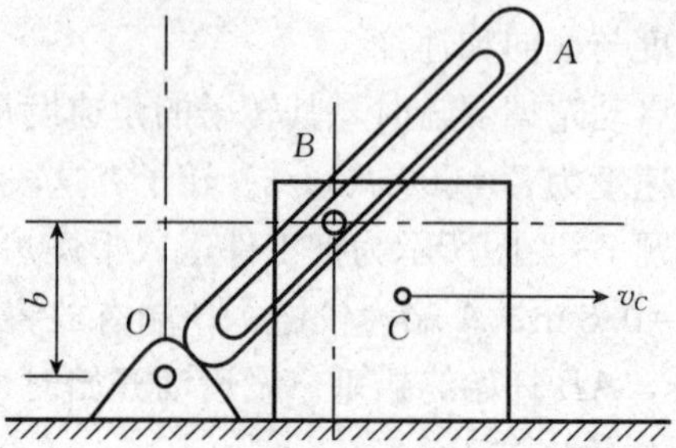

习题 7-7 图

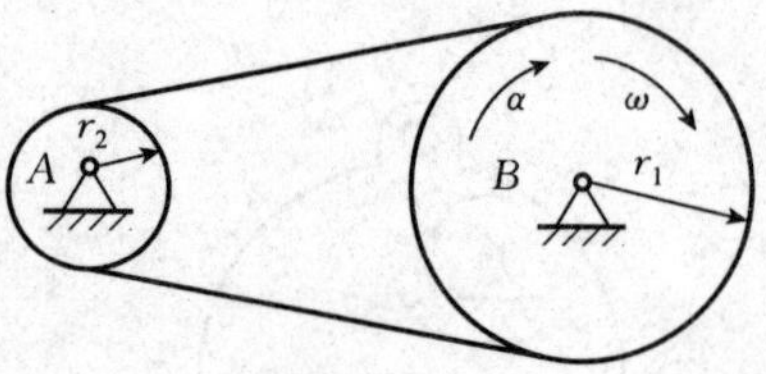

习题 7-8 图

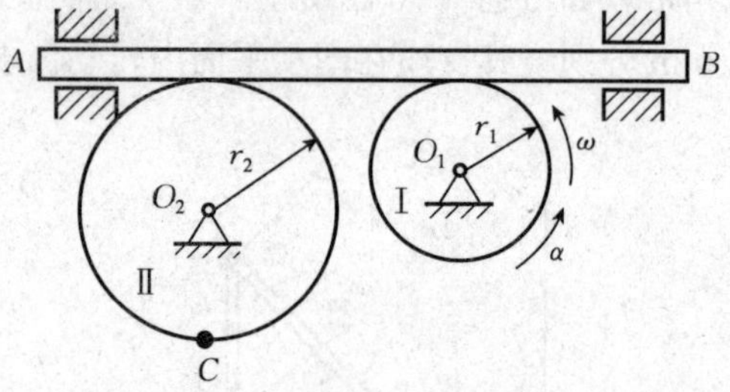

习题 7-9 图

7-10 如习题 7-10 图所示，电动绞车由带轮Ⅰ和Ⅱ及鼓轮Ⅲ组成，鼓轮Ⅲ和带轮Ⅱ刚连在同一轴上。各轮半径分别为 $r_1=300$ mm，$r_2=750$ mm，$r_3=400$ mm。轮Ⅰ的转速为 $n=1\ 000$ r/min。设带轮与带之间无滑动，试求物块 M 上升的速度和带 AB，BC，CD，DA 各段上点的加速度的大小。

7-11 如习题 7-11 图所示，摩擦传动的主动轮Ⅰ以 600 r/min 转动，其与轮Ⅱ的接触点按箭头所示的方向移动，距离 d 按规律 $d=100-5t$(mm) 变化（t 以 s 计）。求：(1) 以距离 d 的函数表示轮Ⅱ的角加速度；(2) 当 $d=r$ 时，轮Ⅱ边缘上一点的全加速度。已知摩擦轮的半径 $r=50$ mm，$R=150$ mm。

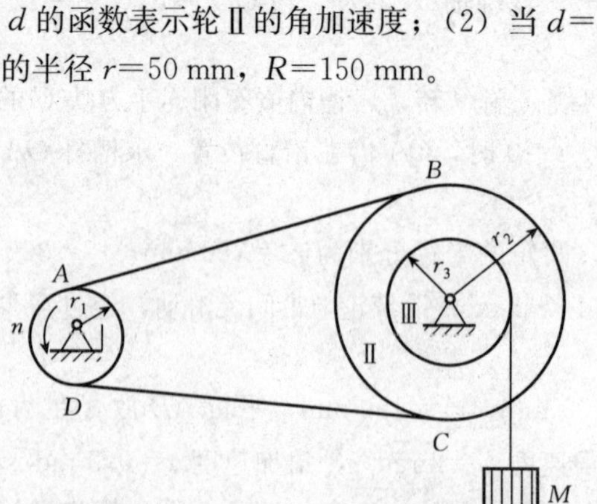

习题 7-10 图

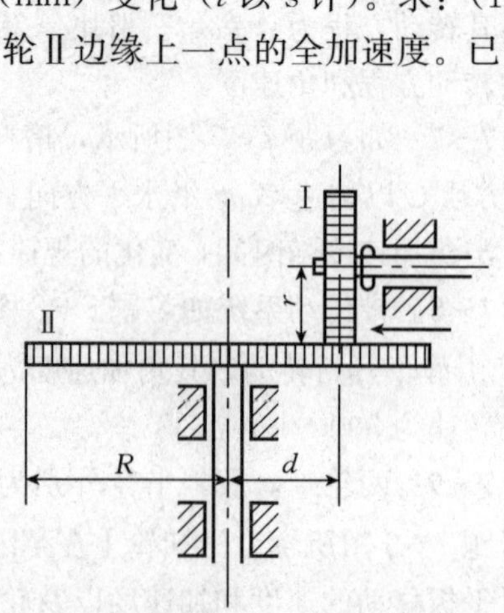

习题 7-11 图

7-12　如习题 7-12 图所示，以匀速率 v 拉动胶片将电影胶卷解开。当胶卷半径减小时，胶卷转速增加。若胶片厚度为 δ，试证明当胶卷半径为 r 时，胶卷转动的角加速度 $\alpha=\dfrac{\delta v^2}{2\pi r^3}$。

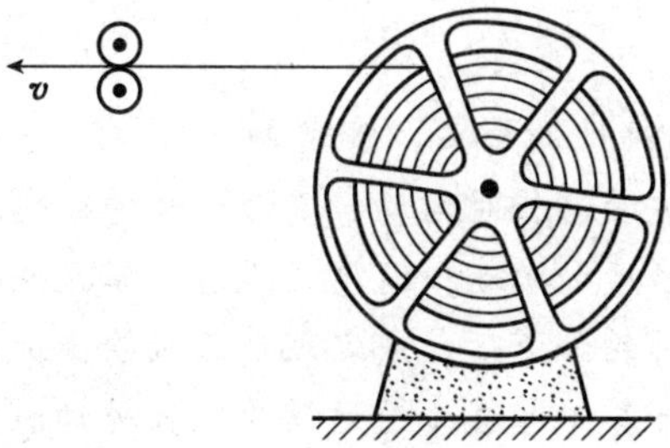

习题 7-12 图

7-13　如习题 7-13 图所示，刚体绕固定轴按规定 $\omega=2\pi t$ rad/s 转动，$O\xi$ 轴与 x，y，z 轴的夹角分别为 60°，60°，45°。在 $t=2$ s 时，刚体上 M 点的坐标为（100，100，200）。求该瞬时 M 点的速度和加速度。

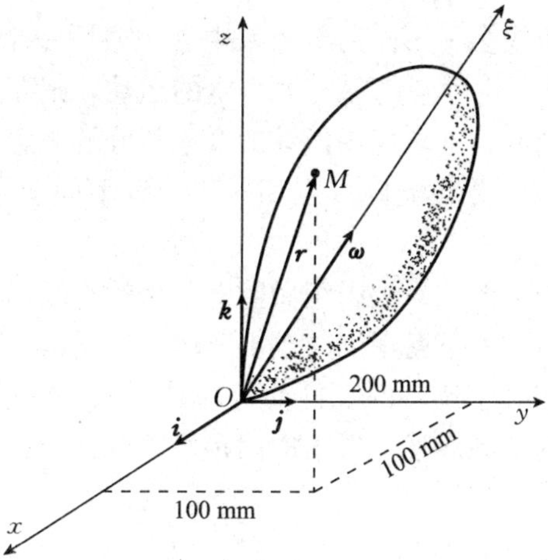

习题 7-13 图

习题参考答案

第八章　点的合成运动

【内容提要】了解运动相对性的含义，理解静参考系、动参考系的概念以及绝对导数、相对导数的概念。理解绝对运动、相对运动、牵连运动的概念及绝对速度、绝对加速度、相对速度、相对加速度、牵连速度和牵连加速度的概念。掌握速度合成定理，正确绘出速度矢量图；掌握牵连运动为平动时的加速度合成定理，正确绘出加速度矢量图。理解科氏加速度的概念，掌握科氏加速度的计算。掌握牵连运动为定轴转动时点的加速度合成定理，正确绘出加速度矢量图。能熟练运用速度合成定理及加速度合成定理求解与点的合成运动相关的问题，掌握投影法求解矢量方程。

第一节　相对运动 牵连运动 绝对运动

在“点的运动学”一章里，我们研究了点相对于一个既定的参考系的运动，但在实践中，有很多问题需要从两个或多个不同的参考系中去观察同一个对象（点或刚体）的运动，显然，若一个参考系相对于另一个参考系有着一定的运动，则在这两个不同的参考系中观察到的同一对象的运动是不同的。本章应用运动的合成与分解概念，研究同一点相对于两种不同参考系的运动之间的关系，并建立同一点相对于两种不同参考系的速度、加速度之间的关系。

无风的雨天，站在地面上的人看到雨滴做竖直下落的直线运动，而坐在直线行进的汽车中的人看到雨滴则是做斜后方的下落运动［图 8-1(a)］；车削工作中，车刀刀尖 M 点相对于地面做直线运动，而其相对于旋转的工件而言却是做螺旋旋进运动［图 8-1(b)］。这里出现对同一对象运动状况的不同表述，根本原因是由于观察者选择了不同的参考系所致。

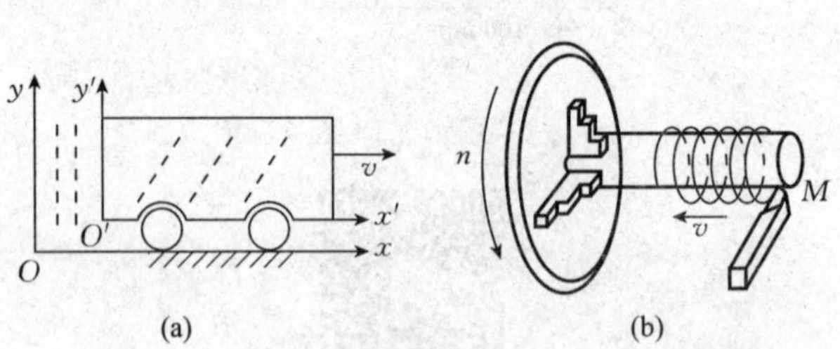

图 8-1

通过上述两个实例发现，同一研究对象（雨滴、车刀刀尖点 M），相对不同的参考系（相对固定不动的地面，相对直线行进的汽车/旋转的工件），其运动形式的体现不一样，继而描述运动的速度和加速度也不一样。同一对象相对不同的参考系所反映出的运动有着怎样的联系呢？我们再以一个简单的实例加以说明，从而建立点的绝对运动、相对运动、牵连运动以及运动的合成与分解的概念。

一乘客在行驶的轮船甲板上，沿着右舷栏杆由船尾走向船头，如图 8－2 所示。这时，乘客（可视为一动点 M）相对于码头的运动，显然是乘客运动中的每一瞬时，一方面相对于船在甲板上运动，另一方面又随同船一起运动这两种运动的合成运动。本例对于动点 M 就涉及两个不同的参考系和三种彼此间有联系的不同运动。为便于研究，可把其中的一个参考系称为**静参考系**（简称静系）。在一般工程技术问题中，通常以固连于地面或与地面保持相对静止的其他物体上的参考系作为静参考系，如本例中以码头为参照物，实际上是选择了一个固连于码头的静参考系，以 $Oxyz$ 表示。而把另一个相对于静参考系运动的参考系称为**动参考系**（简称动系），以 $O'x'y'z'$ 表示，如本例中固连于轮船上的参考系，由此得到点 M 的三种运动如下述。

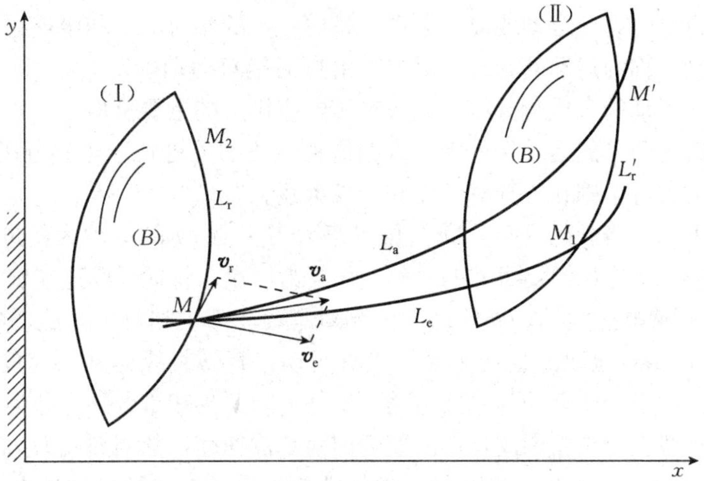

图 8－2

（1）点 M 相对于静参考系的运动，称为点 M 的**绝对运动**。与此相应，点 M 相对于静参考系运动的轨迹、速度和加速度分别称为点 M 的**绝对轨迹、绝对速度、绝对加速度**。如图 8－2 所示，设在 Δt 时间内，轮船由位置Ⅰ运动到位置Ⅱ，站在码头上的观察者看到乘客是由 M 沿着某一曲线 L_a 运动到 M'。这一运动即为乘客的绝对运动，曲线 L_a 即为乘客的绝对运动轨迹，乘客相对于地面的速度和加速度就是绝对速度和绝对加速度，绝对速度沿绝对运动轨迹的切线方向。

（2）点 M 相对于动参考系的运动，称为点 M 的**相对运动**。与此相对应，点 M 相对于动参考系运动的轨迹、速度和加速度分别称为点 M 的**相对轨迹、相对速度、相对加速度**。如图 8－2 所示，站在轮船上的观察者 B，他看到乘客是沿着右舷栏杆由船尾走向船头，这一运动即为乘客的相对运动，曲线 L_r 即为乘客的相对运动轨迹，其相对轮船的速度和加速度即为相对速度和相对加速度，相对速度沿相对轨迹的切线方向。对于站在轮船上的观察者 B 来说，在 Δt 时间内，可以说该乘客是沿着曲线 L_r 由 M 运动到 M_2，也可以说是沿着 L_r' 由 M_1 运动到 M'，因为航行中的船不会影响到它和乘客的相对位置的变化。但是码头上的观察者 A，则看到该乘客的相对运动轨迹在瞬时 t 为 L_r，而在瞬时 $t+\Delta t$ 为 L_r'，这是因为相对轨迹随着船的行驶而改变了它在静参考系中的位置。

（3）点 M 随同动参考系的运动，称为点 M 的**牵连运动**。所谓"随同动参考系的运动"，是指由动参考系相对于静参考系运动而使点获得的运动，因此点 M 的牵连运动等于动参考系上与点 M 相重合的那一点相对于静参考系的运动。如图 8－2 所示，设想在瞬时 t 该乘客停在船上 M 位置，则相对于码头上的观察者 A 来说，该乘客在 Δt 时间内由 M 沿着某一曲线 L_e 移动到位置 M_1，这一运动即为该乘客在瞬时 t 的牵连运动，曲线 L_e 即为乘客在瞬时 t 的牵连运动轨迹。当然，这一运动和瞬时 t 该乘客的脚所踏着的轮船上的那一小块甲板（点）的运动相同。之所以要强调"瞬时"二字，是由于在不同瞬时动点是被动参考系上不同的点所带动的。可见动点的牵连运动具有瞬时性。点 M 在某瞬时 t 的**牵连轨迹**、**牵连速度**和**牵连加速度**，就是此瞬时其牵连点相对于静参考系运动的轨迹、速度和加速度。所谓某瞬时动点的**牵连点**，就是该瞬时固定动参考系的运动物体上与动点 M 相重合的点。

以上的讨论说明，点 M 的绝对运动是由它的相对运动和牵连运动两种运动合成的，所以点的绝对运动也称为合成运动或复合运动。将同一点的相对运动和牵连运动组合起来，求得该点的绝对运动，称为运动的合成。反之，由点的绝对运动确定其相对运动或牵连运动，称为运动的分解。运动的合成与分解的方法在实际应用上的主要价值之一，在于有可能把一种复杂的运动分解为简单的运动来处理。掌握这种方法的关键在于正确分析点的三种运动。而分析三种运动的关键，则在于选好动点和动参考系。

为加深对以上基本概念的理解，我们再以车刀刀尖点 M 的运动为例进行分析［图 8－1(b)］。车刀刀尖点 M 是我们要研究的对象，称其为动点；将动系固连在旋转的工件上，则点 M 相对工件做螺旋旋进运动，此运动即为相对运动，刀尖相对于此旋转参考系的速度即为相对速度；点 M 相对地面的直线运动为绝对运动，其做直线运动的速度即为绝对速度；而工件相对于地面的定轴转动即为牵连运动，工件上与刀尖相重合的点即为该瞬时动点的牵连点，其绕工件轴线上一点做圆周运动的速度即为牵连速度，圆周曲线即为其牵连轨迹。车刀刀尖点 M 的直线运动可看成其在相对工件做螺旋运动的同时随同工件做圆周运动的合成运动。

研究点的合成运动就是要研究动点的绝对运动、相对运动、牵连运动这三种运动之间的关系。在研究这三种运动时一般遵循如下原则：

（1）首先要选取动点。动点的选取通常遵循常接触原则（机构中两构件在传递运动时，常以点相接触，其中有的点始终处于接触位置，称为常接触）。但要注意动点不能选在固连动系的那个物体上，因为要确保动点与动系有相对运动。

（2）再明确两参考系。动系固连在运动的刚体上，一般以构件传递运动时的瞬时接触点所在的物体固连动系，当有多个运动的物体时，动系固定在哪一个物体上较好应遵循的原则是：动点在其上的运动轨迹直观，易于判断，以便于相对运动的分析。静系通常固连在地面上或与地面保持静止的其他物体上，一般解题时可不必指出。

注意，绝对运动和相对运动都是点的运动，而牵连运动则是指刚体的运动（平动、定轴转动、平面运动或其他更为复杂的运动）。

动点相对于静系运动的速度和加速度，称为绝对速度和绝对加速度，用 $\boldsymbol{v}_a$ 和 $\boldsymbol{a}_a$ 表示。动点相对于动系运动的速度和加速度，称为相对速度和相对加速度，用 $\boldsymbol{v}_r$ 和 $\boldsymbol{a}_r$ 表示。动系上在该瞬时与动点相重合的点（牵连点）相对于静系的速度和加速度，称为动点在该瞬时的牵连速度和牵连加速度，用 $\boldsymbol{v}_e$ 和 $\boldsymbol{a}_e$ 表示，牵连速度和牵连加速度实际是牵连点相对于静系的速度和加速度。

现举例说明牵连速度和牵连加速度的概念。设水从喷管射出，某瞬时其相对水管流动的速度和加速度分别为$\boldsymbol{v}$和$\boldsymbol{a}$，喷管同时又绕O轴以角速度ω、角加速度α转动，如图 8-3(a) 所示。取水滴为动点，将动参考系固定在喷管上，水滴的相对运动为沿喷管的直线运动，相对速度和相对加速度分别为$\boldsymbol{v}_r$（$=\boldsymbol{v}$）和$\boldsymbol{a}_r$（$=\boldsymbol{a}$）；此刻水滴M的牵连速度$\boldsymbol{v}_e$和牵连加速度$\boldsymbol{a}_e$则是随喷管绕O轴转动的参考系中与M点相重合的点（牵连点）的速度和加速度，牵连点做以O为圆心，OM为半径的圆周运动。其牵连速度$\boldsymbol{v}_e$的大小和方向分别为

$$v_e = OM \cdot \omega$$

方向垂直于喷管，指向转动的一方。牵连加速度$\boldsymbol{a}_e$的大小和方向分别为

$$a_e = OM \cdot \sqrt{\alpha^2 + \omega^4}$$

方向与喷管所成夹角为

$$\varphi = \arctan \frac{\alpha}{\omega^2}$$

偏向$\boldsymbol{\alpha}$所指的方向。

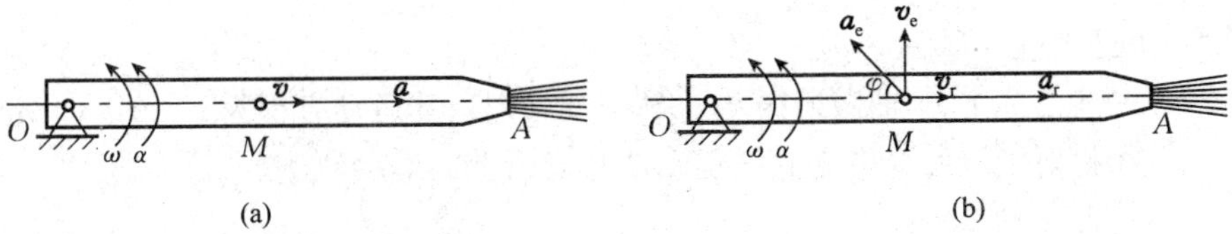

图 8-3

静参考系和动参考系是两个不同的坐标系，可以利用坐标变换来建立绝对、相对和牵连运动之间的关系。以平面问题为例，设Oxy是静参考系，$O'x'y'$是动参考系，M是动点，如图 8-4 所示。动点M的绝对运动方程为

$$x = x(t), \quad y = y(t)$$

动点M的相对运动方程为

$$x' = x'(t), \quad y' = y'(t)$$

动参考系$O'x'y'$相对于静参考系Oxy的（牵连运动）运动方程为

$$x_{O'} = x_{O'}(t), \quad y_{O'} = y_{O'}(t), \quad \varphi = \varphi(t)$$

其中φ是动参考系$O'x'y'$相对于静参考系Oxy转过的角度，以逆时针转动为正。

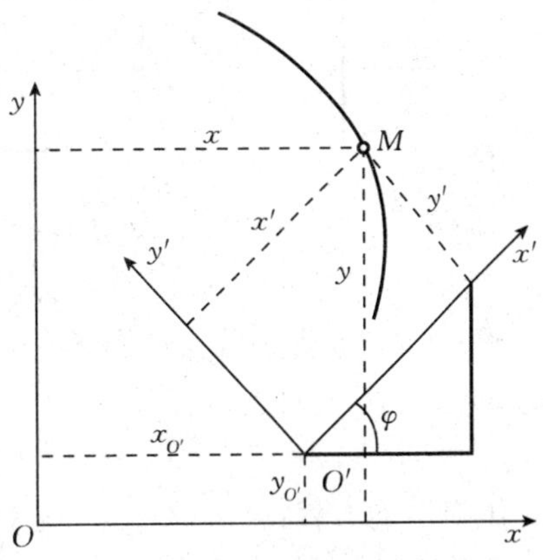

图 8-4

由图 8-4 可得动点在静参考系Oxy的绝对坐标和动参考系$O'x'y'$的相对坐标之间的变换关系为

$$\begin{aligned} x &= x_{O'} + x'\cos\varphi - y'\sin\varphi \\ y &= y_{O'} + x'\sin\varphi + y'\cos\varphi \end{aligned} \qquad (8-1)$$

例 8-1　如图 8-5(a) 所示，已知画笔笔尖A在以匀角速度ω绕O轴转动的圆盘上的绝对运动方程为$x = b\sin\omega t$，试求画笔笔尖在圆盘上绘出的轨迹。

解： 当圆盘转动时，画笔笔尖在圆盘上有相对运动，故选取笔尖 A 为动点，将动系 Oxy 固连在圆盘上，即动系随圆盘一起转动，将静系 $Ox'y'$ 固连在定轴 O 上，如图 8-5(b) 所示，则有坐标变换

$$x'=x\cos\varphi,\quad y'=-x\sin\varphi$$

将相对运动方程 $x=b\sin\omega t$ 及牵连运动方程 $\varphi=\omega t$ 代入上式，得

$$x'=b\sin\omega t\cos\omega t$$

$$y'=-b\sin\omega t\sin\omega t$$

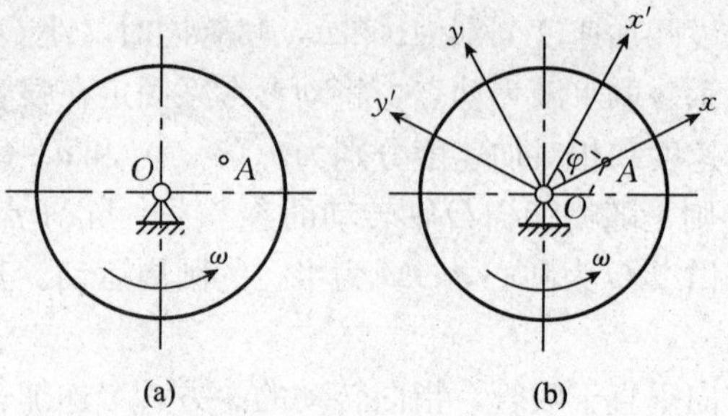

图 8-5

消除参数 ωt 得笔尖相对圆盘的轨迹方程为

$$x'^2+\left(y'+\frac{b}{2}\right)^2=\frac{b^2}{4}$$

可见，笔尖在圆盘上画出的轨迹是一个半径为 $\frac{b}{2}$ 的圆，该圆的圆心在动坐标的 Oy' 轴上，圆周通过圆盘中心 O。

例 8-2 一光点 A 沿 y 轴做谐振动［图 8-6(a)］，其运动方程为 $x=0$，$y=a\cos(kt+\beta)$，试求光点 A 投射到以匀速度 v 直线运动的感光纸上的运动轨迹。

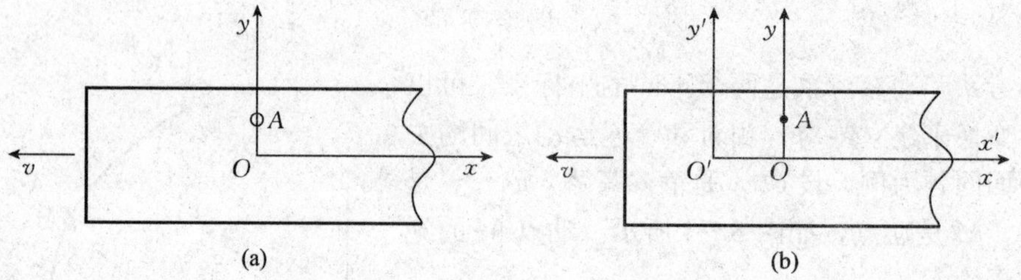

图 8-6

解：（1）运动分析：如图 8-6(b) 所示，因光点 A 在运动的感光纸上有相对运动，故选取光点 A 为动点，将动系 $O'x'y'$ 固连在感光纸上，将静系 Oxy 固连在工作台面上，则有

绝对运动方程： $x=0,\quad y=a\cos(kt+\beta)$ (a)

牵连运动方程： $x_{O'}=-vt,\quad y_{O'}=0$ (b)

（2）由于点的绝对运动可看成是相对运动和牵连运动的合成运动，即

$$x=x_{O'}+x',\quad y=y_{O'}+y' \tag{c}$$

将式（a）和式（b）代入式（c），得

$$0=-vt+x',\quad a\cos(kt+\beta)=0+y'$$

消除参数 t，得

$$y'=a\cos\left(\frac{k}{v}x'+\beta\right)$$

可见，相对运动轨迹为余弦曲线。

第二节　点的速度合成定理

假定有一小环 M 套装在一弯形管 AB 上，沿弯形弧滑动的同时又随同弯形管在纸平面以任意轨迹运动，某瞬时 t，小环位于弯管上 m 点处，Δt 时段后小环位于 M_2 位置，如图 8-7 所示。

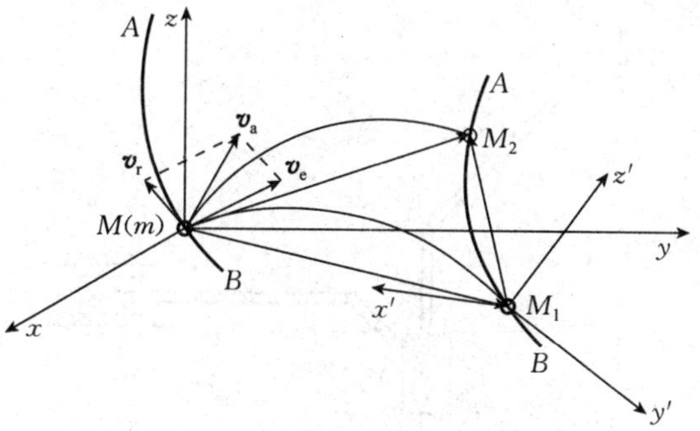

图 8-7

现将 Δt 时段的运动做一分解剖析，假定小环 M 在弯形管上不滑动，而是跟随弯管做相应的运动（此运动为弯管上与小环相重合的点 m 在 Δt 时段内的运动），运动轨迹 $\overset{\frown}{mM_1}$，运动的位移为 $\overrightarrow{mM_1}$，它们分别是动点的牵连点的运动轨迹和位移；假定小环在弯管上滑动而弯管不运动，则在经历 Δt 时段后小环处在点 M_2 位置，显然，相对运动轨迹为弯管曲线 $\overset{\frown}{M_1M_2}$，小环在弯管中的位移 $\overrightarrow{M_1M_2}$ 是小环的相对位移。在静系中观察则小环是沿曲线 $\overset{\frown}{mM_2}$ 由 m 位置运动到 M_2 位置的，$\overrightarrow{mM_2}$ 即为小环在此运动中的绝对位移。根据图 8-7，可以得到对应的三种位移关系为

$$\overrightarrow{mM_2}=\overrightarrow{mM_1}+\overrightarrow{M_1M_2}$$

将上式除以 Δt，得

$$\frac{\overrightarrow{mM_2}}{\Delta t}=\frac{\overrightarrow{mM_1}}{\Delta t}+\frac{\overrightarrow{M_1M_2}}{\Delta t}$$

取 Δt 趋近于零的极限，则得

$$\lim_{\Delta t\to 0}\frac{\overrightarrow{mM_2}}{\Delta t}=\lim_{\Delta t\to 0}\frac{\overrightarrow{mM_1}}{\Delta t}+\lim_{\Delta t\to 0}\frac{\overrightarrow{M_1M_2}}{\Delta t}$$

其中矢量 $\lim\limits_{\Delta t\to 0}\dfrac{\overrightarrow{mM_2}}{\Delta t}$ 是动点 M 在瞬时 t 的绝对速度 $\boldsymbol{v}_a$，其方向为绝对运动轨迹 $\overset{\frown}{mM_2}$ 上点 m 的切线方向；矢量 $\lim\limits_{\Delta t\to 0}\dfrac{\overrightarrow{M_1M_2}}{\Delta t}$ 是动点 M 在瞬时 t 的相对速度 $\boldsymbol{v}_r$，其方向为弯管上点 m 的切线方向；矢量 $\lim\limits_{\Delta t\to 0}\dfrac{\overrightarrow{mM_1}}{\Delta t}$ 是 t 时刻动点 M 的牵连点 m 的速度，即牵连速度 $\boldsymbol{v}_e$，其方向为牵连运动轨迹 $\overset{\frown}{mM_1}$ 上点 m 的切线方向。则上式可写为

$$\boldsymbol{v}_a=\boldsymbol{v}_e+\boldsymbol{v}_r \tag{8-2}$$

式（8-2）为点的速度合成定理。它表明：**动点的绝对速度等于它的牵连速度和相对速度的矢量和**。即以相对速度 $\boldsymbol{v}_r$ 和牵连速度 $\boldsymbol{v}_e$ 为边作速度矢量的平行四边形，则平行四边形的对角线确定的矢量就是绝对速度矢。

在以上证明中，由于没有涉及牵连运动的具体形式，即牵连运动可以是任意运动，因此，速度合成定理对于任何形式的牵连运动（平动、定轴转动、平面运动及其他更为复杂的运动）都是适用的。

例 8-3 如图 8-8(a) 所示的机构中，滑套 M 套装在 AB 杆上与弯管 MC 铰接，当曲柄 O_1A 以匀角速度 ω 绕点 O_1 转动时，带动滑套 M 在 AB 杆上滑动。已知 $O_1A=O_2B=r$，$O_1O_2=AB$，试求：当曲柄 O_1A 杆转至与水平方向夹角成 φ 角时滑块 C 的速度及滑套 M 相对滑杆 AB 的速度。

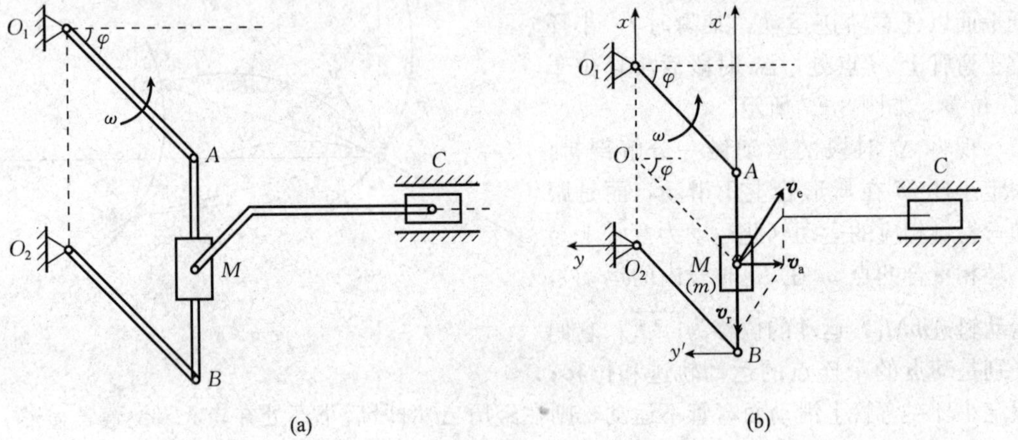

图 8-8

解：(1) 运动分析：因曲柄 O_1A 杆绕点 O_1 转动时，滑套 M 在杆 AB 上有明显的相对运动，故选取滑套 M 为动点。将动系 $Bx'y'$ 固连在 AB 杆上（题中画出动系是为方便读者理解，实际上动系可以不必画出），静系固连于地面或机架（因为分析工程实际问题中的复合运动时，一般静系都可以固连于地面，以后的例题分析中，为叙述简洁，省去静系选择的文字描述）。则绝对运动为滑套 M 在纸平面内的水平方向的直线运动（因为与滑套 M 铰接的弯管 MC 做水平平动）；相对运动为滑套 M 在 AB 杆上的滑动，相对运动轨迹沿铅垂线 AB；牵连运动为 AB 杆平行铅垂方向的曲线平动，牵连运动轨迹为以 O 点为圆心，$OM=r$ 为半径的圆。

(2) 速度分析：由运动分析可得各速度矢量的方位，绝对速度 $\boldsymbol{v}_a$ 沿水平方向，相对速度 $\boldsymbol{v}_r$ 沿铅垂方向，牵连速度 $\boldsymbol{v}_e$ 垂直于 OM。结合绝对速度 $\boldsymbol{v}_a$ 是相对速度 $\boldsymbol{v}_r$ 和牵连速度 $\boldsymbol{v}_e$ 的平行四边形合成图的对角线，作出速度矢量图，如图 8-8(b) 所示，各量分析见表 8-1。

表 8-1

速度	$\boldsymbol{v}_a$	$\boldsymbol{v}_e$	$\boldsymbol{v}_r$
大小	未知	$r\omega$	未知
方向	水平	垂直于 OM，与 ω 旋向同	沿 AB 杆

(3) 求速度：根据点的速度合成定理，有

$$\boldsymbol{v}_a=\boldsymbol{v}_e+\boldsymbol{v}_r$$

由图 8-8(b) 所示的速度平行四边形中的几何关系，可得点 M 的绝对速度大小为

$$v_a=v_e\sin\varphi=\omega r\sin\varphi$$

滑套 M 的绝对速度即为连杆 MC 的速度，方向水平向右。

滑套 M 相对速度大小为

$$v_r=\omega r\cos\varphi$$

方向沿杆向下。

例 8-4　图 8-9(a) 所示刨床急回机构中，滑套 A 与曲柄 OA 铰接，并套装在摇杆 O_1B 上。已知 $OA=r$，$O_1O=h$，试求：当曲柄 OA 以 ω 逆时针转动到水平位置时摇杆 O_1B 的角速度 ω_{O_1B}。

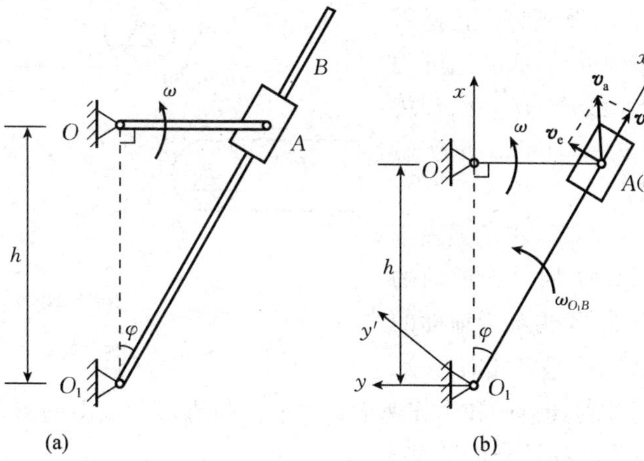

图 8-9

解：(1) 运动分析：当曲柄 OA 转动时，带动滑套 A 在摇杆 O_1B 上滑动，继而带动摇杆 O_1B 绕 O_1 轴摆动，由于滑套 A 在摇杆 O_1B 上有明显的相对运动，故选取滑套 A 为动点。将动系* $O_1x'y'$ 固连在 O_1B 杆上，则绝对运动为滑块 A 以 O 为圆心，以 OA 为半径做圆周运动，相对运动为滑块 A 在 O_1B 上滑动，牵连运动为摇杆 O_1B 绕 O_1 轴定轴转动。

(2) 速度分析：由运动分析可知各速度矢量的方位，结合绝对速度 $\boldsymbol{v}_a$ 是相对速度 $\boldsymbol{v}_r$ 和牵连速度 $\boldsymbol{v}_e$ 的平行四边形合成图的对角线，速度矢量如图 8-9(b) 所示，各量分析见表 8-2。

表 8-2

速度	$\boldsymbol{v}_a$	$\boldsymbol{v}_e$	$\boldsymbol{v}_r$
大小	$r\omega$	未知	未知
方向	垂直于 OA，指向上	垂直于 O_1B	沿 O_1B

(3) 求速度：根据点的速度合成定理，有

$$\boldsymbol{v}_a=\boldsymbol{v}_e+\boldsymbol{v}_r$$

由图 8-9(b) 所示的速度矢量图中的几何关系，可得点 A 的牵连速度为

$$v_e=v_a\sin\varphi=\omega r\sin\varphi \tag{a}$$

由于动点 A 的牵连速度等于摇杆上该瞬时与点 A 相重合的点 C 的速度，而摇杆定轴转动，则有

$$v_e=\overline{O_1C}\times\omega_{O_1B} \tag{b}$$

由几何关系可知

$$\sin\varphi=\frac{r}{\sqrt{r^2+h^2}},\quad \overline{O_1C}=\sqrt{r^2+h^2}$$

* 本章中有些题解画出了静系与动系，以便初学者理解，实际上可不必画出。

将以上两式代入式（a）和式（b），则有

$$\omega_{O_1B}=\frac{\omega r^2}{r^2+h^2}$$

ω_{O_1B}的旋转方向可由牵连速度$\boldsymbol{v}_e$的指向确定，为逆时针方向。

例 8-5 图 8-10(a) 所示为矿砂运送机构。矿砂从传送带 A 落到另一传送带 B 上。站在地面上观察矿砂下落的速度为 $v_1=4\ \mathrm{m/s}$，方向与铅垂线成 30°。已知传送带 B 水平传动速度 $v_2=3\ \mathrm{m/s}$。求矿砂相对于传送带 B 的速度。

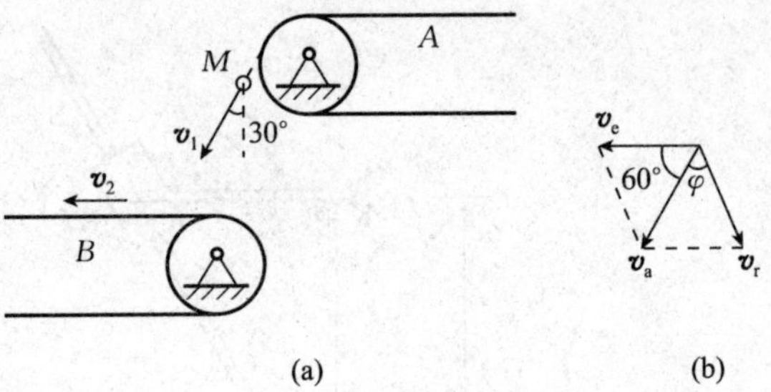

图 8-10

解： 选取矿砂 M 为动点，将动系固连在传送带 B 上，则矿砂 M 相对于地面的速度为绝对速度，传送带 B 相对于地面的速度为牵连速度，而要求的是其相对速度。

结合绝对速度$\boldsymbol{v}_a$是相对速度$\boldsymbol{v}_r$和牵连速度$\boldsymbol{v}_e$的平行四边形合成图的对角线，作速度矢量图，如图 8-10(b) 所示，各量分析见表 8-3。

表 8-3

速度	$\boldsymbol{v}_a$	$\boldsymbol{v}_e$	$\boldsymbol{v}_r$
大小	v_1	v_2	未知
方向	与铅垂线成 30°，斜向下	水平向左	未知

根据点的速度合成定理，有

$$\boldsymbol{v}_a=\boldsymbol{v}_e+\boldsymbol{v}_r$$

由图 8-10(b) 所示的速度平行四边形，可得点 M 的相对速度大小为

$$v_r=3.6\ \mathrm{m/s}$$

$\boldsymbol{v}_r$与$\boldsymbol{v}_e$间的夹角为

$$\varphi=\arcsin\left(\frac{v_e}{v_r}\sin 60^\circ\right)=46^\circ 12'$$

第三节 动参考系做平动时点的加速度合成定理

在证明点的速度合成定理时曾指出，点的速度合成定理对于任何形式的牵连运动（平动、定轴转动、平面运动及其他更为复杂的运动）都适用。但在点的合成运动中，绝对加速度、牵连加速度和相对加速度之间的关系相对复杂一些，它们之间的关系受牵连运动的不同运动形式影响。本节先讨论牵连运动为平动时的情况。

由于物体对某一参考系运动的几何描述与该参考系本身的运动无关，静参考系和动参考系是两个不同的坐标系，可以利用坐标变换来建立绝对和相对运动方程之间的关系。设有动点 M 相对于动参考系 $O'x'y'z'$ 运动，如图 8-11 所示，动点 M 的相对动参考系的矢径为

$$\boldsymbol{r}'=x'\boldsymbol{i}'+y'\boldsymbol{j}'+z'\boldsymbol{k}'$$

其中 $\boldsymbol{i}'$、$\boldsymbol{j}'$、$\boldsymbol{k}'$ 分别为动参考系坐标轴的正向单位矢，x'、y'、z' 为动点相对动系的位置坐标。

又设动参考系相对于静参考系 $Oxyz$ 做平动，动参考系原点 O' 的速度是 $\boldsymbol{v}_{O'}$，加速度为 $\boldsymbol{a}_{O'}$。将上式两边对时间 t 分别取一阶和二阶导数，并注意到动参考系做平动，$\boldsymbol{i}'$、$\boldsymbol{j}'$、$\boldsymbol{k}'$ 都是常矢量，则有

$$\boldsymbol{v}_r=\frac{d\boldsymbol{r}'}{dt}=\dot{x}'\boldsymbol{i}'+\dot{y}'\boldsymbol{j}'+\dot{z}'\boldsymbol{k}'$$

$$\boldsymbol{a}_r=\frac{d^2\boldsymbol{r}'}{dt^2}=\ddot{x}'\boldsymbol{i}'+\ddot{y}'\boldsymbol{j}'+\ddot{z}'\boldsymbol{k}' \tag{8-3a}$$

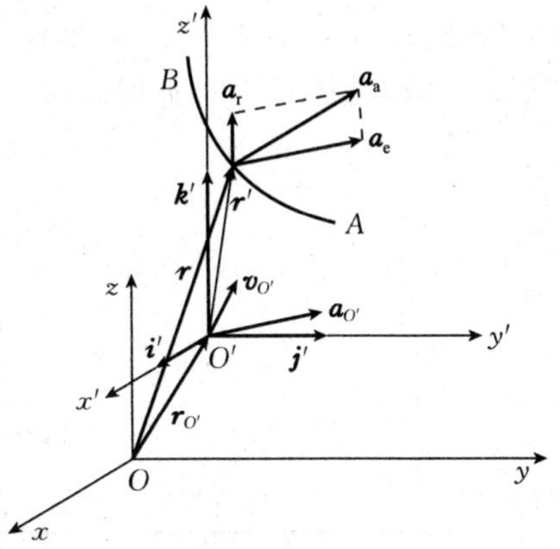

图 8-11

则动点的牵连速度和牵连加速度为

$$\boldsymbol{v}_e=\boldsymbol{v}_{O'}=\frac{d\boldsymbol{r}_{O'}}{dt}$$

$$\boldsymbol{a}_e=\boldsymbol{a}_{O'}=\frac{d^2\boldsymbol{r}_{O'}}{dt^2} \tag{8-3b}$$

设动点相对静系的矢径为 $\boldsymbol{r}$，动点 M 的绝对速度和绝对加速度分别为

$$\boldsymbol{v}_a=\frac{d\boldsymbol{r}}{dt}$$

$$\boldsymbol{a}_a=\frac{d\boldsymbol{v}_a}{dt}=\frac{d^2\boldsymbol{r}}{dt^2} \tag{8-3c}$$

设动系的坐标原点相对静系的矢径为 $\boldsymbol{r}_{O'}$，则有

$$\boldsymbol{r}=\boldsymbol{r}_{O'}+\boldsymbol{r}'$$

将上式对时间 t 取二阶导数，则有

$$\frac{d^2\boldsymbol{r}}{dt^2}=\frac{d^2\boldsymbol{r}_{O'}}{dt^2}+\frac{d^2\boldsymbol{r}'}{dt^2}$$

将式（8-3a）代入上式，则有

$$\frac{d^2\boldsymbol{r}}{dt^2}=\frac{d^2\boldsymbol{r}_{O'}}{dt^2}+\ddot{x}'\boldsymbol{i}'+\ddot{y}'\boldsymbol{j}'+\ddot{z}'\boldsymbol{k}'$$

将式（8-3a）、式（8-3b）和式（8-3c）分别代入上式，则有

$$\boldsymbol{a}_a=\boldsymbol{a}_e+\boldsymbol{a}_r \tag{8-3d}$$

式（8-3d）为牵连运动为平动时点的加速度合成定理。它表明：**当牵连运动为平动时，动点在每一瞬时的绝对加速度等于它的牵连加速度与相对加速度的矢量和。**

式（8-3d）虽然与式（8-2）形式相同，但实际应用式（8-3d）解题时较为复杂。因为当点的相对运动、绝对运动为曲线运动，牵连运动为曲线平动时，$\boldsymbol{a}_a$，$\boldsymbol{a}_e$，$\boldsymbol{a}_r$ 均可分为两个分量（切向分量和法向分量），即

$$\boldsymbol{a}=\boldsymbol{a}_a^t+\boldsymbol{a}_a^n=\boldsymbol{a}_e^t+\boldsymbol{a}_e^n+\boldsymbol{a}_r^t+\boldsymbol{a}_r^n \tag{8-3e}$$

在应用式（8-3d）或式（8-3e）解题时，关键是作出加速度矢量图，如果式中未知量不超过两个，将矢量式式（8-3d）或式（8-3e）分别向两个不同方向投影，得到两个代数方程，可求出两个未知量。

例 8-6 图 8-12(a) 所示凸轮顶杆机构中，凸轮半径为 r。凸轮向左做直线运动，图示瞬时速度为$\boldsymbol{v}$，加速度为$\boldsymbol{a}$，顶杆 AB 的端点和凸轮中心点连线与水平方向成$\varphi=60°$角。试求：此瞬时顶杆 AB 的加速度大小。

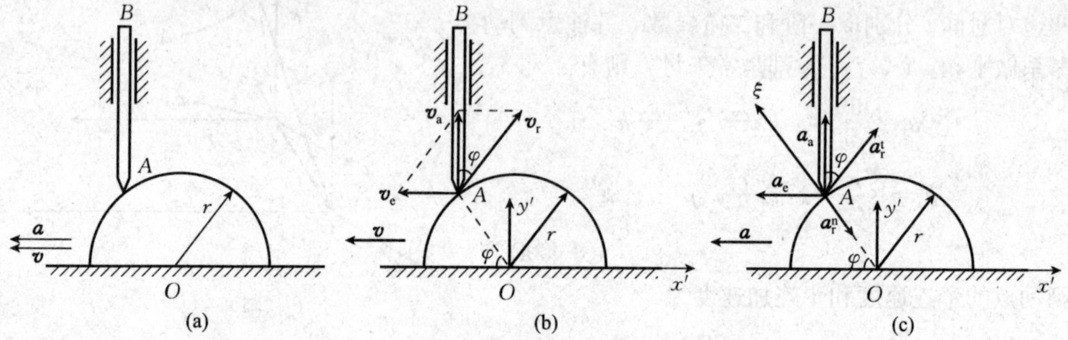

图 8-12

解：(1) 运动分析：顶杆 AB 沿铅垂导轨做平动，顶杆的加速度可转换到杆上任意点来进行求解。由于顶杆上的端点 A 在凸轮上有明显的相对运动，故选取顶杆 AB 的杆端 A 为动点。将动系 $Ox'y'$ 固连在凸轮上，则绝对运动为杆端点 A 沿铅垂轨道的直线运动，相对运动为杆端点 A 沿凸轮轮廓线的圆弧曲线运动，牵连运动为凸轮在地面上的直线平动。

(2) 速度分析：进行速度分析，各量分析见表 8-4。

表 8-4

速度	$\boldsymbol{v}_a$	$\boldsymbol{v}_e$	$\boldsymbol{v}_r$
大小	未知	v	未知
方向	铅垂	水平向左	垂直于 OA

结合绝对速度$\boldsymbol{v}_a$是相对速度$\boldsymbol{v}_r$和牵连速度$\boldsymbol{v}_e$的平行四边形合成图的对角线，绘出速度矢量图，如图 8-12(b) 所示。根据点的速度合成定理，动点 A 的绝对速度为

$$\boldsymbol{v}_a=\boldsymbol{v}_e+\boldsymbol{v}_r$$

由图 8-12(b) 所示的速度矢量图中的几何关系，可得顶杆 AB 的速度大小为

$$v_a=v_e\cot\varphi=v_e\cot 60°=\sqrt{3}v/3$$

方向向上。由于顶杆 AB 做平动，则端点 A 的速度大小为$\sqrt{3}v/3$。

$$v_r=v_e/\sin\varphi=v_e/\sin 60°=2\sqrt{3}v/3$$

(3) 加速度分析：对动点进行加速度分析，绘出加速度矢量图，如图 8-12(c) 所示，各量分析见表 8-5。

表 8-5

加速度	$\boldsymbol{a}_a$	$\boldsymbol{a}_e$	$\boldsymbol{a}_r^t$	$\boldsymbol{a}_r^n$
大小	未知	a	未知	v_r^2/r
方向	铅垂	水平向左	垂直于 AO	由 A 指向 O

根据牵连运动为平动时点的加速度合成定理，有

$$\boldsymbol{a}_a=\boldsymbol{a}_e+\boldsymbol{a}_r^t+\boldsymbol{a}_r^n \tag{a}$$

为使不需求解的未知量 $\boldsymbol{a}_r^t$ 不在方程中出现，将式（a）投影到与 $\boldsymbol{a}_r^t$ 相垂直的 OA 方向上，设由点 O 指向点 A 的方向为投影轴 ξ 的正方向，由图 8-12(c) 可得

$$a_a\sin\varphi=a_e\cos\varphi-a_r^n=a\cos\varphi-\frac{v_r^2}{r} \tag{b}$$

将 v_r 值代入式（b），得顶杆 AB 的绝对加速度为

$$a_a=a\cot\varphi-\frac{v_r^2}{r\sin\varphi}=\frac{\sqrt{3}}{3}\left(a-\frac{8v^2}{3r}\right)$$

若 $a>\frac{8v^2}{3r}$，则 $\boldsymbol{a}_a$ 方向铅垂向上。若 $a<\frac{8v^2}{3r}$，则 $\boldsymbol{a}_a$ 方向铅垂向下。

例 8-7　如图 8-13(a) 所示，水平加速度为 $\boldsymbol{a}$ 的车上，圆轮绕通过点 O 垂直于纸平面的轴以匀角速度 ω 顺时针转动，求图示瞬时轮缘上点 1、2、3、4 的加速度。

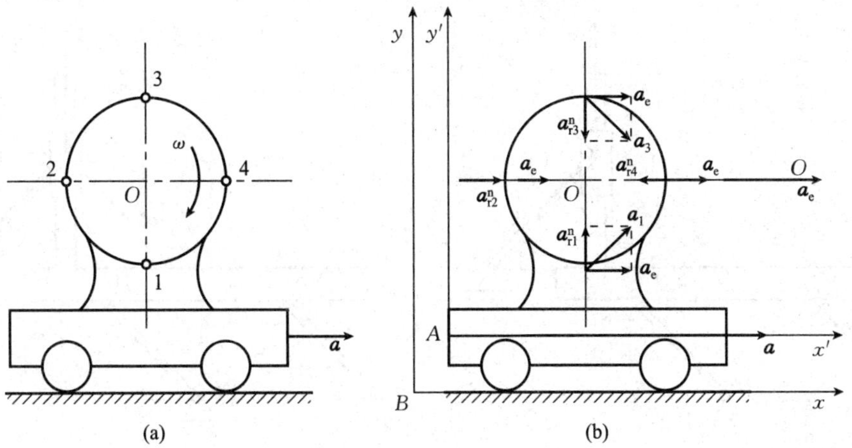

图 8-13

解：(1) 运动分析：小车在平动的同时，圆轮在小车上绕 O 转动，则圆轮上的点的运动属点的复合运动，分别选取各研究点 1、2、3、4 为动点，将动系 $Ax'y'$ 固连在运动的小车上，则牵连运动为小车的直线平动，相对运动为各动点相对轮心 O 的圆周运动，绝对运动未知。

(2) 加速度分析：对各研究点进行加速度分析，如图 8-13(b) 所示，其中 $\boldsymbol{a}_r=\boldsymbol{a}_r^n$（因圆轮做匀速圆周运动），各量分析见表 8-6。

表 8-6

加速度	$\boldsymbol{a}_a$	$\boldsymbol{a}_e$	$\boldsymbol{a}_{r1}^n$	$\boldsymbol{a}_{r2}^n$	$\boldsymbol{a}_{r3}^n$	$\boldsymbol{a}_{r4}^n$
大小	未知	a	$r\omega^2$	$r\omega^2$	$r\omega^2$	$r\omega^2$
方向	未知	水平向右	竖直，指向 O	水平，指向 O	竖直，指向 O	水平，指向 O

(3) 加速度计算：根据动系为平动时，点的加速度合成定理，有

$$\boldsymbol{a}_a=\boldsymbol{a}_e+\boldsymbol{a}_r \tag{*}$$

如图 8-13(b) 所示，将上表各条件代入式（*），得各点的加速度，见表 8-7。

表 8-7

研究点	加速度大小	加速度与水平线间的夹角
1	$\sqrt{a^2+r^2\omega^4}$	$\arctan\frac{r\omega^2}{a}$，斜向上
2	$a+r\omega^2$	0
3	$\sqrt{a^2+r^2\omega^4}$	$\arctan\frac{r\omega^2}{a}$，斜向下
4	$a-r\omega^2$	0

例 8-8 图 8-14(a) 所示机构中，摆杆 EF 的端点铰接一导筒 F，带动 BD 杆运动。已知 $AB=CD=EF=l$，设在图示位置时 $\theta=\varphi=45°$，摆杆 EF 的角速度为 ω，角加速度为 0，求此时杆 AB 的角速度与角加速度。

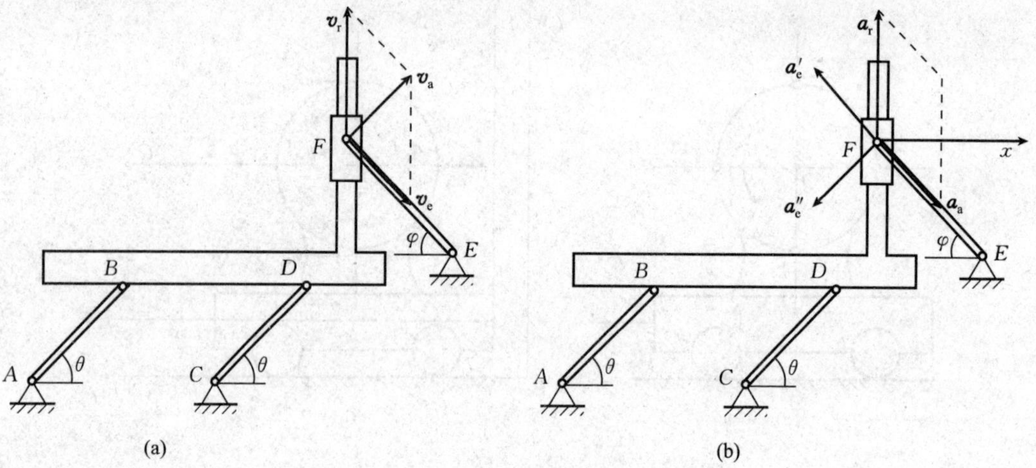

图 8-14

解：以滑块 F 为动点，动系固连于 BD 杆上，静系固连于地面，牵连运动为平动。动点的速度矢量合成图如图 8-14(a) 所示。

由速度合成定理，有

$$\boldsymbol{v}_a=\boldsymbol{v}_e+\boldsymbol{v}_r$$

由速度矢量图中的几何关系有 $v_e=v_a$，而 $v_e=v_B=l\omega_{AB}$，$v_a=l\omega$，所以

$$\omega_{AB}=\omega\text{（顺时针转向）}$$

动点的加速度矢量合成图如图 8-14(b) 所示。其中绝对加速度为动点绕 E 点做圆周运动的法向加速度，方向由 F 指向 E，相对加速度沿铅垂方向，指向假定向上，牵连法向加速度平行于 AB 杆，牵连切向加速度垂直于 AB 杆，即沿 EF 杆。其中 $a_a=l\omega^2$，$a_e^n=l\omega_{AB}^2=l\omega^2$，$a_e^t=l\alpha_{AB}$。

由牵连运动为平动时的加速度合成定理，有

$$\boldsymbol{a}_a=\boldsymbol{a}_r+\boldsymbol{a}_e^t+\boldsymbol{a}_e^n$$

将上式向水平轴 x 方向投影得

$$a_a\cos45^\circ=-a_e^n\sin45^\circ-a_e^t\cos45^\circ$$

$$\alpha_{AB}=-2\omega^2\ （顺时针转向）$$

第四节　动参考系做定轴转动时点的加速度合成定理

点的速度合成定理对于任何形式的牵连运动都是适用的。但加速度合成定理会因牵连运动形式的不同而有所区别。下面就牵连运动为定轴转动研究复合运动中点的加速度间的关系。

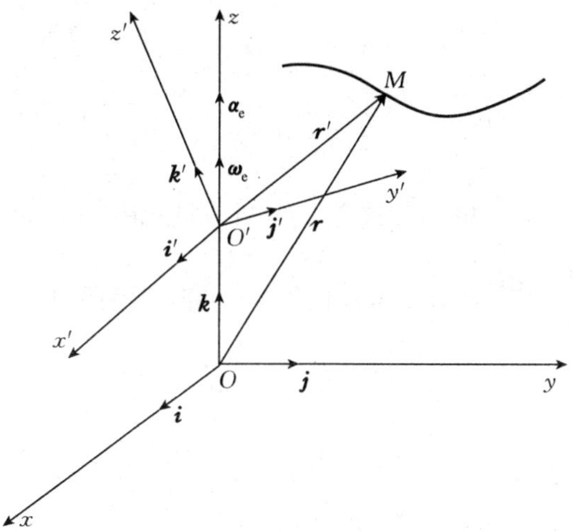

图 8-15

如图 8-15 所示，设点 M 相对动参考系 $O'x'y'z'$ 运动，动参考系绕固定坐标系 $Oxyz$ 的 z 轴做定轴转动，t 时刻其角速度矢量为 $\boldsymbol{\omega}_e$，角加速度矢量为 $\boldsymbol{\alpha}_e$。为分析简单，我们假设点 O' 位于 z 轴上，这不影响讨论的一般性。设动点 M 相对静系的绝对矢径为 $\boldsymbol{r}$，相对动系的矢径为 $\boldsymbol{r}'$。以 $\boldsymbol{i}'$、$\boldsymbol{j}'$、$\boldsymbol{k}'$ 表示动坐标系坐标轴正方向的单位矢量，x'、y'、z' 表示动点相对动系的坐标，则

$$\boldsymbol{r}'=x'\boldsymbol{i}'+y'\boldsymbol{j}'+z'\boldsymbol{k}'$$

在动坐标系中观察到的物理量对时间的变化率称为对时间的相对导数，以符号 $\frac{\tilde{\mathrm{d}}}{\mathrm{d}t}$ 表示。动点 M 的相对速度是其相对矢径 $\boldsymbol{r}'$ 对时间的相对导数，即

$$\boldsymbol{v}_r=\frac{\tilde{\mathrm{d}}\boldsymbol{r}'}{\mathrm{d}t}=\ (\dot{x}'\boldsymbol{i}'+\dot{y}'\boldsymbol{j}'+\dot{z}'\boldsymbol{k}')\ +\left(x'\frac{\mathrm{d}\boldsymbol{i}'}{\mathrm{d}t}+y'\frac{\mathrm{d}\boldsymbol{j}'}{\mathrm{d}t}+z'\frac{\mathrm{d}\boldsymbol{k}'}{\mathrm{d}t}\right)$$

观察者在动系中看到的动坐标系坐标轴正方向的单位矢量 $\boldsymbol{i}'$、$\boldsymbol{j}'$、$\boldsymbol{k}'$ 是不随时间变化的，即 $\frac{\mathrm{d}\boldsymbol{i}'}{\mathrm{d}t}=\frac{\mathrm{d}\boldsymbol{j}'}{\mathrm{d}t}=\frac{\mathrm{d}\boldsymbol{k}'}{\mathrm{d}t}=0$。这样相对速度可以表示为

$$\boldsymbol{v}_r=\frac{\tilde{\mathrm{d}}\boldsymbol{r}'}{\mathrm{d}t}=\dot{x}'\boldsymbol{i}'+\dot{y}'\boldsymbol{j}'+\dot{z}'\boldsymbol{k}' \tag{8-4a}$$

同理，相对加速度是相对速度对时间求相对导数，即

$$\boldsymbol{a}_r=\frac{\tilde{\mathrm{d}}\boldsymbol{v}_r}{\mathrm{d}t}=\ddot{x}'\boldsymbol{i}'+\ddot{y}'\boldsymbol{j}'+\ddot{z}'\boldsymbol{k}' \tag{8-4b}$$

由于点 M 的牵连速度和牵连加速度为动参考系上与动点 M 相重合的那一点相对静系的速度和加速度，动参考系绕定轴 Oz 转动时，M 点的牵连点的速度矢等于动参考系绕定轴 Oz 转动的角速度矢与该点（M 点）矢径的矢积，即

$$\boldsymbol{v}_e=\boldsymbol{\omega}_e\times\boldsymbol{r}=\boldsymbol{\omega}_e\times(\overrightarrow{OO'}+\boldsymbol{r}')\ =\boldsymbol{\omega}_e\times\boldsymbol{r}' \tag{8-5a}$$

由定轴转动刚体上点的加速度矢的表达式可知，M 点的牵连点的加速度矢为

$$\boldsymbol{a}_e=\boldsymbol{\alpha}_e\times\boldsymbol{r}+\boldsymbol{\omega}_e\times\boldsymbol{v}_e=\boldsymbol{\alpha}_e\times(\overrightarrow{OO'}+\boldsymbol{r}')+\boldsymbol{\omega}_e\times\boldsymbol{v}_e$$

$$=\boldsymbol{\alpha}_e\times\boldsymbol{r}'+\boldsymbol{\omega}_e\times\boldsymbol{v}_e \tag{8-5b}$$

将式（8-5a）对时间 t 取一阶导数，则有

$$\begin{aligned}\frac{d\boldsymbol{v}_e}{dt}&=\frac{d(\boldsymbol{\omega}_e\times\boldsymbol{r}')}{dt}=\dot{\boldsymbol{\omega}}_e\times\boldsymbol{r}'+\boldsymbol{\omega}_e\times\frac{d\boldsymbol{r}'}{dt}\\&=\boldsymbol{\alpha}_e\times\boldsymbol{r}'+\boldsymbol{\omega}_e\times\left(\dot{x}'\boldsymbol{i}'+\dot{y}'\boldsymbol{j}'+\dot{z}'\boldsymbol{k}'+x'\frac{d\boldsymbol{i}'}{dt}+y'\frac{d\boldsymbol{j}'}{dt}+z'\frac{d\boldsymbol{k}'}{dt}\right)\\&=\boldsymbol{\alpha}_e\times\boldsymbol{r}'+\boldsymbol{\omega}_e\times\left(x'\frac{d\boldsymbol{i}'}{dt}+y'\frac{d\boldsymbol{j}'}{dt}+z'\frac{d\boldsymbol{k}'}{dt}\right)+\boldsymbol{\omega}_e\times(\dot{x}'\boldsymbol{i}'+\dot{y}'\boldsymbol{j}'+\dot{z}'\boldsymbol{k}')\\&=\boldsymbol{\alpha}_e\times\boldsymbol{r}'+\boldsymbol{\omega}_e\times\boldsymbol{v}_r+\boldsymbol{\omega}_e\times\left(x'\frac{d\boldsymbol{i}'}{dt}+y'\frac{d\boldsymbol{j}'}{dt}+z'\frac{d\boldsymbol{k}'}{dt}\right)\end{aligned} \tag{8-6a}$$

因为单位矢量 $\boldsymbol{i}'$、$\boldsymbol{j}'$、$\boldsymbol{k}'$ 固连在以角速度 $\boldsymbol{\omega}_e$ 绕固定轴转动的动参考系上，所以 $\frac{d\boldsymbol{i}'}{dt}$、$\frac{d\boldsymbol{j}'}{dt}$、$\frac{d\boldsymbol{k}'}{dt}$ 即等于各单位矢量的端点对静参考系的速度，由式（7-23）有

$$\frac{d\boldsymbol{i}'}{dt}=\boldsymbol{\omega}_e\times\boldsymbol{i}',\quad \frac{d\boldsymbol{j}'}{dt}=\boldsymbol{\omega}_e\times\boldsymbol{j}',\quad \frac{d\boldsymbol{k}'}{dt}=\boldsymbol{\omega}_e\times\boldsymbol{k}' \tag{8-7}$$

因而有

$$\begin{aligned}&\boldsymbol{\omega}_e\times\left(x'\frac{d\boldsymbol{i}'}{dt}+y'\frac{d\boldsymbol{j}'}{dt}+z'\frac{d\boldsymbol{k}'}{dt}\right)\\&=\boldsymbol{\omega}_e\times(x'\boldsymbol{\omega}_e\times\boldsymbol{i}'+y'\boldsymbol{\omega}_e\times\boldsymbol{j}'+z'\boldsymbol{\omega}_e\times\boldsymbol{k}')\\&=\boldsymbol{\omega}_e\times(\boldsymbol{\omega}_e\times\boldsymbol{r}')=\boldsymbol{\omega}_e\times\boldsymbol{v}_e\end{aligned} \tag{8-8}$$

将式（8-8）代入式（8-6a）可得

$$\frac{d\boldsymbol{v}_e}{dt}=\boldsymbol{\alpha}_e\times\boldsymbol{r}'+\boldsymbol{\omega}_e\times\boldsymbol{v}_e+\boldsymbol{\omega}_e\times\boldsymbol{v}_r \tag{8-6b}$$

$$\begin{aligned}\frac{d\boldsymbol{v}_r}{dt}&=\frac{d(\dot{x}'\boldsymbol{i}'+\dot{y}'\boldsymbol{j}'+\dot{z}'\boldsymbol{k}')}{dt}=\frac{\tilde{d}\boldsymbol{v}_r}{dt}+\dot{x}'\dot{\boldsymbol{i}}'+\dot{y}'\dot{\boldsymbol{j}}'+\dot{z}'\dot{\boldsymbol{k}}'\\&=\frac{\tilde{d}\boldsymbol{v}_r}{dt}+\dot{x}'(\boldsymbol{\omega}_e\times\boldsymbol{i}')+\dot{y}'(\boldsymbol{\omega}_e\times\boldsymbol{j}')+\dot{z}'(\boldsymbol{\omega}_e\times\boldsymbol{k}')\\&=\boldsymbol{a}_r+\boldsymbol{\omega}_e\times\boldsymbol{v}_r\end{aligned} \tag{8-9}$$

动点在某瞬时的绝对加速度等于它的绝对速度对时间的一阶导数，即

$$\boldsymbol{a}_a=\frac{d\boldsymbol{v}_a}{dt}=\frac{d(\boldsymbol{v}_e+\boldsymbol{v}_r)}{dt}$$

将式（8-4b）、式（8-5b）、式（8-6a）、式（8-6b）和式（8-9）代入上式，则有

$$\begin{aligned}\boldsymbol{a}_a&=\frac{d\boldsymbol{v}_a}{dt}=\frac{d\boldsymbol{v}_e}{dt}+\frac{d\boldsymbol{v}_r}{dt}\\&=(\boldsymbol{\alpha}_e\times\boldsymbol{r}'+\boldsymbol{\omega}_e\times\boldsymbol{v}_e+\boldsymbol{\omega}_e\times\boldsymbol{v}_r)+\boldsymbol{a}_r+\boldsymbol{\omega}_e\times\boldsymbol{v}_r\\&=\boldsymbol{a}_e+\boldsymbol{\omega}_e\times\boldsymbol{v}_r+\boldsymbol{a}_r+\boldsymbol{\omega}_e\times\boldsymbol{v}_r\\&=\boldsymbol{a}_e+\boldsymbol{a}_r+2\boldsymbol{\omega}_e\times\boldsymbol{v}_r\end{aligned}$$

令 $\boldsymbol{a}_k=2\boldsymbol{\omega}_e\times\boldsymbol{v}_r$，称为科氏加速度，则上式转化为

$$\boldsymbol{a}_a=\boldsymbol{a}_e+\boldsymbol{a}_r+\boldsymbol{a}_k \tag{8-10}$$

式（8-10）表明，**当牵连运动为定轴转动时，动点在每一瞬时的绝对加速度等于其牵连加速度、相对加速度与科氏加速度的矢量和**，这就是牵连运动为定轴转动时点的加速度合成定理。

根据矢积运算法则

$$a_k = 2\omega_e \times v_r \times \sin\theta \tag{8-11}$$

式中 θ 为矢量 $\boldsymbol{\omega}_e$ 和 $\boldsymbol{v}_r$ 正方向间的夹角，科氏加速度 $\boldsymbol{a}_k$ 的方向垂直于 $\boldsymbol{\omega}_e$ 和 $\boldsymbol{v}_r$ 所在的平面，指向由右手法则确定：首先伸展四指指向 $\boldsymbol{\omega}_e$ 的矢量方向，然后环绕四指，使四指按小于 180° 转角由 $\boldsymbol{\omega}_e$ 向 $\boldsymbol{v}_r$ 转动，则拇指指向就是 $\boldsymbol{a}_k$ 的方向，如图 8－16 所示。当 $\boldsymbol{\omega}_e \perp \boldsymbol{v}_r$ 时，$a_k = 2\omega_e v_r$。当 $\boldsymbol{\omega}_e /\!/ \boldsymbol{v}_r$ 时，$a_k = 0$。

通常工程问题的平面机构中，牵连角速度矢量 $\boldsymbol{\omega}_e$ 垂直于图面，而相对速度 $\boldsymbol{v}_r$ 在图面中（即 $\boldsymbol{\omega}_e \perp \boldsymbol{v}_r$），所以科氏加速度 $\boldsymbol{a}_k$ 也在图面上并垂直于 $\boldsymbol{v}_r$，在这种情况下，只要将 $\boldsymbol{v}_r$ 顺动参考系的转向转过 90°，即得 $\boldsymbol{a}_k$ 的方向，此时 $\boldsymbol{a}_k$ 的大小 $a_k = 2\omega_e v_r$。

科氏加速度现象在动力学上有着重要的意义。地理学上有条著名的河岸冲刷原则：在北半球，沿经线流动的江河，右岸（观察者面向下游）易被冲刷，而在南半球则相反。因为，地球上的物体一方面随同地球绕地轴的自转做牵连运动，另一方面又相对于地球做相对运动，因而地球上的物体的运动是合成运动。

北半球河流沿经线往北流动时，则河水的科氏加速度 $\boldsymbol{a}_k$ 垂直河流所在的经线平面指向西方（观察者面向河流下游时的左方），如图 8－17 所示，即河水受到指向右的科氏惯性力的作用，又由作用与反作用定律可知，右岸对河水必有向左的作用力，这种成年累月的作用必然会使右岸出现被冲刷的痕迹。读者可以分析，北半球河流沿经线往南流动时，易被冲刷的也是右岸。这就是为什么在北半球，沿经线流动的江河的右岸易被冲刷，而在南半球则相反的缘由。

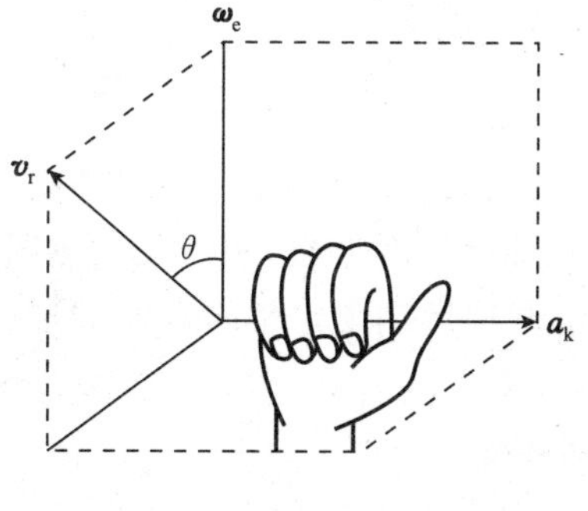

图 8－16

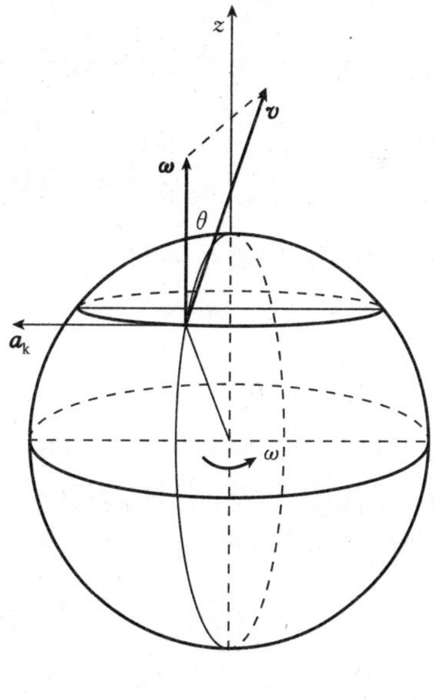

图 8－17

北半球沿经线方向的铁轨，其右侧轨道（顺着列车运动的方向）易于磨损，也是同样的道理。顺着列车运动的方向看，$\boldsymbol{a}_k$ 指向左侧，由于 $\boldsymbol{a}_k$ 是绝对加速度 $\boldsymbol{a}_a$ 的一个分量，根据牛顿第二定律可知，列车必受到来自铁轨的侧向压力。根据作用与反作用定律，列车对铁轨必同时有等值、反向（指向右侧）的反作用力。

注意，一般情况下，我们可忽略地球自转对地面上物体运动的影响。

当牵连运动为平动时 $\omega_e=0$，则由 $\boldsymbol{a}_k=2\boldsymbol{\omega}_e\times\boldsymbol{v}_r$ 知 $\boldsymbol{a}_k=0$，则式（8－10）可转化为

$$\boldsymbol{a}_a=\boldsymbol{a}_e+\boldsymbol{a}_r$$

这就是牵连运动为平动时点的加速度合成定理。

例 **8－9** 摇杆 OC 绕 O 轴往复摆动，通过套在其上的套筒 A 带动铅直杆 AB 上下运动。已知 $l=30$ cm，当 $\theta=30°$ 时，$\omega=2$ rad/s，$\alpha=3$ rad/s²，转向如图 8－18(a) 所示，试求机构在图示位置时，杆 AB 的速度和加速度。

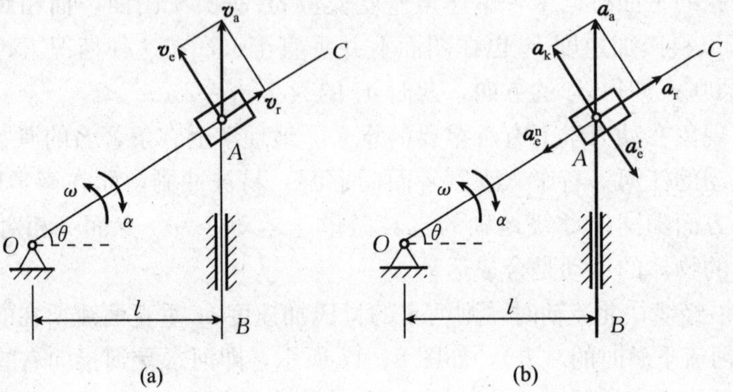

图 8－18

解：(1) 运动分析：取套筒 A（AB 杆的端点 A）为动点，动系固连于杆 OC，绝对运动为铅垂方向的直线运动，相对运动为沿 OC 杆的直线运动，牵连运动为绕 O 轴的定轴转动。

(2) 速度分析：由运动分析绘速度矢量图，如图 8－18(a) 所示。由速度合成定理，有

$$\boldsymbol{v}_a=\boldsymbol{v}_e+\boldsymbol{v}_r$$

$$v_e=\omega\cdot\overline{OA}=\omega\cdot\frac{l}{\cos\theta}=\frac{120}{\sqrt{3}}(\text{cm/s})$$

由速度矢量图中的几何关系可知

$$v_{AB}=v_a=\frac{v_e}{\cos\theta}=80(\text{cm/s})$$

$$v_r=v_e\tan30°=40(\text{cm/s})$$

(3) 加速度分析：绝对加速度沿铅垂方向，假定指向上，相对加速度沿 OC 杆，假定指向 C，牵连法向加速度沿 OC 杆指向 O，牵连切向加速度垂直于 OC 杆，指向见图 8－18(b)，科氏加速度垂直于 OC 杆，指向见图 8－18(b)。由牵连运动为定轴转动时的加速度合成定理，有

$$\boldsymbol{a}_a=\boldsymbol{a}_r+\boldsymbol{a}_e^n+\boldsymbol{a}_e^t+\boldsymbol{a}_k \qquad (*)$$

其中 $$a_k=2\omega v_r=160(\text{cm/s}^2),\qquad a_e^t=\alpha\,\frac{l}{\cos30°}=\frac{180}{\sqrt{3}}(\text{cm/s}^2)$$

将式（*）沿 $\boldsymbol{a}_k$ 方向投影可得

$$a_a\cos30°=a_k-a_e^t$$

$$a_{AB}=a_a=\frac{2}{\sqrt{3}}\left(2\omega v_r-\alpha\,\frac{l}{\cos30°}\right)=64.76(\text{cm/s}^2)$$

例 **8－10** 如图 8－19(a) 所示圆盘边缘上 C 点铰接一个套筒，套在摇杆 AB 上，从而

带动摇杆运动。已知 $R=0.2$ m，$h=0.4$ m，在图示位置时 $\theta=60°$，$\omega_0=4$ rad/s，$\alpha_0=4$ rad/s^2。试求该瞬时摇杆 AB 的角速度和角加速度及套筒相对摇杆的加速度。

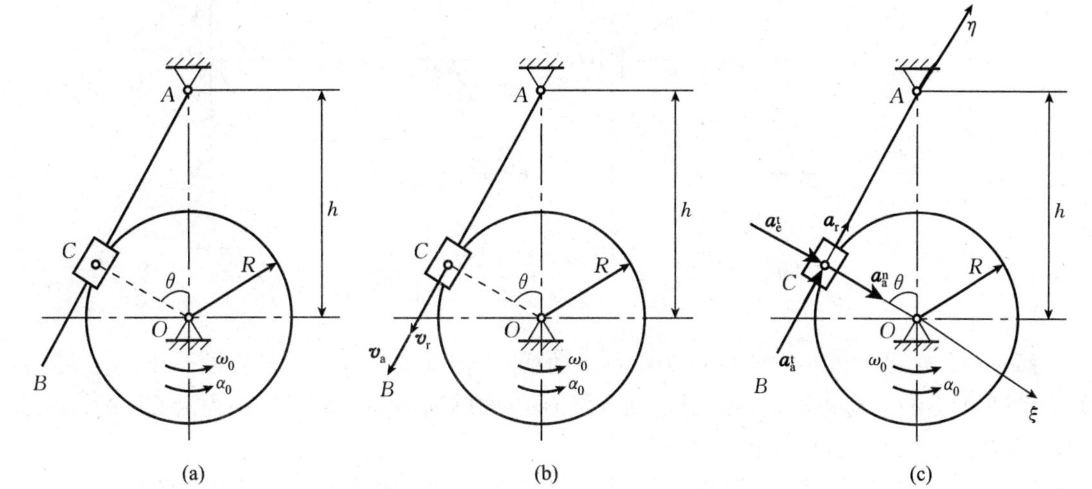

图 8-19

解：(1) 运动分析：取套筒 C 为动点，动系固连于 AB 杆，则绝对运动为绕 O 点的圆周运动，相对运动为沿 AB 杆的直线运动，牵连运动为绕定轴 A 的转动。

(2) 速度分析：根据运动分析绘速度矢量图 [图 8-19(b)]，有

$$\boldsymbol{v}_a=\boldsymbol{v}_e+\boldsymbol{v}_r$$

由速度矢量图可知

$$v_e=0$$

$$\omega_{AB}=0$$

(3) 加速度分析：因 $a_e^n=\dfrac{v_e^2}{AC}=0$，牵连加速度只有切向分量，方向垂直于 AB 杆，指向可假定，绝对加速度有切向和法向分量，相对加速度沿 AB 杆，指向可假定，科氏加速度 $a_k=2v_r\omega_{AB}=0$，加速度矢量见图 8-19(c)，可得

$$a_a^n=\omega_0^2R=3.2(\mathrm{m/s^2})$$

$$a_a^t=R\alpha_0=0.8(\mathrm{m/s^2})$$

根据牵连运动为定轴转动时的加速度合成定理，有

$$\boldsymbol{a}_a^t+\boldsymbol{a}_a^n=\boldsymbol{a}_r+\boldsymbol{a}_e^t+\boldsymbol{a}_e^n+\boldsymbol{a}_k \qquad (*)$$

将式 (*) 沿垂直于 BA 杆的 ξ 方向投影，可得

$$a_a^n=a_e^t=\omega_0^2R=3.2(\mathrm{m/s^2})$$

$$\alpha_{AB}=\frac{a_e^t}{h\sin\theta}=\frac{3.2}{0.4\sqrt{3}}=4.62(\mathrm{rad/s^2})\text{（逆时针）}$$

将式 (*) 沿 BA 杆的 η 方向投影，可得

$$a_r=-a_a^t=-0.8(\mathrm{m/s^2})$$

例 8-11 在图 8-20(a) 所示机构中，已知 $O_1A=OB=r=250$ mm，且 $AB=O_1O$，曲柄 O_1A 以匀角速度 $\omega=2$ rad/s 绕轴 O_1 转动，通过 AB 杆端铰接的导筒 D 带动 CE 摆动，当

$\varphi=60°$时，摆杆 CE 处于铅垂位置，且 $CD=500$ mm。求此时摆杆 CE 的角速度和角加速度。

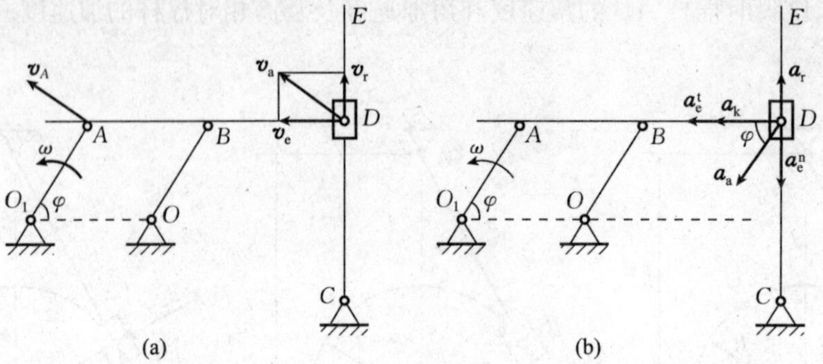

图 8-20

解：(1) 运动分析：取导筒 D 为动点，动系固连于 CE 杆，因 AB 杆做平动，故导筒 D 的运动和 A 点的运动相同，即绝对运动为绕 O_1O 的圆周运动，相对运动为沿 CE 的直线运动，牵连运动为绕定轴 C 的转动。

(2) 速度分析：作速度矢量图，如图 8-20(a) 所示，由速度合成定理，有

$$\boldsymbol{v}_a=\boldsymbol{v}_e+\boldsymbol{v}_r$$

$$v_a=v_A=\omega\cdot O_1A=50(\text{cm/s})$$

由图中几何关系可知

$$v_e=v_a\sin\varphi=25\sqrt{3}\ (\text{cm/s})$$

$$\omega_{CE}=\frac{v_e}{CD}=\frac{\sqrt{3}}{2}=0.866(\text{rad/s})\text{（逆时针）}$$

$$v_r=v_a\cos\varphi=25(\text{cm/s})$$

(3) 加速度分析：绝对加速度只有法向分量，方向平行于 O_1A，如图 8-20(b) 所示；牵连切向加速度垂直于 CE 杆，假定指向左，牵连法向加速度沿 CE 杆指向 C；相对加速度沿 CE 杆，假定指向上；科氏加速度沿 AB 杆，由 D 指向 B。根据牵连运动为定轴转动时点的加速度合成定理，有

$$\boldsymbol{a}_a=\boldsymbol{a}_r+\boldsymbol{a}_e^n+\boldsymbol{a}_e^t+\boldsymbol{a}_k \qquad (*)$$

将式（*）沿 BA 方向投影，可得

$$a_a\cos\varphi=a_k+a_e^t$$

$$a_e^t=a_a\cos60°-a_k=\frac{\omega^2r}{2}-2\omega_{CE}v_r=50-25\sqrt{3}=6.7(\text{cm/s}^2)$$

$$\alpha_{CE}=\frac{a_e^t}{CD}=\frac{6.7}{50}=0.134(\text{rad/s}^2)\text{（逆时针）}$$

思考题

8-1 什么样的问题适宜用点的合成运动方法求解？在做点的速度、加速度分析时应注意什么？

8-2 什么是动点？什么是动参考系？选择动点、动系的两个原则是什么？在例 8-4 中以滑套 A 为动点，能否以曲柄 OA 为动参考系？

8-3　什么是“牵连点”？当固连动参考系的“动体”上没有与动点相重合的点时，如何理解“牵连点”的概念？

8-4　牵连点相对于动系有无运动？牵连点的牵连速度和牵连加速度能否说成是动参考系的速度和加速度？

8-5　什么是科氏加速度？它是怎样产生的？如何计算动点的科氏加速度大小？如何判断科氏加速度方向？

8-6　试引用点的合成运动的概念，证明在极坐标中点的加速度公式为

$$a_\rho=\ddot{\rho}-\rho\dot{\varphi}^2,\qquad a_\varphi=\ddot{\varphi}\rho+2\dot{\varphi}\dot{\rho}$$

其中 ρ 和 φ 是用极坐标表示的点的运动方程中的极径和极角，a_ρ 和 a_φ 是点的加速度沿极径和极角方向的投影。

8-7　当牵连运动是定轴转动时，$\boldsymbol{a}_e$ 是否等于 $\frac{\mathrm{d}\boldsymbol{v}_e}{\mathrm{d}t}$？$\boldsymbol{a}_r$ 是否等于 $\frac{\mathrm{d}\boldsymbol{v}_r}{\mathrm{d}t}$？为什么？

8-8　加速度合成定理能求解几个未知量？如何分析加速度合成问题是否可解？

8-9　速度合成定理和加速度合成定理的投影方程与静力学投影平衡方程有什么区别？选择投影轴时应注意些什么问题？

习　题

注：题中未出现计量单位的都视为国际单位制单位。

8-1　如习题 8-1 图所示曲柄导杆机构中，导杆上开有一圆弧形滑道，其圆心在导杆 BC 上。当曲柄 OA 以匀角速度 ω 绕点 O 转动时，滑块 A 的运动方程为 $x=r\cos\omega t$，$y=r\sin\omega t$。已知曲柄 OA 与导杆上的滑道半径相等，均为 r。试求：导杆的运动规律（要求用点的复合运动方法求解）。

8-2　如习题 8-2 图所示凸轮顶杆机构中，凸轮以匀速度 v 向左做直线运动。当运动开始时，顶杆 AB 的 A 端在凸轮的最高点。已知凸轮半径为 r。试求：顶杆 AB 相对凸轮的轨迹方程（要求用点的复合运动方法求解）。

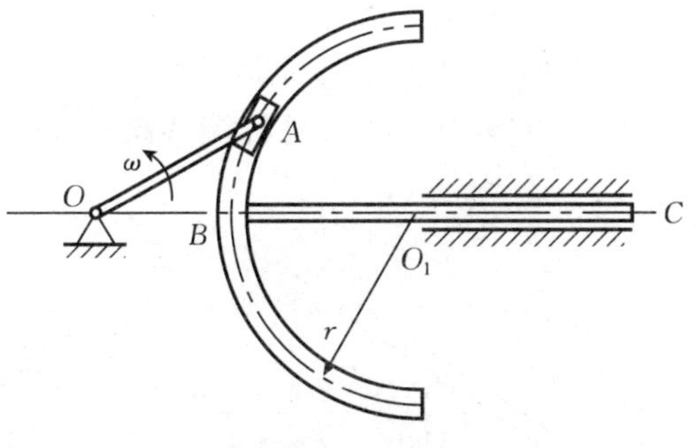

习题 8-1 图

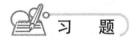

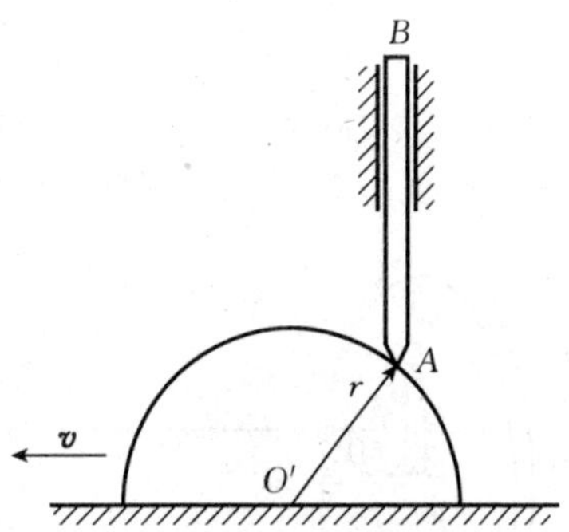

习题 8-2 图

8-3　如习题 8-3 图所示，点 A 在平面 $x'Oy'$ 中的运动方程为 $x'=10-3\cos\varphi$，$y'=3\sin\varphi$，期间点 A 又随同平面 $x'Oy'$ 绕 O 轴以 $\theta=\varphi$ 转动。试求：点 A 的绝对运动轨迹。

8-4 如习题 8-4 图所示，以水平匀速度 v 直线运动的小车车厢内有一用刚性细绳悬挂的小球 A（半径忽略不计），已知绳长 $OA=OA_0=l$，小球由水平位置 A_0 点无初速释放，经过时间 t 初次运动到图示位置，获得绕点 O 旋转的相对速度 v。试求：此时小球 A 的速度大小。

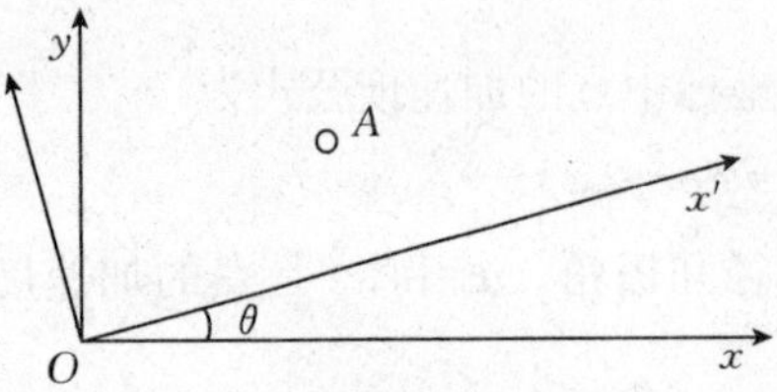

习题 8-3 图

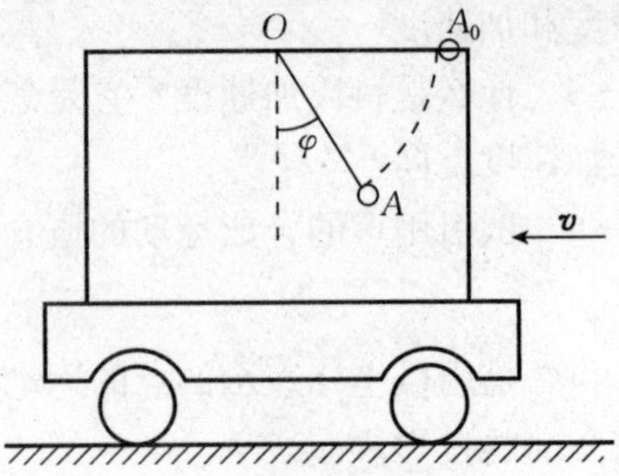

习题 8-4 图

8-5 如习题 8-5 图所示，一楔块以匀速度 $\boldsymbol{v}$ 沿水平面向左运动，推动导杆 AB 在导槽内运动。试求：图示瞬时 AB 杆相对楔块的速度和 AB 杆的绝对速度。

8-6 如习题 8-6 图所示，已知滚轮 O 在水平面内做纯滚动，轮心 O 的速度 $v=3$ m/s，$OA=40$ cm，直角杆 OAB 绕轮 O 以匀角速度 $\omega=4$ rad/s 转动。试求：图示瞬时直角杆 OAB 杆端 B 的速度大小。

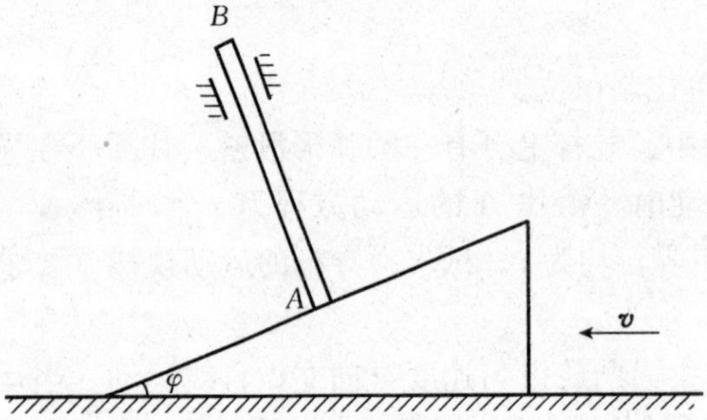

习题 8-5 图

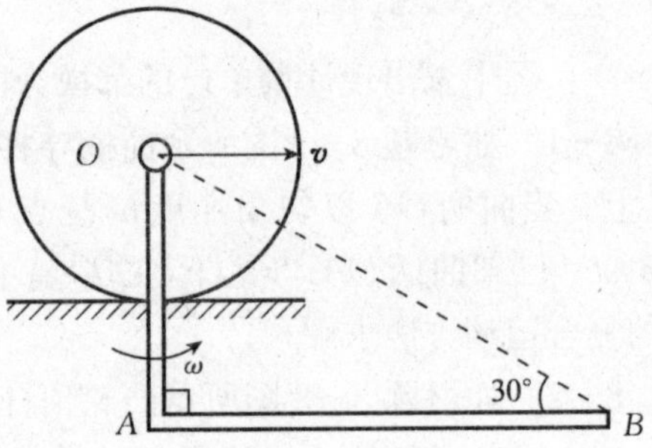

习题 8-6 图

8-7 如习题 8-7 图所示，车刀车削工件外圆的横向走刀速度 $v=10$ mm/s，工件直径 $d=30$ mm，工件转速 $n=30$ r/min，试求：车刀对工件的相对速度大小。

8-8 如习题 8-8 图所示，直角导杆 BCD 以匀速度 $\boldsymbol{v}$ 沿水平导轨运动，推动摇杆 OA 在纸平面内绕 O 轴转动。已知 $BC=a$，$OA=l$。试求：图示瞬时 OA 杆杆端 A 的速度。

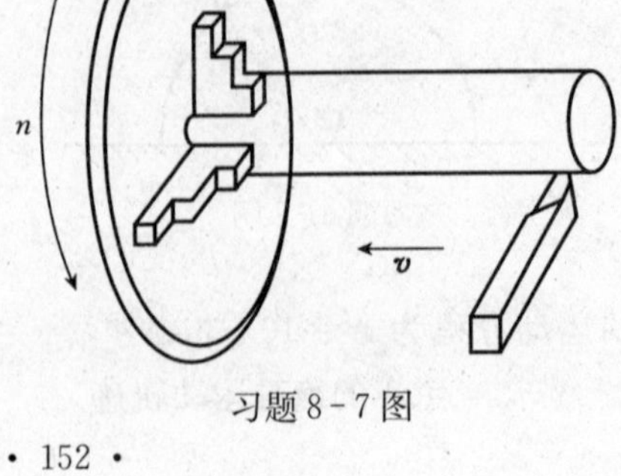

习题 8-7 图

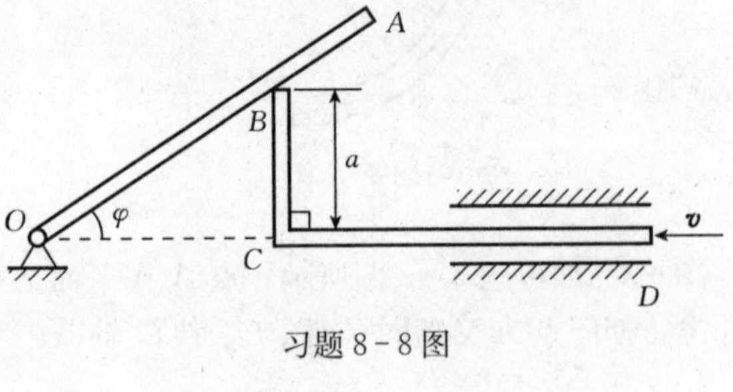

习题 8-8 图

8-9　如习题 8-9 图所示曲柄导杆机构，已知曲柄 $OA=r$，试求：曲柄以角速度 ω、角加速度 α 转至图示瞬时直角导杆 BCD 的加速度。

8-10　如习题 8-10 图所示平面机构，摇杆 OC 绕点 O 以匀角速度 ω_1 转动，通过滑套 C 带动摇杆 O_1A、O_2B 分别绕 O_1、O_2 轴转动。已知 $O_1A=O_2B=l_2$，$OC=l_1$。试求图示瞬时滑套 C 相对导杆的速度和摇杆 O_1A 的角速度。

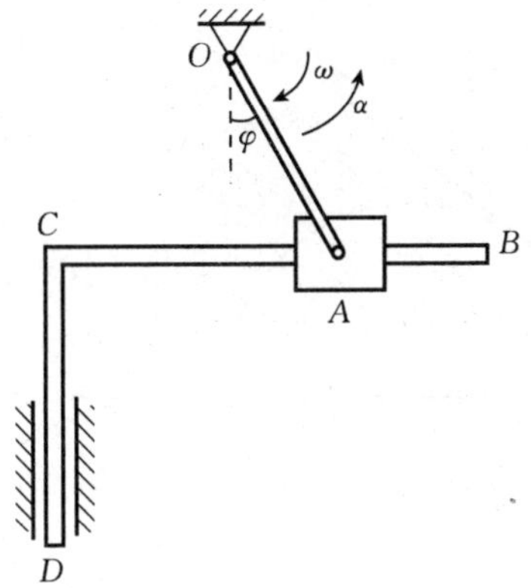

习题 8-9 图

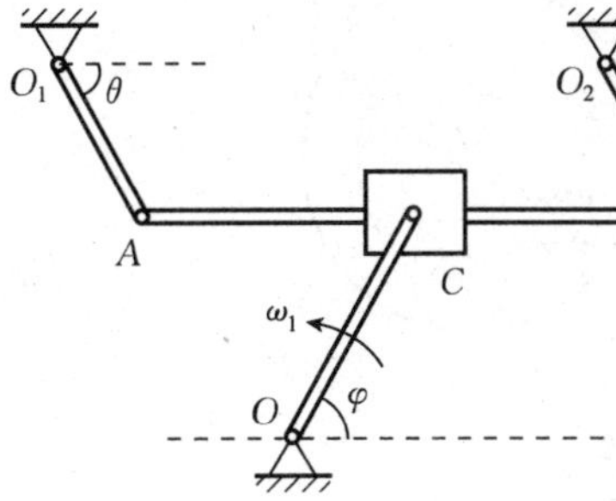

习题 8-10 图

8-11　如习题 8-11 图所示平面机构，直角弯杆 OAB 与固连在地面半径为 R 的金属环通过小环 C 套接在一起，已知 $OA=r$，弯杆 OAB 绕点 O 旋转的角速度为 ω_1。试求：图示瞬时小环 C 相对弯杆 OAB 的速度和小环 C 绕金属环运动的角速度 ω_2。

8-12　如习题 8-12 图所示平面机构，OB 杆绕 O 轴以匀角速度 ω 摆动，带动导杆 AC 在竖直滑道内往复运动。已知 O 轴到竖直滑道的水平距离为 l。试求：此刻 AC 杆的速度和滑套 A 对 OB 杆的相对速度。

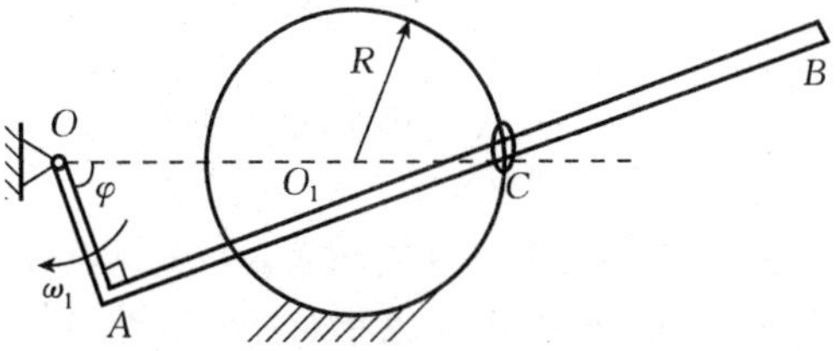

习题 8-11 图

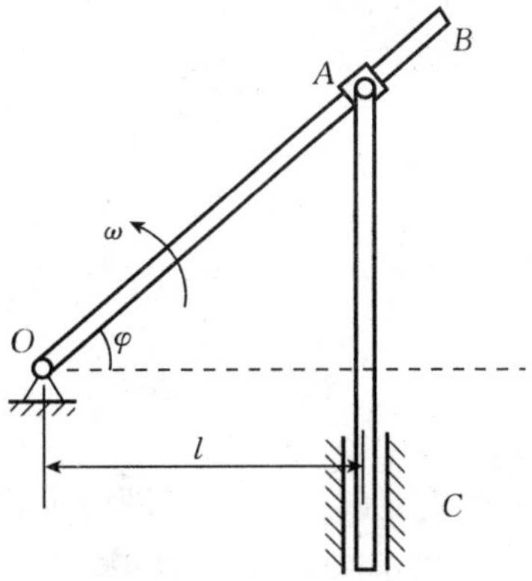

习题 8-12 图

8-13　如习题 8-13 图所示为一偏置尖底直动从动件盘形凸轮机构。已知偏心距 $OA=e$，盘形凸轮半径 $r=\sqrt{3}e$，转动角速度为 ω。试求：图示瞬时顶杆 BC 的速度。

8-14　如习题 8-14 图所示平面机构，当半径为 r 的凸轮以速度 v 和加速度 a 在水平轨道上直线平动时，推动摇杆 OA 绕 O 轴转动。已知 $r=3$ cm，$OO_1=5$ cm，$v=0.12$ m/s，$a=0.12$ m/s^2，试求图示瞬时摇杆 OA 的角速度和角加速度。

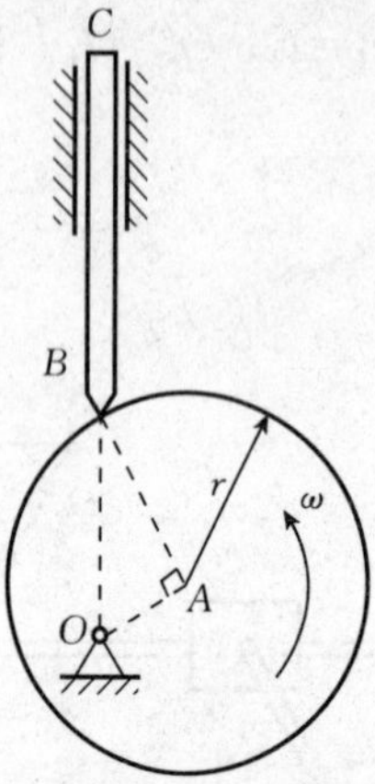

习题 8-13 图

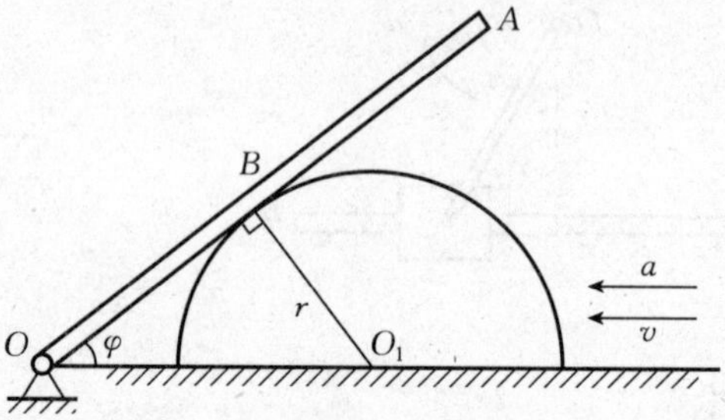

习题 8-14 图

8-15 如习题 8-15 图所示平面机构中，已知 $OA=r$，DC 与水平线夹角为 30°。试求：当摇杆 OA 以匀角速度 ω 绕 O 轴转动到图示位置，导杆 DCB 上点 B 的速度、加速度和滑套 A 相对导杆的加速度。

8-16 如习题 8-16 图所示平面机构，长为 r 的曲柄 OA 以匀角速度 ω 逆时针旋转，带动滑块 A 在焊接件 AB 的滑槽内滑动，继而使得焊接件 AB 通过连杆 BC 带动铰套 C 绕 O_1 轴摆动。试求：图示瞬时，铰套 C 的角速度和角加速度。

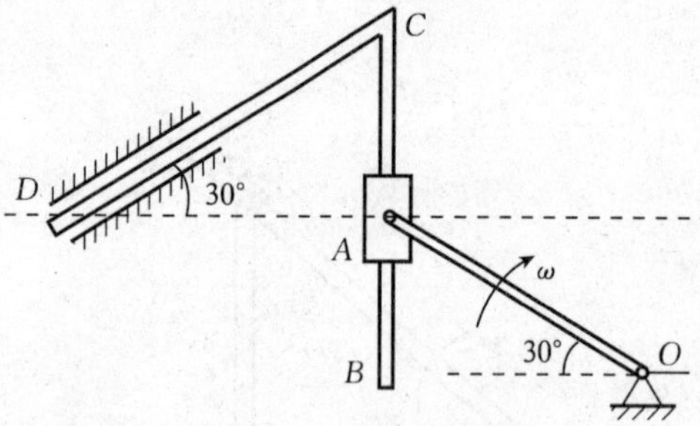

习题 8-15 图

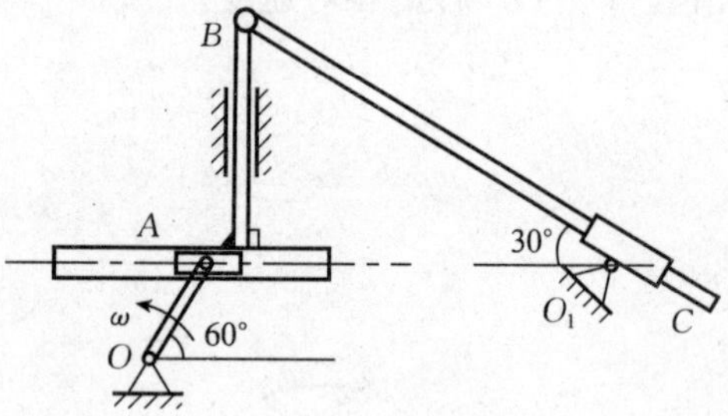

习题 8-16 图

8-17 如习题 8-17 图所示，焊接在 OA 杆上的圆环在水平面内放置，OA 绕点 O 在此平面内以匀角速度 ω 逆时针转动，小球在半径为 r 的圆环形管道内以相对速度 v 绕环心逆时针转动，已知 $OA=r$。试求：图示位置时，管道 1、2 处小球的加速度大小。

8-18 如习题 8-18 图所示为剪切机构，摇杆 OA 以角速度 ω 和角加速度 α 绕 O 轴转动，带动上刀片 E 沿固连在工作台 BD 上的 AC 导杆运动，以剪切工件，其中下刀片固连在工作台 BD 上。已知 $OA=l$，OA 杆与水平面间的夹角为 60°。试求：图示瞬时工作台的速度、加速度和上刀片相对 AC 导杆的速度、加速度。

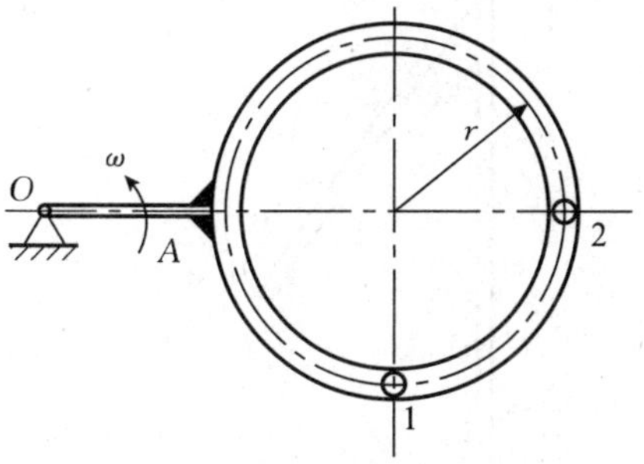

习题 8－17 图

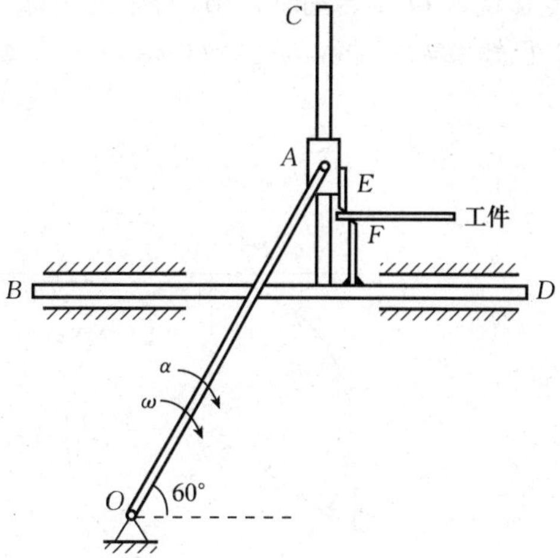

习题 8－18 图

8－19　如习题 8－19 图所示，一金属小球在金属管内以匀角速度 ω_1 绕轴心 O 逆时针转动，同时金属管绕竖直杆 CD 以匀角速度 ω_2 转动。已知金属管半径为 r，OA 连线水平。试求：小球运动到金属管中 A 位置处时的速度大小和加速度大小。

8－20　如习题 8－20 图所示，曲柄 O_1A 以匀角速度 ω_1 绕轴 O_1 转动，通过滑套 A 带动摇杆 O_2B 绕轴 O_2 摆动，摇杆 O_2B 又通过滑套 B 带动 CD 运动，从而带动 O_3C 杆和 O_4D 杆摆动。已知 $\omega_1=2$ rad/s，$O_2B=4O_1A=2O_3C=4r$，O_3C 与 O_4D 平行且相等。试求：图示瞬时摇杆 O_2B、摆杆 O_3C 的角速度和角加速度。

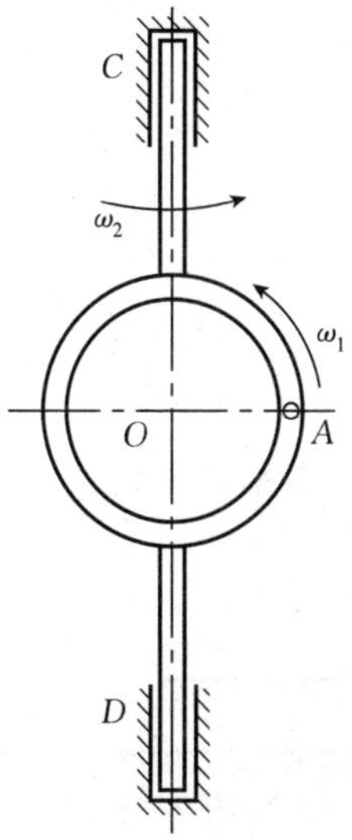

习题 8－19 图

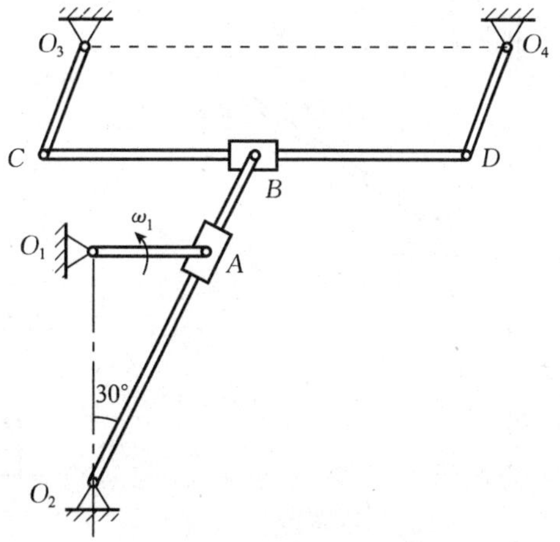

习题 8－20 图

8－21　如习题 8－21 图所示，半径为 r 的圆轮以匀角速度 ω 绕 O_1 轴转动，带动 O_2B 杆绕 O_2 轴摆动。试求 O_1OO_2 连线与水平杆 O_2B 成 30°角时，O_2B 杆摆动的角速度和角加速度。

8－22　如习题 8－22 图所示构件，AB 金属管固连在竖直杆 O_1O_2 上。当此构件以匀角

速度 ω 绕 O_1O_2 轴转动时，AB 管中的钢球以速度 v 相对 AB 管下滑。小球起始位置在点 M 处。已知 $AM=5$ cm，$\omega=1$ rad/s，$v=0.2$ m/s。试求：当小球运行 1 s 时点 M 的加速度大小。

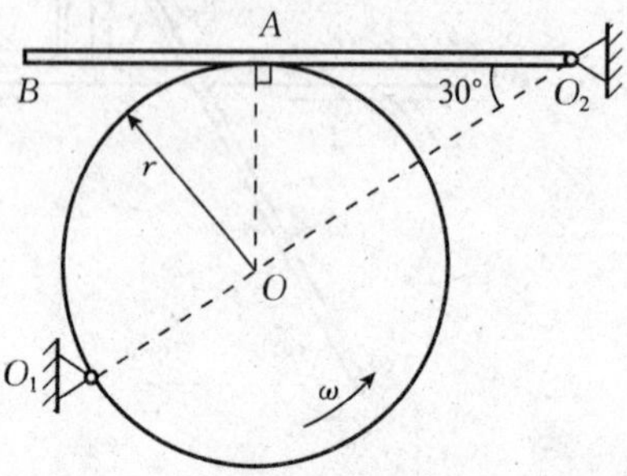

习题 8－21 图

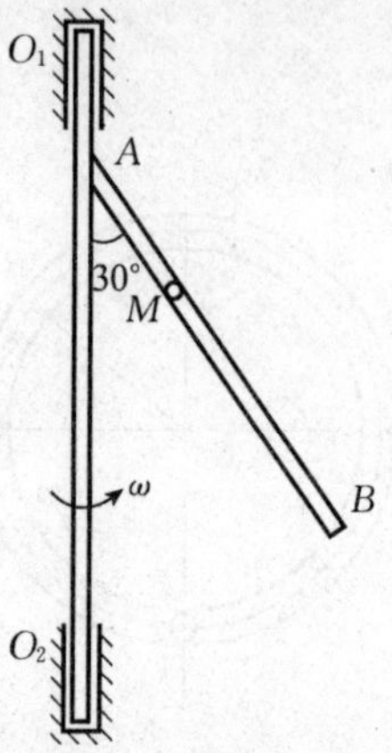

习题 8－22 图

8－23　如习题 8－23 图所示平面机构，摇杆 AB 通过铰链 A 铰接在 CA 工作台面上，当工作台面以角速度 ω_1 和角加速度 α_1 绕 O_1O_2 竖直轴转动时，摇杆 AB 绕点 A 在 AB 杆所在的竖直平面内以 ω_2 的匀角速度转动。已知 $\omega_1=0.5$ rad/s，$\alpha_1=3$ rad/s^2，$\omega_2=3$ rad/s，$CA=3$ m，$AB=20$ m。试求：图示瞬时摇杆 AB 上点 B 的速度大小和加速度大小。

8－24　如习题 8－24 图所示平面机构，以匀速度 v 平动的小车车身上铰接着一金属管 OA。金属管随同小车平动的同时以匀角速度 ω 逆时针转动，同时一小钢球以相对金属管 OA 的速度 v_r 喷射而出，已知 $\omega=0.6$ rad/s，$v_r=500$ m/s，$OA=2$ m，$\varphi=36.87°$。试求：图示瞬时钢球离开金属管时的速度大小和加速度大小。

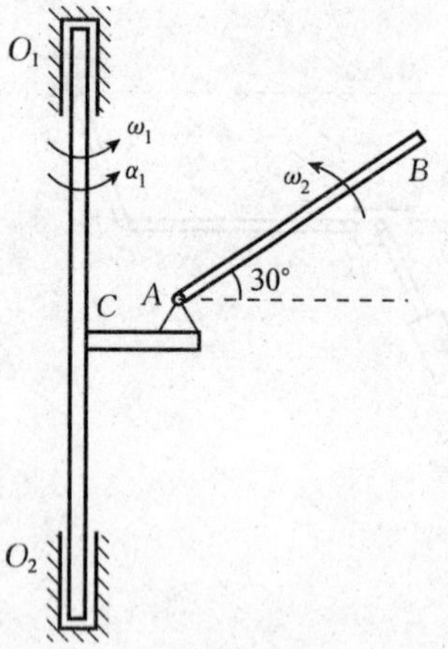

习题 8－23 图

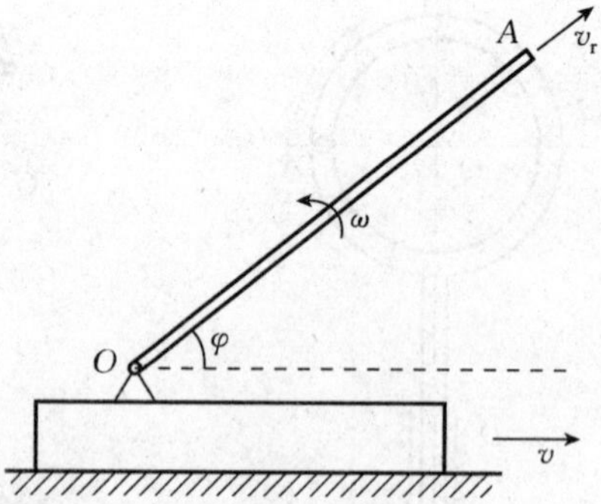

习题 8－24 图

习题参考答案

第九章　刚体的平面运动

【内容提要】理解平面运动的概念及特点，了解如何将平面运动分解为平动和转动。理解瞬时平动、瞬时转动的概念，掌握瞬时平动刚体各点速度及加速度的特点。掌握平面运动刚体上点的速度分析的基点法、速度投影定理及速度瞬心法。掌握根据已知条件确定平面运动刚体速度瞬心的方法。了解平面运动图形上点的速度相对速度瞬心的分布规律。掌握平面运动刚体各点的加速度分析的基点法。理解纯滚动的概念，掌握圆轮纯滚动时轮心速度和轮的角速度间的关系、轮心切向加速度与轮的角加速度间的关系。

第一节　刚体平面运动的概述和运动分解

在第七章我们研究了刚体的基本运动形式：平动和定轴转动。但在工程中常会遇到更为复杂的其他形式的刚体运动，如行星齿轮机构中行星轮 O_1 的运动［图 9－1(a)］和曲柄滑块机构中连杆 AB 的运动［图 9－1(b)］。

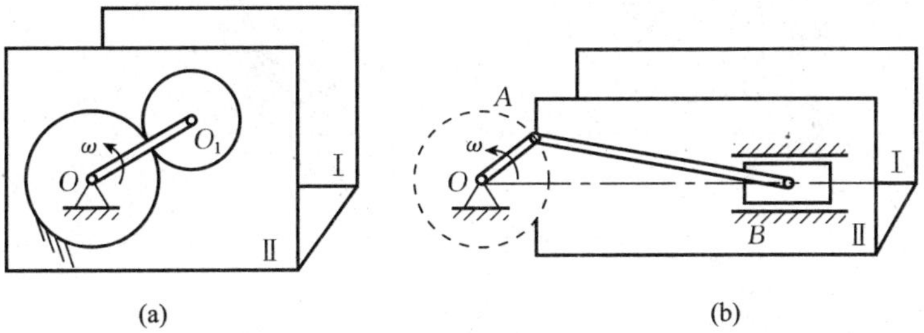

(a)　　(b)

图 9－1

它们既不是平动，又不是定轴转动，但它们存在一个共性：研究的刚体在运动过程中，其上任意一点与某一固定平面的距离保持不变，也就是说，刚体上每一点都在与这个固定平面平行的一组平面内运动［图 9－1(a) 中的行星轮 O_1 和图 9－1(b) 中的连杆 AB 始终在平面Ⅱ内运动，且始终与固定平面Ⅰ保持平行］。

一、刚体平面运动方程

1. 平面运动的简化　如图 9－2 所示，设刚体在参考系上平行于某一固定平面 M 做平面运动。作一平面 N 与平面 M 平行并与刚体相交，则可在刚体内截得一平面图形（S），由平面运动的特征可知，平面图形（S）将始终保持在 N 平面内运动。通过图形（S）上任一点 A 在刚体内作垂直于图形（S）的直线 A_1A_2，则刚体运动时，此直线始终与原来的位置相平行，因此直线上各点的运动皆与图形（S）上点 A 的运动完全相同。由于点 A 是任取的，从而可得如下结论：**刚体的平面运动可以简化为平面图形（S）在其自身所在平面（N）内的运动来研究。**在以后的讨论中就用平面图形的运动来代替刚体的平面运动。

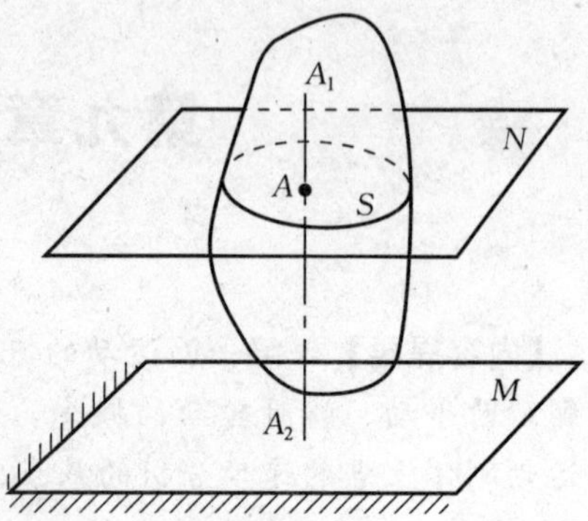

图 9-2

2. 平面运动方程 由解析几何知识可知，平面图形上任意线段的位置均可反映平面图形的位置。故研究平面运动图形的位置可用其所处平面上的任意线段 AB 的位置来确定，如图 9-3 所示。

线段 AB 在 S 平面内的位置只需由线段上任意一点 O' 的位置和线段 AB 与固定坐标轴 Ox 间的夹角 φ 来确定。平面图形在自身所在平面内运动时，点 O' 的坐标和 φ 角都是时间 t 的单值连续函数，即

$$x_{O'}=f_1(t),\quad y_{O'}=f_2(t),\quad \varphi=f_3(t) \tag{9-1}$$

式（9-1）称为平面图形的运动方程，也称为刚体平面运动的运动方程，其中 O' 称为基点。

由式（9-1）可知，若平面图形中的点 O' 固定不动，图 9-3 中的 $x_{O'}$ 和 $y_{O'}$ 是常数，则刚体 AB 绕点 O' 做定轴转动；若角度 φ 为常数，则刚体在自身平面做平动。

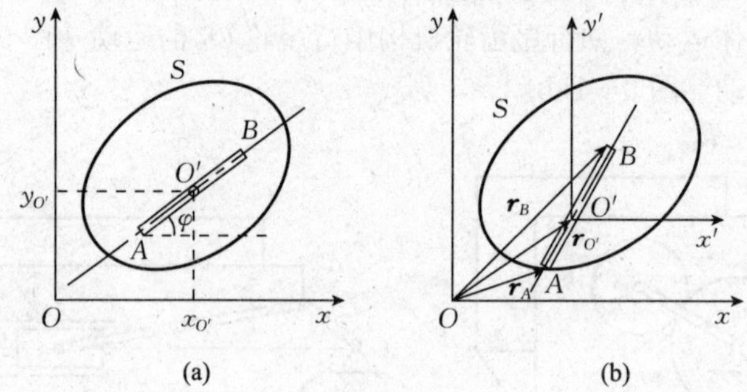

图 9-3

例 9-1 如图 9-4 所示，半径为 r 的齿轮由曲柄 OA 带动，沿半径为 R 的固定齿轮纯滚动。曲柄 OA 以等角加速度 α 绕轴 O 转动，当运动开始时，角速度 $\omega_0=0$，转角 $\varphi_0=0$。试求动齿轮以圆心 A 为基点的平面运动方程。

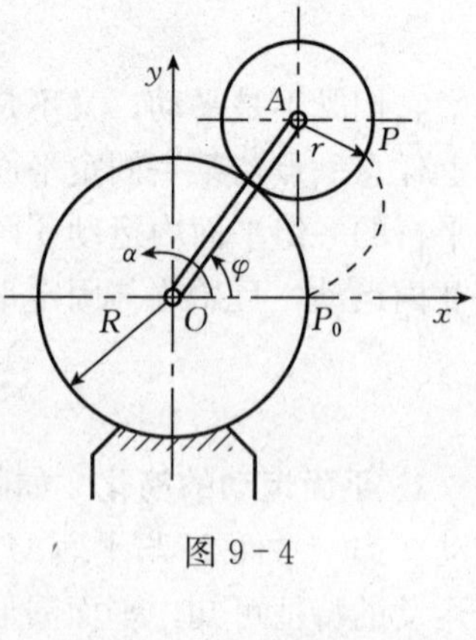

图 9-4

解：

$$x_A=(R+r)\cos\varphi \tag{1}$$

$$y_A=(R+r)\sin\varphi \tag{2}$$

α 为常数，当 $t=0$ 时，$\omega_0=\varphi_0=0$，故

$$\varphi=\frac{1}{2}\alpha t^2 \tag{3}$$

起始位置 P 与 P_0 重合，即起始位置 AP 水平，记 $\angle OAP=\theta$，则 AP 从起始水平位置至图示 AP 位置转过的角度为

$$\varphi_A=\varphi+\theta$$

设此时两齿轮接触点为 C，因动齿轮纯滚动，故有 $\overset{\frown}{CP_0}=\overset{\frown}{CP}$，即

$$R\varphi = r\theta$$

因此

$$\varphi_A = \frac{R+r}{r}\varphi \tag{4}$$

将式（3）代入式（1）、式（2）和式（4）得动齿轮以 A 为基点的平面运动方程为

$$\begin{cases} x_A = (R+r)\cos\dfrac{\alpha}{2}t^2 \\ y_A = (R+r)\sin\dfrac{\alpha}{2}t^2 \\ \varphi_A = \dfrac{1}{2}\dfrac{R+r}{r}\alpha t^2 \end{cases}$$

二、平面运动分解为平动和转动

为了说明可把刚体的平面运动分解为平动和转动，先以图 9－5 所示沿直线轨道滚动的车轮为例进行分析。根据复合运动的概念，若选取地面为静参考系，动参考系固连于车厢，则车轮的绝对运动为平面运动，但从车厢里观察，车轮做定轴转动，即其相对运动为定轴转动。由于车厢相对于地面做直线平动，这样车轮的平面运动即可分解为随同车厢的直线平动（牵连运动）和相对于车厢的定轴转动（相对运动）。

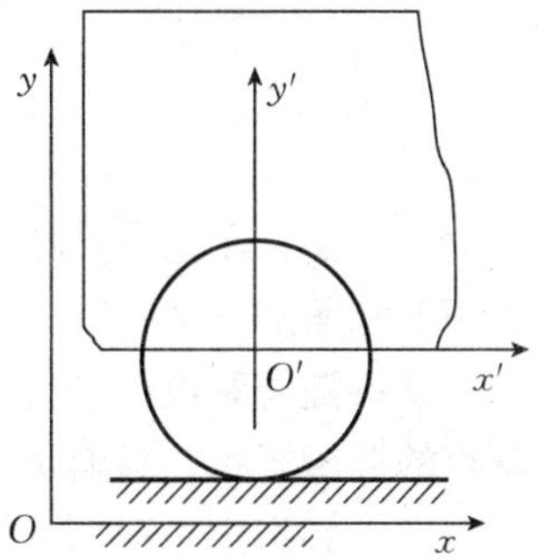

图 9－5

因为车厢的平动可以轮心 O' 的运动来代表，这样便可以撇开实际存在的车厢，而以轮心 O' 的运动作为基准，设想存在一个可以用轮心 O' 的运动来代表的平动动参考系 $O'x'y'$，则同样可得上述平面运动分解的结果。这个在平面图形上选作代表平动动参考系的基准点称为基点。于是选取轮心 O' 为基点，就等于选择车厢作为分析车轮运动的平动动参考系。上述这种平面运动分解为平动和转动的方法，可以推广到任意的平面运动，只要在基点 O' 上假想地安上一平动坐标系 $O'x'y'$，平面图形相对动坐标系绕基点 O' 转动，于是，平面图形的绝对运动可看成是随同基点 O' 的牵连平动和绕基点 O' 的相对转动。

理论上来说，基点的选取是任意的，平面运动方程式（9－1）的前两个方程分别对时间求导数，便可得到基点速度的两个直角坐标分量，对时间求二阶导数，便可得到基点加速度的两个直角坐标分量。但是因为平面运动刚体上各点速度、加速度一般不同，故选取不同的基点，动坐标系做平动的速度、加速度是不一样的，也就是说**平面图形的平动速度和加速度与基点的选择有关。**

故在选取基点时应注意兼顾简化求解过程，即常选取刚体上运动轨迹（速度、加速度）已知的点作为基点。

平面运动方程式（9－1）的第三个方程对时间求导数，即平面图形上一直线段与固定坐标轴的夹角对时间的变化率，定义为平面运动的角速度，即

$$\omega = \frac{d\varphi}{dt} = \frac{df_3(t)}{dt}$$

角速度对时间的导数定义为平面运动的角加速度，即

$$\alpha = \frac{d\omega}{dt} = \frac{d^2\varphi}{dt^2}$$

上面讲到平面图形的平动速度和加速度与基点的选择有关，那么，平面图形的相对转动的角速度、角加速度的大小和转向与基点的选择有关系吗？

在图 9-6(a) 所示的平面连杆机构中，假定运动初始时曲柄 OA 与连杆 AB 处于水平位置，现曲柄 OA 经过时间 Δt 定轴转动至 OA' 位置，如图 9-6(b) 所示，则连杆经由平面运动方式运动至 $A'B'$ 位置。由图 9-6(b) 可知，若选取点 B 作为基点，则有连杆 AB 绕 B 顺时针转动角度 φ_2 至 $A'B'$ 位置；若选取点 A 作为基点，则有连杆 AB 绕 A 顺时针转动角度 φ_1 至 $A'B'$ 位置。显然，$\varphi_1=\varphi_2$，且转向相同，对 $\varphi_1=\varphi_2$ 两边分别取一阶导和二阶导得到的角速度和角加速度为 $\omega_1=\omega_2=\omega$，$\alpha_1=\alpha_2=\alpha$。

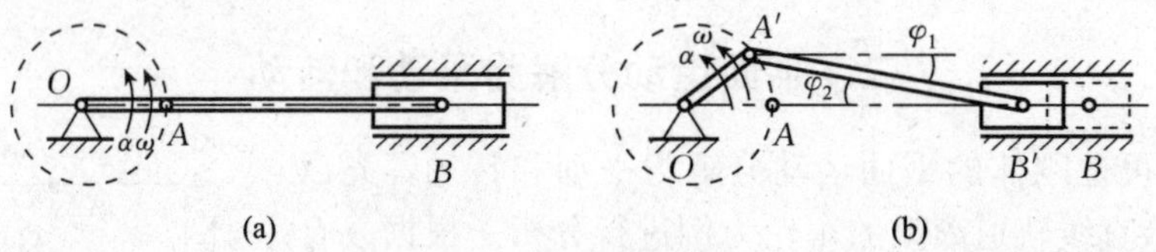

图 9-6

由此可见：**平面图形绕基点转动的角速度和角加速度与基点的选择无关，即为平面运动的角速度和角加速度。**

即动系随同基点平动时，平面图形绕动系相对转动的角速度、角加速度的大小和转向均与基点的选择无关，且其分别与图形平面运动的角速度、角加速度的大小和转向相同。因此，今后不必指定平面图形是绕哪个基点转动的。

第二节　求平面图形内各点速度的基点法

设某一瞬时平面图形 S 以角速度 ω 逆时针转动，其上点 A 的速度为 $\boldsymbol{v}_A$，如图 9-7 所示。试分析平面图形上任一点 B 的速度 $\boldsymbol{v}_B$。

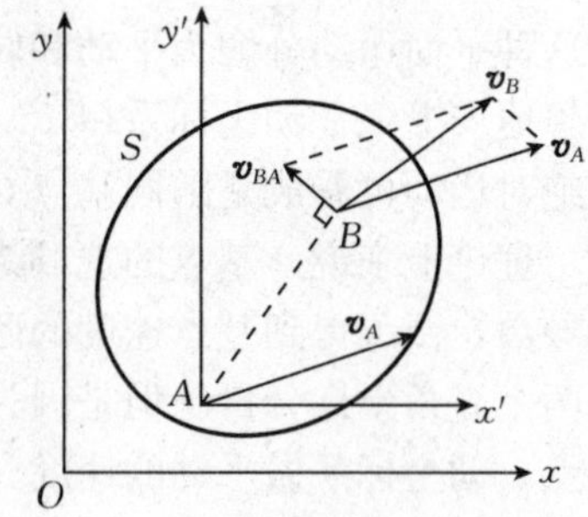

图 9-7

上一节介绍到平面图形的运动可分解为两个运动：随同基点的牵连平动和绕基点的相对转动。于是，平面图形上任一点 B 的运动也是这两个运动的合成运动。

因此，取 A 点为基点，平面图形上任意点 B 的速度即为

$$\boldsymbol{v}_B=\boldsymbol{v}_e+\boldsymbol{v}_r \tag{9-2}$$

因为牵连运动为随同基点 A 的平动，则点 B 的牵连速度为

$$\boldsymbol{v}_e=\boldsymbol{v}_A \tag{9-3}$$

又因为点 B 的相对运动是绕基点 A 的圆周运动，因此，点 B 的相对速度 $\boldsymbol{v}_r$ 就是点 B 绕基点 A 做圆周运动的速度，用 $\boldsymbol{v}_{BA}$ 表示，则

$$\boldsymbol{v}_r=\boldsymbol{v}_{BA} \tag{9-4}$$

$v_{BA}=\overline{BA}\times\omega$，其方向垂直 AB 连线，指向 ω 转动的方向。

将式（9-3）和式（9-4）代入式（9-2），得

$$\boldsymbol{v}_B=\boldsymbol{v}_A+\boldsymbol{v}_{BA} \qquad (9-5)$$

于是可知：**平面图形上任意点的速度等于基点的速度与该点随图形绕基点转动的速度的矢量和，**这就是**刚体平面运动的基点法。**

将式（9-5）向 AB 连线方向投影，如图 9-8 所示，由于$\boldsymbol{v}_{BA}$垂直于 AB 连线，则它在 AB 连线上的投影等于零，因此得到

$$[\boldsymbol{v}_B]_{AB}=[\boldsymbol{v}_A]_{AB} \qquad (9-6)$$

即点 B 的速度$\boldsymbol{v}_B$与点 A 的速度$\boldsymbol{v}_A$在连线 AB 上的投影相等。由于 A、B 是图形上任意两点，因此可知，**平面图形上任意两点的速度在这两点连线上的投影相等，**这就是**速度投影定理。**

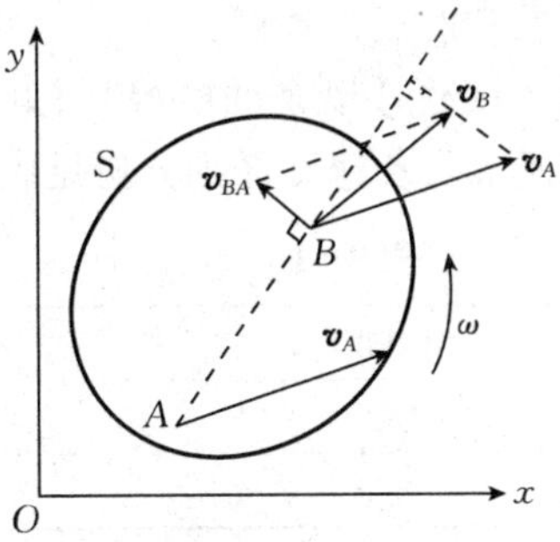

图 9-8

速度投影定理适用于刚体做任意形式的运动。因为刚体上任意两点的距离在运动过程中始终保持不变，所以刚体上任意两点的速度在其两点连线上的投影必然相等。

用基点法求平面图形上各点的速度的思路为：

（1）分析各构件的运动形式：平动、定轴转动、平面运动。

（2）选取平面运动刚体上速度已知的点为基点。

（3）根据已知条件及速度合成定理$\boldsymbol{v}_B=\boldsymbol{v}_A+\boldsymbol{v}_{BA}$作速度矢量图。

（4）当未知量不超过两个时，利用几何关系或利用投影关系来求解未知量。

例 9-2　图 9-9(a) 所示的曲柄滑块机构中，已知 $OA=r$，$AB=l$，当曲柄 OA 以匀角速度 ω 绕点 O 在纸平面内运动时，其带动滑块 B 在水平滑道内运动，当 OA 杆与水平直线成φ 角时，AB 杆恰与水平直线成θ 角，试求：此时刻滑块 B 的速度大小 v_B 和连杆 AB 的角速度 ω_{BA}。

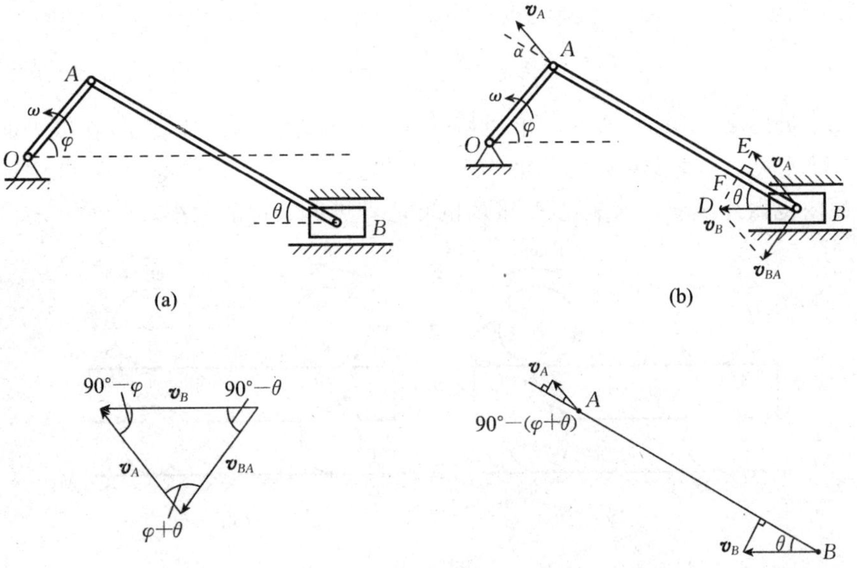

图 9-9

解：（1）运动分析：当曲柄 OA 定轴转动时，滑块 B 做水平直线运动，而连杆 AB 则做平面运动。

（2）速度分析（基点法）：根据基点法速度合成定理的合成原则，需选取连杆 AB 上速度已知的点为基点。

铰链 A 既是曲柄 OA 上的点，同时又是连杆 AB 上的点，其速度由 OA 杆可确定，选 A 为基点，各速度详细分析见表 9-1。

表 9-1

速度	$\boldsymbol{v}_B$	$\boldsymbol{v}_A$	$\boldsymbol{v}_{BA}$
大小	未知	$r\omega$	$l\omega_{BA}$，未知
方向	水平	垂直于 OA，斜向上	垂直于 AB

（3）速度计算：由基点法

$$\boldsymbol{v}_B=\boldsymbol{v}_A+\boldsymbol{v}_{BA}$$

作速度矢量图，如图 9-9(b) 所示，速度矢量三角形如图 9-9(c) 所示。根据正弦定理，得

$$\frac{v_A}{\sin(90^\circ-\theta)}=\frac{v_B}{\sin(\varphi+\theta)}=\frac{v_{BA}}{\sin(90^\circ-\varphi)} \qquad (*)$$

将上表各量代入式（*），整理得

$$v_B=\frac{\sin(\varphi+\theta)}{\cos\theta}\omega r$$

$\omega_{BA}=\dfrac{\cos\varphi}{\cos\theta}\times\dfrac{r}{l}\omega$，顺时针方向（由$\boldsymbol{v}_A$、$\boldsymbol{v}_B$方向确定）。

本题若只求 B 的速度大小 v_B，利用速度投影定理更简捷。由图 9-9(d)，根据速度投影定理$[\boldsymbol{v}_B]_{AB}=[\boldsymbol{v}_A]_{AB}$，可得

$$v_A\cos[90^\circ-(\varphi+\theta)]=v_B\cos\theta$$

即

$$v_B=\frac{\sin(\varphi+\theta)}{\cos\theta}\omega r$$

例 9-3 如图 9-10(a) 所示，半径相同的小车车轮以匀角速度 ω_1 在纸平面内的水平直线轨道上做纯滚动，车身获得的速度为$\boldsymbol{v}$，小车上半径均为 r 的滚轮 A 和 B 以匀角速度 ω_2 在纸平面内也做纯滚动，求滚轮 A 和 B 的轮心速度$\boldsymbol{v}_A$、$\boldsymbol{v}_B$的大小。

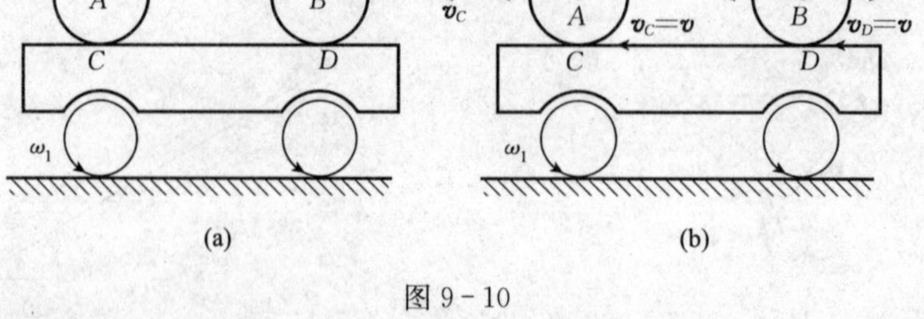

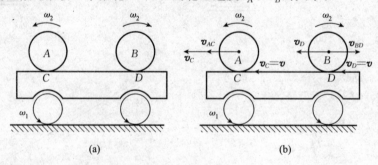

图 9-10

解：（1）运动分析：小车车轮做纯滚动时，其车身做平动，则车身上各点的速度相等，

同时滚轮 A 和 B 在纸平面内也做纯滚动。

（2）速度分析（基点法）：根据基点法速度合成定理的合成原则，选取滚轮 A 和 B 上与车身瞬时接触的点 C、D 为基点，因为 C、D 的牵连速度为车身的速度，速度的详细说明见表 9－2。

表 9－2

速度	$\boldsymbol{v}_A$	$\boldsymbol{v}_B$	$\boldsymbol{v}_C=\boldsymbol{v}_D$	$\boldsymbol{v}_{AC}$	$\boldsymbol{v}_{BD}$
大小	未知	未知	v	未知	未知
方向	水平	水平	水平向左	水平向左	水平

（3）速度计算：由图 9－10(b)，结合基点法合成定理，得

$$v_A=v_C+\omega_2 r=v+\omega_2 r$$

其方向水平向左。

$$v_B=v_D-\omega_2 r=v-\omega_2 r$$

其方向由 v 及 ω_2 的大小确定。

第三节　求平面图形内各点速度的瞬心法

本章第一节讲到，求平面图形上任意点的速度时，基点是可以任意选取的。如果选取平面图形上瞬时速度为零的点 A 为基点，即若 $\boldsymbol{v}_A=0$，则速度合成定理 $\boldsymbol{v}_B=\boldsymbol{v}_A+\boldsymbol{v}_{BA}$ 可转化为 $\boldsymbol{v}_B=\boldsymbol{v}_{BA}$ 的形式，这样可大大简化计算过程。

能找到这样的基点吗？设某一瞬时，平面图形上点 A 的速度为 $\boldsymbol{v}_A$，平面图形的角速度为 ω，且 $\omega\neq 0$，转向不妨设为逆时针方向，如图 9－11 所示。

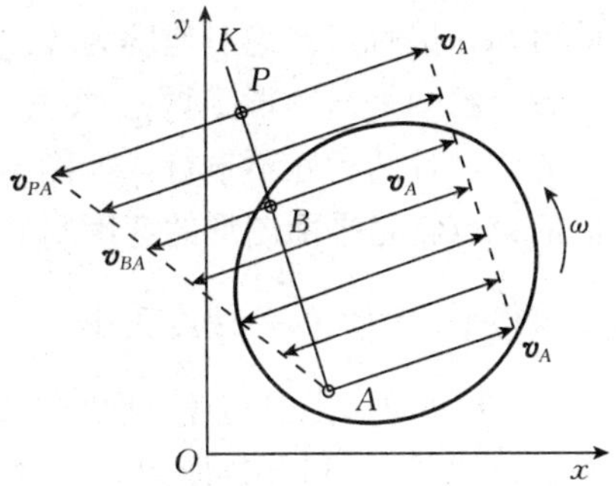

图 9－11

取点 A 为基点，将 $\boldsymbol{v}_A$ 沿角速度 ω 的转向转过 90°，并在此方位作射线 AK，射线 AK 上各点的牵连速度与相对速度的速度矢量图见图 9－11，在 AK 上所有各点的牵连速度与相对速度方向都相反，且各点牵连速度都等于基点的速度 $\boldsymbol{v}_A$，而相对速度的大小则与该点到基点的距离成正比，即任意点 B 绕点 A 转动的速度 $v_{BA}=\overline{AB}\times\omega$。

因此，由基点法速度合成定理，图示瞬时必有一到 A 点的距离 $\overline{PA}=\dfrac{v_A}{\omega}$ 的点 P，其速度为

$$v_P=v_A-v_{PA}=v_A-\overline{PA}\times\omega=0$$

由此可知，只要平面图形的角速度 ω 不等于零，则在此瞬时图形或其延伸部分必有一个速度等于零的点，这个点称为平面图形的瞬时速度中心，简称速度瞬心。该瞬时，平面图形绕通过瞬心垂直于图形所在平面的轴（瞬时轴）转动，由于这个转轴随瞬心位置的变化而改变，所以也可以认为平面运动就是瞬时转动。**平面图形上某瞬时速度为零的点称为平面图形在此瞬时的瞬时速度中心，简称速度瞬心。**

现选取速度瞬心点 P 为基点，利用速度合成基点法，则有

$$\boldsymbol{v}_B=\boldsymbol{v}_P+\boldsymbol{v}_{BP}$$

因$\boldsymbol{v}_P=0$，则$\boldsymbol{v}_B=\boldsymbol{v}_{BP}$，即平面图形上任意点 B 的速度大小为

$$v_B=\overline{BP}\times\omega \tag{9-7}$$

其方向垂直于其与瞬心 P 的连线并指向 ω 的转动方向，如图 9－12所示。

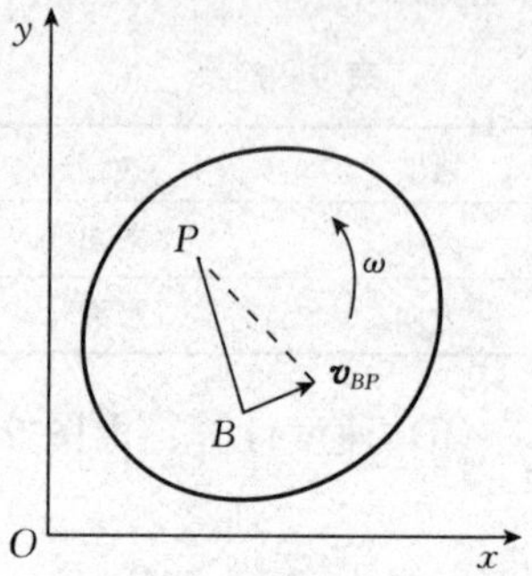

图 9－12

由此可见，**平面图形内各点的速度大小等于该点到速度瞬心的距离乘以平面图形的角速度，方向垂直于该点与速度瞬心的连线，指向 ω 转动方向，图形上各点的速度即为图形上各点在此瞬时以角速度 ω 绕速度瞬心 P 做圆周运动的速度**。

应该强调指出，刚体做平面运动时，在每一瞬时，只要其角速度不为零，图形内必然存在速度为零的点。但在不同时刻，速度瞬心在图形内的位置不同。

下面介绍根据一些已知条件**确定速度瞬心位置的方法**：

（1）已知滚动体沿固定面（平面或曲面）做无滑动的滚动（又称**纯滚动**），滚动体与固定面的接触点 P 即为其速度瞬心，如图 9－13(a) 和（b）所示。

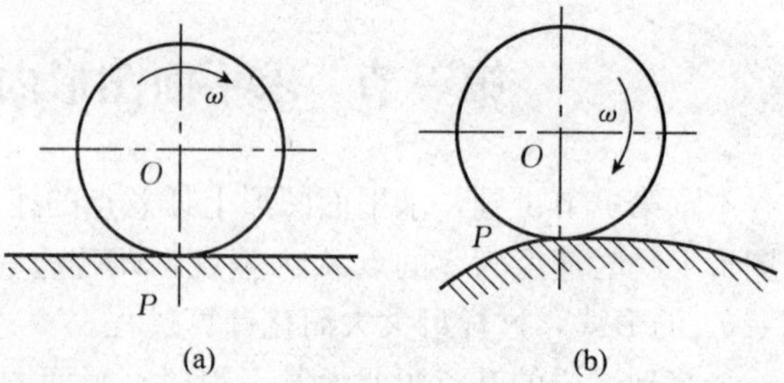

图 9－13

因与纯滚动体接触的面为固定面，故滚动体边缘各点在相继与固定面接触时，接触点与接触面的相对速度为零，由此可知，接触点的绝对速度为零。

（2）已知平面图形上两点 A 和 B 的速度方位，且两者互不平行，如图 9－14(a) 所示，现分别通过点 A 和 B 作$\boldsymbol{v}_A$和$\boldsymbol{v}_B$的垂线，它们的交点就是平面图形的速度瞬心 P。如果已知其中一个速度的大小（如$\boldsymbol{v}_A$的大小），还可以求得平面图形的角速度大小 $\omega=\dfrac{v_A}{AP}$，其转向由$\boldsymbol{v}_A$的指向与速度瞬心位置确定。

（3）已知平面图形上任意两点 A 和 B 的速度方位，两者相互平行，但与该两点的连线不垂直，如图 9－14(b) 所示，现过 A 和 B 两点作$\boldsymbol{v}_A$和$\boldsymbol{v}_B$的垂线，它们的垂线平行，则此时平面图形的速度瞬心 P 在无限远处，其角速度为零，称图形此时为**瞬时平动**。此瞬时$\boldsymbol{v}_A=\boldsymbol{v}_B$，且其上任意点的速度大小与方向均相同，但加速度不同。

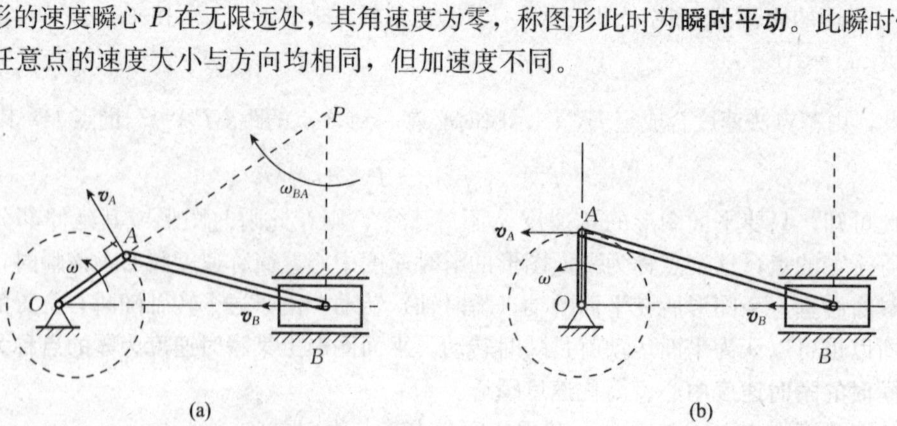

图 9－14

(4) 已知图形上两点的速度方向相互平行，且垂直于两点连线。如图 9-15(a) 和 (b) 所示，齿条Ⅰ、Ⅱ带动齿轮 O 运动。则可确定平面图形（齿轮）上与齿条接触 A、B 两点的速度方位，其相互平行且垂直于两点的连线 AB，则 AB 连线与速度矢 $\boldsymbol{v}_A$ 和 $\boldsymbol{v}_B$ 端点连线的交点 P 即为其瞬心。当 $\boldsymbol{v}_A$ 和 $\boldsymbol{v}_B$ 同向时，平面图形的速度瞬心在 AB 的延长线上，如图 9-16(a)所示。当 $\boldsymbol{v}_A$ 和 $\boldsymbol{v}_B$ 反向时，平面图形的速度瞬心在 A、B 两点之间，如图 9-16(b) 所示。应该指出的是齿轮 O 的速度瞬心的位置，不仅需要知道 $\boldsymbol{v}_A$ 和 $\boldsymbol{v}_B$ 的方向，而且还需知道它们的大小。当 $\boldsymbol{v}_A=\boldsymbol{v}_B$ 时，图形做瞬时平动。

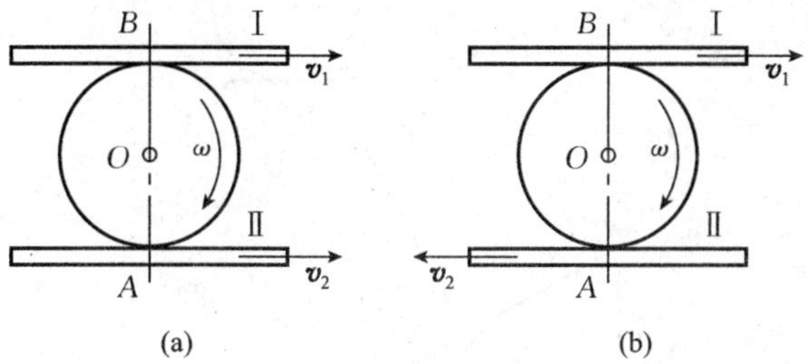

图 9-15

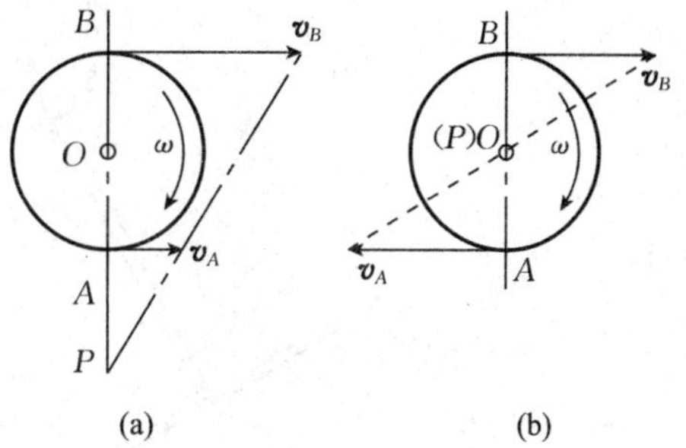

图 9-16

注意：平面图形的瞬心不一定在图形的内部，有时可能在图形的外部，在图形外部时，应理解为将平面图形扩大后的图形上的点，速度瞬心的加速度一般不为零。故瞬心的位置随时间变化，平面图形绕速度瞬心转动的角速度和角加速度也是平面图形平面运动的角速度和角加速度。

例 9-4　如图 9-17(a) 所示，半径为 r 的滚轮以匀角速度 ω 在水平轨道上做纯滚动，求轮心 O 和轮缘各点 A、B、C、D 的速度。

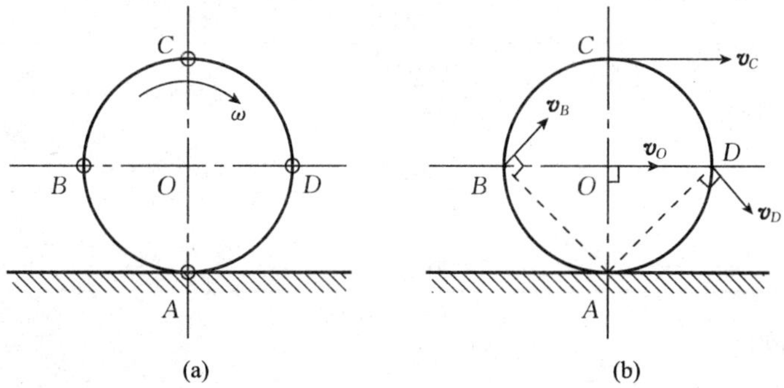

图 9-17

解：已知滚轮在固定不动的轨道上做平面运动。由速度瞬心位置的确定方法 (1) 可知，滚轮与地面接触点 A 的速度为零，即 $v_A=0$。

由速度瞬心法，得图 9-17(b) 所示运动分析，可知

$$v_O=r\omega$$

$$v_B=\sqrt{2}r\omega,\quad \text{方向：垂直于 } AB\text{，斜向上}$$

$$v_C=2r\omega,\quad \text{方向：垂直于 } AC\text{，水平向右}$$

$$v_D=\sqrt{2}r\omega,\qquad \text{方向：垂直于} AD\text{，斜向下}$$

例 9-5 图 9-18(a) 所示平面机构，曲柄 OA 以匀角速度 ω_1 绕点 O 转动时，通过连杆 AB、CD 带动半径为 r 的轮 C 在水平直线轨道上做纯滚动，当 OA 杆转至与 OB 连线垂直时，连杆 AB 与 OB 连线成 30°角，且知 $OA=AD=DB=\frac{1}{2}DC=2r$。试求：此瞬时滚轮 C 的角速度 ω_2，AB 杆和 CD 杆的角速度 ω_{AB}、ω_{CD}。

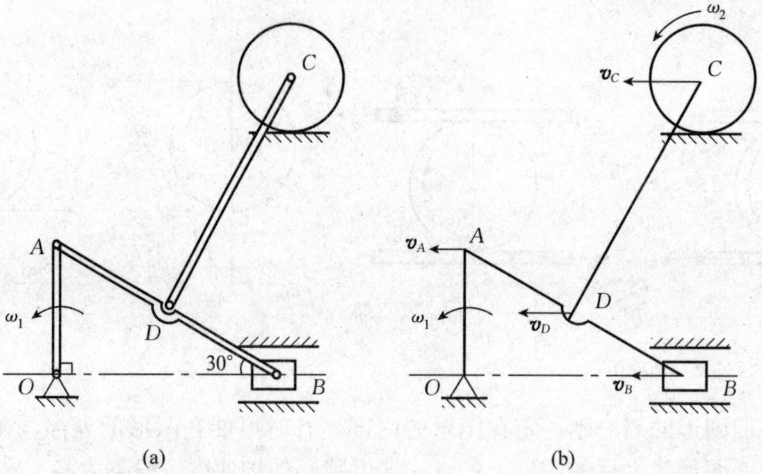

图 9-18

解： 在曲柄 OA 绕定轴转动时，带动连杆 AB、CD 都做平面运动。以速度瞬心法确定 AB 杆、CD 杆的速度瞬心，则有图 9-18(b) 的运动分析图解，详细说明见表 9-3。

表 9-3

	速度	大小	方向	瞬心	结论
AB 杆	$\boldsymbol{v}_A$	$2\omega_1 r$	水平，左	无穷远	瞬时平动
	$\boldsymbol{v}_B$	未知	水平，左		
轮 C	$\boldsymbol{v}_C$	$\omega_2 r$	水平	与地面接触的点	以 ω_2 纯滚动
CD 杆	$\boldsymbol{v}_C$	$\omega_2 r$	水平，左	无穷远	瞬时平动
	$\boldsymbol{v}_D$	$v_A=v_D=v_C$	水平，左		

由上表分析可得

$$2\omega_1 r=v_A=v_D=v_C=\omega_2 r$$

则

$$\omega_2=2\omega_1\ \text{（逆时针）}$$

由于 AB 杆、CD 杆在图示瞬时位置做瞬时平动，所以 $\omega_{AB}=\omega_{CD}=0$。

例 9-6 如图 9-19(a) 所示，四连杆机构中 $O_1B=l$，$AB=3l/2$，$AD=DB$，OA 以 ω 绕 O 轴转动，图示位置时，AB 杆水平，O_1B 杆铅垂，OA 与水平成 45°。求：(1) AB 杆的角速度；(2) B 和 D 点的速度。

解： AB 杆做平面运动，OA 和 O_1B 都做定轴转动，分析可知 OA 和 O_1B 延长线的交点 C 是 AB 杆的速度瞬心，如图 9-19(b) 所示。由几何关系可求出

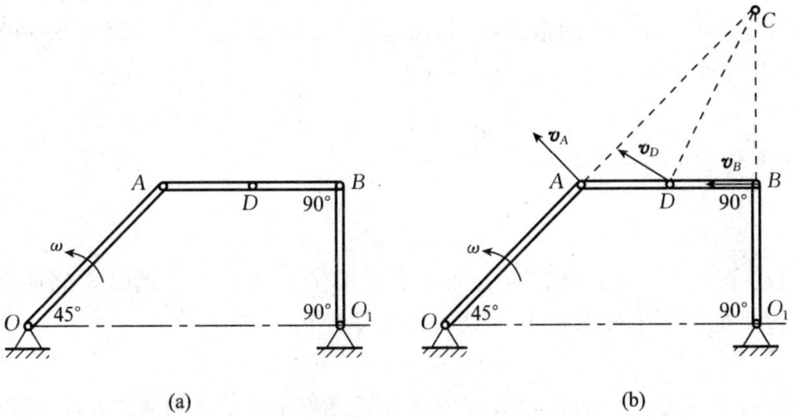

图 9-19

$$OA=\sqrt{2}\,l,\quad AB=BC=\frac{3}{2}l,\quad AC=\frac{3\sqrt{2}}{2}l,\quad DC=\frac{3\sqrt{5}}{4}l$$

由速度瞬心法可知

$$v_A=\overline{OA}\cdot\omega=\sqrt{2}\,l\omega$$

$$\omega_{AB}=\frac{v_A}{AC}=\frac{\sqrt{2}\,l\omega}{\frac{3\sqrt{2}}{2}l}=\frac{2}{3}\omega$$

转向为顺时针。

$$v_B=\overline{BC}\cdot\omega_{AB}=l\omega,\qquad v_D=\overline{DC}\cdot\omega_{AB}=\frac{\sqrt{5}}{2}l\omega$$

D 点速度垂直于 CD，指向如图 9-19(b) 所示。

第四节　用基点法求平面图形内各点的加速度

选择一个随基点平动的动参考系，可以将平面运动分解为随同动参考系的平动（牵连运动）和相对动参考系的转动（相对运动），故其上任意点的运动遵循点的合成运动原则，可以利用上一章复合运动的方法分析图形上点的加速度。

已知某一瞬时平面图形上点 A 的加速度为 $\boldsymbol{a}_A$，平面运动的角速度为 ω，角加速度为 α，如图 9-20 所示，就可以分析图形上任一点 B 的加速度 $\boldsymbol{a}_B$。

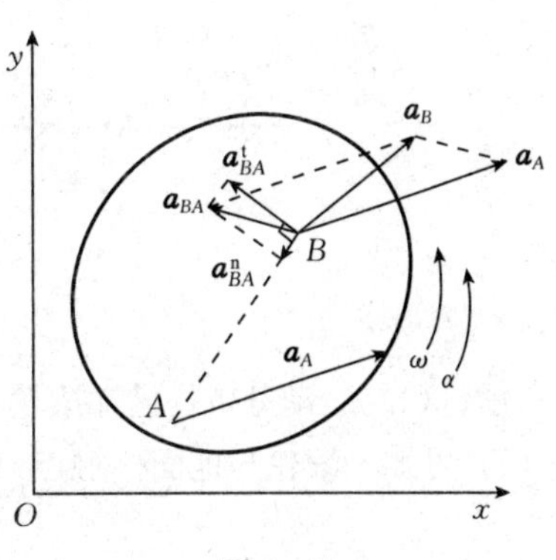

图 9-20

选点 A 为平面图形的基点，也就是选择一个随基点 A 做平动的动参考系，则动点 B 的牵连运动的加速度 $\boldsymbol{a}_e=\boldsymbol{a}_A$，因平面图形相对动参考系转动，图形上任一点绕基点 A 做圆周运动，B 点相对 A 点做圆周运动的加速度 $\boldsymbol{a}_r$ 可分解为沿圆周的切向加速度 $\boldsymbol{a}_{BA}^t$ 和法向加速度 $\boldsymbol{a}_{BA}^n$，即 $\boldsymbol{a}_r=\boldsymbol{a}_{BA}=\boldsymbol{a}_{BA}^t+\boldsymbol{a}_{BA}^n$，其中 $\boldsymbol{a}_{BA}^t$、$\boldsymbol{a}_{BA}^n$ 大小分别为

$$a_{BA}^t=\overline{BA}\times\alpha$$

$$a_{BA}^{n}=\overline{BA}\times\omega^2$$

$\boldsymbol{a}_{BA}^{t}$的方向垂直于 BA，并与 α 的指向相同，$\boldsymbol{a}_{BA}^{n}$沿 BA 由 B 指向 A，即由该点指向基点。

相对加速度的大小为

$$a_{BA}=\overline{AB}\times\sqrt{\omega^4+\alpha^2}$$

相对加速度与 BA 的夹角 φ 为

$$\varphi=\arctan\frac{a_{BA}^{t}}{a_{BA}^{n}}=\frac{\alpha}{\omega^2}$$

因牵连运动是平动，其上任意点的加速度可按牵连运动为平动时点的加速度合成定理 $\boldsymbol{a}_a=\boldsymbol{a}_e+\boldsymbol{a}_r$。设平面图形上任意点 B 的绝对加速度为 $\boldsymbol{a}_B$，则

$$\boldsymbol{a}_B=\boldsymbol{a}_A+\boldsymbol{a}_{BA}^{t}+\boldsymbol{a}_{BA}^{n} \tag{9-8}$$

上式即为平面运动点的加速度合成定理，它表明**平面图形上任意点的加速度等于基点的加速度与随图形绕基点转动的切向加速度和法向加速度的矢量和**。其中，相对切向加速度大小等于该点和基点距离乘以平面运动的角加速度，方向垂直于该点和基点连线，指向由角加速度转向确定；相对法向加速度大小等于该点和基点距离乘以平面运动的角速度的平方，方向由该点指向基点。

用基点法求平面图形上各点加速度的思路为：

(1) 分析各构件的运动形式：平动、定轴转动、平面运动，必要时要先做速度分析。

(2) 选取平面运动刚体上加速度已知，或大小、方向中的一个要素已知的点为基点，在待求加速度的点作加速度矢量分析图（主要是表示各加速度方位）。

(3) 运用基点法加速度合成定理 $\boldsymbol{a}_B=\boldsymbol{a}_A+\boldsymbol{a}_{BA}^{t}+\boldsymbol{a}_{BA}^{n}$，将矢量方程向两个不同方向投影得到两个代数方程，如果未知量不超过两个，则可求解未知量。

(4) 如果矢量方程中未知要素超过两个，则应考虑再选另外的点为基点进行加速度分析，以得到补充方程，联合前面的投影方程求解。

例 9-7 如图 9-21(a) 所示，半径为 r 的滚轮在水平轨道上做纯滚动，轮心速度为 $\boldsymbol{v}$，加速度为 $\boldsymbol{a}$，求滚轮的角速度 ω，角加速度 α，滚轮与地面的接触点 A 和轮缘点 B 的加速度。

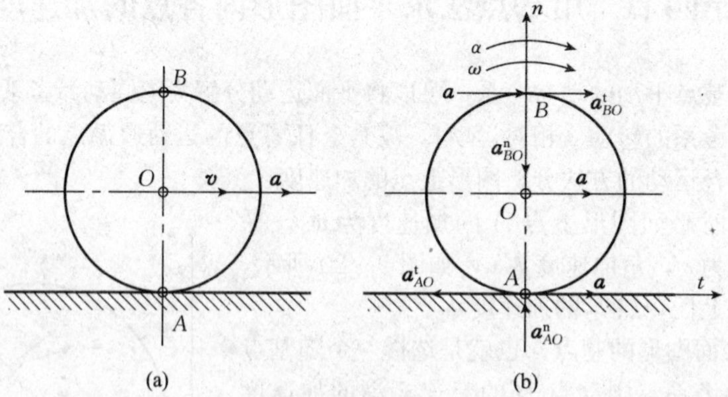

图 9-21

解：(1) 运动分析：已知滚轮在固定不动的轨道上做平面运动。由速度瞬心位置的确定方法 (1) 可知，滚轮与地面接触点 A 的速度为零。结合速度瞬心法公式，可知滚轮的角速度为

$$\omega=\frac{v}{r}\ （顺时针）$$

只要是纯滚动，上式在运动过程中始终是成立的，上式两边对时间求导数，可得

$$\alpha=\frac{\mathrm{d}\omega}{\mathrm{d}t}=\frac{1}{r}\frac{\mathrm{d}v}{\mathrm{d}t}=\frac{a}{r}\text{（顺时针）}$$

上式为圆轮沿直线轨道纯滚动时其角加速度与轮心加速度间的关系。当圆轮沿曲线轨道纯滚动时上述关系也成立，只需将轮心加速度 a 换为轮心的切向加速度 a_O^{t}，即 $\alpha=\frac{a_O^{\mathrm{t}}}{r}$。

（2）点 A 的加速度分析与计算：选取轮心 O 为基点，进行加速度分析，作加速度矢量图，如图 9-21(b) 所示。各加速度分析见表 9-4。

表 9-4

加速度	$\boldsymbol{a}_A$	$\boldsymbol{a}_O$	$\boldsymbol{a}_{AO}^{\mathrm{n}}$	$\boldsymbol{a}_{AO}^{\mathrm{t}}$
大小	未知	a	$\frac{v^2}{r}$	$r\alpha$
方向	未知	水平向右	竖直指向圆心	水平向左

由加速度合成定理，有

$$\boldsymbol{a}_A=\boldsymbol{a}_O+\boldsymbol{a}_{AO}^{\mathrm{t}}+\boldsymbol{a}_{AO}^{\mathrm{n}} \tag{1}$$

取图示水平方向 t 和铅垂方向 n 作为投影方向，将式（1）向 n 轴投影，有

$$a_A^{\mathrm{n}}=a_{AO}^{\mathrm{n}}$$

因 $a_{AO}^{\mathrm{n}}=r\omega^2=\frac{v^2}{r}$，故 $a_A^{\mathrm{n}}=\frac{v^2}{r}$。

将式（1）向 t 轴投影，得

$$a_A^{\mathrm{t}}=a_O-a_{AO}^{\mathrm{t}}=0$$

故 $a_A=\frac{v^2}{r}$，竖直指向圆心。

（3）点 B 的加速度分析与计算：选取轮心 O 为基点，作 B 点加速度分析矢量图，如图 9-21(b) 所示。各量分析见表 9-5。

表 9-5

加速度	$\boldsymbol{a}_B$	$\boldsymbol{a}_O$	$\boldsymbol{a}_{BO}^{\mathrm{n}}$	$\boldsymbol{a}_{BO}^{\mathrm{t}}$
大小	未知	a	$\frac{v^2}{r}$	$r\alpha$
方向	未知	水平向右	竖直指向圆心	水平向左

由加速度合成定理，有

$$\boldsymbol{a}_B=\boldsymbol{a}_O+\boldsymbol{a}_{BO}^{\mathrm{t}}+\boldsymbol{a}_{BO}^{\mathrm{n}} \tag{2}$$

将式（2）向 t 轴投影，有

$$a_B^{\mathrm{t}}=a_O+a_{BO}^{\mathrm{t}}$$

因 $a_{BO}^{\mathrm{t}}=r\alpha=a=a_O$，故 $a_B^{\mathrm{t}}=2a$。

将式（2）向 n 轴投影，有

$$a_B^{\mathrm{n}}=-a_{BO}^{\mathrm{n}}$$

因 $a_{BO}^{\mathrm{n}}=\frac{v^2}{r}$，故 $a_B^{\mathrm{n}}=-\frac{v^2}{r}$。

因为 $\boldsymbol{a}_B=\boldsymbol{a}_B^t+\boldsymbol{a}_B^n$，得

$$a_B=\sqrt{4a^2+\frac{v^4}{r^2}}$$

与水平方向所成的夹角为

$$\varphi=\arctan\frac{v^2}{2ar}$$

例 9－8 如图 9－22(a) 所示，半径为 r 的滚轮沿平面曲线无滑动地滚动，图示瞬时轮心 O 的速度为 $\boldsymbol{v}$，沿水平方向，加速度 $\boldsymbol{a}$ 与速度 $\boldsymbol{v}$ 成 φ 角，试求：滚轮的角速度 ω，角加速度 α 及点 A 的加速度。

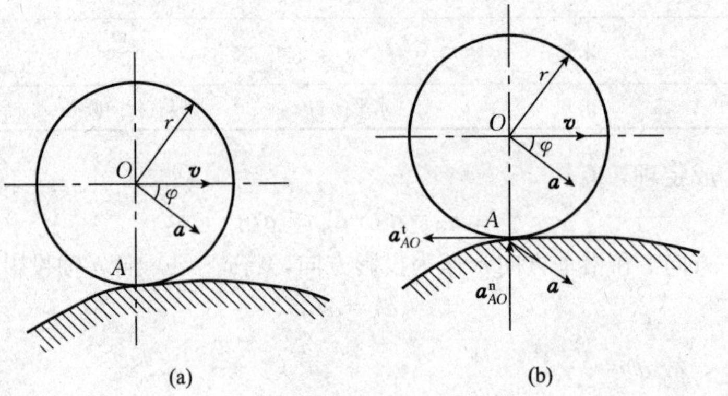

图 9－22

解: (1) 运动分析：滚轮的运动为平面运动。由速度瞬心位置的确定方法 (1) 可知，滚轮与地面接触点 A 的速度为零。结合速度瞬心法公式，可知滚轮的角速度为

$$\omega=\frac{v}{r}$$

(2) 点 A 的加速度分析与计算：选取轮心 O 为基点，进行加速度分析，作加速度矢量图，如图 9－22(b) 所示。各量分析见表 9－6。

表 9－6

加速度	$\boldsymbol{a}_A$	$\boldsymbol{a}_O$	$\boldsymbol{a}_{AO}^n$	$\boldsymbol{a}_{AO}^t$
大小	未知	a	$\frac{v^2}{r}$	$r\alpha$
方向	未知	与水平成 φ 角，斜向下	竖直指向圆心	水平向左

由加速度合成定理，有

$$\boldsymbol{a}_A=\boldsymbol{a}_O+\boldsymbol{a}_{AO}^t+\boldsymbol{a}_{AO}^n \tag{1}$$

将式 (1) 向水平 t 轴投影，有

$$a_A^t=a_O^t-a_{AO}^t \tag{2}$$

又 $a_{AO}^t=r\alpha$，则式 (2) 改写为

$$a_A^t=a_O^t-r\alpha=a_O^t-r\frac{a_O^t}{r}=0$$

将式 (1) 向 n 轴投影，有

$$a_A^n = -a\sin\varphi + a_{AO}^n \tag{3}$$

因 $a_A^n = \frac{v^2}{r}$，故代入式（3）得

$$a_A^n = -a\sin\varphi + \frac{v^2}{r}$$

因为 $\boldsymbol{a}_A = \boldsymbol{a}_A^t + \boldsymbol{a}_A^n$，故整理得

$$a_A = -a\sin\varphi + \frac{v^2}{r}$$

竖直指向圆心。

例 9-9　如图 9-23(a) 所示，滑块以匀速度 $v_B = 2$ m/s 沿铅垂滑槽向下滑动，通过连杆 AB 带动轮子 A 沿水平面做纯滚动。设连杆长 $l = 800$ mm，轮子半径 $r = 200$ mm。当 AB 与铅垂线成 $\theta = 30°$ 角时，求此时点 A 的加速度及连杆、轮子的角加速度。

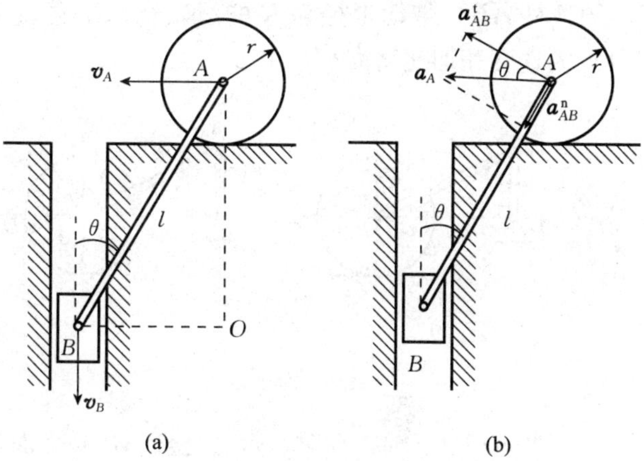

图 9-23

解：(1) 速度分析：AB 杆做平面运动，根据其上 A、B 两点的速度方向可以确定点 O 为杆 AB 的速度瞬心，如图 9-23(a) 所示。

$$\omega_{AB} = \frac{v_B}{OB} = \frac{v_B}{l\sin\theta} = 5(\text{rad/s})$$

(2) 以 B 点为基点分析 A 点的加速度：因为 $\boldsymbol{a}_B = 0$，绘加速度矢量图，如图 9-23(b) 所示。

由加速度合成定理，有

$$\boldsymbol{a}_A = \boldsymbol{a}_B + \boldsymbol{a}_{AB}^n + \boldsymbol{a}_{AB}^t = \boldsymbol{a}_{AB}^n + \boldsymbol{a}_{AB}^t$$

其中

$$a_{AB}^n = \omega_{AB}^2 l = 20(\text{m/s}^2)$$

由加速度矢量图中的几何关系可知

$$a_{AB}^t = a_{AB}^n \cot\theta = 20\sqrt{3}\ (\text{m/s}^2),\qquad a_A = \frac{a_{AB}^n}{\sin\theta} = 40(\text{m/s}^2)$$

所以

$$\alpha_{AB} = \frac{a_{AB}^t}{l} = \frac{20\sqrt{3}}{0.8} = 43.3(\text{rad/s}^2)$$

$$\alpha_A = \frac{a_A}{r} = \frac{40}{0.2} = 200(\text{rad/s}^2)$$

第五节 运动学综合应用举例

工程机构都是由几个构件组成的，各构件间通过接触副传递运动。为分析机构的运动，首先要判断构件做何种运动，并需计算相关点的速度和加速度。

求点的速度和加速度的方法有多种：(1) 采用第六章的点的运动学确立某点的运动方程，再通过逐级求导的方式求其运动全过程的速度和加速度。(2) 采用刚体的运动形式及运动特性确定其上某点的运动速度和加速度。(3) 采用第八章点的合成运动和第九章刚体的平面运动理论来分析相关两点在某时刻的速度和加速度。

有时同一问题可用不同的方法分析，则应经过分析、比较后，择优选用解决方案。

下面通过几个例题说明这些方法的综合应用。

例 9-10 在图 9-24(a) 所示机构中，已知曲柄 OA 的长度为 r，以角速度 ω_1 沿逆时针方向转动，通过长 l 的连杆 AB，带动半径为 R 的滚轮在水平直线轨道上做纯滚动。试求：图示瞬时滚轮上 D 点的速度和加速度大小。

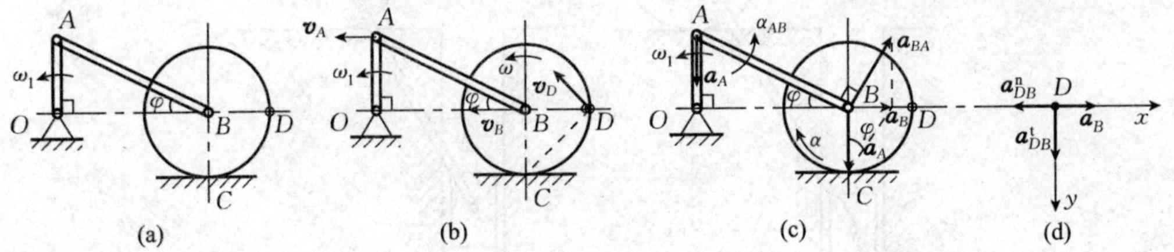

图 9-24

解：(1) 运动分析：当曲柄 OA 绕轴转动时，带动连杆 AB 做平面运动，再通过连杆与滚轮的连接点 B 带动滚轮在水平直线轨道上做纯滚动（平面运动）。因此，欲求点 D 的速度和加速度必须借助于做瞬时平动的 AB 上与做平面运动的滚轮相连接的点 B 的速度和加速度，再通过滚轮的平面运动理论选取适当的解答方案来进行求解。

(2) 速度分析与计算：如图 9-24(b) 所示，连杆 AB 在图示瞬时处于瞬时平动，其角速度 $\omega_{AB}=0$，杆上各点的速度相同，故点 B 的速度大小为

$$v_B=v_A=r\omega_1$$

方向水平向左。

滚轮做纯滚动，则可知其速度瞬心在与地面相接触的点 C，故滚轮的角速度为

$$\omega=\frac{v_B}{BC}=\frac{r\omega_1}{R}$$

转向为逆时针。

滚轮上点 D 的速度大小为

$$v_D=CD\cdot\omega=\sqrt{2}\,r\omega_1$$

方向垂直于 CD，与 ω 的转向一致。

(3) 加速度分析与计算：取点 A 为基点，对点 B 进行加速度分析，绘加速度矢量图如图 9-24(c) 所示。各量分析见表 9-7。

表 9-7

加速度	$\boldsymbol{a}_B$	$\boldsymbol{a}_A$	$\boldsymbol{a}_{BA}^{n}$	$\boldsymbol{a}_{BA}^{t}$
大小	未知	$r\omega_1^2$	0 （因 $\omega_{AB}=0$）	$l\alpha_{AB}$
方向	水平	沿杆 AO 竖直 指向下		垂直杆 AB

由加速度合成定理，有

$$\boldsymbol{a}_B=\boldsymbol{a}_A+\boldsymbol{a}_{BA}^{t}+\boldsymbol{a}_{BA}^{n}$$

由加速度矢量图可得点 B 的加速度大小为

$$a_B=a_A\tan\varphi=\frac{r^2\omega_1^2}{\sqrt{l^2-r^2}}$$

可见，瞬时平动刚体上各点的加速度一般不相同。

滚轮的角加速度为

$$\alpha=\frac{a_B}{R}=\frac{r^2\omega_1^2}{R\sqrt{l^2-r^2}}$$

方向为顺时针方向。

取点 B 为基点，对点 D 进行加速度分析，如图 9-24(d) 所示。各量分析见表 9-8。

表 9-8

加速度	$\boldsymbol{a}_D$	$\boldsymbol{a}_B$	$\boldsymbol{a}_{DB}^{n}$	$\boldsymbol{a}_{DB}^{t}$
大小	未知	$\dfrac{r^2\omega_1^2}{\sqrt{l^2-r^2}}$	$\dfrac{r^2}{R}\omega_1^2$ $(=R\omega^2)$	$\dfrac{r^2\omega_1^2}{\sqrt{l^2-r^2}}$ $(=R\alpha)$
方向	未知	水平向右	由点 D 指向轮心 B	沿轮缘切线

利用基点法加速度合成定理，有

$$\boldsymbol{a}_D=\boldsymbol{a}_B+\boldsymbol{a}_{DB}^{t}+\boldsymbol{a}_{DB}^{n}$$

将上式分别向 x 轴和 y 轴投影，得

$$a_{Dx}=a_B-a_{DB}^{n}=r^2\omega_1^2\left(\frac{1}{\sqrt{l^2-r^2}}-\frac{1}{R}\right)$$

$$a_{Dy}=a_{DB}^{t}=\frac{r^2\omega_1^2}{\sqrt{l^2-r^2}}$$

故点 D 的加速度大小为

$$a_D=\sqrt{a_{Dx}^2+a_{Dy}^2}=r^2\omega_1^2\sqrt{\frac{1}{R^2}+\frac{2}{l^2-r^2}-\frac{2}{R\sqrt{l^2-r^2}}}$$

例 9-11 如图 9-25(a) 所示平面机构中，杆 AC 在导轨中以匀速 $\boldsymbol{v}$ 平动，通过铰链 A 带动杆 AB 沿导筒运动，导筒中心 O 与杆 AC 距离为 l。图示瞬时杆 AB 与杆 AC 夹角为 $\varphi=60°$，试求：此刻杆 AB 的角速度及角加速度。

解：本题可用多种方法求解。

方法一：（1）运动分析：当杆 AC 在导轨中平动时，通过铰链 A 带动杆 AB 沿导筒运

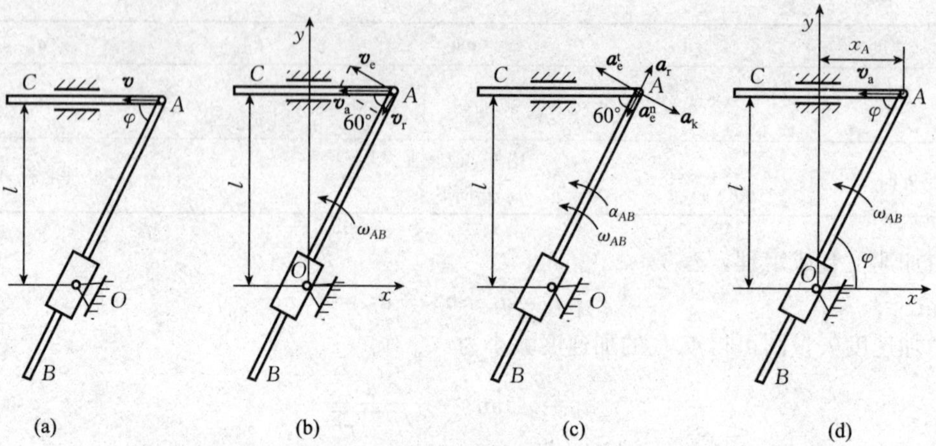

图 9-25

动，使杆 AB 相对导筒运动，故选 AC 杆上的点 A 为动点，将动参考系固连在导筒上。绝对运动为点 A 以匀速 $\boldsymbol{v}$ 沿 AC 方向的运动，相对运动为点 A 沿 AB 杆的直线运动，牵连运动为导筒绕点 O 的定轴转动。

(2) 速度分析：结合运动分析及绝对速度$\boldsymbol{v}_a$是相对速度$\boldsymbol{v}_r$和牵连速度$\boldsymbol{v}_e$的平行四边形合成图的对角线，绘速度矢量图，如图 9-25(b) 所示，各量分析见表 9-9。

表 9-9

速度	$\boldsymbol{v}_a$	$\boldsymbol{v}_e$	$\boldsymbol{v}_r$
大小	v	未知	未知
方向	水平向左	垂直于杆 AB	沿 AB 杆

(3) 求速度：根据点的速度合成定理，有

$$\boldsymbol{v}_a=\boldsymbol{v}_e+\boldsymbol{v}_r$$

由图 9-25(b) 所示的速度平行四边形中几何关系可得，点 A 的牵连速度和相对速度大小分别为

$$v_e=v_a\sin 60°=\frac{\sqrt{3}}{2}v$$

$$v_r=v_a\cos 60°=\frac{v}{2}$$

由于杆 AB 在导筒中滑动，因此杆 AB 与导筒具有相同的角速度和角加速度。其角速度为

$$\omega_{AB}=\frac{v_e}{AO}=\frac{3v}{4l}$$

(4) 加速度分析：由运动分析，绘加速度矢量图如图 9-25(c) 所示，其中 $\boldsymbol{a}_e^t$ 和 $\boldsymbol{a}_r$ 指向是假定的。由牵连运动为定轴转动时点的加速度合成定理，动点 A 的绝对加速度为

$$\boldsymbol{a}_a=\boldsymbol{a}_e+\boldsymbol{a}_r+\boldsymbol{a}_k=\boldsymbol{a}_e^t+\boldsymbol{a}_e^n+\boldsymbol{a}_r+\boldsymbol{a}_k \qquad (*)$$

因点 A 为匀速直线运动，故绝对加速度 $\boldsymbol{a}_a$ 为零。式（*）中各量分析见表 9-10。

表 9-10

加速度	$\boldsymbol{a}_a$	$\boldsymbol{a}_e^n$	$\boldsymbol{a}_e^t$	$\boldsymbol{a}_r$	$\boldsymbol{a}_k$
大小	0	$\overline{AO}\omega_{AB}^2$	未知	未知	$\frac{3v^2}{4l}(=2\omega_e v_r)$
方向		沿 AB 杆向下	垂直于 AB 杆	沿 AB 杆	垂直于 AB 杆

(5) 计算加速度：将式（*）向 t 轴投影，得

$$a_e^t=a_k=\frac{3v^2}{4l}$$

杆 AB 的角加速度转向如图 9-25(c) 所示，大小为

$$\alpha_{AB}=\frac{a_e^t}{AO}=\frac{3\sqrt{3}v^2}{8l^2}$$

方法二：以点 O 为坐标原点，建立如图 9-25(d) 所示的直角坐标系。由图可知

$$x_A=l\cot\varphi$$

将其两端对时间 t 分别取一阶导和二阶导，并注意到 $\dot{x}_A=-v$，得

$$\omega_{AB}=\dot{\varphi}=\frac{v}{l}\sin^2\varphi$$

$$\alpha_{AB}=\ddot{\varphi}=\frac{v\dot{\varphi}}{l}\sin 2\varphi=\frac{v^2}{l^2}\sin^2\varphi\sin 2\varphi$$

当 $\varphi=60°$ 时，得

$$\omega_{AB}=\frac{3v}{4l},\quad \alpha_{AB}=\frac{3\sqrt{3}v^2}{8l^2}$$

方法三：杆 AB 做平面运动，AB 上与 O 相重合一点的速度应沿杆 AB 方向。因此也可应用瞬心法求解杆 AB 的角速度。然后，再以 A 点为基点，分析该瞬时杆 AB 上与 O 相重合的一点的加速度 $\boldsymbol{a}_O=\boldsymbol{a}_A+\boldsymbol{a}_{OA}^t+\boldsymbol{a}_{OA}^n$。另一方面，由复合运动加速度分析可知，该点加速度可以表示为 $\boldsymbol{a}_O=\boldsymbol{a}_r+\boldsymbol{a}_k$（因该点的牵连加速度为 0），这样 $\boldsymbol{a}_A+\boldsymbol{a}_{OA}^t+\boldsymbol{a}_{OA}^n=\boldsymbol{a}_r+\boldsymbol{a}_k$，式中只有 $\boldsymbol{a}_{OA}^t$ 和 $\boldsymbol{a}_r$ 大小未知，故可求出 $\boldsymbol{a}_{OA}^t$ 的大小，从而求出 AB 杆的角加速度。

思考题

9-1　如思考题 9-1 图所示，平面图形上两点 A、B 的速度方向可能是这样的吗？为什么？

9-2　如思考题 9-2 图所示，O_1A 杆的角速度为 ω，板 ABC 和杆 O_1A 铰接。图中 O_1A 和 AC 上各点的速度分布规律是否正确？为什么？

9-3　平面图形在其平面内运动，某瞬时其上有两点的加速度矢相同。试判断下述说法是否正确：

(1) 其上各点速度在该瞬时一定都相等；

(2) 其上各点加速度在该瞬时一定都相等。

9-4　试证：当 $\omega=0$ 时，平面图形上两点的加速度在两点连线上的投影相等。

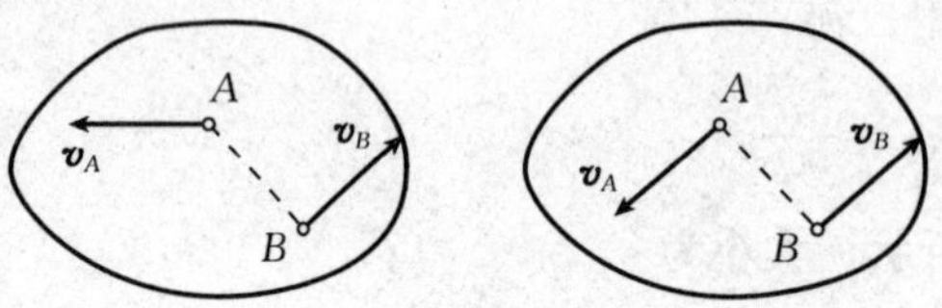

思考题 9-1 图

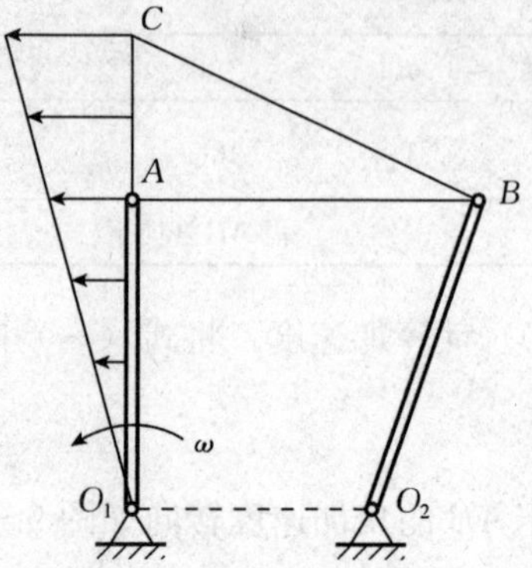

思考题 9-2 图

9-5 如思考题 9-5 图所示，已知 ω 为常量，$OA=r$，$v_A=\omega\cdot r$ 为常量。试问：如下的计算部分是否正确？为什么？

解：图示瞬时 $v_A=v_B$（分析略），则根据已知条件可得 $v_B=\omega\cdot r$ 为常量，所以

$$a_B=\frac{\mathrm{d}v_B}{\mathrm{d}t}=0$$

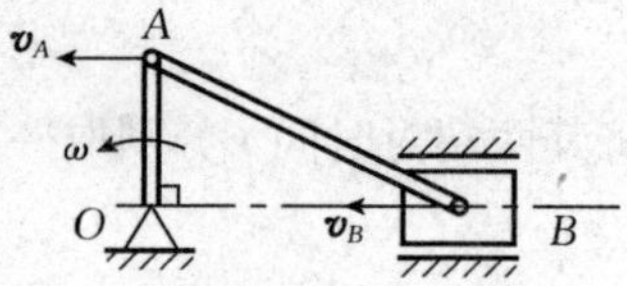

思考题 9-5 图

9-6 试问：例 9-11 中的动参考系能否建立在杆 AC 上？为什么？

习 题

9-1 如习题 9-1 图所示曲柄连杆机构中，曲柄 OA 以 $n=180$ r/min 的转速绕点 O 转动。已知 $OA=0.8$ m，$AB=1$ m。试求：当机构运动到图示位置角度时，连杆 AB 的角速度和其中点 C 的速度大小。

9-2 如习题 9-2 图所示，一正方形刚性平板 $ABCD$，在纸平面内做平面运动。已知边长 $a=10$ cm，$v_A=20$ cm/s，$\omega=2$ rad/s。试求：图示瞬时 B、C、D 各点的速度大小。

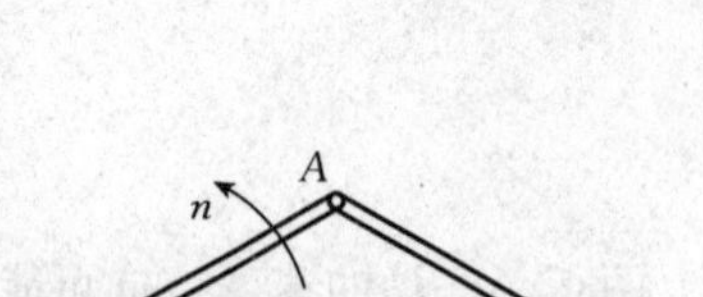

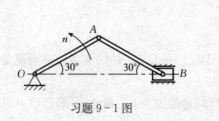

习题 9-1 图

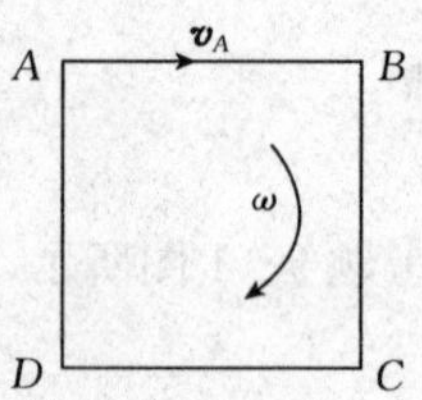

习题 9-2 图

9-3 如习题 9-3 图所示，AB 直杆斜靠在光滑的墙面，杆端 A 沿光滑的水平地面匀速直线滑动。已知 $v_A=0.2$ m/s，$AB=1$ m。试求：图示瞬时杆 AB 的中点 C 的速度大小，杆 AB 的角速度。

9-4 如习题 9-4 图所示四连杆机构中，曲柄 O_1A 以匀角速度 ω 绕 O_1 定轴转动。已知 $O_1A=r$，$O_2B=R$，$\omega=3$ rad/s。试求：图示瞬时曲柄 O_2B 的角速度。

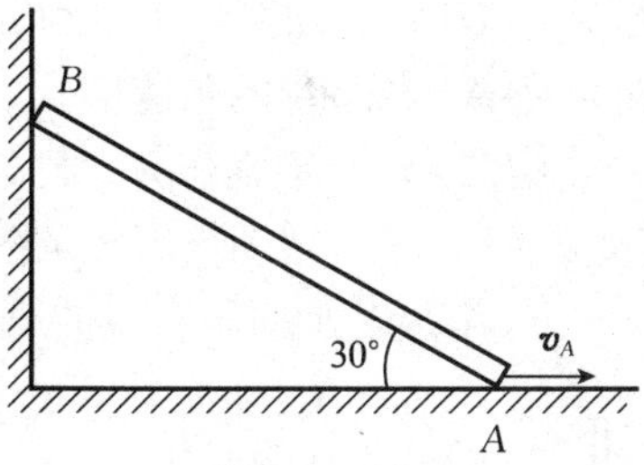

习题 9-3 图

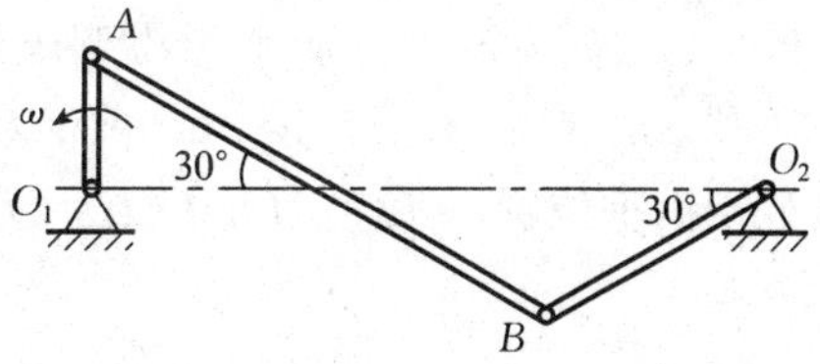

习题 9-4 图

9-5　如习题 9-5 图所示筛料机构，摆杆 O_1B 与 O_2C 平行且等长。已知曲柄 OA 的转速 $n=60$ r/min，$OA=30$ cm，当筛子 BC 运动到与曲柄 OA 成 60°角，$AD\perp OA$ 时，O_2C 与水平线也恰成 60°角，求此时筛子 BC 的速度大小。

9-6　如习题 9-6 图所示齿轮齿条传动机构中，两齿条分别以速度 v_1 和 v_2 同向运动，其中 $v_1>v_2$。试求：半径为 r 的齿轮的角速度 ω 及轮心点 O 的速度。

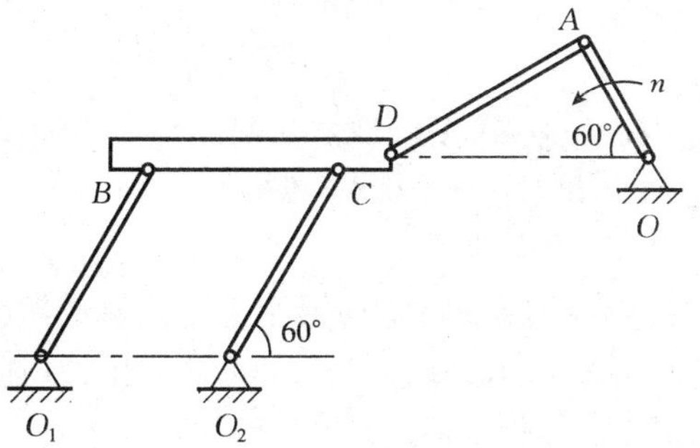

习题 9-5 图

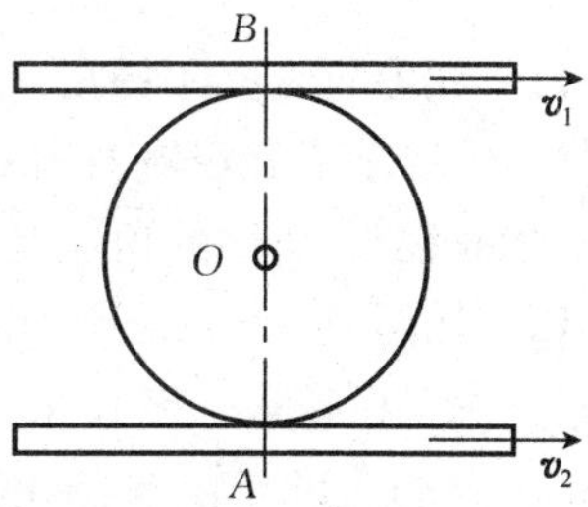

习题 9-6 图

9-7　如习题 9-7 图所示机构，曲柄 OA 以匀角速度 ω 转动时带动滑块 B、刚性板 CDE 及滑块 F 等一系列构件运动。当 OA 转至与 OB 连线垂直时，B 点恰在 DF 的延长线上。已知 $\omega=3$ rad/s，$OA=BD=DE=10$ cm，$EF=10\sqrt{3}$ cm，$\angle DEF=90°$。试求：杆 EF 的角速度和滑块 F 的速度。

9-8　如习题 9-8 图所示为行星轮传动机构简图。齿轮 B 与连杆 AC 固连，通过曲柄 OB 将半径同为 r 的齿轮 O 和 B 连接在一起。已知 $r=30\sqrt{3}$ cm，$2O_1A=AB=1.5$ m，$\omega=8$ rad/s。试求：当曲柄 O_1A 以匀角速度 ω 转至图示位置时，曲柄 OB 和齿轮 O 的角速度。

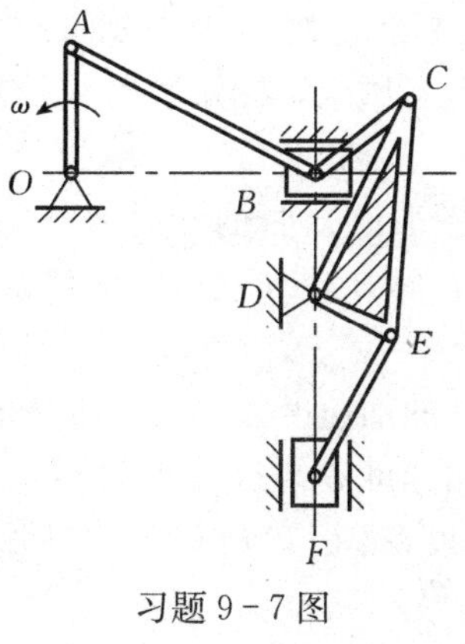

习题 9-7 图

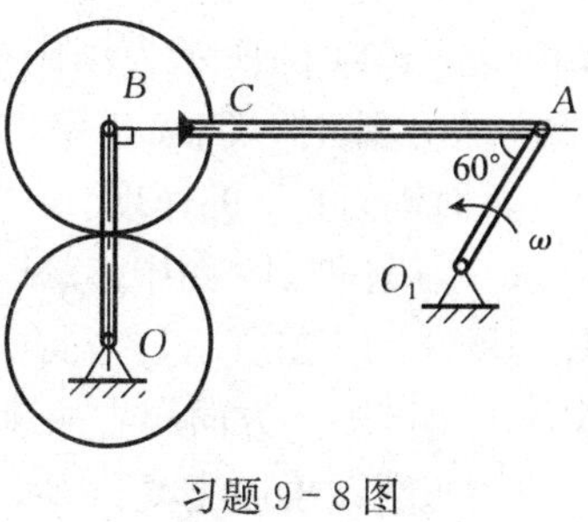

习题 9-8 图

9-9 如习题 9-9 图所示铰链四连杆机构。已知 $O_1A=AB=25$ cm，$O_2B=20$ cm，$\omega=2$ rad/s。试求：当曲柄 O_2B 以匀角速度 ω 转至图示瞬时，杆 AB、O_1A 的角速度。

9-10 如习题 9-10 图所示为小型压榨机机构简图，CE 杆处于铅垂位置。已知 $AD=CB=BD=40$ cm，$OA=O_1B=10$ cm，曲柄 OA 以匀角速度 $\omega=4\pi$ rad/s 转动，当转至图示瞬时 OD 连线处于铅垂位置，$OA\perp AD$，$O_1B\perp CD$，连线 O_1D 水平。试求：此时压头 E 的速度大小。

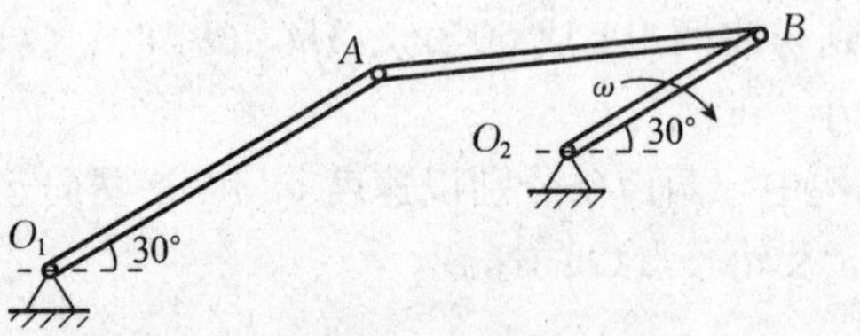

习题 9-9 图

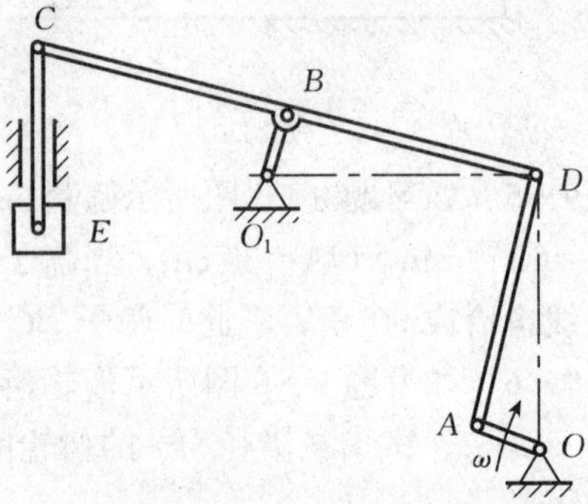

习题 9-10 图

9-11 如习题 9-11 图所示双摇杆机构中，摇杆 O_1A 以匀角速度 ω 绕 O_1 定轴转动时，通过连杆 AC 带动滑套 C 在摇杆 O_2D 上滑动。已知 $O_2C=2O_1A=80$ cm，$\omega=10$ rad/s。试求：图示瞬时摇杆 O_2D 的角速度。

9-12 如习题 9-12 图所示平面机构，两半径均为 r 的滚轮沿水平直线轨道做纯滚动，两轮通过连杆 AC 铰接。已知轮心 A 的速度 $v_A=3$ m/s，$r=1.5$ m。试求：当 CB 连线铅垂时 AC 杆 C 点的速度与轮 B 的角速度，并确定 AC 做什么运动。

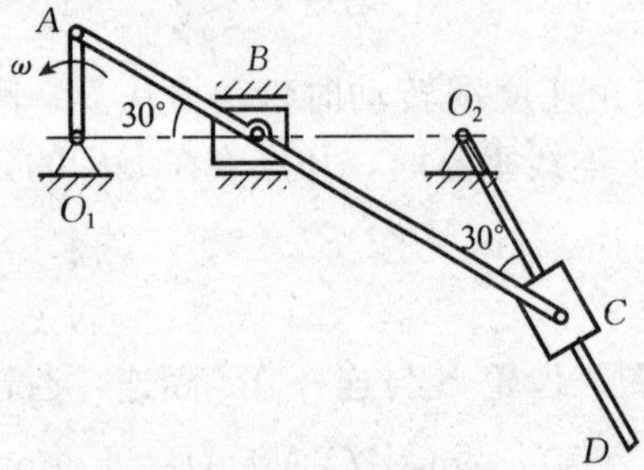

习题 9-11 图

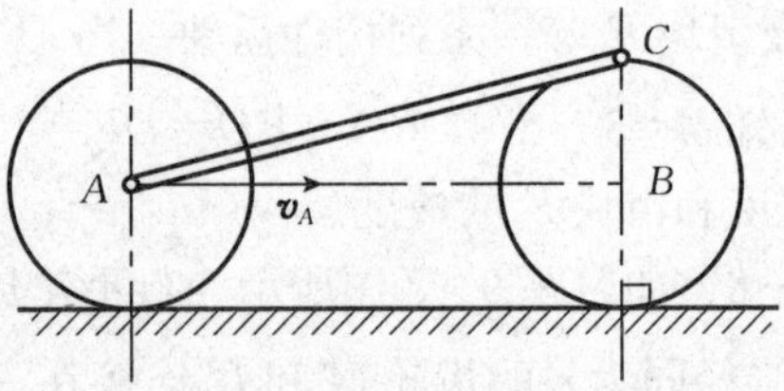

习题 9-12 图

9-13 如习题 9-13 图所示，轮径同为 r 的一小车前轮驶上 20°的斜坡时，后轮轮心速度 $v_B=8$ km/h。已知 $r=45$ cm，车轮沿地面做纯滚动。试求：图示瞬时前轮的角速度，后轮的角速度，车身的角速度。

9-14 如习题 9-14 图所示为刨床执行机构简图。已知曲柄 $O_2A=25$ cm，以角速度 $\omega=5$ rad/s 转动，图示瞬时，O_2A 水平，$O_2A\perp O_1C$，$O_1B\perp BC$，$O_1C=1$ m。试求：曲柄 O_2A 转至图示位置时刨刀 CD 的速度。

9-15 试求：习题 9-11 图中该瞬时时刻滑块 B 的加速度大小及 O_2D 杆的角加速度。

9-16 如习题 9-16 图所示，当曲柄 O_1A 以匀角速度 ω 绕 O_1 顺时针转至图示瞬时位置时，滑块 B 获得大小已知、方向向右的速度 $\boldsymbol{v}$ 和加速度 $\boldsymbol{a}$。已知 $O_2C=r$，$BC=l$。试求：图示瞬时 O_2C 杆的角速度、角加速度和 BC 杆的角加速度。

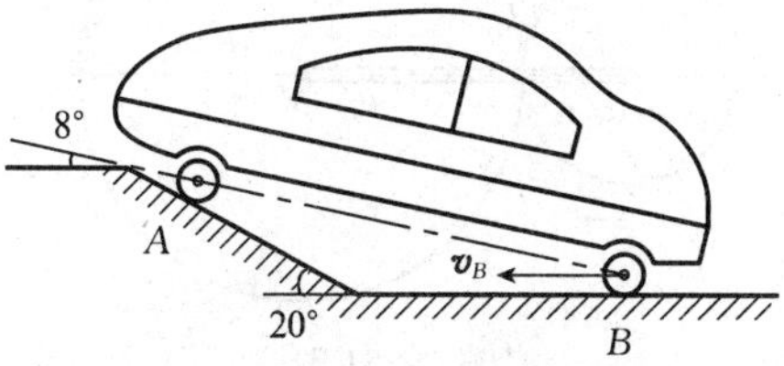

习题 9－13 图

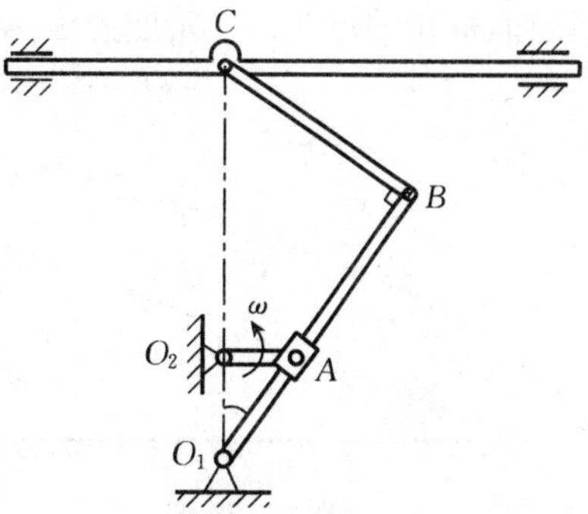

习题 9－14 图

9－17　如习题 9－17 图所示，一边长 a＝30 cm 的正三角形 ABC 刚性板在纸平面内做平面运动。已知其两顶点的加速度 $a_A=a_B$＝80 cm/s^2，方向沿正三角形 ABC 的边长。试求：图示瞬时△ABC 的角速度和角加速度以及 C 点的加速度。

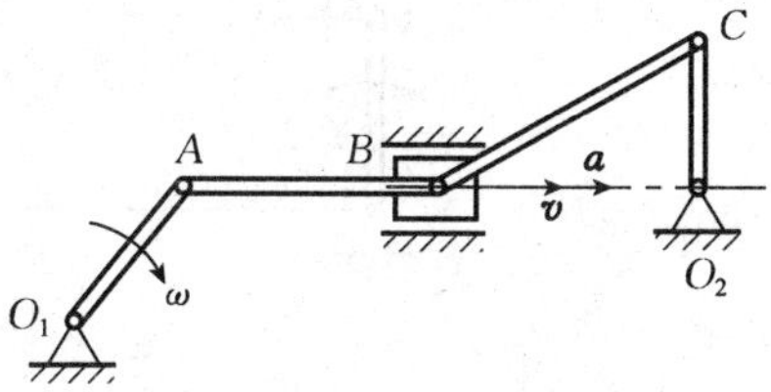

习题 9－16 图

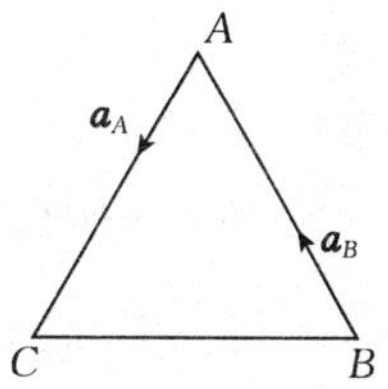

习题 9－17 图

9－18　如习题 9－18 图所示，当曲柄 OA 以 ω 的匀角速度绕点 O（半圆轨道的圆心）顺时针转动时，带动半径分别为 r 和 R 的 A、B 滚轮在与地面固连的滑道内无滑动地滚动。已知 r＝18 cm，R＝30 cm，AB＝1 m，OA＝24 cm，ω＝5 rad/s。试求：当∠OAB＝30°时，轮 A、轮 B 以及杆 AB 的角速度，轮 B 的角加速度，轮心 B 的加速度。

9－19　如习题 9－19 图所示，已知曲柄 OA＝40 mm，以角速度 ω＝2 rad/s 匀速转动，连杆 AB＝80 mm，滚轮半径 r＝20 mm。试求：当曲柄 OA 转至图示位置时，滑块 B 和滚轮轮心 C 的速度、加速度。

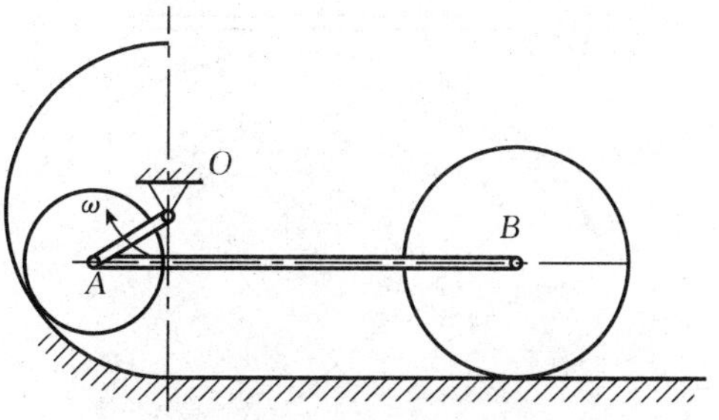

习题 9－18 图

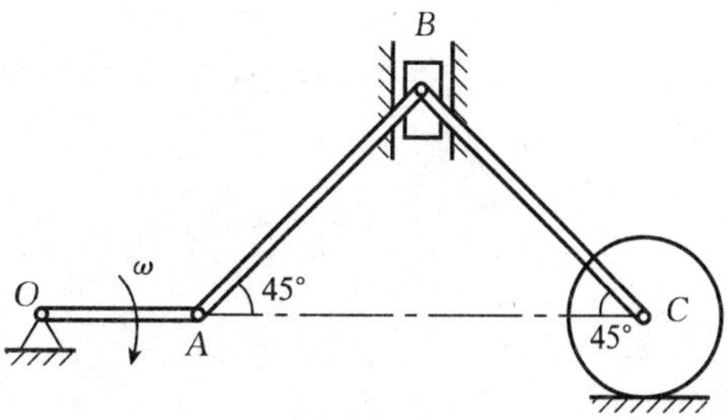

习题 9－19 图

9－20　如习题 9－20 图所示，一半径为 r 的滚轮沿倾角为 θ 的斜直坡道无滑动地滚动，图示瞬时轮心速度为 $\boldsymbol{v}$，加速度为 $\boldsymbol{a}$。已知 r＝50 cm，v＝1 m/s，a＝3 m/s^2。试求：此刻轮缘上 1、2、3、4 四点的加速度大小。

9－21　如习题 9－21 图所示为行星齿轮传动机构简图。曲柄 OA 绕 O 点做定轴转动，带动半径为 r_2 的动齿轮 A 在半径为 r_1 的定齿轮 O 上无滑动地啮合滚动。已知 $r_2=2r_1=2r$，图示瞬时曲柄角速度为 ω，角加速度为 α。试求：齿轮 A 上速度瞬心 P 的加速度。

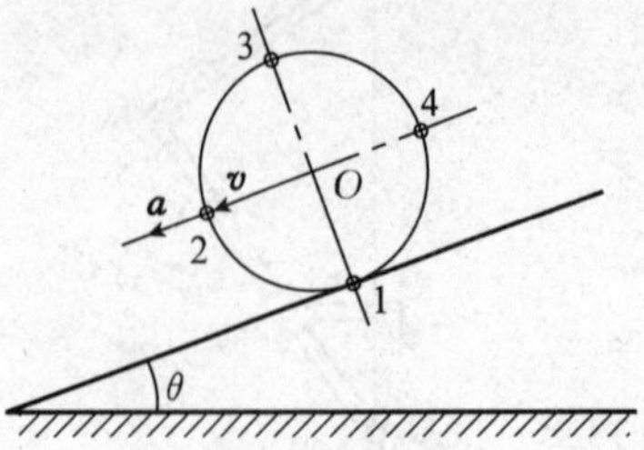

习题 9-20 图

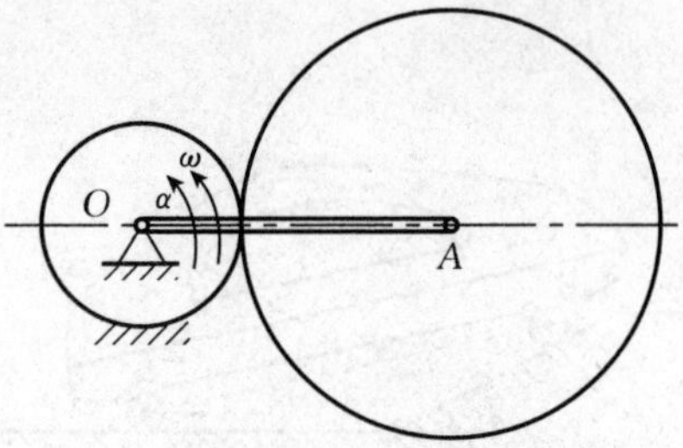

习题 9-21 图

9-22 如习题 9-22 图所示机构，曲柄 O_1A 以匀角速度 $\omega=1\ \text{rad/s}$ 绕 O_1 定轴转动，带动杆 AB、O_2B 运动。已知 $O_1A=10\ \text{cm}$，$AB=10\sqrt{2}\ \text{cm}$。试求：图示瞬时点 B 的加速度大小和 AB 杆的角速度及摇杆 O_2B 的角速度和角加速度。

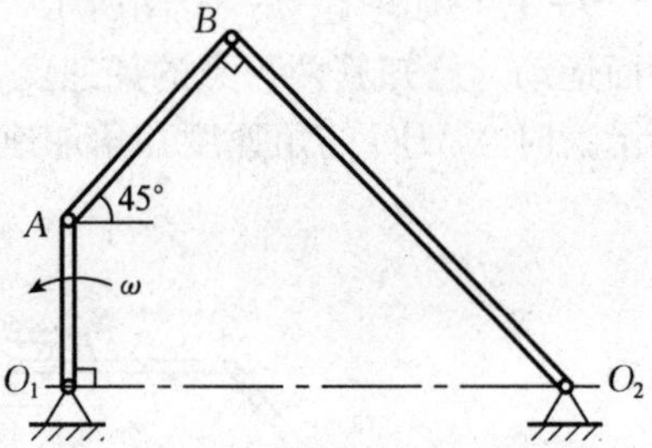

习题 9-22 图

9-23 习题 9-23 图为送料机构简图，曲柄 OA 以匀角速度 $\omega=0.5\ \text{rad/s}$ 转动，已知 $OA=20\ \text{cm}$，$AB=20\sqrt{3}\ \text{cm}$，$O_1B=\dfrac{20}{3}\ \text{cm}$，$BC=\dfrac{40}{3}\ \text{cm}$。试求：各构件运动到图示位置时滑块 C 的加速度，滑块相对摇杆 O_1B 的加速度大小，摇杆 O_1B 的角加速度。

9-24 如习题 9-24 图所示，轮Ⅰ，Ⅱ半径分别为 $r_1=150\ \text{mm}$，$r_2=200\ \text{mm}$，铰连于杆 AB 两端。两轮在半径 $R=450\ \text{mm}$ 的曲面上运动，在图示瞬时，A 点的加速度 $a_A=1\,200\ \text{mm/s}^2$，$\boldsymbol{a}_A$ 与 OA 成 60°角。试求：(1) AB 杆的角速度与角加速度；(2) B 点的加速度。

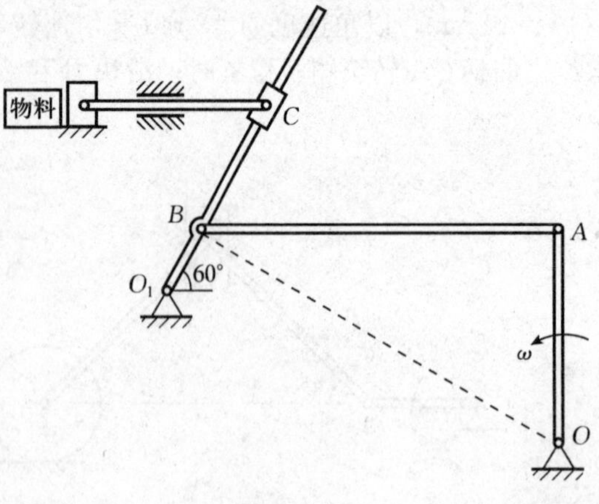

习题 9-23 图

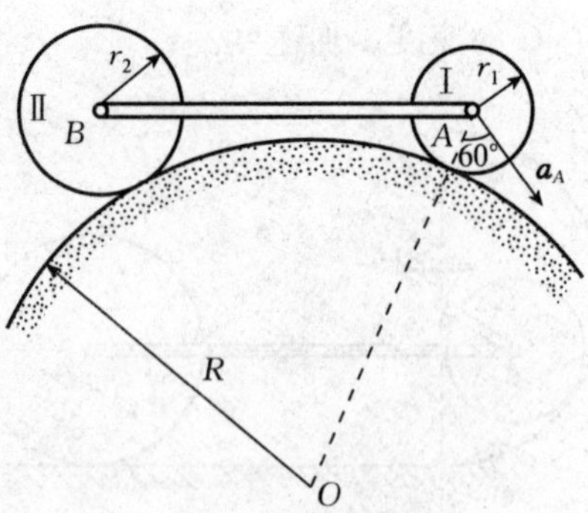

习题 9-24 图

习题参考答案

第三篇

动力学

第十章　质点动力学的基本方程

【内容提要】 了解惯性参考系的概念，掌握牛顿三定律；掌握动力学的基本方程的应用。了解质点动力学的两类基本问题。掌握运用质点运动微分方程在直角坐标轴、自然坐标轴上投影求解动力学两类问题，掌握运动初始条件及其在第二类问题中的应用。

第一节　动力学的基本定律

质点是最简单、最基本的力学模型，是构成复杂物体系统的基础。质点动力学基本方程给出了质点的受力与其运动变化之间的联系。本章在阐述动力学基本定律的基础上建立质点运动微分方程，并讨论应用质点运动微分方程求解质点动力学两类问题的方法和应注意的问题。

质点动力学的基础是三个基本定律，这些定律是牛顿在总结前人，特别是伽利略研究成果的基础上提出来的，称为**牛顿三定律**。

第一定律（惯性定律）：不受力作用的质点，将保持静止或匀速直线运动。

不受力作用的质点（包括受平衡力系作用的质点），不是保持静止，就是做匀速直线运动，任何质点都有保持其静止或匀速直线运动状态的性质，这是物质本身所固有的机械属性，这种性质称为惯性，质点的匀速直线运动称为惯性运动。

由运动学可知，描述任意物体的运动，只有相对于一个既定的参考系才有实际意义。选用不同的参考系来描述同一物体的运动，可以得出不同的结果。第一定律表明，在研究物体的受力和运动的关系时，客观上存在着这样的参考系，当质点不受外力作用时，它相对于此参考系做惯性运动，这样的参考系称为**惯性参考系**。惯性参考系只有相对意义，在实际问题中，惯性参考系应根据研究问题的性质和所要求的精度来选取。例如，在绝大多数工程问题中，将固定于地面的参考系作为惯性参考系，所得结果是足够精确的。而在研究远程导弹的偏差或人造卫星的运动时，由于不能忽略地球自转的影响，这时就应以地心一恒星系（以地球中心为坐标原点，三个轴指向三颗恒星的坐标系）作为惯性参考系。在研究太阳系中行星运动时，因地心运动的影响也不可忽略，又需取太阳为原点，三轴指向三颗恒星的坐标系作为惯性参考系，称为日心-恒星系。

在运动学中，参考坐标系可以考虑解题的方便而任意选取。但是在动力学中，为了应用牛顿运动定律，必须选用惯性参考系。对于一般工程问题，如无特别说明，我们均取固连在地球表面的坐标系作为惯性参考系。相对于惯性参考系做惯性运动的参考系仍然是惯性参考系。

第二定律（力与加速度之间关系的定律）：质点的质量与加速度的乘积，等于作用于质点的力，加速度的方向与力的方向相同。

$$m\boldsymbol{a}=\boldsymbol{F} \tag{10-1}$$

式中 m 为质点的质量，$\boldsymbol{a}$ 为质点运动的加速度，$\boldsymbol{F}$ 是质点受到的力，上式称为**质点动力学的基本方程**，建立了质点的加速度、质量与作用力之间的关系。如果作用于质点的力不止一个，则 $\boldsymbol{F}$ 应理解为作用于质点的汇交力系的合力。

定律中给出的力和加速度的关系是瞬时的关系，某瞬时只要质点受力作用，则在该瞬时质点必有确定的加速度。在经典力学的范围内，质点的质量是不随其运动状态而改变的常量。式（10-1）表明，质点受力大小一定的情况下，质点的质量越大，加速度越小，改变其运动状态越困难，也就是质点的惯性越大；反之，质点的质量越小，加速度越大，改变其运动状态越容易，也就是质点的惯性越小。因此，**质量是质点惯性大小的度量。**

和第一定律一样，第二定律也只适用于惯性参考系。应用运动学的知识可知，所有相对于某一惯性参考系保持静止或做匀速直线平动的参考系都可作为惯性参考系，在所有这些惯性参考系中，都可应用牛顿第二定律得到相同的力学规律。

在地球表面附近，任何物体都受到重力 $\boldsymbol{G}$ 作用，只受重力作用时产生的加速度称为重力加速度，用 $\boldsymbol{g}$ 表示，根据第二定律有

$$\boldsymbol{G}=m\boldsymbol{g}$$

或

$$m=\frac{G}{g}$$

式中 m 为质点的质量。质量和重量是两个不同的概念，前者是物体固有的属性，是质点或平动物体惯性的度量，而后者是质点或物体所受重力的大小。在地面各处，重力加速度的数值并不相同，它与当地的纬度和高度有关，但一般在地球表面各处相差甚微，计算中重力加速度数值一般取为 9.80 m/s^2。

在国际单位制（SI）中，长度、质量和时间的单位是基本单位，分别为 m（米）、kg（千克）和 s（秒），以量纲符号 L、M 和 T 表示。力的单位是导出单位，质量为 1 kg 的质点，获得 1 m/s^2 的加速度时，作用于该质点的力为 1 N（单位名称：牛[顿]），即

$$1\ \mathrm{N}=1\ \mathrm{kg}\times 1\ \mathrm{m/s^2}$$

由式（10-1）可知，力的量纲为 MLT^{-2}。在精密仪器工业中，也用厘米克秒制。在厘米克秒制中，长度、质量和时间的单位分别为 cm（厘米）、g（克）和 s（秒）。质量为 1 g 的质点，获得 1 cm/s^2 的加速度时，作用于该质点的力为 1 dyn（单位名称：达因），即

$$1\ \mathrm{dyn}=1\ \mathrm{g}\times 1\ \mathrm{cm/s^2}$$

牛顿和达因的换算关系为

$$1\ \mathrm{N}=10^5\ \mathrm{dyn}$$

第三定律（作用与反作用定律）：两个物体间的作用力与反作用力总是大小相等、方向相反、沿着同一直线，且同时分别作用在这两个物体上。

这一定律就是静力学的公理 4，又称为作用与反作用定律，它不仅适用于平衡的物体，也适用于做任意运动的物体，与两物体的运动状态无关。

以牛顿三定律为基础的力学，称为牛顿力学（又称经典力学或古典力学）。在古典力学范围内，认为质量是不变的，空间和时间是“绝对的”，与物体的运动无关。近代物理学已证明，质量、时间和空间都与物体的运动速度有关，物体的速度愈接近光速（3×10^5 km/s），空间、时间和质量受速度的影响就愈加明显。当物体的运动速度接近光速时，牛顿力学就不再适用了，此时一般应以相对论力学来代替；而在研究原子或更小的基本粒子的运动时，牛

顿力学也不适用，应该用量子力学来代替。即使如此，因为在一般工程问题中，物体运动的速度都远远小于光速，即便是第一、第二宇宙速度也只分别为 8 km/s 和 11.2 km/s，一般物体的尺寸也大大超过原子的尺度，在这种低速、宏观的范围内，物体的运动速度对质量、时间和空间的影响是微不足道的。对一般工程中的机械运动问题，应用古典力学都可得到足够精确的结果。同相对论与量子力学相比，牛顿力学具有简单、方便的优点。因此，牛顿力学在今天的工程技术中仍然具有十分重要的价值，并得到极为广泛的应用。

质点动力学问题，可归结为两种基本类型：第一类问题是已知质点的运动，求作用于质点的未知力；第二类问题是已知作用在质点上的力，求质点的运动。实际问题中还可能同时兼有上述两类问题，即已知运动的一部分和受力的一部分情况，要求另一部分未知的运动和力。第一类问题和第二类问题中的某些较为简单的问题，可以直接应用动力学基本方程式（10-1）解决。解题时应按下述步骤进行：(1) 根据题意选取研究对象；(2) 分析对象所受的全部力，画出其受力图；(3) 分析对象的运动，确定其加速度或设出加速度的方向；(4) 列出研究对象的动力学基本方程，然后选取适当的坐标轴，将矢量式式（10-1）分别向坐标轴方向投影进行求解。

例 10-1　一质量为 m 的物体放在匀速转动的水平转台上，它与转轴的距离为 r，如图 10-1(a) 所示。设物体与转台表面的摩擦系数为 f_s，求当物体不致因转台旋转而滑出时，水平转台的最大转速。

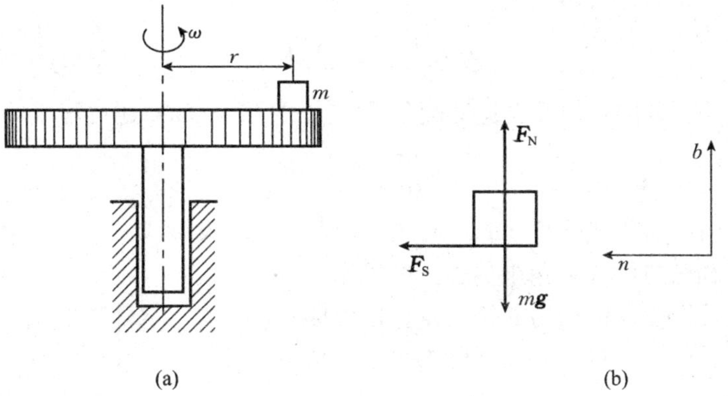

图 10-1

解： 取物体 m 为研究对象，受力和运动分析如图 10-1(b) 所示。物块做圆周运动，受重力、法向约束力、静滑动摩擦力作用。由动力学基本方程

$$\sum \boldsymbol{F} = m\boldsymbol{a}$$

将上式向圆周的半径方向 n 轴和铅垂方向 b 轴投影得

$$F_S = ma_n \tag{1}$$

$$F_N - mg = 0 \tag{2}$$

其中

$$a_n = r\omega^2 \tag{3}$$

物块不滑出的条件是

$$F_S \leqslant f_s F_N \tag{4}$$

由式 (1)、式 (2)、式 (3) 和式 (4) 解得

$$\omega \leqslant \sqrt{\frac{f_s g}{r}} = \omega_{max}$$

最大转速为

$$n_{max} = \frac{30}{\pi}\omega_{max} = \frac{30}{\pi}\sqrt{\frac{f_s g}{r}} \quad (\text{r/min})$$

第二节　质点的运动微分方程

牛顿第二定律给出了解决质点动力学问题的基本方程，将式（10－1）表示为包含质点的位置坐标对时间的导数的方程称为**质点运动微分方程**。质点受到 n 个力 $\boldsymbol{F}_1$，$\boldsymbol{F}_2$，…，$\boldsymbol{F}_n$ 作用时，由牛顿第二定律，有

$$m\boldsymbol{a} = \sum \boldsymbol{F}_i \tag{10-2}$$

设质点运动方程可以描述为

$$\boldsymbol{r} = \boldsymbol{r}(t)$$

则质点运动的加速度为

$$\boldsymbol{a} = \frac{d^2\boldsymbol{r}}{dt^2}$$

代入动力学基本方程可得

$$m\frac{d^2\boldsymbol{r}}{dt^2} = \sum \boldsymbol{F}_i \tag{10-3a}$$

式（10－3a）称为矢量形式的质点运动微分方程。式（10－3a）还可写成

$$m\frac{d\boldsymbol{v}}{dt} = \sum \boldsymbol{F}_i \tag{10-3b}$$

在计算实际问题时，需用式（10－3a）或式（10－3b）的投影式。

1. 质点运动微分方程在直角坐标轴上的投影

如图 10－2 所示，设质点运动的矢径 $\boldsymbol{r}$ 在直角坐标轴上的投影为 x，y，z，质点所受的力 $\boldsymbol{F}_i$ 在直角坐标轴上的投影为 F_{ix}，F_{iy}，F_{iz}，则将式（10－3a）两边向直角坐标轴投影可得

$$\begin{cases} m\dfrac{d^2x}{dt^2} = \sum F_{ix} \\ m\dfrac{d^2y}{dt^2} = \sum F_{iy} \\ m\dfrac{d^2z}{dt^2} = \sum F_{iz} \end{cases} \tag{10-4}$$

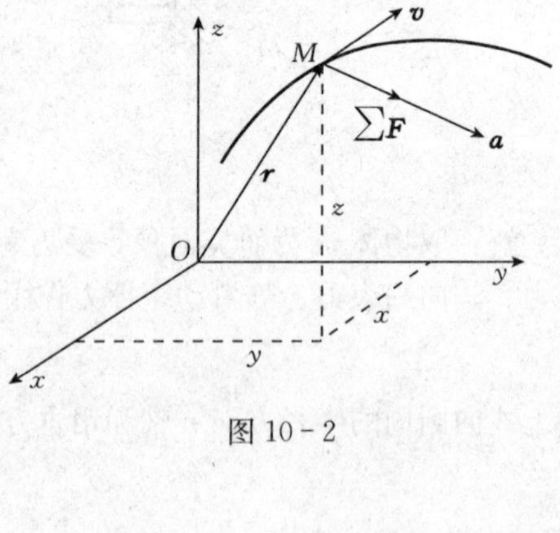

图 10－2

式（10－4）称为直角坐标形式的质点运动微分方程。

2. 质点运动微分方程在自然坐标轴上的投影　当质点的运动轨迹已知时，采用自然坐标形式的运动微分方程求解较为简单。在质点的轨迹曲线上任选一点 O 为原点，并规定其正方向。设某瞬时，质点位于轨迹上 M 点，过 M 点作轨迹的切线、主法线和副法线，组成自然轴系，各轴正方向的单位矢量分别为 $\boldsymbol{t}$、$\boldsymbol{n}$、$\boldsymbol{b}$，如图 10－3 所示，将质点运动微分方程

投影到自然轴系，得到

$$\begin{cases} m\dfrac{\mathrm{d}v}{\mathrm{d}t}=\sum F_{it} \\ m\dfrac{v^2}{\rho}=\sum F_{in} \\ 0=\sum F_{ib} \end{cases} \qquad (10-5)$$

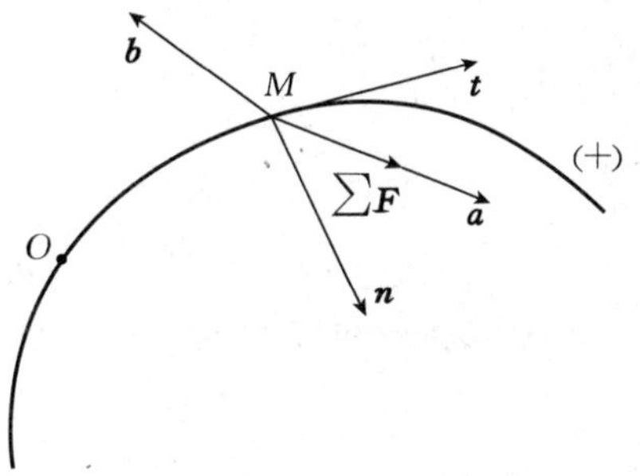

图 10－3

式（10－5）称为自然坐标形式的质点运动微分方程。除上述常用基本形式外，质点运动微分方程还可写为极坐标、柱坐标、球坐标等形式，在此不一一列举了。

由式（10－5）的第三式可见，作用在质点上的合力恒垂直于副法线，因此各力的合力 $\sum \boldsymbol{F}_i$ 和质点的加速度 $\boldsymbol{a}$ 一样，始终位于密切面内。

第三节　质点动力学的两类基本问题

质点动力学问题可分为两类：第一类是已知质点的运动，求作用于质点的力；第二类是已知作用于质点的力，求质点的运动。第一类基本问题比较简单，例如已知质点的运动方程，只需求二阶导数，得到质点的加速度，代入质点运动微分方程中，即可求出作用于质点的力。第二类基本问题中，已知的作用力可能是常力，也可能是变力。变力则可能是时间的函数、位置坐标的函数、速度的函数，或同时是上述几种变量的函数。在求质点的运动时，将已知作用力的函数代入质点运动微分方程后往往需要进行一次或两次积分运算，每积分一次，需要确定一个积分常数，积分常数由质点运动的初始条件确定。**初始条件**是指开始运动，即 $t=0$ 的瞬时，质点的初位置和初速度。由此可知，要完整解决质点动力学的第二类问题，除了要给定作用力的函数外，还必须知道质点运动的初始条件。由于第二类问题涉及积分，所以其求解往往比第一类问题要困难些，特别是力的函数关系复杂时，积分运算变得非常困难，有时只能求出近似的数值解。

在实际问题中，由于物体往往受到约束作用，这时运动和受力两方面都可能有已知和未知的因素，这样，两类问题就不能截然分开了。

例 10－2　曲柄连杆机构如图 10－4(a) 所示，曲柄 OA 以匀角速度 ω 绕 O 轴转动，$\overline{OA}=r$，连杆 $\overline{AB}=l$，当 $\lambda=\dfrac{r}{l}$ 较小时，滑块 B 的运动方程近似为 $x=l\left(1-\dfrac{\lambda^2}{4}\right)+r\left(\cos\omega t+\dfrac{\lambda}{4}\cos 2\omega t\right)$，滑块质量为 m，忽略摩擦及 AB 杆质量，求当 $\varphi=\omega t=0$ 和 $\dfrac{\pi}{2}$ 时，连杆 AB 所受的力。

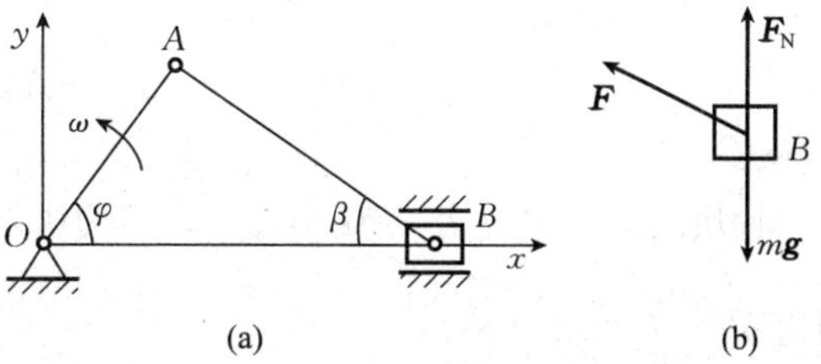

图 10－4

解： 取滑块 B 为研究对象，受力与运动分析如图 10－4(b) 所示，受到重力、滑道的法向约束力及连杆约束力。由于不计连杆质量，连杆约束力必沿连杆方向。将运动微分方程投影在 x 轴上，有

$$m\frac{d^2x}{dt^2}=\sum F_{ix}$$

即

$$ma_x=-F\cos\beta$$

$$a_x=\frac{d^2x}{dt^2}=-r\omega^2(\cos\omega t+\lambda\cos2\omega t)$$

当 $\varphi=\omega t=0$ 时，$a_x=-r\omega^2(1+\lambda)$，且 $\beta=0$，得

$$F=mr\omega^2(1+\lambda)$$

当 $\varphi=\omega t=\frac{\pi}{2}$ 时，$a_x=r\lambda\omega^2$，$\cos\beta=\sqrt{l^2-r^2}/l$，得

$$F=-mr^2\omega^2/\sqrt{l^2-r^2}$$

上例属于质点动力学第一类问题。

例 10-3 物块在光滑水平面上并与弹簧相连，如图 10-5 所示，物块质量为 m，弹簧刚度系数为 k，在弹簧伸长变形量为 a 时，释放物块。求物块的运动规律。

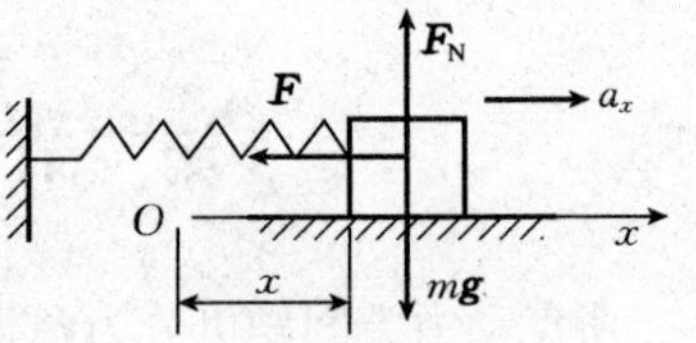

图 10-5

解： 取物块为研究对象，取弹簧为自然长度时物块位置为坐标原点，弹簧伸长 x 处，物块受力与运动分析见图 10-5，物块沿 x 轴的运动微分方程为

$$ma_x=\sum F_x$$

即

$$m\frac{d^2x}{dt^2}=-kx$$

令 $\omega_n^2=\frac{k}{m}$，则方程化为

$$\frac{d^2x}{dt^2}+\omega_n^2x=0$$

此微分方程的通解为 $x=A\cos(\omega_n t+\theta)$。下面由初始条件定积分常数 A，θ。

由 $t=0$ 时，$x=a$，得 $a=A\cos\theta$。

$$v=\frac{dx}{dt}=-A\omega_n\sin(\omega_n t+\theta)$$

由 $t=0$ 时，$v=0$，即

$$v=-A\omega_n\sin\theta=0$$

得 $\theta=0$，$A=a$。

物块的运动方程为 $x=a\cos\omega_n t$，即物块做简谐振动，振动中心在原点 O，振幅为 a，周期为 $T=\frac{2\pi}{\omega_n}=2\pi\sqrt{\frac{m}{k}}$。

上例为质点动力学第二类基本问题，还有些工程问题是第一、第二类问题综合在一起的混合问题。

例 10-4 一圆锥摆，如图 10-6 所示，小球质量 $m=0.1\ \text{kg}$，悬挂于长为 $l=0.3\ \text{m}$ 的细绳上，绳重不计，绳与铅直线成 $\theta=60°$，小球在水平面内做匀速圆周运动，求小球的速度与绳的拉力。

解： 取小球为研究对象，小球受重力和绳子拉力作用，做圆周运动，小球法向加速度

$a_n=\dfrac{v^2}{l\sin\theta}$，分别将圆周切向、径向和铅垂方向作为自然轴系的三个坐标轴，如图 10－6 所示，将质点运动微分方程投影到自然轴上，有

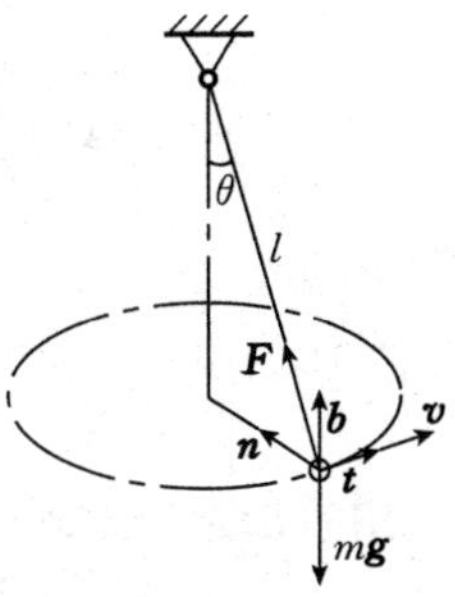

图 10－6

$$ma_n=\sum F_n$$

所以
$$m\frac{v^2}{l\sin\theta}=F\sin\theta$$

$$\sum F_b=0$$

所以
$$F\cos\theta-mg=0$$

解得绳中拉力为

$$F=\frac{mg}{\cos\theta}=\frac{0.1\times9.8}{0.5}=1.96(\mathrm{N})$$

小球的速度为

$$v=\sqrt{\frac{Fl\sin^2\theta}{m}}=\sqrt{\frac{1.96\times0.3\times0.75}{0.1}}=2.1(\mathrm{m/s})$$

例 10－5　从某处抛射一物体，已知初速度为 v_0，抛射角为 α，如不计空气阻力，求物体在重力单独作用下的运动规律。

解： 以抛射体为研究对象，受力与运动如图 10－7所示，以抛射点为坐标原点，列直角坐标形式的质点运动微分方程

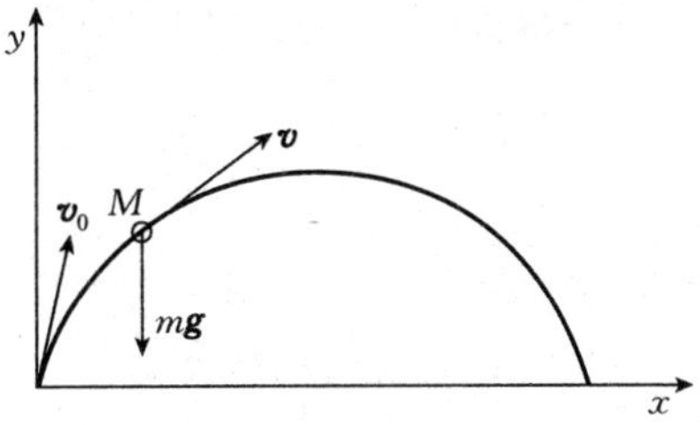

图 10－7

$$m\frac{\mathrm{d}^2x}{\mathrm{d}t^2}=0,\qquad m\frac{\mathrm{d}^2y}{\mathrm{d}t^2}=-mg$$

积分后得

$$x=C_1t+C_3,\qquad y=-\frac{1}{2}gt^2+C_2t+C_4$$

初始条件为

$$t=0:\ x_0=y_0=0,\qquad v_{0x}=v_0\cos\alpha,\qquad v_{0y}=v_0\sin\alpha$$

确定出积分常数为

$$C_1=v_0\cos\alpha,\qquad C_2=v_0\sin\alpha,\qquad C_3=C_4=0$$

于是物体的运动方程为

$$x=v_0t\cos\alpha,\qquad y=v_0t\sin\alpha-\frac{1}{2}gt^2$$

轨迹方程为

$$y=x\tan\alpha-\frac{gx^2}{2v_0^2\cos^2\alpha}$$

由此可见，物体的轨迹是一抛物线。

例 10－6　垂直于地面向上发射一物体，求该物体在地球引力作用下的运动速度，并求第二宇宙速度。不计空气阻力及地球自转的影响。

解： 以物体为研究对象，将其视为质点，以地心为坐标原点，建立如图 10－8 所示坐标。质点在任一位置受地球引力的大小为

$$F=G_0\frac{mM}{x^2}$$

利用地面附近引力近似为重力来确定引力常数，即

$$mg=G_0\frac{mM}{R^2}$$

得到

$$G_0=\frac{gR^2}{M}$$

由直角坐标形式的质点运动微分方程得

$$m\frac{\mathrm{d}^2x}{\mathrm{d}t^2}=-F=-\frac{mgR^2}{x^2}$$

由于

$$\frac{\mathrm{d}^2x}{\mathrm{d}t^2}=\frac{\mathrm{d}v_x}{\mathrm{d}t}=\frac{\mathrm{d}v_x}{\mathrm{d}x}\frac{\mathrm{d}x}{\mathrm{d}t}=v_x\frac{\mathrm{d}v_x}{\mathrm{d}x}$$

将上式改写为

$$mv_x\frac{\mathrm{d}v_x}{\mathrm{d}x}=-\frac{mgR^2}{x^2}$$

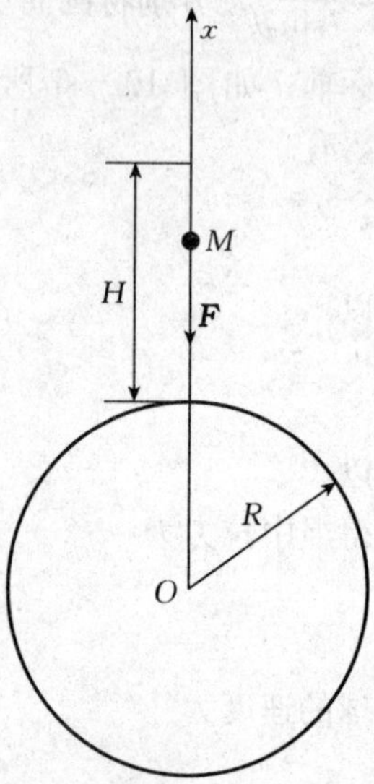

图 10-8

分离变量得

$$mv_x\mathrm{d}v_x=-mgR^2\frac{\mathrm{d}x}{x^2}$$

设物体在地面发射的初速度大小为 v_0，在空中任一位置 x 处的速度大小为 v，对上式积分

$$\int_{v_0}^{v}mv_x\mathrm{d}v_x=\int_R^x-mgR^2\frac{\mathrm{d}x}{x^2}$$

得到

$$\frac{1}{2}mv^2-\frac{1}{2}mv_0^2=mgR^2\left(\frac{1}{x}-\frac{1}{R}\right)$$

所以物体在任意位置的速度为

$$v=\sqrt{(v_0^2-2gR)+2gR^2/x}$$

可见物体的速度将随 x 的增大而减小。若 $v_0^2<2gR$，则物体在某一位置 $x=R+H$ 时速度将为零，此后物体将回落，H 为以初速 v_0 向上发射物体所能达到的最大高度。将 $x=R+H$ 及 $v=0$ 代入上式可得

$$H=\frac{Rv_0^2}{2gR-v_0^2}$$

若 $v_0^2>2gR$，则不论 x 为多大，甚至为无限大时，速度 v 均不会减小为零，物体不会回落，因此欲使物体向上发射一去不复返时必须具有的最小速度为

$$v_0=\sqrt{2gR}$$

若取 $g=9.80\ \mathrm{m/s^2}$，$R=6\ 370\ \mathrm{km}$，代入上式可得

$$v_0=11.2\ \mathrm{km/s}$$

这就是物体脱离地球引力范围所需的最小初速度，称为第二宇宙速度。

思考题

10-1 三个质量相同的质点，在某瞬时的速度分别如思考题 10-1 图所示（大小相

等)，若对它们施加大小、方向相同的力 $\boldsymbol{F}$，此后质点运动微分方程是否相同？质点运动方程是否相同？

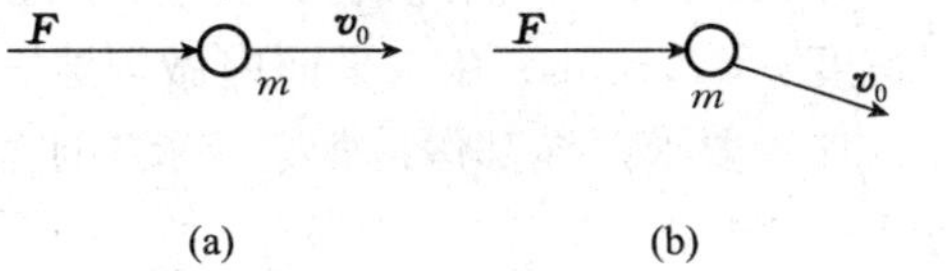

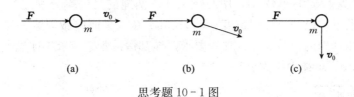

思考题 10-1 图

10-2　一物体质量 $m=10$ kg，在变力 $F=100(1-t)$（F 的单位为 N）作用下运动。设物体初速度为 $v_0=0.2$ m/s，开始时，力的方向与速度方向相同。经过多少时间后物体速度为零？此前走了多少路程？

10-3　某人用枪瞄准了空中一悬挂的靶体。如在子弹射出的同时靶体开始自由下落，不计空气阻力，子弹能否击中靶体？

10-4　质点在空间运动，已知作用力，为求质点的运动方程需要几个运动初始条件？若质点在平面内运动呢？若质点沿给定的轨道运动呢？

习　题

10-1　如习题 10-1 图所示，质点的质量为 m，受指向原点 O 的力 $F=kr$ 作用，力与质点到点 O 的距离成正比。初瞬时质点的坐标为 $x=x_0$，$y=0$，而速度的分量为 $v_x=0$，$v_y=v_0$。求质点的轨迹。

10-2　如习题 10-2 图所示，A，B 两物体的质量分别为 m_1 与 m_2，两者间用一绳子连接，此绳跨过一滑轮，滑轮半径为 r。如在开始时，两物体的高度差为 h，而且 $m_1>m_2$，不计滑轮质量，求由静止释放后，两物体达到相同的高度时所需的时间。

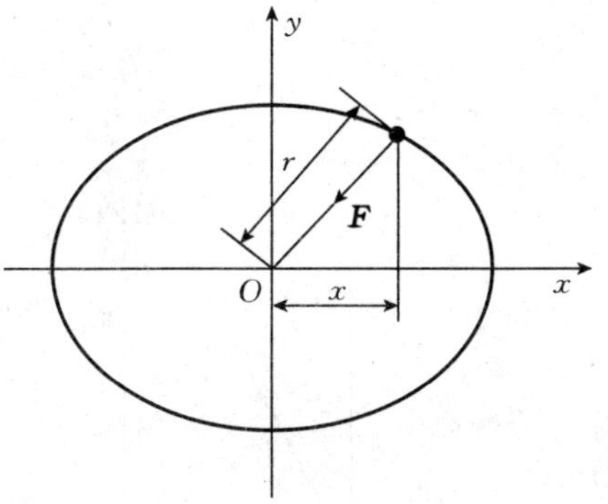

习题 10-1 图

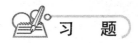

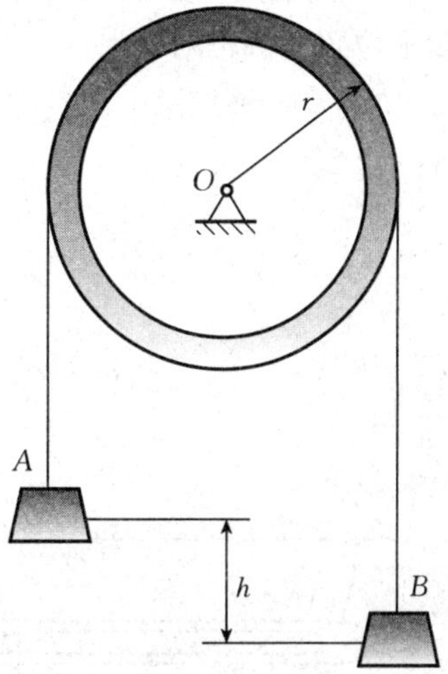

习题 10-2 图

10-3　半径为 R 的偏心轮绕 O 轴以匀角速度 ω 转动，推动导板沿铅直轨道运动，如习题 10-3 图所示。导板顶部放有一质量为 m 的物块 A，设偏心距 $OC=e$，开始时 OC 沿水平线。求：(1) 物块对导板的最大压力；(2) 使物块不离开导板的 ω 最大值。

10-4 质量为 1 kg 的小球 M，用两绳系住，两绳的另一端分别连接在固定点 A、B，如习题 10-4 图所示。已知小球以速度 $v=2.5$ m/s 在水平面内做匀速圆周运动，圆的半径 $r=0.5$ m。(1) 求两绳的拉力。(2) 如果要求两绳都保持张紧，求小球速度范围。(3) 假设小球速度 $v=3$ m/s，求绳中张力。

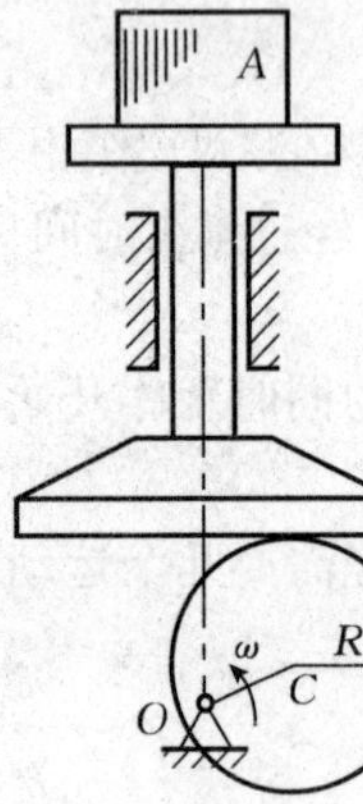

习题 10-3 图

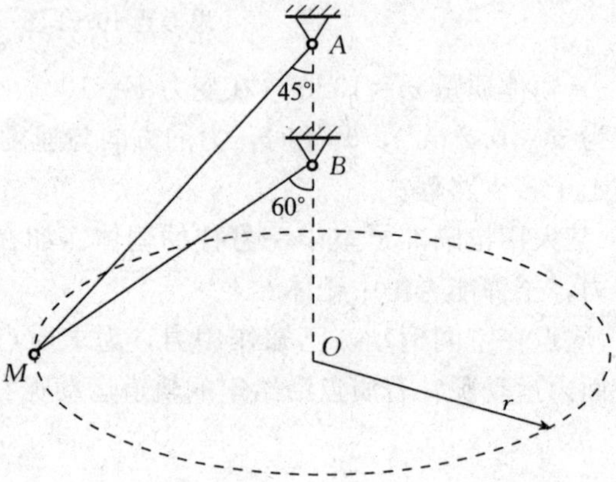

习题 10-4 图

10-5 为了使列车对铁轨的压力垂直于路基，在铁道弯曲部分，外轨要比内轨稍为提高。试就以下的数据求外轨高于内轨的高度 h。轨道的曲率半径为 $\rho=300$ m，列车的速度为 $v=12$ m/s，内、外轨道间的距离为 $b=1.6$ m。

10-6 在重力作用下以仰角 α、初速度 v_0 抛射出一质量为 m 的物体。假设空气阻力与速度成正比，方向与速度方向相反，即 $\boldsymbol{F}_R=-C\boldsymbol{v}$，$C$ 为阻力系数。试求抛射体的运动方程。

10-7 如习题 10-7 图所示，销钉 M 的质量为 $m=0.2$ kg，水平槽杆带动，使其在半径为 $r=200$ mm 的固定半圆槽内运动。设水平槽杆以匀速 $v=400$ mm/s 向上运动，不计摩擦。求在图示位置时圆槽对销钉 M 的作用力。

10-8 铅垂发射的火箭由一雷达跟踪，如习题 10-8 图所示。当 $r=10\,000$ m，$\theta=60°$，$\dot{\theta}=0.02$ rad/s 且 $\ddot{\theta}=0.003$ rad/s^2 时，火箭的质量为 $m=5\,000$ kg。求此时的喷射反推力 $\boldsymbol{F}$ 的大小。

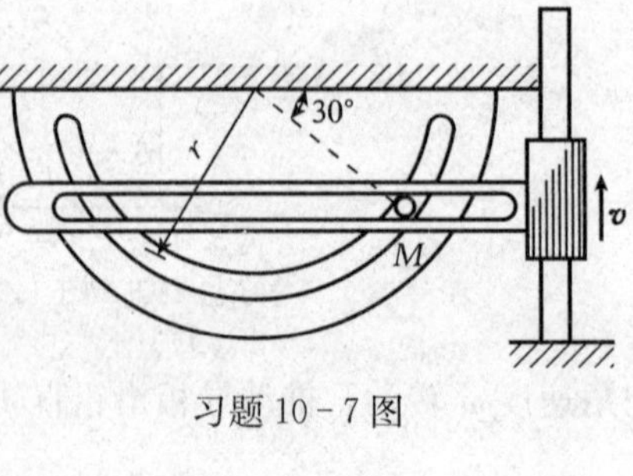

习题 10-7 图

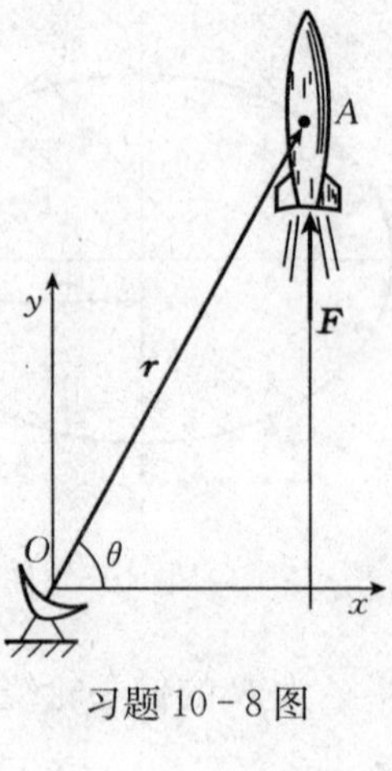

习题 10-8 图

10-9　习题10-9图所示曲柄滑道机构中，曲柄OA一端铰接滑块A，滑块A可在滑杆的槽中滑动，带动滑杆BCD做水平往复运动。已知活塞与滑杆BCD质量共为$m=50$ kg，曲柄$\overline{OA}=0.3$ m，曲柄转速为$n=120$ r/min，求当曲柄与水平线成$\varphi=0$和$\varphi=90°$时作用在BD杆的水平力。

10-10　如习题10-10图所示，两无重刚性杆AM、BM铰接小球M，小球质量为m，两杆的A端和B端分别铰接在刚性轴上，$\overline{AB}=2a$，杆长均为l。求当轴以角速度ω匀速转动时，两杆的约束力。

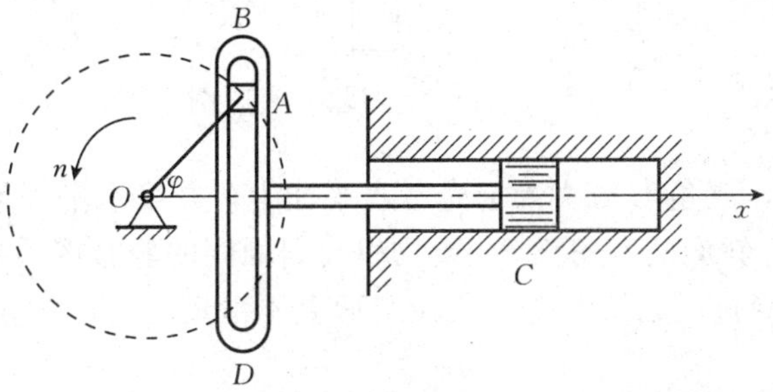

习题10-9图

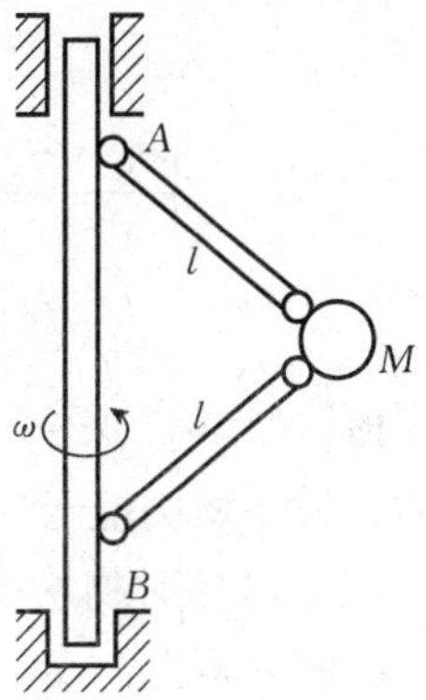

习题10-10图

10-11　如习题10-11图所示，已知导筒质量为m，绳子一端系在导筒上，跨过定滑轮被卷扬机向下拉动，绳子向下的速度v_0为常数，求绳子拉力与距离x之间的关系。

10-12　物块D_1和D_2的质量分别为m_1和m_2，用弹簧连接如习题10-12图所示。已知物块D_1沿铅直方向按$x=A\cos\omega t$运动，其中A和ω均为常数；物块D_2静放在水平固定面上。如果不计摩擦和弹簧质量，试求水平支承面对物块D_2的动反力。

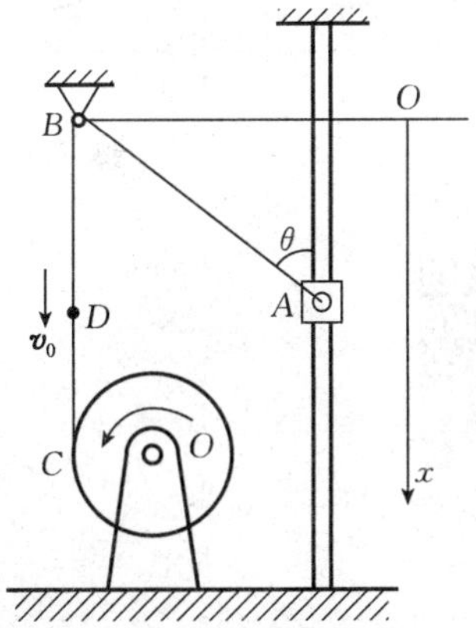

习题10-11图

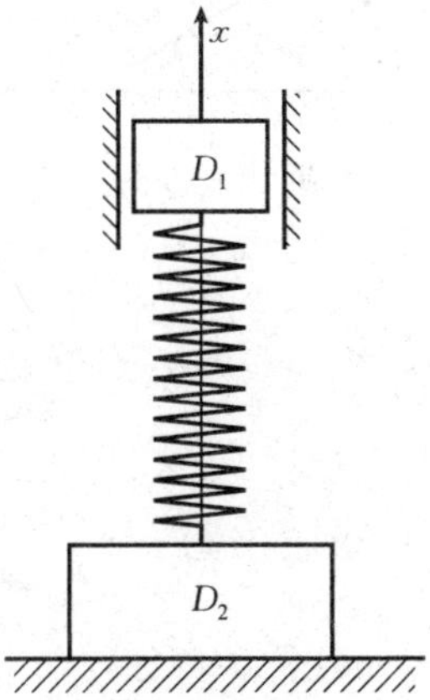

习题10-12图

10-13　如习题10-13图所示，用两绳悬挂的质量为m的小球处于静止。试问：两绳中的张力各等于多少？若将绳A剪断，则绳B在该瞬时的张力又等于多少？

10-14 如习题 10-14 图所示，升降机厢笼的质量 $m=3\times10^3$ kg，以速度 $v=0.3$ m/s 在矿井中下降。由于吊索上端突然嵌住，厢笼中止下降。如果索的弹簧刚度系数 $k=2.75$ kN/mm，忽略吊索质量，试求此后厢笼的运动规律。

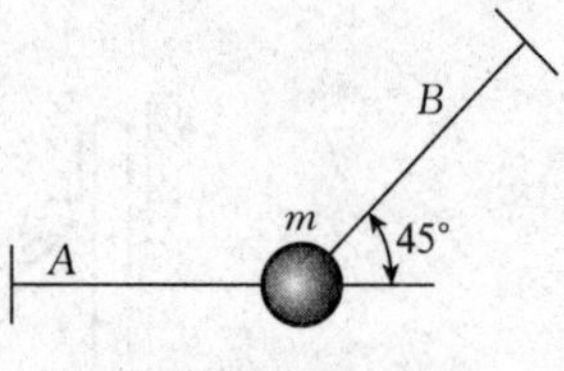

习题 10-13 图

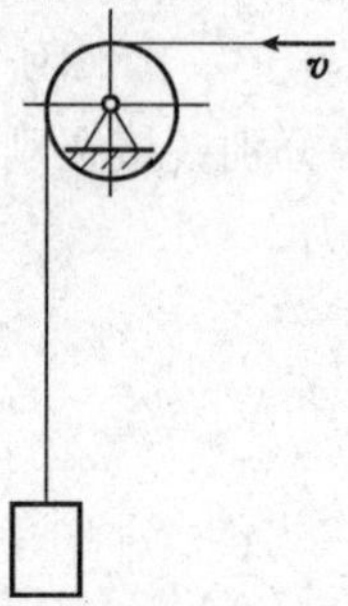

习题 10-14 图

10-15 如习题 10-15 图所示，三角形物块置于光滑水平面上，并以水平等加速度 $\boldsymbol{a}$ 向右运动。另一物块置于其斜面上，斜面的倾角为 θ。设物块与斜面间的静摩擦系数为 f_s，且 $\tan\theta>f_s$，开始时物块在斜面上静止，如果保持物块在斜面上不滑动，加速度 $\boldsymbol{a}$ 的最大值和最小值应为多少？

10-16 如习题 10-16 图所示，质量为 m 的平板置于两个反向转动的滑轮上，两轮间的距离为 $2d$，半径为 R。若将板的重心推出，使其距离原对称位置 O 为 x_0，然后无初速度地释放，则板将在动滑动摩擦力的作用下做简谐振动。板与两滑轮间的动摩擦系数为 f_d。试求板的振动规律和周期。

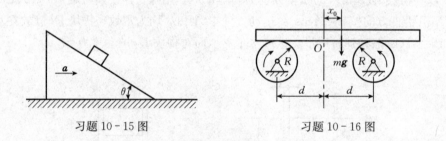

习题 10-15 图

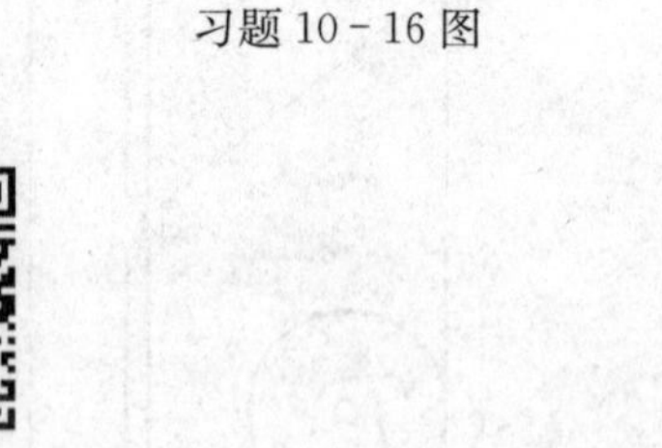

习题 10-16 图

习题参考答案

第十一章　动量定理

【内容提要】理解质点动量及力的元冲量的概念，掌握质点及质点系动量的计算及常力在一段时间里的冲量的计算，了解变力冲量的计算。理解质点系质心的概念，掌握质点系的质心位置的坐标计算。正确理解各种矢量形式的动量定理，并能熟练运用微分及积分投影形式的动量定理。明确动量守恒的条件，掌握矢量及标量形式的动量守恒定律的应用。掌握质心运动定理及质心运动守恒定律的应用。

在上章中研究了质点的运动微分方程，从而能够解决有关质点的动力学问题。要解决质点系的动力学问题，从理论上说，完全可以沿用上章中所用的方法来解决。但由上章可知，质点运动微分方程的积分问题有时很难解决，何况质点系中所含质点的数目可能很多，甚至可能多到无穷。这就迫使人们努力寻求解决质点系动力学问题的新途径。

对于某些动力学问题，往往不必求解各质点的运动情况，而只需知道质点系整体的运动特征就够了。能够表明质点系运动特征的量有动量、动量矩和动能等。这些运动量与力的作用量（如冲量和功等）之间的数量关系是本章和后两章中将要阐述的动量定理、动量矩定理和动能定理，统称为动力学的基本定理。应用这些定理可有效地解决质点系的动力学问题，同时也有助于更深入地理解机械运动的基本规律。

第一节　动量与冲量

一、动　　量

1. 质点的动量　一个运动着的质点，质量为 m，速度为 $\boldsymbol{v}$，**则质点的质量与速度的乘积 $m\boldsymbol{v}$ 称为质点的动量**。显然，动量是矢量，它的方向与速度的方向相同。在国际单位制中动量的单位是 kg·m/s。质点的动量从某个侧面反映了质点机械运动的强弱，不仅与其速度有关，而且还与其质量有关。例如，子弹质量虽小，但速度很大，击中目标时，产生很强的穿透力；轮船靠岸时，速度虽小，但质量很大，操纵稍有疏忽，足以将船撞坏。

2. 质点系的动量　**质点系内各质点动量的矢量和称为质点系的动量，用 $\boldsymbol{p}$ 表示**。若以 m_i、$\boldsymbol{v}_i$ 分别表示 i 质点的质量和速度，n 为质点系内的质点数，于是质点系的动量为

$$\boldsymbol{p}=\sum_{i=1}^{n}m_i\boldsymbol{v}_i \tag{11-1}$$

质点系的动量是矢量。

二、冲　　量

1. 常力的冲量　**若在一段时间 t 内作用于质点上的力 $\boldsymbol{F}$ 大小、方向不变，则此不变的作用力 $\boldsymbol{F}$ 与作用时间 t 的乘积称为常力的冲量，用 $\boldsymbol{I}$ 表示。**即

$$\boldsymbol{I}=\boldsymbol{F}t \tag{11-2}$$

冲量是矢量，方向与力 $\boldsymbol{F}$ 相同。它是力在一段时间内作用效果的度量。物体运动状态的改变，不仅与作用力的大小和方向有关，还与力对物体作用的时间长短有关。例如人用不变的力沿铁轨推车厢，就可以使车厢获得一定的速度，而且推的时间越长，车厢的速度也越大。

2. 变力的冲量 若作用力 $\boldsymbol{F}$ 是变力，应将力的作用时间分成无数微小的时间间隔，在每段微小的时间间隔 $\mathrm{d}t$ 内，作用力 $\boldsymbol{F}$ 可看作不变量。在 $\mathrm{d}t$ 时间内，力 $\boldsymbol{F}$ 的冲量称为**元冲量**，即

$$\mathrm{d}\boldsymbol{I}=\boldsymbol{F}\mathrm{d}t$$

力 $\boldsymbol{F}$ 在一段时间 t 内的冲量定义为

$$\boldsymbol{I}=\int\boldsymbol{F}\mathrm{d}t \tag{11-3}$$

在国际单位制中冲量的单位是 N·s（牛·秒）。因为

$$1\ \mathrm{N}\cdot\mathrm{s}=(1\ \mathrm{kg}\cdot1\ \mathrm{m/s^2})\cdot\mathrm{s}=1\ \mathrm{kg}\cdot\mathrm{m/s}$$

即冲量的单位和动量的单位相同。

第二节 动量定理

一、质点的动量定理

设质点的质量为 m，加速度为 $\boldsymbol{a}$，作用于其上的力为 $\boldsymbol{F}$，根据牛顿第二定律

$$m\boldsymbol{a}=\boldsymbol{F}$$

由于 $\boldsymbol{a}=\dfrac{\mathrm{d}\boldsymbol{v}}{\mathrm{d}t}$，于是

$$m\frac{\mathrm{d}\boldsymbol{v}}{\mathrm{d}t}=\boldsymbol{F}$$

因 m 是常数，则上式改写成

$$\mathrm{d}(m\boldsymbol{v})=\boldsymbol{F}\mathrm{d}t \tag{11-4}$$

式（11-4）是**微分形式的质点动量定理，即质点动量的微分等于作用于该质点上的力的元冲量。**

如时间由 t_1 到 t_2，速度由 $\boldsymbol{v}_1$ 变为 $\boldsymbol{v}_2$，对上式积分，得

$$m\boldsymbol{v}_2-m\boldsymbol{v}_1=\int_{t_1}^{t_2}\boldsymbol{F}\mathrm{d}t=\boldsymbol{I} \tag{11-5}$$

式（11-5）是**积分形式的质点动量定理，即在某一时间间隔内，质点动量的变化等于作用于质点的力在此段时间内的冲量。**

二、质点系的动量定理

设质点系由 n 个质点所组成，其中第 i 个质点的质量为 m_i，它的速度是 $\boldsymbol{v}_i$，该质点所受的外力为 $\boldsymbol{F}_i^{(e)}$，质点系内其他质点对该质点作用的力为 $\boldsymbol{F}_i^{(i)}$，称为内力。根据质点的动量定理有

$$\mathrm{d}(m_i\boldsymbol{v}_i)=(\boldsymbol{F}_i^{(e)}+\boldsymbol{F}_i^{(i)})\mathrm{d}t=\boldsymbol{F}_i^{(e)}\mathrm{d}t+\boldsymbol{F}_i^{(i)}\mathrm{d}t$$

将这样的 n 个方程两端分别相加，得

$$\sum_{i=1}^{n} \mathrm{d}(m_i \boldsymbol{v}_i) = \sum_{i=1}^{n} \boldsymbol{F}_i^{(\mathrm{e})} \mathrm{d}t + \sum_{i=1}^{n} \boldsymbol{F}_i^{(\mathrm{i})} \mathrm{d}t$$

更换求和及求微分次序，得

$$\sum_{i=1}^{n} \mathrm{d}(m_i \boldsymbol{v}_i) = \mathrm{d}\sum_{i=1}^{n} (m_i \boldsymbol{v}_i) = \mathrm{d}\boldsymbol{p}$$

根据作用与反作用定律，质点系内质点相互作用的内力总是大小相等，方向相反共线地成对出现，相互抵消，因此内力冲量的矢量和等于零，即

$$\sum_{i=1}^{n} \boldsymbol{F}_i^{(\mathrm{i})} \mathrm{d}t = 0$$

于是得**质点系动量定理的微分形式**为

$$\mathrm{d}\boldsymbol{p} = \sum_{i=1}^{n} \boldsymbol{F}_i^{(\mathrm{e})} \mathrm{d}t = \sum_{i=1}^{n} \mathrm{d}\boldsymbol{I}_i^{(\mathrm{e})} \tag{11-6a}$$

即质点系动量的微分等于作用于质点系的外力元冲量的矢量和。

式（11－6a）也可写成

$$\frac{\mathrm{d}\boldsymbol{p}}{\mathrm{d}t} = \sum_{i=1}^{n} \boldsymbol{F}_i^{(\mathrm{e})} \tag{11-6b}$$

即质点系动量对时间的导数等于作用于质点系的外力的矢量和（外力的主矢）。

设在 t_1 时刻，质点系的动量为 $\boldsymbol{p}_1$，在 t_2 时刻，质点系的动量为 $\boldsymbol{p}_2$，将式（11－6a）积分，得

$$\int_{p_1}^{p_2} \mathrm{d}\boldsymbol{p} = \int_{t_1}^{t_2} \sum_{i=1}^{n} \boldsymbol{F}_i^{(\mathrm{e})} \mathrm{d}t = \sum_{i=1}^{n} \int_{t_1}^{t_2} \boldsymbol{F}_i^{(\mathrm{e})} \mathrm{d}t$$

$$\boldsymbol{p}_2 - \boldsymbol{p}_1 = \sum_{i=1}^{n} \boldsymbol{I}_i^{(\mathrm{e})} \tag{11-7}$$

式（11－7）为**质点系动量定理的积分形式，即在某一段时间内，质点系动量的改变量等于在该段时间内作用于质点系外力冲量的矢量和。**

前述动量定理的表达式均为矢量式，在应用时应取投影式，如式（11－6b）和式（11－7）在直角坐标系的投影式为

$$\left\{\begin{aligned} \frac{\mathrm{d}p_x}{\mathrm{d}t} &= \sum_{i=1}^{n} F_{ix}^{(\mathrm{e})} \\ \frac{\mathrm{d}p_y}{\mathrm{d}t} &= \sum_{i=1}^{n} F_{iy}^{(\mathrm{e})} \\ \frac{\mathrm{d}p_z}{\mathrm{d}t} &= \sum_{i=1}^{n} F_{iz}^{(\mathrm{e})} \end{aligned}\right. \tag{11-8}$$

和

$$\left\{\begin{aligned} p_{2x} - p_{1x} &= \sum_{i=1}^{n} I_{ix}^{(\mathrm{e})} \\ p_{2y} - p_{1y} &= \sum_{i=1}^{n} I_{iy}^{(\mathrm{e})} \\ p_{2z} - p_{1z} &= \sum_{i=1}^{n} I_{iz}^{(\mathrm{e})} \end{aligned}\right. \tag{11-9}$$

由质点系动量定理可见，**质点系的动量的改变只与作用在质点系上的外力有关，而与系**

统的内力无关。

三、质点系的动量守恒定律

（1）由式（11-6b）得：若 $\sum_{i=1}^{n}\boldsymbol{F}_i^{(e)}=0$，则 $\boldsymbol{p}$=恒矢量，**即在一定的时间间隔内，若质点系所受外力矢量和（外力主矢）恒为零，则在该段时间内质点系的动量保持不变，也就是质点系的动量守恒。**

（2）由式（11-8）得：若 $\sum_{i=1}^{n}F_{ix}^{(e)}=0$，则 p_x=常量，**即在一定时间间隔内质点系所受外力在某轴上投影的代数和恒为零，则质点系的动量在该轴上的投影保持不变，也就是质点系的动量在该轴上的投影守恒。**

例 11-1 如图 11-1 所示，龙门刨床的台面质量 $m_1=700$ kg，其上工件质量 $m_2=300$ kg。当台面移动的速度达到工作速度 $v=0.5$ m/s 时，启动时间 $t=0.5$ s。设当量摩擦系数 $f=0.1$。求启动段和台面匀速运动时所需要的驱动力。

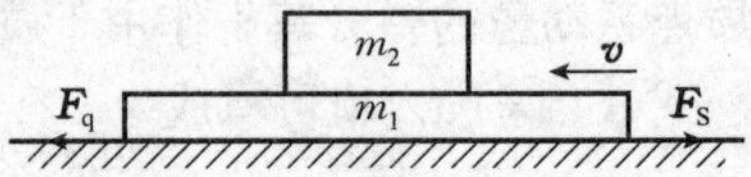

图 11-1

解： 由台面和工件组成的质点系在水平方向上的受力情况如图 11-1 所示，$\boldsymbol{F}_q$ 和 $\boldsymbol{F}_S$ 分别为质点系的驱动力及摩擦力，其中 $F_S=(m_1+m_2)gf$。台面和工件在水平方向上的动量初始状态都为零，即 $m_1v_{10}=0$，$m_2v_{20}=0$；启动后动量各为 m_1v_1 和 m_2v_2。

$\boldsymbol{F}_q$ 及 $\boldsymbol{F}_S$ 在启动时间 $t=0.5$ s 内产生的冲量各为 F_qt 和 F_St。利用式（11-9）有

$$(m_1v_1+m_2v_2)-(m_1v_{10}+m_2v_{20})=F_qt-F_St$$

这里 $v_1=v_2=v$，代入上式得

$$(m_1+m_2)v=F_qt-F_St$$

或

$$F_q=\frac{(m_1+m_2)v+F_St}{t}=\frac{(m_1+m_2)v+(m_1+m_2)gft}{t}$$

把题中的已知数据代入上式得启动段所需的驱动力为

$$F_q=\frac{(700+300)\times 0.5+(700+300)\times 9.8\times 0.1\times 0.5}{0.5}=1\,980(\mathrm{N})$$

当台面匀速运动时，在水平方向上，质点系动量的改变量等于零。由式（11-9）得

$$F_qt-F_St=0$$

即

$$F_q=F_S=(m_1+m_2)gf=(700+300)\times 9.8\times 0.1=980(\mathrm{N})$$

例 11-2 运货车空车质量 m_1 为 5 000 kg，沿水平轨道以 $v=4$ m/s 速度行驶（图 11-2）。当它经过喂入斗的底下时，突然倾入质量 m_2 为 3 000 kg 的货物，求以后货车和货物运动的速度。并求在装货时间内，运货车作用于倾入货物的水平冲量（不考虑摩擦）。

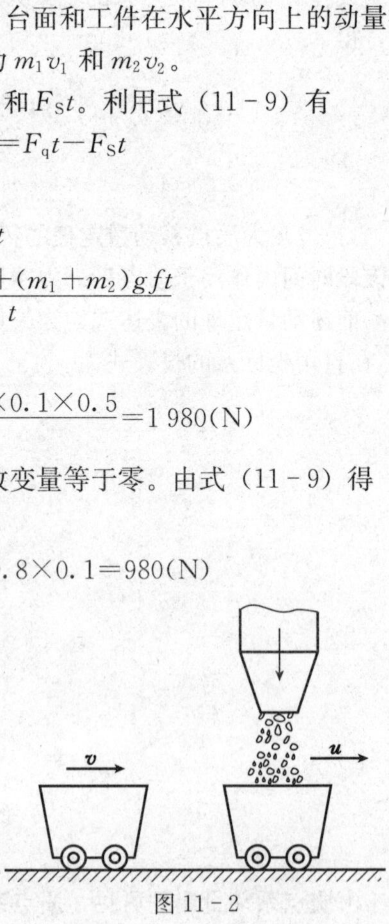

图 11-2

解： 取运货车与倾入货物为质点系。在水平方向上，设装货后的共同速度为 u，如图 11-2 所示。运货车在装货前的初动量为 $m_1v_{10}=m_1v$，装货后的末动量

为 $m_1v_1=m_1u$；货物在装入前的水平初动量为 $m_2v_{20}=0$，装入货车后的末动量为$m_2v_2=m_2u$。

因在水平方向上无外力的作用，应用水平方向质点系动量守恒定律有

$$m_1v_1+m_2v_2=m_1v_{10}+m_2v_{20}$$

即

$$m_1u+m_2u=m_1v+0$$

故货车和货物的共同速度为

$$u=\frac{m_1v}{m_1+m_2}=\frac{5000\times4}{5000+3000}=2.5(\text{m/s})$$

为求运货车对倾入货物的水平冲量，需取倾入货物为质点系，作用于它的水平冲量 I_x 应等于它的水平方向动量改变量。由质点系动量定理，得

$$I_x=m_2v_2-m_2v_{20}=m_2u-0=3000\times2.5=7\,500(\text{kg}\cdot\text{m/s})$$

例 11-3　如图 11-3 所示机构中，鼓轮 A 质量为 m_1，转轴 O 为其质心。重物 B 的质量为 m_2，重物 C 的质量为 m_3。斜面光滑，倾角为 θ，已知重物 B 的加速度为 a，求轴承 O 处的约束力。

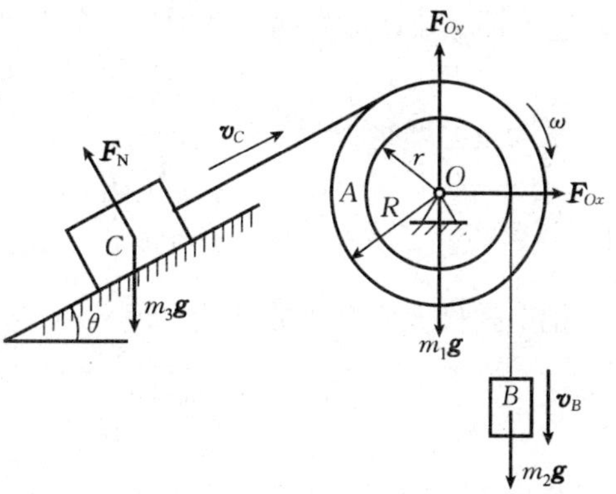

图 11-3

解：选取整个机构组成的质点系为研究对象。所受的外力有重力 $m_1\boldsymbol{g}$、$m_2\boldsymbol{g}$、$m_3\boldsymbol{g}$ 和约束力 $\boldsymbol{F}_N$、$\boldsymbol{F}_{Ox}$、$\boldsymbol{F}_{Oy}$。设某瞬时重物 B 和重物 C 的速度分别为 v_B 和 v_C，如图 11-3 所示。质点系的动量在 x、y 轴上的投影为

$$p_x=m_3v_C\cos\theta$$

$$p_y=m_3v_C\sin\theta-m_2v_B$$

应用质点系动量定理 $\frac{\mathrm{d}p_x}{\mathrm{d}t}=\sum F_x$，$\frac{\mathrm{d}p_y}{\mathrm{d}t}=\sum F_y$ 得

$$\frac{\mathrm{d}}{\mathrm{d}t}(m_3v_C\cos\theta)=F_{Ox}-F_N\sin\theta$$

$$\frac{\mathrm{d}}{\mathrm{d}t}(m_3v_C\sin\theta-m_2v_B)=F_{Oy}-(m_1+m_2+m_3)g+F_N\cos\theta$$

式中

$$v_C=\frac{R}{r}v_B,\qquad F_N=m_3g\cos\theta$$

并利用$\frac{\mathrm{d}v_B}{\mathrm{d}t}=a$，可解出轴承 O 处的约束力为

$$F_{Ox}=m_3g\sin\theta\cos\theta+m_3\frac{R}{r}a\cos\theta$$

$$F_{Oy}=(m_1+m_2+m_3-m_3\cos^2\theta)g+m_3\frac{R}{r}a\sin\theta-m_2a$$

若重物 B 加速度 $a=0$，即重物 B、C 不动或匀速直线运动，则轴承 O 处的约束力可称为**静约束力**，此时轴承 O 处的静约束力 $F'_{Ox}=m_3g\sin\theta\cos\theta$，$F'_{Oy}=(m_1+m_2+m_3-m_3\cos^2\theta)g$；重物 B 加速度 $a\neq0$ 时的约束力可称为**动约束力**。动约束力与静约束力的差值，可称为**附加**

动约束力，是由于系统运动而产生的。此例中轴承 O 处的附加动约束力 $F''_{Ox}=m_3\dfrac{R}{r}a\cos\theta$，$F''_{Oy}=m_3\dfrac{R}{r}a\sin\theta-m_2a$。

例 11-4 如图 11-4 所示，流体流经变截面弯管。设流体是不可压缩的，流动是稳定的，流体进出口速度分别为$\boldsymbol{v}_a$和$\boldsymbol{v}_b$，流体密度 ρ 为常量，流体在单位时间内流过截面的体积流量 q_V 也为常量。求水流对管壁的附加动约束力。

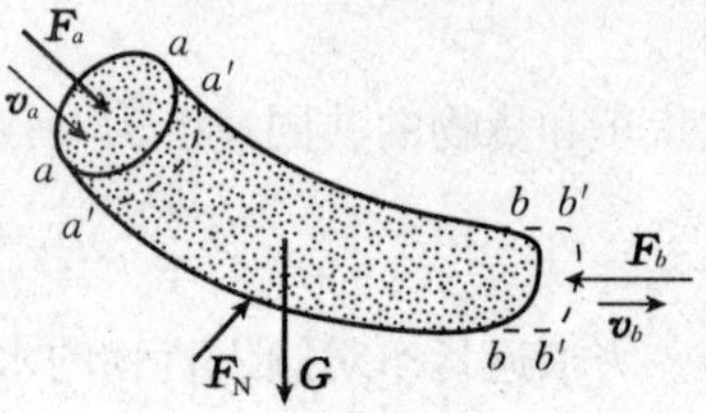

图 11-4

解： 从管中取出两个截面 aa 与 bb 之间的流体作为所研究的质点系。流体所受到的外力有流体的重力 $\boldsymbol{G}$、管壁对此质点系的约束力 $\boldsymbol{F}_N$，以及两截面 aa 与 bb 上受到的相邻流体的压力 $\boldsymbol{F}_a$ 和 $\boldsymbol{F}_b$。经过时间 dt，这一部分流体流到两个截面 $a'a'$ 与 $b'b'$ 之间。则质点系在 dt 内流过截面的质量为

$$dm=q_V\rho dt$$

质点系动量的增量为

$$d\boldsymbol{p}=\boldsymbol{p}_{a'a'b'b'}-\boldsymbol{p}_{aabb}=(\boldsymbol{p}_{a'a'bb}+\boldsymbol{p}_{bbb'b'})-(\boldsymbol{p}_{aaa'a'}+\boldsymbol{p}_{a'a'bb})$$

$$d\boldsymbol{p}=\boldsymbol{p}_{bbb'b'}-\boldsymbol{p}_{aaa'a'}=q_V\rho dt\,\boldsymbol{v}_b-q_V\rho dt\,\boldsymbol{v}_a$$

把上式代入质点系的动量定理 $\dfrac{d\boldsymbol{p}}{dt}=\sum\boldsymbol{F}_i^{(e)}$ 得

$$\frac{d\boldsymbol{p}}{dt}=q_V\rho(\boldsymbol{v}_b-\boldsymbol{v}_a)=\boldsymbol{F}_N+\boldsymbol{G}+\boldsymbol{F}_a+\boldsymbol{F}_b$$

若将管壁对于流体的约束力 $\boldsymbol{F}_N$ 分为 $\boldsymbol{F}'_N$和 $\boldsymbol{F}''_N$两部分：$\boldsymbol{F}'_N$为与外力 $\boldsymbol{G}$、$\boldsymbol{F}_a$ 和 $\boldsymbol{F}_b$ 相平衡的管壁对流体的静约束力，$\boldsymbol{F}''_N$为由于流体的动量发生变化而产生的管壁对流体的附加动约束力，则静约束力 $\boldsymbol{F}'_N$满足平衡方程

$$\boldsymbol{F}'_N+\boldsymbol{G}+\boldsymbol{F}_a+\boldsymbol{F}_b=0$$

而附加动约束力由下式确定：

$$\boldsymbol{F}''_N=q_V\rho(\boldsymbol{v}_b-\boldsymbol{v}_a)$$

设进出口截面的面积分别为 A_a 和 A_b，由不可压缩流体的连续性定律知

$$q_V=A_av_a=A_bv_b$$

因此，只要知道流速和弯管的尺寸，即可求得附加动约束力。由作用与反作用定律，流体对管壁的附加动约束力大小等于此附加动约束力，但方向相反。

从上式可看到：流量以及进出口截面处速度的矢量差越大，则管壁所受到的附加动约束力越大。上面推导的公式是矢量形式，而在实际应用时应取投影形式。

如图 11-5 所示，一水平的等截面直角形弯管，横截面积为 A。当流体被迫改变流动方向时，对管壁施加附加动约束力，它的大小等于管壁对流体作用的附加动约束力，即

$$F''_{Nx}=q_V\rho(v_2-0)=q_V\rho v_2=\rho Av_2^2$$

$$F''_{Ny}=q_V\rho(0+v_1)=q_V\rho v_1=\rho Av_1^2$$

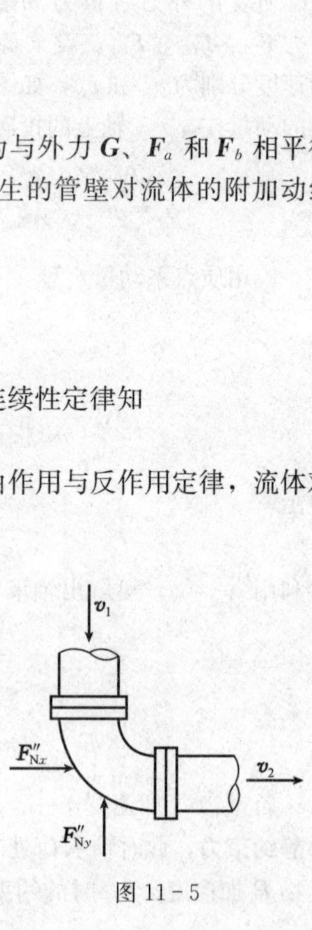

图 11-5

由此可见，当流速很快或管子截面积很大时，流体对管壁

将产生很大的附加动约束力，当施工时在管子的弯头处应该安装支座。

第三节　质心运动定理

一、质量中心

设由 n 个质点组成的质点系，系中任意一质点的质量为 m_i，矢径为 $\boldsymbol{r}_i$，则质点系中由矢径

$$\boldsymbol{r}_C=\frac{\sum_{i=1}^{n}m_i\boldsymbol{r}_i}{\sum_{i=1}^{n}m_i}=\frac{\sum_{i=1}^{n}m_i\boldsymbol{r}_i}{m} \tag{11-10a}$$

端点所确定的一个质点 C，定义为此质点系的**质量中心**或简称为**质心**，如图 11-6 所示。式中 $m=\sum_{i=1}^{n}m_i$ 为整个质点系的质量，$\boldsymbol{r}_C$ 为质心 C 的矢径。

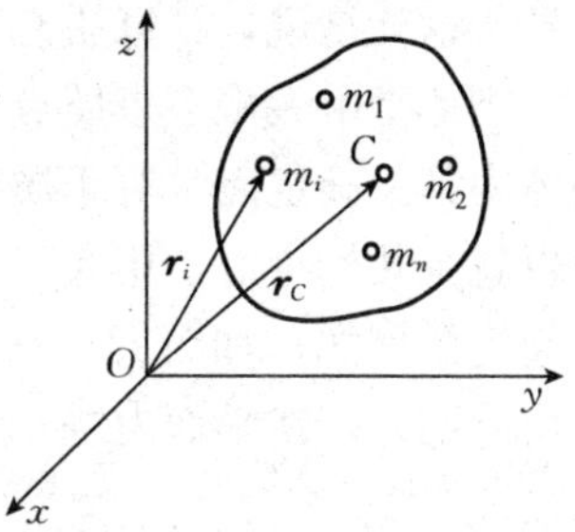

图 11-6

若质点系的质量连续分布，则式（11-10a）可以表示为

$$\boldsymbol{r}_C=\frac{\int\boldsymbol{r}\mathrm{d}m}{m} \tag{11-10b}$$

式中 $\boldsymbol{r}$ 为微元质量 dm 的矢径。

由上式可知，质量中心的位置取决于质点系中各质点的质量大小和它们的分布情况。计算质心位置时，常用式（11-10a）在直角坐标系的投影形式，即

$$\left\{\begin{aligned}x_C&=\frac{\sum m_ix_i}{m}\\y_C&=\frac{\sum m_iy_i}{m}\\z_C&=\frac{\sum m_iz_i}{m}\end{aligned}\right. \tag{11-11a}$$

式中，x_C、y_C、z_C 是质心 C 的坐标，x_i、y_i、z_i 是质点 m_i 的坐标。

若质点系的质量连续均匀分布，则

$$\left\{\begin{aligned}x_C&=\frac{\int x\mathrm{d}m}{m}=\frac{\int x\mathrm{d}V}{V}\\y_C&=\frac{\int y\mathrm{d}m}{m}=\frac{\int y\mathrm{d}V}{V}\\z_C&=\frac{\int z\mathrm{d}m}{m}=\frac{\int z\mathrm{d}V}{V}\end{aligned}\right. \tag{11-11b}$$

式中，x、y、z 是微元质量 dm 的坐标，dV 为微元质量 dm 的体积。

二、质心运动定理

质点系的质量中心不仅表征质点系质量的分布情况，而且可以用来计算质点系的动量。

由式（11－10a）得

$$\sum m_i \boldsymbol{r}_i = m\boldsymbol{r}_C$$

将上式两边对时间取导数，得

$$\frac{\mathrm{d}\sum m_i \boldsymbol{r}_i}{\mathrm{d}t} = \sum m_i \frac{\mathrm{d}\boldsymbol{r}_i}{\mathrm{d}t} = m\frac{\mathrm{d}\boldsymbol{r}_C}{\mathrm{d}t}$$

因为$\frac{\mathrm{d}\boldsymbol{r}_i}{\mathrm{d}t}=\boldsymbol{v}_i$，$\frac{\mathrm{d}\boldsymbol{r}_C}{\mathrm{d}t}=\boldsymbol{v}_C$，前者为第 i 个质点的速度，后者为质心的速度，于是得

$$\boldsymbol{p} = \sum m_i \boldsymbol{v}_i = m\boldsymbol{v}_C \tag{11-12}$$

可见，**质点系的动量等于质点系的质量与其质心速度的乘积，动量方向与质心速度方向一致**。这就是说，计算质点系的动量时，可以设想质点系的质量全部集中在质心上。

刚体是由无限多个质点组成的不变质点系，质心是刚体内某一确定点。对于质量均匀分布的规则刚体，质心也就是几何中心，用式（11－12）计算刚体的动量颇为简捷。例如，如图 11－7(a) 所示，长为 l、质量为 m 的均质细杆，在平面内绕 O 轴转动，角速度为 ω，则细杆的动量为 $p=mv_C=m\frac{l}{2}\omega$，方向与$\boldsymbol{v}_C$相同。又如图 11－7(b) 所示，绕中心轴转动的均质轮，由于其质心在中心轴上，无论轮有多大的角速度和质量，质心不动，$v_C=0$，则均质轮的动量 $p=mv_C=0$，即其动量总是零。

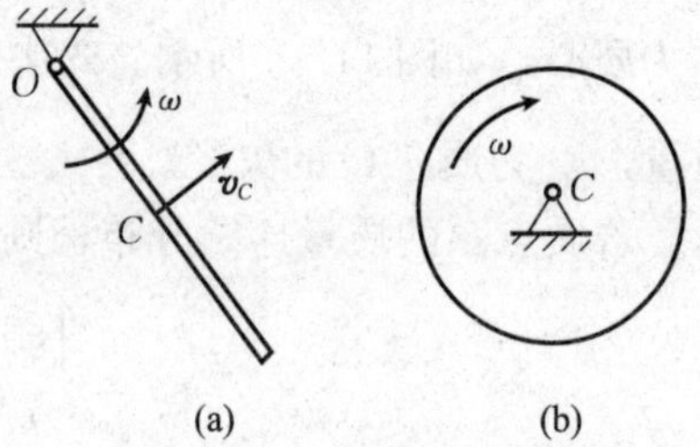

图 11－7

再将式（11－12）对时间取导数

$$\frac{\mathrm{d}\boldsymbol{p}}{\mathrm{d}t} = \sum m_i \boldsymbol{a}_i = m\boldsymbol{a}_C$$

其中 $\boldsymbol{a}_i$ 为质点系第 i 质点的加速度，$\boldsymbol{a}_C$ 为质点系质心的加速度。由质点系动量定理 $\frac{\mathrm{d}\boldsymbol{p}}{\mathrm{d}t}=\sum \boldsymbol{F}_i^{(e)}$ 得

$$m\boldsymbol{a}_C = \sum \boldsymbol{F}_i^{(e)} \tag{11-13}$$

上式表明：**质点系的质量与质心加速度的乘积等于作用于质点系的外力的矢量和（即等于外力的主矢）**。这个结论称为**质心运动定理**。

质心运动定理式（11－13）是矢量形式，在应用时取投影形式。在直角坐标轴上的投影式为

$$\begin{cases} ma_{Cx} = \sum F_{ix}^{(e)} \\ ma_{Cy} = \sum F_{iy}^{(e)} \\ ma_{Cz} = \sum F_{iz}^{(e)} \end{cases} \tag{11-14}$$

在自然坐标轴上的投影式为

$$\begin{cases} ma_C^t = \sum F_{it}^{(e)} \\ ma_C^n = \sum F_{in}^{(e)} \\ \sum F_{ib}^{(e)} = 0 \end{cases} \tag{11-15}$$

式（11－13）在形式上与质点动力学基本方程 $m\boldsymbol{a}=\sum \boldsymbol{F}$ 相似。这说明，研究质点系的质心运动时，可以看成为一个质点的运动，设想此质点集中了整个质点系的质量，并在其上作用有质点系的所有外力。例如在工程上爆破山石时，要把 A 处的土石方抛掷到 B 处，如图 11－8 所示，可采用定向爆破技术。这时可把被炸掉的土石方 A 看作一个质点系，其质心 C 的运动与一个抛射质点的运动一样，这个质点的质量等于质点系的全部质量，作用在这个质点上的力是质点系中各质点重力的总和。因此，只要控制好质心 C 的初速度 v_0，使质心的运动轨迹通过 B 处，就可能使 A 处大部分土石方抛掷到 B 处。

由式（11－13）质心运动定理可知，质点系的内力不影响质心的运动，只有外力才能改变质心的运动。例如，当小汽车启动时，发动机中的燃气压力作为内力，并不能使小汽车的质心产生加速度而使小汽车前进。只有燃气压力推动气缸内的活塞，经过一套传动机构带动主动轮（图 11－9 中的后轮 A）转动，地面对主动轮产生了向前的摩擦力 $\boldsymbol{F}_{SA}$，而且这个摩擦力大于小汽车前轮 B 产生的总阻力 $\boldsymbol{F}_{SB}$时，小汽车才可以前进。如果地面光滑，地面不能对主动轮产生向前的摩擦力，小汽车的质心不能获得向前的加速度，主动轮 A 将在原处转动（打滑），小汽车不能前进。

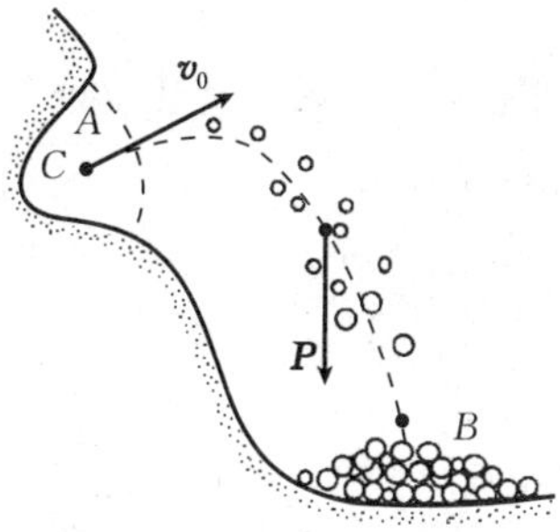

图 11－8

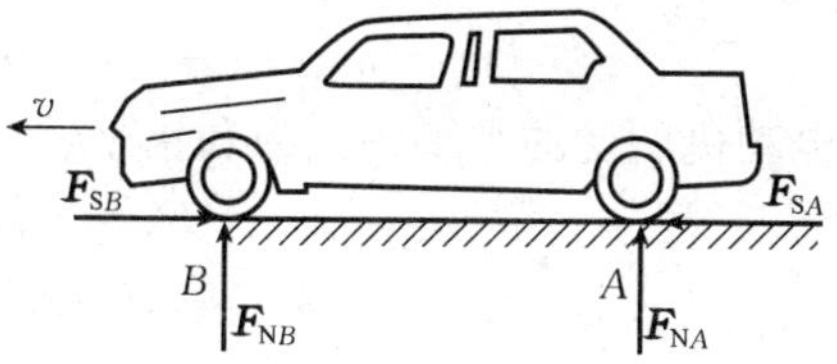

图 11－9

三、质心运动守恒定律

（1）若 $\sum \boldsymbol{F}_i^{(e)}=0$，则由式（11－13），可得 $\boldsymbol{a}_C=0$，从而 $\boldsymbol{v}_C$＝恒矢量。这就说明：运动过程中，如果作用于质点系的外力的主矢恒等于零，则其质心做匀速直线运动；若初始时 $\boldsymbol{v}_C=0$（质心静止），则 $\boldsymbol{r}_C$＝恒矢量，质点系运动过程中，质心位置始终保持不变，例如绕质心转动的圆轮。

（2）若 $\sum F_{ix}^{(e)}=0$，则由式（11－14），可得 $a_{Cx}=0$，从而 v_{Cx}＝常量。这就说明：运动过程中，如果作用于质点系的外力在某轴上的投影的代数和恒等于零，则质心速度在该轴上的投影保持不变；若初始时 $v_{Cx}=0$，则 x_C＝常量，这时，质心相应于该轴的位置坐标始终保持不变。

上述结论称为**质心运动守恒定律**。

例 11－5　有一电动机，用螺钉固定于基座上，如图 11－10 所示，其外壳及定子的质量为 m_1，它们的质心 C_1 在中心转轴上，转子的质量为 m_2，转子的质心 C_2 与中心转轴有偏心

距 e，以等角速度 ω 转动，求电动机对基座所作用的水平力和铅垂力。

解： 取整个电动机为一质点系。选固定坐标系如图 11-10 所示。作用于质点系的力有：外壳及定子的重力 $m_1\boldsymbol{g}$，转子的重力 $m_2\boldsymbol{g}$，电动机所受的水平约束力 $\boldsymbol{F}_x$、铅垂约束力 $\boldsymbol{F}_y$ 和约束力偶 M。

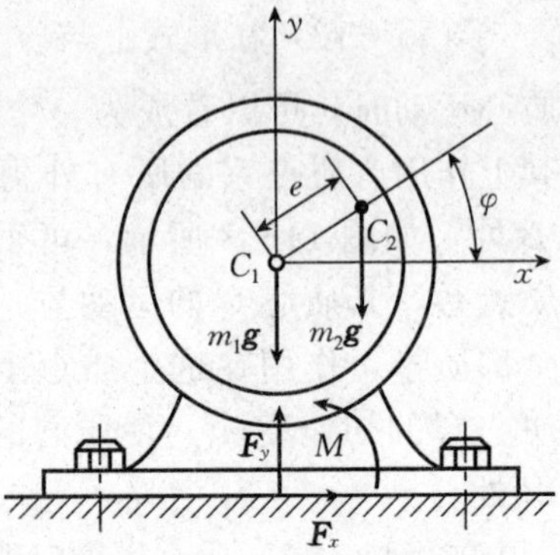

图 11-10

由式（11-11a）得电动机的质心 C 的坐标为

$$\begin{cases} x_C=\dfrac{m_1x_1+m_2x_2}{m_1+m_2} \\ y_C=\dfrac{m_1y_1+m_2y_2}{m_1+m_2} \end{cases} \qquad (*)$$

式中，x_1、y_1 是外壳与定子的质心 C_1 的坐标，在图示坐标系中皆为 0，x_2、y_2 是转子质心 C_2 的坐标。设初瞬时 C_2 位于 x 轴上，经过时间间隔 t 后的转角 $\varphi=\omega t$，于是有 $x_2=e\cos\omega t$，$y_2=e\sin\omega t$，代入式（$*$）得

$$\begin{cases} x_C=\dfrac{m_2}{m_1+m_2}e\cos\omega t \\ y_C=\dfrac{m_2}{m_1+m_2}e\sin\omega t \end{cases}$$

利用上两式分别求出 a_{Cx} 和 a_{Cy}，并代入质心运动定理在直角坐标轴上的投影式式（11-14）得

$$(m_1+m_2)a_{Cx}=-m_2e\omega^2\cos\omega t=F_x$$

$$(m_1+m_2)a_{Cy}=-m_2e\omega^2\sin\omega t=F_y-m_1g-m_2g$$

由此得到电动机所受的水平约束力和铅垂约束力分别为

$$F_x=-m_2e\omega^2\cos\omega t$$

$$F_y=(m_1+m_2)g-m_2e\omega^2\sin\omega t$$

电动机对基座的水平和铅垂作用力分别与 $\boldsymbol{F}_x$ 和 $\boldsymbol{F}_y$ 等值，方向相反。可以看出，由于转子的质心 C_2 不在转轴上，电动机质心的位置要随时间改变，因而基座就受到了动压力的作用，这种随时间而做周期性变化的动压力往往引起基座的振动，以致影响机器的正常工作或损坏其零件。为了减小基座所受的动压力，在机器的设计和安装中必须尽可能地使其转动部分的质心位于转轴上。

若需要求约束力偶 M 的大小，不能应用质心运动定理求解，将在学习动量矩定理时介绍。

例 11-6 如图 11-11(a) 所示，水平面上放一均质三棱柱 A，在其斜面上又放一均质三棱柱 B。两三棱柱的横截面均为直角三角形。三棱柱 A 的质量为三棱柱 B 的质量的三倍，其尺寸如图所示。设各处摩擦不计。求当三棱柱 B 沿三棱柱 A 滑下接触到地面时，三棱柱 A 移动的距离。

解： 以三棱柱 A 和三棱柱 B 所组成的质点系为研究对象。建立直角坐标系 Oxy，如图 11-11(a) 所示。

因不计各处的摩擦，则外力在水平轴上的投影等于零，水平方向质心运动守恒。即质心速度在 x 轴上的投影保持不变，$v_{Cx}=$常数。又因为开始时三棱柱 A 和三棱柱 B 均处于静止状态，质心初速度为零，所以 v_{Cx} 恒等于零。故质心的横坐标 x_C 保持不变。

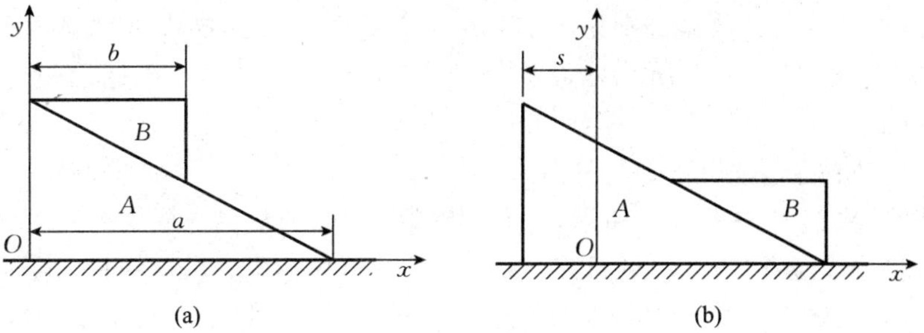

图 11 - 11

三棱柱 B 在三棱柱 A 顶部时如图 11 - 11(a) 所示，质点系的质心坐标为

$$x_{C0}=\frac{m_B\times\frac{2}{3}b+m_A\times\frac{1}{3}a}{m_B+m_A}$$

当三棱柱 B 沿三棱柱 A 滑下接触到地面时，三棱柱 A 向左移动的距离设为 s，如图 11 - 11(b) 所示，此时质点系质心的坐标为

$$x_C=\frac{m_B\times\left(a-s-\frac{1}{3}b\right)+m_A\times\left(\frac{1}{3}a-s\right)}{m_B+m_A}$$

由于 $x_{C0}=x_C$，于是得

$$\frac{m_B\times\frac{2}{3}b+m_A\times\frac{1}{3}a}{m_B+m_A}=\frac{m_B\times\left(a-s-\frac{1}{3}b\right)+m_A\times\left(\frac{1}{3}a-s\right)}{m_B+m_A}$$

由题知 $m_A=3m_B$，代入上式，可求出三棱柱 A 向左水平移动的距离为

$$s=\frac{a-b}{4}$$

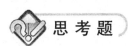

思 考 题

11 - 1　判断下列说法是否正确并说出理由。

(1) 动量是一个瞬时量，冲量也是一个瞬时量。

(2) 一物体受到方向不变、大小为 10 N 的常力 $\boldsymbol{F}$ 作用，在 $t=4$ s 的瞬时，该力的冲量大小为 $I=Ft=40$ N·s。

(3) 质点系中各质点都处于静止时，质点系的动量为零。于是可知如果质点系的动量为零，则质点系中各质点必都静止。

(4) 不管质点系做什么样的运动，也不管质点系内各质点速度的大小，只要知道质点系的总质量和质点系的质心的速度，即可求得质点系的动量。

(5) 任意质点系（包括刚体）的动量等于其质心的速度乘以质量。

(6) 质点系动量定理的导数形式 $\frac{\mathrm{d}\boldsymbol{p}}{\mathrm{d}t}=\sum\boldsymbol{F}_i^{(e)}$ 和积分形式 $\boldsymbol{p}_2-\boldsymbol{p}_1=\sum\int\boldsymbol{F}\mathrm{d}t$ 均可在自然轴上投影。

（7）刚体受到一力系的作用，无论各力作用点如何，此刚体质心的加速度都一样。

（8）两物块 A 和 B，质量分别为 m_A 和 m_B，初始静止。如物块 A 沿斜面下滑的相对速度为 v_r，如思考题 11－1 图所示，设物块 B 向左的速度为 v，根据动量守恒定律，有 $m_A v_r \cos\theta = m_B v$。

11－2 对以下各题选出正确的答案。

（1）如思考题 11－2 图（a）所示，两个相同的均质圆盘 A、B 放在光滑水平面上，在圆盘的不同位置上，各作用一水平力 $\boldsymbol{F}$、$\boldsymbol{F}'$，由静止开始运动，若 $\boldsymbol{F}=\boldsymbol{F}'$，哪个圆盘的质心运动得快？（　　）

（A）A 盘质心运动得快　　（B）B 盘质心运动得快　　（C）两盘质心运动相同

（2）边长为 L 的均质正方形平板，位于铅垂平面内并置于光滑水平面上，如思考题 11－2图（b）所示，若给平板一微小扰动，使其从图示位置开始倾倒，平板在倾倒过程中其质心 C 点的轨迹是什么？（　　）

（A）半径为$\sqrt{2}L/2$ 的圆弧　　（B）椭圆曲线　　（C）铅垂直线

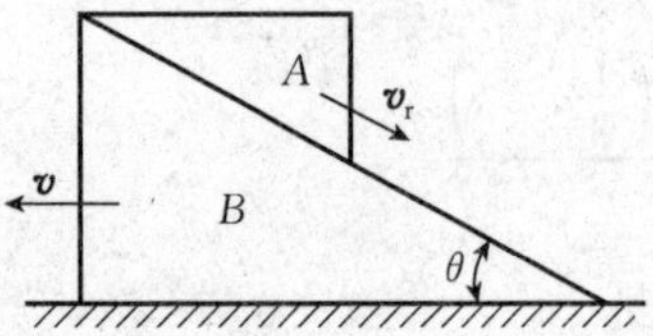

思考题 11－1 图

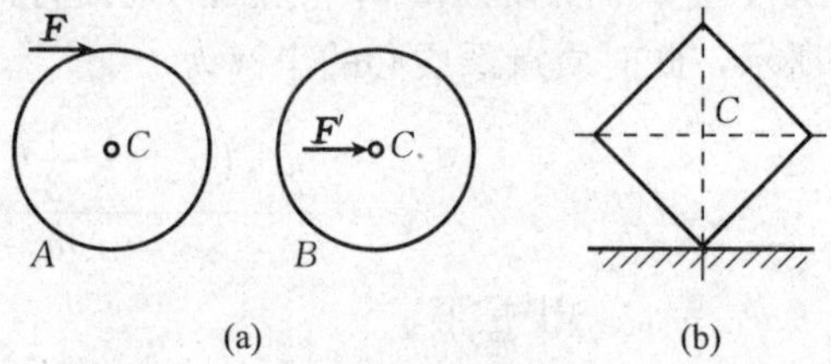

思考题 11－2 图

11－3 如思考题 11－3 图所示，一质点的质量为 m，以匀速 $v_A = v_B = v$ 做圆周运动。当质点从 A 运动到 B 时，求作用在该质点上合力的冲量的大小，并在图中画出冲量的方向。

11－4 两均质直杆 AC 和 CB，长度相同，质量分别为 m_1 和 m_2。两杆在点 C 由铰链连接，初始时维持在铅垂面内不动，如思考题 11－4 图所示。设地面绝对光滑，两杆被释放后将分开倒向地面。试分析 m_1 和 m_2 相等或不相等时，C 点的运动轨迹是否相同。

11－5 计算如思考题 11－5 图所示瞬时，杆 OAB 的动量及杆 CD 的动量，并在图中标出各动量的方向。已知：系统中各杆都为均质杆，杆 CD 质量为 m，杆 OAB 质量为 $3m$，且 $OA=AC=CB=CD=L$，杆 OAB 以角速度 ω 转动。

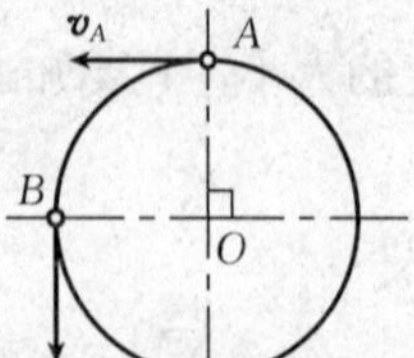

思考题 11－3 图

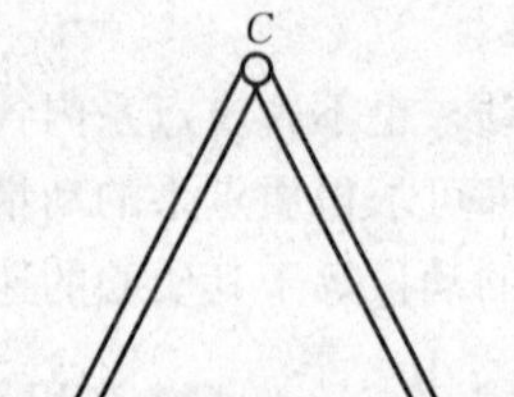

思考题 11－4 图

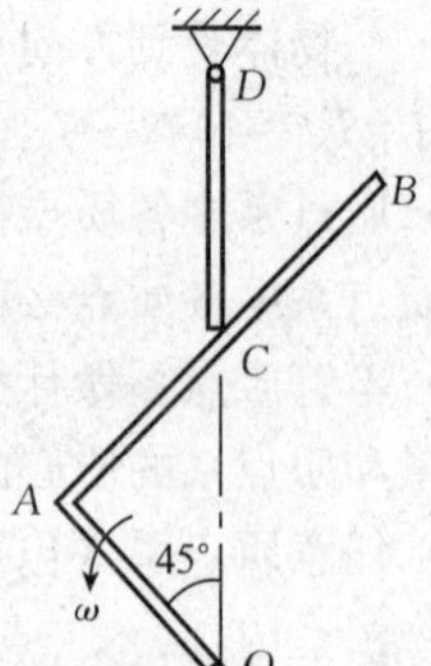

思考题 11－5 图

11－6　一质点的动量为

$$\boldsymbol{p}=3e^{-t}\times\boldsymbol{i}-2\cos t\times\boldsymbol{j}-3\sin 5t\times\boldsymbol{k}$$

求作用在该质点上的合力 $\boldsymbol{F}$。

习　题

11－1　如习题 11－1 图所示，试计算下列四种情况下系统的动量。

（1）均质圆轮沿曲面做无滑动的滚动。质量为 m，半径为 R，轮心速度为 $\boldsymbol{v}$ 。

（2）均质圆轮绕 O 轴转动。角速度为 ω，质量为 m，半径为 R，质心在 C 点，$OC=e$。

（3）两均质带轮的质量分别为 m_1、m_2，用质量为 m_3 的均质胶带相连接。带轮与胶带间没有相对滑动，其中一轮的角速度为 ω。

（4）均质 T 形构件做定轴转动，角速度为 ω，质量为 m。

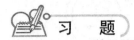

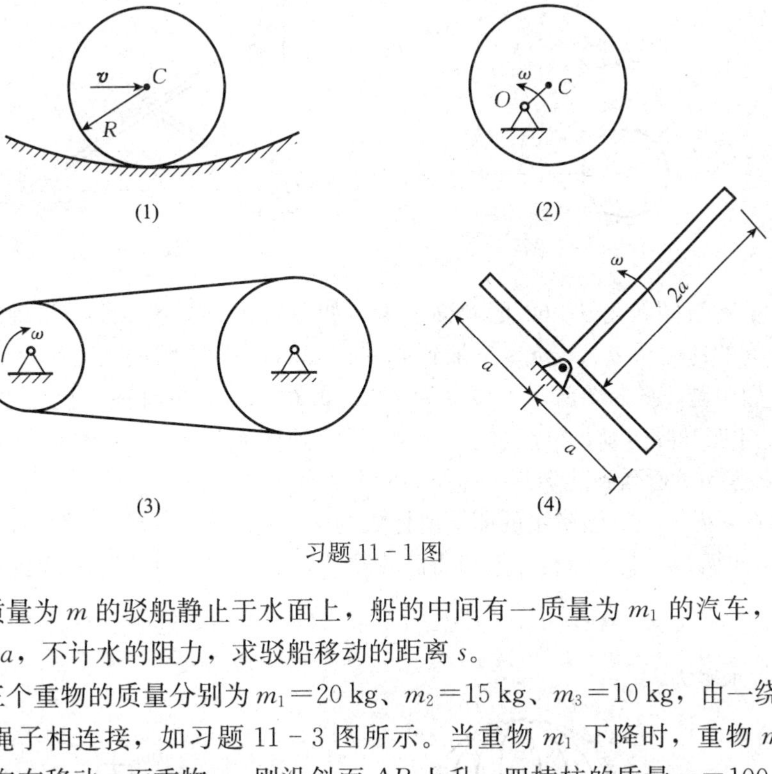

习题 11－1 图

11－2　质量为 m 的驳船静止于水面上，船的中间有一质量为 m_1 的汽车，若汽车向船头移动距离为 a，不计水的阻力，求驳船移动的距离 s。

11－3　三个重物的质量分别为 $m_1=20$ kg、$m_2=15$ kg、$m_3=10$ kg，由一绕过两个定滑轮 M 和 N 的绳子相连接，如习题 11－3 图所示。当重物 m_1 下降时，重物 m_2 在四棱柱 $ABCD$的上面向右移动，而重物 m_3 则沿斜面 AB 上升。四棱柱的质量 $m=100$ kg。如略去一切摩擦和绳子的重量，求当重物 m_1 下降 1 m 时，四棱柱相对于地面的位移。

11－4　如习题 11－4 图所示，皮带运输机运送沙子，皮带为匀速运动，$v=1.5$ m/s。沙子以 0.01 m/s 的速度自漏斗出口处下落，出口处截面积为 200 cm^2，沙子的容重为 0.265 N/cm^3。求皮带作用于沙子的水平力。

11－5　如习题 11－5 图所示的棒球质量为 0.14 kg，以速度 $v_0=50$ m/s 沿水平方向向右运动。在它被球棒打击后其速度 $\boldsymbol{v}$ 与 $\boldsymbol{v}_0$ 的夹角 $\alpha=135°$，速度的大小降至 40 m/s。试计算球棒作用于球的冲量的水平及铅垂分量。又若棒与球接触时间为 0.02 s，求棒给球的平均作用力的大小。

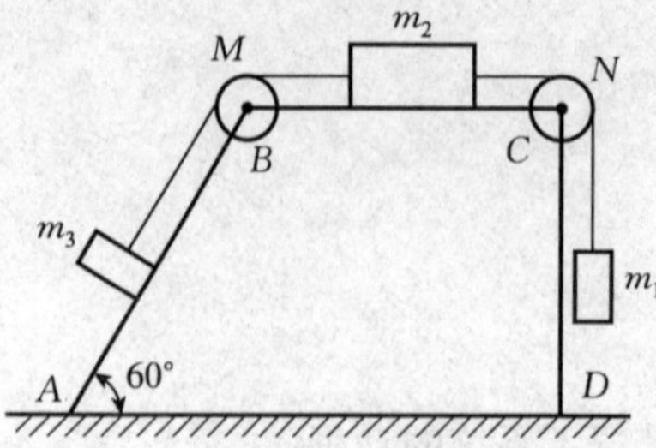

习题 11-3 图

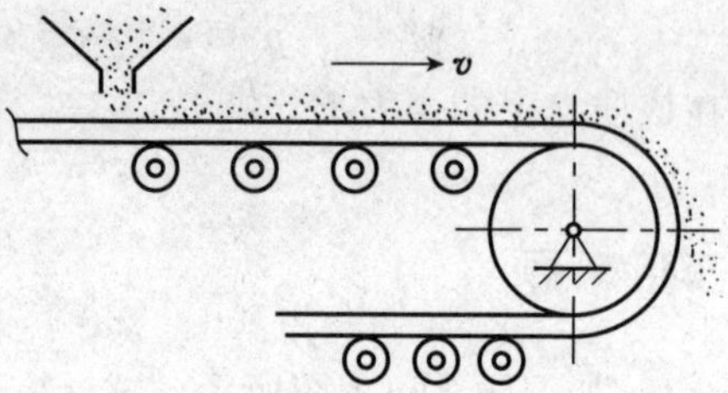

习题 11-4 图

11-6 如习题 11-6 图所示的椭圆规尺，$OC=AC=BC=l$。均质连杆 AB 的质量为 $2m$，均质曲柄 OC 的质量为 m，滑块 A 和 B 的质量都是 m。曲柄 OC 以等角速度 ω 绕 O 轴转动。试求在曲柄 OC 与水平成 θ 角瞬时此机构的动量的大小和方向。

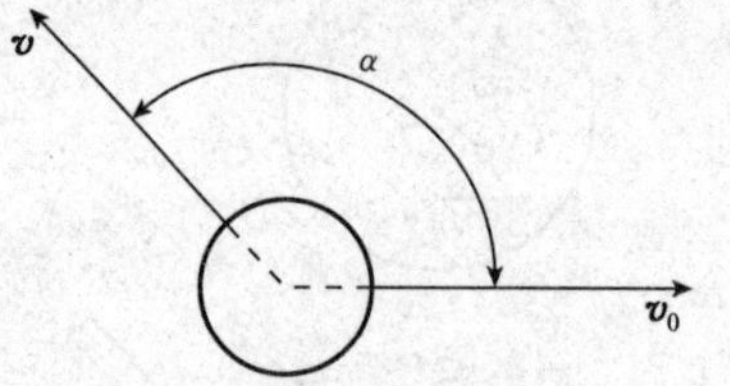

习题 11-5 图

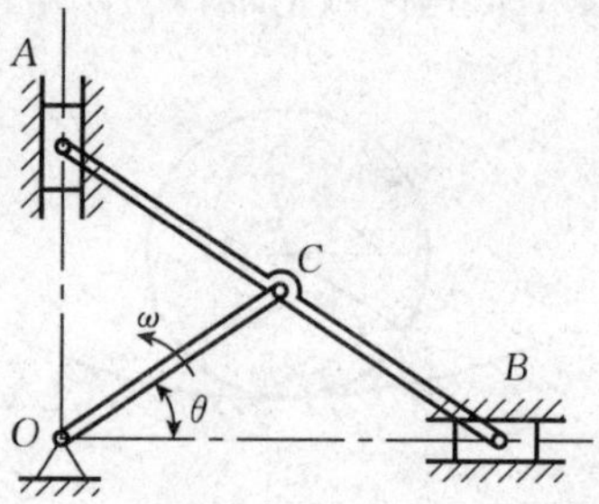

习题 11-6 图

11-7 重物沿倾斜角 $\theta=60°$ 的斜面下滑，如习题 11-7 图所示。设动摩擦系数 $f_d=0.1$，试求重物的速度从 $v_1=5$ m/s 增加到 $v_2=10$ m/s 所需要的时间。

11-8 如习题 11-8 图所示，质量为 70 kg 的跳伞运动员跳离飞机后铅直下落，经过 150 m 距离时才张开降落伞。再经过 3 s，这时下降速度为 5 m/s。自由下落时的空气阻力可以不计。试求运动员所受到的降落伞绳拉力的合力的平均值。

11-9 在习题 11-9 图所示的曲柄滑杆机构中，均质曲柄 OA 以等角速度 ω 绕 O 轴转动。开始时，曲柄 OA 水平向右。已知曲柄的质量为 m_1，$OA=l$，滑块 A 的质量为 m_2，滑杆 BD 的质量为 m_3，质心在点 E，$BE=\frac{1}{2}l$。求：(1) 机构质量中心的运动方程；(2) 作用在 O 轴的最大水平力。

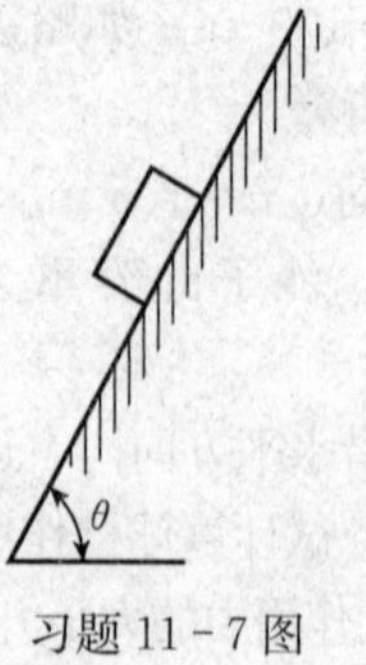

习题 11-7 图

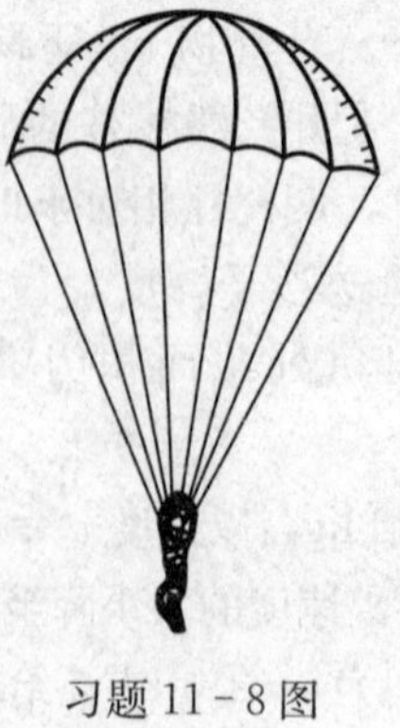

习题 11-8 图

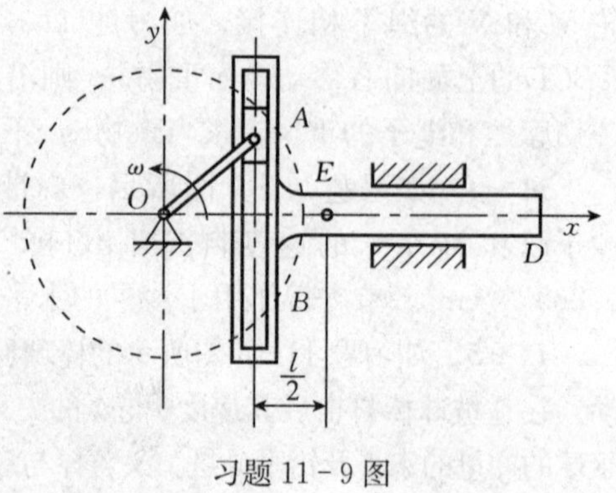

习题 11-9 图

11-10　均质杆 AB，长 $2l$，B 端放置在光滑的水平面上。求它从习题 11-10 图所示位置无初速地倒下时，端点 A 相对图示坐标系的轨迹方程。

11-11　质量为 m_1 的平台 AB，放在水平面上，平台与水平面间的动滑动摩擦系数为 f_d，如习题 11-11 图所示。质量为 m_2 的小车 D，由绞车拖动，相对于平台的运动规律为 $s=\frac{1}{2}bt^2$，其中 b 为已知常数。不计绞车的质量，求平台的加速度。

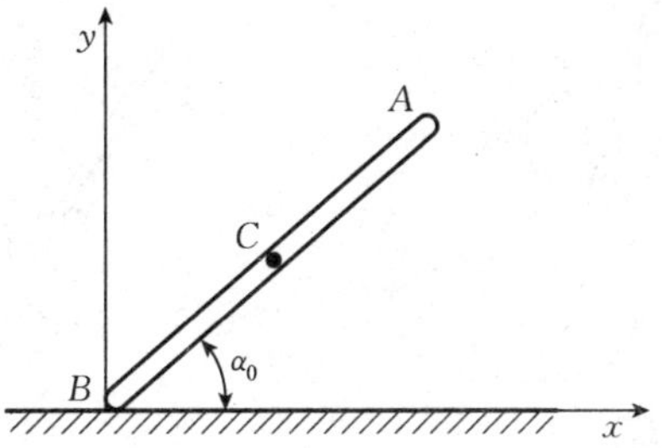

习题 11-10 图

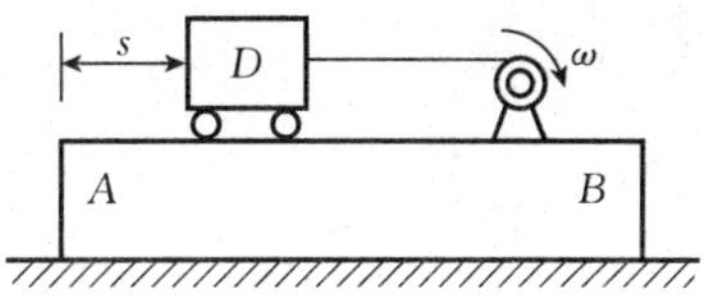

习题 11-11 图

11-12　如习题 11-12 图所示，刚度系数为 k 的弹簧一端固定，另一端与滑块 A 相连接，滑块 A 的质量为 m，可以在水平光滑槽中运动。杆 AB 长度为 l，质量忽略不计，A 端与滑块 A 铰接，B 端装有质量为 m_1 的小球，在铅垂平面内可绕点 A 旋转。设在力偶 M 作用下转动角速度 ω 为常数。求滑块 A 的运动微分方程。

11-13　水流以速度 $v_0=2$ m/s 流入固定水道，速度方向与水平面成 90°角，如习题11-13 图所示。水流进口截面积为 0.02 m^2，出口速度 $v_1=4$ m/s，它与水平面成 30°角。求水作用在水道壁上的水平和铅直的附加动压力。

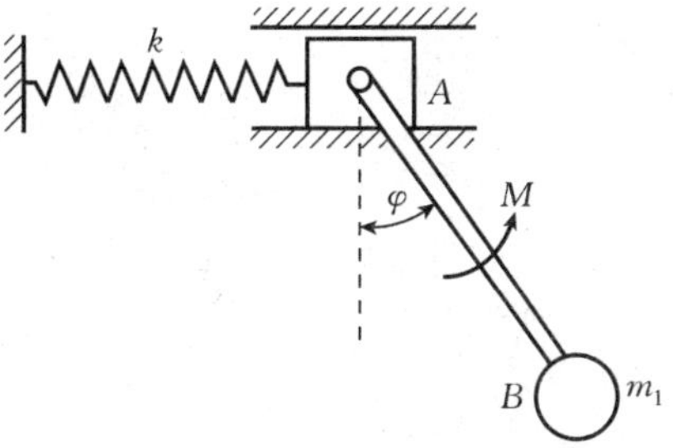

习题 11-12 图

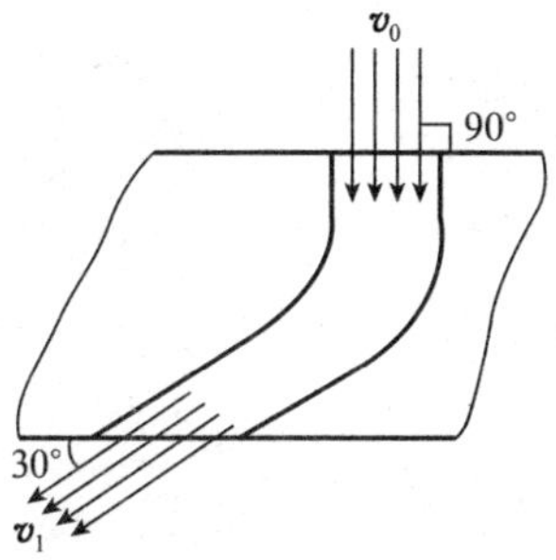

习题 11-13 图

11-14　在习题 11-14 图所示的滑轮中，两重物 A 和 B 的质量分别为 m_1 和 m_2。如重物 A 以加速度 a 下降，不计滑轮质量，求支座 O 的约束力。

11-15　如习题 11-15 图所示，物块 A 可沿光滑水平面自由滑动，其质量为 m_1；细杆 AB 长为 l，质量不计，一端与物块 A 铰接，另一端连接质量为 m_2 的小球 B。初始时系统静止，并有细杆 AB 初始摆角 φ_0，释放后，细杆近似以 $\varphi=\varphi_0\cos\omega t$ 规律摆动（ω 为已知常数），求物块 A 的最大速度。

11-16　均质杆 OA 长 $2l$，质量为 m，绕通过 O 端的水平轴在竖直水平面内转动，如习题 11-16 图所示。设杆 OA 转动到与水平成 φ 角时，其角速度与角加速度分别为 ω 及 α。试求该瞬时杆 O 端的约束力。

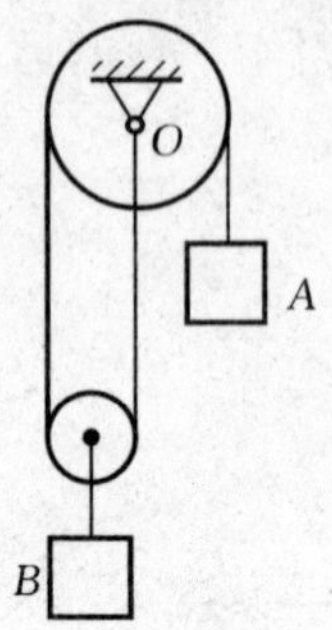

习题 11-14 图

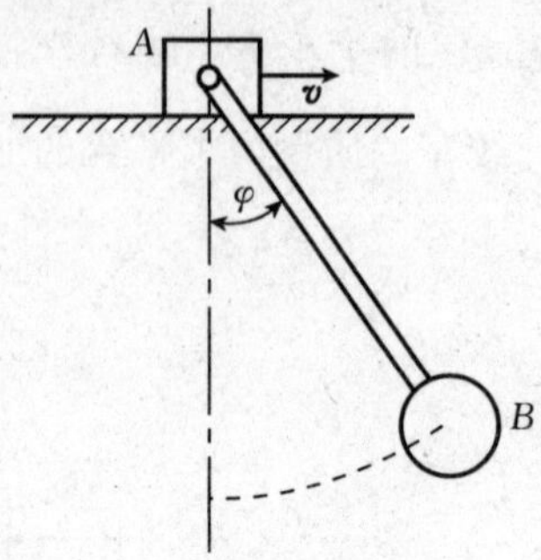

习题 11-15 图

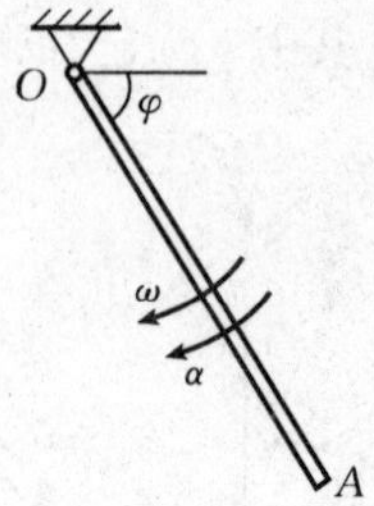

习题 11-16 图

习题参考答案

第十二章　动量矩定理

【内容提要】 理解质点及质点系对固定点的动量矩矢及对固定轴的动量矩的概念。掌握质点及质点系对固定轴的动量矩的计算。掌握对固定点及对固定轴的动量矩定理。明确对固定点及固定轴动量矩守恒的条件，掌握对固定轴动量矩守恒定律的应用。了解刚体对转轴的转动惯量的概念，掌握形状简单的均质刚体的转动惯量的计算，理解惯性半径的概念及其计算，掌握转动惯量的平行轴定理。掌握刚体定轴转动微分方程的应用。了解质点系相对质心的动量矩的概念，理解相对质心的动量矩定理。了解平面运动刚体相对质心动量矩的计算、相对质心的动量矩定理的应用。掌握刚体平面运动微分方程的应用。

第一节　质点和质点系的动量矩

质点系的动量定理描述了其质心运动变化的规律，但不能揭示质点系相对于固定点或相对质心的运动状态及变化规律。例如：圆轮绕质心转动时，其动量恒为零，动量定理无法描述其角速度的变化。由此可见，动量定理只揭示了质点系运动的一个侧面，本章引入动量矩定理，它从另一个侧面揭示出质点系相对于某一定点或质心的运动变化规律。

1. 质点的动量矩　设质点 Q 某瞬时的动量为 $m\boldsymbol{v}$，质点 Q 相对固定点 O 的位置用矢径 $\boldsymbol{r}$ 表示，如图 12-1 所示。质点 Q 的动量对于点 O 的矩，定义为质点对于点 O 的**动量矩**，即

$$\boldsymbol{L}_O(m\boldsymbol{v})=\boldsymbol{r}\times m\boldsymbol{v} \qquad (12-1)$$

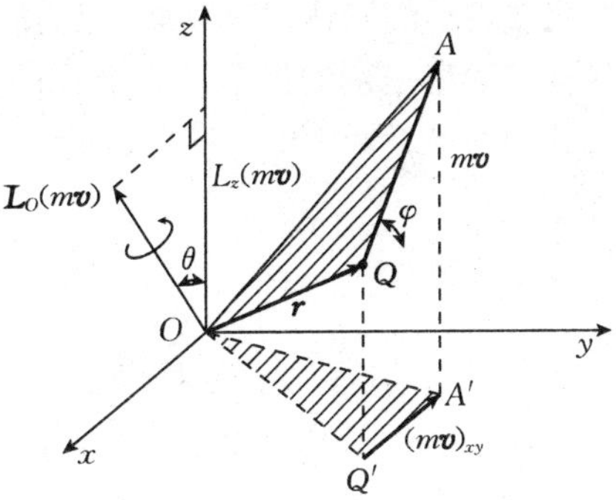

图 12-1

质点对于点 O 的动量矩是矢量，其垂直于矢径 $\boldsymbol{r}$ 与动量 $m\boldsymbol{v}$ 所形成的平面，指向按照右手定则确定，矢量起点在固定点 O，是一定位矢量，如图 12-1所示，其大小为

$$|\boldsymbol{L}_O(m\boldsymbol{v})|=mvr\sin(\boldsymbol{r},\ m\boldsymbol{v})=mvr\sin\varphi=2S_{\triangle OAQ} \qquad (12-2)$$

以 O 为坐标原点，建立直角坐标系 $Oxyz$，质点动量 $m\boldsymbol{v}$ 在 Oxy 平面内的投影 $(m\boldsymbol{v})_{xy}$ 对于点 O 的矩，定义为质点动量对于 z 轴的矩，简称对于 z 轴的动量矩，其为代数量，正负号按右手定则：右手四指弯曲方向与速度在 Oxy 平面投影绕 O 点的转向一致，当大拇指指向与轴的正向一致时，其为正，反之为负。质点对点 O 的动量矩、对 z 轴的动量矩与力对点 O、对 z 轴的力矩相似，有如下关系：**质点对固定点 O 的动量矩矢在通过 O 点 z 轴上的投影，等于对 z 轴的动量矩**，即

$$[\boldsymbol{L}_O(m\boldsymbol{v})]_z=L_z(m\boldsymbol{v}) \qquad (12-3)$$

在国际单位制中动量矩的单位为 kg · m²/s。

2. 质点系的动量矩　质点系对某点 O 的动量矩等于各质点对同一点 O 的动量矩的矢量和，即

$$\boldsymbol{L}_O=\sum \boldsymbol{L}_O(m_i\boldsymbol{v}_i) \tag{12-4}$$

质点系对某轴 z 的动量矩等于各质点对同一 z 轴动量矩的代数和，即

$$L_z=\sum L_z(m_i\boldsymbol{v}_i) \tag{12-5}$$

若将动力学中某质点的动量 $m_i\boldsymbol{v}_i$ 与静力学空间力系中的 $\boldsymbol{F}_i$ 对应，则不难发现，动力学中质点动量 $m_i\boldsymbol{v}_i$ 对某点 O 的动量矩 $\boldsymbol{L}_{Oi}$ 与静力学中 $\boldsymbol{F}_i$ 对某点 O 的力矩 $\boldsymbol{M}_O(\boldsymbol{F}_i)$ 相对应。与静力学中的力对一点的矩和对经过该点的任一轴的矩的关系相似，**质点系对于某一固定点的动量矩矢在经过该点的任一轴上的投影等于质点系对于该轴的动量矩**。以 z 轴为例，质点系对某点 O 的动量矩矢在通过该点的 z 轴上的投影等于质点系对于该轴的动量矩，即

$$[\boldsymbol{L}_O]_z=L_z \tag{12-6}$$

刚体平动时，可将全部质量集中于质心，作为一个质点计算其动量矩。

刚体绕定轴转动是工程中最常见的一种运动情况。绕 z 轴转动的刚体如图 12-2 所示，它对转轴的动量矩为

$$L_z=\sum L_z(m_i\boldsymbol{v}_i)=\sum m_iv_ir_i=\sum m_i\omega_ir_ir_i=\omega\sum m_ir_i^2$$

令 $\sum m_ir_i^2=J_z$，称为刚体对于转轴 z 的**转动惯量**。于是得

$$L_z=J_z\omega \tag{12-7}$$

即**绕定轴转动的刚体对其转轴的动量矩等于刚体对转轴的转动惯量与转动角速度的乘积**。规定轴的正方向后，逆正向看，逆时针转动的动量矩为正，反之为负。

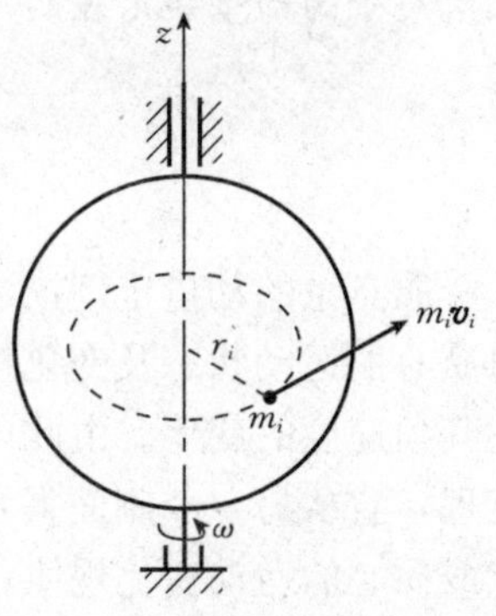

图 12-2

第二节　动量矩定理

一、质点的动量矩定理

设质点对点 O 的动量矩为 $\boldsymbol{L}_O(m\boldsymbol{v})$，作用力 $\boldsymbol{F}$ 对同一点的矩为 $\boldsymbol{M}_O(\boldsymbol{F})$。将动量矩对时间取一次导数，得

$$\frac{\mathrm{d}}{\mathrm{d}t}\boldsymbol{L}_O(m\boldsymbol{v})=\frac{\mathrm{d}}{\mathrm{d}t}(\boldsymbol{r}\times m\boldsymbol{v})=\frac{\mathrm{d}\boldsymbol{r}}{\mathrm{d}t}\times m\boldsymbol{v}+\boldsymbol{r}\times\frac{\mathrm{d}}{\mathrm{d}t}(m\boldsymbol{v})$$

根据质点动量定理，$\frac{\mathrm{d}}{\mathrm{d}t}(m\boldsymbol{v})=\boldsymbol{F}$，且 O 为定点，有 $\frac{\mathrm{d}\boldsymbol{r}}{\mathrm{d}t}=\boldsymbol{v}$，则上式可改写为 $\frac{\mathrm{d}}{\mathrm{d}t}\boldsymbol{L}_O(m\boldsymbol{v})=\boldsymbol{v}\times m\boldsymbol{v}+\boldsymbol{r}\times\boldsymbol{F}$。因为 $\boldsymbol{v}\times m\boldsymbol{v}=0$，$\boldsymbol{r}\times\boldsymbol{F}=\boldsymbol{M}_O(\boldsymbol{F})$，于是得

$$\frac{\mathrm{d}}{\mathrm{d}t}\boldsymbol{L}_O(m\boldsymbol{v})=\boldsymbol{M}_O(\boldsymbol{F}) \tag{12-8}$$

式（12-8）为质点动量矩定理：**质点对某定点的动量矩对时间的一阶导数，等于作用力对同一点的力矩。**

取式（12-8）在直角坐标轴上的投影式，并将对点的动量矩与对轴的动量矩的关系式式（12-3）代入，得

$$\frac{d}{dt}L_x(mv)=M_x(F),\quad \frac{d}{dt}L_y(mv)=M_y(F),\quad \frac{d}{dt}L_z(mv)=M_z(F) \tag{12-9}$$

即质点对某定轴的动量矩对时间的一阶导数等于作用力对于同一轴的力矩。

二、质点系的动量矩定理

设质点系内有 n 个质点，作用于每个质点的力分为内力 $\boldsymbol{F}_i^{(i)}$ 和外力 $\boldsymbol{F}_i^{(e)}$。根据质点的动量矩定理有

$$\frac{d}{dt}\boldsymbol{L}_O(m_i\boldsymbol{v}_i)=\boldsymbol{M}_O(\boldsymbol{F}_i^{(i)})+\boldsymbol{M}_O(\boldsymbol{F}_i^{(e)})$$

对于质点系的每一个质点都可以写出这样的一个方程，将 n 个方程相加，得

$$\sum\frac{d}{dt}\boldsymbol{L}_O(m_i\boldsymbol{v}_i)=\sum\boldsymbol{M}_O(\boldsymbol{F}_i^{(i)})+\sum\boldsymbol{M}_O(\boldsymbol{F}_i^{(e)})$$

由于内力总是大小相等、方向相反地成对出现，因此上式右端的第一项

$$\sum\boldsymbol{M}_O(\boldsymbol{F}_i^{(i)})=0$$

交换左端求和及求导的次序，上式左端进一步表示为

$$\sum\frac{d}{dt}\boldsymbol{L}_O(m_i\boldsymbol{v}_i)=\frac{d}{dt}\sum\boldsymbol{L}_O(m_i\boldsymbol{v}_i)=\frac{d}{dt}\boldsymbol{L}_O$$

于是得

$$\frac{d}{dt}\boldsymbol{L}_O=\sum\boldsymbol{M}_O(\boldsymbol{F}_i^{(e)}) \tag{12-10}$$

式（12-10）为质点系动量矩定理：**质点系对于某固定点 O 的动量矩对时间的导数，等于作用于质点系的所有外力对于同一点的力矩的矢量和。**内力不改变质点系的动量矩，只有作用于质点系的外力才能使质点系的动量矩发生变化。

将式（12-10）投影到直角坐标系 $Oxyz$ 各轴上，得

$$\frac{dL_x}{dt}=\sum M_x(F_i^{(e)}),\quad \frac{dL_y}{dt}=\sum M_y(F_i^{(e)}),\quad \frac{dL_z}{dt}=\sum M_z(F_i^{(e)}) \tag{12-11}$$

式（12-11）为质点系相对固定点动量矩定理的投影形式，即**质点系对任一固定轴的动量矩对时间的导数，等于作用于质点系的所有外力对同一轴的力矩的代数和。**

上述动量矩定理的表达形式只适用于对固定点或固定轴。对于一般的动点或动轴，其动量矩定理具有较复杂的表达式。

例 12-1　高炉运送矿石用的卷扬机如图 12-3 所示。已知鼓轮绕 O 轴转动，半径为 R，对转轴的转动惯量为 J，作用在鼓轮上的力偶矩为 M。小车和矿石总质量为 m_2。轨道的倾角为 θ。设绳的质量和各处摩擦均忽略不计（绳子恰好通过小车和矿石系统的质心）。试求：小车的加速度 $\boldsymbol{a}$ 的大小。

解：取小车与鼓轮组成的质点系为研究对象，视小车为质点，规定力矩和动量矩顺时针为正。设某瞬时小车速度为 v，鼓轮角速度为 ω。此质点系对 O 轴的动量矩为

$$L_O=J\omega+m_2vR$$

作用于质点系的外力除了力偶 M 和重力 m_1g、m_2g 外，还有轴承 O 的约束力 F_x、F_y 和轨道对小车的约束力 F_N，受力分析如图 12-3(b) 所示。系统外力对轴 O 的力矩为

$$\sum M_O(F_i^{(e)})=M-m_2g\sin\theta\cdot R$$

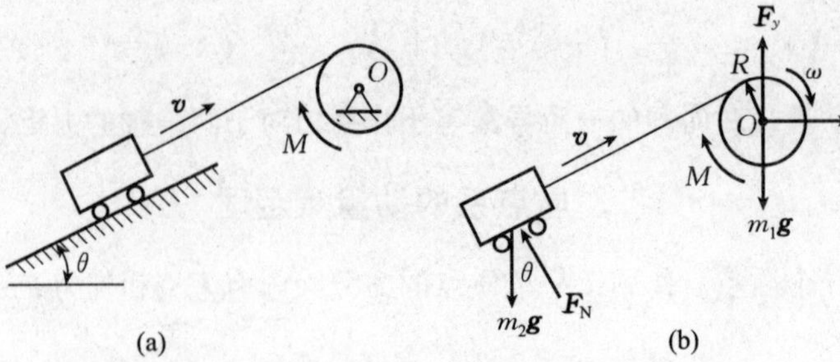

图 12-3

由质点系对 O 轴的动量矩定理，有

$$\frac{\mathrm{d}L_O}{\mathrm{d}t}=\sum M_O(F_i^{(e)})$$

即
$$\frac{\mathrm{d}}{\mathrm{d}t}(J\omega+m_2vR)=M-m_2g\sin\theta\cdot R$$

因 $\omega=\frac{v}{R}$，$\frac{\mathrm{d}v}{\mathrm{d}t}=a$，于是解得

$$a=\frac{MR-m_2gR^2\sin\theta}{J+m_2R^2}$$

三、动量矩守恒定律

如果作用于质点系的外力对于某定点 O 的矩恒等于零，则由式（12-10）知，质点系对该点的动量矩保持不变，即

$$\boldsymbol{M}_O(\boldsymbol{F}^{(e)})=0,\quad \boldsymbol{L}_O=\text{恒矢量}$$

如果作用于质点系的外力对于某定轴的矩恒等于零，则由式（12-11）知，质点系对该轴的动量矩保持不变，即

$$M_z(\boldsymbol{F}^{(e)})=0,\qquad L_z=\text{恒量}$$

由式（12-10）可知，质点系的内力不能改变质点系的动量矩。当外力对于某定点（或某定轴）的力矩等于零时，质点系对于该点（或该轴）的动量矩保持不变。这就是质点系动量矩守恒定律。

例 12-2 图 12-4(a) 中，小球 A、B 以细绳相连，质量皆为 m，其余构件质量不计。忽略摩擦，系统绕铅垂轴 z 自由转动，初始时系统的角速度为 ω_0。当细绳拉断后，求各杆与铅垂线成 θ 角时系统的角速度 ω，如图 12-4(b)所示。

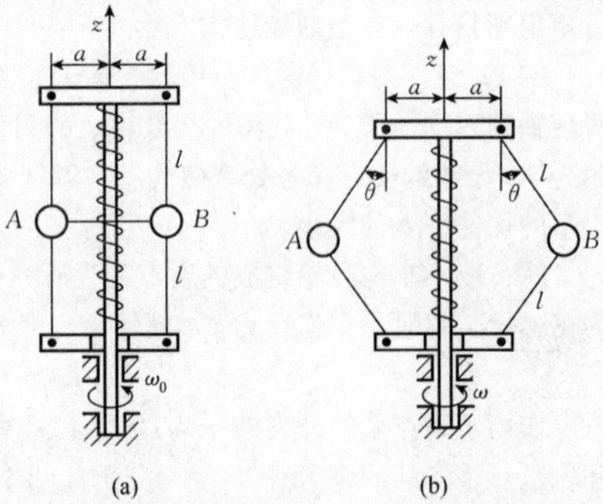

图 12-4

解： 此系统所受的重力和轴承的约束力对于转轴 z 的矩都等于零，即 $\sum M_z(F_i^{(e)})=0$，因此系统对于转轴的动量矩守恒。

当 $\theta=0$ 时，动量矩为

$$L_{z1}=2ma\omega_0\cdot a=2ma^2\omega_0$$

当 $\theta\neq0$ 时，动量矩为

$$L_{z2}=2m(a+l\sin\theta)^2\omega$$

由于 $L_{z1}=L_{z2}$，得

$$\omega=\frac{a^2}{(a+l\sin\theta)^2}\omega_0$$

第三节　刚体绕定轴转动微分方程

设定轴转动刚体上作用有主动力 $\boldsymbol{F}_1$，$\boldsymbol{F}_2$，…，$\boldsymbol{F}_n$ 和轴承约束力 $\boldsymbol{F}_{N1}$，$\boldsymbol{F}_{N2}$，如图 12－5 所示，这些力都是外力。刚体对 z 轴的转动惯量为 J_z，角速度为 ω，对于固定轴 z 的动量矩为 $L_z=\sum m_iv_ir_i=\omega\sum m_ir_i^2=J_z\omega$。

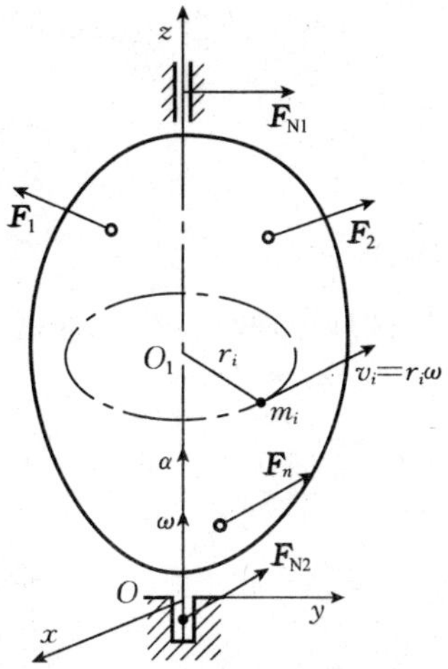

图 12－5

如果不计轴承中的摩擦，轴承约束力对于 z 轴的力矩等于零，根据质点系对于 z 轴的动量矩定理有

$$\frac{\mathrm{d}}{\mathrm{d}t}(J_z\omega)=\sum M_z(\boldsymbol{F}_i)$$

或

$$J_z\frac{\mathrm{d}\omega}{\mathrm{d}t}=\sum M_z(\boldsymbol{F}_i)\qquad(12-12)$$

上式也可以写成

$$J_z\alpha=\sum M_z(\boldsymbol{F})\qquad(12-13)$$

或

$$J_z\frac{\mathrm{d}^2\varphi}{\mathrm{d}t^2}=\sum M_z(\boldsymbol{F})\qquad(12-14)$$

以上各式均称为刚体绕定轴转动微分方程，即：**绕定轴转动刚体的转动惯量与角加速度的乘积等于外力对转轴的力矩之和。**

由式（12－13）可见，刚体绕定轴转动时，其主动力对转轴的矩使刚体转动状态发生变化。力矩大，转动角加速度大；在相同力矩条件下，刚体转动惯量大，则角加速度小。可见，刚体转动惯量的大小表现了刚体转动状态改变的难易程度。即：**转动惯量是刚体转动惯性的度量。**

刚体的转动微分方程 $J_z\alpha=\sum M_z(\boldsymbol{F})$ 与质点的运动微分方程 $m\boldsymbol{a}=\sum\boldsymbol{F}$ 有相似的形式，因而，求解方法也是相似的，同样都有两类基本问题。

例 12－3　如图 12－6 所示，滑轮半径为 R，绕轴 O 的转动惯量为 J，带动滑轮的皮带拉力为 F_1 和 F_2。求滑轮的角加速度 α。

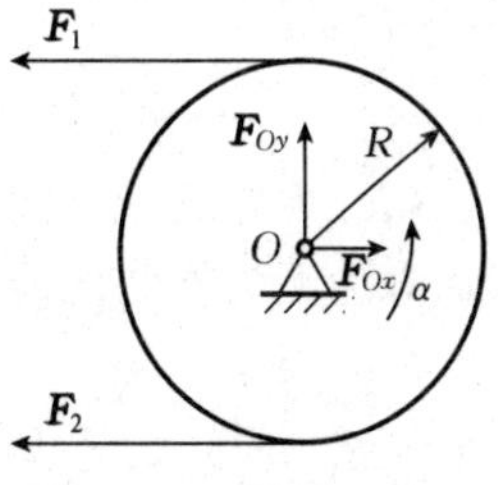

图 12－6

解： 取滑轮为研究对象，受力如图 12－6 所示。根据刚体绕定轴的转动微分方程有

$$J\alpha=(F_1-F_2)R$$

于是得

$$\alpha=\frac{(F_1-F_2)R}{J}$$

由上式可见，只有当定滑轮为匀速转动（包括静止）或忽略滑轮的转动惯量时，跨过定滑轮的皮带两边拉力才是相等的。

例 12－4　如图 12－7 所示，均质圆环的内缘支在刀刃上，圆环的内半径为 R，设圆环的质量为 m，其微振动周期为 T。求圆环对轴 O 的转动惯量。

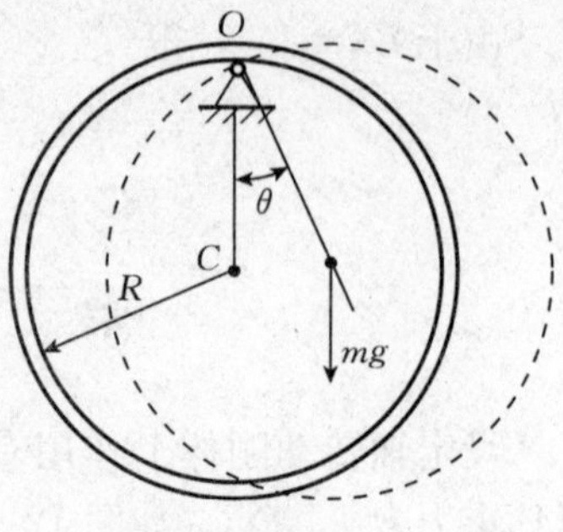

图 12-7

解： 圆环绕 O 点做定轴转动，设半径 OC 离开平衡位置的角度为 θ，由刚体绕定轴转动微分方程 $J_O\alpha=\sum M_O(F)$，可得

$$J_O\ddot{\theta}=-mgR\sin\theta$$

微小振动时有 $\sin\theta\approx\theta$，于是有

$$J_O\ddot{\theta}=-mgR\theta,\quad \ddot{\theta}+\frac{mgR}{J_O}\theta=0$$

这是一个标准的自由振动微分方程，其振动的固有圆频率为

$$\omega_n=\sqrt{\frac{mgR}{J_O}}$$

周期为
$$T=\frac{2\pi}{\omega_n}=2\pi\sqrt{\frac{J_O}{mgR}}$$

所以圆环对轴 O 的转动惯量为

$$J_O=\frac{T^2mgR}{4\pi^2}$$

第四节　刚体对轴的转动惯量

刚体的转动惯量是刚体转动时惯性的度量，刚体对任意轴 z 的转动惯量定义为

$$J_z=\sum m_ir_i^2$$

式中，m_i 为第 i 个质点的质量，r_i 为质点到转轴的距离。当刚体质量连续分布时，转动惯量可以表示为

$$J_z=\int r^2\mathrm{d}m$$

刚体的转动惯量的大小不仅与质量大小有关，而且与质量的分布情况有关。在国际单位制中，转动惯量的单位为千克·米^2($\mathrm{kg\cdot m^2}$)。

1. 简单形状的均质刚体转动惯量的计算

（1）均质圆环（图 12-8）对于中心轴的转动惯量。设圆环质量为 m，质量 m_i 到中心轴的距离都等于半径 R，所以圆环对于中心轴 z 的转动惯量为

$$J_z=\sum m_iR^2=R^2\sum m_i=mR^2 \tag{12-15}$$

（2）均质圆板（图 12-9）对于中心轴的转动惯量。设圆板的半径为 R，质量为 m。将圆板分为无数同心的薄圆环，任一圆环的半径为 r，宽度为 $\mathrm{d}r$，则薄圆环的质量为

$$\mathrm{d}m=2\pi r\mathrm{d}r\cdot\rho_A$$

式中 $\rho_A=\frac{m}{\pi R^2}$，是均质圆板单位面积的质量。因此圆板对于中心轴 O 的转动惯量为

$$J_O=\int_0^R 2\pi r\rho_A\mathrm{d}r\cdot r^2=2\pi\rho_A\frac{R^4}{4}$$

或
$$J_O=\frac{1}{2}mR^2 \tag{12-16}$$

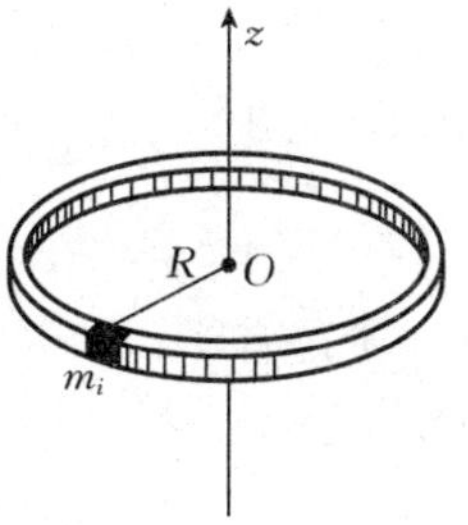

图 12-8

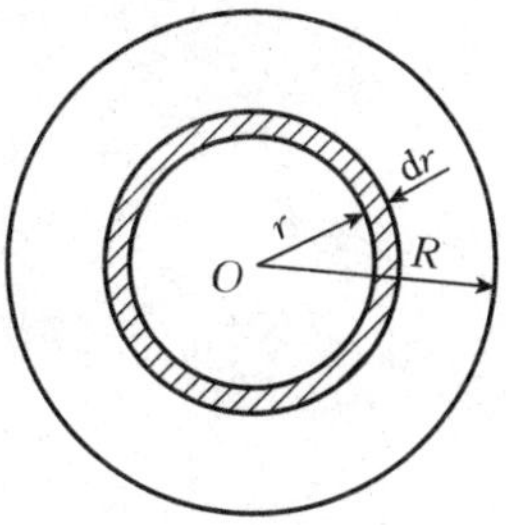

图 12-9

(3) 均质细直杆（图 12-10）对于端部轴 z 的转动惯量。设杆长为 l，z 轴垂直于杆轴线，杆单位长度的质量为 ρ_l，取杆上一微段 $\mathrm{d}x$，其质量 $m_x=\rho_l\mathrm{d}x$，则此杆对于 z 轴的转动惯量为

$$J_z=\int_0^l \rho_l \mathrm{d}x \cdot x^2=\rho_l \cdot \frac{l^3}{3}$$

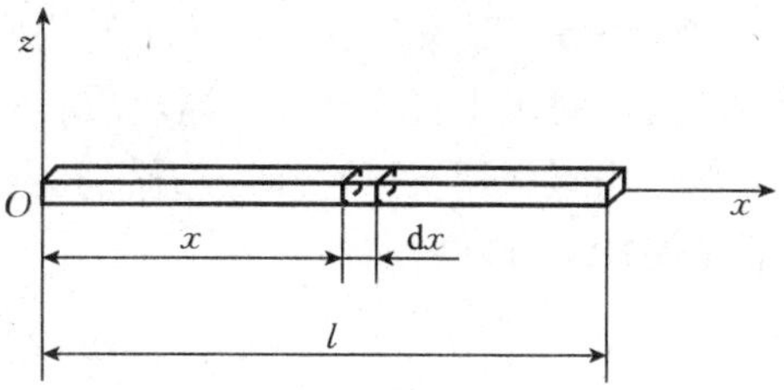

图 12-10

杆的质量 $m=\rho_l l$，于是

$$J_z=\frac{1}{3}ml^2 \tag{12-17}$$

2. 回转半径（或惯性半径）　设刚体对转轴 z 的转动惯量为 J_z，质量为 m，回转半径 ρ_z（或惯性半径）定义为

$$\rho_z=\sqrt{\frac{J_z}{m}} \tag{12-18}$$

由式（12-18），有

$$J_z=m\rho_z^2$$

即刚体的转动惯量等于质量与回转半径平方的乘积。

回转半径的含义是，若将刚体的质量 m 集中在一点，并令该质点对于 z 轴的转动惯量与刚体对 z 轴的转动惯量相同，质点到转轴的距离 ρ_z 即为回转半径。转动惯量是一恒正的标量。对于几何形状相同的均质物体，其回转半径是相同的，与材料的密度无关。例如，细直杆对过其一端且垂直于杆的轴 z 的回转半径 $\rho_z=\frac{\sqrt{3}}{3}l=0.577\,4l$，均质圆环对中心轴 z 的回转半径 $\rho_z=R$，均质圆板对中心轴 z 的回转半径 $\rho_z=\frac{\sqrt{2}}{2}R=0.707\,1R$。

在机械工程手册中，列出了简单几何形状或几何形状已标准化的零件的回转半径，以供工程技术人员查阅。

3. 平行轴定理　刚体对于任一轴的转动惯量，等于刚体对于通过质心并与该轴平行的轴的转动惯量，加上刚体的质量与两轴间距离平方的乘积，即

$$J_z=J_{zC}+md^2 \tag{12-19}$$

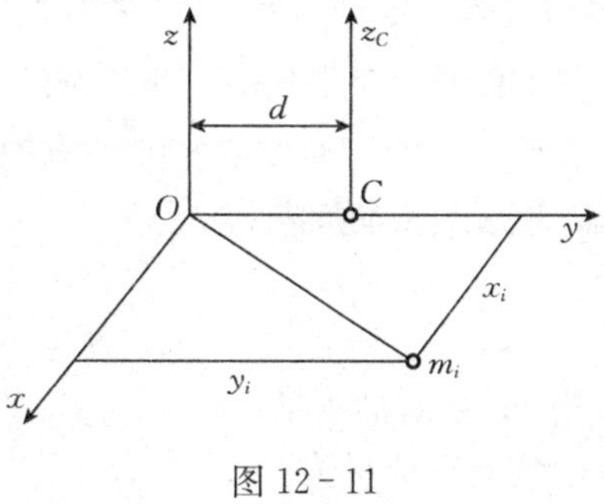

图 12-11

证明：如图 12-11 所示，设点 C 为刚体的质心，刚体对于通过质心 C 的 z_C 轴的转动惯量为 J_{zC}，刚体对于平行于该轴的另一轴 z 的转动惯量为 J_z，两轴间

距离为 d。由图可见

$$J_z=\sum m_i r_i^2=\sum m_i(x_i^2+y_i^2)$$

$$J_{zC}=\sum m_i[x_i^2+(y_i-d)^2]=\sum m_i(x_i^2+y_i^2)-2d\sum m_i y_i+d^2\sum m_i$$

由质心坐标公式 $y_C\sum m_i=\sum m_i y_i$，又由于 $y_C=d$，于是有

$$J_{zC}=J_z-md^2$$

定理证明完毕。

由平行轴定理可知，刚体对于一组平行轴，以通过质心的轴的转动惯量为最小。

例 12-5 质量为 m，长为 l 的均质细直杆如图 12-12 所示，求此杆对于垂直于杆轴且通过质心 C 的轴 z_C 的转动惯量。

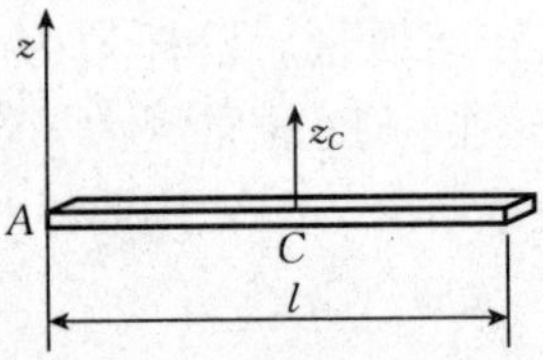

图 12-12

解： 由式（12-17）知，均质细直杆对于通过杆端点 A 且与杆垂直的 z 轴的转动惯量为

$$J_z=\frac{1}{3}ml^2$$

应用平行轴定理，对轴 z_C 的转动惯量为

$$J_{zC}=J_z-m\left(\frac{l}{2}\right)^2=\frac{1}{12}ml^2$$

当物体由几个几何形状简单的物体组成时，计算整体（物体系）的转动惯量可先分别计算每一部分的转动惯量，然后再求和。如果物体有空心的部分，可把这部分质量视为负值处理。

例 12-6 钟摆简化如图 12-13 所示。已知均质细杆和均质圆盘的质量分别为 m_1 和 m_2，杆长为 l，圆盘直径为 d。求钟摆对于通过悬挂点 O 的水平轴的转动惯量。

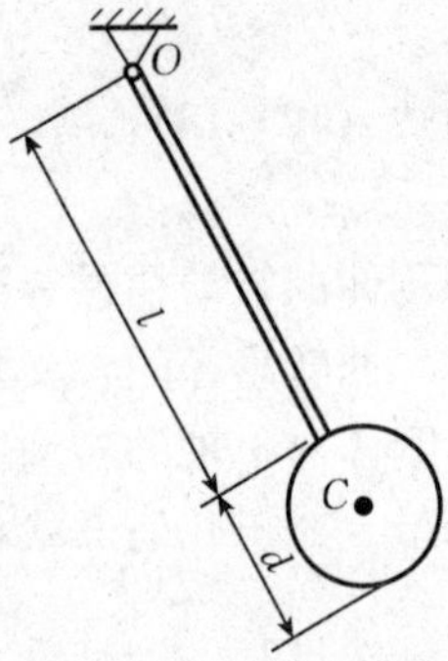

图 12-13

解： 钟摆对水平轴 O 的转动惯量等于细杆和圆盘对 O 轴转动惯量的代数和，即

$$J_O=J_{O杆}+J_{O盘}$$

式中

$$J_{O杆}=\frac{1}{3}m_1 l^2$$

设 J_C 为圆盘对于中心 C 的转动惯量，则

$$J_{O盘}=J_C+m_2\left(l+\frac{d}{2}\right)^2=\frac{1}{2}m_2\left(\frac{d}{2}\right)^2+m_2\left(l+\frac{d}{2}\right)^2$$

$$=m_2\left(\frac{3}{8}d^2+l^2+ld\right)$$

由此可得

$$J_O=\frac{1}{3}m_1 l^2+m_2\left(\frac{3}{8}d^2+l^2+ld\right)$$

工程中，对于几何形状复杂的物体，常用实验方法测定其转动惯量。例如，欲求曲柄对于水平轴 O 的转动惯量，可将曲柄悬挂起来，并使其绕轴 O 做微幅摆动，如图 12-14 所示。复摆的振动周期为

$$T=2\pi\sqrt{\frac{J}{mgl}}$$

其中 mg 为曲柄重量，l 为质心 C 到轴心 O 的距离。测定 mg、l 和摆动周期 T，则曲柄对于轴 O 的转动惯量为

$$J=\frac{T^2mgl}{4\pi^2}$$

又如，欲求圆轮对于中心轴的转动惯量，可用单轴扭振［图 12 - 15(a)］、三线悬挂扭振［图 12 - 15(b)］等方法测定扭振周期，根据周期与转动惯量之间的关系计算转动惯量。对于轮状零件，还可以通过其他手段测定其转动惯量，例如本章习题 12 - 2 等。

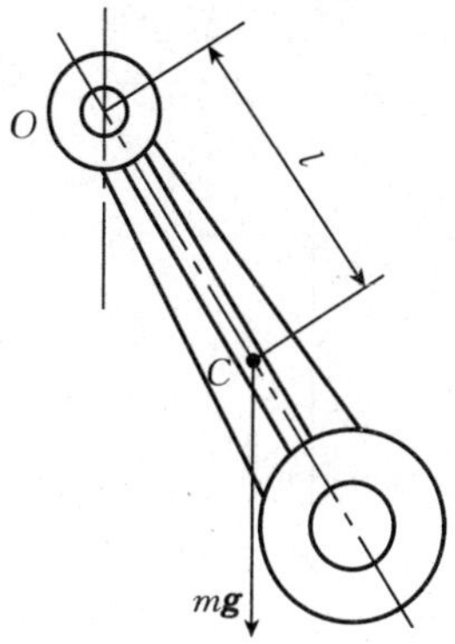

图 12 - 14

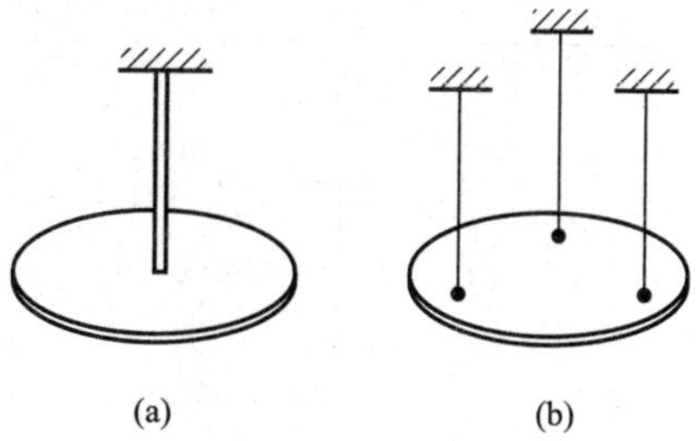

图 12 - 15

表 12 - 1 列出一些常见均质物体的转动惯量和惯性半径，供应用。

表 12 - 1　均质物体的转动惯量和惯性半径

物体的形　状	简　图	转动惯量	惯性半径	体积
细直杆	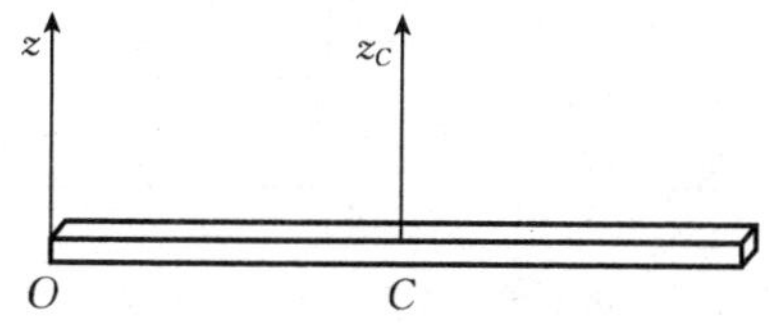	$J_{zC}=\frac{1}{12}ml^2$ $J_z=\frac{1}{3}ml^2$	$\rho_{zC}=\frac{l}{2\sqrt{3}}$ $\rho_z=\frac{l}{\sqrt{3}}$	
薄　壁 圆　筒	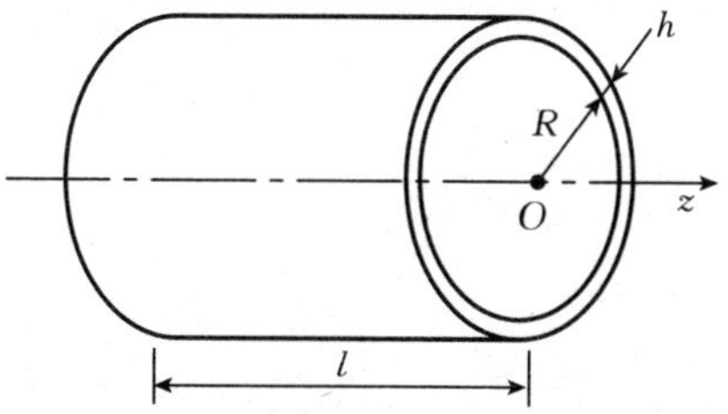	$J_z=mR^2$	$\rho_z=R$	$2\pi Rlh$
圆　柱	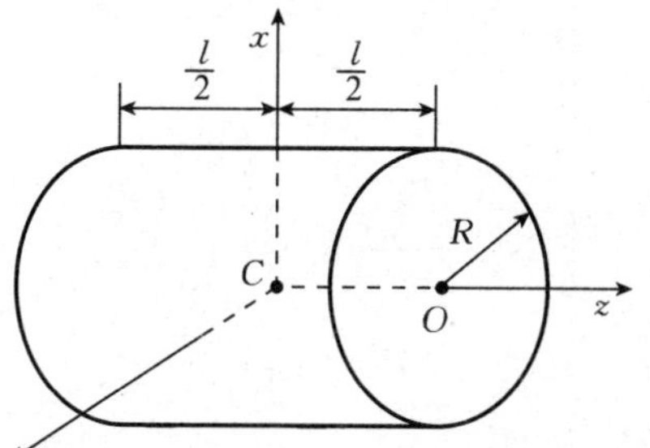	$J_O=\frac{1}{2}mR^2$ $J_x=J_y=$ $\frac{m}{12}(3R^2+l^2)$	$\rho_z=\frac{R}{\sqrt{2}}$ $\rho_x=\rho_y=$ $\sqrt{\frac{1}{12}(3R^2+l^2)}$	$\pi R^2 l$

（续）

物体的形状	简图	转动惯量	惯性半径	体积
空心圆柱	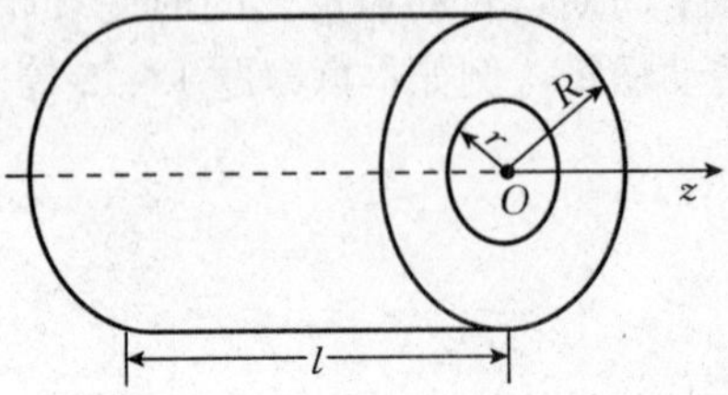	$J_z=\frac{m}{2}(R^2+r^2)$	$\rho_z=\sqrt{\frac{1}{2}(R^2+r^2)}$	$\pi l(R^2-r^2)$
薄壁空心球	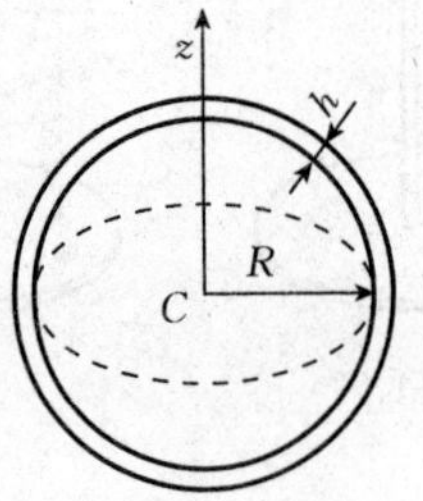	$J_z=\frac{2}{3}mR^2$	$\rho_z=\sqrt{\frac{2}{3}}R$	$4\pi Rh(R+h)$
实心球	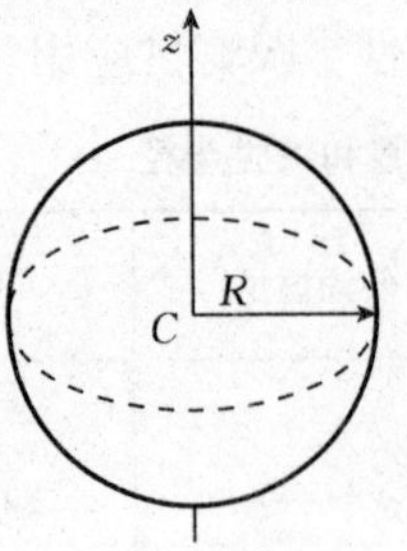	$J_z=\frac{2}{5}mR^2$	$\rho_z=\sqrt{\frac{2}{5}}R$	$\frac{4}{3}\pi R^3$
圆锥体	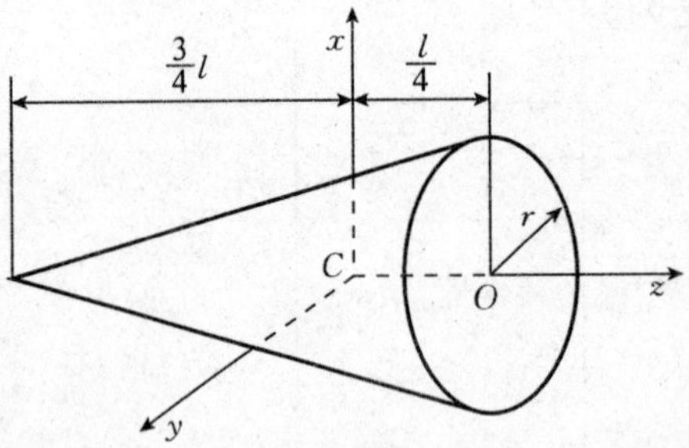	$J_z=\frac{3}{10}mr^2$ $J_x=J_y=$ $\frac{3m}{80}(4r^2+l^2)$	$\rho_z=\sqrt{\frac{3}{10}}r$ $\rho_x=\rho_y=$ $\sqrt{\frac{3}{80}(4r^2+l^2)}$	$\frac{\pi}{3}r^2 l$
圆环	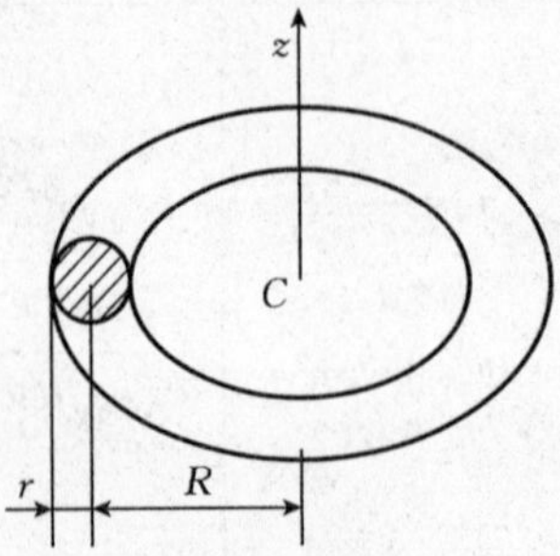	$J_z=$ $m(R^2+\frac{3}{4}r^2)$	$\rho_z=\sqrt{R^2+\frac{3}{4}r^2}$	$2\pi^2 r^2 R$

（续）

物体的形　状	简　图	转动惯量	惯性半径	体积
椭圆形薄　板	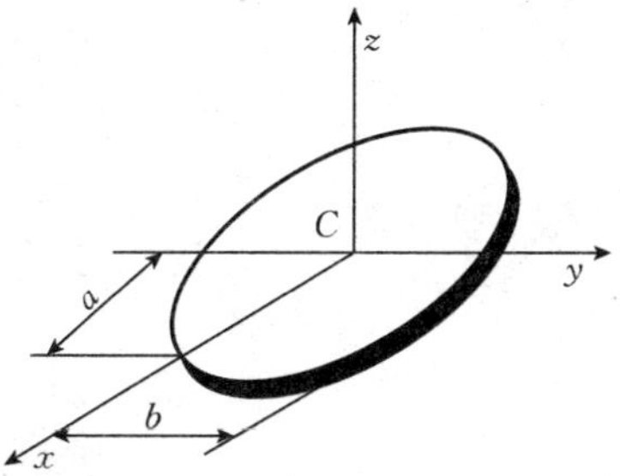	$J_z=\frac{m}{4}(a^2+b^2)$ $J_y=\frac{m}{4}a^2$ $J_x=\frac{m}{4}b^2$	$\rho_z=\frac{1}{2}\sqrt{a^2+b^2}$ $\rho_y=\frac{a}{2}$ $\rho_x=\frac{b}{2}$	πabh
长方体	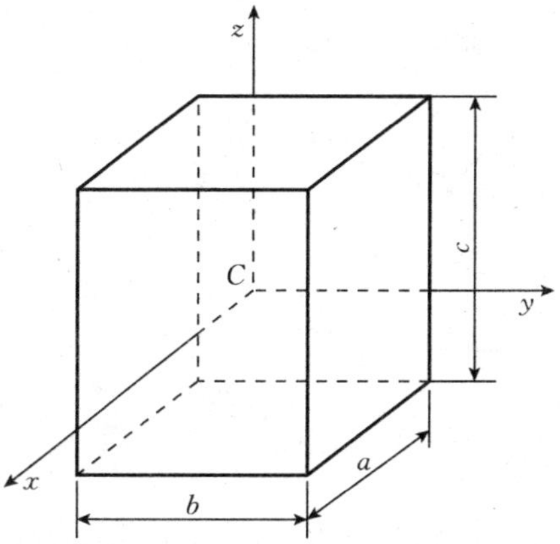	$J_z=\frac{m}{12}(a^2+b^2)$ $J_y=\frac{m}{12}(a^2+c^2)$ $J_x=\frac{m}{12}(b^2+c^2)$	$\rho_z=\sqrt{\frac{1}{12}(a^2+b^2)}$ $\rho_y=\sqrt{\frac{1}{12}(a^2+c^2)}$ $\rho_x=\sqrt{\frac{1}{12}(b^2+c^2)}$	abc
矩　形薄　板	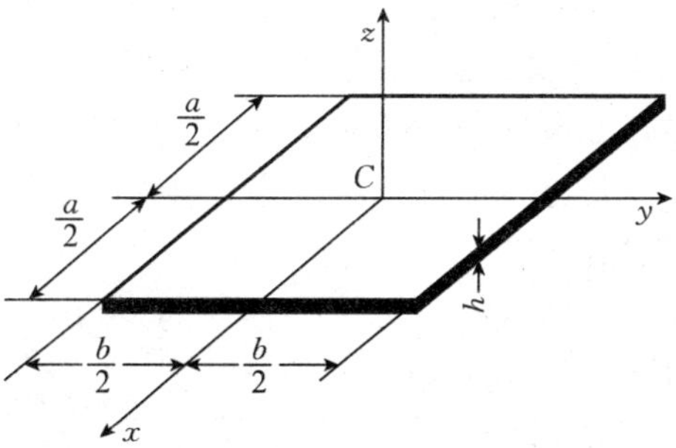	$J_z=\frac{m}{12}(a^2+b^2)$ $J_y=\frac{m}{12}a^2$ $J_x=\frac{m}{12}b^2$	$\rho_z=\sqrt{\frac{1}{12}(a^2+b^2)}$ $\rho_y=0.289a$ $\rho_x=0.289b$	abh

*第五节　质点系相对质心的动量矩定理

前面阐述的动量矩定理只适用于惯性参考系中的固定点或固定轴，对于一般的动点或动轴，动量矩定理具有较复杂的形式。然而，相对于质点系的质心或通过质心的动轴，动量矩定理仍保持其简单的形式。

一、质点系相对于质心的动量矩

如图 12－16 所示，以质心 C 为原点，取一平动参考系 $Cx'y'z'$。在此平动参考系内，任取一质点 m_i，其相对质心矢径为 $\boldsymbol{r}'_i$，相对速度为 $\boldsymbol{v}'_{ir}$，质点系相对于质心 C 的动量矩为

$$\boldsymbol{L}_C=\sum \boldsymbol{M}_C(m_i\boldsymbol{v}'_{ir})=\sum \boldsymbol{r}'_i\times m_i\boldsymbol{v}'_{ir}$$

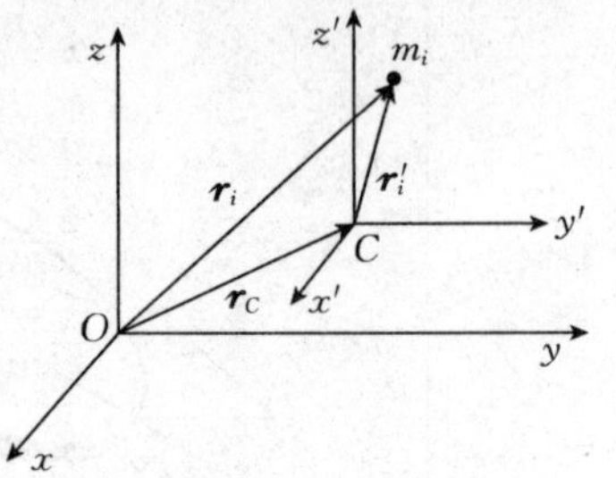

图 12－16

质点 m_i 对固定点 O 的矢径为 $\boldsymbol{r}_i$，绝对速度为 $\boldsymbol{v}_i$，则质点系对于定点 O 的动量矩为

$$\boldsymbol{L}_O=\sum \boldsymbol{M}_O(m_i\boldsymbol{v}_i)=\sum \boldsymbol{r}_i\times m_i\boldsymbol{v}_i$$

又
$$\boldsymbol{r}_i=\boldsymbol{r}_C+\boldsymbol{r}'_i$$

则
$$\boldsymbol{L}_O=\sum(\boldsymbol{r}_C+\boldsymbol{r}'_i)\times m_i\boldsymbol{v}_i=\boldsymbol{r}_C\times\sum m_i\boldsymbol{v}_i+\sum(\boldsymbol{r}'_i\times m_i\boldsymbol{v}_i)$$

因为
$$\boldsymbol{v}_i=\boldsymbol{v}_C+\boldsymbol{v}'_{ir},\quad \sum m_i\boldsymbol{v}_i=m\boldsymbol{v}_C$$

则质点系对定点 O 的动量矩为

$$\begin{aligned}\boldsymbol{L}_O&=\sum \boldsymbol{M}_O(m_i\boldsymbol{v}_i)=\boldsymbol{r}_C\times m\boldsymbol{v}_C+\sum[\boldsymbol{r}'_i\times m_i(\boldsymbol{v}_C+\boldsymbol{v}'_{ir})]\\&=\boldsymbol{r}_C\times m\boldsymbol{v}_C+\sum \boldsymbol{r}'_i\times m_i\boldsymbol{v}_C+\sum \boldsymbol{r}'_i\times m_i\boldsymbol{v}'_{ir}\\&=\boldsymbol{r}_C\times m\boldsymbol{v}_C+\sum m_i\boldsymbol{r}'_i\times\boldsymbol{v}_C+\sum \boldsymbol{r}'_i\times m_i\,\boldsymbol{v}'_{ir}\end{aligned}$$

上式最后一项就是 $\boldsymbol{L}_C$，由质心坐标公式有

$$m\boldsymbol{r}'_C=\sum m_i\boldsymbol{r}'_i$$

其中 $\boldsymbol{r}'_C$为质心 C 相对于动系 $Cx'y'z'$ 的矢径。此处 C 为此动系的原点，显然 $\boldsymbol{r}'_C=0$，即 $\sum m_i\boldsymbol{r}_i=0$，于是上式中间一项为零，得到

$$\boldsymbol{L}_O=\boldsymbol{r}_C\times m\boldsymbol{v}_C+\boldsymbol{L}_C \tag{12-20}$$

式（12－20）表明，质点系对任一固定点 O 的动量矩，等于质点系随质心平移时对点 O 的动量矩 $\boldsymbol{r}_C\times m\boldsymbol{v}_C$与质点系相对于质心动量矩 $\boldsymbol{L}_C$ 的矢量和。

特别，做平面运动的刚体对运动平面内一固定点的动量矩，等于刚体随质心平移对固定点的动量矩与刚体相对质心轴转动的动量矩的代数和。

例 12－7 如图 12－17 所示，已知滑轮 A 的质量、半径、绕质心的转动惯量分别为 m_1、R_1 和 J_1，滑轮 B 的质量、半径、绕质心的转动惯量分别为 m_2、R_2 和 J_2，且 $R_1=2R_2$，物体 C 的质量为 m_3，速度为 v_3，求系统对 O 轴的动量矩。

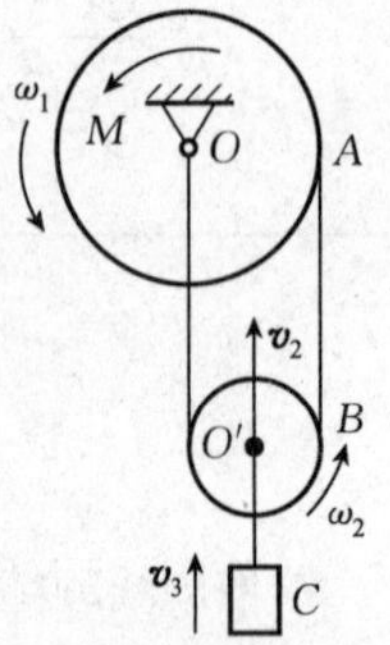

图 12－17

解： 设滑轮 A 的角速度为 ω_1，滑轮 B 的角速度为 ω_2，滑轮 B 的质心速度为 v_2，则系统对 O 轴的动量矩为

$$L_O=L_{OA}+L_{OB}+L_{OC}=J_1\omega_1+(m_2v_2R_2+J_2\omega_2)+m_3v_3R_2$$

其中，$v_3=v_2=R_2\omega_2=\dfrac{1}{2}R_1\omega_1=\dfrac{1}{2}R_1\omega_2$，代入上式得

$$L_O=\left(\frac{J_1}{R_2^2}+\frac{J_2}{R_2^2}+m_2+m_3\right)R_2v_3$$

二、相对于质心的动量矩定理

质点系对于定点 O 的动量矩定理可写成

$$\frac{\mathrm{d}\boldsymbol{L}_O}{\mathrm{d}t}=\frac{\mathrm{d}}{\mathrm{d}t}(\boldsymbol{r}_C\times m\boldsymbol{v}_C+\boldsymbol{L}_C)=\sum\boldsymbol{r}_i\times\boldsymbol{F}_i^{(e)}$$

展开上式括弧，注意右端项中 $\boldsymbol{r}_i=\boldsymbol{r}_C+\boldsymbol{r}_i'$，于是上式化为

$$\frac{\mathrm{d}\boldsymbol{L}_O}{\mathrm{d}t}=\frac{\mathrm{d}\boldsymbol{r}_C}{\mathrm{d}t}\times m\boldsymbol{v}_C+\boldsymbol{r}_C\times\frac{\mathrm{d}}{\mathrm{d}t}(m\boldsymbol{v}_C)+\frac{\mathrm{d}\boldsymbol{L}_C}{\mathrm{d}t}=\sum\boldsymbol{r}_C\times\boldsymbol{F}_i^{(e)}+\sum\boldsymbol{r}_i'\times\boldsymbol{F}_i^{(e)}$$

因为 $\dfrac{\mathrm{d}\boldsymbol{r}_C}{\mathrm{d}t}\times m\boldsymbol{v}_C=\boldsymbol{v}_C\times m\boldsymbol{v}_C=0$，$\boldsymbol{r}_C\times\dfrac{\mathrm{d}}{\mathrm{d}t}(m\boldsymbol{v}_C)=\boldsymbol{r}_C\times m\boldsymbol{a}_C=\boldsymbol{r}_C\times\sum\boldsymbol{F}_i^{(e)}$

上式右端是外力对于质心的主矩，于是得

$$\frac{\mathrm{d}\boldsymbol{L}_C}{\mathrm{d}t}=\sum\boldsymbol{r}_i'\times\boldsymbol{F}_i^{(e)}=\sum\boldsymbol{M}_C(\boldsymbol{F}_i^{(e)})$$

即质点系相对于质心的动量矩对时间的导数，等于作用于质点系的外力对质心的主矩。这个结论称为质点系对于质心的动量矩定理。该定理在形式上与质点系对于固定点的动量矩定理完全一样，因此与定点的动量矩定理有关的陈述也适用于对质心的动量矩定理，例如应用时可用投影式及动量矩守恒条件等。

第六节　刚体平面运动微分方程

运动学中，平面运动刚体的位置，可由基点的位置与通过基点一条线段的方位确定。取质心 C 为基点，如图 12－18 所示，质心坐标为 x_C、y_C。设 D 为刚体上的任一点，CD 与 x 轴的夹角为 φ，则刚体的位置可由 x_C、y_C 和 φ 确定。将刚体的运动分解为随质心的平移和绕质心的转动两部分。

如图 12－18 所示，取随质心 C 平移的动参考系 $Cx'y'$，平面运动刚体相对于此动系的运动就是绕质心轴 C 的转动，则刚体对质心轴的动量矩为 $L_C=J_C\omega$。

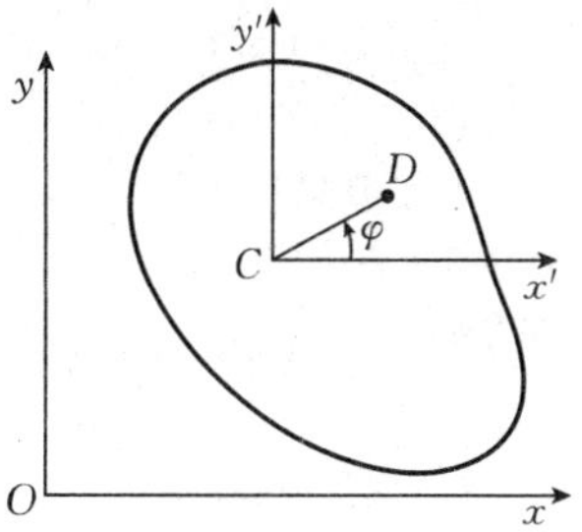

图 12－18

设作用在刚体上的外力可向质心所在的运动平面简化为一平面力系，则应用质心运动定理和相对于质心的动量矩定理，得

$$m\boldsymbol{a}_C=\sum\boldsymbol{F}^{(e)},\qquad\frac{\mathrm{d}(J_C\omega)}{\mathrm{d}t}=J_C\alpha=\sum M_C(\boldsymbol{F}^{(e)})\qquad(12-21)$$

其中 m 为刚体质量，$\boldsymbol{a}_C$ 为质心加速度，$\alpha=\dfrac{\mathrm{d}\omega}{\mathrm{d}t}$为刚体角加速度。上式也可写成

$$m\frac{\mathrm{d}^2\boldsymbol{r}_C}{\mathrm{d}t^2}=\sum\boldsymbol{F}^{(e)},\qquad J_C\frac{\mathrm{d}^2\varphi}{\mathrm{d}t^2}=\sum M_C(\boldsymbol{F}^{(e)})$$

以上两式称为刚体的平面运动微分方程。应用时常利用它们在直角坐标系或自然轴系的投影式

$$\begin{cases} ma_{Cx}=m\ddot{x}_C=\sum F_x^{(e)} \\ ma_{Cy}=m\ddot{y}_C=\sum F_y^{(e)} \\ J_C\alpha=J_C\ddot{\varphi}=\sum M_C(\boldsymbol{F}^{(e)}) \end{cases} \tag{12-22}$$

$$\begin{cases} ma_C^t=\sum F_t^{(e)} \\ ma_C^n=\sum F_n^{(e)} \\ J_C\alpha=\sum M_C(\boldsymbol{F}^{(e)}) \end{cases} \tag{12-23}$$

式（12-22）和式（12-23）也称为刚体平面运动微分方程，它是三个独立的方程，可求解三个未知量。如果 $\boldsymbol{a}_C=0$，$\alpha=0$，则式（12-22）与平面任意力系的平衡方程形式相同，但刚体仍可能是不平衡的，可绕质心轴匀速转动。

要注意，点 C 必须是质心。对一般的动点，式（12-21）至式（12-23）一般不成立。这再一次表明了质心在动力学中的重要性和特殊地位。

例 12-8 半径为 r、质量为 m 的圆轮沿水平直线滚动，如图 12-19 所示。设轮的惯性半径为 ρ_C，作用于圆轮的力偶矩为 M。求轮心的加速度。如果圆轮对地面的静滑动摩擦系数为 f_s，力偶矩 M 必须符合什么条件方不致使圆轮滑动？

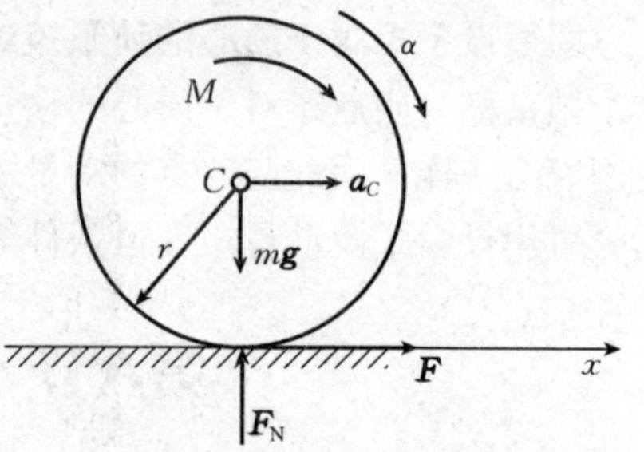

图 12-19

解： 根据刚体的平面运动微分方程可列出如下三个方程

$$ma_{Cx}=F$$

$$ma_{Cy}=F_N-mg$$

$$m\rho_C^2\alpha=M-Fr$$

式中 M 和 α 均以顺时针转向为正。因 $a_{Cy}=0$，故 $a_{Cx}=a_C$。

根据圆轮滚而不滑的条件，有 $a_C=r\alpha$。以此式与上列三方程联立求解，得

$$F=\frac{Mr}{\rho_C^2+r^2},\quad F_N=mg$$

欲使圆轮滚动而不滑动，必须有 $F\leqslant f_sF_N=f_smg$。于是得圆轮只滚不滑的条件为

$$M\leqslant f_smg\frac{r^2+\rho_C^2}{r}$$

例 12-9 长为 l、质量为 m 的均质杆 AB，A 端放在光滑的水平面上，B 端系在 BD 绳索上，如图 12-20(a) 所示，当绳索铅垂而杆静止时，杆与地面的夹角 $\varphi=45°$，求绳索突然断掉的瞬时杆 A 端的约束力。

解： 研究 AB 杆，BD 绳剪断后，其受力分析如图 12-20(a) 所示。由于水平方向没有力的作用，根据质心运动定理可知 AB 杆质心 C 的加速度铅垂。由质心运动定理，有

$$ma_C=mg-F_{AN} \tag{1}$$

根据相对质心的动量矩定理，有

$$\frac{1}{12}ml^2\alpha_{AB}=F_{AN}\frac{l}{2}\cos\varphi \tag{2}$$

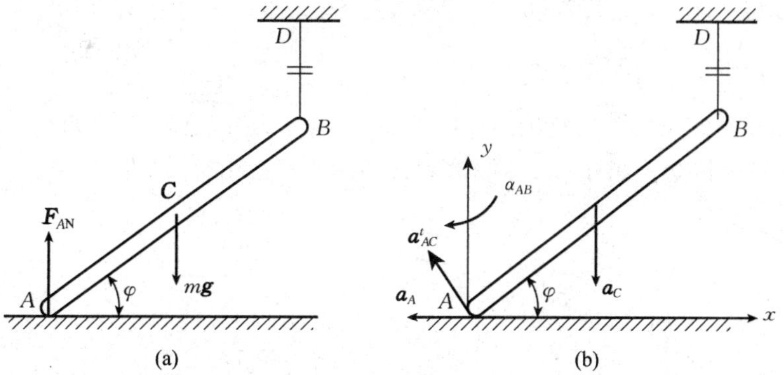

图 12－20

AB 杆做平面运动，运动初始时，$\omega_{AB}=0$，故 $a^n_{AC}=0$，A 点的加速度 $\boldsymbol{a}_A$ 方向水平，如图 12－20(b) 所示，因此有

$$\boldsymbol{a}_A=\boldsymbol{a}_C+\boldsymbol{a}^t_{AC} \tag{*}$$

将式（*）投影于 y 轴得

$$0=-a_C+a^t_{AC}\cos\varphi$$

即

$$a_C=\frac{l}{2}\alpha_{AB}\cos\varphi \tag{3}$$

由此可得

$$F_{AN}=\frac{2}{5}mg$$

思考题

12－1　计算思考题 12－1 图中各物体对其转轴的动量矩，物体的质量均为 m。

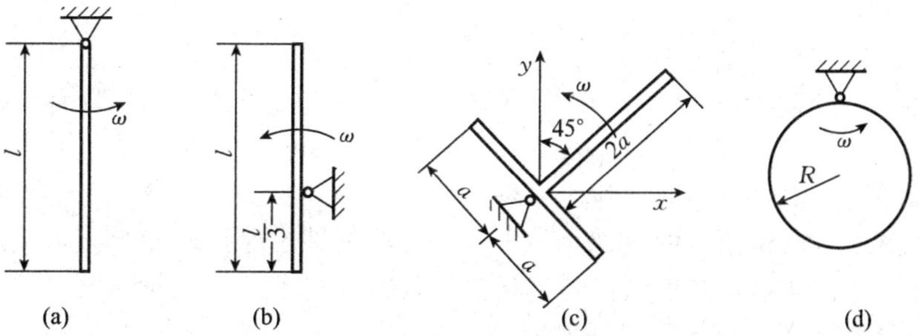

思考题 12－1 图

12－2　花样滑冰运动员利用手臂伸张和收拢来改变旋转速度，试说明其原因。

12－3　物块 A 重为 $\boldsymbol{P}_1$，B 重为 $\boldsymbol{P}_2(P_1>P_2)$，以质量不计的绳子连接并套在半径为 r 的滑轮上，如思考题 12－3 图所示。不计轴承摩擦，问：

（1）如不考虑滑轮的质量，滑轮两边的绳子拉力是否相等？

（2）如考虑滑轮的质量，滑轮两边的绳子拉力是否相等？

（3）如考虑滑轮的质量，设滑轮对 O 轴的转动惯量为 J，是否可根据定轴转动微分方程建立如下的关系式：$J\alpha=P_1r-P_2r$？为什么？

12-4 如思考题12-4图所示，传动系统中 J_1、J_2 为轮Ⅰ、轮Ⅱ的转动惯量，轮Ⅰ的角加速度 $\alpha_1=\dfrac{M_1}{J_1+J_2}$，对不对?

12-5 如思考题12-5图所示，在铅垂面内，杆 OA 可绕轴 O 自由转动，均质圆盘可绕其质心轴 A 自由转动。如杆 OA 水平时系统为静止，自由释放后圆盘做什么运动?

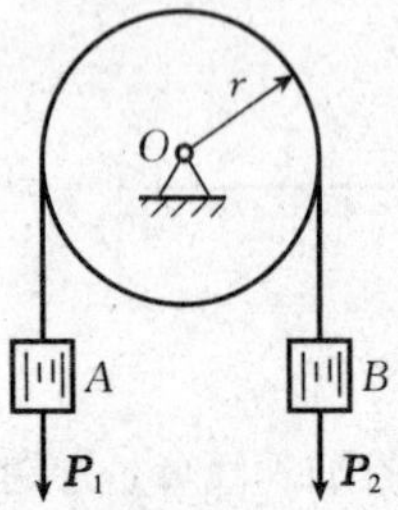

思考题12-3图

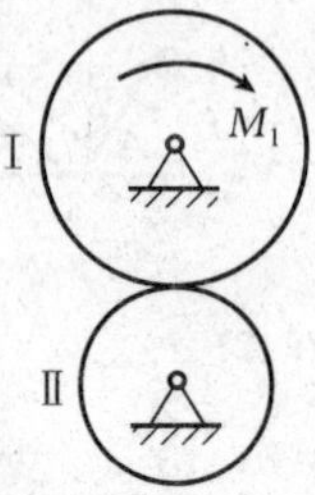

思考题12-4图

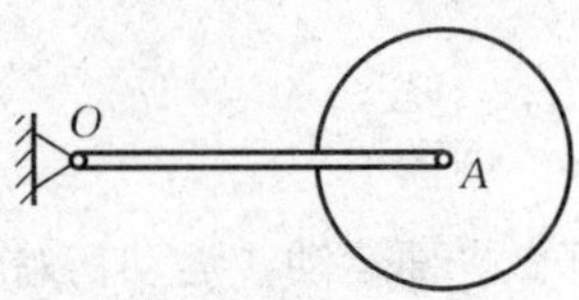

思考题12-5图

12-6 质量为 m 的均质圆盘，平放在光滑的水平面上，其受力情况如思考题12-6图所示。设开始时圆盘静止，$R=2r$。试说明各圆盘将如何运动。

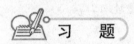

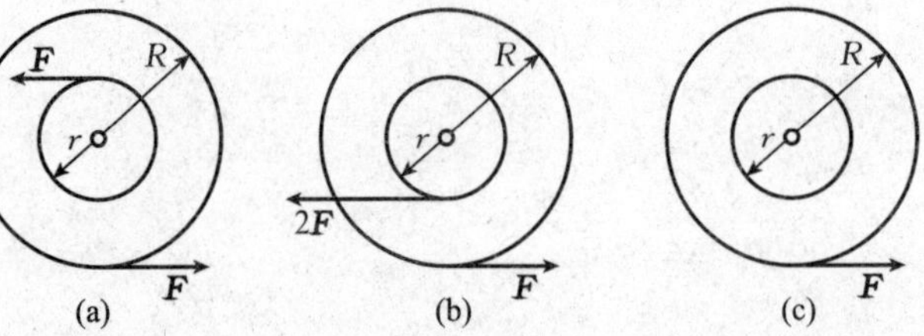

思考题12-6图

习 题

12-1 均质直角折杆尺寸如习题12-1图所示，其质量为 $3m$，求其对轴 O 的转动惯量。

12-2 如习题12-2图所示，为了求得半径 $R=50$ cm 的飞轮对通过其质心且垂直于纸面的轴的转动惯量，在飞轮上缠一细绳，绳的末端系一质量为 $m_1=8$ kg 的重锤。重锤自高度 $h=2$ m 处落下，测得落下时间为 $t_1=16$ s。为消去轴承摩擦的影响，再用质量为 $m_2=4$ kg的重锤做第二次实验，此重锤自同一高度落下的时间为 $t_2=25$ s。假定摩擦力矩为一常数，且与重锤质量无关，试计算转动惯量。

12-3 刚体做平面运动，取质心为基点。已知运动方程为 $x_C=3t^2$，$y_C=4t^2$，$\varphi=\dfrac{1}{2}t^3$，其中长度以 m 计，角度以 rad 计，时间以 s 计。设刚体质量为 10 kg，对于通过质心 C 且垂直于平面轴的惯性半径为 $\rho=0.5$ m，求当 $t=2$ s 时刚体对坐标原点的动量矩。

12-4 无重杆 OA 以角速度 ω_0 绕轴 O 转动，质量 $m_1=25$ kg、半径 $R=200$ mm 的均质圆盘以三种方式安装于杆 OA 的点 A，如习题12-4图所示。在图（a）中，圆盘与杆 OA 焊接在一起；在图（b）中，圆盘与杆 OA 在点 A 铰接，且相对杆 OA 以角速度 ω_r 逆时针转动；在图（c）中，圆盘相对杆 OA 以角速度 ω_r 顺时针转动。已知 $\omega_0=\omega_r=4$ rad/s，计算在此三种情况下，圆盘对轴 O 的动量矩。

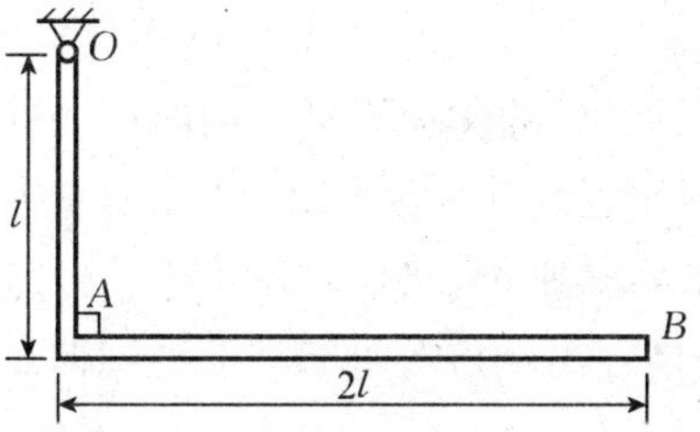

习题 12－1 图

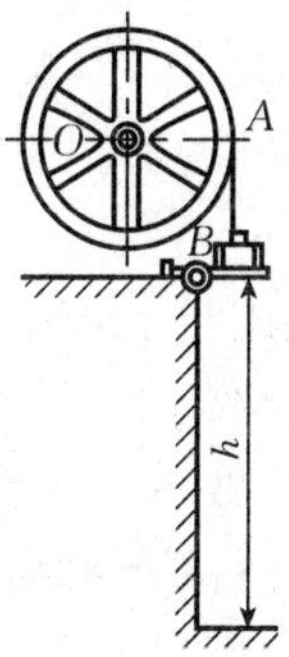

习题 12－2 图

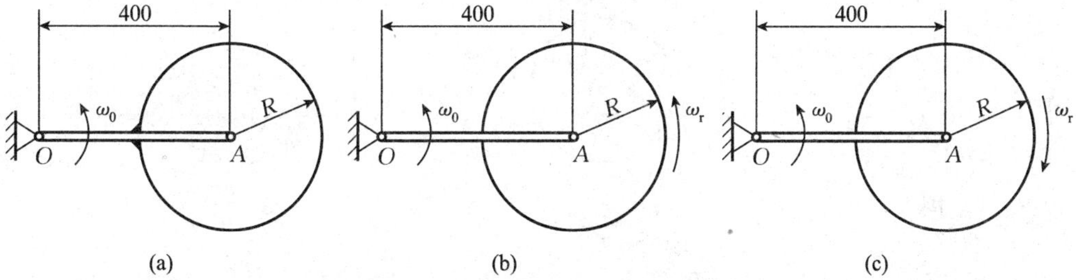

习题 12－4 图

12－5　如习题 12－5 图所示，两轮的半径各为 R_1 和 R_2，其质量各为 m_1 和 m_2，两轮以胶带相连接，各绕两平行的固定轴转动。如在第一个带轮上作用力偶矩为 M 的主动力偶，在第二个带轮上作用力偶矩为 M' 的阻力偶，带轮可视为均质圆盘，胶带与轮间无滑动，胶带质量略去不计，求第一个带轮的角加速度。

12－6　如习题 12－6 图所示为离合器，开始时轮 2 静止，轮 1 具有角速度 ω_0。当离合器接合后，依靠摩擦使轮 2 启动。已知轮 1 和轮 2 的转动惯量分别为 J_1 和 J_2。求：(1) 当离合器接合后，两轮共同转动的角速度 ω；(2) 若要求经过 t 秒后两轮的转速必须相同，离合器应具有多大的摩擦力矩。不计轴承摩擦。

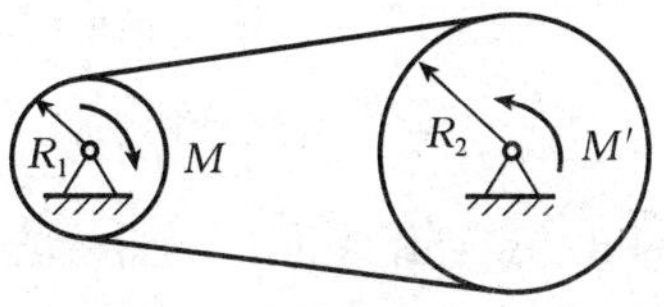

习题 12－5 图

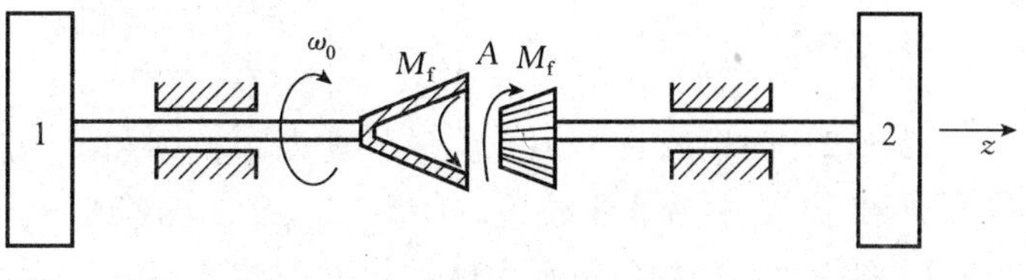

习题 12－6 图

12－7　一半径为 R、质量为 m_1 的均质圆盘，可绕通过其中心 O 的铅直轴无摩擦地旋转，如习题 12－7 图所示。一质量为 m_2 的人在盘上由点 B 按规律 $s=\dfrac{1}{2}at^2$ 沿半径为 r 的圆周行走。开始时，圆盘和人静止。求圆盘的角速度和角加速度。

12-8 均质圆轮 A 质量为 m_1，半径为 r_1，以角速度 ω 绕杆 OA 的 A 端转动，此时将轮放置在质量为 m_2 的另一均质圆轮 B 上，其半径为 r_2，如习题 12-8 图所示。轮 B 原为静止，但可绕其中心轴自由转动。放置后，轮 A 的重量由轮 B 支持。略去轴承的摩擦和杆 OA 的重量，并设两轮间的摩擦系数为 f_d。自轮 A 放在轮 B 上到两轮间没有相对滑动为止，经过多少时间？

12-9 为求刚体对于通过重心 G 的轴 AB 的转动惯量，用两杆 AD、BE 与刚体牢固连接，并借两杆将刚体活动地挂在水平轴 DE 上，如习题 12-9 图所示。轴 AB 平行于 DE，然后使刚体绕轴 DE 做微小摆动，求出振动周期 T。如果刚体的质量为 m，轴 AB 与 DE 间的距离为 h，杆 AD 和 BE 的质量忽略不计，求刚体对轴 AB 的转动惯量。

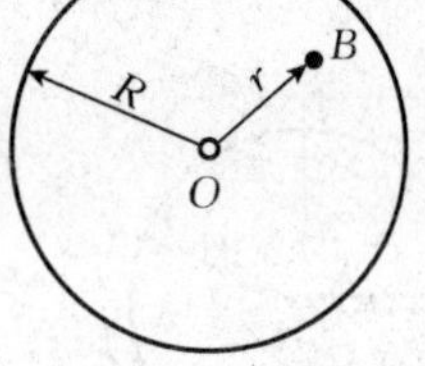

习题 12-7 图

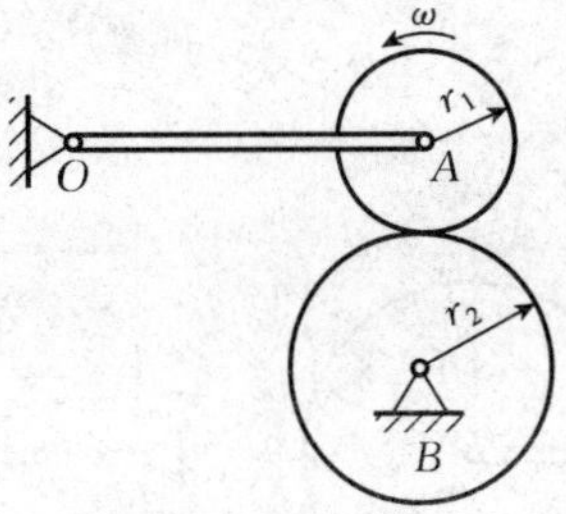

习题 12-8 图

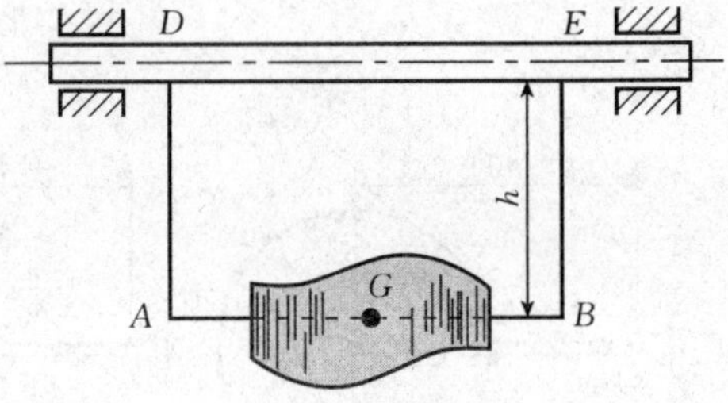

习题 12-9 图

12-10 质量为 m、半径为 r 的均质圆轮，在半径为 R 的圆弧面上只滚不滑。如习题 12-10 图所示，初瞬时 $\theta=\theta_0$，而 $\dot{\theta}=0$。求圆弧面作用于圆轮上的法向反力（表示为 θ 的函数）。

12-11 如习题 12-11 图所示，有一轮子，轴的直径为 50 mm，无初速地沿倾角 $\theta=20°$ 的轨道只滚不滑，5 s 内轮心滚过的距离为 $s=3$ m。求轮子对轮心的回转半径。

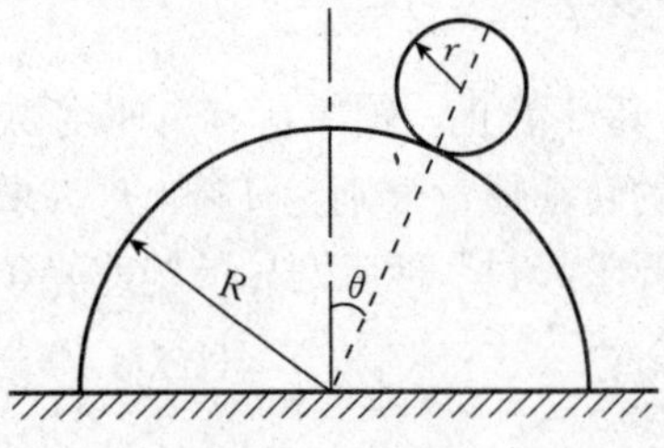

习题 12-10 图

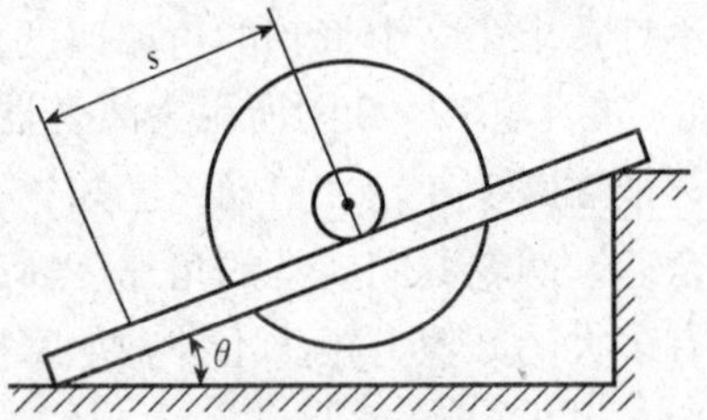

习题 12-11 图

12-12 两小球 A 和 B，质量分别为 $m_A=2$ kg，$m_B=1$ kg，用 $AB=l=0.6$ m 的杆连接。在初瞬时，杆在水平位置，B 不动，而 A 的速度 $v_A=0.6$ m/s，方向铅直向上，如习题 12-12 图所示。杆的质量和小球的尺寸忽略不计。求：（1）两小球在重力作用下的运动；（2）在 $t=2$ s 时，两小球相对于定坐标系 Axy 的位置；（3）$t=2$ s 时杆轴线方向的内力。

12-13 重物 A 质量为 m_1，系在绳子上，绳子跨过不计质量的固定滑轮 D，并绕在鼓轮 B 上，如习题 12-13 图所示。由于重物下降，带动了轮 C，使它沿水平轨道只滚不滑。设鼓轮半径为 r，轮 C 的半径为 R，两者固连在一起，总质量为 m_2，对于其水平轴 O 的回转半径为 ρ_O。求重物 A 的加速度。

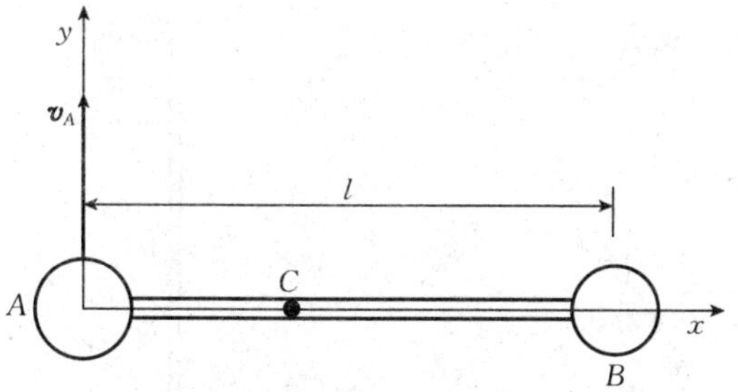

习题 12－12 图

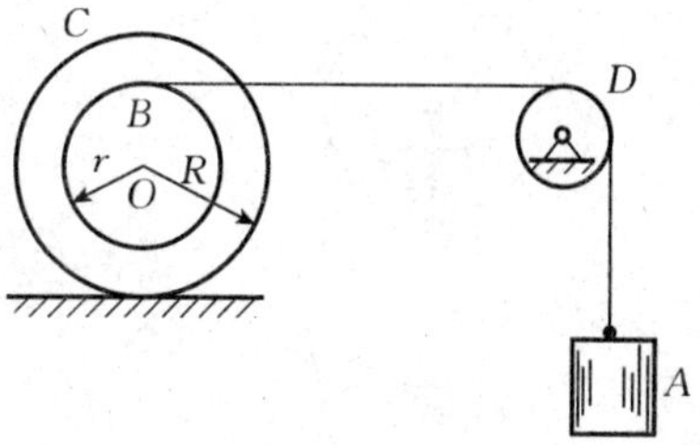

习题 12－13 图

12－14　如习题 12－14 图所示，均质长方体的质量为 50 kg，与地面间的动滑动摩擦系数为 0.20，在力 $\boldsymbol{F}$ 的作用下向右滑动。试求：(1) 不倾倒时力 $\boldsymbol{F}$ 的最大值；(2) 此时长方体的加速度。

12－15　均质圆柱体 A 的质量为 m，半径为 r，在外圆上绕以细绳。绳的一端 B 固定不动，如习题 12－15 图所示。当 BC 铅垂时圆柱下降，其初速度为零。求当圆柱体的质心 A 下落了高度 h 时，质心的速度和绳子的张力。

12－16　如习题 12－16 图所示，板的质量为 m_1，受水平力 F 作用，沿水平面运动，板与平面间的动摩擦系数为 f_d。在板上放一质量为 m_2 的均质实心圆柱，此圆柱对板只滚不滑。求板的加速度。

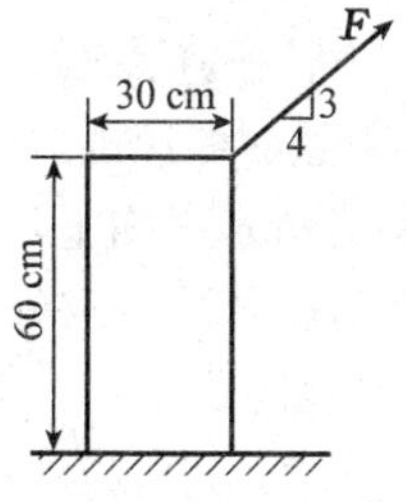

习题 12－14 图

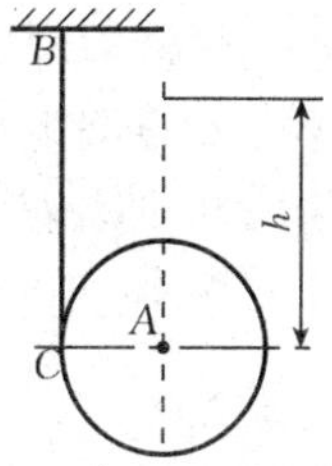

习题 12－15 图

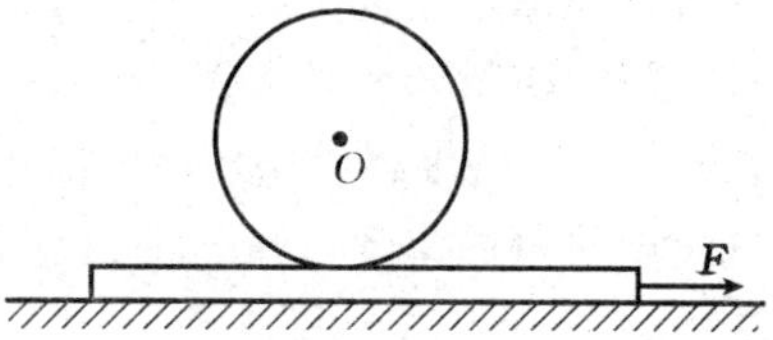

习题 12－16 图

12－17　均质圆柱体 A 和 B 重量均为 P，半径均为 r，一绳绕于可绕固定轴 O 转动的圆柱 A 上，绳的另一端绕在圆柱 B 上，如习题 12－17 图所示。求当圆柱体 B 下落时其质心 C 的加速度（不计摩擦）。

12－18　如习题 12－18 图所示，均质圆柱体的质量为 m，半径为 r，放在倾角为 60°的斜面上。一细绳缠绕在圆柱体上，其一端固定于点 A，此绳与 A 相连部分与斜面平行。若圆柱体与斜面间的动摩擦系数为 $f_d=\dfrac{1}{3}$，试求其中心沿斜面落下的加速度 a_C。

12－19　长为 l、质量为 m 的均质杆 AB 和 BC 用铰链 B 连接，并用铰链将 A 端固定，其平衡位置如习题 12－19 图所示。今在 C 端作用一水平力 $\boldsymbol{F}$，求此时两杆的角加速度。

12－20　如习题 12－20 图所示，均质长方形板放置在光滑水平面上，其质量为 m，对质心的转动惯量为 J_C。若点 B 的支承面突然移开，试求此瞬时点 A 的加速度。

12－21　均质实心圆柱体 A 和薄铁环 B 的质量均为 m，半径都等于 r，两者用杆 AB 铰接，无滑动地沿斜面滚下，斜面与水平面的夹角为 θ，如习题 12－21 图所示。如杆的质量忽略不计，求杆 AB 的加速度和杆的内力。

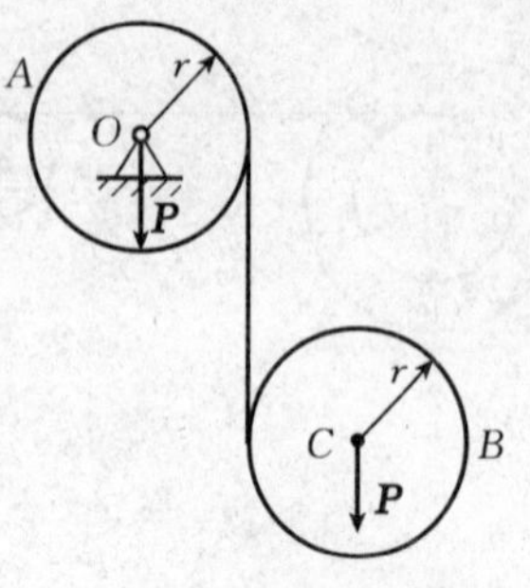

习题 12-17 图

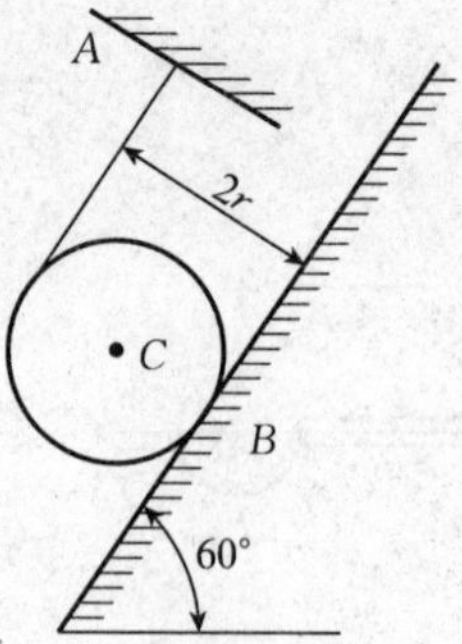

习题 12-18 图

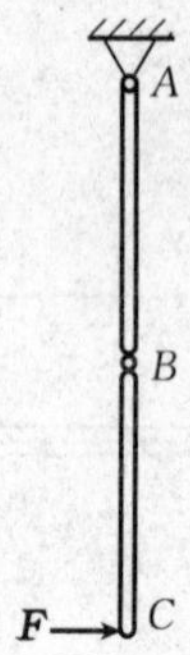

习题 12-19 图

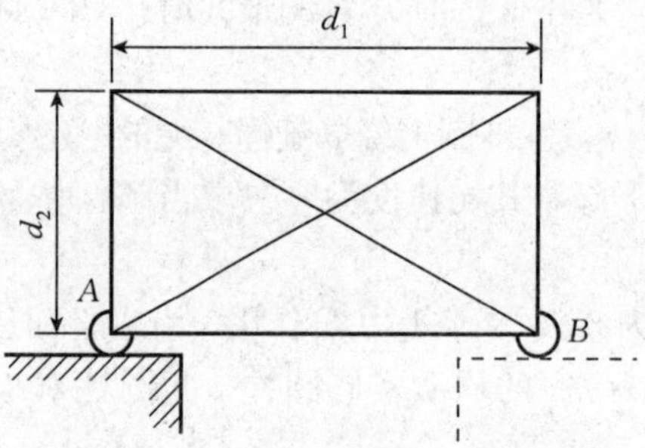

习题 12-20 图

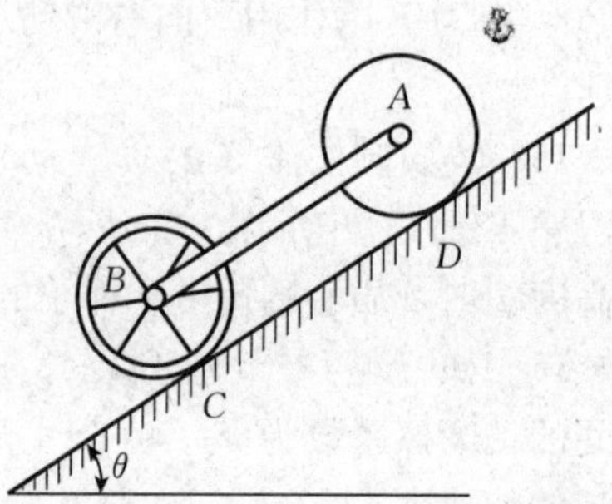

习题 12-21 图

12-22 如习题 12-22 图所示，长为 l、质量为 m 的均质杆 AB 与 BC 在 B 点刚连成直角后放置在光滑水平面上。求在 A 端作用一与 AB 垂直的水平力 $\boldsymbol{F}$ 后 A 点的加速度。

12-23 质量 $m=10$ kg，长 $l_1=2.5$ m 的均质杆 AB，其 A 端放在光滑水平面上，B 端则用长 $l_2=1$ m 的细绳 OB 系住，如习题 12-23 图所示。OB 水平时无初速释放。求释放瞬时，杆 AB 的角加速度、绳的张力及地面反力。

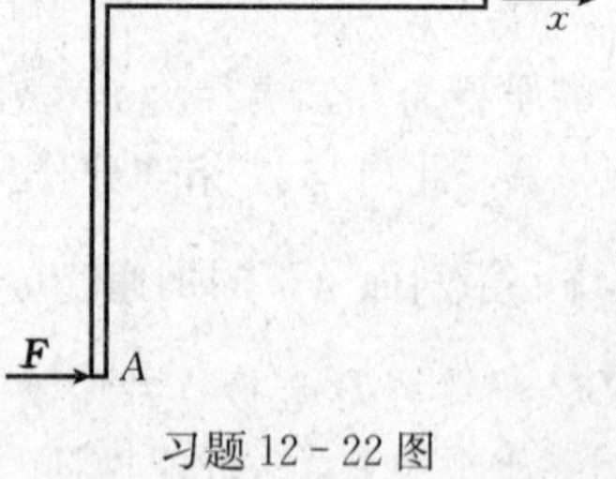

习题 12-22 图

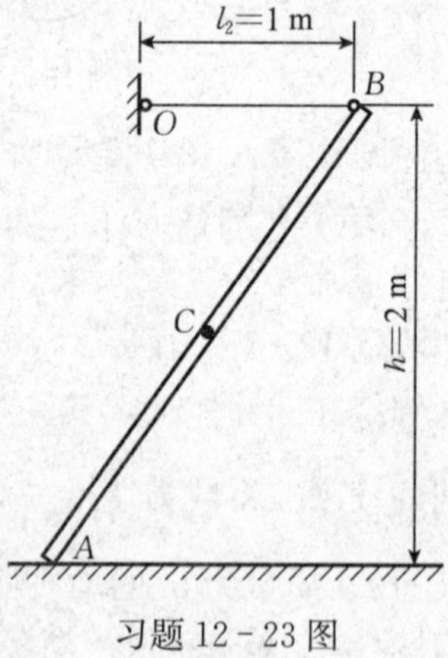

习题 12-23 图

习题参考答案

第十三章　动能定理

【内容提要】 理解力的功的概念，掌握常力在直线路程中的功的计算；理解力的元功的概念，了解变力在曲线路程中的功的计算；掌握重力、弹簧弹性力、万有引力、常值力偶、作用在定轴转动刚体上的力等常见力的功的计算。了解作用在平面运动刚体上力系的功的计算。理解质点的动能、质点系的动能的概念及质点系动能公式。掌握平动、定轴转动、平面运动刚体动能的计算。掌握微分及积分形式的动能定理及其应用。理解理想约束的概念，了解常见理想约束的类型。理解功率、有用功率、有效功率及机械效率的概念，掌握功率方程的应用。了解势（保守）力场、有势（保守）力的概念。掌握重力势能、弹性势能、引力势能的计算，掌握机械能守恒定律的条件及应用。

自然界中存在多种运动形式，这些运动形式在本质上既相互区别又相互依存、相互联系，并在一定的条件下相互转化。各种运动形式的转化是通过能量相联系的，也就是说，能量是各种运动形式之间的度量。物体做机械运动时具有的能量称为机械能，包括动能和势能。

前两章以动量和冲量为基础，建立了质点或质点系动量的变化与外力及外力作用时间之间的关系。本章以功和动能为基础，建立质点或质点系动能的改变和力的功之间的关系，即动能定理。不同于动量定理和动量矩定理，动能定理是从能量的角度来分析质点和质点系的动力学问题，有时是更为方便和有效的。同时，它还可以建立机械运动与其他形式运动之间的联系。

在介绍动能定理之前，先介绍物理学中两个重要的基本概念：功与动能。能量是物质运动的一种度量，除机械能（动能和势能）外，还有热能、电能、光能、磁能和辐射能等，这些都是物理学中已为大家所熟知的。在涉及各种运动形式的相互转化问题时，尤需用能量来描述物质的运动。各种形式的能量的相互转化的关系以及物体机械能的变化，都可以用功作为度量。本章的研究范围仅限于物体的机械运动，而不考虑不同运动形式的转换。

动能定理是动力学普遍定理之一，是工程技术科学中常用的能量法的基础，也是研究力学与其他物理学科之间关系的重要桥梁。它建立了质点或质点系的动能的变化与力的功之间的关系，当力是常量或位置坐标的函数时，用它求解力、速度与位置坐标的关系的问题很方便。

第一节　力的功

一、常力在直线路程中的功

物理学中，力的功是力在一段路程上对物体作用所累积效果的度量。设有大小、方向都不变的常力 $\boldsymbol{F}$ 作用在沿直线运动的物体上，力 $\boldsymbol{F}$ 作用点 M 的位移为 $\boldsymbol{s}$，路程为 s，$\boldsymbol{F}$ 与 $\boldsymbol{s}$ 的夹角为θ，如图 13-1 所示，则力 $\boldsymbol{F}$ 在这段路程中所做的功 W 定义为

$$W=Fs\cos\theta \quad (13-1a)$$

由矢量点积定义，式（13-1a）又可写为

$$W=\boldsymbol{F}\cdot\boldsymbol{s} \quad (13-1b)$$

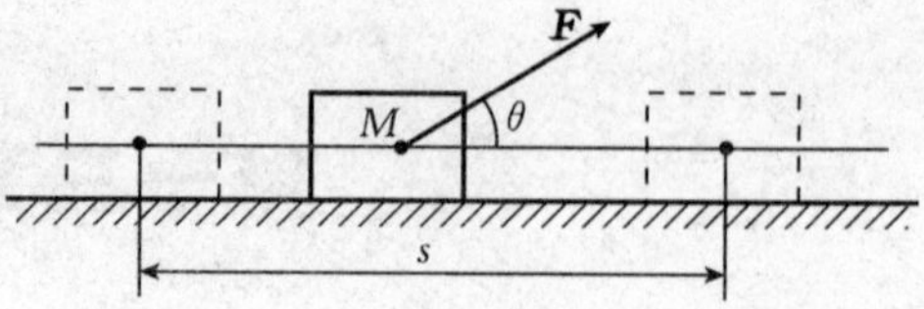

图 13-1

即作用在物体上的常力沿直线路程所做的功等于该力矢量与物体位移矢量的点积。或者说常力的功等于力与力的作用点的位移沿力作用线方向的投影的乘积。功是代数量，在国际单位制中，功的单位为力的单位与长度单位的乘积，即牛·米（N·m），称为焦耳（J），1 J=1 N·m。

二、变力的功

现将常力在直线路程中的功的计算方法推广到变力在曲线路程中做功的一般情况。设质点 M 在变力 $\boldsymbol{F}$ 的作用下沿曲线由 M_1 运动到 M_2，如图 13-2 所示。则力 $\boldsymbol{F}$ 在这段路程中的功，可看作是无数微小路程$\overset{\frown}{MM'}=\mathrm{d}s$ 所做功的总和。力 $\boldsymbol{F}$ 在微小路程上所做的功称为力的元功，记为 δW（因力的元功不一定能表示为某个函数 W 的全微分，故不用 $\mathrm{d}W$ 表示），因为 $\mathrm{d}s$ 足够微小，在此微小路程上，力 $\boldsymbol{F}$ 可以看作大小、方向都是不变的，于是 $\boldsymbol{F}$ 的元功为

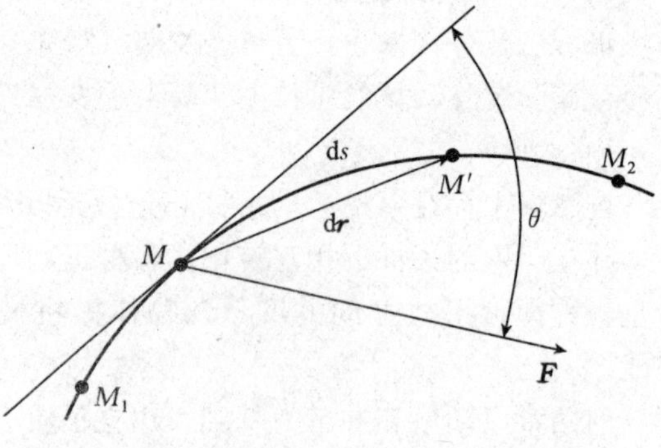

图 13-2

$$\delta W=F\cos\theta\mathrm{d}s \quad (13-2a)$$

式中 θ 为力 $\boldsymbol{F}$ 与 M 点的微元位移 $\mathrm{d}\boldsymbol{r}$ 的夹角，即力 $\boldsymbol{F}$ 与曲线在 M 点的切线正方向（指向运动的一方）的夹角。$|\mathrm{d}\boldsymbol{r}|=\mathrm{d}s$，所以式（13-2a）又可以写成

$$\delta W=\boldsymbol{F}\cdot\mathrm{d}\boldsymbol{r} \quad (13-2b)$$

即力的元功等于力矢量与力的作用点的微元位移矢量的数量积（简称点积）。微元路程 $\mathrm{d}s$ 对应的位移 $\mathrm{d}\boldsymbol{r}=\boldsymbol{v}\,\mathrm{d}t$，故式（13-2b）还可写为

$$\delta W=\boldsymbol{F}\cdot\boldsymbol{v}\,\mathrm{d}t \quad (13-2c)$$

设 F_t 为力 $\boldsymbol{F}$ 在 M 点的轨迹切线正方向的投影，即力 $\boldsymbol{F}$ 在 M 点的速度方向的投影，则式（13-2c）又可写为

$$\delta W=F_t\mathrm{d}s \quad (13-2d)$$

即力的元功等于力在速度方向的投影（切向力）与力的作用点的微元路程的乘积。式（13-2d）称为自然坐标法表示的力的元功的计算公式。

如果将力 $\boldsymbol{F}$ 与微元位移 $\mathrm{d}\boldsymbol{r}$ 用它们的解析式表示，即

$$\boldsymbol{F}=F_x\boldsymbol{i}+F_y\boldsymbol{j}+F_z\boldsymbol{k}$$
$$\mathrm{d}\boldsymbol{r}=\mathrm{d}x\boldsymbol{i}+\mathrm{d}y\boldsymbol{j}+\mathrm{d}z\boldsymbol{k}$$

则力的元功为

$$\delta W=\boldsymbol{F}\cdot\mathrm{d}\boldsymbol{r}=F_x\mathrm{d}x+F_y\mathrm{d}y+F_z\mathrm{d}z \quad (13-2e)$$

力 $\boldsymbol{F}$ 在路程$\overset{\frown}{M_1M_2}$上的功 W 是该力在这段路程中全部元功的总和，即 $W=\sum \delta W$ 。

有时可用曲线积分或普通的定积分计算功，即

$$W=\int_{\overset{\frown}{M_1M_2}} F\cos\theta \mathrm{d}s=\int_{\overset{\frown}{M_1M_2}} F_t \mathrm{d}s \tag{13-3a}$$

或

$$W=\int_{\overset{\frown}{M_1M_2}} \boldsymbol{F}\cdot \mathrm{d}\boldsymbol{r}=\int_{M_1}^{M_2}(F_x\mathrm{d}x+F_y\mathrm{d}y+F_z\mathrm{d}z) \tag{13-3b}$$

式（13－3b）称为直角坐标法表示的功的计算公式，也称为功的解析表达式。一般说来，功的计算是个曲线积分，且与路径相关。

当作用于质点上有若干个力时，由于在运动方向上合力的投影等于各分力投影的代数和，可知**合力在某一路程上所做的功，等于各个分力在同一路程上所做的功的代数和。**

在某些实际问题中，力的变化规律很复杂，求式（13－3a）或式（13－3b）的积分很困难，工程上常用作图的方法求力的功：只要能通过仪器测绘出 F_t 随路程 s 而变化的关系曲线，如图 13－3 所示，则式（13－3a）所表示的积分，可用图中阴影部分的面积来计算。横坐标以上部分的面积表示力做的正功，横坐标以下面积表示力做的负功。下面通过几种常见力的功的计算，说明以上公式的应用。

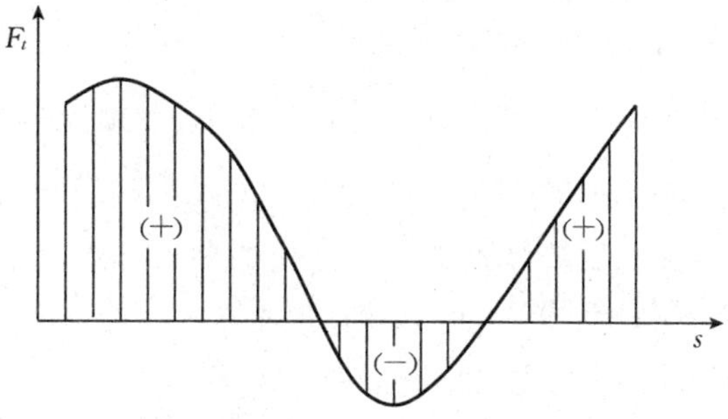

图 13－3

三、常见力的功

1. 重力的功　设质点的质量为 m，在重力作用下沿曲线由 $M_1(x_1, y_1, z_1)$ 运动到 $M_2(x_2, y_2, z_2)$，如图 13－4 所示，则重力在各坐标轴的投影为

$$F_x=0,\quad F_y=0,\quad F_z=-mg$$

代入功的解析表达式式（13－3b）得

$$W_{12}=\int_{z_1}^{z_2}(-mg)\mathrm{d}z=mg(z_1-z_2) \tag{13-4a}$$

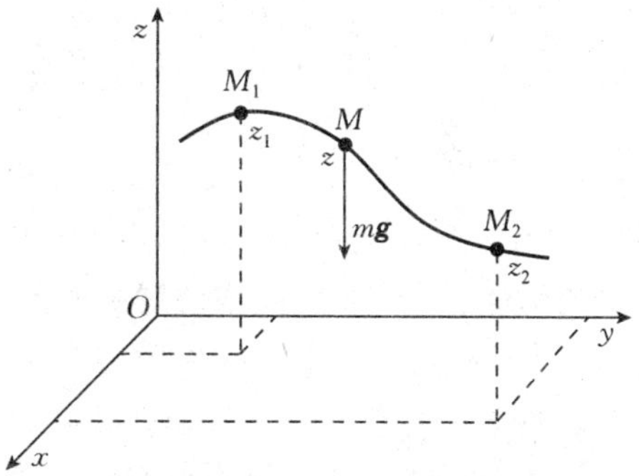

图 13－4

可见重力做功仅与质点运动开始和末了位置的高度差（z_1-z_2）有关，而与运动轨迹的形状无关。对于质量为 m 的质点系由位置 1 运动到位置 2，其重力所做的功为

$$W_{12}=\sum m_i g(z_{i1}-z_{i2})=\left(\sum m_i z_{i1}-\sum m_i z_{i2}\right)g$$

由质心坐标公式 $\sum m_i z_{i1}=mz_{C1}$，$\sum m_i z_{i2}=mz_{C2}$ ，可得

$$W_{12}=\sum m_i g(z_{i1}-z_{i2})=mg(z_{C1}-z_{C2}) \tag{13-4b}$$

式中 m 为质点系的总质量，z_{C1} 和 z_{C2} 为位置 1 和位置 2 时其质心（亦即重心）的 z 坐标。

由此可见，重力的功仅与重心的始末位置有关，而与重心走过的路径无关。令 $h=$

$|z_{C1}-z_{C2}|$表示重心上升或下降的高度，则

$$W_{12}=\pm mgh \tag{13-4c}$$

式（13-4c）中，当$z_{C1}>z_{C2}$，重心降低，重力做正功，应取正号，反之取负号。**故重力的功等于物体重量与其重心在始末位置高度差的乘积，重心降低时重力做正功，重心升高时重力做负功。**

2. 弹性力的功 如图 13-5 所示，弹簧一端固定于O点，质点A与弹簧另一端连接，沿曲线$\widehat{A_1A_2}$运动，受到弹性力的作用，设弹簧的刚度系数为k，原长为l_0。由胡克定律可知，在弹簧的弹性范围内，弹性力可表示为

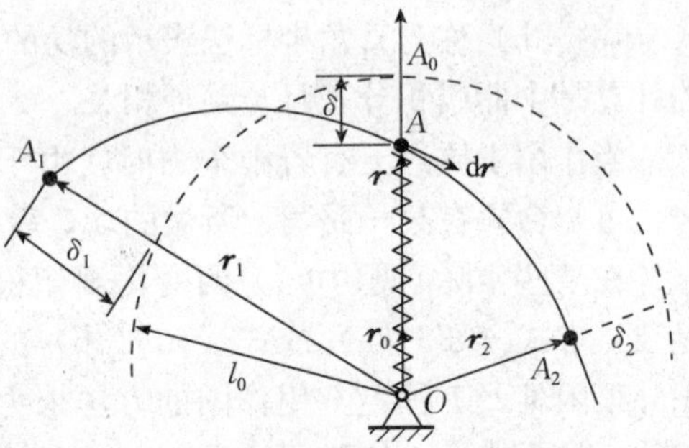

图 13-5

$$\boldsymbol{F}=-k(r-l_0)\boldsymbol{r}_0$$

式中$\boldsymbol{r}_0=\dfrac{\boldsymbol{r}}{r}$为$O$点和质点所在位置连成的矢径$\boldsymbol{r}$方向的单位矢量，$r$为矢径$\boldsymbol{r}$的模；$l_0$为弹簧的自然长度，即弹簧不受力作用时的长度。上式表明：$r-l_0<0$时，弹簧被压缩，力的指向与$\boldsymbol{r}$相同；$r-l_0>0$时，弹簧被拉伸，力的指向与$\boldsymbol{r}$相反。弹性力的元功为

$$\delta W=\boldsymbol{F}\cdot \mathrm{d}\boldsymbol{r}=-k(r-l_0)\boldsymbol{r}_0\cdot \mathrm{d}\boldsymbol{r}$$

因为

$$\boldsymbol{r}_0\cdot \mathrm{d}\boldsymbol{r}=\frac{\boldsymbol{r}}{r}\cdot \mathrm{d}\boldsymbol{r}=\frac{1}{2r}\mathrm{d}(\boldsymbol{r}\cdot\boldsymbol{r})=\frac{1}{2r}\mathrm{d}r^2=\mathrm{d}r$$

当质点从位置A_1运动到A_2时弹性力的功为

$$W_{12}=\int_{A_1}^{A_2}\boldsymbol{F}\cdot \mathrm{d}\boldsymbol{r}=\int_{r_1}^{r_2}-k(r-l_0)\mathrm{d}r=\frac{k}{2}[(r_1-l_0)^2-(r_2-l_0)^2]$$

即

$$W_{12}=\frac{k}{2}(\delta_1^2-\delta_2^2) \tag{13-5}$$

式中$\delta_1=r_1-l_0$，$\delta_2=r_2-l_0$分别为弹簧在初位置和末位置时的变形量。**即弹性力的功等于弹簧的刚度系数与弹簧始末位置变形量平方差的乘积的一半。**因此弹性力做的功只与弹簧在初始和末了位置的变形量有关，与力的作用点A的轨迹形状无关。当$\delta_1>\delta_2$时，弹性力做正功，当$\delta_1<\delta_2$时，弹性力做负功。

3. 定轴转动刚体上作用力的功 如图 13-6 所示，设作用在绕定轴z转动刚体上A点的力为$\boldsymbol{F}$，A点到转轴的距离为$\overline{AO_1}=R$，A点绕O_1做圆周运动。当刚体转动微小角度$\mathrm{d}\varphi$时，A点的微小位移$\mathrm{d}\boldsymbol{r}$沿圆周的切线方向，其大小$\mathrm{d}s=R\mathrm{d}\varphi$。设力$\boldsymbol{F}$与$A$点速度方向夹角为$\theta$，将$\boldsymbol{F}$分解为沿轴向和圆周切向、径向的分力$\boldsymbol{F}_b$和$\boldsymbol{F}_t$、$\boldsymbol{F}_n$，则

$$F_t=F\cos\theta$$

由于$\boldsymbol{F}_n$和$\boldsymbol{F}_b$都垂直于A点的运动路径而不做功，故力的元功为

$$\delta W=\boldsymbol{F}\cdot \mathrm{d}\boldsymbol{r}=F_t\mathrm{d}s=F_tR\mathrm{d}\varphi=M_z\mathrm{d}\varphi \tag{13-6a}$$

式中$M_z=F_tR$为力$\boldsymbol{F}$对转轴的力矩。**故作用在绕定轴转动刚体上力的元功，等于力对转轴的力矩与刚体微元转角的乘积。**在刚体从角φ_1转到φ_2的过程中力$\boldsymbol{F}$所做的功为

$$W_{12}=\int_{\varphi_1}^{\varphi_2}M_z\mathrm{d}\varphi \tag{13-6b}$$

即作用在绕定轴转动刚体上力的功，等于力对转轴的力矩对刚体转角的积分。

若刚体从角 φ_1 转到 φ_2 过程中力 $\boldsymbol{F}$ 对转轴的力矩不变，则

$$W_{12}=\int_{\varphi_1}^{\varphi_2}M_z\mathrm{d}\varphi=M_z(\varphi_2-\varphi_1) \qquad (13-6\mathrm{c})$$

由于力对转轴的力矩是力对刚体转动作用的度量，所以此力矩也称为转矩，作用在定轴转动刚体上的力的功也称为转矩的功。式（13-6c）表明：**在刚体绕定轴转动过程中，若力对刚体的转矩不变，则此力的功等于力对转轴的转矩与刚体转角的乘积。**如果作用在转动刚体上的力偶矩矢为 $\boldsymbol{M}$，其在转轴上的投影为 M_z，刚体从角 φ_1 转到 φ_2，此力偶矩所做的功同式（13-6b）表示，若此过程中 M_z 保持不变，力偶矩所做的功同式（13-6c）表示。即**作用在定轴转动刚体的常值力偶矩所做的功等于此力偶矩矢在转轴的投影与刚体转角的乘积**。显然，当力或力偶对轴的转矩与刚体转角一致时，功为正，反之为负。

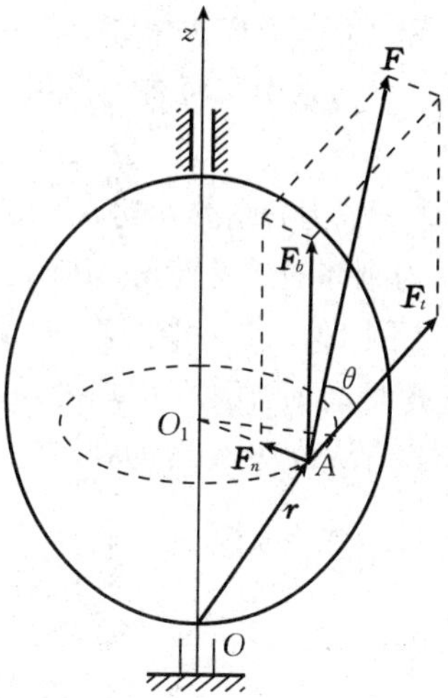

图 13-6

4. 平面运动刚体上力系的功　平面运动刚体上力系的功，等于力系中各力做功的代数和，也等于力系向质心简化得到的力与力偶做功之和。证明如下：

如图 13-7 所示，设平面运动刚体质心 C 的矢径为 $\boldsymbol{r}_C$，刚体内任一质点 M 的矢径为 $\boldsymbol{r}_i$，质点相对质心的矢径为 $\boldsymbol{r}_{iC}$，显然

$$\boldsymbol{r}_i=\boldsymbol{r}_C+\boldsymbol{r}_{iC}$$

微元时间 $\mathrm{d}t$，它们间的微元位移满足

$$\mathrm{d}\boldsymbol{r}_i=\mathrm{d}\boldsymbol{r}_C+\mathrm{d}\boldsymbol{r}_{iC}$$

作用在质点 M 上的力为 $\boldsymbol{F}_i$，力的元功为

$$\delta W_i=\boldsymbol{F}_i\cdot\mathrm{d}\boldsymbol{r}_i=\boldsymbol{F}_i\cdot\mathrm{d}\boldsymbol{r}_C+\boldsymbol{F}_i\cdot\mathrm{d}\boldsymbol{r}_{iC}$$

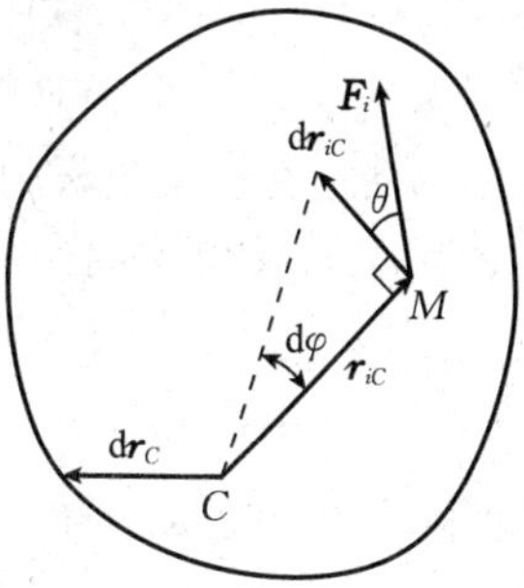

图 13-7

式中 $\mathrm{d}\boldsymbol{r}_{iC}$ 为微元时间 $\mathrm{d}t$ 内质点 M 相对质心 C 的微元位移。设刚体转角为 $\mathrm{d}\varphi$，由刚体平面运动特点，显然 $\mathrm{d}\boldsymbol{r}_{iC}=r_{iC}\mathrm{d}\varphi\boldsymbol{\tau}$，$\boldsymbol{\tau}$ 为方向垂直于 $\boldsymbol{r}_{iC}$ 指向与 $\mathrm{d}\varphi$ 转动方向一致的单位矢量，因此

$$\boldsymbol{F}_i\cdot\mathrm{d}\boldsymbol{r}_{iC}=F_i\cos\theta\cdot r_{iC}\cdot\mathrm{d}\varphi=M_C(\boldsymbol{F}_i)\mathrm{d}\varphi$$

式中 θ 为力 $\boldsymbol{F}_i$ 与 $\boldsymbol{\tau}$ 之间所夹的锐角，亦即 $\boldsymbol{F}_i$ 与 $\boldsymbol{r}_{iC}$ 之间夹角的余角。

力系全部力的元功之和为

$$\delta W=\sum\delta W_i=\sum\boldsymbol{F}_i\cdot\mathrm{d}\boldsymbol{r}_C+\sum M_C(\boldsymbol{F}_i)\mathrm{d}\varphi=\boldsymbol{F}'_{\mathrm{R}}\cdot\mathrm{d}\boldsymbol{r}_C+M_C\mathrm{d}\varphi \qquad (13-7\mathrm{a})$$

式中 $\boldsymbol{F}'_{\mathrm{R}}$ 为力系的主矢，M_C 为力系向质心简化得到的主矩。当质心由 C_1 运动到 C_2，同时刚体转角由 φ_1 转到 φ_2 时力系的功为

$$W_{12}=\int_{C_1}^{C_2}\boldsymbol{F}'_{\mathrm{R}}\cdot\mathrm{d}\boldsymbol{r}_C+\int_{\varphi_1}^{\varphi_2}M_C\mathrm{d}\varphi \qquad (13-7\mathrm{b})$$

当简化中心不选质心，而选刚体上任一点时，上式依然成立。**即平面运动刚体上力系的功，等于力系向平面内任一点简化所得的力和力偶做功之和。**

事实上，无论刚体怎样运动，作用在刚体上力系的功总等于各力做功的代数和，也等于力系向一点 O 简化得到的主矢 $\boldsymbol{F}'_R$ 与主矩 $\boldsymbol{M}_O$ 做功之和。由力系等效原理，主矢与主矩的元功等于力系中所有各力所做元功之和。因此容易证明下式成立

$$\delta W=\boldsymbol{F}'_R\cdot \mathrm{d}\boldsymbol{r}_C+\boldsymbol{M}_C\cdot \mathrm{d}\boldsymbol{\varphi} \tag{13-7c}$$

式中 δW 为力系的元功，点 C 是刚体内任意一点，但一般取为质心，$\mathrm{d}\boldsymbol{r}_C$ 为点 C 的微元位移，$\mathrm{d}\boldsymbol{\varphi}$ 为刚体的微元转角，$\mathrm{d}\boldsymbol{\varphi}=\boldsymbol{\omega}\mathrm{d}t$，$\boldsymbol{\omega}$ 为刚体以过 C 点的力偶矩矢 $\boldsymbol{M}_C$ 为轴转动的角速度矢量。

例 13-1 如图 13-8(a) 所示，滑块重 $P=9.8$ N，弹簧刚度系数 $k=0.5$ N/cm，滑块在 A 位置时弹簧对滑块的拉力为 2.5 N，滑块在 20 N 的跨过滑轮的绳子拉力作用下沿光滑水平槽从位置 A 运动到滑轮正下方位置 B，求作用于滑块上所有力的功的和。

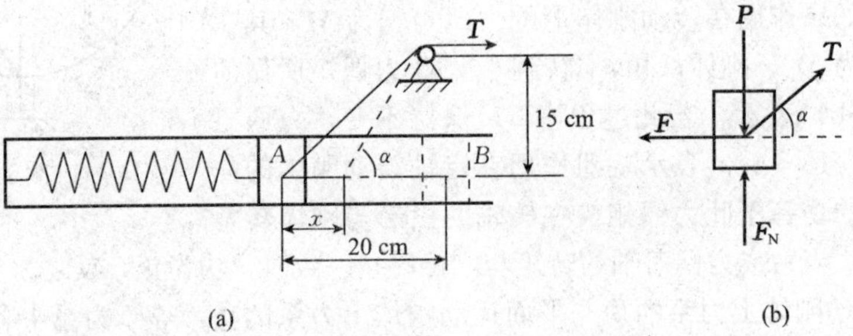

图 13-8

解： 滑块运动过程中受到绳子拉力 $\boldsymbol{T}$、弹簧弹性力 $\boldsymbol{F}$、重力 $\boldsymbol{P}$ 及槽底支承力 $\boldsymbol{F}_N$，如图 13-8(b) 所示。由于 $\boldsymbol{P}$ 与 $\boldsymbol{F}_N$ 始终垂直于滑块位移，因此，它们不做功。所以只需计算 $\boldsymbol{T}$ 与 $\boldsymbol{F}$ 的功。在运动过程中，$\boldsymbol{T}$ 的大小不变，但方向在变，设运动过程中滑块自位置 A 向右滑动距离 x，此时绳子与水平方向成 α 角，此时力 $\boldsymbol{T}$ 的元功为

$$\delta W_T=T\cos\alpha \mathrm{d}x$$

式中

$$\cos\alpha=(20-x)/\sqrt{(20-x)^2+15^2}$$

滑块从位置 A 运动到位置 B，绳子拉力 $\boldsymbol{T}$ 所做的功为

$$W_T=\int_0^{20}T\cos\alpha \mathrm{d}x=\int_0^{20}20\frac{20-x}{\sqrt{(20-x)^2+15^2}}\mathrm{d}x=200(\mathrm{N\cdot cm})$$

再计算 $\boldsymbol{F}$ 的功：由题意，滑块在位置 A 时弹簧的伸长量 $\delta_1=\dfrac{2.5}{0.5}=5(\mathrm{cm})$，滑块在位置 B 时弹簧的伸长量 $\delta_2=5+20=25(\mathrm{cm})$，因此 $\boldsymbol{F}$ 在整个过程中所做的功为

$$W_F=\frac{1}{2}k(\delta_1^2-\delta_2^2)=\frac{1}{2}\times 0.5\times(5^2-25^2)=-150(\mathrm{N\cdot cm})$$

所有力的功的和为

$$W=W_T+W_F=200-150=50(\mathrm{N\cdot cm})$$

第二节 质点和质点系的动能

一切运动着的物体都具有一定的能量，运动着的汽锤可以改变锻件的形状并发声、发热，从高处下落的水流可以推动水轮机转动，高速飞行的弹丸可以击穿一定厚度的钢板等。

从这许多的现象中可以发现，物体的质量越大，运动的速度越快，则其能量也越大。我们把由于物体的机械运动而具有的能量，称为物体的**动能**。

动能是物体机械运动的一种度量。设质点的质量为 m，速度为 v，则质点的动能为

$$T=\frac{1}{2}mv^2$$

即**质点的动能等于其质量与运动速度平方乘积的一半**。动能是标量，恒取正值，它的量纲与功的量纲相同，因而单位也与功的单位相同，在国际单位制中动能的单位是焦耳（J），即牛·米，1 J=1 N·m。

对于多个质点组成的质点系，质点系内各质点动能的和称为质点系的动能，即

$$T=\sum\frac{1}{2}m_iv_i^2 \tag{13-8}$$

刚体是工程实际中常见的质点系，当刚体的运动形式不同时，其内各质点速度分布不同，其动能的表达式也不同。下面介绍刚体平动、定轴转动和做平面运动时其动能的表达式。

1. 平动刚体的动能　刚体平动时，其上各质点运动速度相同，于是得平动刚体的动能为

$$T=\sum\frac{1}{2}m_iv_i^2=\frac{1}{2}v_C^2\sum m_i=\frac{1}{2}mv_C^2 \tag{13-9}$$

式中 $m=\sum m_i$ 为刚体的总质量，v_C 为质心的速度，也即刚体平动的速度。即**平动刚体的动能等于其质量与运动速度平方乘积的一半**。

2. 定轴转动刚体的动能　设刚体绕定轴转动，某瞬时其角速度为 ω，其上任一质点 m_i 离转轴的距离为 r_i，则其速度 $v_i=r_i\omega$，于是绕定轴转动刚体的动能为

$$T=\sum\frac{1}{2}m_iv_i^2=\sum\frac{1}{2}m_ir_i^2\omega^2=\frac{1}{2}\omega^2\sum m_ir_i^2=\frac{1}{2}J_z\omega^2 \tag{13-10}$$

式中 $J_z=\sum m_ir_i^2$ 是刚体对转轴的转动惯量。即**绕定轴转动刚体的动能等于其对转轴的转动惯量与角速度平方乘积的一半**。

3. 平面运动刚体的动能　设刚体质量为 m，某瞬时其做平面运动的角速度为 ω，以过刚体的质心且平行于平面运动所在平面的平面图形简化其运动，如图 13-9 所示。设图形中的点 P 是该瞬时平面运动刚体的速度瞬心。此瞬时，刚体上各点的速度分布与绕过点 P 的瞬时轴做定轴转动的刚体上各点的速度分布相同，于是其动能为

$$T=\frac{1}{2}J_P\omega^2 \tag{13-11a}$$

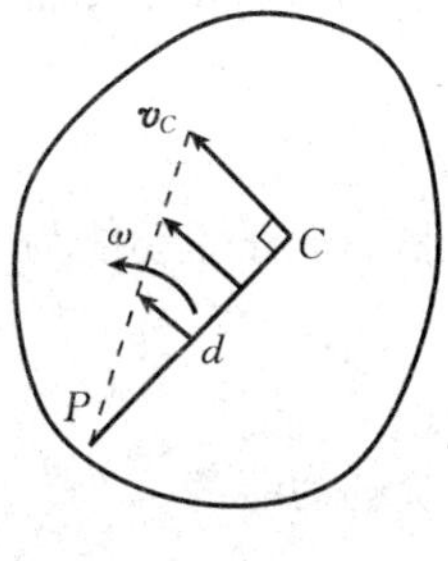

图 13-9

式中 J_P 为刚体对于瞬时轴的转动惯量。即**平面运动刚体的动能等于其对瞬时轴的转动惯量与角速度平方乘积的一半**。有时，瞬时轴的位置不易确定，而其质心速度已知或容易求得，此时其动能还可以有另一种表示形式。

设 C 为刚体质心，根据转动惯量的平行轴定理

$$J_P=J_C+md^2$$

式中 J_C 为刚体对于质心轴的转动惯量，$d=\overline{CP}$为质心轴和瞬心轴之间的距离。代入上式得

$$T=\frac{1}{2}(J_C+md^2)\omega^2=\frac{1}{2}J_C\omega^2+\frac{1}{2}m(d\cdot\omega)^2$$

因为 $v_C=d\cdot\omega$，于是得

$$T=\frac{1}{2}mv_C^2+\frac{1}{2}J_C\omega^2 \tag{13-11b}$$

上式前一项是刚体随质心平动的动能，后一项是刚体绕质心轴转动的动能。**即做平面运动刚体的动能等于随质心平动的动能与绕质心轴转动的动能的和。**

例 13-2　均质圆轮，质量为 m，半径为 R，沿固定轨道做纯滚动，如图 13-10 所示，某瞬时质心速度为 v_C，求此时圆轮的动能。

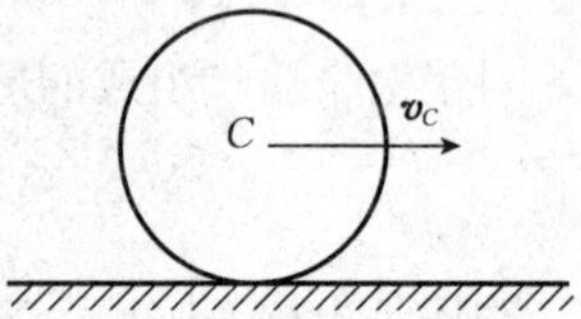

图 13-10

解： 圆轮做平面运动，由式（13-11b）可知其动能为

$$T=\frac{1}{2}mv_C^2+\frac{1}{2}J_C\omega^2$$

式中 ω 为圆轮平面运动的角速度，由运动学公式可知 $v_C=R\omega$。圆轮对质心轴的转动惯量为 $J_C=\frac{1}{2}mR^2$，代入可得圆轮动能为

$$T=\frac{3}{4}mv_C^2$$

例 13-3　均质细杆长为 l，质量为 m，上端 B 靠在光滑的墙上，下端 A 用铰链与质量为 M、半径为 R 且放在粗糙地面上的圆柱中心相连，圆柱做纯滚动，如图 13-11 所示，在图示位置中心速度为 $\boldsymbol{v}$，杆与水平线的夹角 $\theta=45°$，求该瞬时系统的动能。

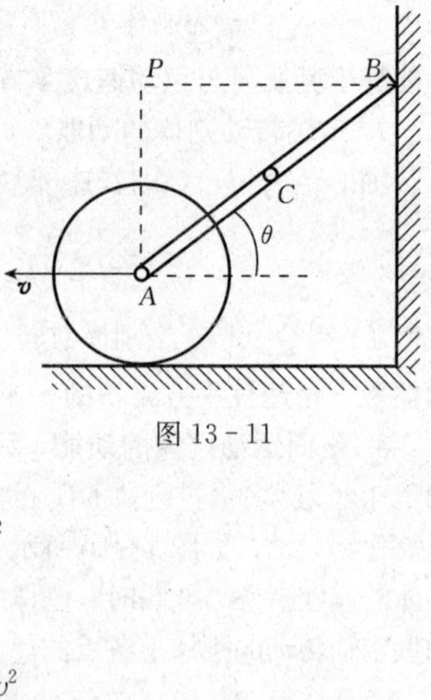

图 13-11

解： 系统的动能 T 等于圆柱动能 T_A 与细杆动能 T_{AB} 之和，圆柱做平面运动，其动能 $T_A=\frac{3}{4}Mv^2$，细杆做平面运动，瞬心在 P 点，其角速度 $\omega_{AB}=\frac{v}{l\sin\theta}$，$AB$ 杆对于其瞬心轴的转动惯量为

$$J_P=\frac{1}{12}ml^2+m\left(\frac{l}{2}\right)^2=\frac{1}{3}ml^2$$

于是 AB 杆的动能为

$$T_{AB}=\frac{1}{2}J_P\omega_{AB}^2=\frac{mv^2}{6\sin^2\theta}=\frac{1}{3}mv^2$$

系统的动能为

$$T=T_A+T_{AB}=\frac{1}{12}(9M+4m)v^2$$

第三节　动能定理

如果在质点或质点系运动过程中，作用于质点或质点系的力做了功，那么，质点或质点

系的动能会发生改变。例如，冲击试验机的摆锤以一定的初速度冲击试件的过程中，撞击力做了功，试件断裂，摆锤速度下降，动能减小；从高处下落的物体，下落过程中由于重力做功，速度越来越大，动能不断增加。动能定理描述了质点或质点系运动过程中，动能的改变和力的功之间的联系。

一、质点和质点系的动能定理

1. 质点的动能定理　设质量为 m 的质点 M 在力系合力 $\boldsymbol{F}$ 作用下运动，在 $\mathrm{d}t$ 时间内的微元位移为 $\mathrm{d}\boldsymbol{r}$，将质点矢量形式的运动微分方程 $m\dfrac{\mathrm{d}\boldsymbol{v}}{\mathrm{d}t}=\boldsymbol{F}$ 两边点乘 $\mathrm{d}\boldsymbol{r}$，得

$$m\frac{\mathrm{d}\boldsymbol{v}}{\mathrm{d}t}\cdot\mathrm{d}\boldsymbol{r}=\boldsymbol{F}\cdot\mathrm{d}\boldsymbol{r}$$

因 $\mathrm{d}\boldsymbol{r}=\boldsymbol{v}\,\mathrm{d}t$，于是上式可写成

$$m\boldsymbol{v}\cdot\mathrm{d}\boldsymbol{v}=\boldsymbol{F}\cdot\mathrm{d}\boldsymbol{r}$$

或

$$\mathrm{d}\left(\frac{1}{2}mv^2\right)=\delta W \tag{13-12a}$$

式（13-12a）称为质点动能定理的微分形式，**即质点动能的微分等于作用在质点上的力的元功。**

若质点由位置 1 运动到位置 2，速度由 v_1 变为 v_2，积分式（13-12a），得

$$\int_{v_1}^{v_2}\mathrm{d}\left(\frac{1}{2}mv^2\right)=\int_1^2\delta W$$

即

$$\frac{1}{2}mv_2^2-\frac{1}{2}mv_1^2=W_{12} \tag{13-12b}$$

W_{12} 为运动过程中作用于质点的所有力做功的和。式（13-12b）就是积分形式的动能定理，**即在某一运动过程中，质点动能的改变量等于作用于质点的所有力做功之和。**

2. 质点系的动能定理　设质点系由 n 个质点组成，第 i 个质点的质量为 m_i，速度为 $\boldsymbol{v}_i$，根据质点的动能定理的微分形式，有

$$\mathrm{d}\left(\frac{1}{2}m_iv_i^2\right)=\delta W_i$$

式中 δW_i 表示作用在第 i 个质点上所有力所做的元功之和。对质点系中每个质点都可以列出如上的方程，将 n 个方程相加，得

$$\sum\mathrm{d}\left(\frac{1}{2}m_iv_i^2\right)=\sum\delta W_i$$

或

$$\mathrm{d}\left[\sum\left(\frac{1}{2}m_iv_i^2\right)\right]=\sum\delta W_i$$

式中 $T=\sum\dfrac{1}{2}m_iv_i^2$ 为质点系的动能，于是得质点系动能定理的微分形式，即**质点系动能的微分等于作用在质点系上所有力所做的元功之和。**

对上式积分，得

$$T_2-T_1=\sum W_{12} \tag{13-12c}$$

式中 T_1 和 T_2 是运动过程中质点系在起始位置 1 和末了位置 2 的动能。即**在某一运动过程中，质点系动能的改变量等于作用于质点系的所有力在这一过程中所做的功之和。**式（13-

12c）称为质点系积分形式的动能定理。

例 13-4 质量为 m 的质点，自高处自由落下，落到下面有弹簧支承的板上，下落高度为 h，如图 13-12 所示。不计板和弹簧的质量，弹簧的刚度系数为 k。求弹簧的最大压缩量。

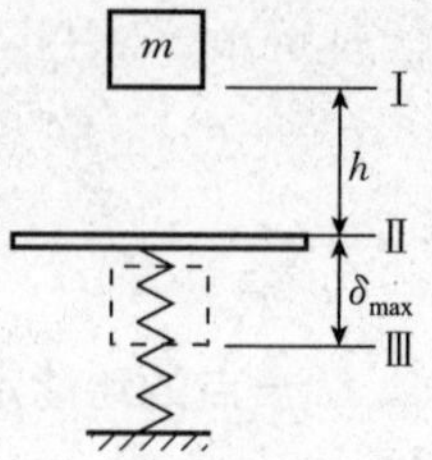

图 13-12

解：（1）质点从位置Ⅰ下落到位置Ⅱ，速度由 0 增加到 v，由动能定理

$$\frac{1}{2}mv^2-0=mgh$$

得

$$v=\sqrt{2gh}$$

（2）质点从位置Ⅱ运动到位置Ⅲ，速度由 v 减小到 0，弹簧压缩量由 0 增加到 $\delta_{\max}$，由动能定理

$$0-\frac{1}{2}mv^2=mg\delta_{\max}-\frac{1}{2}k\delta_{\max}^2$$

得

$$\delta_{\max}=\frac{mg}{k}+\frac{1}{k}\sqrt{m^2g^2+2kmgh}$$

另解：质点从位置Ⅰ经过位置Ⅱ运动到位置Ⅲ，速度由 0→0，弹簧压缩量由 $0\rightarrow\delta_{\max}$，整个过程中，重力所做的功为 $mg(h+\delta_{\max})$，弹簧受到压缩，弹性力做负功，所做的功为 $-\frac{1}{2}k\delta_{\max}^2$，由动能定理

$$0-0=mg(h+\delta_{\max})-\frac{1}{2}k\delta_{\max}^2$$

得

$$\delta_{\max}=\frac{mg}{k}+\frac{1}{k}\sqrt{m^2g^2+2kmgh}$$

结果与前面相同，可见质点在运动过程中动能是变化的，但在应用动能定理时，不必考虑在始末位置之间动能是如何变化的。

二、理想约束及内力做功

1. 理想约束 在应用质点系的功能定理时，作用于质点系的所有力可以按内力和外力分类，也可以按主动力和约束力分类。一般地说，按主动力和约束力分类较为简便，因为在很多情况下约束力不做功或做功之和为零，具有这种性质的约束称为**理想约束**，下面列举工程中常见的理想约束的例子。

（1）光滑固定面、可动铰支座和一端固定的绳索等约束，如图 13-13 所示，其约束力都垂直于力作用点的微元位移，约束力不做功。

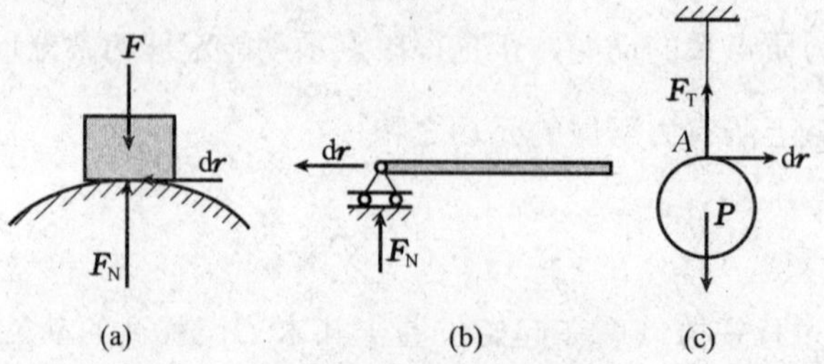

图 13-13

（2）光滑固定铰支座和固定端约束，由于其约束力作用点或作用面位移为零，如图 13－14 所示，其约束力也不做功。

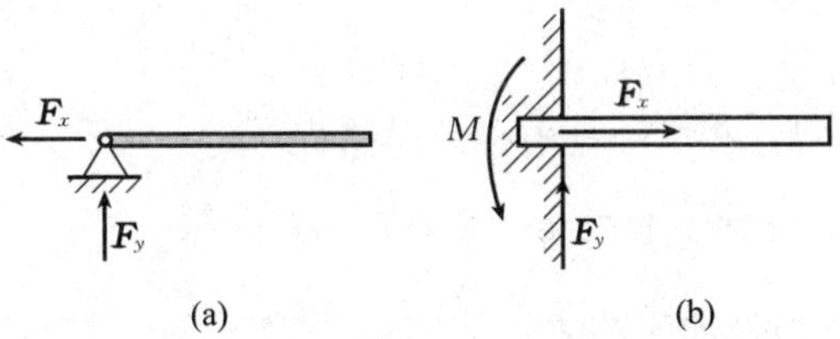

图 13－14

（3）光滑铰链（中间铰链）、刚性二力杆及不可伸长的柔索，如图 13－15 所示，它们作为系统内的约束时，约束力做功之和等于零。

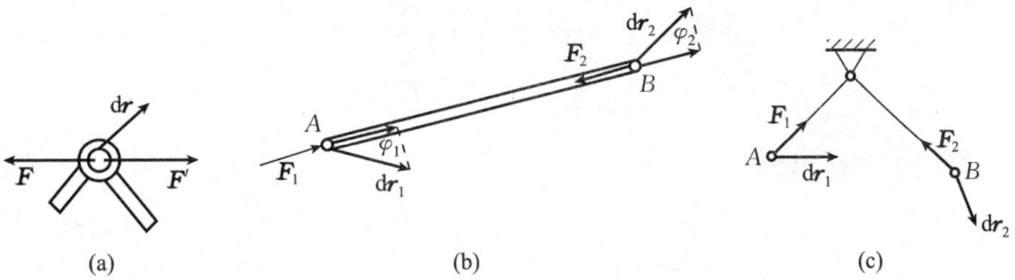

图 13－15

（4）当轮子在固定面上只滚不滑时，静滑动摩擦力不做功，不计滚阻时，为理想约束。

（5）刚体作为不变质点系，其所有内力做功的和等于零。

对于具有理想约束的质点系，由于未知的约束力做功之和为零，因此应用动能定理时只计算主动力的功，这可方便计算。

2. 内力做功　必须注意，作用于质点系的力有外力也有内力，对于不变质点系（刚体），其内力做功之和为零，但对于可变质点系，内力虽然等值、反向，但内力做功之和不一定为零。例如，汽车发动机的气缸内膨胀的气体是内力，内力的功使汽车的动能增加。此外释放压缩的弹簧，弹性力对外做功，以及炸弹爆炸等都是内力做功的例子。

可变质点系内力做功之和不一定为零，可由简单的两个相互吸引的质点组成的质点系加以说明，如图 13－16 所示，两质点相互作用力是一对内力，当两质点相互趋近时，两力做功之和为正；当两质点相互离开时，两力做功之和为负。

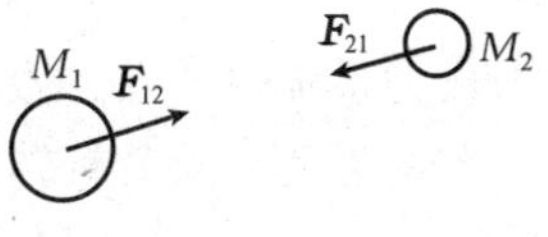

图 13－16

刚体所有内力做功的和等于零，因为刚体内两质点的相互作用力是作用力与反作用力，两力大小相等、方向相反。因刚体上任意两点的距离保持不变，两点的位移沿这两点连线的投影必定相等，其中一力做正功，另一力做负功，这一对力元功之和为零，刚体内任一对内力元功之和都等于零，因此刚体内力做功之和也一定为零。不可伸长的绳索张紧时具有与刚体相同特点，直线段绳中任意两质点距离不变，一旦绳中质点距离改变，表明此时绳子已不再受张力，因此绳子张力做功的和等于零。当然，如果绳子可以伸长，其内力是可以做功的。再如，刚体组成的系统，如运动的机器，轴与轴承或其他零部件间的摩擦力作为系统的内力做负功，在应用动能定理时要计入这些内力的功。

例 13-5 已知均质圆盘质量为 m，半径为 R，与斜面间的静滑动摩擦系数为 f_s，斜面倾角为 φ。求圆盘纯滚动时盘心的加速度。

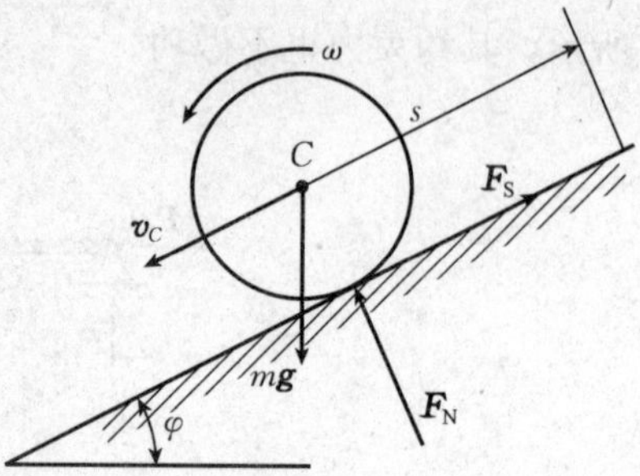

图 13-17

解：取圆盘为研究对象，受力如图 13-17 所示，假设圆盘初始静止，动能 $T_1=0$，圆盘中心走过路程 s 时速度为 v_C，由例 13-2 可知，其动能 $T_2=\dfrac{3}{4}mv_C^2$。圆盘运动过程中所受约束都为理想约束，法向约束力和静滑动摩擦力都不做功，只有重力做功。圆盘中心走过路程 s 的过程中重力所做的功为

$$W_{12}=mgs\sin\varphi$$

由动能定理得

$$T_2-T_1=W_{12}$$

即

$$\frac{3}{4}mv_C^2-0=mgs\sin\varphi$$

上式两边对时间求导数得到

$$a=\frac{2}{3}g\sin\varphi$$

例 13-6 卷扬机构如图 13-18 所示，鼓轮在常值力偶矩 M 的作用下将圆柱上拉。已知鼓轮的半径为 R，质量为 m_1，质量分布在轮缘上；圆柱的半径为 R，质量为 m，质量均匀分布。设斜坡的倾角为 θ，圆柱只滚不滑。系统从静止开始运动，求圆柱中心 C 经过路程 s 时的速度。

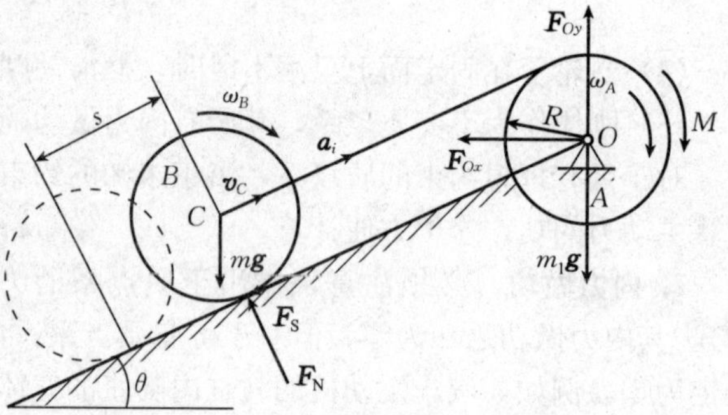

图 13-18

解：以系统为研究对象，运动过程中受到的铰链的约束力、斜面的法向约束力及静滑动摩擦力都不做功，绳子的张力作为系统内约束力做功之和为零，做功的力只有力偶矩 M 和圆柱的重力 $m\boldsymbol{g}$。设圆柱中心 C 经过路程 s 时鼓轮转角为φ，系统在运动过程中所有力所做功之和为

$$\sum W_{12}=M\varphi-mg\sin\theta\cdot s$$

系统在初始状态的动能为

$$T_1=0$$

设圆柱中心 C 经过路程 s 时的速度大小为 v_C，此时圆柱和鼓轮的角速度分别为 ω_B 和 ω_A，则此时系统动能为

$$T_2=\frac{1}{2}J_A\omega_A^2+\frac{1}{2}mv_C^2+\frac{1}{2}J_C\,\omega_B^2$$

式中 $J_C=\dfrac{1}{2}mR^2$，$J_A=m_1R^2$ 分别为圆柱对质心轴及鼓轮对转轴的转动惯量。由运动学公式

$\omega_B=\frac{v_C}{R}$，$\omega_A=\frac{v_C}{R}$，于是

$$T_2=\frac{v_C^2}{4}(2m_1+3m)$$

由动能定理

$$T_2-T_1=\sum W_{12}$$

将$\varphi=\frac{s}{R}$代入，可得

$$\frac{v_C^2}{4}(2m_1+3m)-0=M\frac{s}{R}-mg\sin\theta\cdot s$$

$$v_C=2\sqrt{\frac{(M-mgR\sin\theta)s}{R\ (2m_1+3m)}}$$

例 13－7　在对称曲柄连杆的 A 点，作用一铅垂方向的常力 $\boldsymbol{F}$，开始时系统静止，曲柄 OA、连杆 AB 与水平线均成 α 角，如图 13－19 所示。求曲柄 OA 运动到水平位置时的角速度。设曲柄、连杆长均为 l，质量均为 m，均质圆盘质量为 m_1，半径为 R，且做纯滚动。

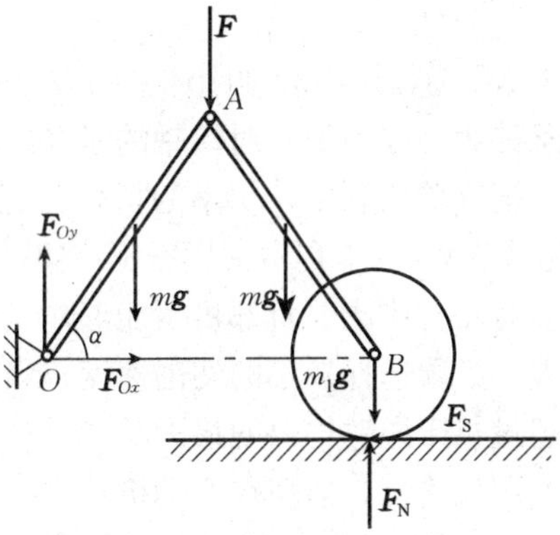

图 13－19

解： 取系统为研究对象，初瞬时的动能为 $T_1=0$。由于 $OA=AB$，即在运动过程中任一时刻两杆与水平线夹角都相同，夹角的变化率也相同，即角速度相同。设曲柄 OA 运动到水平位置时的角速度为 ω，所以连杆 AB 的角速度也为 ω，且此时 B 端为杆 AB 的速度瞬心，因此 B 点速度 $v_B=0$，盘 B 的角速度为零。系统此时的动能为

$$\begin{aligned}T_2&=\frac{1}{2}J_O\omega^2+\frac{1}{2}J_B\omega^2\\&=\frac{1}{2}\left(\frac{1}{3}ml^2\right)\omega^2+\frac{1}{2}\left(\frac{1}{3}ml^2\right)\omega^2=\frac{1}{3}ml^2\omega^2\end{aligned}$$

系统受力如图 13－19 所示，在运动过程中圆盘重力 $m_1\boldsymbol{g}$ 不做功，O 处铰和支承面的约束力都不做功，A 处和 B 处铰作为系统内约束都为理想约束，约束力做功之和为零。只有力 $\boldsymbol{F}$ 和两杆重力 $m\boldsymbol{g}$ 做功，所做的功为

$$\begin{aligned}\sum W_{12}&=2\left(mg\ \frac{l}{2}\sin\alpha\right)+Fl\sin\alpha\\&=(mg+F)l\sin\alpha\end{aligned}$$

由动能定理

$$T_2-T_1=\sum W_{12}$$

$$\frac{1}{3}ml^2\omega^2-0=(mg+F)l\sin\alpha$$

解得

$$\omega=\sqrt{\frac{3(mg+F)\sin\alpha}{lm}}$$

第四节 功率 功率方程 机械效率

一、功 率

在工程中，不仅需要知道力或者一部机器所完成的功，还需知道做功的快慢，即单位时间内能做多少功。单位时间内力所做的功，称为**功率**，以 P 表示。功率是表示机器性能的重要参数，如在 $\mathrm{d}t$ 时间内完成的功为 δW，则力的功率为

$$P=\frac{\delta W}{\mathrm{d}t}=\boldsymbol{F}\cdot\frac{\mathrm{d}\boldsymbol{r}}{\mathrm{d}t}=\boldsymbol{F}\cdot\boldsymbol{v}=F_t v \tag{13-13a}$$

即力的功率等于切向力与力作用点速度的乘积。

作用在定轴转动刚体上力（或力偶）的功率为

$$P=\frac{\delta W}{\mathrm{d}t}=M_z\frac{\mathrm{d}\varphi}{\mathrm{d}t}=M_z\omega \tag{13-13b}$$

式中 M_z 为作用在转动刚体上的力对转轴的力矩。即**作用于转动刚体上力**（或力偶）**的功率等于该力**（或力偶）**对转轴的矩**（或力偶矩）**与角速度的乘积。**

国际单位制中，功率的单位为瓦特（W），每秒钟所做的功为 1 焦耳（J）时，功率为 1 瓦特（W）。工程中常用千瓦（kW）做单位，1 kW=1 000 W。

对每台机床、每部机器能够输出的最大功率是一定的，因此用机床加工时，如果切削力较大，必须选择较小的切削速度，当切削力较小时，可选择较大的切削速度，二者的乘积不能超过机床能够输出的最大功率。又如汽车上坡时，由于需要较大的驱动力，这时驾驶员一般选用低速挡，以使在发动机功率一定的条件下，产生较大的驱动力。

在机械工程中，常需计算功率、转速与转矩之间的关系。设机器的功率 P 以 kW 作单位，轴的转速 n 以 r/min 作单位，转矩 M_z 以 N·m 作单位，则

$$M_z=\frac{P\times 10^3}{\omega}=\frac{30\times 10^3 P}{\pi n}=9549\,\frac{P}{n} \tag{13-14}$$

二、功率方程

为了建立质点系的动能变化率和力的功率之间的关系，取质点系动能定理微分形式，且两边同时除以时间 $\mathrm{d}t$，有

$$\frac{\mathrm{d}T}{\mathrm{d}t}=\sum_{i=1}^{n}\frac{\delta W_i}{\mathrm{d}t}=\sum_{i=1}^{n}P_i \tag{13-15}$$

上式称为功率方程，即**质点系的动能对时间的一阶导数，等于作用于质点系的所有力的功率的代数和。**

功率方程常用来研究机器工作时能量的变化和转化的问题。任何机器工作时都必须输入一定的功，同时又要克服一定的阻力而消耗或输出一部分功。按照做功的正负不同，作用在机器上的力可分为：驱动力（如电动机的转矩、内燃机的燃气压力等），工作时驱动力做正功；有用阻力（如机床切削时的阻力）和无有阻力（如零件之间的摩擦阻力等），在机器工作时这些力做负功，但有用功率是为实现一定目的必须付出的功率，而无用功率则是由于机器零部件间摩擦、碰撞转化为热或其他形式能量而耗散的功率。因此，机器工作时的功率也可分为三部分，通常把驱动力的功率称为输入功率，有用阻力的功率称为有用功率，无用阻

力的功率称为无用功率。

一般功率方程可写成

$$\frac{\mathrm{d}T}{\mathrm{d}t}=P_{输入}-P_{有用}-P_{无用} \tag{13-16a}$$

或

$$P_{输入}=P_{有用}+P_{无用}+\frac{\mathrm{d}T}{\mathrm{d}t} \tag{13-16b}$$

即系统的输入功率等于有用功率、无用功率和系统动能的变化率的和。

三、机械效率

任何机器工作时，都需要从外部输入功率，同时在传动过程中由于摩擦发热、发声等要耗散一部分功率，所以机器的有用的输出功率总是小于它的输入功率。工程中，把有用的输出功率与机器动能变化率之和称为有效功率，有效功率与输入功率的比值称为**机械效率**，以 η 表示，即

$$\eta=\frac{P_{有效}}{P_{输入}}=\frac{P_{有用}+\frac{\mathrm{d}T}{\mathrm{d}t}}{P_{输入}} \tag{13-17}$$

机械效率表明机器对输入功率的有效利用程度，它是评定机器质量好坏的指标之一。显然，一般情况下 $\eta<1$。

一部机器的传动部分一般由许多零件组成，如图 13-20 所示，每经过一级传动，轴承与轴之间、皮带与轮之间、齿轮与齿轮之间都因摩擦而消耗功率，因此各级传动都有各自的效率。图示传动机构，设Ⅰ-Ⅱ、Ⅱ-Ⅲ、Ⅲ-Ⅳ各级的效率分别为 η_1、η_2、η_3，则Ⅰ-Ⅳ的总效率为

$$\eta=\eta_1\eta_2\eta_3$$

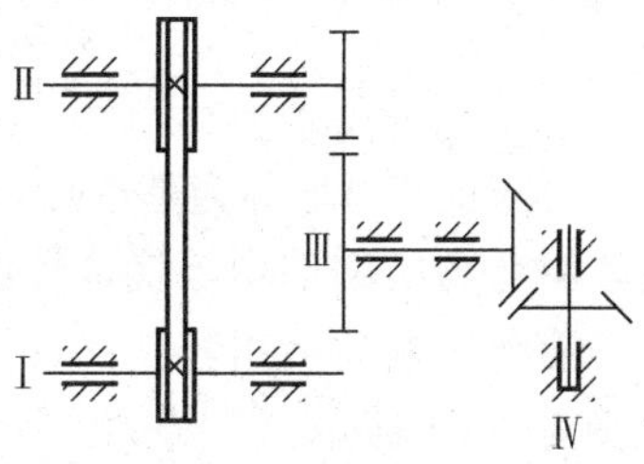

图 13-20

对于有 n 级传动的系统，总效率等于各级效率的连乘积，即

$$\eta=\eta_1\eta_2\eta_3\cdots\eta_n$$

例 13-8　车床的电动机功率 $P_{输入}=5.4\ \mathrm{kW}$。由于传动零件之间的摩擦，损耗功率占输入功率的 30%，如工件直径 $d=100\ \mathrm{mm}$，转速 $n=42\ \mathrm{r/min}$，允许切削力的最大值为多少？若工件的转速改为 $n=112\ \mathrm{r/min}$，允许切削力的最大值为多少？

解：依题意，损失的无用功率 $P_{无用}=P_{输入}\times30\%=1.62(\mathrm{kW})$，当工件匀速转动时，有用功率为

$$P_{有用}=P_{输入}-P_{无用}$$

设切削力为 F，切削速度为 v，则

$$P_{有用}=Fv=F\frac{d}{2}\frac{\pi n}{30}$$

即

$$F=\frac{60}{\pi dn}P_{有用}$$

当 $n=42\ \mathrm{r/min}$ 时，允许的最大切削力为

$$F=\frac{60}{\pi\times0.1\times42}\times3.78=17.19(\mathrm{kN})$$

当 $n=112$ r/min 时，允许的最大切削力为

$$F=\frac{60}{\pi\times0.1\times112}\times3.78=6.45(\mathrm{kN})$$

第五节　机械能守恒定律

1. 势力场　如果质点在某一空间的任一位置都受到一个大小和方向完全由所在位置确定的力的作用，则这部分空间称为**力场**。例如，质点在地球表面的任何位置都受到一个确定的重力的作用，称地球表面的空间为重力场。又如星球在太阳周围的任何位置都要受到太阳的引力作用，引力的大小和方向决定于此星球相对于太阳的位置，我们称太阳周围的空间为太阳引力场。一端固定，另一端连接质点的弹簧，在以弹簧固定点为球心的一定半径的球形空间任一位置，都受到确定的弹性力作用，这部分空间可称为弹性力场。

质点在某力场内运动，作用于质点的力所做的功只与力作用点的始末位置有关，与路径无关，则该力场称为**势力场**或**保守力场**。势力场中，场作用于质点的力称为**势力**或**有势力**。重力、弹性力、万有引力是常见的有势力，重力场、弹性力场、万有引力场也就称为势力场。

2. 势能　在势力场中，质点由点 M 位置运动到任选的点 M_0 位置，有势力所做的功称为质点在点 M 相对于点 M_0 的势能，以 V 表示为

$$V=\int_M^{M_0}\boldsymbol{F}\cdot\mathrm{d}\boldsymbol{r}=\int_M^{M_0}(F_x\mathrm{d}x+F_y\mathrm{d}y+F_z\mathrm{d}z) \tag{13-18}$$

任选的点 M_0 称为基准点，一般规定该位置势能为零。质点从某位置运动到零势能点位置，有势力所做的功，就是质点在该位置的势能。

有势力的功可用势能计算，如在势力场中，质点由 M_1 位置经 M_2 位置，到达 M_0 位置，如图 13-21 所示，有势力的功为

$$W_{10}=W_{12}+W_{20}$$

若取 M_0 为零势能位置，则 $W_{10}=V_1$，$W_{20}=V_2$，有

$$W_{12}=V_1-V_2 \tag{13-19}$$

即有势力所做的功等于质点在运动过程的初始与终了位置的势能的差。

（1）重力场中的势能。重力场中，以铅垂轴为 z 轴，如图 13-21 所示，取 M_0 为零势能点，该点的竖向坐标为 z_0，则竖向坐标为 z 的点 M_1 的重力势能为

$$V=\int_z^{z_0}-mg\,\mathrm{d}z=mg(z-z_0) \tag{13-20a}$$

若取 $z_0=0$，则

$$V=\int_z^0-mg\,\mathrm{d}z=mgz \tag{13-20b}$$

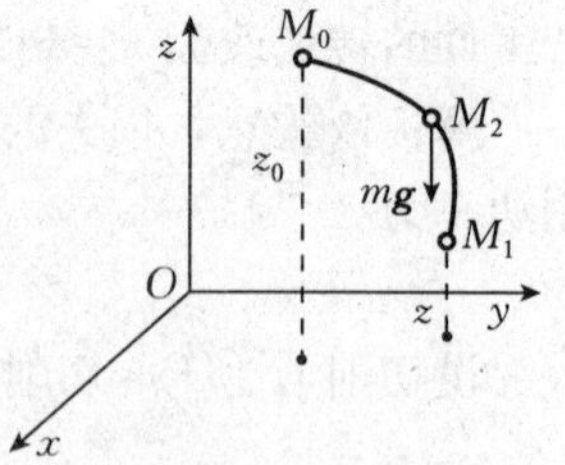

图 13-21

（2）弹性力场中的势能。设弹簧的一端固定，另一端与物体连接，弹簧的刚度系数为 k，以弹簧变形量 δ_0 为弹性势能零位置，则弹簧变形量为 δ 时，其弹性势能为

$$V=\frac{k}{2}(\delta^2-\delta_0^2) \tag{13-21a}$$

取弹簧处于自然长度位置为势能零点，则有

$$V=\frac{k}{2}\delta^2 \tag{13-21b}$$

（3）万有引力场中的势能。如图 13-22 所示，设质量为 m_1 的质点受质量为 m_2 的质点的万有引力 $\boldsymbol{F}$ 作用，有

$$\boldsymbol{F}=-\frac{fm_1m_2}{r^2}\boldsymbol{r}_0 \tag{13-22}$$

式中 f 为引力常数，r 为两质点间的距离，$\boldsymbol{r}_0$ 为由质点 m_2 指向质点 m_1 的单位矢量。取点 M_0 为零势能点，该点相对于质点 m_2 的矢径为 $\boldsymbol{r}_1$，则质点 m_1 在点 M 的势能为

$$V=\int_M^{M_0}\boldsymbol{F}\cdot\mathrm{d}\boldsymbol{r}=\int_M^{M_0}-\frac{fm_1m_2}{r^2}\boldsymbol{r}_0\cdot\mathrm{d}\boldsymbol{r}$$

由图和矢量点积可知 $\boldsymbol{r}_0\cdot\mathrm{d}\boldsymbol{r}=\mathrm{d}r$，为矢径 $\boldsymbol{r}$ 的模的增量。因此

$$V=\int_r^{r_1}-\frac{fm_1m_2}{r^2}\mathrm{d}r=fm_1m_2\left(\frac{1}{r_1}-\frac{1}{r}\right)$$

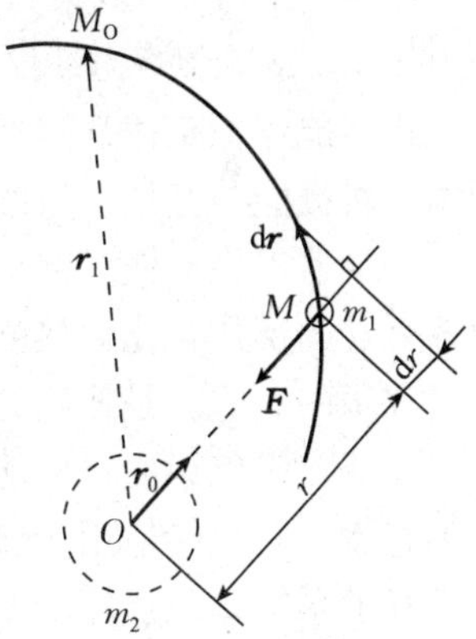

图 13-22

取无穷远处为零势能点，即 $r_1=\infty$，则有

$$V=-\frac{fm_1m_2}{r} \tag{13-23}$$

应该指出，质点势能零位置可以任意选取，故对于质点在势力场中某一位置的势能只能给出相对值。但质点在两个位置的势能之差是不会变的，与零点位置选定无关。

关于质点势能的叙述，可以推广到质点系，只需把系内所有各质点的势能加在一起，即得质点系在势力场中的总势能。例如，质点系在重力场中的势能为

$$V=\sum m_i g z_i=mgz_C \tag{13-24}$$

式中 z_C 为质点系质心相对于势能零位置的 z 坐标。

质点系各质点都处于其零势能点的一组位置称为质点系的零势能位置。**质点系从某位置运动到其“零势能位置”，各有势力做功的代数和就是质点系的势能。**势力场中，势能相等的各点可连成一空间曲面，称为**等势面**。比如，重力场中的等势面为水平面簇，弹性力场中的等势面为以弹簧固定端点为球心，半径介于弹簧弹性限度内的最小与最大长度的球面簇。势力场中任何一点只有一个等势面，即等势面不能相交。势能为零的等势面称为零势能面。

有势力所做的功等于质点系在运动过程的初始与终了位置的势能的差。

3. 机械能守恒定律　质点或质点系在某瞬时具有的动能与势能的和称为其机械能。设质点系在运动过程初始和终了瞬时的动能分别为 T_1 和 T_2，势能分别为 V_1 和 V_2，运动过程中只有有势力做功，由动能定理可知做的功为

$$T_2-T_1=W_{12}$$

另一方面，有势力的功可用势能计算，即

$$T_2-T_1=W_{12}=V_1-V_2$$

移项后可得

$$T_1+V_1=T_2+V_2 \tag{13-25a}$$

上式就是**机械能守恒定律**的数学表达式，即**质点系仅在有势力作用下运动时，其机械能保持**

不变。如果用 E 表示质点系的机械能，上式也可表示为

$$T+V=E=\text{常数} \tag{13-25b}$$

如果质点系运动过程中还受非保守力作用，但是它们不做功，或者它们做功之和恒为零，如前述的理想约束的约束力，则机械能仍然是守恒的。因而机械能守恒定律的条件是没有非保守力作用，或除保守力外仅有不做功的力的作用。满足上述条件的质点系称为**保守系统**。

机械能守恒定律是自然界中普遍的能量守恒定律应用于机械运动的特殊情况。在某些问题中，机械能与其他能量间发生相互转化，例如水力发电机组使水的一部分机械能转化为电能，制动器工作时使一部分动能通过摩擦做功的形式转化为热能等。这时系统的机械能通过摩擦做功的形式转化为热能等，系统的机械能不再是守恒的，但从各种能量的总和来看，依然是守恒的。这就是普遍的能量守恒定律。

最后，举例说明机械能守恒定律的应用。从应用的观点来看，机械能守恒定律是动能定理的特例，它只能适用于保守系统。对于非保守系统，例如有摩擦力或阻力做功使机械能有所损耗的系统，只能用动能定理，而不能用机械能守恒定律。

例 13-9 如图 13-23 所示，鼓轮匀速转动，重物以 $v=0.5$ m/s匀速下降，重物质量 $m=250$ kg，当鼓轮突然被卡住时，钢索的刚度系数 $k=3.35\times10^6$ N/m，求此后钢索的最大张力。

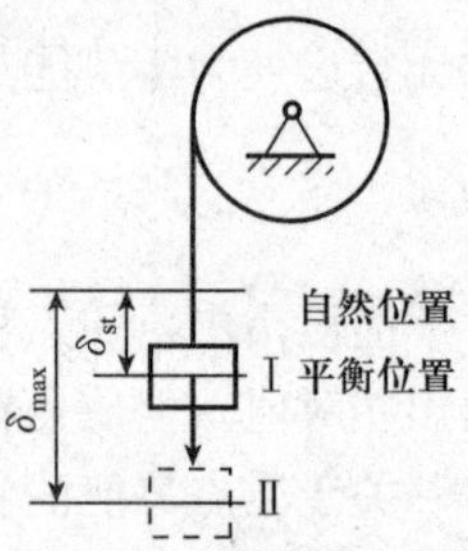

图 13-23

解：(1) 卡住前，重物匀速下降，卡住前的一瞬时，钢索伸长 $\delta_{st}=mg/k$，钢索张力为

$$F=k\delta_{st}=mg=2.45(\text{kN})$$

(2) 卡住后，钢索的伸长量 δ 增加，重物下降的速度 v 降低，钢索中的张力增加，当 $v=0$ 时，钢索中的张力最大，重物速度由 0.5 m/s 降到 0 的过程中，只有重力和弹性力对重物做功，重物机械能守恒，即

$$T_1+V_1=T_2+V_2$$

取平衡位置为零势能点，则

$$V_1=0,\qquad T_1=mv^2/2$$

$$V_2=\frac{k}{2}(\delta_{max}^2-\delta_{st}^2)-mg(\delta_{max}-\delta_{st}),\qquad T_2=0$$

所以

$$\frac{1}{2}mv^2=\frac{k}{2}(\delta_{max}^2-\delta_{st}^2)-mg(\delta_{max}-\delta_{st})$$

将 $k\delta_{st}=mg$ 代入上式，化简可得关于 δ_{max} 的一元二次方程

$$\delta_{max}^2-2\delta_{st}\delta_{max}+\left(\delta_{st}^2-\frac{v^2}{g}\delta_{st}\right)=0$$

解得两个实根，由于 $\delta_{max}>\delta_{st}$，故舍去另一根，得到

$$\delta_{max}=\delta_{st}\left(1+\sqrt{\frac{v^2}{g\delta_{st}}}\right)$$

钢索的最大张力为

$$F_{max}=k\delta_{max}=k\delta_{st}\left(1+\sqrt{\frac{v^2}{g\delta_{st}}}\right)=mg\left(1+\frac{v}{g}\sqrt{\frac{k}{m}}\right)$$

代入数据，可得 $F_{max}=16.9$ kN，可见，当鼓轮被突然卡住后，钢索的张力增大了 5.9 倍。

例 13-10　均质圆轮半径为 r，质量为 m，受到轻微扰动后，在半径为 R 的圆弧上往复滚动，如图 13-24 所示。设表面足够粗糙，使圆轮在滚动时无滑动，试建立质心 C 的运动微分方程。

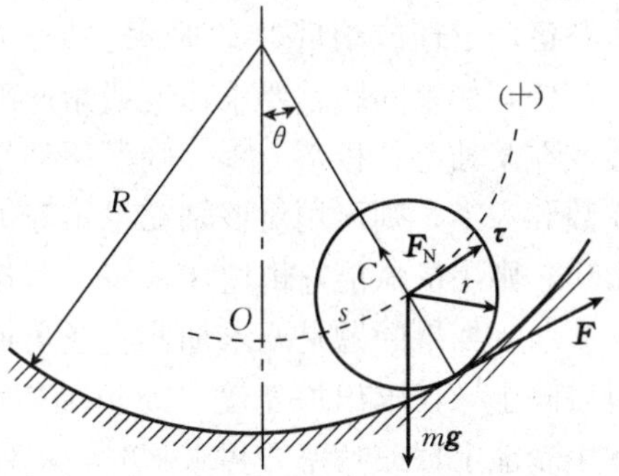

图 13-24

解：取轮为研究对象，此系统的机械能守恒，取质心的最低位置 O 为重力场零势能点，圆轮在任一位置的势能为

$$V=mg(R-r)(1-\cos\theta)$$

同一瞬时的动能为

$$T=\frac{3}{4}mv_C^2$$

由机械能守恒，有

$$\frac{\mathrm{d}}{\mathrm{d}t}(V+T)=0$$

把 V 和 T 的表达式代入，取导数后得

$$mg(R-r)\sin\theta\frac{\mathrm{d}\theta}{\mathrm{d}t}+\frac{3}{2}mv_C\frac{\mathrm{d}v_C}{\mathrm{d}t}=0$$

因为

$$\theta=\frac{s}{R-r},\quad \frac{\mathrm{d}\theta}{\mathrm{d}t}=\frac{v_C}{R-r},\quad \frac{\mathrm{d}v_C}{\mathrm{d}t}=\frac{\mathrm{d}^2 s}{\mathrm{d}t^2}$$

于是得

$$\frac{\mathrm{d}^2 s}{\mathrm{d}t^2}+\frac{2}{3}g\sin\theta=0$$

当 θ 很小时，$\sin\theta\approx\theta=\frac{s}{R-r}$，于是得质心 C 运动微分方程为

$$\frac{\mathrm{d}^2 s}{\mathrm{d}t^2}+\frac{2g}{3(R-r)}s=0$$

第六节　普遍定理综合应用

前面分别介绍了动力学普遍定理（动量定理、动量矩定理和动能定理），它们从不同角度研究了质点或质点系的运动量（动量、动量矩、动能）的变化与力的作用量（冲量、力矩、功等）的关系。但每一定理又只反映了这种关系的一个方面，即每一定理只能求解质点系动力学某一方面的问题。

动量定理和动量矩定理是矢量形式，因质点系的内力不能改变系统的动量和动量矩，应用时只需考虑质点系所受的外力；动能定理是标量形式，在很多问题中约束力不做功，因而应用它分析系统速度变化是比较方便的。但应注意，在有些情况下质点系的内力也要做功，应用时要具体分析。

动力学普遍定理综合应用有两方面含义：其一，对一个问题可用不同的定理求解；其二，对一个问题需用几个定理才能求解。

下面就只用一个定理就能求解的题目，如何选择定理，说明如下：

(1) 与路程有关的问题用动能定理，与时间有关的问题用动量定理或动量矩定理。

（2）已知主动力求质点系的运动用动能定理，已知质点系的运动求约束力用动量定理或质心运动定理或动量矩定理。已知外力求质点系质心运动用质心运动定理。

（3）如果问题是要求速度或角速度，则要视已知条件而定。若质点系所受外力的主矢为零或在某轴上的投影为零，则可用动量守恒定律求解。若质点系所受外力对某固定轴的矩的代数和为零，则可用对该轴动量矩守恒定律求解。若质点系仅受有势力的作用或非有势力不做功，则用机械能守恒定律求解。若作用在质点系上的非有势力做功，则用动能定理求解。

（4）如果问题是要求加速度或角加速度，可用动能定理求出速度（或角速度），然后再对时间求导，求出加速度（或角加速度）。也可用功率方程、动量定理或动量矩定理求解。在用动能定理或功率方程求解时，不做功的未知力在方程中不出现，给问题的求解带来很大的方便。

（5）对于定轴转动问题，可用定轴转动的微分方程求解。对于刚体的平面运动问题，可用平面运动微分方程求解。

有时一个问题，几个定理都可以求解，此时可选择最合适的定理，用最简单的方法求解。对于复杂的动力学问题，不外乎是上述几种情况的组合，可以根据各定理的特点联合应用。下面举例说明。

例 13-11 均质杆质量为 m，长为 l，可绕距端点 $l/3$ 的转轴 O 转动，如图 13-25(a) 所示。求杆由水平位置静止开始转动到任一位置时的角速度、角加速度以及轴承 O 的约束力。

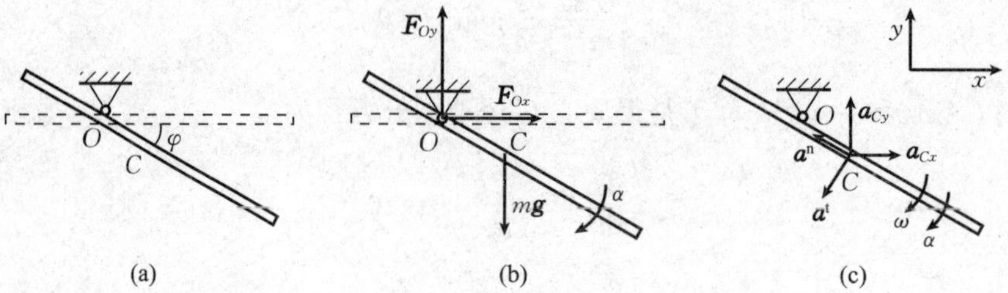

图 13-25

解： 解法 1：用动能定理求运动。以杆为研究对象。由于杆由水平位置静止开始运动，故开始的动能为零，即 $T_1=0$。杆做定轴转动，设转动到任一位置时的角速度为 ω，则其动能为

$$T_2=\frac{1}{2}J_O\omega^2=\frac{1}{2}\left[\frac{1}{12}ml^2+m\left(\frac{l}{2}-\frac{l}{3}\right)^2\right]$$

$$=\frac{1}{18}ml^2\omega^2$$

在此过程中所有的力所做的功为

$$\sum W_{12}=mgh=\frac{1}{6}mgl\sin\varphi$$

式中 h 为其重心下降高度。由动能定理

$$T_2-T_1=\sum W_{12}$$

$$\frac{1}{18}ml^2\omega^2-0=\frac{1}{6}mgl\sin\varphi$$

解得
$$\omega^2=\frac{3g}{l}\sin\varphi,\quad \omega=\sqrt{\frac{3g}{l}\sin\varphi}$$

将前式两边对时间求导，并考虑到 $\omega=\frac{d\varphi}{dt}$，$\alpha=\frac{d\omega}{dt}$，得

$$2\omega\frac{d\omega}{dt}=\frac{3g}{l}\cos\varphi\frac{d\varphi}{dt}$$

$$\alpha=\frac{3g}{2l}\cos\varphi$$

解法 2：用定轴转动微分方程求运动。如图 13－25(b) 所示，设转动到任一位置时的角加速度为 α，由定轴转动微分方程

$$J_O\alpha=\sum M_O(\boldsymbol{F})$$

得
$$\frac{1}{9}ml^2\alpha=mg\frac{l}{6}\cos\varphi$$

即
$$\alpha=\frac{3g}{2l}\cos\varphi$$

又因为
$$\alpha=\frac{d\omega}{dt}=\frac{d\omega}{d\varphi}\frac{d\varphi}{dt}=\omega\frac{d\omega}{d\varphi}$$

所以
$$\omega\frac{d\omega}{d\varphi}=\frac{3g}{2l}\cos\varphi$$

两边做定积分

$$\int_0^\omega\omega d\omega=\int_0^\varphi\frac{3g}{2l}\cos\varphi d\varphi$$

得
$$\omega=\sqrt{\frac{3g}{l}\sin\varphi}$$

现在求约束力，如图 13－25(c) 所示，质心做圆周运动，其加速度有切向和法向分量，即

$$a_C^t=\overline{OC}\cdot\alpha=\frac{g}{4}\cos\varphi$$

$$a_C^n=\overline{OC}\cdot\omega^2=\frac{g}{2}\sin\varphi$$

将其向直角坐标轴上投影得

$$a_{Cx}=-a_C^t\sin\varphi-a_C^n\cos\varphi=-\frac{3g}{4}\sin\varphi\cos\varphi$$

$$a_{Cy}=-a_C^t\cos\varphi+a_C^n\sin\varphi=-\frac{3g}{4}(1-3\sin^2\varphi)$$

由质心运动定理

$$ma_{Cx}=\sum F_x,\quad ma_{Cy}=\sum F_y$$

得
$$-\frac{3mg}{4}(1-3\sin^2\varphi)=F_{Oy}-mg,\quad -\frac{3mg}{4}\sin\varphi\cos\varphi=F_{Ox}$$

解得 $$F_{Ox}=-\frac{3mg}{8}\sin 2\varphi,\quad F_{Oy}=\frac{mg}{4}(1+9\sin^2\varphi)$$

例 13-12 物块 A 和 B 的质量分别为 m_1、m_2，且 $m_1>m_2$，分别系在绳索的两端，绳跨过一定滑轮，如图 13-26(a) 所示。滑轮的质量为 m，并可看成是半径为 r 的均质圆盘。假设不计绳的质量和轴承摩擦，绳与滑轮之间无相对滑动，试求物块 A 的加速度和轴承 O 的约束力。

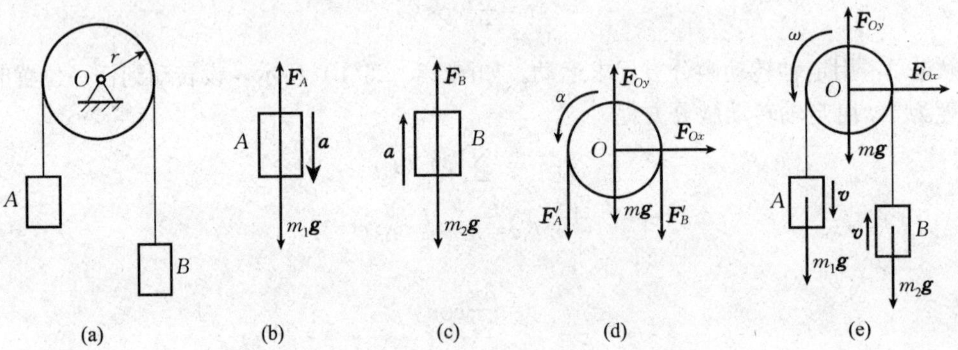

图 13-26

解： 解法 1：取单个物体为研究对象。分别以物块 A、B 为研究对象，受力如图 13-26(b)、(c) 所示。设物块加速度为 a，分别由质点动力学基本方程，得

$$m_1a=m_1g-F_A \tag{1}$$

$$m_2a=F_B-m_2g \tag{2}$$

以滑轮为研究对象，其做定轴转动，设滑轮角加速度为 α，受力如图 13-26(d) 所示，由定轴转动的微分方程，得

$$\frac{1}{2}mr^2\cdot\alpha=(F'_A-F'_B)r \tag{3}$$

由质心运动定理得

$$0=F_{Ox} \tag{4}$$

$$0=F_{Oy}-F'_A-F'_B-mg \tag{5}$$

注意到 $a=r\alpha$，由以上方程联立求解得

$$a=\frac{2(m_1-m_2)}{m+2(m_1+m_2)}g$$

$$F_{Ox}=0$$

$$F_{Oy}=(m+m_1+m_2)g-\frac{2(m_1-m_2)^2}{m+2(m_1+m_2)}g$$

解法 2：以整个系统为研究对象。用动能定理和质心运动定理，受力及运动分析如图 13-26(e) 所示。设某瞬时物块速度大小为 v，则系统动能为

$$T=\frac{1}{2}m_1v^2+\frac{1}{2}m_2v^2+\frac{1}{2}\left(\frac{1}{2}mr^2\right)\left(\frac{v}{r}\right)^2$$

$$=\frac{1}{4}(m+2m_1+2m_2)v^2$$

动能的微分

$$dT=\frac{1}{2}(m+2m_1+2m_2)v\mathrm{d}v$$

系统运动过程中只有两物块重力做功，所有力的元功的代数和为

$$\sum\delta W_i=(m_1-m_2)g\mathrm{d}s=(m_1-m_2)gv\mathrm{d}t$$

式中 $\mathrm{d}s=v\mathrm{d}t$ 为微元时间 $\mathrm{d}t$ 内物块上升或下降的高度。由微分形式的动能定理 $\mathrm{d}T=\sum\delta W_i$ 得

$$\frac{1}{2}(m+2m_1+2m_2)v\mathrm{d}v=(m_1-m_2)gv\mathrm{d}t$$

于是可解得物块加速度为

$$a=\frac{\mathrm{d}v}{\mathrm{d}t}=\frac{2(m_1-m_2)}{m+2(m_1+m_2)}g$$

由质心运动定理

$$(m+m_1+m_2)a_{Cx}=F_{Ox} \tag{6}$$

$$(m+m_1+m_2)a_{Cy}=F_{Oy}-(m+m_1+m_2)g \tag{7}$$

式中 a_{Cx}、a_{Cy} 分别为系统质心沿水平和铅垂方向的加速度。

以 O 为坐标原点，水平向右及铅垂向上方向分别为 x 轴及 y 轴正方向建立坐标系。由质心坐标公式

$$x_C=\frac{\sum m_i x_i}{\sum m_i}=\frac{m_1x_A+m_2x_B+mx_O}{m+m_1+m_2} \tag{8}$$

$$y_C=\frac{\sum m_i y_i}{\sum m_i}=\frac{m_1y_A+m_2y_B+my_O}{m+m_1+m_2} \tag{9}$$

以上两式分别对时间求二阶导数，并注意到

$$\frac{\mathrm{d}^2y_B}{\mathrm{d}t^2}=a=\frac{2(m_1-m_2)}{m+2(m_1+m_2)}g=-\frac{\mathrm{d}^2y_A}{\mathrm{d}t^2}$$

可得

$$a_{Cx}=0 \tag{10}$$

$$a_{Cy}=-\frac{m_1-m_2}{m+m_1+m_2}a \tag{11}$$

将式（10）和式（11）分别代入式（6）和式（7）解得

$$F_{Ox}=0$$

$$F_{Oy}=(m+m_1+m_2)g-\frac{2(m_1-m_2)^2}{m+2(m_1+m_2)}g$$

解法 3：用动量矩定理和质心运动定理（或动量定理），以整个系统为研究对象，受力及运动分析如图 13-26(e) 所示。某瞬时物块速度大小为 v，滑轮角速度为 ω，则系统对定轴 O 的动量矩为

$$L_O=m_1vr+m_2vr+\left(\frac{1}{2}mr^2\right)\omega=\frac{1}{2}(m+2m_1+2m_2)vr$$

外力对 O 轴的力矩为

$$\sum M_O(\boldsymbol{F})=(m_1-m_2)gr$$

根据动量矩定理

$$\frac{\mathrm{d}}{\mathrm{d}t}L_O = \sum M_O(\boldsymbol{F})$$

$$\frac{1}{2}(m+2m_1+2m_2)r\frac{\mathrm{d}v}{\mathrm{d}t}=(m_1-m_2)gr$$

$$a=\frac{\mathrm{d}v}{\mathrm{d}t}=\frac{2(m_1-m_2)}{m+2(m_1+m_2)}g$$

然后按解法 2 的方法即可求得轴承 O 的约束力。

例 13-13 均质细长杆 AB 长度为 l，质量为 m，静止直立于光滑水平面上。当杆受微小干扰而倒下，求杆刚刚到达地面时的角速度和地面约束力及 A 端加速度大小。

解：取杆为研究对象。杆倒下过程中做平面运动。由于地面光滑，水平方向不受外力，并且由于杆质心无水平初速度，根据质心运动守恒定律，倒下过程中质心将铅直下落。杆运动到任一位置（与水平方向夹角为 θ）时，设其质心 C 速度大小为 v_C，此时杆的速度瞬心位置 P 可由 A、C 两点速度方向确定，如图 13-27(a) 所示，由速度瞬心法求得杆的角速度大小为

$$\omega=\frac{v_C}{CP}=\frac{2v_C}{l\cos\theta} \tag{1}$$

此时杆的动能为

$$T_2=\frac{1}{2}mv_C^2+\frac{1}{2}J_C\omega^2=\frac{1}{2}m\left(1+\frac{1}{3\cos^2\theta}\right)v_C^2 \tag{2}$$

初动能为 $T_1=0$。杆倒下过程只有重力做功，由动能定理

$$T_2-T_1=\sum W_{12}$$

$$\frac{1}{2}m\left(1+\frac{1}{3\cos^2\theta}\right)v_C^2=mg\,\frac{l}{2}(1-\sin\theta) \tag{3}$$

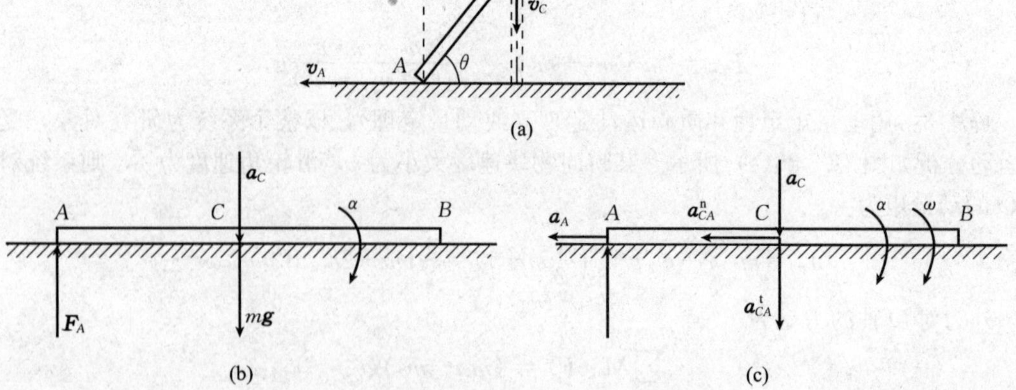

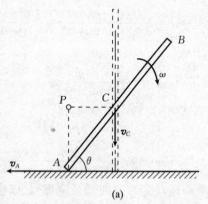

图 13-27

倒下过程中的任一瞬时，式（3）均成立，杆刚好到达水平面时，$\theta=0$，由式（3）可解出 $v_C=\frac{1}{2}\sqrt{3gl}$，再由式（1）可得 $\omega=\sqrt{\frac{3g}{l}}$。

杆刚刚到达地面时受力及加速度如图 13-27(b) 所示，设质心加速度为 $\boldsymbol{a}_C$，其方向铅垂向下，角加速度为 α，地面约束力为 $\boldsymbol{F}_A$。由刚体平面运动微分方程，得

$$mg-F_A=ma_C \tag{4}$$

$$F_A\frac{l}{2}=J_C\alpha=\frac{1}{12}ml^2\alpha \tag{5}$$

杆做平面运动，以 A 为基点分析 C 点加速度，如图 13-27(c) 所示，则 C 点的加速度为

$$\boldsymbol{a}_C=\boldsymbol{a}_A+\boldsymbol{a}_{CA}^{\mathrm{t}}+\boldsymbol{a}_{CA}^{\mathrm{n}} \tag{*}$$

将式（*）沿铅垂方向投影，得

$$a_C=a_{CA}^{\mathrm{t}}=\frac{l}{2}\alpha \tag{6}$$

联立求解式（4）至式（6），得

$$F_A=\frac{1}{4}mg$$

将式（*）沿水平方向投影，得

$$0=a_A+a_{CA}^{\mathrm{n}} \tag{7}$$

由式（7）可得

$$a_A=-a_{CA}^{\mathrm{n}}=-\frac{l}{2}\omega^2=-\frac{3g}{2}$$

例 13-14　如图 13-28(a) 所示，物块 A、B 的质量均为 m，两均质圆轮 C、D 的质量均为 $2m$，半径均为 R。C 轮铰接于无重悬臂梁 CK 上，D 为动滑轮，梁的长度为 $3R$，绳与轮间无滑动。系统由静止开始运动，求：（1）A 物块上升的加速度；（2）HE 段绳的拉力；（3）固定端 K 处的约束力。

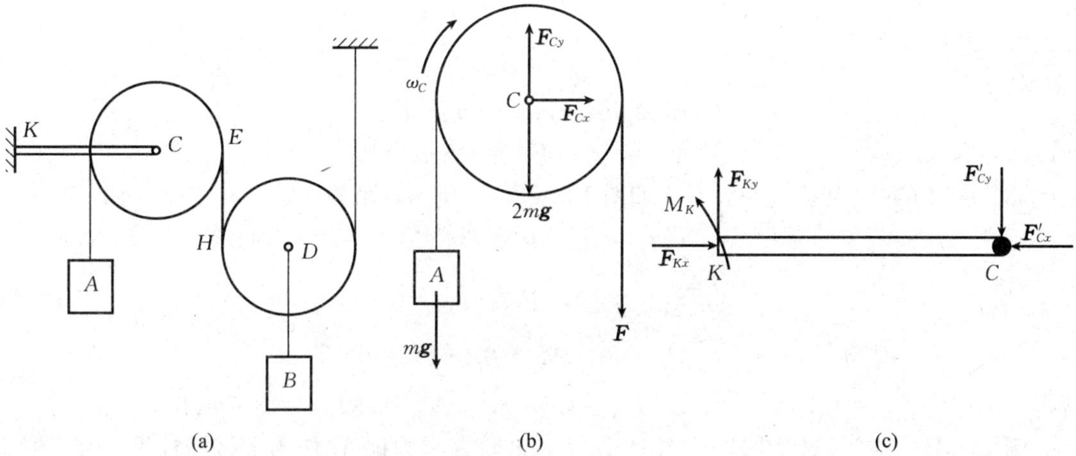

图 13-28

解：（1）取整体为研究对象，设运动开始后的某瞬时物块 A 的速度大小为 v_A，物块 B 的速度大小为 v_B，圆轮 D 的角速度为 ω_D，质心速度大小为 v_D，圆轮 C 角速度为 ω_C，则系统动能为

$$T=\frac{1}{2}\left[mv_A^2+\left(\frac{1}{2}\cdot 2mR^2\right)\omega_C^2+mv_B^2+2mv_D^2+\left(\frac{1}{2}\cdot 2mR^2\right)\omega_D^2\right]$$

由运动学可知

$$\omega_C=\frac{v_A}{R},\quad v_D=v_B=\frac{1}{2}v_A,\quad \omega_D=\frac{1}{2}\frac{v_A}{R}$$

将以上各式代入动能表达式，化简可得

$$T=\frac{3}{2}mv_A^2$$

该系统所有力的功率为

$$\sum P=3mgv_B-mgv_A=\frac{1}{2}mgv_A$$

由功率方程

$$\frac{\mathrm{d}T}{\mathrm{d}t}=\sum P$$

可得
$$3mv_A\frac{\mathrm{d}v_A}{\mathrm{d}t}=\frac{1}{2}mgv_A$$

解得
$$a_A=\frac{\mathrm{d}v_A}{\mathrm{d}t}=\frac{1}{6}g$$

（2）取轮 C 和重物 A 组成的系统为研究对象，受力如图 13-28(b) 所示。

由对固定轴的动量矩定理

$$\frac{\mathrm{d}}{\mathrm{d}t}\left(\frac{1}{2}\cdot 2mR^2\omega_C+mv_AR\right)=(F-mg)R$$

由运动学公式化简上式，可得

$$2mRa_A=(F-mg)R$$

解得
$$F=\frac{4}{3}mg$$

由质心运动定理，有

$$0=F_{Cx}$$

$$ma_A=F_{Cy}-mg-2mg-F$$

所以
$$F_{Cx}=0,\quad F_{Cy}=4.5mg$$

（3）取梁 CK 为研究对象，受力如图 13-28(c) 所示，由静力学平衡方程

$$\sum F_x=0,\ F_{Kx}-F'_{Cx}=0$$

$$\sum F_y=0,\ F_{Ky}-F'_{Cy}=0$$

$$\sum M_K=0,\ M_K-3R\cdot F'_{Cy}=0$$

解得
$$F_{Kx}=0,\quad F_{Ky}=F'_{Cy}=F_{Cy}=4.5mg,\quad M_K=3RF'_{Cy}=13.5mgR$$

例 13-15 卷扬机如图 13-29(a) 所示，鼓轮在常力偶 M 作用下将圆柱沿斜坡上拉。鼓轮半径为 R_1，质量为 m_1，质量分布在轮缘上；圆柱半径为 R_2，质量为 m_2，质量均匀分

布。设斜坡的倾角为 θ，圆柱只滚不滑（不计滚动摩阻）。求：（1）圆柱中心 C 的加速度；（2）绳中张力，圆柱与斜面间的摩擦力；（3）轴承 O 的约束力。

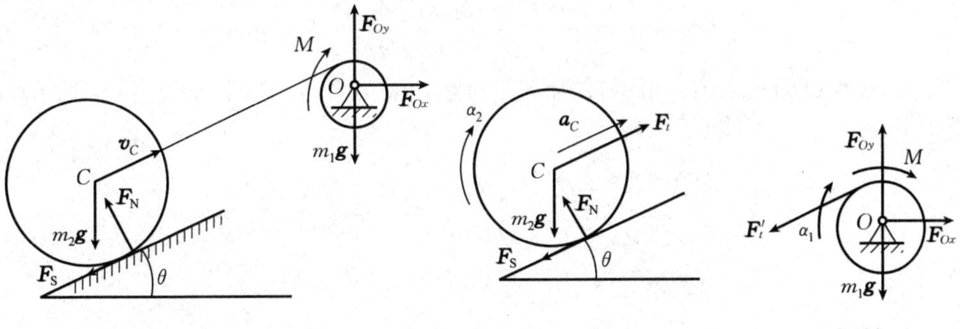

(a)　(b)　(c)

图 13－29

解：（1）取整体为研究对象，受力分析如图 13－29(a) 所示，只有力偶 M 及圆柱重力 $m_2\boldsymbol{g}$ 对系统做功。设圆柱质心沿斜面上升距离为 s 的瞬时，C 点速度大小为 v_C，鼓轮角速度为 ω_1，圆柱角速度为 ω_2，则此时系统动能为

$$T=\frac{1}{2}J_O\omega_1^2+\frac{1}{2}mv_C^2+\frac{1}{2}J_C\omega_2^2$$

将运动学条件 $\omega_1=\dfrac{v_C}{R_1}$，$\omega_2=\dfrac{v_C}{R_2}$ 及转动惯量 $J_O=m_1R_1^2$，$J_C=\dfrac{1}{2}m_2R_2^2$ 代入上述动能表达式，化简可得

$$T=\frac{1}{2}m_1R_1^2\left(\frac{v_C}{R_1}\right)^2+\frac{1}{2}mv_C^2+\frac{1}{2}\times\frac{1}{2}m_2R_2^2\left(\frac{v_C}{R_2}\right)^2=\frac{1}{2}m_1v_C^2+\frac{3}{4}m_2v_C^2$$

动能的微分

$$\mathrm{d}T=\left(m_1+\frac{3}{2}m_2\right)v_C\mathrm{d}v_C$$

此时，假设时间增加 $\mathrm{d}t$，s 有增量 $\mathrm{d}s$，鼓轮转角 φ 有增量 $\mathrm{d}\varphi$，所有力的元功为

$$\sum\delta W=M\mathrm{d}\varphi-m_2g\sin\theta\mathrm{d}s$$

将运动学公式 $\mathrm{d}\varphi=\omega_1\mathrm{d}t$，$\mathrm{d}s=v_C\mathrm{d}t$ 代入上式，可得

$$\sum\delta W=M\frac{v_C\mathrm{d}t}{R_1}-m_2g\sin\theta v_C\mathrm{d}t$$

由微分形式动能定理

$$\mathrm{d}T=\sum\delta W$$

解得

$$a_C=\frac{\mathrm{d}v_C}{\mathrm{d}t}=\frac{2(M-m_2gR_1\sin\theta)}{(2m_1+3m_2)R_1}$$

（2）求绳中张力及摩擦力。取圆柱为研究对象，受力与运动分析如图 13－29(b) 所示，设其质心加速度为 a_C，角加速度为 α_2，列刚体平面运动微分方程

$$m_2a_C=F_t-m_2g\sin\theta-F_S$$

$$J_C\alpha_2=F_SR_2$$

式中 $\alpha_2=\dfrac{a_C}{R_2}$，$J_C=\dfrac{1}{2}m_2R_2^2$。解得

$$F_S=\frac{1}{2}m_2a_C=\frac{m_2(M-m_2gR_1\sin\theta)}{(2m_1+3m_2)R_1}$$

$$F_t=\frac{3}{2}m_2a_C=\frac{3m_2(M-m_2gR_1\sin\theta)}{(2m_1+3m_2)R_1}+m_2g\sin\theta$$

（3）求轴承 O 的约束力。取鼓轮为研究对象，受力及运动分析如图 13－29(c) 所示，设其角加速度为 α_1，由质心运动定理

$$ma_{Ox}=\sum F_x,\qquad 0=F_{Ox}-F_t'\cos\theta$$

$$ma_{Oy}=\sum F_y,\qquad 0=F_{Oy}-F_t'\sin\theta-m_1g$$

解得

$$F_{Ox}=F_t\cos\theta,\quad F_{Oy}=F_t\sin\theta+m_1g$$

思考题

13－1 什么叫元功？变力做功和常力做功的计算有什么区别？如何计算合力的功？

13－2 如何计算重力的功、弹性力的功和力矩的功？如何计算平面力系的功？

13－3 圆轮沿固定轨道纯滚动时，圆轮与轨道接触处的法向约束力和摩擦力是否做功？轨道约束是否为理想约束？如果考虑滚阻力偶，滚阻力偶是否做功？此时轨道约束是否为理想约束？

13－4 质点系动能的变化与作用在质点系上的内力有关吗？质点系内力做功之和是否一定为零？

13－5 哪些约束力不做功？哪些约束力做功之和为零？摩擦力可以做正功吗？试举例说明。

13－6 弹簧在弹性限度内由其自然位置拉长 10 cm，再拉长 10 cm，在这两个过程中弹性力做功相等吗？

13－7 三个质量相同的质点，同时由 A 以大小相同的初速度 $\boldsymbol{v}_0$ 抛出，但它们的方向不相同，如思考题 13－7 图所示。若不计空气的阻力，三个质点落在水平面时速度大小是否相等？方向是否相同？三者重力功是否相等？

13－8 均质圆轮无初速地沿斜面纯滚动，如思考题 13－8 图所示。轮到达水平面时，轮心的速度 v 与轮的半径有关吗？当轮半径趋于零时，与质点下滑的结果是否一致？轮还能做纯滚动吗？

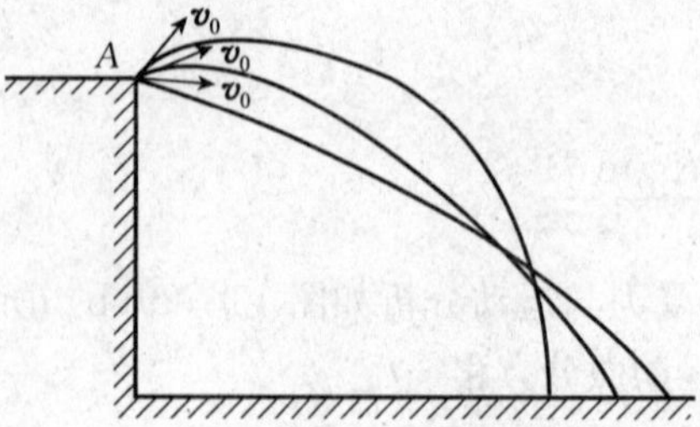

思考题 13－7 图

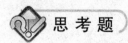

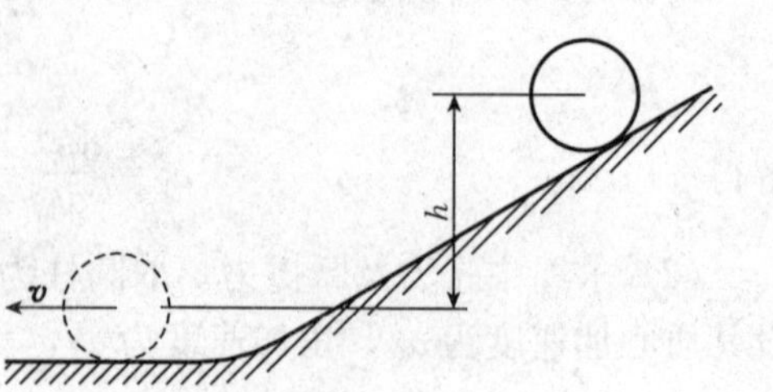

思考题 13－8 图

13－9 动量和动能有什么联系和区别？汽车在行驶的过程中，靠什么力改变汽车的动量？靠什么力改变汽车的动能？

13－10 质量为 m 的质点，其矢径为 $\boldsymbol{r}=x\boldsymbol{i}+y\boldsymbol{j}+z\boldsymbol{k}$ ，其中 $\boldsymbol{i}$，$\boldsymbol{j}$，$\boldsymbol{k}$ 为沿固定直角坐标轴的单位矢量，x，y，z 为时间的已知函数。试给出其动能、动量、对坐标原点的动量矩、质点承受的力以及该力的功率的表达式。

13－11 两个均质圆盘，质量相同，半径不同，静止平放于光滑水平面上。如在此二盘上同时作用有相同的力偶，在下述情况下比较二圆盘的动量、动量矩和动能的大小。(1) 经过相同的时间间隔；(2) 转过相同的角度。

13－12 什么是势力场？什么是有势力？如何计算势能？为什么要先确定势能零点？

13－13 什么是机械能守恒定律？它与动能定理有什么区别与联系？

13－14 动能定理能解决什么样的动力学问题？它能求解几个未知量？

13－15 如果引起质点系内相对运动的内力做不做功的问题不清楚的话，能否用动能定理求解其动力学问题？为什么？

习 题

13－1 计算图示各物体的动能。已知物体均为均质，其质量为 m，几何尺寸如习题 13－1 图所示。

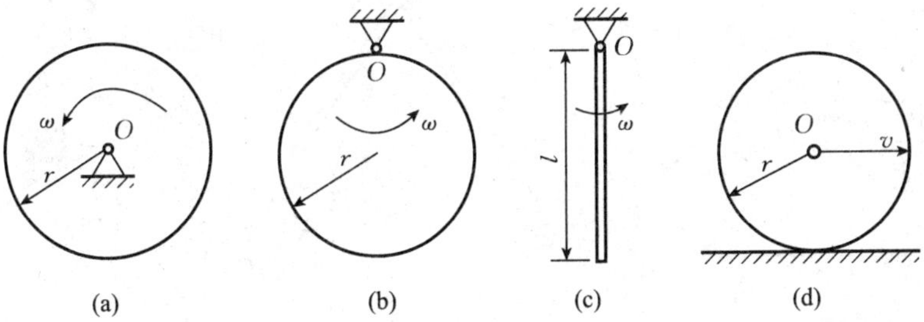

习题 13－1 图

13－2 如习题 13－2 图所示，坦克履带的质量为 m，两轮的质量为 m_1，轮可视为均质圆盘，半径为 R，两轮轴间的距离为 πR。设坦克以速度 $\boldsymbol{v}$ 沿直线运动。试求此质点系的动能。

13－3 长为 l、质量为 m 的均质杆 OA 以球铰链 O 固定，并以等角速度 ω 绕铅直线转动，如习题 13－3 图所示。若杆 OA 与铅直线的夹角为 θ，试求杆的动能。

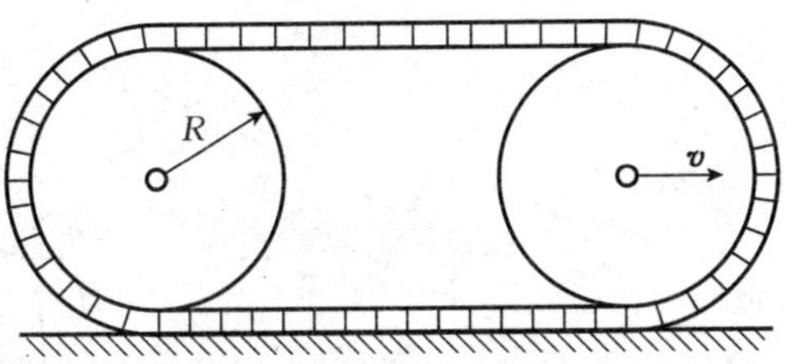

习题 13－2 图

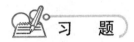

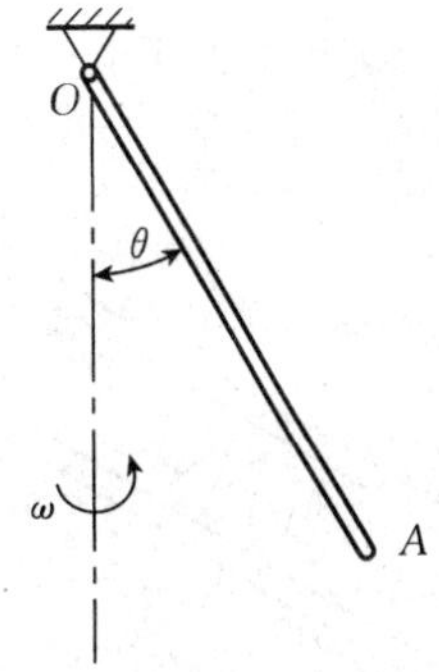

习题 13－3 图

13-4 如习题 13-4 图所示，一纯滚动的鼓轮重为 P，半径为 R 和 r，拉力 $\boldsymbol{F}$ 与水平线成 θ 角，轮与水平面间的滑动摩擦系数为 f_s，不计滚阻，试求轮心 C 移动 s 距离时，作用在轮上所有力的总功。

13-5 椭圆规机构由曲柄 OC、连杆 AB 及滑块 A 和 B 组成，如习题 13-5 图所示。其中 OC、AB 为均质细杆，质量为 m 和 $2m$，长为 a 和 $2a$，滑块 A 和 B 质量均为 m，曲柄 OC 的角速度为 ω，图示瞬时与水平线成 $\varphi=60°$，求此时系统的动能。

13-6 如习题 13-6 图所示，圆盘的半径为 $r=0.5$ m，可绕水平轴 O 转动。在绕过圆盘的绳上吊有两物块 A、B，质量分别为 $m_A=3$ kg，$m_B=2$ kg。绳与盘间无相对滑动。在圆盘上作用有一力偶，按 $M=4\varphi$ 的规律变化（M 以 N·m 计，φ 以 rad 计），试求从 $\varphi=0$ 到 $\varphi=2\pi$ 时，力偶 M 与物块 A、B 重力所做的功之总和。

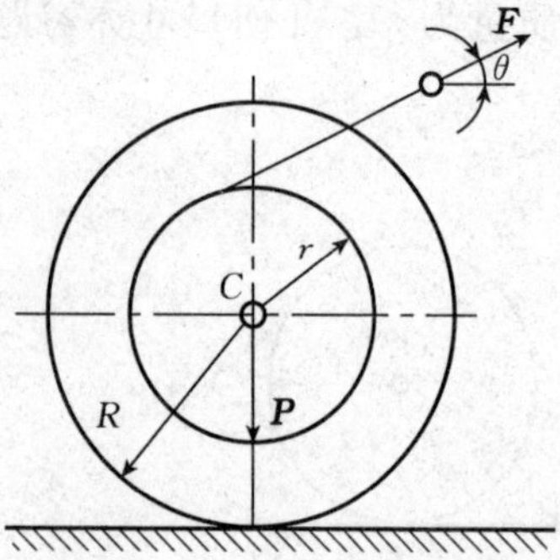

习题 13-4 图

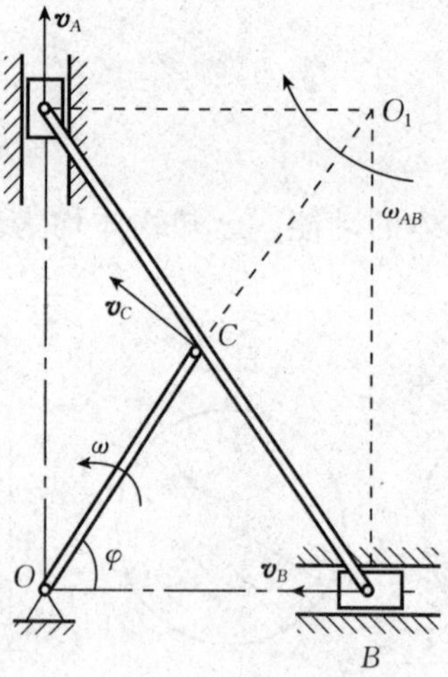

习题 13-5 图

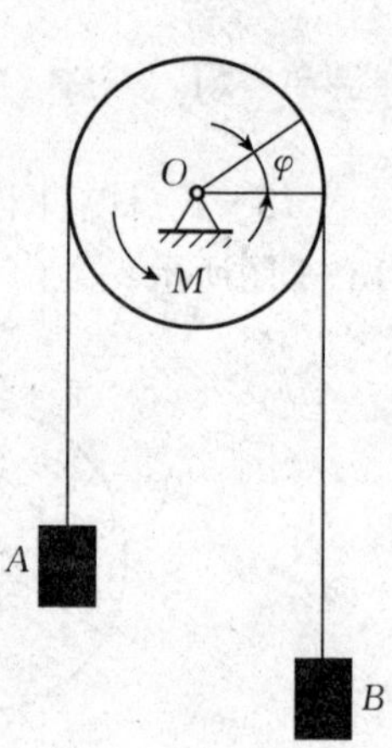

习题 13-6 图

13-7 自动弹射器如习题 13-7 图所示放置，弹簧在未受到力的作用时其原长为 200 mm，恰好等于筒长。欲使弹簧改变 10 mm，需要的力为 2 N。如弹簧压缩到 100 mm，然后让质量为 30 g 的小球自弹射器中射出，试求小球离开弹射器口时的速度。

13-8 如习题 13-8 图所示，一不变力偶矩 M 作用在绞车的鼓轮上，鼓轮的半径为 r，鼓轮的质量为 m_1。绕在鼓轮上绳索的另一端系一质量为 m_2 的重物，此重物沿倾角为 α 的斜面上升。设初始系统静止，斜面与重物间的摩擦系数为 f_d。试求鼓轮转过 φ 后的角速度。

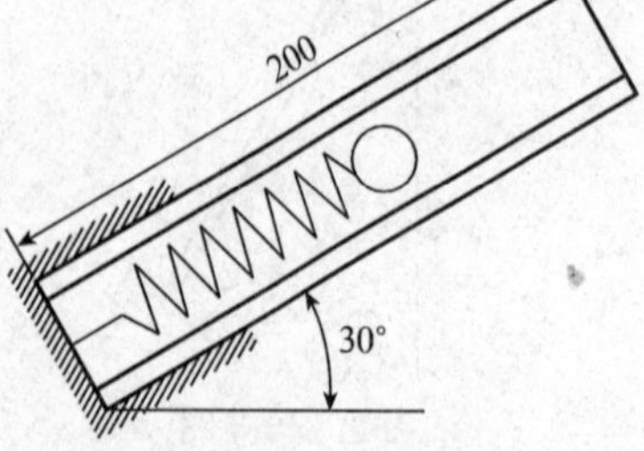

习题 13-7 图

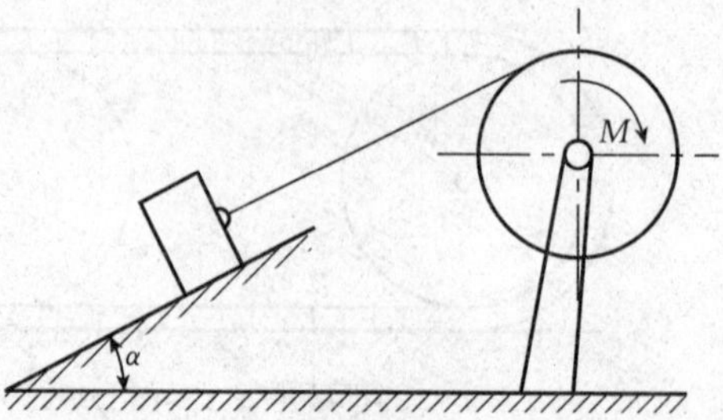

习题 13-8 图

13-9　均质连杆 AB 质量为 $m=4$ kg，长 $l=600$ mm。均质圆盘质量为 $m_1=6$ kg，半径 $r=100$ mm。弹簧刚度系数为 $k=2$ N/mm，不计套筒 A 及弹簧的质量。如连杆在习题 13-9 图所示位置被无初速释放后，A 端沿光滑杆滑下，圆盘做纯滚动。求：(1) 当 AB 达水平位置而接触弹簧时，圆盘与连杆的角速度；(2) 弹簧的最大压缩量 δ。(g 取 10 m/s^2)

13-10　在习题 13-10 图所示滑轮组中悬挂两个重物，其中 M_1 的质量为 m_1，M_2 的质量为 m_2。定滑轮 O_1 的半径为 r_1，质量为 m_3；动滑轮 O_2 的半径为 r_2，质量为 m_4。两轮都视为均质圆盘。如绳重和摩擦略去不计，并设 $m_2>2m_1-m_4$。求重物 m_2 由静止下降距离 h 时的速度。

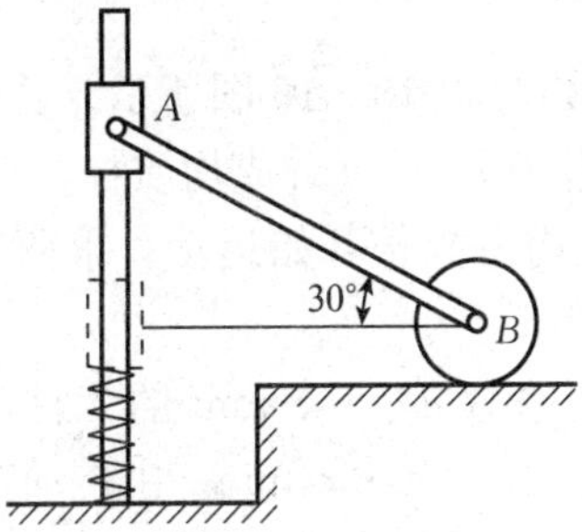

习题 13-9 图

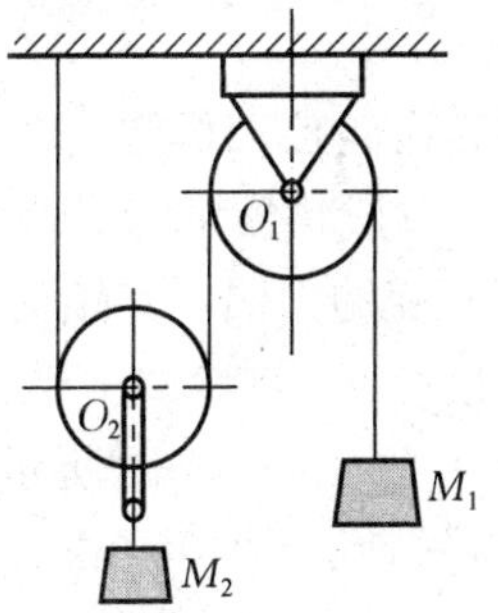

习题 13-10 图

13-11　两均质杆 AC 和 BC 各重为 P，长为 l，在点 C 由铰链相连，放在光滑的水平面上，如习题 13-11 图所示。由于 A 和 B 端的滑动，杆系在铅垂平面内落下。设点 C 初始时的高度为 h。试求铰链 C 落地时的速度大小。

13-12　两均质杆 AB 和 BO 用铰链 B 相连，杆的 A 端放在光滑的水平面上，杆的 O 端为固定铰支座，如习题 13-12 图所示。已知两杆的质量均为 m，长均为 l，在杆 AB 上作用一不变的力偶矩 M，杆系从图示位置由静止开始运动。试求当杆的 A 端碰到铰支座 O 时，杆 A 端的速度。

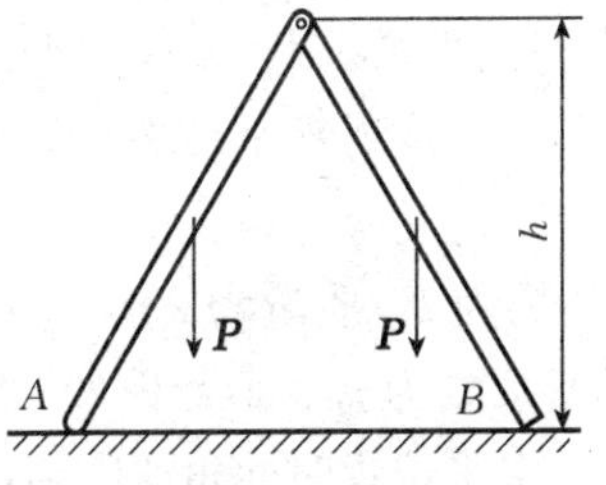

习题 13-11 图

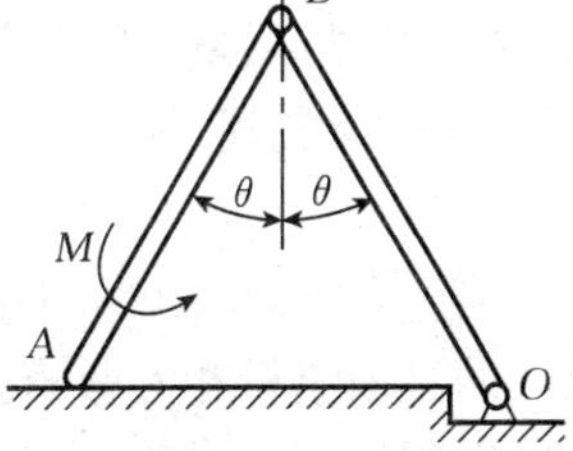

习题 13-12 图

13-13　如习题 13-13 图所示，带式运输机的 B 轮受常力偶矩 M 的作用，使胶带运输机由静止开始运动。若被提升的重物 A 的质量为 m_1，轮 B 和轮 C 的半径均为 r，质量均为 m_2，并视为均质圆盘。运输机胶带与水平线成的交角为 θ，胶带的质量不计，胶带与重物间无相对滑动（静滑动摩擦系数为 f_s）。试求重物 A 移动 s 时轮 B 的角速度和角加速度。

13-14　如习题 13-14 图所示，一重物 A 质量为 m_1，当其下降时，借一无重且不可伸长的绳索使滚子 C 沿水平轨道滚动而不滑动。绳索跨过一不计质量的定滑轮 D 并绕在滑轮 B 上。滑轮 B 的半径为 R，与半径为 r 的滚子 C 固连，两者总质量为 m_2，其对 O 轴的回转半径为ρ。试求重物 A 的加速度。

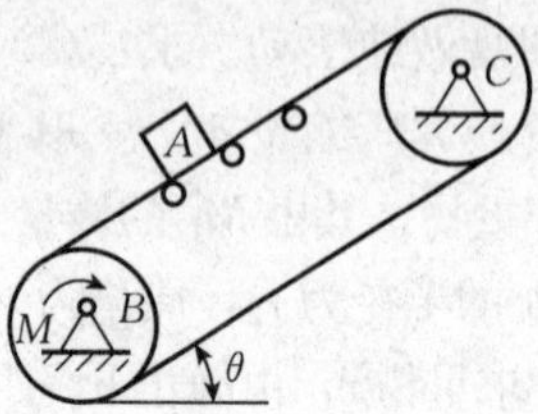

习题 13－13 图

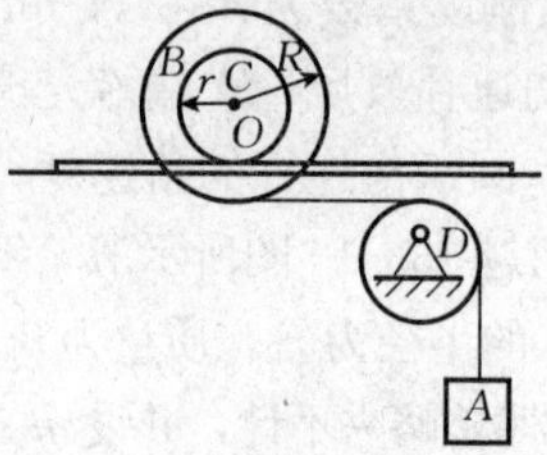

习题 13－14 图

13－15 周转齿轮传动机构放在水平面内，如习题 13－15 图所示。已知动齿轮半径为 r，质量为 m_1，可看成均质圆盘；曲柄 OA，质量为 m_2，可看成均质杆；定齿轮半径为 R。在曲柄上作用一不变的力偶，其矩为 M，使此机构由静止开始运动。求曲柄转过 φ 角后的角速度和角加速度。

13－16 在习题 13－16 图所示车床上车削直径 $D=48$ mm 的工件，主切削力 $F=7.84$ kN。若主轴转速 $n=240$ r/min，电动机转速 $n_1=1\,420$ r/min。主传动系统的总效率$\eta=0.75$，求机床主轴、电动机主轴分别受的力矩和电动机的功率。

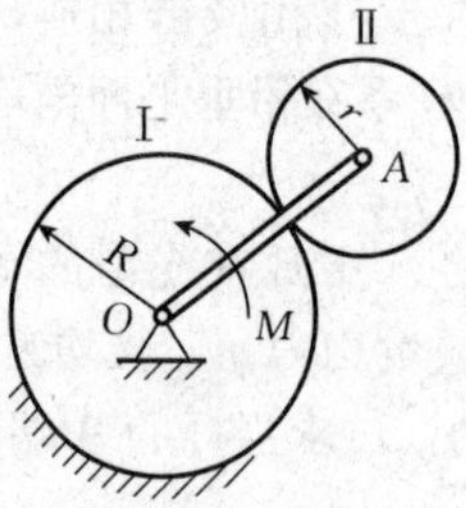

习题 13－15 图

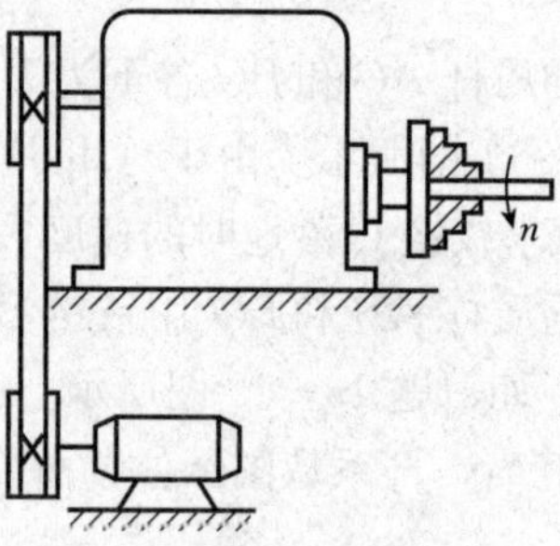

习题 13－16 图

13－17 水平均质细杆质量为 m，长为 l，C 为杆的质心。杆 A 处为光滑铰支座，B 端为一挂钩，如习题 13－17 图所示。如 B 端突然脱落，杆转到铅垂位置时，b 值多大能使杆有最大角速度？

13－18 习题 13－18 图所示机构中，均质杆 AB 长为 l，质量为 $2m$，两端分别与质量均为 m 的滑块铰接，两光滑直槽相互垂直。设弹簧刚度系数为 k，且当 $\theta=0°$时，弹簧为原长。若机构在 $\theta=60°$时无初速开始运动，试求当杆 AB 处于水平位置时的角速度和角加速度。

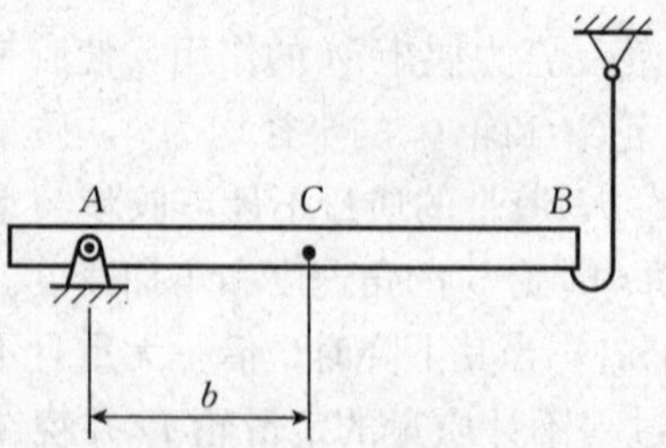

习题 13－17 图

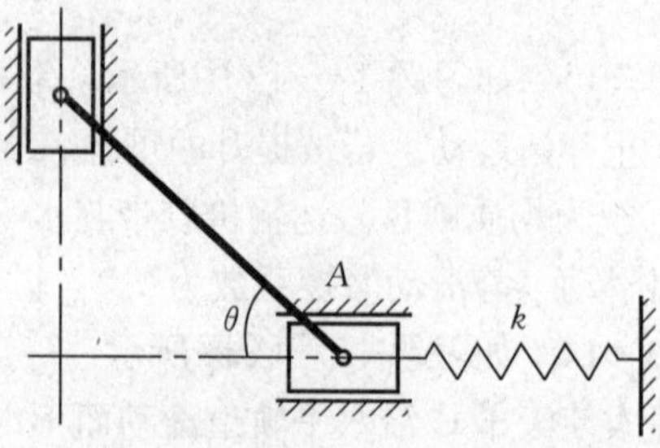

习题 13－18 图

13－19　测量机器功率的功率计，由胶带 $ACDB$ 和一杠杆 BOF 组成，如习题 13－19 图所示。胶带具有铅垂的两段 AC 和 DB，并套住受试验机器和滑轮 E 的下半部，杠杆则以刀口搁在支点 O 上，借升高或降低支点 O，可以变更胶带的拉力，同时变更胶带与滑轮间的摩擦力。在 F 处挂一重锤 P，杠杆 BF 即可处于水平平衡位置。若用来平衡胶带拉力的重锤的质量 $m=3$ kg，$L=500$ mm，试求发动机的转速 $n=240$ r/min 时发动机的功率。

13－20　一长为 l，质量密度为 ρ 的链条放置在光滑的水平桌面上，有长为 b 的一段悬挂下垂，如习题 13－20 图所示。初始链条静止，在自重的作用下运动。求当末端滑离桌面时，链条的速度。

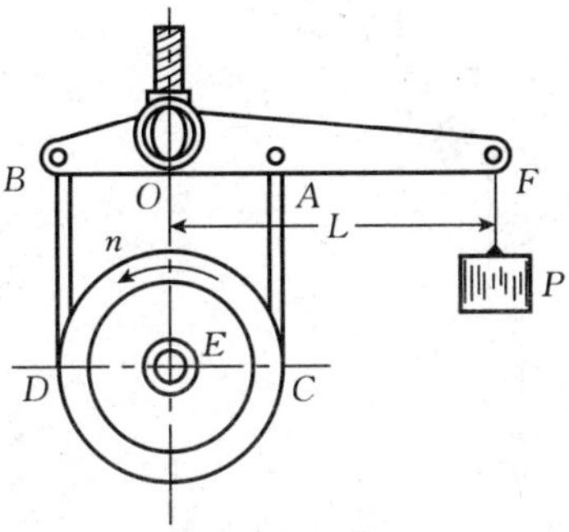

习题 13－19 图

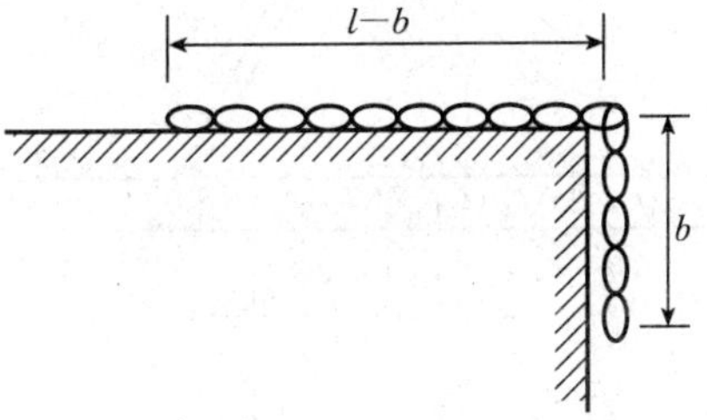

习题 13－20 图

13－21　习题 13－21 图（a）与（b）分别为圆盘与圆环，二者质量均为 m，半径均为 r，均置于距地面为 h 的斜面上，斜面倾角为 θ，盘与环都从时间 $t=0$ 开始，在斜面上做纯滚动。分析圆盘与圆环哪一个先到达地面。

13－22　两根完全相同的均质细杆 AB 和 BC 用铰链 B 连接在一起，而杆 BC 则用铰链 C 连接在 C 点上，每根杆重 $P=10$ N，长 $l=1$ m，一刚度系数 $k=120$ N/m 的弹簧连接在两杆的中心，如习题 13－22 图所示。假设两杆与光滑地面的夹角 $\theta=60°$时弹簧不伸长，一力 $F=10$ N 作用在 AB 的 A 点，该系统由静止释放，试求 $\theta=0$ 时 AB 杆的角速度。

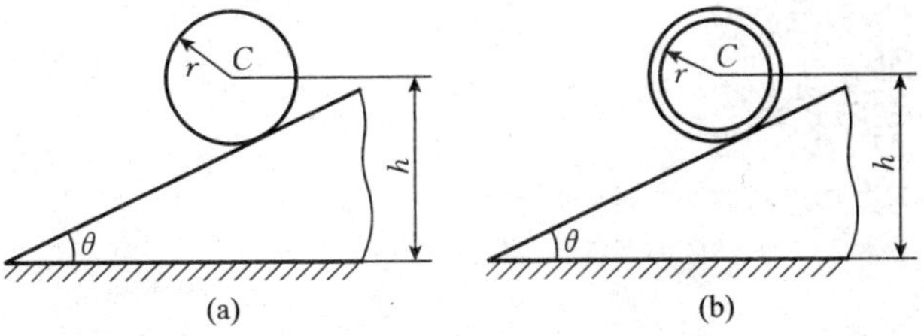

习题 13－21 图

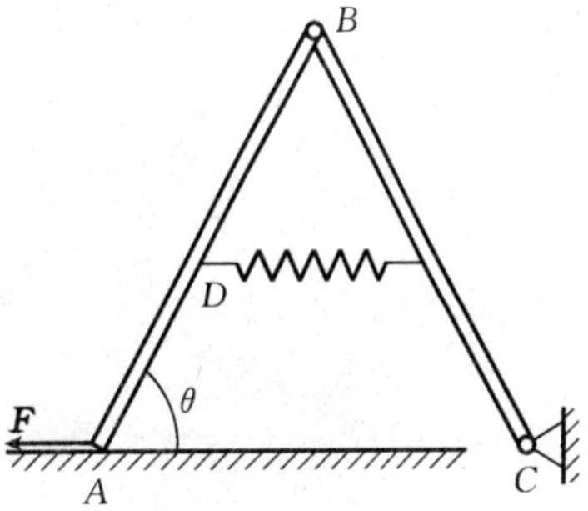

习题 13－22 图

13－23　习题 13－23 图所示机构，均质杆质量为 $m=10$ kg，长度为 $l=60$ cm，两端与不计重量的滑块铰接，滑块可在光滑槽内滑动，弹簧的刚度系数为 $k=360$ N/m。在图示位置，系统静止，弹簧的伸长为 20 cm。然后无初速释放，求当杆到达铅垂位置时的角速度。

13-24 如习题 13-24 图所示，重物 A 和 B 通过动滑轮 D 和定滑轮而运动。如果重物 A 开始时向下的速度为 v_0，试问重物 A 下落多大距离，其速度增大一倍。设重物 A 和 B 的质量均为 m，滑轮 D 和 C 的质量均为 M，且为均质圆盘。重物 B 与水平面间的动摩擦系数为 f_d，绳索不能伸长，其质量忽略不计。

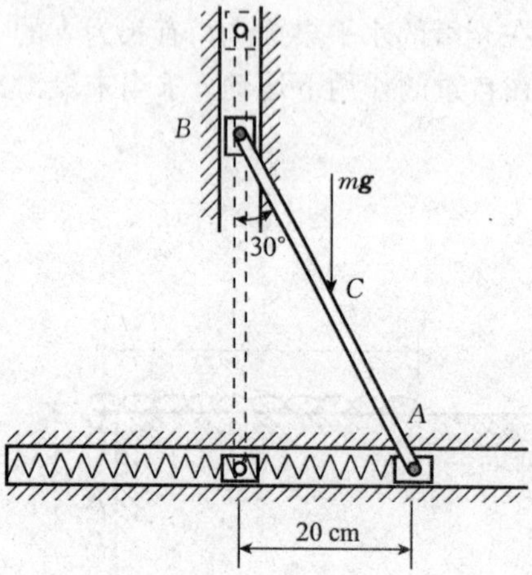

习题 13-23 图

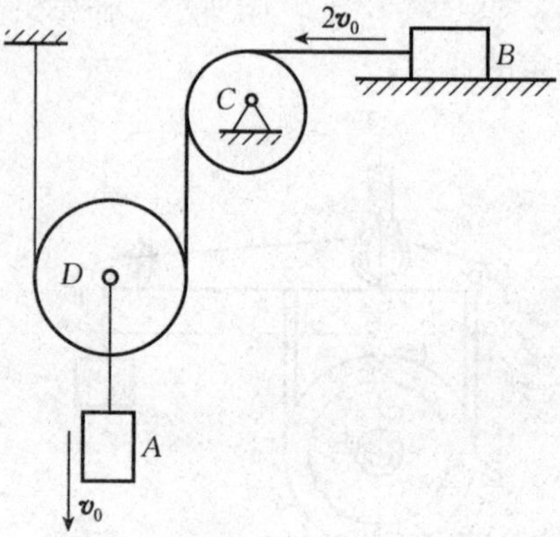

习题 13-24 图

13-25 如习题 13-25 图所示，三棱柱 A 沿三棱柱 B 的斜面滑动，A、B 的质量分别为 m_1 和 m_2，三棱柱 B 的斜面与水平线成的角为 θ，若初始时系统静止，忽略摩擦，试求三棱柱 B 的加速度。

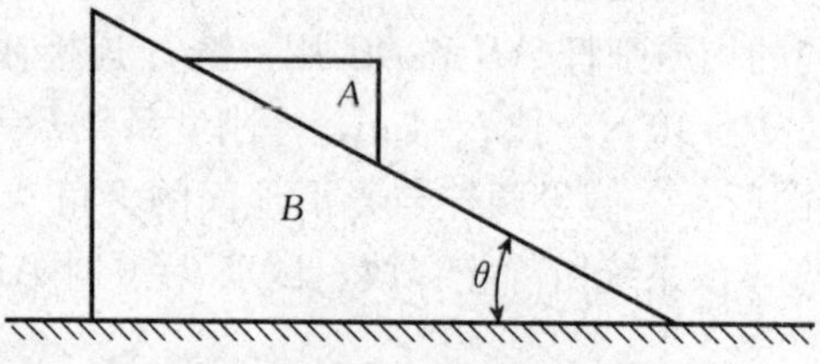

习题 13-25 图

习题参考答案

第十四章　达朗贝尔原理

【内容提要】了解惯性力的概念，掌握质点惯性力的计算。理解质点及质点系的达朗贝尔原理，掌握刚体做平动、定轴转动、平面运动时惯性力系的简化。掌握利用达朗贝尔原理求解刚体平动、定轴转动、平面运动时的动力学问题的方法——动静法。了解刚体绕定轴转动时轴承的动约束力的概念及计算，理解动平衡与静平衡的概念。

第一节　惯性力 质点的达朗贝尔原理

前面介绍的动力学普遍定理，为解决质点系动力学问题提供了一种简便有效的方法。达朗贝尔原理为处理非自由质点系的动力学问题提供了另一种普遍方法。因为这种方法引入了惯性力的概念，用静力学中研究平衡问题的方法来研究动力学问题，所以这种方法又称为动静法。由于动静法比较简单，容易掌握，所以在工程中被广泛使用。

设质量为 m 的质点 M 沿其轨迹运动，如图 14 - 1 所示。在某瞬时作用在质点 M 上的主动力为 $\boldsymbol{F}$，约束力为 $\boldsymbol{F}_{\mathrm{N}}$，其加速度为 $\boldsymbol{a}$。由牛顿第二定律有

$$m\boldsymbol{a}=\boldsymbol{F}+\boldsymbol{F}_{\mathrm{N}}$$

上式还可写成

$$\boldsymbol{F}+\boldsymbol{F}_{\mathrm{N}}+(-m\boldsymbol{a})=0$$

令

$$\boldsymbol{F}_{\mathrm{I}}=-m\boldsymbol{a} \tag{14-1}$$

则有

$$\boldsymbol{F}+\boldsymbol{F}_{\mathrm{N}}+\boldsymbol{F}_{\mathrm{I}}=0 \tag{14-2}$$

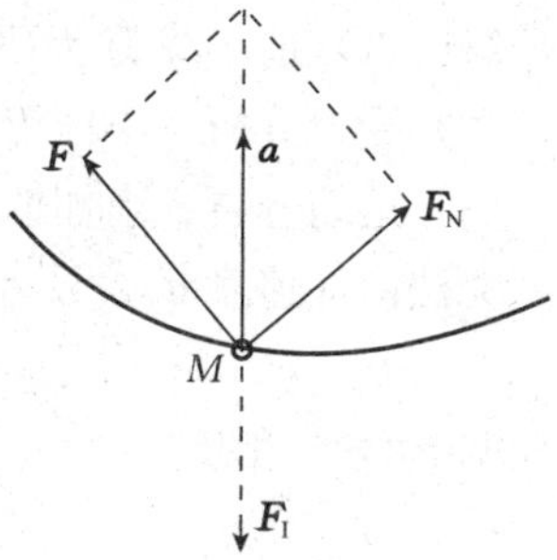

图 14 - 1

显然，上式在形式上与汇交力系的平衡方程相似。由于 $\boldsymbol{F}_{\mathrm{I}}=-m\boldsymbol{a}$ 具有力的量纲，所以称之为质点的**惯性力**。

式（14 - 2）就是质点的达朗贝尔原理，即**在质点运动的每一瞬时，如果在质点上虚加上它的惯性力，则作用在质点上的主动力、约束力及其惯性力构成了形式上的平衡力系。**

质点的惯性力 $\boldsymbol{F}_{\mathrm{I}}=-m\boldsymbol{a}$，其大小等于质点的质量与其加速度大小的乘积，方向与其加速度方向相反。

必须指出，惯性力是虚拟假想的力，不是真实的力，实际上质点并没有受惯性力的作用。对于运动的质点来说惯性力是虚设的，质点并没有处于平衡状态，惯性力隐含着质点加速度的信息。这里所谓的“形式上的平衡力系”是指式（14 - 2）在数学形式上与平衡力系的平衡方程相似。这样就可以用静力学的平衡理论及方法来求解动力学的问题。达朗贝尔原理人为地引进惯性力就是将动力学问题当作静力学问题来处理，使“动”与“静”相通，这是人类认识理论上的一个飞跃。

惯性力在直角坐标系上的投影为

$$\begin{cases} F_{Ix}=-ma_x=-m\dfrac{d^2x}{dt^2} \\ F_{Iy}=-ma_y=-m\dfrac{d^2y}{dt^2} \\ F_{Iz}=-ma_z=-m\dfrac{d^2z}{dt^2} \end{cases} \tag{14-1a}$$

惯性力在自然坐标系上的投影为

$$\begin{cases} F_{It}=-ma_t=-m\dfrac{dv}{dt} \\ F_{In}=-ma_n=-m\dfrac{v^2}{\rho} \\ F_{Ib}=-ma_b=0 \end{cases} \tag{14-1b}$$

还应指出式（14-2）是矢量式，在具体应用时，可以把它投影以后用其投影形式。其投影方程类似于汇交力系平衡方程的投影形式。在利用质点的达朗贝尔原理解题时，需要首先根据已知条件和待解量选取研究对象，分析受力，并作受力图；然后分析它的运动，从而确定惯性力，并把它虚加在质点上；最后，就可以利用质点的达朗贝尔原理列方程求解。下面举例说明。

例 14-1 小球 B 的质量为 m，用两绳悬挂，如图 14-2 所示。若突然剪断 BC 绳，求此瞬时 AB 绳的张力及小球 B 的加速度。

解：（1）选小球 B 为研究对象。

（2）受力分析。小球 B 受重力 $m\boldsymbol{g}$ 和张力 $\boldsymbol{T}$ 作用，如图 14-3 所示。

（3）运动分析、虚加惯性力。剪断 BC 后，小球做圆周运动。在剪断瞬时，小球速度为零，无法向加速度 $\boldsymbol{a}_n$，只有切向加速度 $\boldsymbol{a}_\tau$，在受力图图 14-3 中添加惯性力 $\boldsymbol{F}_I$，其大小为

$$F_I=ma=ma_\tau$$

方向与 $\boldsymbol{a}_\tau$ 方向相反。

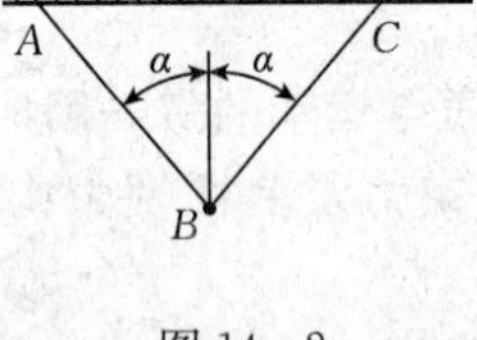

图 14-2

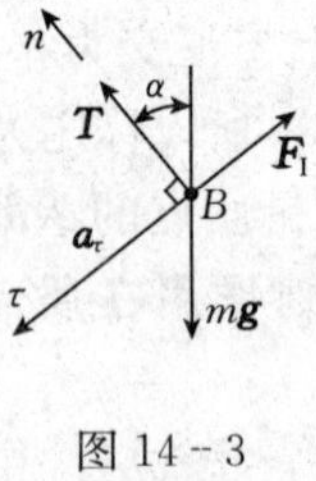

图 14-3

（4）列方程、求解。力 $m\boldsymbol{g}$、$\boldsymbol{T}$ 及 $\boldsymbol{F}_I$ 构成平面汇交力系，由质点的达朗贝尔原理可建立两个平衡方程

$$\sum F_n=0\,,\quad T-mg\cos\alpha=0$$

$$\sum F_\tau=0\,,\quad mg\sin\alpha-F_I=0$$

解得

$$T=mg\cos\alpha$$

$$mg\sin\alpha=F_I=ma_\tau$$

故

$$a_\tau=g\sin\alpha$$

$\boldsymbol{a}_\tau$ 方向如图 14－3 所示。

第二节　质点系的达朗贝尔原理

在实际的动力学问题中，大多数是非自由质点系动力学问题，在研究非自由质点系的运动与受力（包括主动力系与约束力系）之间的关系时，应用质点系的达朗贝尔原理，可以使动力学问题得到形式上与静力学问题相同的解法，特别是在求系统的约束力时，非常方便，容易掌握，在工程中应用广泛。

现将上节的质点的达朗贝尔原理推广到质点系，设运动着的质点系由 n 个质点组成，其中第 i 个质点的质量为 m_i，作用在质点上的内力的合力为 $\boldsymbol{F}_i^{(i)}$，外力的合力为 $\boldsymbol{F}_i^{(e)}$，其中加速度为 $\boldsymbol{a}_i$。在该质点上虚加上惯性力 $\boldsymbol{F}_{Ii}=-m_i\boldsymbol{a}_i$，则由质点的达朗贝尔原理知

$$\boldsymbol{F}_i^{(i)}+\boldsymbol{F}_i^{(e)}+\boldsymbol{F}_{Ii}=0\quad(i=1,\ 2,\ \cdots,\ n)\tag{14-3a}$$

对整个质点系来说，可写出 n 个这样的方程。将这 n 个方程相加，由于内力总是等值、反向、共线的，内力系的主矢为零，于是可得

$$\sum\boldsymbol{F}_i^{(e)}+\sum\boldsymbol{F}_{Ii}=0$$

在质点系中任取一点 O，设第 i 个质点相对 O 点的矢径为 $\boldsymbol{r}_i$，以 $\boldsymbol{r}_i$ 与式（14－3a）两边做矢量积 $\boldsymbol{r}_i\times(\boldsymbol{F}_i^{(i)}+\boldsymbol{F}_i^{(e)}+\boldsymbol{F}_{Ii})=0$，对整个质点系来说，同样可写出 n 个这样的方程。将这 n 个方程相加得

$$\sum\boldsymbol{r}_i\times\boldsymbol{F}_i^{(i)}+\sum\boldsymbol{r}_i\times\boldsymbol{F}_i^{(e)}+\sum\boldsymbol{r}_i\times\boldsymbol{F}_{Ii}=0$$

由于内力总是等值、反向、共线成对出现的，$\sum\boldsymbol{r}_i\times\boldsymbol{F}_i^{(i)}=0$，因此

$$\sum\boldsymbol{r}_i\times\boldsymbol{F}_i^{(e)}+\sum\boldsymbol{r}_i\times\boldsymbol{F}_{Ii}=0\tag{14-3b}$$

如果把式（14－3a）和式（14－3b）中的外力区分为主动力 $\boldsymbol{F}_{Ai}$ 和约束力 $\boldsymbol{F}_{Ni}$，则可以写为

$$\sum\boldsymbol{F}_{Ai}^{(e)}+\sum\boldsymbol{F}_{Ni}^{(e)}+\sum\boldsymbol{F}_{Ii}=0\tag{14-4}$$

$$\sum\boldsymbol{M}_O(\boldsymbol{F}_{Ai}^{(e)})+\sum\boldsymbol{M}_O(\boldsymbol{F}_{Ni}^{(e)})+\sum\boldsymbol{M}_O(\boldsymbol{F}_{Ii})=0\tag{14-5}$$

于是得出结论：**在质点系运动的每一瞬时，作用在质点系上的主动力系、约束力系及虚加在质点系上的惯性力系构成形式上的平衡力系。这就是质点系的达朗贝尔原理。**

将上式投影到直角坐标轴上，就能得到形式上的平衡方程。以上讨论表明，在质点系运动的任一瞬时，除作用于质点系的外力系外，再假想加上质点系的惯性力，就可以应用静力学的平衡方程来解决质点系的动力学问题，这就是质点系的动静法。

第三节　刚体惯性力系的简化

由上节公式知，在应用质点系的达朗贝尔原理解质点系动力学问题时，须求得惯性力系的主矢和惯性力系对于某一点的主矩，因此，有必要研究惯性力系向已知点的简化。

本节将讨论刚体平动、刚体定轴转动、刚体平面运动时惯性力系的简化。由于力系的主矢与简化中心的位置无关，所以先讨论惯性力系的主矢。

一、惯性力系的主矢

设刚体做任意运动，刚体由 n 个质点组成，其中第 i 个质点的质量为 m_i，在任一瞬时，质点加速度为 $\boldsymbol{a}_i$，在该质点上虚加上惯性力 $\boldsymbol{F}_{\mathrm{I}i}=-m_i\boldsymbol{a}_i$。由主矢的定义，惯性力系的主矢为

$$\boldsymbol{F}_{\mathrm{I}}=\sum \boldsymbol{F}_{\mathrm{I}i}=\sum -m_i\boldsymbol{a}_i$$

注意到质心的坐标公式 $\sum m_i\boldsymbol{r}_i=m\boldsymbol{r}_C$，将此式对时间求二阶导数，有 $\sum m_i\boldsymbol{a}_i=m\boldsymbol{a}_C$，于是上式又可写为

$$\boldsymbol{F}_{\mathrm{I}}=-m\boldsymbol{a}_C \tag{14-6}$$

即刚体做任意运动时，其惯性力系的主矢的大小，总是等于刚体的质量与其质心加速度大小的乘积，方向与其质心加速度相反。

二、惯性力系对简化中心的主矩

由于惯性力与加速度有关，而当刚体的运动形式不同时，刚体上各点的加速度分布也不同，因此刚体惯性力系的分布也因刚体的运动形式而异。由静力学知识知，力系的主矩与简化中心的位置有关，所以刚体惯性力系的主矩必须针对刚体的各种运动形式分别讨论。

1. 刚体平行移动 设图 14-4 所示刚体平行移动，在某瞬时，其质心 C 的加速度为 $\boldsymbol{a}_C$，刚体上任一质点 M_i 的质量为 m_i，加速度为 $\boldsymbol{a}_i$，对质心 C 的矢径为 $\boldsymbol{r}_i$。选取质心 C 为简化中心。由主矩的定义，惯性力系对质心 C 的主矩为

$$\boldsymbol{M}_{\mathrm{I}C}=\sum \boldsymbol{r}_i\times(-m_i\boldsymbol{a}_i)$$

由于刚体平动时各点加速度相等，即 $\boldsymbol{a}_i=\boldsymbol{a}_C$，故有

$$\boldsymbol{M}_{\mathrm{I}C}=\left(-\sum m_i\boldsymbol{r}_i\right)\times\boldsymbol{a}_C=(-m\boldsymbol{r}_C)\times\boldsymbol{a}_C$$

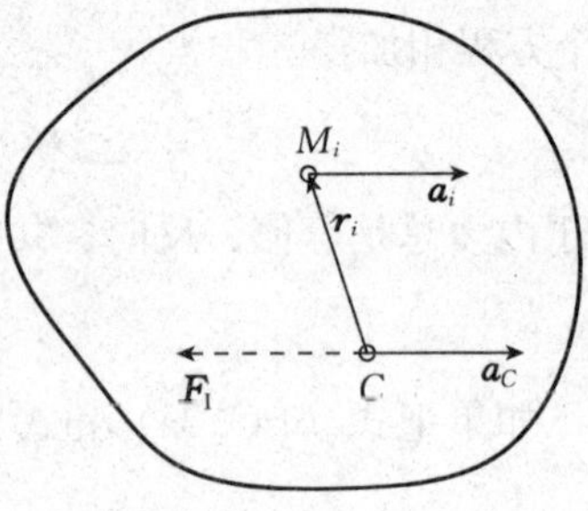

图 14-4

上式中 $\boldsymbol{r}_C$ 为质心相对简化中心的矢径，$\boldsymbol{r}_C=0$，因此 $M_{\mathrm{I}C}=0$。

综上所述，可得如下结论：**平行移动刚体的惯性力系，可以简化为一个作用在质心的惯性力 $\boldsymbol{F}_{\mathrm{I}}$，力 $\boldsymbol{F}_{\mathrm{I}}$ 的大小等于刚体的质量与质心加速度大小的乘积，力的方向与质心加速度方向相反。**

2. 刚体绕定轴转动 这里只讨论刚体具有质量对称平面且转轴垂直于此对称平面的情况。在此条件下，刚体的运动可简化为具有质量的平面图形绕定轴 O 的转动。那么此时刚体的惯性力系就可简化为此质量对称平面内的平面任意力系来研究。

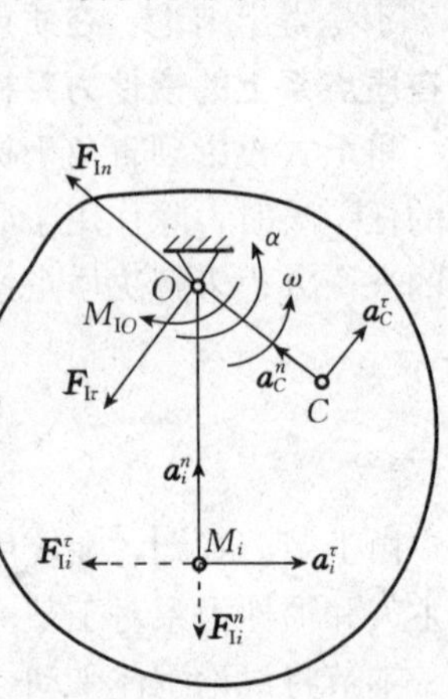

图 14-5

图 14-5 表示绕定轴转动的刚体的质量对称平面，在任一瞬时，刚体的角速度为 ω，角加速度为 α。取刚体上任一质点 M_i，其质量为 m_i，设其到转轴的距离为 r_i，其惯性力可分解为切向惯性力 $\boldsymbol{F}_{\mathrm{I}i}^{\tau}$ 和法向惯性力 $\boldsymbol{F}_{\mathrm{I}i}^{n}$。其中，$F_{\mathrm{I}i}^{\tau}=m_ia_i^{\tau}=m_ir_i\alpha$，$F_{\mathrm{I}i}^{n}=m_ia_i^{n}=m_ir_i\omega^2$。选取转轴与质量对称平面的交点

O 为简化中心，并注意到法向惯性力 $\boldsymbol{F}_{\mathrm{I}i}^{n}$ 的作用线通过转轴 O，对 O 轴之矩等于零，这样惯性力系的简化就较为简便了。故惯性力系对轴 O 的主矩为

$$M_{\mathrm{I}O}=\sum M_O(F_{\mathrm{I}i}^{\tau})=\sum -F_{\mathrm{I}i}^{\tau}r_i=-\sum(m_ir_i^2)\alpha$$

故

$$M_{\mathrm{I}O}=-J_O\alpha \tag{14-7}$$

综合式（14－6）和式（14－7）可得如下结论：**具有垂直于转轴的质量对称平面的定轴转动刚体的惯性力系向转轴与质量对称平面的交点简化，可以得到此平面内的一个力 $\boldsymbol{F}_{\mathrm{I}}$ 和一个力偶 $M_{\mathrm{I}O}$。力 $\boldsymbol{F}_{\mathrm{I}}$ 的作用线通过交点 O，大小等于刚体的质量与质心加速度大小的乘积，方向与质心加速度方向相反；力偶 $M_{\mathrm{I}O}$ 的矩等于刚体对转轴的转动惯量与角加速度大小的乘积，转向与角加速度转向相反。**

现在讨论如下三种特殊情况：

（1）当转轴通过质心 C 时，刚体角加速度 $\alpha\neq 0$，那么 $\boldsymbol{a}_C=0$，故 $\boldsymbol{F}_{\mathrm{I}}=0$，$M_{\mathrm{I}C}=-J_C\alpha$。此时惯性力系简化结果为一惯性力偶，转向与角加速度的转向相反，如图 14－6 所示。

（2）当刚体匀速转动且转轴不通过质心 C 时，即 $\alpha=0$，故 $M_{\mathrm{I}O}=0$，$\boldsymbol{F}_{\mathrm{I}}=\boldsymbol{F}_{\mathrm{I}}^{n}=-m\boldsymbol{a}_C^{n}$。此时惯性力系简化结果为一个作用于 O 点的惯性力，此惯性力作用线沿 OC 连线，即由转动中心指向质心，如图 14－7 所示。

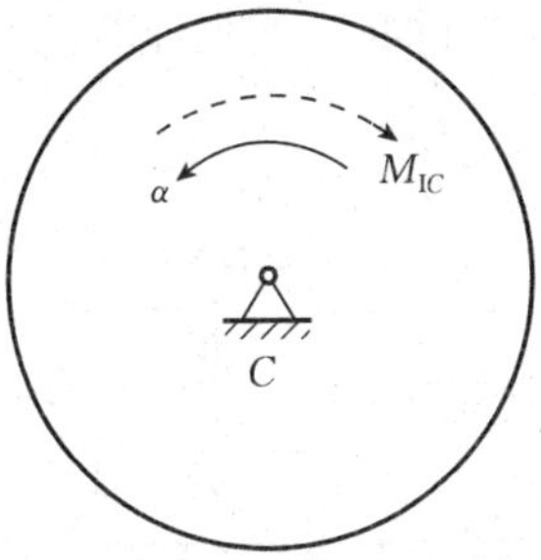

图 14－6

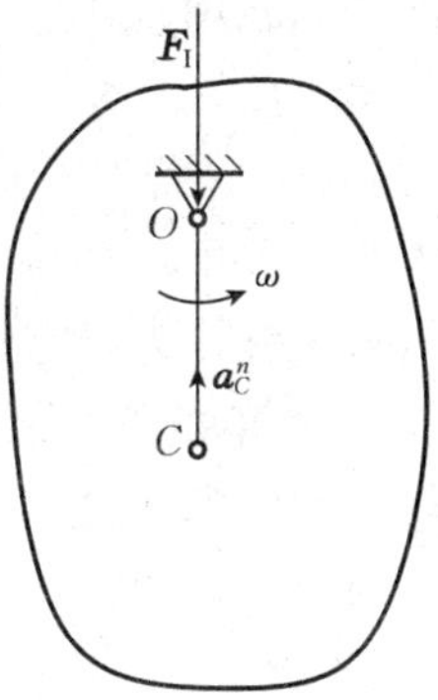

图 14－7

（3）当刚体匀速转动且转轴通过质心 C 时，$\alpha=0$，故 $\boldsymbol{F}_{\mathrm{I}}=0$，$M_{\mathrm{I}C}=0$。此时惯性力系的简化结果是主矢等于零，主矩等于零，即惯性力系自成平衡力系。

3. 刚体做平面运动　这里只讨论刚体具有质量对称平面且刚体做平行于此质量对称平面的运动。这种情况在工程上是常见的。在此条件下，取刚体的质量对称平面为平面图形，惯性力系可简化为质量对称平面内的平面任意力系。

由于质量对称，质心 C 必在质量对称平面内。以质心 C 为基点，将刚体的运动分解为随同质心 C 的平动和绕质心轴的转动。因此，质量对称平面上各点的加速度分解为随同质心的加速度和各点绕通过质心且垂直于质量对称平面的轴转动的加速度的矢量和。这样，质量对称平面上的惯性力系可以分解为随同质心平动的惯性力系和绕通过质心且垂直于质量对称平面的轴转动的惯性力系的叠加。设刚体的质心加速度为 $\boldsymbol{a}_C$，其角加速度为 α，如图 14－8所示。将平动部分的惯性力系向质心 C 简化，简化结果为一力

$$\boldsymbol{F}_{\mathrm{I}C}=-m\boldsymbol{a}_C$$

由于转轴通过质心，将绕质心轴转动部分的惯性力系向质心简化，结果为一力偶

$$M_{IC}=-J_C\alpha \qquad (14-8)$$

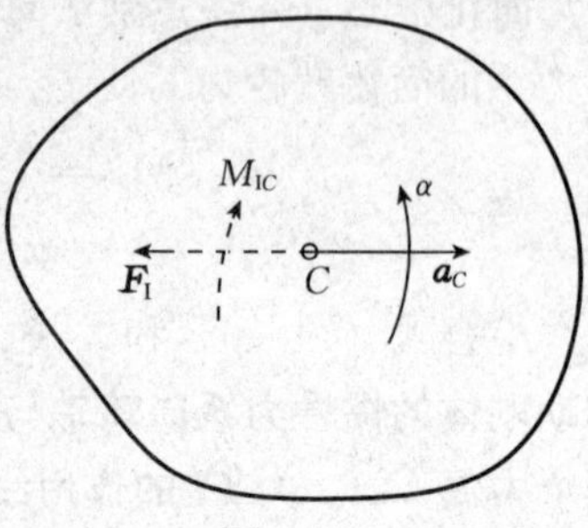

图 14-8

综合上两式可得如下结论：**刚体平行于质量对称平面做平面平行运动时，刚体的惯性力系向质心简化可得一个作用于质心的惯性力 F_I 和一个作用于该平面的惯性力偶 M_{IC}。力 F_I 的大小等于刚体的质量与质心加速度大小的乘积，方向与质心加速度方向相反；力偶的矩等于刚体对质心轴的转动惯量与角加速度大小的乘积，转向与角加速度转向相反。**

在利用达朗贝尔原理求解刚体动力学问题时，应首先分析刚体的运动形式，正确虚加惯性力和惯性力偶，然后再列平衡方程求解。简单总结这类题的解题步骤如下：

(1) 根据问题的已知量和待求量，合理选择研究对象；

(2) 分析其所受的主动力和约束力，并画受力图；

(3) 分析各刚体的运动，重点分析各刚体的质心加速度和角加速度，并画出其方向或转向；

(4) 计算各刚体的惯性力和惯性力偶，按刚体做平动、定轴转动或平面运动的具体情况进行分析，并在图中画出其方向或转向，一般以虚线箭头表示；

(5) 根据达朗贝尔原理，列平衡方程求解。

例 14-2 汽车沿水平直线道路行驶，其总重为 $\boldsymbol{G}$，质心离地面高度 h，作用线到前、后轴的水平距离为 l_1、l_2。若汽车刹车时的加速度为 $\boldsymbol{a}$（向后），求此时汽车前、后轮处所受地面法向反力（大小也等于它对地面的压力）。

解：(1) 选取汽车整体为研究对象。

(2) 分析受力：汽车的实际受力有重力 $\boldsymbol{G}$，前、后轮处法向反力 $\boldsymbol{F}_{N1}$、$\boldsymbol{F}_{N2}$，前、后轮处滑动摩擦力 $\boldsymbol{F}_1$、$\boldsymbol{F}_2$（因汽车刹车，故二者均向后），如图 14-9 所示。

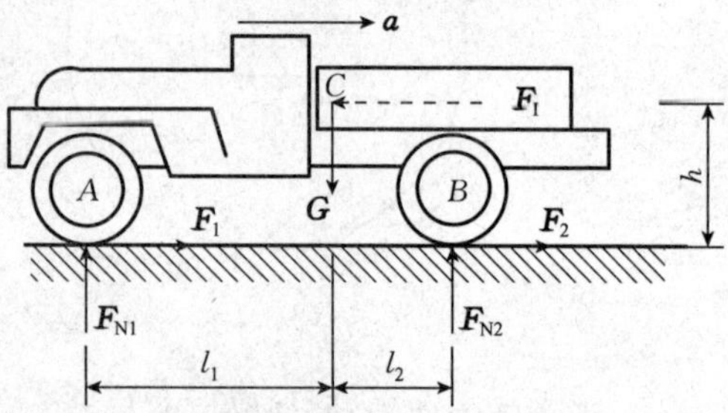

图 14-9

(3) 分析运动：略去车内某些零件的转动，汽车可视为平动刚体。所以汽车的惯性力系可以简化为作用于质心 C 的惯性力 $\boldsymbol{F}_I$ 来表示，方向与加速度 $\boldsymbol{a}$ 相反，大小为

$$F_I=\frac{G}{g}a$$

(4) 应用质点系的达朗贝尔原理可得，上述力系构成形式上的平衡力系，故可列平衡方程得

$$\sum M_A(\boldsymbol{F})=0, \quad F_I\cdot h-G\cdot l_1+F_{N2}(l_1+l_2)=0$$

$$\sum M_B(\boldsymbol{F})=0, \quad F_I\cdot h+G\cdot l_2-F_{N1}(l_1+l_2)=0$$

将式 $F_I=\frac{G}{g}a$ 代入上两式即可解出

$$F_{N1}=\frac{G}{l_1+l_2}\left(\frac{a}{g}h+l_2\right)$$

$$F_{N2}=\frac{G}{l_1+l_2}\left(l_1-\frac{a}{g}h\right)$$

讨论：当汽车匀速行驶时，上式中包含 a 的那一项等于零。由此可知，在刹车时，F_{N1} 要比匀速行驶时增大，而 F_{N2} 则减小。而且刹车越猛（即 a 越大），变化越大。故汽车刹车时经常出现头部下倾的现象（前弹簧变形增大）。如果重心过高，刹车太急，甚至会出现汽车向前翻倒的现象（此时 $F_{N2}=0$）。读者可自己推导一下产生此情况的条件。$\left(\frac{ah}{l_1}>g\right)$

例 14-3　水平均质细杆 AB 长 $l=1$ m，质量 $m=12$ kg，A 端用固定铰支座支承，B 端用滚动支座支承，如图 14-10 所示。若将 B 端的滚动支座突然移去，求该瞬时杆 AB 的角加速度、质心的加速度和铰链 A 处的约束力。

解：(1) 选取研究对象：杆 AB。

(2) 分析受力：重力 $m\boldsymbol{g}$，约束力 $\boldsymbol{F}_{Ay}$，并画受力图如图 14-11 所示。

(3) 分析运动：当杆 B 端的支座突然移去瞬时，杆 AB 绕通过 A 点且垂直于图面的轴做定轴转动，且移去瞬时，角速度 $\omega=0$，角加速度为 α，质心的法向加速度为零，质心的全加速度就是质心的切向加速度，即

$$a_C^n=0,\quad a_C=a_C^\tau=\frac{l}{2}\alpha$$

故可根据定轴转动刚体的惯性力系向转轴与质量对称平面的简化的结论来虚加惯性力。在杆上 A 点虚加惯性力 $\boldsymbol{F}_I$，在杆 AB 上虚加惯性力偶 M_{IA}，如图 14-11 所示。且惯性力 $\boldsymbol{F}_I$ 和惯性力偶 M_{IA} 的指向及转向如图，大小为

$$F_I=ma_C,\quad M_{IA}=J_A\alpha=\frac{1}{3}ml^2\alpha$$

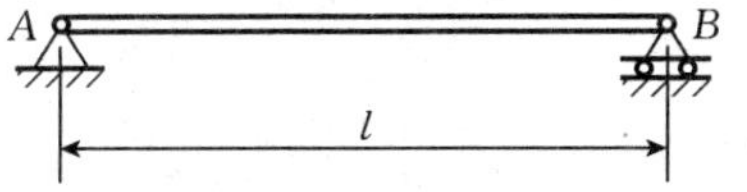

图 14-10

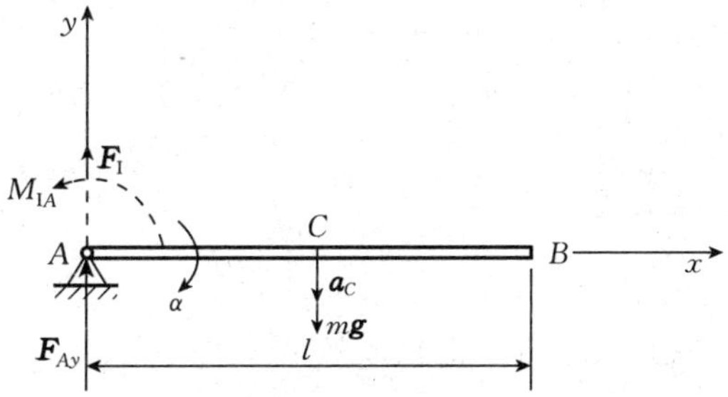

图 14-11

(4) 对杆 AB 应用达朗贝尔原理，选取图示坐标系，列平衡方程得

$$\sum F_y=0,\quad F_{Ay}+ma_C-mg=0$$

$$\sum M_A(\boldsymbol{F})=0,\quad \frac{1}{3}ml^2\alpha-mg\cdot\frac{l}{2}=0$$

$$a_C=a_C^\tau=\frac{l}{2}\alpha$$

由上三式联立求解得

$$\alpha=\frac{3g}{2l}=14.7(\mathrm{rad/s^2})$$

$$a_C = \frac{3g}{4} = 7.35(\mathrm{m/s^2})$$

$$F_{Ay} = \frac{1}{4}mg = 29.4(\mathrm{N})$$

例 14－4 一均质圆柱体，重为 $\boldsymbol{P}$，半径为 r，无初速度地沿倾角为 θ 的斜面向下滚动，如图 14－12 所示。求轮心的加速度，并求使圆轮不滑动的最小摩擦系数 f_{smin}。

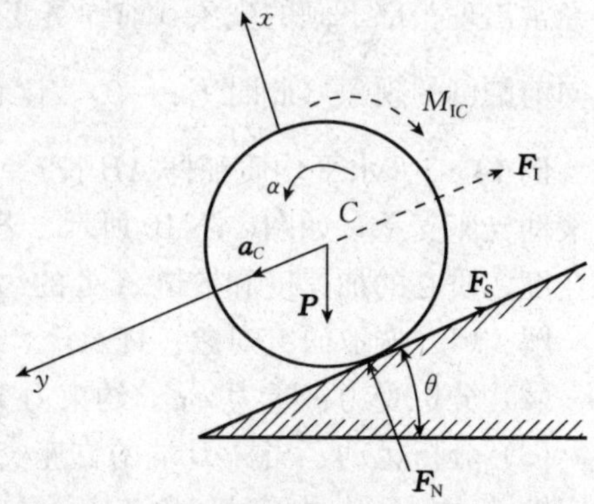

图 14－12

解：(1) 选取圆柱为研究对象，分析其受力：重力 $\boldsymbol{P}$，约束力 $\boldsymbol{F}_N$，滑动摩擦力 $\boldsymbol{F}_S$，并画受力图，如图 14－12 所示。

(2) 分析运动：圆柱做平面运动。设任一瞬时，圆柱质心 C 的加速度为 $\boldsymbol{a}_C$，圆柱的角加速度为 α，圆柱滚而不滑，由运动学知 $a_C = r\alpha$。故根据平面运动刚体惯性力系向质心简化的结论，在圆柱的质量对称平面内通过质心 C 虚加惯性力 $\boldsymbol{F}_I$ 和惯性力偶 M_{IC}，如图所示。惯性力 $\boldsymbol{F}_I$ 和惯性力偶 M_{IC} 的指向如图所示，大小为

$$F_I = \frac{P}{g}a_C = \frac{P}{g}r\alpha, \quad M_{IC} = J_C\alpha = \frac{P}{2g}r^2\alpha$$

(3) 建立坐标系 Cxy，应用质点系达朗贝尔原理，列平衡方程得

$$\sum F_x = 0, \quad F_N - P\cos\theta = 0$$

$$\sum F_y = 0, \quad P\sin\theta - F_S - F_I = 0$$

$$\sum M_C(\boldsymbol{F}) = 0, \quad F_S r - M_{IC} = 0$$

联立求解得

$$a_C = \frac{2}{3}g\sin\theta, \quad F_S = \frac{P}{3}\sin\theta, \quad F_N = P\cos\theta$$

由于圆柱不滑动，故 $F_S \leqslant f_s F_N$，即

$$\frac{P}{3}\sin\theta \leqslant f_s \cdot P\cos\theta$$

由此得

$$f_s \geqslant \frac{1}{3}\tan\theta$$

所以，当圆柱不滑动时，最小摩擦系数为 $f_{smin} = \frac{1}{3}\tan\theta$。

通过以上例题可以得到，在应用达朗贝尔原理来分析解决动力学问题时，方法过程是非常简单方便的。特别是对于求质点相对于动参考系的平衡位置，和含有若干质点与刚体的复杂动力学问题时，更是如此。对于这些题，只要能正确地计算质点或刚体的惯性力与惯性力系，将它们正确地附加在受力图上，就可以用静力学的方法来求解。对于较复杂的系统，根据题目的具体条件需适当选取若干分离体才能求出所需的未知量。

第四节 绕定轴转动刚体的轴承动约束力

在工程实际中，有大量绕定轴转动的刚体（电动机、柴油机、电风扇、车床主轴等），通常将转动部件称为转子。如果这些转子的质量分布不够均匀，制造安装不够准确，那么转子的质心不一定恰好在转轴上，转子的质量对称面也不一定与转轴垂直。当转子绕定轴高速转动时，这种偏心和偏角误差将产生相应的惯性力，从而使轴承承受巨大的附加压力，加速轴和轴承间的磨损，同时使机器在转动时产生振动，影响机器的正常工作，甚至引起破坏。刚体所承受的轴承约束力不仅与主动力有关，而且还与刚体自身的惯性力系有关。轴承约束力中只与主动力有关的部分称为**静约束力**；轴承约束力中由于惯性力引起的约束力称为附加动约束力，简称**动约束力**。

在高速转动机械中，轴承的动约束力比静约束力大很多，而且又是周期性变化的，非常容易引起振动，影响机器的正常运行。因此，对绕定轴转动的刚体，要尽量消除轴承动约束力。

下面推导绕定轴转动刚体的轴承全约束力（包括静约束力和动约束力）的表达式，然后再推出消除动约束力的条件，这在工程中具有重要的实际意义。

设任一质量为 m 的刚体绕定轴转动，某瞬时其角速度为 ω，角加速度为 α，取转轴为 z 轴建立直角坐标系，如图 14-13 所示。刚体上任一质量为 m_i 的质点 M_i 的坐标为 (x_i, y_i, z_i)，其相对坐标原点 A 的矢径为

$$\boldsymbol{r}_i = x_i\boldsymbol{i} + y_i\boldsymbol{j} + z_i\boldsymbol{k}$$

由运动学知，质点 M_i 的速度和加速度的矢量表达式为

$$\begin{aligned}\boldsymbol{v}_i &= \boldsymbol{\omega}\times\boldsymbol{r}_i = \omega\boldsymbol{k}\times(x_i\boldsymbol{i}+y_i\boldsymbol{j}+z_i\boldsymbol{k}) \\ &= -\omega y_i\boldsymbol{i} + \omega x_i\boldsymbol{j}\end{aligned}$$

$$\begin{aligned}\boldsymbol{a}_i &= \boldsymbol{\alpha}\times\boldsymbol{r}_i + \boldsymbol{\omega}\times\boldsymbol{v}_i = \alpha\boldsymbol{k}\times(x_i\boldsymbol{i}+y_i\boldsymbol{j}+z_i\boldsymbol{k}) + \\ &\quad \omega\boldsymbol{k}\times(-\omega y_i\boldsymbol{i}+\omega x_i\boldsymbol{j}) \\ &= -(\alpha y_i + \omega^2 x_i)\boldsymbol{i} + (\alpha x_i - \omega^2 y_i)\boldsymbol{j}\end{aligned}$$

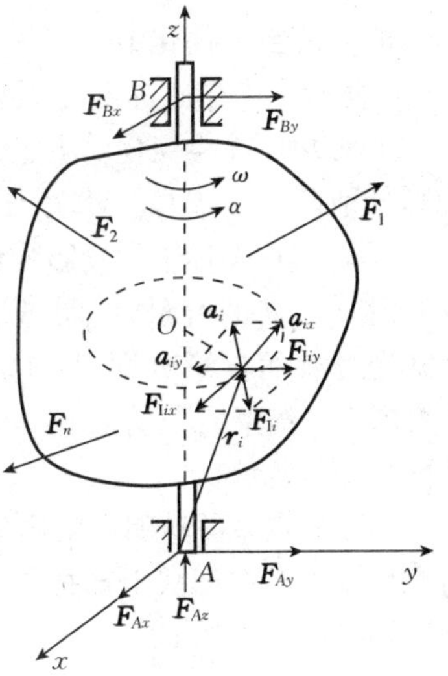

图 14-13

将刚体各质点所受的惯性力系向 A 点简化，得到一作用于 A 点的力 $\boldsymbol{F}_I$ 及一力偶矩 $\boldsymbol{M}_{IA}$，可分别表示为

$$\begin{aligned}\boldsymbol{F}_I &= \sum \boldsymbol{F}_{Ii} = -\sum m_i\boldsymbol{a}_i \\ &= \sum m_i(\alpha y_i + \omega^2 x_i)\boldsymbol{i} + \sum m_i(-\alpha x_i + \omega^2 y_i)\boldsymbol{j} \\ &= (my_C\alpha + mx_C\omega^2)\boldsymbol{i} + (-mx_C\alpha + my_C\omega^2)\boldsymbol{j}\end{aligned} \tag{14-9}$$

或写为投影形式

$$\begin{cases}F_{Ix} = my_C\alpha + mx_C\omega^2 \\ F_{Iy} = -mx_C\alpha + my_C\omega^2 \\ F_{Iz} = 0\end{cases} \tag{14-10}$$

$$\begin{aligned}\boldsymbol{M}_{\mathrm{IA}} &= \sum \boldsymbol{M}_A(\boldsymbol{F}_\mathrm{I}) = \sum \boldsymbol{r}_i \times (-m_i\boldsymbol{a}_i)\\ &= \sum (x_i\boldsymbol{i}+y_i\boldsymbol{j}+z_i\boldsymbol{k})\times m_i[(\alpha y_i+\omega^2 x_i)\boldsymbol{i}+(-\alpha x_i+\omega^2 y_i)\boldsymbol{j}]\\ &= -\sum m_i(y_iz_i\omega^2 - z_ix_i\alpha)\boldsymbol{i}+\sum m_i(z_ix_i\omega^2+y_iz_i\alpha)\boldsymbol{j}-\sum m_i(x_i^2+y_i^2)\alpha\boldsymbol{k}\end{aligned} \tag{14-11}$$

令 $J_{xz}=\sum m_iz_ix_i$，$J_{yz}=\sum m_iy_iz_i$，它们是刚体内每个质点的质量与其两个不同坐标连乘积之和，分别称为刚体对于 z、x 轴，对于 y、z 轴的**惯性积**。惯性积的单位与转动惯量相同，是代数量，有正有负，也可为零。引入惯性积后，式（14-11）可写为

$$\boldsymbol{M}_{\mathrm{IA}}=(-J_{yz}\omega^2+J_{zx}\alpha)\boldsymbol{i}+(J_{zx}\omega^2+J_{yz}\alpha)\boldsymbol{j}-J_z\alpha\boldsymbol{k} \tag{14-12}$$

其在直角坐标轴的投影表达式为

$$\begin{cases}M_{\mathrm{I}x}=J_{zx}\alpha-J_{yz}\omega^2\\ M_{\mathrm{I}y}=J_{yz}\alpha+J_{zx}\omega^2\\ M_{\mathrm{I}z}=-J_z\alpha\end{cases} \tag{14-13}$$

设刚体在主动力 $\boldsymbol{F}_1$，$\boldsymbol{F}_2$，…，$\boldsymbol{F}_n$ 作用下绕 z 轴转动，选转轴上 A 点为简化中心，其上所有的主动力简化的主矢以 $\boldsymbol{F}_\mathrm{R}$ 表示，其在坐标轴的投影分别以 $F_{\mathrm{R}x}$，$F_{\mathrm{R}y}$，$F_{\mathrm{R}z}$ 表示。主动力向 A 点简化的主矩以 $\boldsymbol{M}_A$ 表示，其在坐标轴的投影分别以 M_x，M_y，M_z 表示。惯性力系简化的主矢以 $\boldsymbol{F}_\mathrm{I}$ 表示，其在坐标轴的投影分别以 $F_{\mathrm{I}x}$，$F_{\mathrm{I}y}$表示（注意 F_I 没有沿 z 方向的分量），向 A 点简化的主矩以 $\boldsymbol{M}_{\mathrm{IA}}$ 表示，其在坐标轴的投影分别以 $M_{\mathrm{I}x}$，$M_{\mathrm{I}y}$，$M_{\mathrm{I}z}$ 表示。轴承 A、B 处的五个约束力分别以 $\boldsymbol{F}_{Ax}$，$\boldsymbol{F}_{Ay}$，$\boldsymbol{F}_{Az}$，$\boldsymbol{F}_{Bx}$，$\boldsymbol{F}_{By}$ 表示，如图14-14所示。

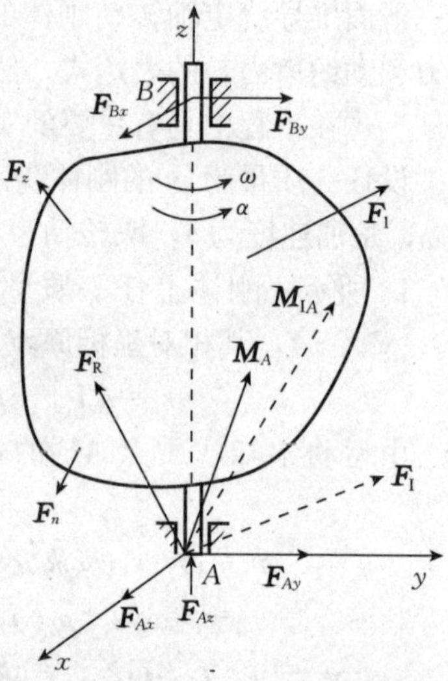

图 14-14

根据质点系的达朗贝尔原理，刚体所受主动力、约束力和惯性力系在形式上形成了一个平衡的空间任意力系，故可列平衡方程如下

$$\begin{cases}\sum F_x=0 \quad F_{Ax}+F_{Bx}+F_{\mathrm{R}x}+F_{\mathrm{I}x}=0\\ \sum F_y=0 \quad F_{Ay}+F_{By}+F_{\mathrm{R}y}+F_{\mathrm{I}y}=0\\ \sum F_z=0 \quad F_{Az}+F_{\mathrm{R}z}=0\\ \sum M_x=0 \quad -F_{By}\cdot AB+M_x+M_{\mathrm{I}x}=0\\ \sum M_y=0 \quad F_{Bx}\cdot AB+M_y+M_{\mathrm{I}y}=0\\ \sum M_z=0 \quad M_z+M_{\mathrm{I}z}=0\end{cases} \tag{14-14}$$

方程组的第六式即为刚体定轴转动微分方程。如果已知作用在刚体上的主动力系和初始角速度 ω_0，由第六个方程可求出角加速度 α，并由运动学求出刚体的角速度 ω，从而可计算出惯性力系的主矢及主矩的投影。由前五式联立解得轴承约束力为

$$
\begin{aligned}
F_{Ax} &= \frac{1}{AB}(M_y + M_{Iy}) - F_{Rx} - F_{Ix} \\
F_{Ay} &= -\frac{1}{AB}(M_x + M_{Ix}) - F_{Ry} - F_{Iy} \\
F_{Bx} &= -\frac{1}{AB}(M_y + M_{Iy}) \\
F_{By} &= \frac{1}{AB}(M_x + M_{Ix}) \\
F_{Az} &= -F_{Rz}
\end{aligned} \tag{14-15}
$$

由上述结论中的最后一式可知，沿轴向的轴承约束力 F_{Az} 与惯性力无关。而其他与转轴 z 垂直的轴承约束力 $\boldsymbol{F}_{Ax}$，$\boldsymbol{F}_{Ay}$，$\boldsymbol{F}_{Bx}$，$\boldsymbol{F}_{By}$ 则与惯性力系有关，这些约束力中由惯性力系引起的轴承约束力就是我们要求的轴承动约束力。轴承动约束力的出现会给机器带来不良的后果，所以我们应设法消除它，即要使动约束力为零，则应有

$$F_{Ix} = F_{Iy} = 0, \quad M_{Ix} = M_{Iy} = 0$$

由式（14－10）和式（14－13），应有

$$
\begin{cases}
F_{Ix} = m y_C \alpha + m x_C \omega^2 = 0 \\
F_{Iy} = -m x_C \alpha + m y_C \omega^2 = 0 \\
M_{Ix} = J_{xz}\alpha - J_{yz}\omega^2 = 0 \\
M_{Iy} = J_{yz}\alpha + J_{xz}\omega^2 = 0
\end{cases} \tag{14-16}
$$

由上式可解得

$$x_C = y_C = 0 \tag{14-17}$$

$$J_{yz} = J_{xz} = 0 \tag{14-18}$$

式（14－17）的意义是很明显的，它要求刚体的质心必须在转轴上。式（14－18）是使惯性力对 x、y 轴之矩都等于零的条件。刚体对任一直角坐标系的惯性积，一般不等于零。但理论证明，过刚体内任一点都可找到一个直角坐标系，刚体对此坐标系的三个惯性积都等于零。这三个坐标轴称为刚体在该点的**惯性主轴**。如果只有 $J_{zx} = J_{yz} = 0$，而 $J_{xy} \neq 0$，则只有 z 轴为主轴（其余类推）。通过质心的惯性主轴称为**中心惯性主轴**。

由此可见，要消除轴承动约束力，必须使刚体的质心在转轴上，并且刚体对于与转轴有关的两个惯性积都等于零，也即转轴 z 应是中心惯性主轴。

于是得结论，刚体绕定轴转动时，避免出现轴承动约束力的条件是：转轴通过质心，刚体对转轴的惯性积等于零。

上述结论也可以叙述为：**避免出现轴承动约束力的条件是，刚体的转轴必须也只需是刚体的中心惯性主轴。**

当刚体的转轴通过质心且为惯性主轴时，惯性力自成平衡，刚体转动时不出现轴承动约束力，称这种现象为**动平衡**。当刚体的转轴通过质心，且刚体除重力外，没有受到其他主动力作用时，刚体可以在任意位置静止不动，称这种现象为**静平衡**。但能够静平衡的定轴转动刚体不一定能够实现动平衡，而能够动平衡的定轴转动刚体肯定能够实现静平衡。

事实上，由于转子的材料不均匀、制造误差、安装偏差等原因，都可能使转轴偏离中心惯性主轴。为了避免出现轴承动约束力，确保机器质量和运行安全可靠，在有条件的地方，可在专门的静平衡与动平衡试验机上进行静、动平衡试验，根据试验数据，在刚体的适当位

置附加一些质量或去掉一些质量，使其达到动平衡的要求。静平衡试验机可以调整质心在转轴上或尽可能在转轴上，动平衡试验机可以调整对转轴的惯性积，使其对转轴的惯性积为零或尽可能为零。所以工程实际中的高速旋转构件，如机床主轴、发动机曲轴等都要经过动平衡试验合格后才能出厂。

另外，在工程中还有相反的实例，即为了获得较大的冲击力，故意制造出偏心距，如某些打夯机，正是利用偏心块的运动来夯实地基的，这种情况就另当别论了。

例 14－5　如图 14－15 所示转子，具有与 AB 转轴垂直的对称平面，质量为 $m=200$ kg，偏心距为 $e=0.1$ mm。设转轴匀速转动时的转速为 $n=12\,000$ r/min，求质心转动到最低位置时，轴承 A、B 所受的动约束力。

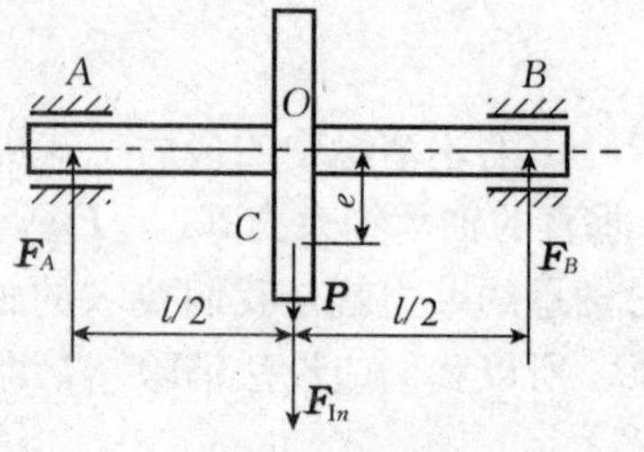

图 14－15

解：（1）选取整个转子为研究对象。

（2）分析受力：有重力 $\boldsymbol{P}$，轴承约束力 $\boldsymbol{F}_A$、$\boldsymbol{F}_B$。

（3）分析运动：转子做匀速转动，角加速度 $\alpha=0$，所以当惯性力系向转轴上一点 O 简化时，惯性力矩应为零，故惯性力系的简化结果只有一个惯性力。当质心 C 处于最低处时，轴承处约束力最大，受力如图所示。由于转子匀速转动，故质心 C 只有法向加速度 $\boldsymbol{a}_{Cn}$，所以惯性力大小为

$$F_{In}=ma_{Cn}=me\omega^2=me\left(\frac{\pi n}{30}\right)^2=31\,540(\text{N})$$

方向与 $\boldsymbol{a}_{Cn}$ 相反。

（4）对转子应用质点系的达朗贝尔原理，列方程可得

$$\sum F_z=0,\qquad F_A+F_B-P-F_{In}=0$$

$$\sum M_A(\boldsymbol{F})=0,\qquad F_Bl-(P+F_{In})\frac{l}{2}=0$$

联立求解，并将数据代入得

$$\begin{aligned}F_A=F_B&=\frac{P}{2}+\frac{F_{In}}{2}=\frac{1}{2}\left[200\times9.8+(200\times0.1\times10^{-3})\times\left(\frac{\pi\times12\,000}{30}\right)^2\right]\\&=980+15\,770=16\,750(\text{N})\end{aligned}$$

由结果可以看出，在图示位置时，轴承受到的附加动约束力为 $\frac{F_{In}}{2}=15\,770$ N，而轴承的静约束力为 $\frac{P}{2}=980$ N，即轴承的附加动约束力是静约束力的 16 倍之多！而且转速越高，偏心距越大，轴承的动约束力也就越大，这势必使轴承磨损加快，甚至引起轴承的破坏。再者，惯性力的方向是随刚体的旋转而周期性变化的，故动约束力的大小和方向也会发生周期性的变化，这势必将引起机器的振动与噪声，还会加速轴承的磨损与破坏。因此，在设计高速回转机械时，必须尽量减小与消除偏心距，从而消除动约束力。

思考题

14－1　运动的刚体，其惯性力都只能加在质心上，对吗？刚体平动、定轴转动和平面运动时惯性力系简化的结果是什么？

14-2　在日常生活中，你碰到哪些产生惯性力的实例？并说明这些惯性力所起的作用。

14-3　动静法方程与静力学平衡方程有什么区别？

14-4　应用动静法时，对静止的质点是否需要加惯性力？对运动着的质点是否都需要加惯性力？

14-5　惯性力与惯性有无区别？物体做惯性运动时有无惯性力？产生惯性力的首要条件是什么？

14-6　赛跑时，为什么运动员的身体要在转弯处向跑道圆心方向倾斜？

14-7　什么叫动约束力？对绕定轴转动的一般刚体，如何消除动约束力？

14-8　如思考题 14-8 图所示的平面机构中，$AC /\!/ BD$，且 $AC=BD=a$，均质杆 AB 的质量为 m，长为 l。杆 AB 做何种运动？其惯性力系的简化结果是什么？若杆 AB 是非均质杆又如何？

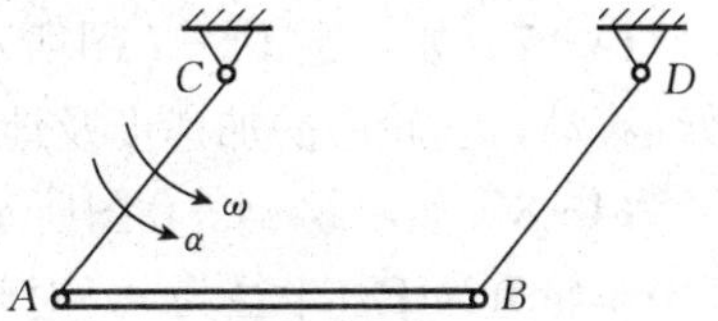

思考题 14-8 图

习　题

14-1　如习题 14-1 图所示，重为 $\boldsymbol{P}$ 的小物块从 A 点在铅垂平面内沿半径为 r 的半圆轨道滑下，其初速度为零，不计阻力，试求物块在半圆轨道任意位置时所受的力。

14-2　习题 14-2 图是一重为 2.8 kN 的桶，在矿井中以匀加速度下降，在最初 10 s 内经过了 35 m，初速度为零，求绳子的拉力 T。

14-3　习题 14-3 图中调速器绕铅垂轴 z 以角速度 ω 做匀速转动，且两小球质量相等，已知尺寸 b 及 l，求小球 A、B 相对静止时，AC、BD 杆与铅垂线的夹角 α 与 ω 的关系。

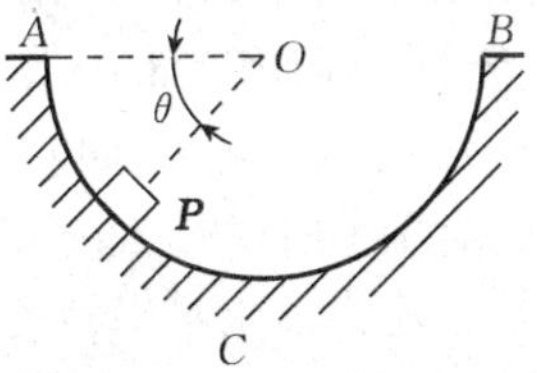

习题 14-1 图

习题 14-2 图

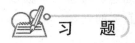

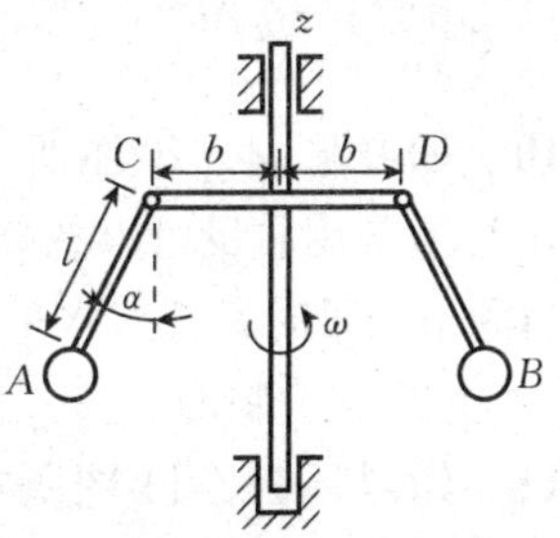

习题 14-3 图

14-4　均质杆 AB 重为 $\boldsymbol{P}$，大小为 4 kN，杆的两端悬挂在两条平行绳上，使杆处于水平位置，如习题 14-4 图所示。当某瞬时把其中一绳剪断，求此瞬时另一绳的张力 T。

14-5　如习题 14-5 图所示，在悬臂梁 AB 的端点 B 装有质量为 m_B、半径为 R 的均质鼓轮。并且在鼓轮上作用一主动力偶 M，来提升质量为 m_C 的物体。设 $AB=l$，梁和绳子的自重不计，求支座 A 处的约束力和约束力偶。

14-6　重为 $\boldsymbol{P}_1$ 的重物 A 沿斜面 D 下滑，同时借绕过滑轮 C 的绳使重为 $\boldsymbol{P}_2$ 的重物 B 上升，斜面与水平成 α 角，如习题 14-6 图所示。不计滑轮和绳的质量及摩擦，求斜面 D 给地面 E 处凸出部分的水平压力。

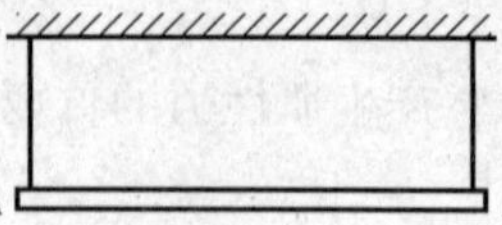

习题 14-4 图

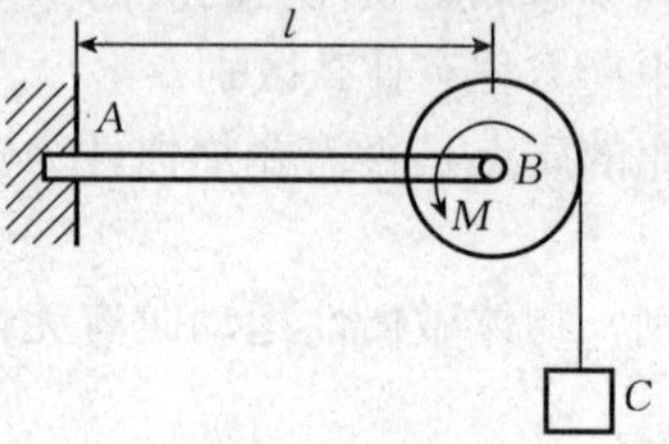

习题 14-5 图

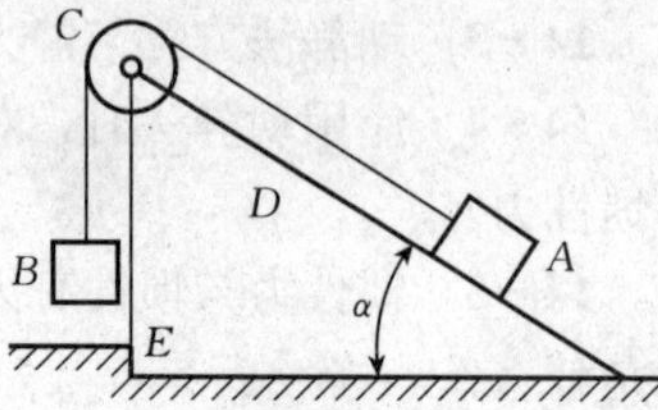

习题 14-6 图

14-7 如习题 14-7 图所示，均质圆轮重为 $\boldsymbol{P}$，半径为 R，在常力 $\boldsymbol{T}$ 作用下沿水平面做纯滚动，求轮心的加速度及地面的约束力。

14-8 如习题 14-8 图所示，一拖车沿水平面纯滚动，加速度为 $\boldsymbol{a}$，拖车总重量为 $\boldsymbol{G}$，其中车轮重为 $\boldsymbol{P}$，半径为 r，对轮轴的回转半径 $\rho=0.8r$，设拖车的重心 C 与 A 在同一水平线上，距地面为 h，轮轴距为 l。求 A、B 处的约束力。

14-9 如习题 14-9 图所示，曲柄 OA 质量为 m_1，长为 r，以等角速度 ω 绕水平轴 O 逆时针转动。曲柄的 A 端推动水平板 B，使质量为 m_2 的滑杆 C 沿铅直方向运动。忽略摩擦，求当曲柄与水平方向夹角 $\theta=30°$时的力偶矩 M 及轴承 O 处的约束力。

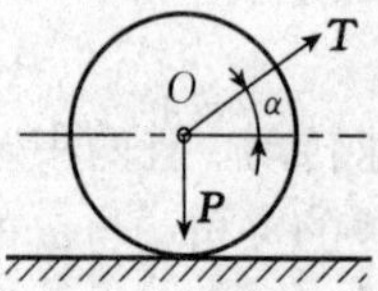

习题 14-7 图

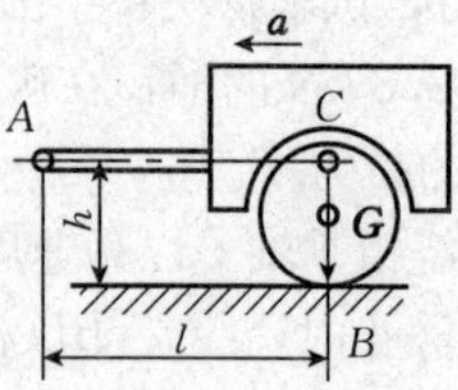

习题 14-8 图

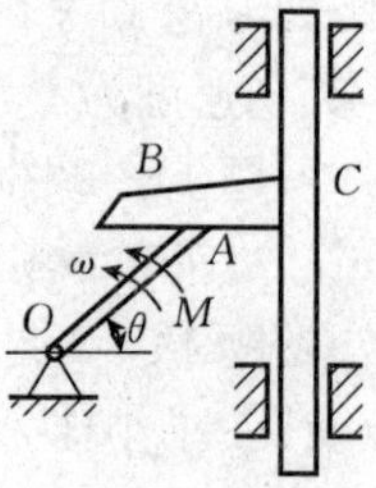

习题 14-9 图

14-10 如习题 14-10 图所示，质量为 $m=45.4\ \text{kg}$ 的均质细直杆 AB，下端 A 搁在光滑水平面上，上端 B 用质量可以忽略不计的绳子 BD 系在固定点 D，杆长 $l=3.05\ \text{m}$，绳长 $h=1.22\ \text{m}$，当绳子铅垂时，杆对水平面的倾角 $\theta=30°$，A 点速度 $v_A=2.44\ \text{m/s}$，向左运动，A 点加速度 $a_A=0$，求在此瞬时：(1) 杆的角加速度；(2) 加在 A 端的力 $\boldsymbol{P}$；(3) 绳子拉力。

14-11 如习题 14-11 图所示，均质圆柱体质量为 $m=20\ \text{kg}$，被水平绳拉着做纯滚动，绳子跨过定滑轮 B，在另一端系有质量为 $m_1=10\ \text{kg}$ 的重物 A。求圆柱体中心 C 的加速度，滑轮和绳的质量以及水平面的滚阻均忽略不计。

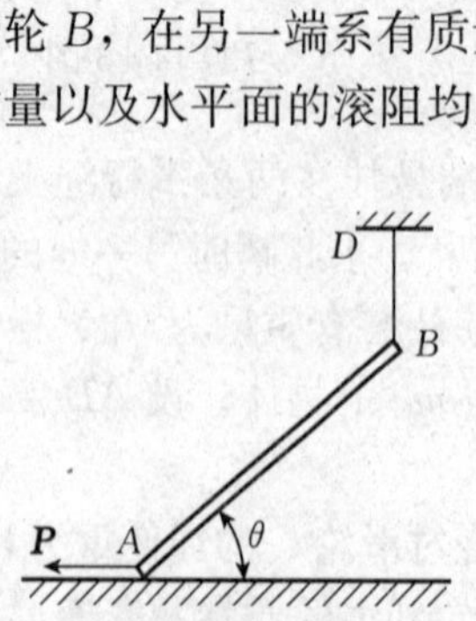

习题 14-10 图

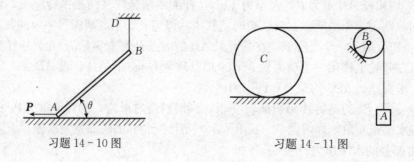

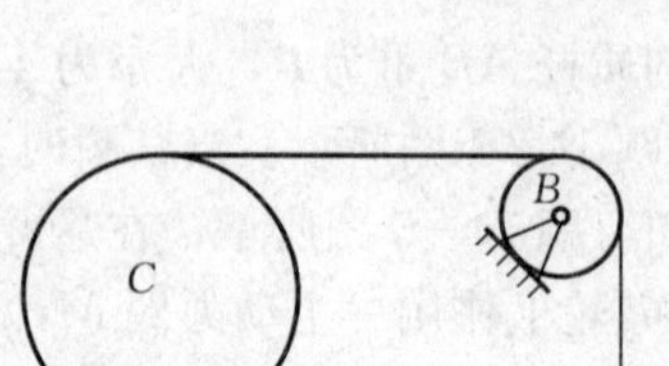

习题 14-11 图

14-12　如习题 14-12 图所示，质量为 m_1 的辊子 A 沿倾角为 α 的斜面向下做纯滚动。辊子借一跨过滑轮 B 的绳子提升一质量为 m 的物体 E，同时带动滑轮 B 绕 O 轴转动。绳子质量不计，试求：(1) 辊子 A 的质心加速度；(2) CD 段绳子的拉力；(3) 轴承 O 处的支反力；(4) 辊子 A 受到的摩擦力。

14-13　如习题 14-13 图所示，质量为 $m=20$ kg 的砂轮，因安装不正使重心偏离转轴，偏心距 $e=0.1$ mm，试求当转速 $n=10\ 000$ r/min 时，作用于轴承 A、B 处的附加动约束力。

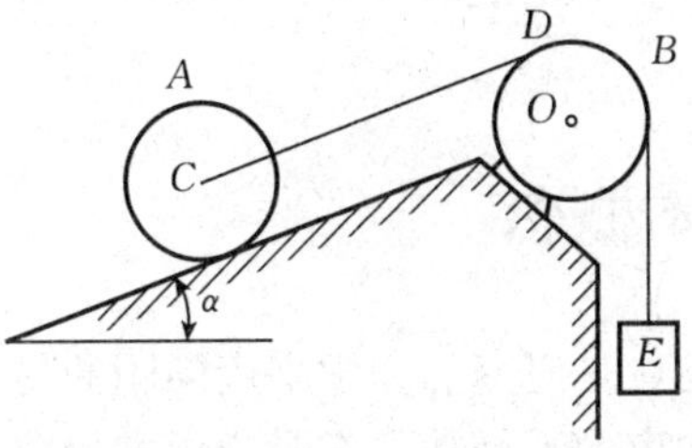

习题 14-12 图

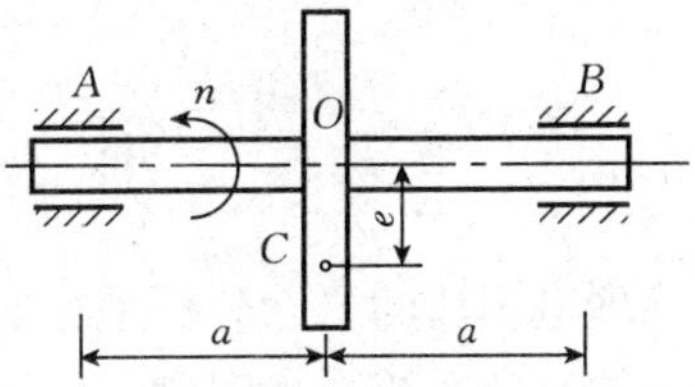

习题 14-13 图

14-14　均质等厚薄板的尺寸如习题 14-14 图所示，单位面积质量为 $\rho=500$ kg/m^2。求其对 x、y 轴的惯性积 J_{xy}。

14-15　均质圆盘以匀角速度 ω 绕通过盘心的铅垂轴转动，圆盘平面与转轴成 α 角，如习题 14-15 图所示。已知两轴承 A 和 B 与圆盘中心相距各为 m 和 n，圆盘半径为 R，重为 $\boldsymbol{P}$。求两轴承 A 和 B 的动约束力在图示 $Oxyz$ 坐标轴上的投影。

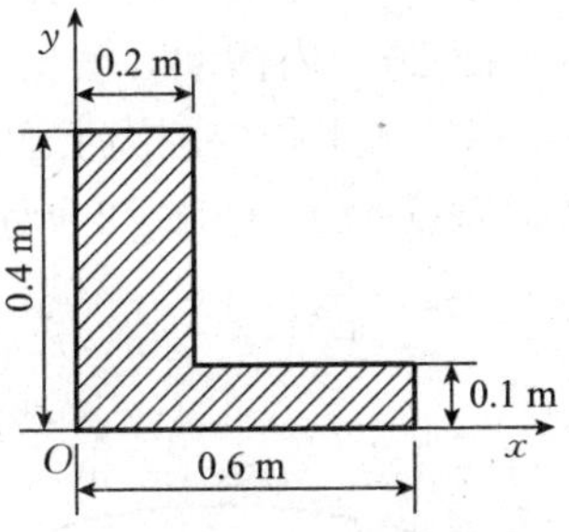

习题 14-14 图

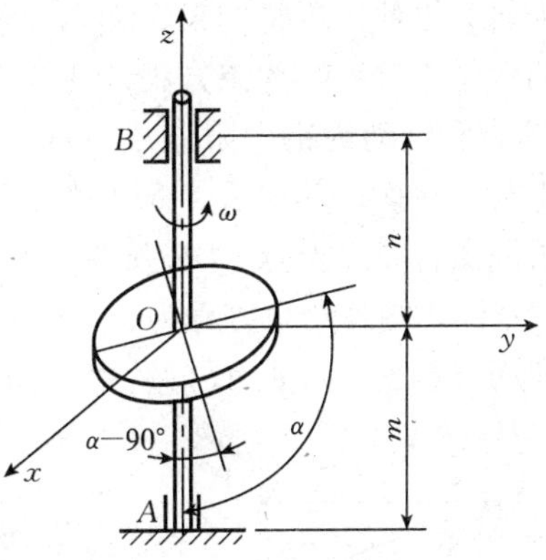

习题 14-15 图

习题参考答案

第十五章 虚位移原理

【内容提要】了解工程中的约束及其分类，正确区分几何约束与运动约束、完整约束与非完整约束。了解自由度及广义坐标的概念。了解工程中常见的各种理想约束的情形，理解虚位移及虚功的概念，掌握虚位移原理的应用。

第一节 基本概念

虚位移原理应用功的概念分析系统的平衡问题，是研究静力学平衡问题的另一途径。对于受理想约束的复杂系统平衡问题，由于未知的约束力不做功，有时应用虚位移原理求解比平衡方程更为方便。

虚位移原理与达朗贝尔原理结合起来组成动力学普遍方程，又为求解复杂系统的动力学问题提供了另一种普遍的方法，这些理论构成了分析力学的基础。本章只介绍虚位移原理的工程应用，而不按分析力学的体系追求其完备性和严密性。

一、约束及其分类

工程中大多数物体的运动都受到周围物体的限制，不能任意运动，这种质点系称为非自由质点系。为研究方便，现将约束定义为：限制质点或质点系运动的条件称为**约束**，表示这些限制条件的数学方程称为**约束方程**。现从不同的角度对约束分类如下。

1. 几何约束和运动约束 限制质点或质点系在空间的几何位置的条件称为**几何约束**。例如图 15-1 所示单摆，其中质点 M 可绕固定点 O 在平面 Oxy 内摆动，摆长为 l。这时摆杆对质点的限制条件是：质点 M 必须在以点 O 为圆心、以 l 为半径的圆周上运动。若以 x，y 表示质点的坐标，则其约束方程为 $x^2+y^2=l^2$。又如，质点 M 在图 15-2 所示固定曲面上运动，那么曲面方程就是质点 M 的约束方程，即 $f(x, y, z)=0$。

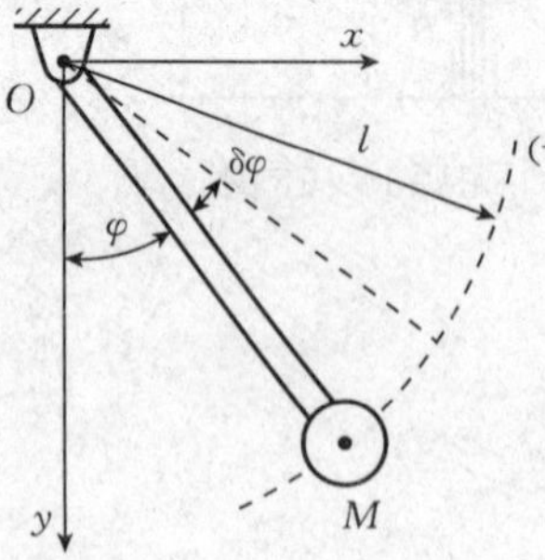

图 15-1

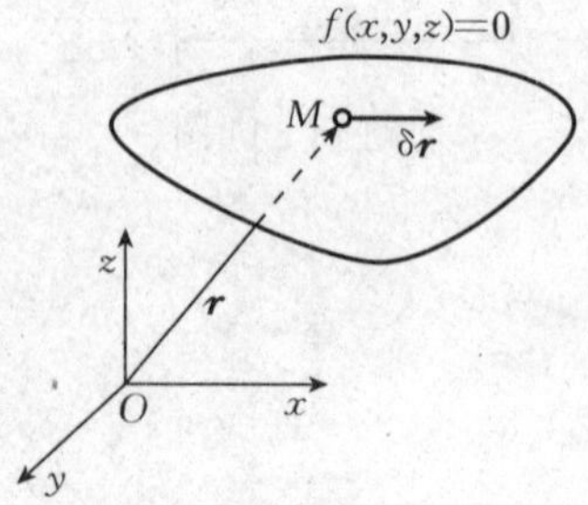

图 15-2

又例如，在图 15-3 所示曲柄连杆机构中，连杆 AB 所受约束有：点 A 只能做以点 O

为圆心、以 r 为半径的圆周运动，点 B 与点 A 间的距离始终保持为杆长 l，点 B 始终沿滑道做直线运动。这三个条件以约束方程表示为

$$x_A^2+y_A^2=r^2$$

$$(x_B-x_A)^2+(y_B-y_A)^2=l^2$$

$$y_B=0$$

上述例子中各约束都是限制质点系的几何位置，因此都是几何约束。

在力学中，除了几何约束外，还有限制质点系运动情况的运动学条件，称为**运动约束**。例如，图 15-4 所示车轮沿直线轨道做纯滚动时，车轮除了受到限制其轮心 A 始终与地面保持距离为 r 的几何约束 $y_A=r$ 外，还受到只滚动不滑动的运动学的限制，即每一瞬时有

$$v_A-r\omega=0$$

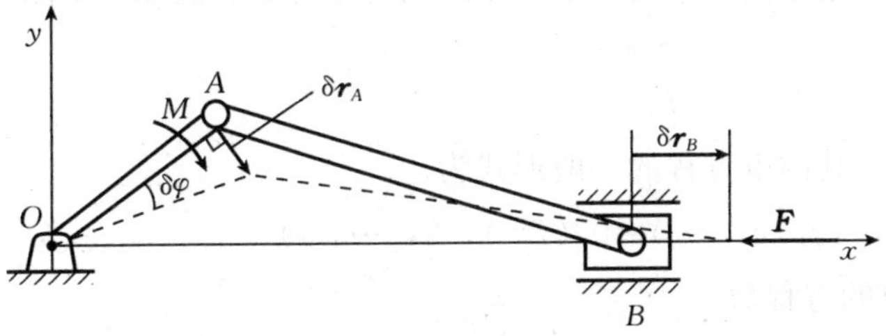

图 15-3

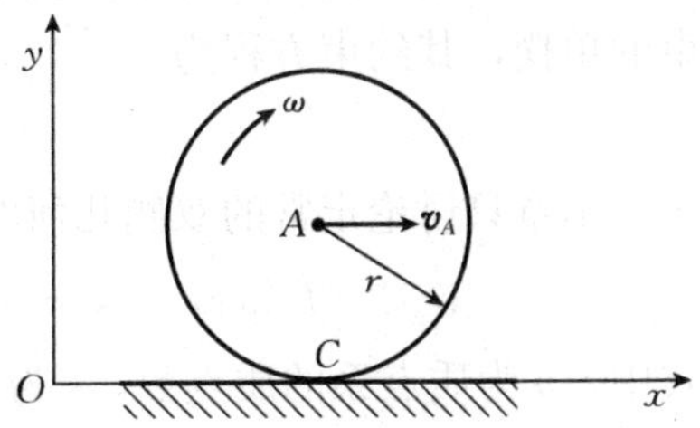

图 15-4

上述约束就是运动约束，上述方程即为约束方程。设 x_A 和 φ 分别为点 A 的坐标和车轮的转角，有 $v_A=\dot{x}_A$，$\omega=\dot{\varphi}$，则上式又可改写为

$$\dot{x}_A-r\dot{\varphi}=0$$

2. 定常约束和非定常约束　图 15-5 为一摆长 l 随时间变化的单摆，重物 M 由一根穿过固定圆环 O 的细绳系住。设在开始时摆长 l_0，然后以等速 v 拉动细绳的另一端，此时单摆的约束方程为

$$x^2+y^2=(l_0-vt)^2$$

由上式可见，约束条件是随时间变化的，这类约束称为**非定常约束**。

不随时间变化的约束称为**定常约束**，在定常约束的约束方程中不显含时间 t，图 15-1 所示单摆的约束是定常约束。

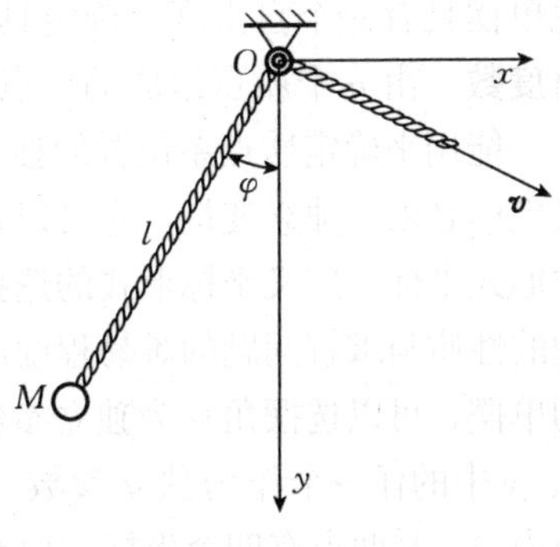

图 15-5

3. 完整约束与非完整约束　如果约束方程中包含坐标对时间的导数（如运动约束），而且方程不可能积分为有限形式，这类约束称为**非完整约束**。非完整约束方程总是微分方程的形式。反之，如果约束方程中不包含坐标对时间的导数，或者约束方程中微分项可以积分为有限形式，这类约束称为**完整约束**。例如，在上述车轮沿直线轨道做纯滚动的例子中，其运动约束方程 $\dot{x}_A-r\dot{\varphi}=0$ 虽是微分方程的形式，但它可以积分为有限形式，所以仍是完整约束。而如果车轮沿曲线轨道做纯滚动，轮心始终在同一平面，轮心 O_1 的位置为（x，y），

如图 15-6 所示，小轮绕自身轴的转角为φ。由于车轮与地面接触点的切向速度为零，于是约束方程为

$$r\dot{\varphi}+\dot{x}\cos\theta-\dot{y}\sin\theta=0$$

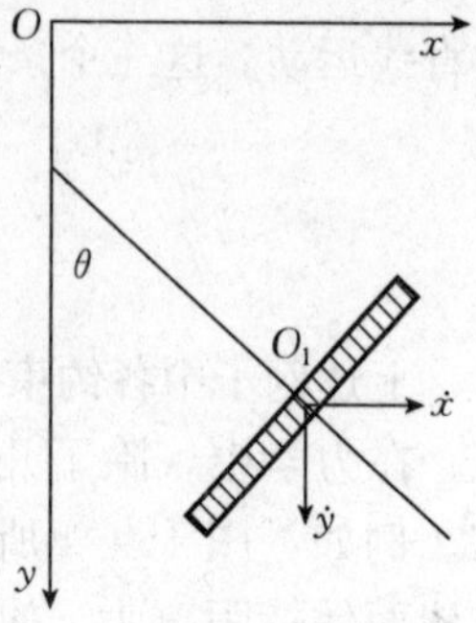

图 15-6

上式不能积分为有限形式，是非完整约束。几何约束必定是完整约束，但完整约束未必是几何约束。完整约束方程的一般形式为

$$f_j(x_1, y_1, z_1, \cdots, x_n, y_n, z_n; t)=0 \quad (j=1, 2, \cdots, s)$$

式中，n 为质点系的质点数，s 为约束方程数。

4. 双侧约束与单侧约束 在前述单摆的例子中，摆杆是一刚性杆，它限制质点沿杆的拉伸方向的位移，又限制质点沿杆的压缩方向的位移，这类约束称为**双侧约束**（或称为**固执约束**），双侧约束的约束方程是等式。若单摆是用不可伸长的柔绳系住的，则绳子不能限制摆锤沿缩短方向的运动，这类约束称为**单侧约束**。描述单侧约束的数学关系式则为不等式。例如，单侧约束的单摆，其约束方程为

$$x^2+y^2\leqslant l^2$$

本章只讨论定常的双侧几何约束，其约束方程的一般形式为

$$f_j(x_1, y_1, z_1, \cdots, x_n, y_n, z_n)=0 \quad (j=1, 2, \cdots, s)$$

式中，n 为质点系的质点数，s 为约束的方程数。

二、自由度及广义坐标

确定一个自由质点在空间的位置需要三个独立参数，即三个坐标，我们说自由质点在空间有三个自由度。确定一个质点在平面上的位置需要两个独立参数，即两个坐标，我们说此质点有两个自由度。对于在铅直面内运动的单摆，如图 15-1 所示，它的两个坐标 x、y 由约束方程 $x^2+y^2=l^2$ 建立了联系，所以确定单摆位置的两个坐标只有一个是独立的，我们说单摆具有一个自由度。确定具有完整约束的质点系位置的独立参数的数目称为质点系的**自由度数**。由 n 个质点组成的质点系，受 k 个完整约束，则系统的自由度数目 $N=3n-k$。

能用来确定质点系位置的独立参数称为**广义坐标**。广义坐标必须是独立变量，它可以是直角坐标、极坐标或其他形式坐标。广义坐标形式的选择不是唯一的，需要由问题的性质与求解问题的难易程度而定。例如图 15-1 所示的单摆，可以选摆角φ为独立参数，也可以选取质点坐标 x、y 中的任一个作为独立参数。图 15-3 的机构，在平面内 A、B 两点有四个坐标，但有三个约束方程，因此该系统只有一个自由度。可以选 OA 的转角φ作为广义坐标，也可以选点 B 的坐标 x_B 作为广义坐标。图 15-7 所示双摆，它的位置可以用两个独立参数 φ_1 和 φ_2 来确定，系统具有两个自由度。若取 φ_1、φ_2 作为广义坐标，则此时 A、B 的直角坐标可表示为广义坐标的函数，即

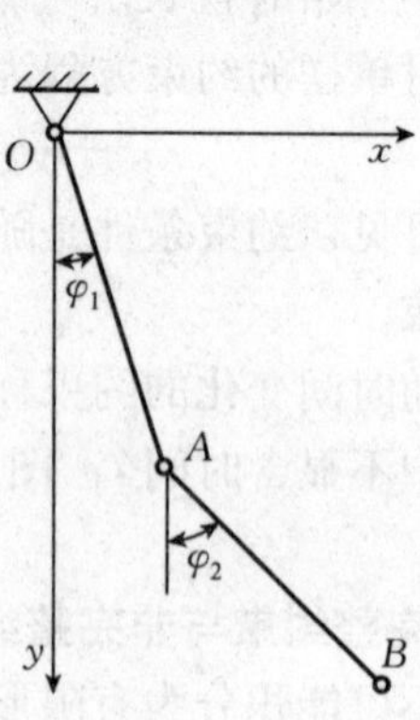

图 15-7

$$x_A=l_1\sin\varphi_1$$

$$y_A = l_1 \cos\varphi_1$$
$$x_B = l_1 \sin\varphi_1 + l_2 \sin\varphi_2$$
$$y_B = l_1 \cos\varphi_1 + l_2 \cos\varphi_2$$

在完整约束的条件下，广义坐标的数目等于系统的自由度数。在有非完整约束的情况下，广义坐标的数目与系统的自由度数并不相等。受 k 个完整约束，r 个非完整约束的 n 个质点组成的质点系，系统的广义坐标的数目 $N=3n-k$，而系统的自由度数目 $N=3n-k-r$。

三、虚位移与虚功

1. 虚位移　在静平衡问题中，质点系中各个质点都是静止不动的。我们设想在约束允许的条件下，给某质点一个任意的、极其微小的位移。例如在图 15-2 中，可以设想质点 M 在固定曲面上沿某个方向有一极小的位移 $\delta\boldsymbol{r}$。在图 15-3 中，可设想曲柄在平衡位置上转过任一极小转角 $\delta\varphi$，这时点 A 沿圆弧切线方向有相应的位移 $\delta\boldsymbol{r}_A$，点 B 沿导轨方向有相应的位移 $\delta\boldsymbol{r}_B$。上述两例中的位移 $\delta\boldsymbol{r}$，$\delta\varphi$，$\delta\boldsymbol{r}_A$，$\delta\boldsymbol{r}_B$ 都是约束允许的可能实现的某种假想的极微小的位移。在某瞬时，质点系在约束允许的条件下，可能实现的任何无限小的位移称为**虚位移**。虚位移可以是线位移，也可以是角位移。虚位移用变分符号 δ 表示，“变分”包含有无限小“变更”的意思。

必须注意，虚位移与实际位移（简称实位移）是不同的概念。实位移是质点或质点系在一定的力作用和给定的运动初始条件下，在一定时间内发生的具有确定方向的位移，是可以真正实现的位移，它除了与约束条件有关外，还与时间、主动力以及运动的初始条件有关；而虚位移仅与约束条件有关，它只能从几何上说明位移的可能性，既不涉及质点系的实际运动，也不涉及力的作用和完成位移的时间。因此在应用虚位移的概念时，时间 t 是不变量。因为虚位移是任意的无限小的位移，所以在定常约束的条件下，无限小实位移只是所有虚位移中的一个，而虚位移视约束情况，可以有多个。对于非定常约束，某个瞬时的虚位移是将时间固定后，约束所允许的位移，而实位移是不能固定时间的，所以这时实位移不一定是虚位移中的一个，两者全然不同。如有一曲面，其约束方程为

$$f(x,\ y,\ z,\ t)=0$$

则质点被限制在此曲面上运动时，虚位移 $\delta\boldsymbol{r}$ 将在该曲面的切平面内，而实位移 $\mathrm{d}\boldsymbol{r}$，则由于曲面运动，不在切平面内，如图 15-8 所示。

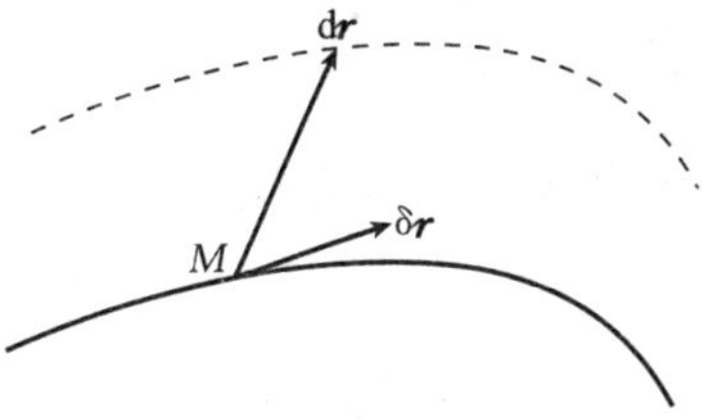

图 15-8

对于无限小的实位移，我们一般用微分符号 d 表示，例如 $\mathrm{d}\boldsymbol{r}$，$\mathrm{d}x$，$\mathrm{d}\varphi$ 等。

2. 虚功　当人为地给出质点系的一组虚位移时，作用在质点系上的力因其作用点发生位移而做功，这种力在虚位移中做的元功称为**虚功**。如以 $\boldsymbol{F}_i$ 表示作用在质点系内某一点上的一个力，则此力的虚功可表示为

$$\delta W_i = \boldsymbol{F}_i \cdot \delta\boldsymbol{r}_i$$

上式也可写成

$$\delta W_i = F_i \cdot \delta r_i \cos(\boldsymbol{F}_i,\ \delta\boldsymbol{r}_i)$$

或写成解析表达式

$$\delta W_i = F_{ix} \cdot \delta x_i + F_{iy} \cdot \delta y_i + F_{iz} \cdot \delta z_i$$

如图 15－3 中，按图示的虚位移，力 $\boldsymbol{F}$ 所做虚功 $\boldsymbol{F} \cdot \delta \boldsymbol{r}_B$ 为负功，力偶 M 所做虚功 $M\delta\varphi$ 为正功。本书中的虚功与实位移中的元功虽然采用同一符号 δW，但它们之间是有本质区别的。因为虚位移只是假想的，不是真实发生的，因而虚功也是假想的，是虚的。图 15－3 中的机构处于静止平衡状态，显然任何力都没做实功，但力可以做虚功。

3. 理想约束 如果在质点系的任何虚位移中，所有约束力所做虚功的和等于零，称这种约束为理想约束。若以 $\boldsymbol{F}_{Ni}$ 表示作用在某质点 i 上的约束力，$\delta \boldsymbol{r}_i$ 表示该质点的虚位移，δW_{Ni} 表示该约束力在虚位移中所做的功，则理想约束可以用数学公式表示为

$$\delta W_N = \sum \delta W_{Ni} = \sum \boldsymbol{F}_{Ni} \cdot \delta \boldsymbol{r}_i = 0$$

在动能定理一章已分析过光滑固定面约束、光滑铰链、无重刚杆、不可伸长的柔索、固定端等约束为理想约束，现从虚位移原理的角度看，这些约束也为理想约束。

第二节 虚位移原理

设有一质点系处于静止平衡状态，取质点系中任一质点 m_i，如图 15－9 所示。作用在该质点上的主动力的合力为 $\boldsymbol{F}_i$，约束力的合力为 $\boldsymbol{F}_{Ni}$。因为质点系处于平衡状态，则这个质点也处于平衡状态，因此有

$$\boldsymbol{F}_i + \boldsymbol{F}_{Ni} = 0$$

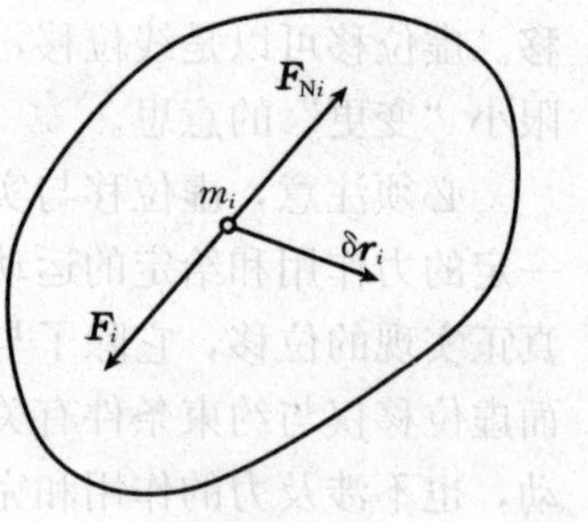

图 15－9

若给质点系以某种虚位移，其中质点 m_i 的虚位移为 $\delta \boldsymbol{r}_i$，则作用在质点 m_i 上的合力 $\boldsymbol{F}_i$ 和 $\boldsymbol{F}_{Ni}$ 的虚功的和为

$$\boldsymbol{F}_i \cdot \delta \boldsymbol{r}_i + \boldsymbol{F}_{Ni} \cdot \delta \boldsymbol{r}_i = 0$$

对于质点系内所有质点，都可以得到与上式同样的等式。将这些等式相加，得

$$\sum \boldsymbol{F}_i \cdot \delta \boldsymbol{r}_i + \sum \boldsymbol{F}_{Ni} \cdot \delta \boldsymbol{r}_i = 0$$

如果质点系具有理想约束，则约束力在虚位移中所做虚功的和为零，即 $\sum \boldsymbol{F}_{Ni} \cdot \delta \boldsymbol{r}_i = 0$，代入上式得

$$\sum \boldsymbol{F}_i \cdot \delta \boldsymbol{r}_i = 0 \tag{15-1}$$

用 δW_{Fi} 代表作用在质点 m_i 上的主动力的虚功，由于 $\delta W_{Fi} = \boldsymbol{F}_i \cdot \delta \boldsymbol{r}_i$，则上式可以写为

$$\sum \delta W_{Fi} = 0 \tag{15-2}$$

可以证明，上式不仅是质点系平衡的必要条件，也是充分条件。

因此可得结论：对于具有定常理想约束的质点系，其在某一位置平衡*的充分必要条件是：**作用于质点系的所有主动力在任何虚位移中所做虚功的和等于零。**上述结论称为虚位移原理，又称为虚功原理，式（15－1）和式（15－2）又称虚功方程。

式（15－1）也可写成解析表达式，即

* 这里的平衡是保持静止。

$$\sum(F_{ix}\delta x_i + F_{iy}\delta y_i + F_{iz}\delta z_i) = 0 \qquad (15-3)$$

式中，F_{ix}，F_{iy}，F_{iz} 为作用于质点 m_i 的主动力 $\boldsymbol{F}_i$ 在直角坐标轴上的投影，δx_i，δy_i，δz_i 为虚位移 $\delta \boldsymbol{r}_i$ 在直角坐标轴上的投影。

应用虚位移原理的条件是质点系应具有定常理想约束，但当系统中有非理想约束如摩擦或弹簧存在时，只要把摩擦力或弹性力当作主动力，在虚功方程中计入这些力在虚位移中所做的元功，则虚位移原理仍然适用。虚位移原理也可以用来求约束力，这时只要把相应的约束解除，代之以所要求的约束力，并将其作为主动力即可。

用虚位移原理求解机构的平衡问题，关键是找出各虚位移之间的关系，一般应用中，可采用几何法或解析法建立各虚位移之间的关系。

（1）几何法。对于刚体和刚体系统，常运用几何学或运动学求得各点虚位移之间的关系。

设机构某处产生虚位移，直接按约束条件和几何关系，确定各有关虚位移之间的关系，如例 15－1、例 15－3 和例 15－5。

按运动学方法，设某处产生虚速度，计算各有关点的虚速度。因 $\delta \boldsymbol{r} = \boldsymbol{v}\,\delta t$，故各点虚速度的关系也就是各点虚位移的关系。计算各虚速度时，可采用运动学中各种方法，如点的合成运动方法、刚体平面运动的基点法、速度投影定理、瞬心法及写出运动方程再求导数等，如例 15－3 和例 15－4。

（2）解析法。建立直角坐标系，选定合适的广义坐标，写出各有关点直角坐标与广义坐标间的关系，对各坐标进行变分运算，确定各虚位移之间的关系，如例 15－2、例 15－3 和例 15－4。

例 15－1　如图 15－10 所示，在螺旋压榨机的手柄 AB 上作用一水平面内的力偶（$\boldsymbol{F}$，$\boldsymbol{F}'$），其力偶矩 $M=2Fl$，螺杆的螺距为 h。求机构平衡时加在被压榨物体上的力。

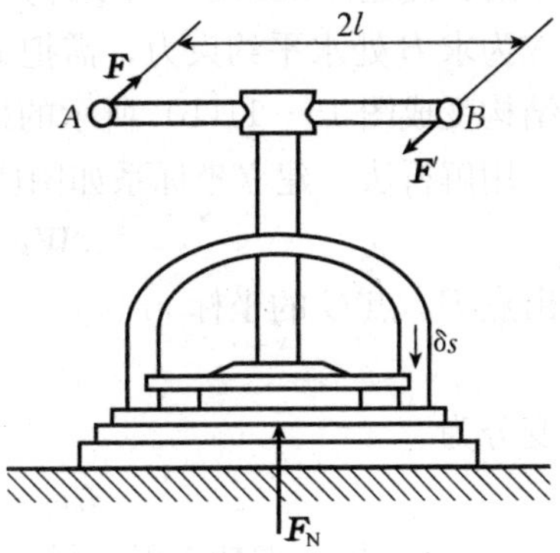

图 15－10

解：研究以手柄、螺杆和压板组成的平衡系统。忽略螺杆、螺母间的摩擦，其约束是理想约束。

解除被压物体对压板的约束，代之以相应的约束阻力 $\boldsymbol{F}_N$，并将其视为主动力，作用于平衡系统上的主动力还有作用于手柄上的力偶（$\boldsymbol{F}$，$\boldsymbol{F}'$）。给系统以虚位移，假想将手柄按螺纹方向转过极小角 $\delta\varphi$，于是螺杆和压板得到向下的虚位移 δs。

由机构的传动关系知，对于单头螺纹，手柄 AB 转一周，螺杆上升或下降一个螺距 h，故有

$$\frac{\delta\varphi}{2\pi} = \frac{\delta s}{h}$$

即

$$\delta s = \frac{h}{2\pi}\delta\varphi$$

计算所有主动力在虚位移中所做虚功的和，列出虚功方程

$$\sum \delta W_F = -F_N \cdot \delta s + 2Fl \cdot \delta\varphi = 0$$

将上述虚位移 δs 与 $\delta\varphi$ 的关系式代入虚功方程中，得

$$\sum \delta W_F = \left(2Fl - \frac{F_N h}{2\pi}\right)\delta\varphi = 0$$

因 $\delta\varphi$ 是任意的，故

$$2Fl-\frac{F_{\mathrm{N}}h}{2\pi}=0$$

$$F_{\mathrm{N}}=\frac{4\pi l}{h}F$$

作用于被压榨物体的力与此力等值反向。

例 15-2 图 15-11(a) 所示结构中，各杆自重不计，在 G 点作用一铅垂向上的力 $\boldsymbol{F}$，$AC=CE=CD=CB=DG=GE=l$。求支座 B 的水平约束力。

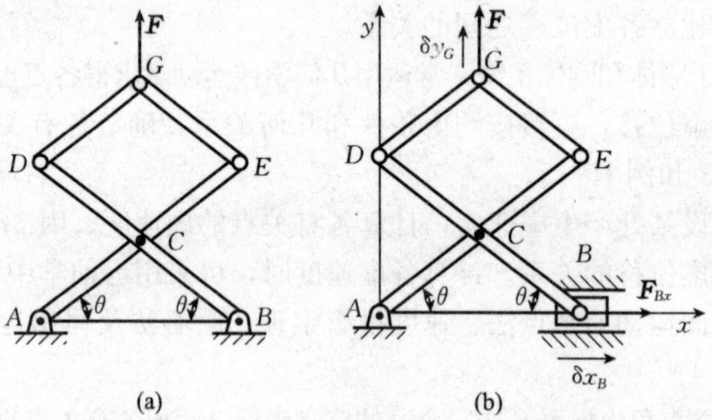

图 15-11

解： 此题涉及的是一个结构，其自由度为零。无论如何假想产生虚位移，结构都不允许。为求 B 处水平约束力，需把 B 处水平的约束解除，以力 $\boldsymbol{F}_{Bx}$ 代替，把此力当作主动力，则结构变成图 15-11(b) 所示的机构，此时就可以假想产生虚位移，应用虚位移原理求解。

用解析法。建立坐标系如图所示，列虚功方程

$$\delta W_F=0,\qquad F_{Bx}\cdot\delta x_B+F\cdot\delta y_G=0$$

写出点 B、点 G 的坐标 x_B、y_G，即

$$x_B=2l\cos\theta,\qquad y_G=3l\sin\theta$$

其变分为

$$\delta x_B=-2l\sin\theta\delta\theta,\qquad \delta y_G=3l\cos\theta\delta\theta$$

将 δx_B、δy_G 代入虚功方程，得

$$F_{Bx}(-2l\sin\theta\delta\theta)+F\cdot 3l\cos\theta\delta\theta=0$$

解得

$$F_{Bx}=\frac{3}{2}F\cot\theta$$

此题如果在 C、G 两点之间连接一自重不计、刚度系数为 k 的弹簧，如图 15-12(a) 所示。在图示位置弹簧已有伸长量 δ_0，其他条件不变，仍求支座 B 的水平约束力。则仍需解除 B 处水平方向约束，去掉弹簧，均代之以力，如图 15-12(b) 所示。在图示位置，弹簧有伸长量 δ_0，所以弹性力 $F_C=F_G=k\delta_0$。仍用解析法，列虚功方程

$$\delta W_F=0,\qquad F_{Bx}\cdot\delta x_B+F_C\cdot\delta y_C-F_G\cdot\delta y_G+F\cdot\delta y_G=0$$

而

$$x_B=2l\cos\theta,\qquad y_C=l\sin\theta,\qquad y_G=3l\sin\theta$$

其变分为

$$\delta x_B=-2l\sin\theta\delta\theta,\qquad \delta y_C=l\cos\theta\delta\theta,\qquad \delta y_G=3l\cos\theta\delta\theta$$

代入虚功方程，得

$$F_{Bx}(-2l\sin\theta\delta\theta)+k\delta_0\cdot l\cos\theta\delta\theta-k\delta_0\cdot 3l\cos\theta\delta\theta+F\cdot 3l\cos\theta\delta\theta=0$$

解得
$$F_{Bx}=\frac{3}{2}F\cot\theta-k\delta_0\cot\theta$$

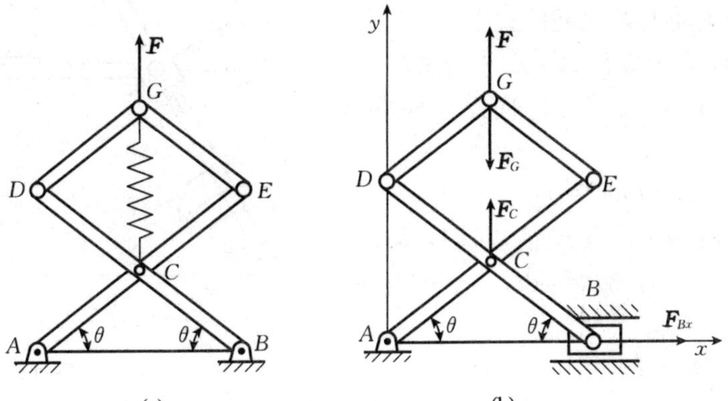

(a)　　　　(b)

图 15-12

例 15-3　图 15-13 所示椭圆规机构中，连杆 AB 长为 l，滑块 A，B 与杆重均不计，忽略各处摩擦，机构在图示位置平衡。求主动力 $\boldsymbol{F}_A$ 与 $\boldsymbol{F}_B$ 之间的关系。

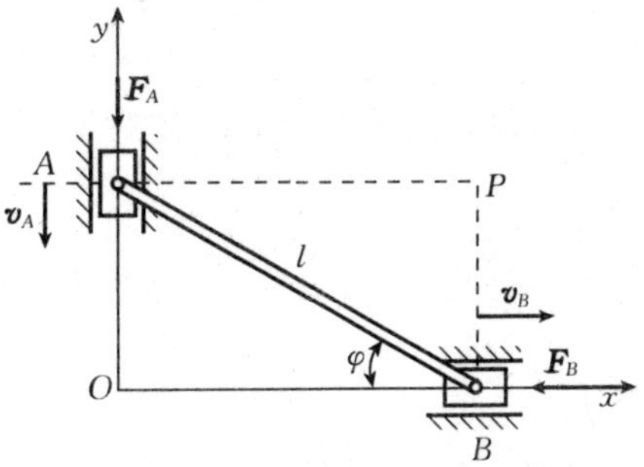

图 15-13

解： 研究整个机构，系统约束力为理想约束。对此题，可用下述两种方法求解。

（1）用解析法。建立图示坐标系，由虚功方程

$$\sum(F_{ix}\delta x_i+F_{iy}\delta y_i+F_{iz}\delta z_i)=0$$

有
$$-F_B\delta x_B-F_A\delta y_A=0 \qquad \text{(a)}$$

A，B 点的坐标为

$$x_B=l\cos\varphi,\qquad y_A=l\sin\varphi$$

求其变分，有

$$\delta x_B=-l\sin\varphi\delta\varphi,\qquad \delta y_A=l\cos\varphi\delta\varphi$$

将 δx_B 与 δy_A 代入式（a），解得

$$F_A=F_B\tan\varphi$$

（2）为求虚位移间的关系，也可以用“虚速度法”。可以假想虚位移 $\delta\boldsymbol{r}_A$，$\delta\boldsymbol{r}_B$ 是在某个极短的时间 $\mathrm{d}t$ 内发生的，这时对应点 A 和 B 的速度$\boldsymbol{v}_A=\dfrac{\delta\boldsymbol{r}_A}{\mathrm{d}t}$和$\boldsymbol{v}_B=\dfrac{\delta\boldsymbol{r}_B}{\mathrm{d}t}$称为虚速度。代入式 $\sum\boldsymbol{F}_{Ni}\cdot\delta\boldsymbol{r}_i=0$ 或 $\boldsymbol{F}_A\cdot\delta\boldsymbol{r}_A-\boldsymbol{F}_B\cdot\delta\boldsymbol{r}_B=0$ 得

$$F_Av_A-F_Bv_B=0 \qquad \text{(b)}$$

由速度投影定理

$$v_B\cos\varphi=v_A\sin\varphi$$

得
$$v_B=v_A\tan\varphi \qquad \text{(c)}$$

把式（c）代入式（b）得

$$F_A = F_B \tan\varphi$$

例 15-4 图 15-14 所示机构，不计各构件自重与各处摩擦，求机构在图示位置平衡时，主动力偶矩 M 与主动力 $\boldsymbol{F}$ 之间的关系。

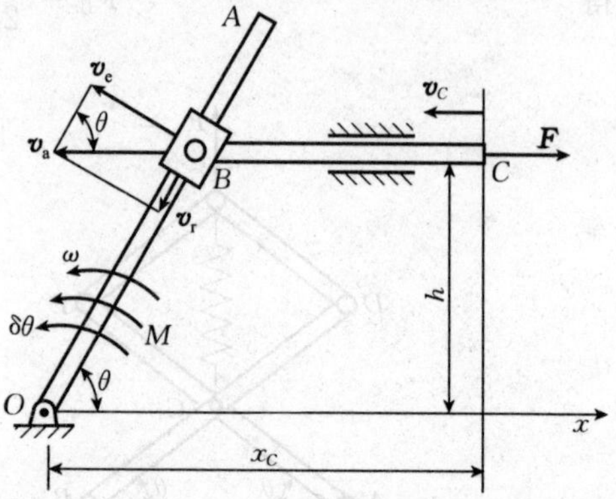

图 15-14

解： 给曲柄以图示虚位移 $\delta\theta$，相应的 C 点的虚位移大小为 δr_C，设其方向向左，列虚功方程

$$M\delta\theta - F\delta r_C = 0$$

设该瞬时虚角速度为 ω，点 C 的虚速度为 v_C，如图 15-14 所示，有 $\delta\theta = \omega \mathrm{d}t$，$\delta r_C = v_C \mathrm{d}t$，因此

$$M\omega - Fv_C = 0$$

由运动学

$$v_e = OB \cdot \omega = \frac{h}{\sin\theta} \cdot \omega, \qquad v_a = v_C = \frac{v_e}{\sin\theta} = \frac{h\omega}{\sin^2\theta}$$

解得

$$M = \frac{Fh}{\sin^2\theta}$$

也可建立图示坐标系，由 $\delta W_F = 0$ 有

$$M\delta\theta + F\delta x_C = 0$$

而

$$x_C = h\cot\theta + BC, \qquad \delta x_C = -\frac{h\delta\theta}{\sin^2\theta}$$

解得

$$M = \frac{Fh}{\sin^2\theta}$$

例 15-5 无重组合梁如图 15-15(a) 所示，求支座 A 的约束力。

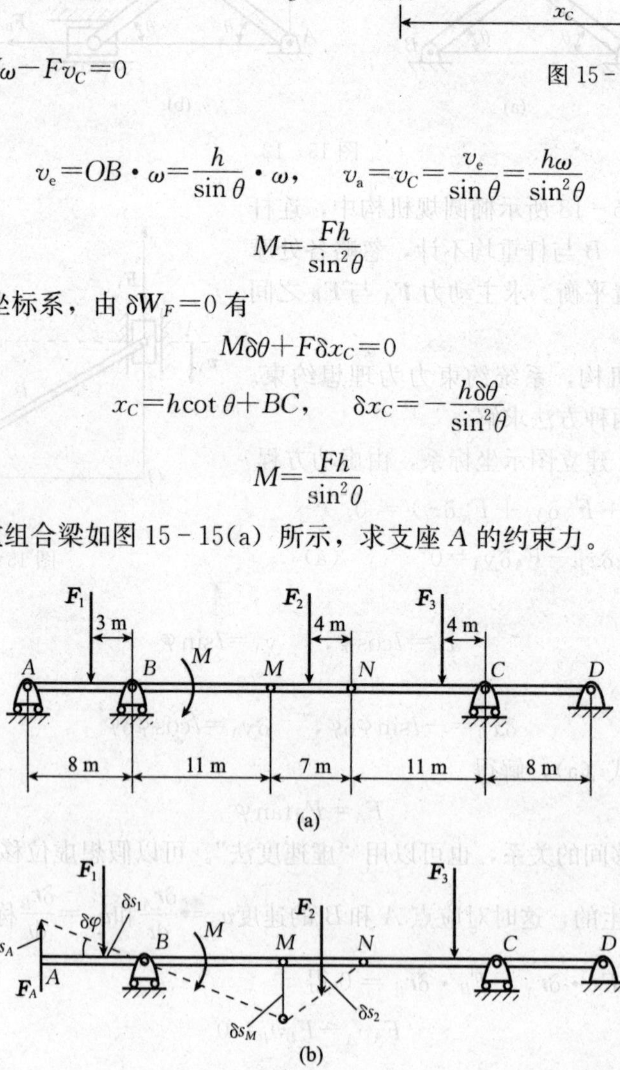

图 15-15

解： 解除支座 A 的约束，代之以约束力 $\boldsymbol{F}_A$，将 $\boldsymbol{F}_A$ 看作主动力，如图 15-15(b) 所示。假

想 A 点产生如图所示虚位移，则在约束允许的条件下，各点虚位移如图所示，列虚功方程

$$\delta W_F=0,\qquad F_A\cdot\delta s_A-F_1\cdot\delta s_1+M\cdot\delta\varphi+F_2\cdot\delta s_2=0$$

从图中可看出

$$\delta\varphi=\frac{\delta s_A}{8}=\frac{\delta s_1}{3}=\frac{\delta s_M}{11},\qquad \frac{\delta s_M}{7}=\frac{\delta s_2}{4}$$

代入虚功方程得

$$F_A=\frac{3}{8}F_1-\frac{11}{14}F_2-\frac{1}{8}M$$

思考题

15-1　什么是虚位移？虚位移与实位移有何异同？试举例说明。

15-2　思考题 15-2 图所示机构处于静止平衡状态，图中所给各虚位移有无错误？如有错误，应如何改正？

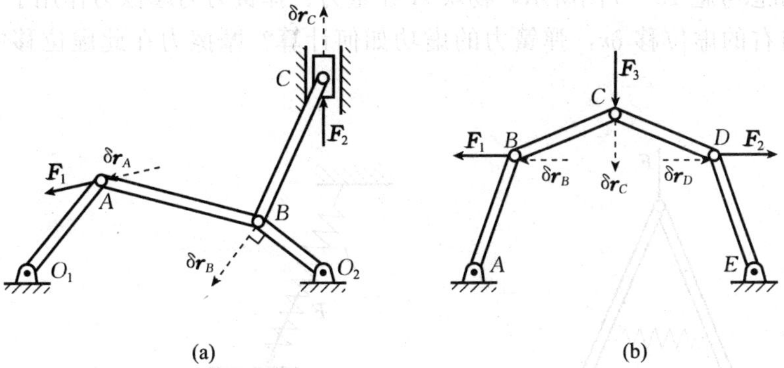

思考题 15-2 图

15-3　对思考题 15-3 图所示各机构，你能用哪些不同的方法确定虚位移 $\delta\theta$ 与力 $\boldsymbol{F}$ 作用点 A 的虚位移的关系？并比较各种方法。

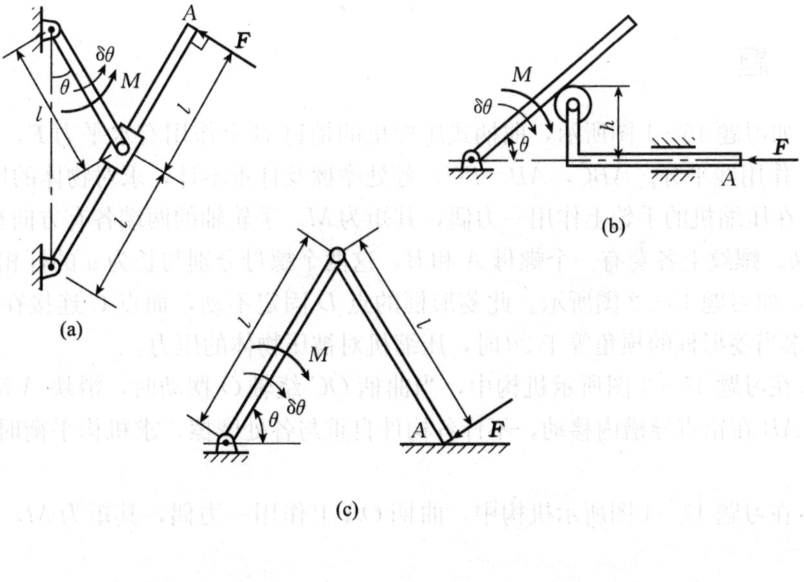

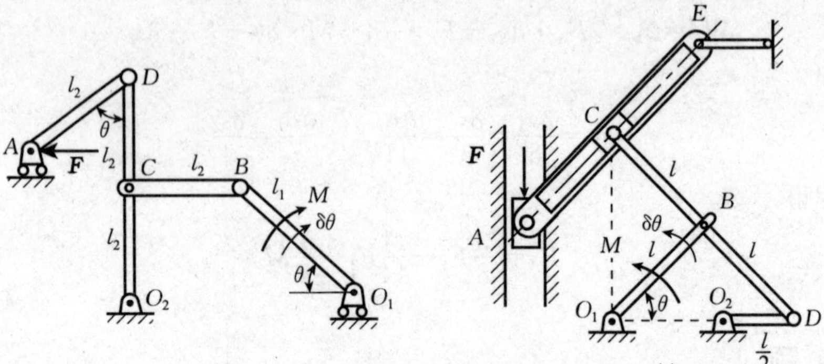

(d)　　　　　　　　　　(e)

思考题 15－3 图

15－4　思考题 15－4 图所示平面平衡系统，当对整体列平衡方程求解时，是否需要考虑弹簧内力？若改用虚位移原理求解，弹簧力为内力，是否需要考虑弹簧力的功？

15－5　如思考题 15－5 图所示，物块 A 在重力、弹簧力与摩擦力作用下平衡，设给物块 A 一水平向右的虚位移 δr，弹簧力的虚功如何计算？摩擦力在此虚位移中做正功还是负功？

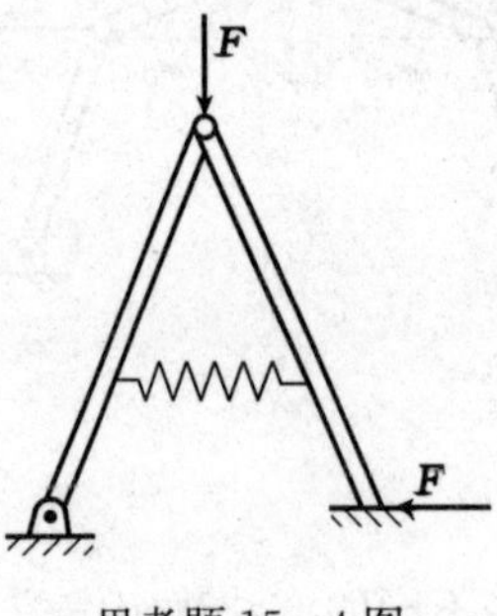

思考题 15－4 图

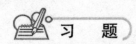

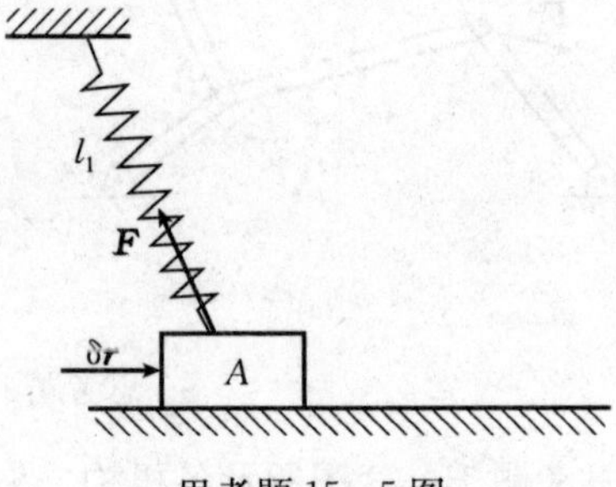

思考题 15－5 图

习　题

15－1　如习题 15－1 图所示，曲柄式压榨机的销钉 B 上作用有水平力 $\boldsymbol{F}$，此力位于平面 ABC 内，作用线平分 $\angle ABC$，$AB=BC$，各处摩擦及杆重不计，求对物体的压缩力。

15－2　在压缩机的手轮上作用一力偶，其矩为 M。手轮轴的两端各有方向相反的螺纹，其螺距同为 h。螺纹上各套有一个螺母 A 和 B，这两个螺母分别与长为 a 的杆相铰接，四杆形成菱形框，如习题 15－2 图所示。此菱形框的点 D 固定不动，而点 C 连接在压缩机的水平压板上。求当菱形框的顶角等于 2θ 时，压缩机对被压物体的压力。

15－3　在习题 15－3 图所示机构中，当曲柄 OC 绕轴 O 摆动时，滑块 A 沿曲柄滑动，从而带动杆 AB 在铅直导槽内移动，不计各构件自重与各处摩擦。求机构平衡时力 $\boldsymbol{F}_1$ 与 $\boldsymbol{F}_2$ 的关系。

15－4　在习题 15－4 图所示机构中，曲柄 OA 上作用一力偶，其矩为 M，另在滑块 D

上作用水平力 $\boldsymbol{F}$。机构尺寸如图所示，不计各构件自重与各处摩擦。求当机构平衡时，力 F 与力偶矩 M 的关系。

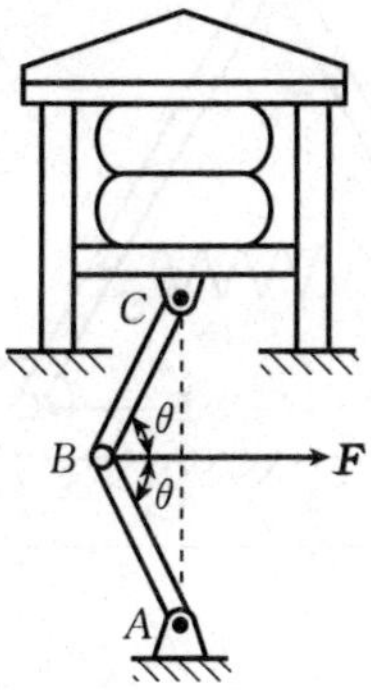

习题 15－1 图

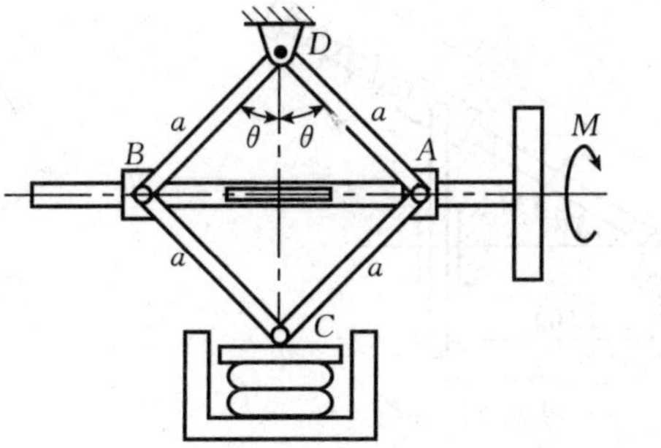

习题 15－2 图

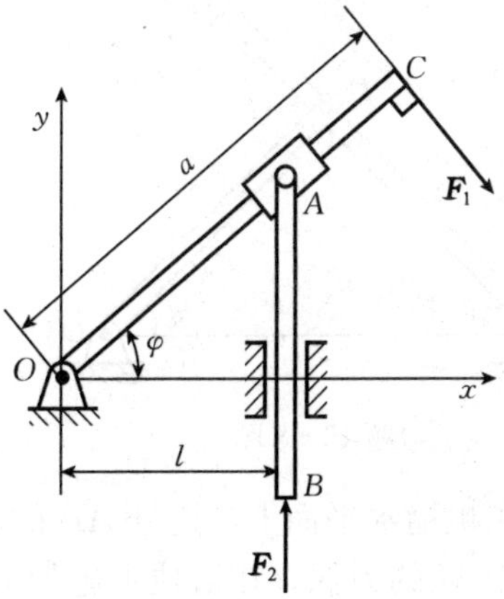

习题 15－3 图

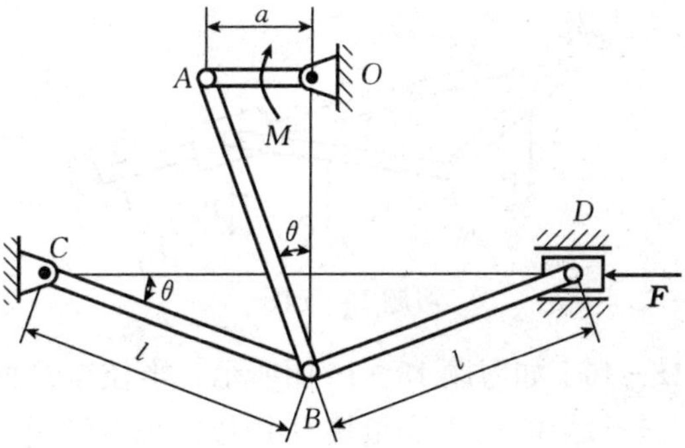

习题 15－4 图

15－5　如习题 15－5 图所示，滑套 D 套在直杆 AB 上，并带动杆 CD 在铅直滑道上滑动。已知 $\theta=0°$时弹簧为原长，弹簧刚度系数为 5 kN/m，不计各构件自重与各处摩擦。在任意位置平衡时，应加多大的力偶矩 M?

15－6　如习题 15－6 图所示，两等长杆 AB 与 BC 在点 B 用铰链连接，又在杆的 D、E 两点连一弹簧。弹簧的刚度系数为 k，当距离 AC 等于 a 时，弹簧内拉力为零，不计各构件自重及各处摩擦。如在点 C 作用一水平力 $\boldsymbol{F}$，杆系处于平衡，求距离 AC 之值。

15－7　在习题 15－7 图所示机构中，曲柄 AB 和连杆 BC 为均质杆，具有相同的长度和重量 P_1，滑块 C 的重量为 P_2，可沿倾角为 θ 的导轨 AD 滑动。设约束都是理想的，求系统在铅垂面的平衡位置。

15－8　如习题 15－8 图所示，机构在力 $\boldsymbol{F}_1$ 与 $\boldsymbol{F}_2$ 作用下在图示位置平衡。不计各构件自重与各处摩擦，$OD=BD=l_1$，$AD=l_2$。求 F_1/F_2 的值。

15－9　跨度为 l 的折叠桥由液压油缸 AB 控制铺设，如习题 15－9 图所示。在铰链 C 处有一内部机构，保证两段桥身与铅垂线的夹角均为 θ。如果两段相同的桥身重量都是 P，重心 G 位于其中点。求平衡时液压油缸中的力 $\boldsymbol{F}$ 和角 θ 之间的关系。

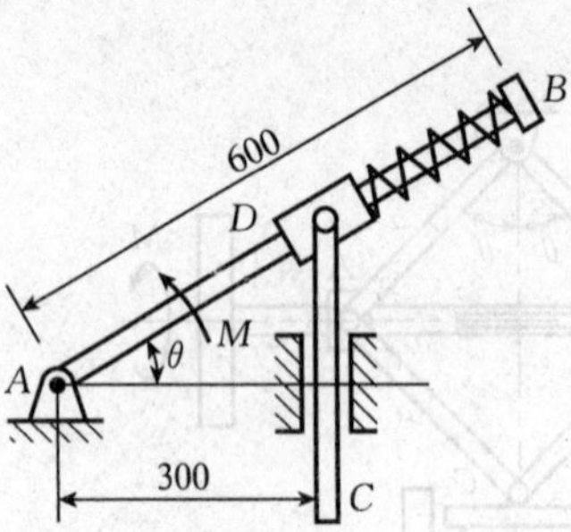

习题 15－5 图

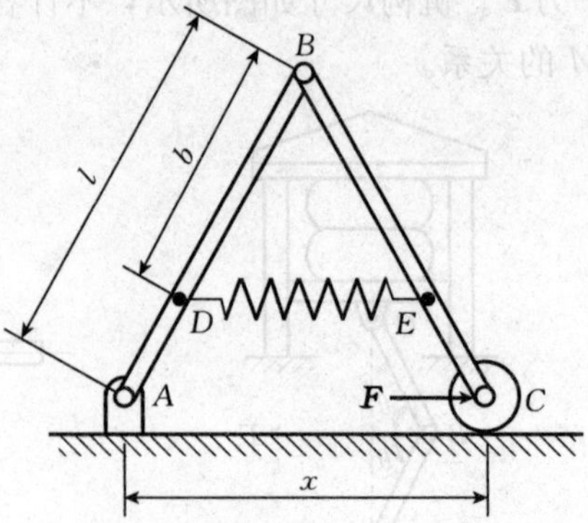

习题 15－6 图

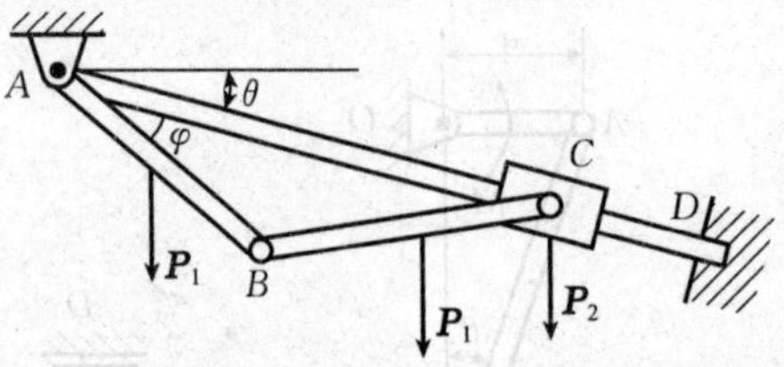

习题 15－7 图

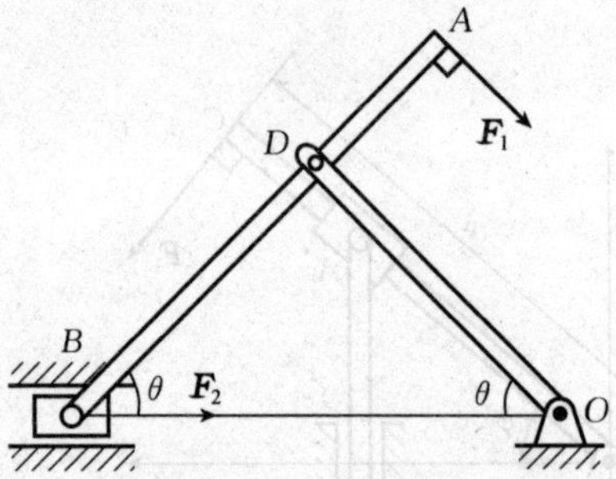

习题 15－8 图

15－10 如习题 15－10 图所示，半径为 R 的滚子放在粗糙水平面上，连杆 AB 的两端分别与轮缘上的点 A 和滑块 B 铰接。现在滚子上施加矩为 M 的力偶，在滑块上施加力 $\boldsymbol{F}$，使系统在图示位置处于平衡。设力 $\boldsymbol{F}$ 为已知，忽略滚动摩阻和各构件的重量，不计滑块和各铰链处的摩擦。求力偶矩 M 及滚子与地面间的摩擦力 $\boldsymbol{F}_S$。

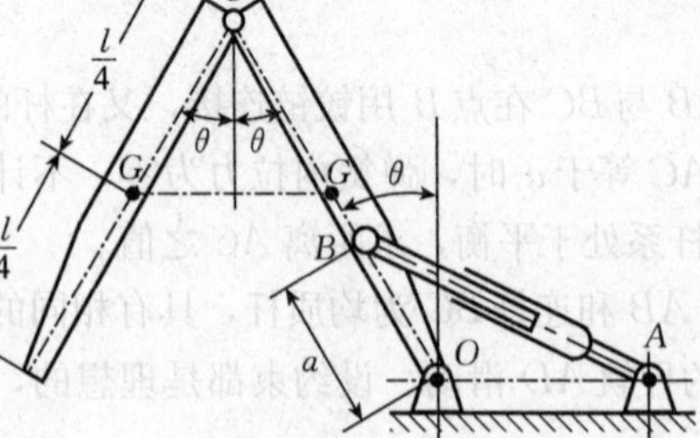

习题 15－9 图

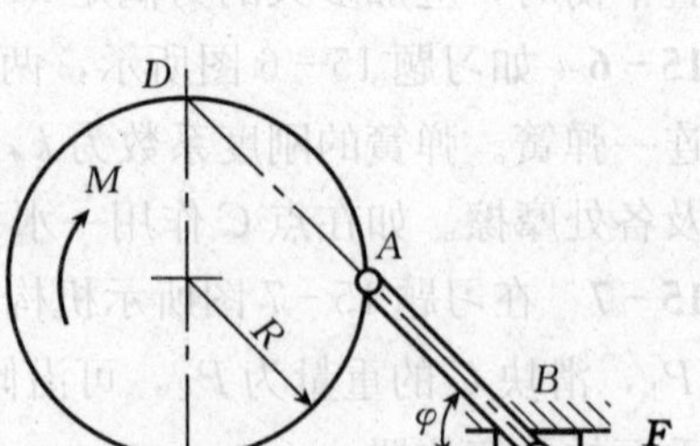

习题 15－10 图

15－11 用虚位移原理求习题 15－11 图所示桁架中杆 3 的内力。

15－12 组合梁载荷分布如习题 15－12 图所示，已知跨度 $l=8\text{ m}$，$F=4\,900\text{ N}$，均布载荷 $q=2\,450\text{ N/m}$，力偶矩 $M=4\,900\text{ N}\cdot\text{m}$。求支座约束力。

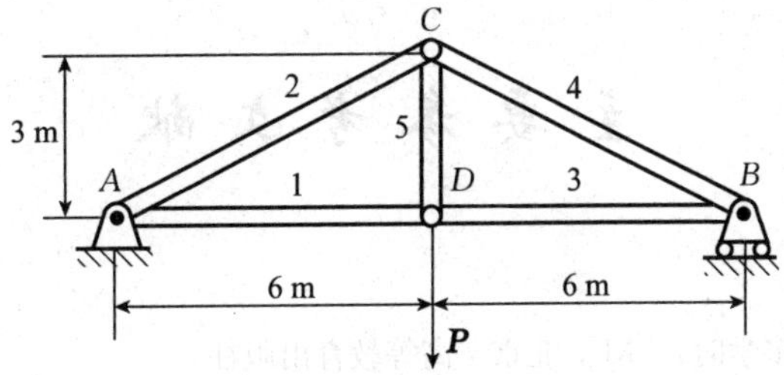

习题 15 - 11 图

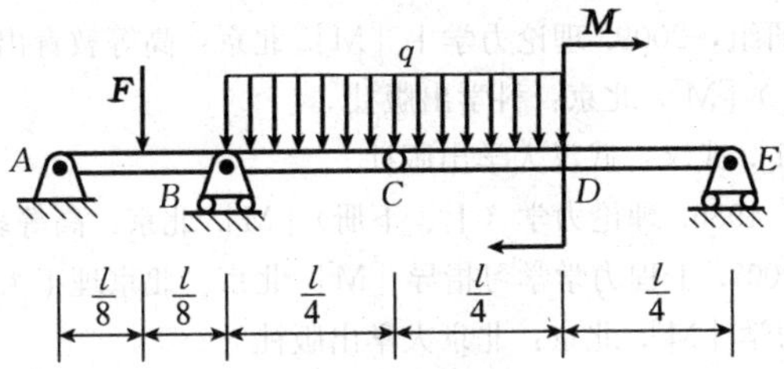

习题 15 - 12 图

习题参考答案

主要参考文献

陈位宫，2008. 工程力学（多学时）[M]. 北京：高等教育出版社.

冯辉荣，李正红，2012. 工程力学 [M]. 北京：中国农业出版社.

干光瑜，秦惠民，2006. 建筑力学（第二分册：材料力学）[M]. 北京：高等教育出版社.

顾致平，刘金涛，2010. 工程力学学习辅导：导学·导考 [M]. 西安：西北工业大学出版社.

哈尔滨工业大学理论力学教研组，2009. 理论力学Ⅰ [M]. 北京：高等教育出版社.

和兴锁，2005. 理论力学（Ⅰ）[M]. 北京：科学出版社.

刘明威，2000. 工程力学 [M]. 武汉：武汉大学出版社.

南京工学院，西安交通大学，1986. 理论力学（上、下册）[M]. 北京：高等教育出版社.

邱小林，包忠有，杨秀英，2007. 工程力学学习指导 [M]. 北京：北京理工大学出版社.

盛冬发，刘军，2007. 理论力学 [M]. 北京：北京大学出版社.

同济大学理论力学教研室，1990. 理论力学 [M]. 上海：同济大学出版社.

王亚辉，2009. 工程力学 [M]. 北京：清华大学出版社.

叶伯年，1991. 理论力学习题课讲义 [M]. 太原：山西高校联合出版社.

张秉荣，2011. 工程力学 [M]. 北京：机械工业出版社.

郑权旌，1987. 工程动力学 [M]. 武汉：华中理工大学出版社.

郑权旌，1987. 工程静力学 [M]. 武汉：华中理工大学出版社.

郑权旌，1987. 工程运动学 [M]. 武汉：华中理工大学出版社.

邹昭文，程光均，张祥东，2006. 建筑力学（第一分册：理论力学）[M]. 北京：高等教育出版社.

图书在版编目（CIP）数据

理论力学 / 任述光，王业成主编．—2 版．—北京：中国农业出版社，2020.8（2022.6 重印）

普通高等教育农业农村部“十三五”规划教材 全国高等农林院校“十三五”规划教材

ISBN 978-7-109-27031-2

Ⅰ.①理… Ⅱ.①任… ②王… Ⅲ.①理论力学-高等学校-教材 Ⅳ.①O31

中国版本图书馆 CIP 数据核字（2020）第 117625 号

中国农业出版社出版

地址：北京市朝阳区麦子店街 18 号楼

邮编：100125

责任编辑：马颢晨

版式设计：王 晨 责任校对：吴丽婷

印刷：北京中兴印刷有限公司

版次：2014 年 8 月第 1 版 2020 年 8 月第 2 版

印次：2022 年 6 月第 2 版北京第 2 次印刷

发行：新华书店北京发行所

开本：787mm×1092mm 1/16

印张：19.5

字数：462 千字

定价：48.50 元

理论力学

第二版

LILUN LIXUE

封面设计：关晓迪

欢迎登录：中国农业出版社网站http://www.ccap.com.cn

全国农业教育教材网http://www.qgnyjc.com

欢迎拨打中国农业出版社教材策划部热线：010-59194971，59194969

中国农业出版社天猫旗舰店　中国农业出版社官方微信号　申请样书、购买教材请关注农业教育服务微信号

ISBN 978-7-109-27031-2

01>

9 787109 270312

定价：48.50元